# 沂沭泗流域河段长度洪峰传播时间示意图

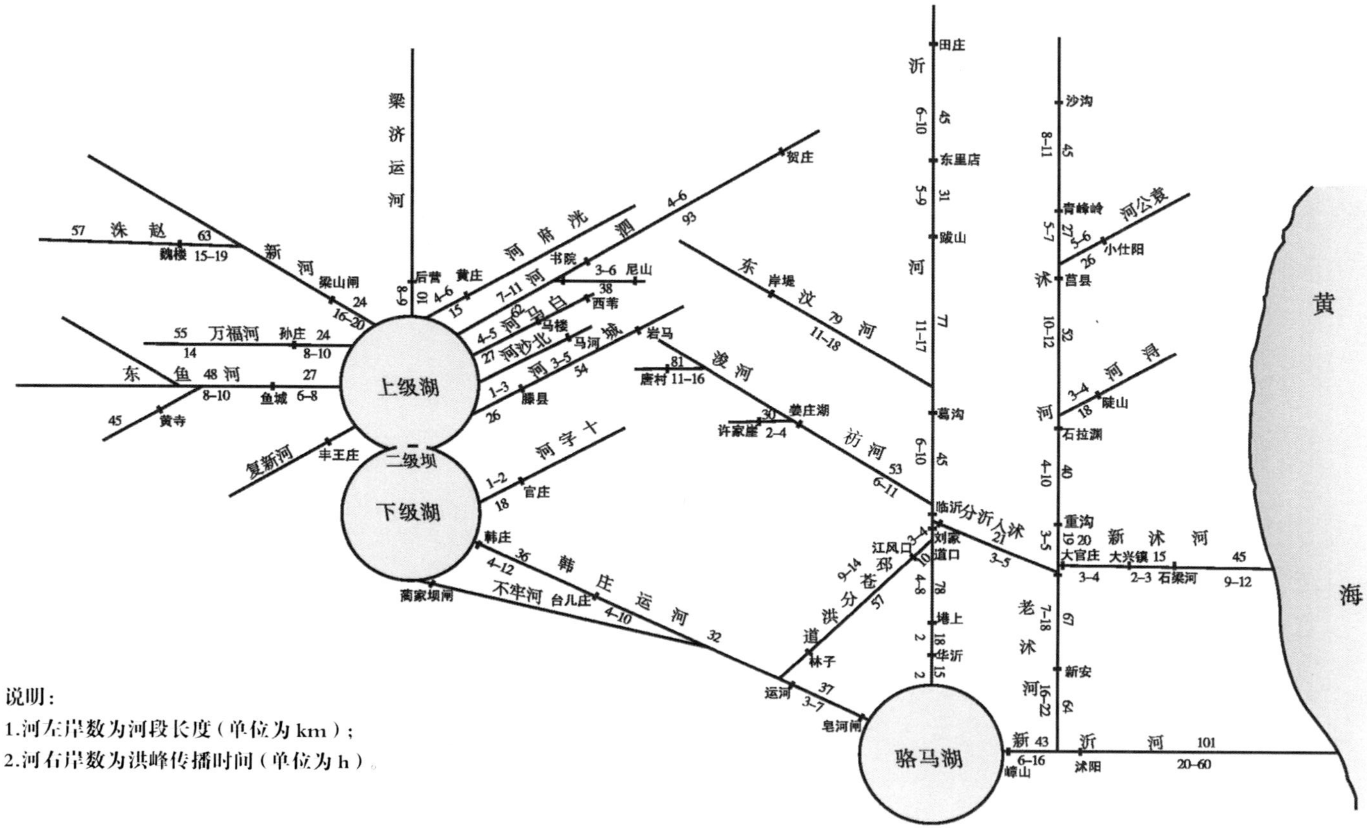


说明：

1.河左岸数为河段长度（单位为km）；

2.河右岸数为洪峰传播时间（单位为h）。

# 沂沭泗水情手册

沂沭泗水利管理局水文局　组织编写

中国矿业大学出版社
·徐州·

## 内 容 提 要

《沂沭泗水情手册》系统阐述了沂沭泗流域水文特征、水资源状况和工程情况等，主要内容包括沂沭泗流域概况、暴雨洪水、旱情与水资源、水利工程、历史大洪水、防汛抗旱文件六个部分，为沂沭泗水系防汛抗旱工作提供实用的参考资料。本手册表现形式以图表为主，力求简明实用，便于查阅，可供水文及防汛工作人员参考使用。

**图书在版编目(CIP)数据**

沂沭泗水情手册 / 沂沭泗水利管理局水文局组织编写
.—徐州：中国矿业大学出版社，2019.12
ISBN 978-7-5646-4627-1

Ⅰ.①沂… Ⅱ.①沂… Ⅲ.①水情—中国—手册
Ⅳ.①P337.2—62

中国版本图书馆 CIP 数据核字(2019)第 298895 号

**书　　名**　沂沭泗水情手册
**组织编写**　沂沭泗水利管理局水文局
**责任编辑**　章　毅
**出版发行**　中国矿业大学出版社有限责任公司
　　　　　　(江苏省徐州市解放南路　邮编 221008)
**营销热线**　(0516)83884103　83885105
**出版服务**　(0516)83995789　83884920
**网　　址**　http://www.cumtp.com　**E-mail**:cumtpvip@cumtp.com
**印　　刷**　虎彩印艺股份有限公司
**开　　本**　787 mm×1092 mm　1/16　**印张** 21.75　**插页** 1　**字数** 546 千字
**版次印次**　2019 年 12 月第 1 版　2019 年 12 月第 1 次印刷
**定　　价**　128.00 元

# 《沂沭泗水情手册》编委会

**主　编**：屈　璞

**副主编**：詹道强　杨殿亮　赵艳红

**主要编写人员**：

赵艳红　杜庆顺　王秀庆　李　斯　于百奎
温佳文

**参加编写人员**：

朱泽永　俞自力　胡文才　马　佳　王　磊
李　智　张大鹏　阚向楠　张煜煜

# 前　言

沂沭泗水系是沂、沭、泗(运)三条水系的总称，位于淮河流域东北部，流域面积约8万$km^2$。沂沭泗地区社会经济发展迅速，是我国重要的粮、棉、油生产基地和煤电能源基地。由于沂沭泗水系的主要河道源短流急，洪水峰高量大，水旱灾害频繁，防汛抗旱任务繁重，编制《沂沭泗水情手册》(以下简称《手册》)，旨在较为完整地反映流域水文特征、水资源状况、旱涝灾情和工情基本情况，为沂沭泗水系防汛抗旱工作提供实用的参考资料。

《手册》的表现形式以图表为主，结合文字简要描述。内容主要包括流域概况、暴雨洪水、旱情与水资源、水利工程、历史大洪水、防汛抗旱文件六个部分。

《手册》中水文资料截至2018年年底，工程资料截至2016年年底，流域社会经济情况根据苏鲁豫皖4省2016年统计年鉴资料统计。

沂沭泗水系目前使用多种高程系统，本《手册》沿用以前习惯，南四湖、韩庄运河、中运河、骆马湖和新沂河等南下工程水文数据采用废黄河高程系统，沂河、沭河、新沭河和邳苍分洪道等东调工程水文数据采用1956年黄海高程系统，第四部分水利工程有部分表采用1985国家高程基准，已在表中注明。

在《手册》的编制过程中，得到了沂沭泗水利管理局有关部门和淮河水利委员会水文局(信息中心)的大力支持和密切配合，在此表示衷心感谢。

由于编者水平有限，《手册》中难免有不妥之处，敬请批评指正。

**编　者**

2018年12月

# 目　录

## 第一部分　流域概况



## 第二部分　暴雨洪水

## 第三部分 旱情与水资源



## 第四部分 水利工程

# 第五部分　历史大洪水



# 第六部分　防汛抗旱文件



# 附　　录

# 部分表目录

## 第一部分 流域概况



## 第二部分 暴雨洪水

## 第三部分　旱情与水资源

## 第四部分　水 利 工 程

# 资料使用说明

1. 本书表身中单元格内使用空白填充表示数据无法获得或数据缺测；数据带括号表示该年份调查资料不全，有缺测或漏测，数据欠准确。

2. 本书表中相同数据进行年份统计时选用第一次出现的年份。

3. 为便于资料比较，编制了“沂沭泗水系主要站基面较差值对照表”(附表 1)，并根据淮河流域分区高程系统对照资料编制了“沂沭泗水系分区高程系统对照表”(附表 2)。

# 第一部分 流域概况

## 一、自然地理

### （一）流域范围

沂沭泗水系是沂、沭、泗（运）三条水系的总称，位于淮河流域东北部。流域范围北起沂蒙山，东临黄海，西至黄河右堤，南以废黄河与淮河水系为界。全流域介于东经114°45′～120°20′、北纬33°30～36°20′之间，东西方向平均长约400 km，南北方向平均宽不足200 km。流域面积7.96万$km^2$，占淮河流域面积的29%，包括江苏、山东、河南、安徽4省15地（市），共77个县（市、区）。

### （二）地质地貌

沂沭泗流域地形大致由西北向东南逐渐降低，由低山丘陵逐渐过渡为倾斜冲积平原、滨海平原。区域内地貌可分为中高山区、低山丘陵、岗地和平原四大类。山地丘陵区面积占31%，平原区面积占67%，湖泊面积占2%。

北中部的中高山区（沂蒙山），是沂、沭、泗河的发源地，既有海拔800多米的高山（沂河上游最高峰龟蒙顶海拔达1 156 m），也有低山丘陵。长期以来，地壳较为稳定或略有上升，地面以剥蚀作用为主，形成广阔、平坦和向东南微微倾斜的山麓面，加之流水侵蚀破坏而支离破碎，形成波状起伏、高差不大的丘岗和洼地。岗地分布在赣榆中部、东海西部、新沂东部、灌云西部陡沟一带和宿迁的东北部及沭阳西部等地。岗地多在低山丘陵之外围，是古夷平面经长期侵蚀、剥蚀，再经流水切割形成的岗、谷相间排列的地貌形态，其平面呈波浪起伏状。

平原区主要由黄泛平原、沂沭河冲积平原、滨海沉积平原组成。黄泛平原分布于流域西、南部，地势高仰，延伸于黄河故道两侧，由于历史上黄河多次决口、改道，微地貌发育，地势起伏、高低相间。沂沭河冲积平原分布于黄泛平原和低山丘陵、岗地之间，由黄河泥沙和沂沭河冲积物填积原来的湖荡形成，地势低平。滨海沉积平原分布于东部沿海一带，由黄河和淮河及其支流携带的泥沙受海水波浪作用沉积而成，地势低平。平原区近代沉积物甚厚，南四湖湖西平原的第四纪沉积物在100 m以上。

山丘区主要是地壳垂直升降运动造成的。根据其断裂褶皱构造在平面上排列形式及延伸方向，沂河以东为新华夏构造区，其河流、山脉及海岸地形曲折与延伸方向均受这一构造体影响；沂河以西为鲁西旋转构造与新华夏构造复合构造区。沂、沭河大断裂带是一条延展长、规模大、切割深、时间长的复杂断裂带，为郯庐断裂带的一段，由昌邑—大店、安丘—莒县、沂水—汤头、郿部—葛沟四条平行断裂组成，纵贯鲁东。鲁西南断陷区以近南北和东西向的两组断裂为主，形成近似网格的构造。山区除马陵山为中生代红色砂砾岩和页岩外，其余主要为古老的寒武纪深度变质岩和花岗岩。

沂沭泗流域部分地区为强震区，根据《中国地震动参数区划图》（GB 18306—2015），南四湖两侧的任城、嘉祥、金乡、丰县一带及东南部的灌云、灌南、涟水、响水等县(市、区)地震动峰值加速度为 0.05$g$,相应地震基本烈度为Ⅵ度;郓城、东明、宿城、宿豫、邳州、新沂、郯城、临沭、兰山、罗庄、河东、莒南、沂水、莒县等县(市、区)地震动峰值加速度为 0.2$g$～0.3$g$,相应地震基本烈度为Ⅷ度;其余地区地震动峰值加速度为 0.10$g$～0.15$g$,相应地震基本烈度为Ⅶ度。

## 二、社会经济

沂沭泗流域气候温和,土地辽阔,资源丰富,是我国工农业重点发展地区之一。根据2016 年苏鲁豫皖 4 省有关市县区统计年鉴、政府公开信息等资料汇总统计,流域内人口6 019万人,生产总值 23 302 亿元,粮食作物播种面积 7 047 万亩[1 亩=(10 000/15) $m^2$],粮食产量 3 121 万 t,是我国商品粮棉基地之一,国家重点投资的商品粮基地县中,沂沭泗流域有铜山、鱼台等 11 个县(市、区)。流域内煤炭资源丰富,主要分布在南四湖滨湖地区,初步探明储量为 65 亿 t。南四湖周边兖州、滕州、济宁、大屯、徐州矿区为国家煤炭生产和建设重点。流域内建成多处大型坑口电厂,为华东地区的主要能源基地。

沂沭泗流域交通发达。铁路方面由京沪、陇海、新石、胶新、新长等铁路,构成了覆盖全流域的铁路网络,近年高速铁路发展迅速,京沪、郑徐、鲁南日曲、徐宿淮盐、连淮等高速铁路已建成通车,连徐、鲁南等高铁也正在建设;公路网密集,分布有京沪、京台、长深、同三、连霍、日兰等高速公路;水运发达,连云港港、日照港是天然深水良港,京杭大运河穿境而过;此外流域内还有徐州观音机场、临沂沭埠岭机场、淮安涟水机场、连云港白塔埠机场、济宁曲阜机场、日照山字河机场等航空港。便捷的交通使本区域具有货畅其流、人便其游的优势条件,具有较强的辐射作用。

## 三、气象水文

### (一) 气象特征

沂沭泗流域属暖温带半湿润季风气候区,具有大陆性气候特征。夏热多雨,冬寒干燥,春旱多风,秋旱少雨,冷暖和旱涝较为突出。气候特征介于黄淮之间,而较接近于黄河流域。

(1) 气温:年平均气温为 13～16 ℃,由北向南,由沿海向内陆递增,年内最高气温达43.3 ℃(1955 年 7 月 15 日发生在徐州),最低气温为−23.3 ℃(1969 年 2 月 6 日发生在徐州)。

(2) 霜冻、霜期:流域南部在 11 月上旬到次年 3 月中旬为霜期,平均一年无霜期为230 d。流域北部在 10 月下旬到次年 4 月上旬为霜期,平均一年无霜期为 200 d,山区一般为 180～190 d。

(3) 蒸发量:流域南部小,北部大,自南向北,多年平均水面蒸发量为1 180～1 320 mm。历年最高为 1 755 mm(韩庄闸站),历年最低为 903 mm(响水口站)。

(4) 日照:全流域年平均日照时间为 2 100～2 400 h,由南向北递增。

(5) 风:全流域为季风区,随季节而转移,冬季盛行东北风与西北风。夏季盛行东南风与西南风。年平均风速为 2.5～3.0 m/s,最大风速为 23.4 m/s(发生在徐州)。

### (二) 水文特征

(1) 年降水:沂沭泗流域多年平均降水为 790 mm。年际变化较大,最大为 1 174 mm(2003 年),最小为 492 mm(1988 年)。年内分布不均,多集中在汛期,多年春季(3—5 月)平均为 126 mm,占 15.9%;夏季即汛期(6—9 月)平均为 560 mm,占 70.9%;秋季(10—12 月)平均为 75 mm,占 9.5%;冬季(1—2 月)平均为 29 mm,占 3.7%。

(2) 暴雨特性：沂沭泗流域暴雨成因主要是黄淮气旋、台风及南北切变。长历时降雨多数由切变线和低涡接连出现造成。台风主要影响沂沭河及南四湖湖东区。暴雨移动方向由西向东较多。降雨一般自南向北递减，沿海多于内陆，山地多于平原。

(3) 时段暴雨：根据中华人民共和国成立后的历年统计，流域内最大一日降雨量为563.1 mm(2000 年 8 月 30 日在江苏响水口站)，次之为478.8 mm(2012 年 8 月 10 日在江苏小尖站)；最大三日暴雨的降雨量为 877.4 mm(2000 年 8 月 28 日至 30 日在江苏响水口站)，次之为 575.8 mm(1971 年 8 月 8 日至 10 日在山东微山站)；最大七日暴雨的降雨量为1 046.3 mm(2000 年 8 月 24 日至 30 日在江苏响水口站)，次之为 676.8 mm(1963 年 7 月 18 日至 24 日在山东前城子站)。2000 年 8 月 30 日，响水口站 24 小时降雨量为 825 mm。

(4) 径流：全流域多年平均径流深为 181 mm，年径流系数为 0.23。年径流分布与降水分布相似，南大北小，沿海大于内陆，同纬度山区大于平原。沂沭河上中游年径流深为250～300 mm，年径流系数为 0.3～0.4；南四湖湖东年径流深为 75～250 mm，年径流系数为 0.2～0.3，湖西年径流深为 50～100 mm，年径流系数为 0.1～0.2；中运河及新沂河南北年径流深为 200～250 mm，年径流系数为 0.2～0.3。

(5) 泥沙：沂沭泗上游沂蒙山区植被覆盖差，水土流失严重。据统计，沂河临沂站多年平均含沙量为 0.615 $kg/m^3$，多年平均输沙率为 58.1 kg/s，多年平均输沙量为 183 万 t/a。沭河莒县站多年平均含沙量为 0.984 $kg/m^3$，多年平均输沙率为 14.5 kg/s，多年平均输沙量为 45.8 万 t/a(沭河莒县站 1992 年之后含沙量及输沙率已停测)。沭河大官庄(新)站多年平均含沙量为 0.572 $kg/m^3$，多年平均输沙率为 15.4 kg/s，多年平均输沙量为 48.5 万 t/a。中运河运河站多年平均含沙量为 0.126 $kg/m^3$，多年平均输沙率为 10.6 kg/s，多年平均输沙量为 33.6 万 t/a。沂沭泗部分控制站泥沙特征见表 1-1。

**表 1-1　沂沭泗部分控制站泥沙特征表**

| 河名 | 站名 | 输沙率/($kg \cdot s^{-1}$) | | 多年平均输沙量/(万 $t \cdot a^{-1}$) | 含沙量/($kg \cdot m^{-3}$) | | 统计年数/a |
|---|---|---|---|---|---|---|---|
| | | 多年平均 | 年平均最大 | | 多年平均 | 年平均最大 | |
| 沂河 | 葛沟 | 24.3 | 265 | 76.8 | 0.489 | 2.74 | 57 |
| | 临沂 | 58.1 | 689 | 183 | 0.615 | 3.55 | 59 |
| | 港上 | 20.6 | 126 | 64.9 | 0.428 | 1.46 | 48 |
| 沭河 | 莒县 | 14.5 | 119 | 45.8 | 0.984 | 4.36 | 35（已停测） |
| | 大官庄(新) | 15.4 | 153 | 48.5 | 0.572 | 2.76 | 57 |
| | 新安镇 | 5.05 | 65.2 | 15.9 | 0.289 | 1.47 | 43 |
| 泗河 | 东风 | 5.29 | 34.6 | 17.3 | 0.453 | 1.8 | 58 |
| 新沭河 | 大兴镇 | 12.7 | 111 | 40.0 | 0.658 | 2.92 | 52 |
| 东鱼河 | 鱼城 | 13.0 | 101 | 41.0 | 1.15 | 6.52 | 47 |
| 新沂河 | 嶂山闸下 | 6.41 | 60.3 | 20.2 | 0.062 | 0.208 | 36 |
| 中运河 | 运河 | 10.6 | 57.6 | 33.6 | 0.126 | 0.750 | 47 |

(6) 洪水：沂沭泗流域地处我国南北气候过渡地带，天气形势复杂、多变，降雨时空分布不均；流域北中部的沂蒙山区是淮河流域三大暴雨中心之一；流域内河流多为扇形网状水系结构，洪水集流迅速，洪涝灾害多发易发。

沂沭泗水系的洪水一般多发生在7—8月。沂、沭河上中游均为山丘区，洪水陡涨陡落，往往暴雨过后几小时，主要控制站便可出现洪峰。南四湖湖东与沂、沭河相似，涨落也很快；湖西河道则洪水过程平缓。邳苍地区河道坡陡、源短，洪水也较迅猛。洪水汇集至中下游后，河道比降减小，行洪不畅，洪水过程缓慢。

**四、河流水系**

沂沭泗水系是沂、沭、泗(运)三条水系的总称。流域内有干支流河道510余条，其中流域面积超过500 $km^2$ 的河流有47条，超过1 000 $km^2$ 的河流有26条，河网密布，主要河道相通互联，水系复杂。沂沭泗水系通过中运河、徐洪河和淮沭河与淮河水系沟通。

(一) 泗运河水系

泗运河水系由泗河、南四湖、韩庄运河、伊家河、中运河及入河入湖支流组成。流域面积约40 000 $km^2$。

泗河古称泗水，是淮河下游的最大支流，受黄河夺泗夺淮的影响，中下游河道已沦为废黄河。如今泗河发源于山东省新泰市太平顶山西，流经泰安市的新泰、济宁市的泗水、曲阜、兖州、任城、邹城、微山等县(市、区)，于济宁市微山县鲁桥镇辛闸、仲浅两村之间入南四湖，全长159 km，其中较大支流有小沂河、济河、黄沟河、石漏河、崄河等，流域面积2 338 $km^2$。

南四湖由南阳湖、独山湖、昭阳湖、微山湖等4个相连的湖泊组成，兴建二级坝枢纽工程后将其分为上、下两级湖。流域面积约31 180 $km^2$，湖面面积1 280 $km^2$，总容积60.12亿 $m^3$，是我国第六大淡水湖。南四湖汇集沂蒙山区西部及湖西平原各支流洪水，经韩庄运河、伊家河及不牢河入中运河。入湖支流共53条，其中湖东主要有洸府河、白马河、北沙河、城漷河、新薛河等；湖西主要有梁济运河、洙赵新河、万福河、东鱼河、复新河、大沙河、郑集河等。经多年治理，南四湖已成为调节洪水、蓄水灌溉、发展水产、航运交通、南水北调、改善生态环境等多功能综合利用的大型湖泊，主要水利工程有二级坝枢纽、韩庄枢纽、蔺家坝枢纽、复新河闸、湖西大堤、湖东堤等。

韩庄运河自微山湖湖口至苏鲁边界的陶沟河口，长42.5 km，右岸有伊家河、左岸有峄城大沙河等汇入。

中运河上接韩庄运河，下至淮阴杨庄接里运河，并与废黄河、二河、淮沭河等交汇，长179.1 km，左岸有陶沟河、邳苍分洪道、城河等汇入，右岸有不牢河、房亭河、民便河及邳洪河等汇入。中运河在二湾至皂河闸段与骆马湖间断相通。

京杭运河自北至南纵贯沂沭泗流域，由梁济运河、南四湖湖内航道、韩庄运河(包括伊家河、不牢河)和中运河等4段组成，兼具航运、防洪、排涝和灌溉多种功能，也是南水北调东线的输水通道。

房亭河与徐洪河在刘集立交，由刘集地涵沟通，骆马湖洪水可相机经中运河、房亭河和徐洪河泄入洪泽湖。

泗运河水系干支流上游建有尼山、西苇、岩马、马河、会宝岭、贺庄等6座大型水库和8座中型水库，另有大型水库庄里水库在建。

（二）沂河水系

沂河水系由沂河、骆马湖、新沂河以及入河、入湖支流组成，流域面积约14 800 $km^2$。

沂河是沂沭泗水系中最大的山洪河道，为国家一级河流。其发源于沂蒙山区的鲁山南麓，向南流经沂源、沂水、沂南、兰山、河东、罗庄、兰陵、郯城、邳州、新沂等县（市、区），在江苏省新沂苗圩入骆马湖。较大支流有东汶河、蒙河、祊河、白马河等，大部分由右岸汇入。沂河源头至骆马湖，河道全长333 km，流域面积11 820 $km^2$，其中，山东境内河道长287.5 km、流域面积10 772 $km^2$，江苏境内河道长45.5 km、流域面积1 048 $km^2$。沂河在彭家道口向东辟有分沂入沭水道，分沂河洪水入沭河；在江风口辟有邳苍分洪道，分沂河洪水入中运河。

骆马湖位于沂河末端，中运河东侧，跨新沂、宿豫（湖滨新区）两县（市、区），上承沂河并接纳泗运水系和邳苍地区来水，集水面积约51 200 $km^2$，骆马湖来水由嶂山闸控制东泄经新沂河入海，由皂河闸及宿迁闸泄部分洪水入中运河。骆马湖在湖水位为24.83 m时，湖面面积318 $km^2$，容积14.8亿 $m^3$，是防洪、灌溉、航运、水产养殖和改善生态环境等综合利用的平原湖泊，也是南水北调东线的调节水库。

新沂河自嶂山闸流经江苏省宿豫、新沂、沭阳、灌南、灌云等县（市、区）由灌河口入海，全长146.0 km，是沂沭泗流域主要排洪入海通道。新沂河两岸汇入支流较少，除老沭河、淮沭河外，还有北岸的新开河、南岸的柴沂河汇入，区间流域面积约2 500 $km^2$。

淮沭河在淮安杨庄上接二河，可相机分泄洪泽湖洪水经新沂河入海。

沂河干支流上游山丘区建有田庄、跋山、岸堤、唐村、许家崖等5座大型水库和22座中型水库，总库容约22.5亿 $m^3$，控制流域面积约5 180 $km^2$，约占沂河流域总流域面积的43%。

（三）沭河水系

沭河水系由沭河、新沭河以及入河支流组成，流域面积约9 250 $km^2$。

沭河发源于沂蒙山区的沂山南麓，与沂河平行南下，流经沂水、莒县、莒南、河东、临沭、东海、郯城、新沂等县（市、区），河道全长300 km，流域面积约6 400 $km^2$。沭河自源头至临沭大官庄枢纽河道长196.3 km，区间流域面积4 519 $km^2$。较大支流，有左岸的袁公河、浔河、高榆河和右岸的汤河、分沂入沭水道等汇入。沭河在大官庄分两支：一支南下为老沭河（江苏境内称总沭河），流经临沭、东海、郯城和新沂市，在新沂市口头入新沂河，河道长104 km（其中江苏境内为47 km），区间流域面积1 881 $km^2$（其中江苏境内1 048 $km^2$）；另一支东行称新沭河，分沭河及沂河东调洪水经石梁河水库于临洪口入海，河道长80 km，其中山东境内为20 km，江苏境内为60 km（含石梁河水库库区段15 km），区间流域面积为2 850 $km^2$，主要支流有蔷薇河、夏庄河（苍源河）、朱范河。

沭河干支流上游修建了沙沟、青峰岭、小仕阳、陡山等4座大型水库和4座中型水库，总库容10.63亿 $m^3$，控制流域面积1 651 $km^2$，占沭河流域面积26%。新沭河干支流建有安峰山和石梁河2座大型水库和6座中型水库，总库容7.63亿 $m^3$，控制流域面积1 280 $km^2$，占新沭河流域面积的45%。

### (四)废黄河及滨海诸河

废黄河位于沂沭泗流域南缘，是历史上黄河长期夺泗夺淮后逐渐演变遗留下来的黄河故道，是淮河水系和沂沭泗水系的分水岭。上起河南省兰考东坝头，经河南省兰考、民权、宁陵、梁园、虞城县，又沿山东省东明、曹县、单县进入安徽省砀山县，再沿江苏省丰县和安徽省萧县边界入江苏省徐州市铜山区，经徐州市鼓楼、泉山、云龙、睢宁，宿迁市宿豫、宿城、泗阳，淮安市淮阴、淮安、涟水，盐城市阜宁、响水、滨海等县(市、区)，于江苏省滨海县套子口入黄海。废黄河全长728.3 km，全河已不贯通，河内集水总面积4 291 $km^2$。二坝头以上河段213 km，集水面积2 571 $km^2$，河内集水分别经东鱼河、大沙河入南四湖；二坝头至淮安杨庄段329.3 km，集水面积1 189 $km^2$，河内集水分泄入中运河和洪泽湖；杨庄以下河段186 km仍直通入海，集水面积531 $km^2$。

沂沭泗流域滨海独流入海，主要河流有14条，分布北起山东省日照市，南至江苏省滨海县(废黄河入海口)，总流域面积13 573 $km^2$。新沭河以北地区主要有范河、朱稽河、青口河、兴庄河、龙王河、绣针河、巨峰河、傅疃河等。新沭河和新沂河之间主要有五图河、牛墩界圩河、车轴河、古泊善后河、烧香河。新沂河以南地区为灌河水系，包括灌河干流、南六塘河、北六塘河、柴米河、沂南河、盐河等。

废黄河及滨海诸河建有小塔山和日照2座大型水库和16座中型水库。

## 五、规划治理

沂、沭、泗河原属淮河水系，沂水、沭水入泗，泗水入淮，是我国开发水利最早的地区之一，自春秋战国以来，兴建了许多著名的水利工程。在南宋以前，沂沭泗河河道浚深，排水通畅，泗河是沟通黄、淮的主要通道。1194—1855年，黄河夺泗夺淮，逐步淤废了淮河下游及泗水干流河道，逼淮入江，沂、沭、泗诸河洪水出路受阻，泗水在徐州与济宁间逐渐潴蓄成南四湖，沂水在马陵山西侧逐渐潴蓄成骆马湖，洪水无出路而漫流的局面给该地区带来了频繁的洪水灾害。元、明、清三代，视南北漕运为根本，治水重点为治河保运。民国时期，除低标准地整治少数河道外，水利建设无大作为。

从1948年开始，苏、鲁两省分别进行了“导沂整沭”和“导沭整沂”工程，为沂沭泗水系排洪入海打开了出路，拉开了中华人民共和国治淮事业的序幕。在此基础上又进行了多次大规模规划治理。多年来，沂沭泗水系建设各类水库2 000余座，总库容约77亿$m^3$，其中大型水库19座，控制面积9 401 $km^2$，总库容48.91亿$m^3$，防洪库容27.31亿$m^3$；在中下游，开辟了新沂河、新沭河入海通道，开挖了邳苍分洪道、分沂入沭水道，调整了水系，兴建了南四湖、骆马湖控制工程以及黄墩湖滞洪区和南四湖湖东滞洪区，整治河道，培修堤防，兴建控制性水闸，基本建成了由水库、河湖堤防、控制性水闸、分洪河道及蓄滞洪工程等组成的拦、泄、分、蓄、滞功能完善的防洪工程体系，改变了洪水漫流、水旱灾害频繁的局面。

目前，沂沭泗骨干河湖中下游防洪标准达到50年一遇，主要支流防洪标准基本达到20年一遇。防洪保护区面积达42 358 $km^2$，人口为3 382万人，耕地为253万$hm^2$，国内生产总值为3 604亿元，粮食总产量为1 626万t，工农业总产值为2 585亿元。防洪保护区面积占沂沭泗河水系面积的53.2%，人口占60.6%，国内生产总值占56.2%，耕地占65.7%，粮食总产量占 68.4%，工农业总产值占 31.4%(本段数据为 2000 年统计数据)。

沂沭泗河洪水规划治理原则是"上蓄、下排，统筹兼顾，合理调度"，核心是沂沭泗河洪水"东调南下"，总体部署是扩大沂沭河洪水东调和南四湖洪水南下的出路，将沂沭河洪水尽量就近东调入海，腾出骆马湖部分蓄洪和新沂河部分泄洪能力接纳南四湖及邳苍地区南下洪水，以提高沂沭泗河中下游地区防洪标准。与此项部署相关的工程简称"沂沭泗洪水东调南下工程"。从 1948 年开始，沂沭泗河规划与治理共经历以下几个时期：

(一)"导沂整沭"和"导沭整沂"规划与实施

1. 规划情况

治淮初期(1947—1953 年)，华东水利部领导沂沭汶泗规划和治理，按照"苏鲁两省兼顾，治泗必先治沂，治沂必先治沭"和"沂沭分治"的原则，苏鲁两省分别制定并实施了"导沂整沭"和"导沭整沂"规划，着重整治河道，开辟入海通道，扩大排洪能力，以减轻水患。山东省"导沭整沂"规划包括切开马陵山，开辟新沭河，导沭经大沙河于临洪口入海，兴建大官庄沭河大坝、人民胜利堰控制导沭分流；整修、加固山东境内沂沭河堤防，开挖分沂入沭水道，疏浚沂河淤浅段等。江苏省"导沂整沭"规划包括嶂山切岭，开辟新沂河，导沂沭泗洪水于灌河口入海，修建骆马湖初期控制工程，培修加固江苏境内沂沭河堤防等。

2. 实施情况

山东省"导沭整沂"工程主要包括：导沭经沙入海开辟新沭河，兴建沭河大坝、胜利堰等建筑物，开挖分沂入沭水道，整修加固沂沭河堤防。导沭工程主要包括：开挖新沭河，从大官庄向东开挖一条长 14.2 km 的引河，分沭河洪水入沙河，经临洪口入海，全长 80 km，大官庄分洪流量 2 800 $m^3/s$，加沙河区间洪水共 3 800 $m^3/s$；经胜利堰下泄老沭河流量 1 700 $m^3/s$，加分沂入沭水道来水 1 000 $m^3/s$、老沭河区间洪水 300 $m^3/s$，共 3 000 $m^3/s$。整沂工程主要包括：开挖分沂入沭水道、疏浚沂河浅滩及培修加固堤防，治理标准是沂河临沂站设计洪水流量 6 000 $m^3/s$，分沂入沭分洪 1 000 $m^3/s$，江风口分洪道分洪 1 500 $m^3/s$，余下 3 500 $m^3/s$ 由李庄以下沂河下泄。

江苏省"导沂整沭"工程主要包括：自华沂开始开辟新沂河，全长 183 km，华沂至骆马湖段设计流量 3 000 $m^3/s$，嶂山至灌河口 3 500 $m^3/s$；修建华沂束水坝，控制老沂河下泄 500 $m^3/s$，修建骆马湖初期控制工程，修筑加固沂、沭河堤防。

(二) 1954 年沂沭汶泗洪水处理意见

1. 规划情况

1953 年底沂沭汶泗规划及治理开始由淮委(治淮委员会)统一领导，1954 年淮委编制了《沂沭汶泗流域洪水处理初步意见》。规划提出南四湖和沂沭运地区洪水处理方案；修建南四湖洪水控制工程(一级湖方案)，建设滨湖排涝工程；修建龙门、傅旺庄、东里店及石岗等水库；修建江风口分洪闸和老沂河华沂分洪闸，扩大分沂入沭和新沂河，加固江风口以下沂河堤防和新沭河。

2. 实施情况

1954—1957 年，沂沭泗治理完成的工程主要包括：整治了南四湖的万福河、复新河、大沙河、杨屯河及惠河等，疏浚了伊家河；按分洪 1 500 $m^3/s$ 扩挖了分沂入沭水道；兴建了江风口分洪闸、李庄拦河坝、华沂节制闸和黄墩湖小闸，整治了沭河的一些排水河道；疏浚了新沂河南偏泓，培修加固沂河、新沂河、中运河和骆马湖堤防。

（三）1957 年沂沭泗流域规划报告

1. 规划情况

1957 年 3 月，淮委会同苏鲁两省编制了《沂沭泗流域规划报告(初稿)》。7 月，沂沭泗地区发生特大洪水，灾情严重，水利部技术委员会针对规划中的问题，组织淮委及苏鲁两省对规划进行修订，于 1957 年 12 月提出《沂沭泗流域规划初步修正成果及 1962 年以前工程安排意见(草案)》。规划以防止水灾，发展灌溉为主，规划标准为：南四湖和中运河为 100 年一遇防洪标准，沂沭河为 50 年一遇防洪标准，骆马湖、新沂河为 300 年一遇防洪标准，次要河流达到 50 年一遇防洪标准。主要内容为：在沂蒙山区开展水土保持，在山区修建水库；修建南四湖(二级湖方案)、骆马湖平原综合利用水库；扩大和巩固韩庄运河、中运河、新沂河、新沭河行洪能力；治理平原区河道，调整水系；发展农业灌溉。

2. 实施情况

1958 年淮委被撤销，规划所列工程由各省分别负责。

山东省修建的工程包括：在沂沭泗上游山丘区修建了会宝岭、日照、唐村、许家崖、田庄、小仕阳、陡山、尼山、岩马、跋山、沙沟、岸堤、马河、西苇、青峰岭等 15 座大型水库和 32 座中型水库，并增修塘坝，灌溉面积 200 万亩。南四湖按堤顶高程 38.79 m 修建了湖西大堤，修筑了二级坝枢纽把南四湖分成上、下级湖，兴建了韩庄闸、伊家河闸，疏浚了惠河、万福河、洙水河、赵王河，开挖洙赵新河和东鱼河调整水系；修筑邳苍分洪道堤防，修筑加固沂河李庄以下、沭河堤防。还修建了引黄灌溉工程。

江苏省修建的工程包括：在山丘区修建了安峰山、石梁河、小塔山 3 座大型水库和 10 座中型水库，水库塘坝增灌面积约 100 万亩，完成邳苍分洪道工程；建成了宿迁闸、六塘河闸、嶂山闸和骆马湖宿迁控制线，骆马湖建成常年蓄水水库，黄墩湖辟为临时滞洪区；中运河西堤退建，设计运河镇水位为 26.33 m，行洪能力扩大到 5 000 $m^3/s$；新沂河按行洪6 000 $m^3/s$ 加高培厚堤防，新沭河堤防按行洪能力 3 800 $m^3/s$ 加固；实施了跨流域调水工程，开辟了淮沭新河。航运规划大运河庙山子以下至淮安段已实施，其余未实施。水土保持规划未实施。

（四）1971 年治淮战略性骨干工程规划

1. 规划情况

1969 年国务院成立治淮规划小组，领导和组织流域规划工作。治淮规划小组于 1971 年提出《关于贯彻执行毛主席“一定要把淮河修好”指示的情况报告》及其附件《治淮战略性骨干工程说明》。规划的标准是南四湖可防御 1957 年洪水，沂、沭河可防御 50～100 年一遇洪水，骆马湖、新沂河可防御 100 年一遇洪水。规划的总体部署是“沂沭泗洪水东调南下工程”，主要内容包括增建山区水库，扩大南四湖、沂沭河洪水出路，治理南四湖和骆马湖，提高韩庄运河、中运河和新沂河的行洪能力。

2. 实施情况

山东省完成的主要防洪工程包括：建成了大官庄新沭河泄洪闸，按 6 000 $m^3/s$ 设计、7 000 $m^3/s$ 校核标准扩挖了新沭河闸下游 6.4 km 新沭河的石方段；建成分沂入沭入口的彭道口分洪闸，按 4 000 $m^3/s$ 标准完成了分沂入沭上段 8.5 km 的加深拓宽；增建了二级坝三、四闸，开挖了三闸下游西股引河中段 9.4 km 和二闸下游东股引河 23.3 km；按微山湖水位33.29 m 时设计泄量 2 050 $m^3/s$ 扩建了韩庄闸；扩挖了韩庄闸下 9 km 河槽的大部分；同时还实施了病险水库的加固工程。山东省完成的主要排涝工程包括：治理南四湖地区 11 条排水河道，并在滨湖洼地实行机电排灌；在分沂入沭和新沭河以北，治理了黄白排水沟、牛腿沟等排水沟渠。山东省完成的主要灌溉工程包括：设计水库灌区 374 万亩，到 1980 年有效灌溉面积达 165 万亩。南四湖机电排灌面积达 300 万亩，其中水稻 100 万亩；湖西的东鱼河、新老万福河、洙赵新河上均建闸分级拦蓄，灌溉 55 万亩；湖东诸河发展灌溉 18 万亩。

江苏省完成的主要防洪工程包括：按 6 000 $m^3/s$ 设计、7 000 $m^3/s$ 校核，开挖石梁河水库至太平庄段新沭河中泓，并加固两岸堤防及建太平庄闸等，1980 年堤防加固停缓建；完成了新沂河两岸堤防加固，沭阳以下可行洪 6 000 $m^3/s$，强迫行洪 7 000 $m^3/s$；完成淮沭新河土方工程；另外，还加固石梁河、小塔山水库。江苏省完成的主要除涝工程包括：在南四湖，与山东省共同全面治理了复新河，疏浚河道 54 km、筑堤 108 km。开挖了顺堤河和苏北堤河，顺堤河从姚楼河（山东境内称东边河）开始，下至蔺家坝下入不牢河，长 72 km；苏北堤河自大沙河至郑集河，先后与杨屯河、沿河、鹿口河、郑集河平交，各河之间自成排、引系统。在新沭河以北治理了朱稽河和范河，采用上截、中改、下调尾的治理方式，将上游山水引入小塔山水库、青口河及新沭河，中游将朱稽河和范河改入朱稽副河，下游疏浚调尾和建挡潮闸；在新沭河南建成临洪西站，抽排乌龙河流域的涝水，并把鲁兰河截入新沭河，临洪东站开工后停缓建。在新沂河以北的直接入海水道上均建了挡潮闸等工程。江苏省完成的主要灌溉航运工程包括：续建京杭运河，以利航运和江水北调。先后兴建了泗阳、刘老涧、皂河、刘山、解台及郑集 6 个扬水站，可抽江水 300 $m^3/s$ 入骆马湖，经中运河、不牢河送水 100 $m^3/s$ 入微山湖。在中运河、不牢河上修建了 6 处船闸。在老沭河上修建了塔山闸，蓄水灌溉，设计过闸流量 3 000 $m^3/s$。

1981—1990 年，除南四湖部分工程和新沂河加固工程外，“东调南下”工程停缓建，多数工程处于“半拉子”状况，中运河扩大工程尚未动工。

（五）1991 年沂沭泗河洪水东调南下工程规划

1. 规划情况

1990 年淮委完成了《淮河流域修订规划纲要（送审稿）》。1991 年江淮发生大洪水，国务院治淮治太会议做出了《国务院关于进一步治理淮河和太湖的决定》，确定治淮 19 项骨干工程建设任务，明确“续建沂沭泗河洪水东调南下工程，‘八五’期间达到 20 年一遇的防洪标准，‘九五’期间达到 50 年一遇的防洪标准”。根据治淮治太会议精神，1992 年淮委完成了《淮河流域综合规划纲要（1991 年修订）》，确定：沂沭泗河防洪标准为沂沭河防御 50 年一遇洪水；南四湖湖西大堤及湖东特大矿区段防御 1957 年洪水，其他堤防防御 50 年一遇洪水；骆马湖和新沂河防御 100 年一遇洪水。沂沭泗河近期防洪工程先按 20 年一遇洪水标准实施。

东调工程包括沂沭河中下游、邳苍分洪道、分沂入沭水道堤防加固，分沂入沭调尾，新建人民胜利堰闸，石梁河水库泄洪闸扩建等。

南下工程包括南四湖湖内清障，湖腰扩大，开挖西股引河上段，续建湖内庄台，加固湖西大堤，修建加固湖东堤，扩大韩庄运河、中运河，建设中运河临时控制工程，新沂河除险等。

2. 实施情况

1991年“东调南下”工程复工。

东调工程：按设计流量2 500 $m^3/s$兴建人民胜利堰闸；按分洪2 500 $m^3/s$，扩建分沂入沭水道，并将其尾部改由人民胜利堰闸上入沭河（亦称调尾工程）；新沭河按新沭河闸泄洪5 000 $m^3/s$规模扩大和除险；加固和扩建石梁河水库泄洪闸；沂河祊河口—刘家道口—江风口—骆马湖按12 000 $m^3/s$、10 000 $m^3/s$、7 000 $m^3/s$标准对堤防进行培修加固；沭河汤河口—大官庄—塔山闸—口头段按行洪5 750 $m^3/s$、2 500 $m^3/s$、3 000 $m^3/s$除险加固；邳苍分洪道按东泇河以上行洪3 000 $m^3/s$、以下4 500 $m^3/s$加固堤防；加固江风口闸。

南下工程：加固南四湖湖西堤和修建湖东堤，开挖湖内浅槽。湖西大堤大沙河至蔺家坝段按防御1957年洪水标准加固（上级湖洪水水位为36.99 m，下级湖洪水水位为36.49 m），大沙河以上段除老运河—梁济运河段约3 km按1957年洪水标准加固外，其余均按20年一遇防洪标准加固；山东境内按微山湖水位为33.29 m时韩庄出口泄量1 900 $m^3/s$（含伊家河200 $m^3/s$、老运河250 $m^3/s$），微山湖水位为35.79 m时韩庄出口排洪4 000 $m^3/s$（含伊家河400 $m^3/s$、老运河500 $m^3/s$）规模扩大韩庄运河，修建了老运河闸，开挖韩庄闸上喇叭口。按运河镇水位为26.33 m行洪5 500 $m^3/s$规模扩大、中运河，修建了中运河临时水资源控制设施。新沂河按行洪7 000 $m^3/s$除险加固，并兴建了海口控制工程。南四湖湖东堤、部分湖西堤、西股引河上段开挖和湖腰扩大未实施。

1991年以来，沂沭泗流域还进行了病险水库和病险水闸除险加固、湖西平原河道疏浚、农田灌溉、拓宽航道等一系列治理工程，使沂沭泗流域的防洪、除涝、灌溉、航运标准有了较大提高。

（六）2003年沂沭泗河洪水东调南下续建工程实施规划

1. 规划情况

2002年国务院办公厅转发水利部《关于加强淮河流域2001—2010年防洪建设的若干意见》，2003年水利部和相关省召开省部联席会议，对沂沭泗河洪水东调南下续建工程进行了统筹安排。根据部省联席会议纪要和水利部前期工作安排，淮委（水利部淮河水利委员会）编制了《沂沭泗河洪水东调南下续建工程实施规划》。

规划主要包括：沂河东汶河口至祊河口河段、沭河浔河口至汤河口河段按20年一遇防洪标准治理，沂河祊河口以下河段、沭河汤河口以下河段、分沂入沭、新沭河、邳苍分洪道、韩庄运河、中运河、新沂河按50年一遇防洪标准治理。南四湖总体防洪标准为50年一遇，治理范围为湖内及环湖堤防，湖西堤按防御1957年洪水标准加固，湖东堤大型矿区和城镇段堤防防御1957年洪水标准，其他堤段按防御50年一遇洪水标准修建加固，在湖东部分洼地设置滞洪区。骆马湖防洪标准为50年一遇。主要支流除涝标准为3～5年一遇，防洪标准为20年一遇。规划包括刘家道口枢纽、南四湖湖东堤、韩中骆堤防、新沂河整治、新沭河治理、沂沭邳治理、分沂入沭扩大、南四湖湖内及南四湖湖西大堤加固等9个单项。

东调工程：沂河东汶河口—蒙河口—祊河口—刘家道口—江风口及江风口—苗圩分别

按行洪 9 000 $m^3/s$、10 000 $m^3/s$、16 000 $m^3/s$、12 000 $m^3/s$、8 000 $m^3/s$ 对堤防进行加高加固，局部疏通河槽；扩大分沂入沭水道，使其排洪能力达到 4 000 $m^3/s$；扩大新沭河，使太平庄闸上下河道的行洪能力分别达到 6 000 $m^3/s$ 和 6 400 $m^3/s$，兴建三洋港挡潮闸，设计流量 6 400 $m^3/s$；沭河浔河口—高榆河口—汤河口—大官庄及大官庄—口头分别按 5 000 $m^3/s$、5 800 $m^3/s$、8 150 $m^3/s$ 及 2 500～3 000 $m^3/s$ 对堤防进行加高加固；修建刘家道口闸，设计流量 12 000 $m^3/s$；扩建江风口分洪闸，设计流量 4 000 $m^3/s$。

南下工程：在南阳镇附近和二级坝上、下扩挖 4 条浅槽，湖西堤按防御 1957 年洪水加固；修建湖东堤，大型矿区和城镇段堤防防御 1957 年洪水，其他堤段按防御 50 年一遇洪水修建加固；设置湖东滞洪区；按行洪 4 600～5 400 $m^3/s$ 扩大韩庄运河，续建韩庄闸上喇叭口工程，按行洪 5 600～6 700 $m^3/s$ 扩大中运河；按行洪 7 500～7 800 $m^3/s$ 扩大新沂河。

2. 实施情况

自 2005 年开始，沂沭泗河洪水东调南下续建工程陆续开工建设，至 2016 年各单项工程相继通过竣工验收，基本完成设计任务、实现规划目标。同期，流域还进行了病险水库和病险水闸除险加固、涝洼地及支流治理、城市防洪及航道等一系列治理工程，使沂沭泗流域的防洪、除涝、灌溉、航运标准有了较大提高。

（七）2013 年《淮河流域综合规划（2012—2030 年）》

根据《国务院办公厅转发水利部关于开展流域综合规划修编工作意见的通知》（国办发〔2007〕44 号）和水利部的总体部署，淮委组织流域各省开展了新一轮流域综合规划修编工作，2013 年国务院批复了《淮河流域综合规划（2012—2030 年）》。

规划安排沂沭泗河水系在既有东调南下工程格局的基础上，进一步巩固完善防洪湖泊和骨干河道防洪工程体系，扩大南下工程的行洪规模。近期按 20 年一遇加固沂沭泗河上游堤防，完善南四湖防洪体系，进一步巩固和完善其他防洪湖泊和骨干河道防洪工程体系。远期安排南四湖、韩庄运河、中运河、骆马湖、新沂河的防洪标准逐步提高到 100 年一遇，其他骨干河道防洪标准为 50 年一遇，重要支流防洪标准达到 20～50 年一遇。100 年一遇设计水位南四湖上级湖（南阳）36.99 m，下级湖（微山）36.49 m，骆马湖 100 年一遇设计水位为 24.83 m，相应扩大韩庄运河、中运河和新沂河的排洪能力，中运河苏鲁省界行洪规模 5 600 $m^3/s$、运河镇行洪规模 7 200 $m^3/s$，新沂河沭阳行洪规模 8 600 $m^3/s$。

## 六、历史水旱灾害

（一）水灾

据历史资料记载，元、明两代（1280—1643 年）的 364 年间，沂沭泗发生较大水灾 97 次。清代、民国（1644—1948 年）的 305 年间，发生水灾 267 次。中华人民共和国成立后，据苏、鲁两省有关市、县 36 年（1949—1984 年）统计，多年平均成灾面积 774 万亩，占两省流域耕地面积的14.2%，成灾面积超过1 000万亩以上的年份有 1949 年、1950 年、1951 年、1953 年、1956 年、1957 年、1960 年、1962 年、1963 年、1964 年等 10 年，其中 1963 年、1957 年最大，成灾面积分别达到 2 985 万亩、2 726 万亩，占两省流域耕地的 54.9%和 50.1%。在灾情分布上，20 世纪 50 年代大都分布在沂、沭河下游地区，以 1949—1951 年的 3 年最重；60 年代大都分布在南四湖湖西及邳苍地区；1957 年重灾发生在邳苍及南四湖地区;1974 年仅沭河地区受灾较重。

(二) 旱灾

沂沭泗流域旱灾损失不次于水灾,但有关旱灾的历史资料较少。

据 1957 年沂沭泗流域规划统计,周代、战国时代(前 1122—前 249 年)的 874 年间共发生 7 次。秦、汉、魏、晋、南北朝,资料全缺。隋、唐时期(589—906 年)的 318 年中发生旱灾 6 次。宋、元两代(960—1367 年)的 408 年中,发生旱灾 17 次。明、清至民国(1368—1948 年)的 581 年中,发生旱灾 86 次,其中特大干旱两次,分别为 1640 年、1785 年。中华人民共和国成立后,据苏、鲁两省各市、县的 36 年(1949—1984 年)旱灾统计,多年平均成灾面积 577 万亩,占苏、鲁两省耕地面积的 10.6%。成灾面积超过 1 000 万亩的有 1959 年、1962 年、1966 年、1977 年、1978 年、1983 年等 6 个大旱年,平均 6 年一次,其中 1966 年、1977 年分别达到 1 485 万亩、1 502 万亩,各占耕地的 27.3%、27.6%。1959 年、1960 年、1961 年连续 3 年皆春旱少雨,其中 1959 年旱灾最重,1961 年次之。1966 年、1967 年、1968 年又 3 年春旱,其中 1966 年旱灾最重,1968 年次之。1976 年、1977 年、1978 年又 3 年春旱成灾,其中 1977 年最重,受灾面积达 1 502 万亩,1978 年次之,达 1 067 万亩。1981 年、1983 年的 2 次干旱,灾情均较重,但是灌溉工程发挥了作用,灾情有所减小。

2002 年南四湖流域大旱,流域降水较常年偏少一半,旱情达百年一遇,南四湖干涸,济宁、菏泽、徐州受旱面积 1 600 余万亩,工农业生产损失严重。2002 年 12 月 8 日开始实施南四湖应急生态补水,至 2003 年 3 月 4 日结束,引调江水 1.1 亿 $m^3$(其中入上级湖 0.5 亿 $m^3$),湖内水面面积增加 110 $km^2$,避免了生态系统遭受毁灭性破坏,对保全湖区物种、恢复湖区生态系统具有极其重要的作用,生态效益显著。

**七、其他表**

与本部分内容相关的其他表详见表 1-2~表 1-4。

**表 1-2 沂沭泗流域行政区划及社会经济状况一览表**

| 序号 | 省地市 | 流域面积/万 km² | 人口/万人 | 粮食作物播种面积/万亩 | 粮食产量/万 t | 生产总值/亿元 | 县、市、区 | | |
|---|---|---|---|---|---|---|---|---|---|
| | | | | | | | 县、市/个 | 区/个 | 名称 |
| 一 | 山东省 | 5.16 | 3 762.15 | 4 106.96 | 1 793.24 | 13 984.40 | 32 | 14 | |
| 1 | 济宁市 | 1.13 | 867.44 | 968.63 | 455.30 | 4 013.12 | 9 | 2 | 曲阜市、汶上县、泗水县、邹城市、微山县、鱼台县、金乡县、嘉祥县、梁山县，任城区、兖州区 |
| 2 | 枣庄市 | 0.46 | 407.77 | 390.32 | 168.00 | 2 031.00 | 1 | 5 | 滕州市，市中区、山亭区、台儿庄区、峄城区、薛城区 |
| 3 | 菏泽市 | 1.19 | 1 003.06 | 1 462.00 | 620.75 | 2 400.96 | 7 | 2 | 曹县、成武县、单县、巨野县、郓城县、鄄城县、东明县，牡丹区、定陶区 |
| 4 | 泰安市 | 0.11 | 76.23 | 99.55 | 48.83 | 362.98 | 3 | | （新泰市、东平县、宁阳县） |
| 5 | 淄博市 | 0.16 | 53.01 | 10.35 | 2.24 | 227.73 | 1 | | （沂源县） |
| 6 | 临沂市 | 1.72 | 1 115.19 | 995.26 | 424.96 | 3 736.16 | 9 | 3 | 沂南县、莒南县、临沭县、郯城县、兰陵县、费县、平邑县、蒙阴县、（沂水县），兰山区、河东区、罗庄区 |
| 7 | 日照 | 0.39 | 239.45 | 180.85 | 73.16 | 1 212.45 | 2 | 2 | （莒县、五莲县），岚山区、（东港区） |
| 二 | 江苏省 | 2.56 | 2 055.19 | 2 642.98 | 1 204.62 | 8 888.39 | 13 | 11 | |
| 8 | 徐州市 | 0.87 | 831.93 | 865.28 | 370.98 | 4 233.37 | 5 | 5 | 丰县、沛县、邳州市、新沂市、（睢宁县），贾汪区、（云龙区、泉山区、鼓楼区、铜山区） |
| 9 | 连云港市 | 0.74 | 530.56 | 753.93 | 362.15 | 2 160.64 | 3 | 3 | 东海县、灌云县、灌南县，连云区、海州区、赣榆区 |
| 10 | 宿迁市 | 0.46 | 381.26 | 501.86 | 229.35 | 1 388.22 | 2 | 2 | 沭阳县、（泗阳县），（宿城区、宿豫区） |
| 11 | 淮安市 | 0.29 | 208.29 | 339.59 | 155.32 | 741.43 | 1 | 1 | 涟水县，淮阴区 |
| 12 | 盐城市 | 0.20 | 103.15 | 182.32 | 86.82 | 364.73 | 2 | | 响水县、（滨海县） |
| 三 | 河南省 | 0.18 | 150.94 | 238.52 | 105.97 | 347.77 | 4 | 1 | |
| 13 | 开封市 | 0.09 | 63.45 | 105.52 | 40.46 | 175.17 | 1 | | （兰考县） |
| 14 | 商丘市 | 0.09 | 87.49 | 133.00 | 65.51 | 172.60 | 3 | 1 | （民权县、宁陵县、虞城县），（梁园区） |
| 四 | 安徽省 | 0.06 | 51.02 | 59.26 | 17.83 | 82.11 | 2 | | |
| 15 | 宿州市 | 0.06 | 51.02 | 59.26 | 17.83 | 82.11 | 2 | | （砀山县、萧县） |
| 合计 | | 7.96 | 6 019.30 | 7 047.72 | 3 121.66 | 23 302.67 | 51 | 26 | |

注：括号内的县、市、区为不完全县；社会经济指标根据流域各省 2016 年统计年鉴、政府公开信息等资料汇总统计（2015 年数据）。

**表 1-3　沂沭泗流域主要河流流域面积及长度统计表**

| 序号 | 河流名称 | 流域面积/$km^2$ | 河流长度/km | 序号 | 河流名称 | 流域面积/$km^2$ | 河流长度/km |
|---|---|---|---|---|---|---|---|
| | 全流域合计 | 79 618 | | 3 | 湖面 | 1 280 | |
| 一 | 泗运河水系 | 39 809 | | （二） | 韩庄、中运河水系 | 8 628 | |
| （一） | 南四湖 | 31 181 | | 1 | 韩庄运河 | 1 828 | 42.5 |
| 1 | 湖东诸河 | 8 472 | | （1） | 峄城大沙河 | 629 | 61.5 |
| （1） | 泗河 | 2 338 | 159.0 | （2） | 陶沟河 | 676 | 34.0 |
| （2） | 白马河 | 1 099 | 60.0 | （3） | 伊家河 | 328 | 34.0 |
| （3） | 洸府河 | 1 331 | 76.4 | （4） | 其他 | 195 | |
| （4） | 城漷河 | 912 | 81.0 | 2 | 中运河 | 6 800 | 179.1 |
| （5） | 新薛河 | 686 | 89.6 | （1） | 邳苍分洪道 | 2 357 | 74.0 |
| （6） | 北沙河 | 489 | 64.0 | （2） | 不牢河 | 1 343 | 73.0 |
| （7） | 其他 | 1 617 | | （3） | 房亭河 | 716 | 63.0 |
| 2 | 湖西诸河 | 21 429 | | （4） | 邳洪河 | 530 | 26.0 |
| （1） | 梁济运河 | 3 306 | 88.0 | （5） | 其他 | 1 854 | |
| （2） | 洙赵新河 | 4 206 | 145.0 | 二 | 沂沭河水系 | 24 045 | |
| （3） | 洙水河 | 571 | 47.0 | （一） | 沂河水系 | 14 795 | |
| （4） | 新万福河 | 1 283 | 77.3 | 1 | 沂河（至入湖口） | 11 820 | 333.0 |
| （5） | 老万福河 | 563 | 33.0 | （1） | 东汶河 | 2 428 | 132.0 |
| （6） | 东鱼河 | 5 923 | 173.4 | （2） | 蒙河 | 632 | 62.0 |
| （7） | 复新河 | 1 812 | 75.0 | （3） | 祊河 | 3 376 | 158.0 |
| （8） | 大沙河 | 1 700 | 61.0 | （4） | 白马河 | 552 | 50.8 |
| （9） | 郑集河 | 497 | 13.5 | （5） | 其他 | 4 832 | |
| （10） | 其他 | 1 568 | | 2 | 骆马湖湖面及滨湖 | 432 | |

表 1-3(续)

| 序号 | 河流名称 | 流域面积/km² | 河流长度/km | 序号 | 河流名称 | 流域面积/km² | 河流长度/km |
|---|---|---|---|---|---|---|---|
| 3 | 新沂河 | 2 543 | 146.0 | 三 | 其他入海诸河 | 15 764 | |
| (1) | 新开河 | 809 | 32.0 | (一) | 沂北沭北诸河 | 6 300 | |
| (2) | 淮沭河 | 598 | 61.1 | 1 | 傅疃河 | 1 048 | 51.5 |
| (3) | 其他 | 1 136 | | 2 | 龙王河 | 582 | 75.5 |
| (二) | 沭河水系 | 9 250 | | 3 | 青口河 | 503 | 64.0 |
| 1 | 沭河(至大官庄) | 4 519 | 196.3 | 4 | 古泊善后河 | 1 471 | 77.1 |
| (1) | 袁公河 | 529 | 62.0 | 5 | 其他 | 2 696 | |
| (2) | 浔河 | 532 | 67.5 | (二) | 灌河 | 7 273 | 70.0 |
| (3) | 高榆河 | 308 | 37.9 | 1 | 柴米河 | 1 260 | 84.4 |
| (4) | 汤河 | 486 | 56.0 | 2 | 北六塘河 | 794 | 58.8 |
| (5) | 其他 | 2 664 | | 3 | 南六塘河 | 958 | 35.6 |
| 2 | 老沭河(大官庄至口头) | 1 881 | 103.7 | 4 | 盐河 | 506 | 155.3 |
| 3 | 新沭河(大官庄至临洪口) | 2 850 | 80.0 | 5 | 其他 | 3 755 | |
| (1) | 蔷薇河 | 1 358 | 97.04 | (三) | 废黄河 | 2 191 | 740.6 |
| (2) | 其他 | 1 492 | | | | | |

**表 1-4　沂沭泗流域主要控制站集水面积、河段长度及洪水传播时间表**

| 编号 | 河流名称 | 控制站 | 集水面积/km² | 下游控制站 | 至下游控制站距离/km | 洪水传播时间/h |
|---|---|---|---|---|---|---|
| 1 | 沂河 | 田庄水库 | 417 | 东里店 | 45.0 | 6～10 |
| | | 东里店 | 1 182 | 跋山水库 | 31.0 | 5～9 |
| | | 跋山水库 | 1 782 | 葛沟 | 77.0 | 11～17 |
| | | 葛沟 | 5 565 | 临沂 | 45.0 | 6～10 |
| | | 临沂 | 10 315 | 刘家道口 | 10.0 | 1～2 |
| | | 刘家道口 | 10 438 | 港上 | 58.0 | 3～6 |
| | | 港上 | 10 522 | 华沂 | 18.0 | 2 |
| | | 华沂 | 10 536 | 骆马湖 | 23.3 | 2 |
| 2 | 新沂河 | 嶂山闸 | 51 200 | 沭阳 | 43.0 | 6～16 |
| | | 沭阳 | | 黄海 | 103.0 | 20～60 |
| 3 | 东汶河 | 岸堤 | 1 690 | 葛沟 | 79.0 | 11～18 |
| 4 | 祊河 | 姜庄湖 | 3 007 | 临沂 | 53.0 | 6～11 |
| 5 | 沭河 | 沙沟 | 163 | 青峰岭 | 45.0 | 8～11 |
| | | 青峰岭 | 770 | 莒县 | 27.0 | 5～7 |
| | | 莒县 | 1 676 | 石拉渊 | 52.0 | 10～12 |
| | | 石拉渊 | 3 377 | 重沟 | 37.0 | 4～10 |
| | | 重沟 | 4 511 | 胜利堰闸 | 18.0 | 3～5 |
| 6 | 老沭河 | 胜利堰闸 | 4 519 | 新安 | 62.0 | 7～18 |
| | | 新安 | | 沭阳 | 64.0 | 16～22 |
| 7 | 新沭河 | 新沭河闸 | | 大兴镇 | 20.0 | 3～4 |
| | | 大兴镇 | 458 | 石梁河 | 15.0 | 2～3 |
| | | 石梁河 | | 三洋港闸 | 42.7 | 9～12 |
| | | 三洋港闸 | | 海口 | 2.3 | |

表 1-4(续)

| 编号 | 河流名称 | 控制站 | 集水面积/$km^2$ | 下游控制站 | 至下游控制站距离/km | 洪水传播时间/h |
|---|---|---|---|---|---|---|
| 8 | 分沂入沭 | 彭家道口 | | 大官庄 | 20.0 | 3～5 |
| 9 | 邳苍分洪道 | 江风口 | | 林子 | 57.0 | 9～14 |
| | | 林子 | 2 327 | 中运河 | 15.0 | 3～5 |
| 10 | 韩庄运河 | 韩庄 | | 台儿庄 | 36.0 | 4～12 |
| 11 | 中运河 | 台儿庄 | | 运河镇 | 32.0 | 4～10 |
| | | 运河镇 | 38 600 | 皂河闸 | 37.0 | 3～7 |
| 12 | 梁济运河 | 后营 | 3 225 | 南四湖 | 8.5 | 6～8 |
| 13 | 泗河 | 贺庄 | 172 | 书院 | 93.0 | 4～6 |
| | | 书院 | 2 366 | 南四湖 | 62.0 | 7～11 |
| 14 | 洸府河 | 黄庄 | 1 027 | 南四湖 | 15.0 | 4～6 |
| 15 | 白马河 | 马楼 | 1 052 | 南四湖 | 27.0 | 4～5 |
| 16 | 城河 | 滕州 | 605 | 南四湖 | 26.0 | 1～3 |
| 17 | 新薛河 | 官庄 | 681 | 南四湖 | 18.0 | 1～2 |
| 18 | 洙赵新河 | 梁山闸 | 4 192 | 南四湖 | 24.0 | 16～20 |
| 19 | 万福河 | 孙庄 | 1 199 | 南四湖 | 24.0 | 8～10 |
| 20 | 东鱼河 | 鱼台 | 5 923 | 南四湖 | 27.0 | 6～8 |
| 21 | 房亭河 | 土山 | 716 | 中运河 | 7.0 | |

# 第二部分　暴雨洪水

## 一、降水

沂沭泗流域多年平均降水量为789 mm。降水特点是地区分布不均，年内分配集中，年际变化大。

降水量在地区分布上不均匀，由东南向西北依次递减，降水量的地区变幅为600～1 000 mm。南四湖地区年平均降水量达600～800 mm，沂沭河地区为700～900 mm，中运河、骆马湖、新沂河南北地区为800～1 000 mm。

降水量年内分配不均，多集中在汛期，多年春季(3—5月)平均为125 mm，占15.8%；夏季即汛期(6—9月)平均为560 mm，占71.0%；秋季(10—12月)平均为75 mm，占9.5%；冬季(1—2月)平均为29 mm，占3.7%。

降水量年际变化较大，最大年为1 174 mm(2003年)，最小年为492 mm(1988年)，最大年降水量约为最小年的2.39倍。

## 二、径流

沂沭泗流域多年平均径流深约为181 mm，年径流系数为0.23。年径流的时空分布具有地区变化剧烈、年内分配集中和年际变化大等特点。

年径流地区分布类似于降水，南大北小，沿海大于内陆，同纬度山区大于平原。沂沭河上、中游年径流深为250～300 mm，年径流系数为0.3～0.4；南四湖湖东年径流深为75～250 mm，年径流系数为0.2～0.3，湖西年径流深为50～100 mm，年径流系数为0.1～0.2；中运河及新沂河南北年径流深为200～250 mm，年径流系数为0.2～0.3。

径流的年际变化与年内分配不均匀性非常明显。年际变化不均匀性主要表现在年最大与年最小径流量倍比悬殊。沂河临沂站最大与最小年径流量的比值为102，沭河大官庄站最大与最小年径流量的比值为21。径流的年内分配，汛期(6—9月)实测径流量占全年径流量的70%～80%。

## 三、暴雨

沂沭泗流域暴雨成因主要是黄淮气旋、台风及南北切变，同一场暴雨可能受多个天气系统的共同影响。长历时降雨多数由切变线和低涡接连出现造成。台风主要影响沂沭河及南四湖湖东区。暴雨移动方向由西向东较多。降雨一般自南向北递减，沿海多于内陆，山地多于平原。由于沂沭泗流域处于南北过渡地区，暴雨的特性也兼有南北地区的特性。主要的暴雨特性为天气变化剧烈，降水集中，旱涝交替，例如1957年、1960年、1974年、1993年和2012年等，但当江淮梅雨区偏北时可能造成沂沭泗流域类似梅雨的天气，降水量大，降水历时长，时间、空间上分布均匀，例如1971年。

沂沭泗流域暴雨多集中在6—9月，大多数发生在7—8月，以7月最多，且强度大、范围广、持续时间长。7月暴雨全流域出现的机遇大体相等；8月东北部沂蒙山区暴雨相对增多，同时受台风影响东部沿海地区常出现台风暴雨，台风暴雨强度大，特别是单站雨量很大，但范围小、持续时间短。

**四、洪水**

沂沭泗流域洪水特性是来势凶猛，峰高量大，上游洪水陡涨陡落，南四湖湖西等平原地区河流洪水变化平缓。从洪水组合上看，沂沭泗流域洪水可分为沂沭河、南四湖（包括泗河）和邳苍地区三部分。

沂河、沭河发源于沂蒙山，上、中游均为山丘区，河道比降大，暴雨出现机会多，是沂沭泗洪水的主要源地。沂河、沭河洪水汇集快，洪峰尖瘦，一次洪水过程仅为 2～3 天，如集水面积为 10 315 $km^2$ 的沂河临沂站，在上游暴雨后不到半天就可出现洪峰。沂河、沭河洪水经刘家道口和大官庄枢纽分流进入新沭河，经石梁河水库调节后，水势减缓。

南四湖承纳包括泗河在内的周边诸河来水。其中湖东支流多为山溪性河流，河短流急，洪水随涨随落；湖西支流流经黄泛平原，泄水能力低，洪水过程平缓。由于南四湖出口泄量所限，大洪水时往往湖区周围洪涝并发。

南四湖出口至骆马湖之间为邳苍地区，其北部为山区，洪水涨落快，是沂沭泗水系洪水的又一个重要来源。

骆马湖汇集沂河、南四湖及邳苍地区来水，是沂沭泗洪水重要的调蓄湖泊，其下游新沂河为平原人工河道，比降较缓，沿途又承接沭河等部分来水，因而洪水峰高量大，过程较长。20 世纪 50 年代以来，沂沭泗水系各河同时发生大水的有 1957 年，先后出现大水的有 1963 年，沂河和沭河、邳苍地区出现大水的有 1974 年。

**五、其他表**

与本部分内容相关的表详见表 2-1～表 2-16。

**表 2-1　沂沭泗流域历年各月降水量统计表**

单位:mm

| 年份 | 1月 | 2月 | 3月 | 4月 | 5月 | 6月 | 7月 | 8月 | 9月 | 10月 | 11月 | 12月 | 6～9月 | 全年 |
|---|---|---|---|---|---|---|---|---|---|---|---|---|---|---|
| 1953 | 2 | 26 | 40 | 21 | 60 | 128 | 264 | 162 | 15 | 42 | 22 | 14 | 569 | 796 |
| 1954 | 24 | 36 | 7 | 41 | 76 | 63 | 199 | 177 | 57 | 68 | 49 | 32 | 496 | 829 |
| 1955 | 3 | 10 | 18 | 18 | 34 | 53 | 281 | 145 | 113 | 16 | 4 | 19 | 592 | 714 |
| 1956 | 11 | 2 | 55 | 70 | 45 | 286 | 131 | 195 | 96 | 30 | 3 | 4 | 708 | 928 |
| 1957 | 49 | 17 | 8 | 59 | 39 | 100 | 523 | 87 | 2 | 22 | 30 | 22 | 712 | 958 |
| 1958 | 23 | 2 | 31 | 73 | 31 | 145 | 217 | 217 | 38 | 61 | 62 | 20 | 617 | 920 |
| 1959 | 14 | 19 | 53 | 24 | 76 | 137 | 120 | 138 | 67 | 27 | 46 | 40 | 462 | 761 |
| 1960 | 6 | 1 | 38 | 23 | 43 | 165 | 295 | 157 | 128 | 16 | 38 | 4 | 745 | 914 |
| 1961 | 6 | 6 | 26 | 29 | 81 | 119 | 180 | 159 | 138 | 21 | 41 | 13 | 596 | 819 |
| 1962 | 1 | 13 | 3 | 29 | 18 | 122 | 222 | 220 | 136 | 62 | 86 | 15 | 700 | 927 |
| 1963 | 0 | 1 | 40 | 47 | 151 | 36 | 419 | 249 | 38 | 5 | 11 | 9 | 742 | 1 006 |
| 1964 | 39 | 35 | 17 | 149 | 72 | 91 | 233 | 232 | 141 | 73 | 10 | 6 | 697 | 1 098 |
| 1965 | 12 | 11 | 7 | 66 | 8 | 60 | 370 | 236 | 19 | 33 | 26 | 9 | 685 | 857 |
| 1966 | 5 | 15 | 78 | 41 | 18 | 65 | 220 | 55 | 10 | 24 | 15 | 16 | 350 | 562 |
| 1967 | 10 | 36 | 49 | 46 | 15 | 133 | 158 | 145 | 133 | 21 | 52 | 0 | 569 | 798 |
| 1968 | 7 | 0 | 17 | 54 | 18 | 52 | 166 | 129 | 61 | 51 | 16 | 27 | 408 | 598 |
| 1969 | 30 | 30 | 14 | 76 | 91 | 68 | 191 | 130 | 208 | 3 | 2 | 2 | 597 | 845 |
| 1970 | 1 | 28 | 4 | 56 | 30 | 99 | 363 | 117 | 132 | 44 | 7 | 5 | 711 | 886 |
| 1971 | 21 | 22 | 29 | 28 | 18 | 311 | 131 | 312 | 85 | 10 | 8 | 14 | 839 | 989 |
| 1972 | 29 | 9 | 42 | 21 | 77 | 47 | 241 | 133 | 94 | 48 | 35 | 3 | 515 | 779 |
| 1973 | 26 | 22 | 14 | 126 | 42 | 69 | 284 | 65 | 54 | 47 | 0 | 0 | 472 | 749 |
| 1974 | 3 | 17 | 38 | 76 | 84 | 50 | 294 | 302 | 60 | 42 | 19 | 54 | 706 | 1 039 |
| 1975 | 1 | 20 | 18 | 105 | 5 | 59 | 22C | 169 | 145 | 50 | 29 | 12 | 593 | 833 |

表 2-1(续)

| 年份 | 1月 | 2月 | 3月 | 4月 | 5月 | 6月 | 7月 | 8月 | 9月 | 10月 | 11月 | 12月 | 6～9月 | 全年 |
|---|---|---|---|---|---|---|---|---|---|---|---|---|---|---|
| 1976 | 0 | 52 | 7 | 43 | 46 | 73 | 172 | 172 | 50 | 10 | 21 | 4 | 467 | 650 |
| 1977 | 2 | 0 | 21 | 80 | 47 | 46 | 253 | 62 | 54 | 77 | 21 | 21 | 415 | 684 |
| 1978 | 1 | 18 | 24 | 5 | 26 | 85 | 213 | 164 | 41 | 36 | 22 | 6 | 503 | 641 |
| 1979 | 25 | 22 | 45 | 75 | 26 | 150 | 250 | 68 | 147 | 2 | 3 | 36 | 615 | 849 |
| 1980 | 12 | 3 | 29 | 35 | 85 | 177 | 149 | 125 | 45 | 81 | 8 | 1 | 496 | 750 |
| 1981 | 10 | 11 | 20 | 3 | 23 | 108 | 159 | 103 | 29 | 42 | 18 | 3 | 399 | 529 |
| 1982 | 5 | 19 | 17 | 23 | 60 | 60 | 240 | 149 | 50 | 53 | 54 | 3 | 499 | 733 |
| 1983 | 10 | 6 | 38 | 26 | 35 | 49 | 191 | 89 | 85 | 97 | 4 | 1 | 414 | 631 |
| 1984 | 1 | 1 | 7 | 36 | 74 | 104 | 247 | 149 | 142 | 15 | 41 | 19 | 642 | 836 |
| 1985 | 8 | 14 | 14 | 35 | 147 | 28 | 200 | 158 | 130 | 71 | 14 | 23 | 516 | 842 |
| 1986 | 2 | 3 | 14 | 13 | 36 | 98 | 232 | 111 | 53 | 30 | 3 | 23 | 494 | 618 |
| 1987 | 27 | 32 | 26 | 31 | 21 | 94 | 141 | 151 | 79 | 117 | 27 | 0 | 465 | 746 |
| 1988 | 2 | 1 | 27 | 8 | 89 | 26 | 205 | 71 | 30 | 23 | 0 | 10 | 332 | 492 |
| 1989 | 51 | 15 | 38 | 27 | 35 | 191 | 133 | 67 | 38 | 3 | 20 | 6 | 429 | 624 |
| 1990 | 28 | 45 | 38 | 46 | 101 | 159 | 237 | 252 | 74 | 1 | 29 | 7 | 722 | 1 017 |
| 1991 | 17 | 15 | 80 | 24 | 125 | 149 | 247 | 60 | 57 | 7 | 10 | 21 | 513 | 812 |
| 1992 | 18 | 18 | 30 | 23 | 73 | 26 | 194 | 178 | 61 | 30 | 7 | 14 | 459 | 672 |
| 1993 | 23 | 30 | 7 | 28 | 67 | 90 | 211 | 220 | 42 | 39 | 114 | 2 | 563 | 873 |
| 1994 | 1 | 18 | 17 | 60 | 24 | 90 | 166 | 225 | 46 | 70 | 28 | 27 | 527 | 772 |
| 1995 | 2 | 3 | 25 | 26 | 43 | 65 | 200 | 281 | 37 | 53 | 0 | 0 | 583 | 735 |
| 1996 | 5 | 10 | 32 | 50 | 11 | 143 | 208 | 93 | 81 | 76 | 25 | 1 | 525 | 735 |
| 1997 | 3 | 13 | 36 | 37 | 83 | 25 | 119 | 188 | 32 | 4 | 47 | 15 | 364 | 602 |
| 1998 | 20 | 40 | 89 | 63 | 137 | 57 | 186 | 343 | 4 | 22 | 1 | 6 | 590 | 968 |

**表 2-1(续)**

| 年份 | 1月 | 2月 | 3月 | 4月 | 5月 | 6月 | 7月 | 8月 | 9月 | 10月 | 11月 | 12月 | 6～9月 | 全年 |
|---|---|---|---|---|---|---|---|---|---|---|---|---|---|---|
| 1999 | 1 | 2 | 23 | 30 | 74 | 84 | 131 | 75 | 127 | 73 | 4 | 1 | 417 | 625 |
| 2000 | 31 | 10 | 1 | 7 | 49 | 157 | 183 | 233 | 49 | 77 | 50 | 7 | 622 | 854 |
| 2001 | 52 | 33 | 2 | 14 | 14 | 113 | 297 | 102 | 11 | 13 | 4 | 30 | 523 | 685 |
| 2002 | 10 | 4 | 16 | 46 | 109 | 87 | 104 | 57 | 35 | 13 | 2 | 22 | 283 | 505 |
| 2003 | 8 | 25 | 42 | 69 | 66 | 138 | 306 | 274 | 112 | 73 | 44 | 17 | 830 | 1 174 |
| 2004 | 5 | 17 | 11 | 15 | 72 | 93 | 265 | 185 | 117 | 6 | 28 | 13 | 660 | 827 |
| 2005 | 3 | 25 | 15 | 23 | 59 | 178 | 235 | 198 | 257 | 23 | 22 | 9 | 868 | 1 047 |
| 2006 | 11 | 17 | 3 | 44 | 50 | 114 | 214 | 193 | 28 | 3 | 40 | 21 | 549 | 738 |
| 2007 | 0 | 28 | 45 | 20 | 59 | 167 | 202 | 271 | 86 | 17 | 2 | 9 | 726 | 906 |
| 2008 | 20 | 4 | 10 | 84 | 87 | 119 | 304 | 184 | 50 | 25 | 7 | 6 | 657 | 900 |
| 2009 | 0 | 22 | 32 | 29 | 77 | 94 | 231 | 173 | 38 | 16 | 28 | 16 | 536 | 756 |
| 2010 | 2 | 37 | 20 | 48 | 57 | 80 | 171 | 195 | 141 | 2 | 0 | 2 | 587 | 755 |
| 2011 | 0 | 31 | 4 | 10 | 63 | 53 | 140 | 229 | 118 | 20 | 82 | 26 | 540 | 776 |
| 2012 | 1 | 6 | 37 | 34 | 6 | 32 | 249 | 163 | 96 | 10 | 38 | 42 | 540 | 714 |
| 2013 | 10 | 13 | 14 | 17 | 144 | 28 | 282 | 88 | 72 | 5 | 36 | 0 | 470 | 709 |
| 2014 | 2 | 26 | 8 | 41 | 76 | 54 | 136 | 87 | 129 | 45 | 41 | 1 | 406 | 646 |
| 2015 | 7 | 19 | 19 | 62 | 48 | 127 | 110 | 132 | 41 | 18 | 119 | 6 | 410 | 708 |
| 2016 | 4 | 19 | 5 | 24 | 61 | 163 | 178 | 101 | 58 | 122 | 13 | 38 | 500 | 786 |
| 2017 | 37 | 16 | 7 | 40 | 38 | 70 | 303 | 149 | 97 | 34 | 3 | 1 | 619 | 795 |
| 2018 | 12 | 5 | 40 | 41 | 76 | 89 | 153 | 240 | 78 | 3 | 43 | 31 | 560 | 811 |
| 多年平均 | 12 | 17 | 25 | 42 | 58 | 100 | 219 | 163 | 78 | 36 | 26 | 13 | 559 | 790 |
| 历年最大 | 52 | 52 | 89 | 149 | 151 | 311 | 523 | 343 | 257 | 122 | 119 | 54 | 868 | 1 174 |
| 出现年份 | 2001 | 1976 | 1998 | 1964 | 1963 | 1971 | 1957 | 1998 | 2005 | 2016 | 2015 | 1974 | 2005 | 2003 |
| 历年最小 | 0 | 0 | 1 | 3 | 5 | 25 | 104 | 55 | 2 | 1 | 0 | 0 | 283 | 492 |
| 出现年份 | 1963 | 1968 | 2000 | 1981 | 1975 | 1997 | 2002 | 1966 | 1957 | 1990 | 1973 | 1967 | 2002 | 1988 |

**表 2-2(a)　沂沭泗流域各时段最大降水量表(一)**

| 水系 | 河名 | 站名 | 最大 1 小时 | | 最大 3 小时 | | 最大 6 小时 | | 最大 12 小时 | | 最大 24 小时 | |
|---|---|---|---|---|---|---|---|---|---|---|---|---|
| | | | 雨量/mm | 开始日期(年.月.日) | 雨量/mm | 开始日期(年.月.日) | 雨量/mm | 开始日期(年.月.日) | 雨量/mm | 开始日期(年.月.日) | 雨量/mm | 开始日期(年.月.日) |
| 沂河 | 桃墟河 | 前城子 | 155.0 | 1963.7.24 | 310.0 | 1963.7.24 | 320.0 | 1963.7.24 | 320.0 | 1963.7.24 | 320.0 | 1963.7.24 |
| 滨海诸小河 | 付疃河 | 日照 | 114.4 | 1969.7.30 | 204.8 | 1975.8.14 | 348.0 | 1975.8.14 | 370.8 | 1975.8.13 | 378.8 | 1975.8.13 |
| 沭河 | 沭河 | 莒县 | 92.6 | 1970.7.29 | 164.1 | 1962.7.13 | 346.3 | 1962.7.13 | 347.6 | 1962.7.13 | 347.6 | 1962.7.13 |
| 运河 | 沿河 | 沛城 | 119.5 | 1971.8.9 | 180.7 | 1971.8.8 | 241.2 | 1971.8.8 | 352.6 | 1971.8.8 | 379.2 | 1971.8.8 |
| 运河 | 运河 | 韩庄闸 | 120.3 | 1971.8.9 | 169.7 | 1971.8.9 | 187.9 | 1980.8.24 | 200.5 | 1953.7.23 | 201.7 | 1953.7.23 |
| 运河 | 城河 | 滕县 | 124.2 | 1974.8.1 | 167.8 | 1974.8.1 | 234.7 | 1974.7.31 | 258.2 | 1974.7.31 | 303.4 | 1958.6.29 |
| 沂河 | 蒙河 | 垛庄 | 85.7 | 1985.8.1 | 185.0 | 1960.8.17 | 332.7 | 1960.8.17 | 342.4 | 1960.8.16 | 358.0 | 1960.8.16 |
| 沂河 | 柳青河 | 刘庄 | 59.6 | 1993.8.4 | 136.6 | 1993.8.4 | 219.2 | 1993.8.4 | 312.6 | 1993.8.4 | 394.1 | 1993.8.4 |
| 运河 | 东泇河 | 卞庄 | 163.9 | 1993.8.5 | 232.0 | 1993.8.5 | 284.8 | 1993.8.5 | 314.1 | 1993.8.4 | 361.7 | 1993.8.4 |
| 运河 | 十字河 | 柴胡店 | 90.0 | 1993.8.5 | 242.3 | 1993.8.5 | 326.2 | 1993.8.5 | 383.5 | 1993.8.4 | 394.4 | 1993.8.4 |
| 运河 | 废黄河 | 徐州 | 96.8 | 1997.7.17 | 217.5 | 1997.7.17 | 258.6 | 1997.7.17 | 342.2 | 1997.7.17 | 358.7 | 1997.7.17 |
| 沂河 | 灌河 | 响水口 | 105.8 | 2000.8.30 | 235.2 | 2000.8.30 | 388.5 | 2000.8.30 | 591.0 | 2000.8.30 | 825.0 | 2000.8.30 |
| 沂河 | 响坎河 | 小尖 | 125.4 | 2012.8.10 | 272.2 | 2012.8.10 | 470.2 | 2012.8.10 | 492.6 | 2012.8.10 | 493.8 | 2012.8.10 |
| 运河 | 沿河 | 栖山 | 134.0 | 2018.8.19 | 222.5 | 2018.8.19 | 281.0 | 2018.8.18 | 366.5 | 2018.8.18 | 415.5 | 2018.8.18 |
| 沭河 | 沭河 | 辉泉 | 104.0 | 2018.6.26 | 181.5 | 2018.6.25 | 250.0 | 2018.6.25 | 292.0 | 2018.6.25 | 328.5 | 2018.6.25 |

表 2-2(b)　沂沭泗流域各时段最大降水量表(二)

| 水系 | 河名 | 站名 | 最大1天 | | 最大3天 | | 最大7天 | |
|---|---|---|---|---|---|---|---|---|
| | | | 雨量/mm | 发生日期（年.月.日） | 雨量/mm | 开始日期（年.月.日） | 雨量/mm | 开始日期（年.月.日） |
| 运河 | 东鱼河 | 青堌集 | 230.0 | 1957.7.12 | 364.7 | 1957.7.10 | 553.5 | 1957.7.6 |
| 运河 | 峄城大沙河 | 峄城 | 399.6 | 1958.6.29 | 427.2 | 1958.6.29 | 592.2 | 1958.6.29 |
| 沂河 | 东汶河 | 付旺庄 | 331.5 | 1960.8.16 | 334.7 | 1960.8.15 | 403.4 | 1960.6.26 |
| 沭河 | 沭河 | 莒县 | 347.6 | 1962.7.13 | 348.6 | 1962.7.11 | 403.4 | 1957.7.10 |
| 沭河 | 宋公河 | 蒲汪 | 263.0 | 1962.7.13 | 435.6 | 1974.8.11 | 505.7 | 1974.8.8 |
| 沂河 | 桃墟河 | 前城子 | 320.0 | 1963.7.24 | 349.4 | 1963.7.22 | 676.8 | 1963.7.18 |
| 沂河 | 东汶河 | 蒙阴 | 344.6 | 1970.7.22 | 410.1 | 1970.7.20 | 606.5 | 1970.7.19 |
| 运河 | 南四湖 | 夏镇 | 399.2 | 1971.8.8 | 575.8 | 1971.8.8 | 585.4 | 1971.8.8 |
| 运河 | 沿河 | 沛城 | 336.8 | 1971.8.8 | 381.3 | 1971.8.8 | 381.3 | 1971.8.8 |
| 运河 | 大运河 | 宿迁闸 | 327.2 | 1974.8.12 | 436.6 | 1974.8.11 | 438.4 | 1974.8.7 |
| 滨海诸小河 | 付疃河 | 日照 | 376.9 | 1975.8.14 | 393.5 | 1975.8.13 | 418.0 | 1975.8.13 |
| 沂河 | 柳青河 | 刘庄 | 372.4 | 1993.8.4 | 396.6 | 1993.8.3 | 407.9 | 1993.7.29 |
| 运河 | 南四湖 | 夏镇 | 352.2 | 1993.8.4 | 352.7 | 1993.8.4 | 353.1 | 1993.8.4 |
| 运河 | 东泇河 | 卞庄 | 328.9 | 1993.8.4 | 372.7 | 1993.8.3 | 392.3 | 1993.7.30 |
| 运河 | 十字河 | 柴胡店 | 394.4 | 1993.8.4 | 424.3 | 1993.8.3 | 428.4 | 1993.7.30 |
| 运河 | 废黄河 | 徐州 | 358.7 | 1997.7.17 | 397.8 | 1997.7.16 | 420.5 | 1997.7.14 |
| 沂河 | 灌河 | 响水口 | 563.1 | 2000.8.30 | 877.4 | 2000.8.28 | 1 046.3 | 2000.8.24 |
| 沂河 | 响坎河 | 小尖 | 478.8 | 2012.8.10 | 496.4 | 2012.8.8 | 510.4 | 2012.8.8 |
| 沂河 | 涑河 | 街口 | 222.0 | 2012.7.9 | 442.5 | 2012.7.7 | 506.0 | 2012.7.4 |
| 运河 | 沿河 | 栖山 | 394.5 | 2018.8.18 | 456.5 | 2018.8.17 | 543.5 | 2018.8.13 |
| 沭河 | 沭河 | 辉泉 | 327.5 | 2018.6.25 | 331.0 | 2018.6.25 | 331.0 | 2018.6.25 |

表 2-3 沂沭泗流域代表站不同重现期各时段最大雨量成果表

| 代表站名称 | 所在地 | 暴雨历时 | 雨量均值/mm | $C_v$ | 不同重现期各时段最大雨量/mm | | | | | | | | |
|---|---|---|---|---|---|---|---|---|---|---|---|---|---|
| | | | | | 1 000 年 | 500 年 | 200 年 | 100 年 | 50 年 | 20 年 | 10 年 | 5 年 | 3 年 |
| 淮阴 | 江苏淮安 | 6 h | 84 | 0.5 | 318 | 292 | 257 | 230 | 203 | 167 | 139 | 111 | 90 |
| | | 24 h | 120 | 0.52 | 474 | 433 | 380 | 339 | 298 | 244 | 202 | 160 | 128 |
| | | 3 d | 149 | 0.52 | 588 | 538 | 471 | 421 | 370 | 303 | 251 | 199 | 159 |
| 运河 | 江苏邳州 | 6 h | 91 | 0.53 | 367 | 335 | 293 | 261 | 229 | 187 | 154 | 122 | 97 |
| | | 24 h | 118 | 0.57 | 515 | 469 | 407 | 360 | 314 | 252 | 206 | 159 | 125 |
| | | 3 d | 143 | 0.54 | 588 | 537 | 469 | 417 | 365 | 297 | 244 | 192 | 152 |
| 临洪 | 江苏连云港 | 6 h | 90 | 0.58 | 400 | 364 | 316 | 279 | 242 | 194 | 158 | 122 | 95 |
| | | 24 h | 132 | 0.58 | 587 | 534 | 463 | 409 | 356 | 285 | 232 | 178 | 139 |
| | | 3 d | 150 | 0.58 | 667 | 606 | 526 | 465 | 404 | 324 | 263 | 203 | 158 |
| 蔺家坝 | 江苏徐州 | 6 h | 86 | 0.54 | 354 | 323 | 282 | 251 | 220 | 178 | 147 | 115 | 91 |
| | | 24 h | 118 | 0.58 | 525 | 477 | 414 | 366 | 318 | 255 | 207 | 159 | 124 |
| | | 3 d | 135 | 0.58 | 601 | 546 | 473 | 418 | 364 | 291 | 237 | 182 | 142 |
| 沭阳 | 江苏沭阳 | 6 h | 86 | 0.55 | 360 | 329 | 286 | 255 | 223 | 180 | 148 | 115 | 91 |
| | | 24 h | 123 | 0.56 | 526 | 479 | 417 | 370 | 323 | 260 | 213 | 165 | 130 |
| | | 3 d | 148 | 0.56 | 633 | 577 | 502 | 445 | 388 | 313 | 256 | 199 | 157 |
| 田庄 | 山东沂源 | 6 h | 74 | 0.55 | 310 | 283 | 246 | 219 | 192 | 155 | 127 | 99 | 79 |
| | | 24 h | 99 | 0.61 | 467 | 423 | 365 | 321 | 277 | 220 | 177 | 134 | 103 |
| | | 3 d | 120 | 0.56 | 513 | 467 | 407 | 361 | 315 | 254 | 208 | 161 | 127 |
| 岸堤 | 山东蒙阴 | 6 h | 80 | 0.61 | 377 | 342 | 295 | 259 | 224 | 178 | 143 | 109 | 84 |
| | | 24 h | 115 | 0.63 | 562 | 508 | 437 | 383 | 330 | 260 | 208 | 157 | 119 |
| | | 3 d | 137 | 0.58 | 610 | 554 | 480 | 425 | 369 | 296 | 240 | 185 | 144 |

**表 2-3(续)**

| 代表站名称 | 所在地 | 暴雨历时 | 雨量均值/mm | $C_v$ | 不同重现期各时段最大雨量/mm | | | | | | | | |
|---|---|---|---|---|---|---|---|---|---|---|---|---|---|
| | | | | | 1 000 年 | 500 年 | 200 年 | 100 年 | 50 年 | 20 年 | 10 年 | 5 年 | 3 年 |
| 临沂 | 山东临沂 | 6 h | 86 | 0.53 | 347 | 317 | 277 | 247 | 217 | 177 | 146 | 115 | 92 |
| | | 24 h | 123 | 0.58 | 547 | 497 | 431 | 381 | 331 | 266 | 216 | 166 | 130 |
| | | 3 d | 152 | 0.53 | 613 | 560 | 490 | 436 | 383 | 312 | 258 | 203 | 162 |
| 青峰岭 | 山东莒县 | 6 h | 78 | 0.62 | 374 | 339 | 292 | 256 | 221 | 175 | 140 | 106 | 81 |
| | | 24 h | 111 | 0.64 | 553 | 499 | 429 | 376 | 323 | 254 | 202 | 151 | 115 |
| | | 3 d | 128 | 0.6 | 592 | 537 | 464 | 409 | 354 | 282 | 227 | 173 | 134 |
| 后营 | 山东济宁 | 6 h | 73 | 0.54 | 300 | 274 | 239 | 213 | 186 | 151 | 125 | 98 | 78 |
| | | 24 h | 104 | 0.57 | 454 | 413 | 359 | 318 | 277 | 222 | 181 | 140 | 110 |
| | | 3 d | 118 | 0.58 | 525 | 477 | 414 | 366 | 318 | 255 | 207 | 159 | 124 |
| 鱼台 | 山东鱼台 | 6 h | 74 | 0.54 | 304 | 278 | 242 | 216 | 189 | 153 | 126 | 99 | 79 |
| | | 24 h | 107 | 0.54 | 434 | 402 | 351 | 312 | 273 | 222 | 183 | 143 | 114 |
| | | 3 d | 118 | 0.58 | 525 | 477 | 414 | 366 | 318 | 255 | 207 | 159 | 124 |
| 魏楼 | 山东菏泽 | 6 h | 72 | 0.56 | 308 | 281 | 244 | 217 | 189 | 152 | 125 | 97 | 76 |
| | | 24 h | 100 | 0.54 | 411 | 375 | 328 | 292 | 255 | 207 | 171 | 134 | 106 |
| | | 3 d | 120 | 0.55 | 503 | 459 | 400 | 355 | 311 | 251 | 206 | 161 | 127 |
| 枣庄 | 山东枣庄 | 6 h | 90 | 0.62 | 432 | 391 | 337 | 296 | 255 | 202 | 162 | 122 | 94 |
| | | 24 h | 119 | 0.6 | 550 | 499 | 431 | 380 | 329 | 262 | 211 | 161 | 125 |
| | | 3 d | 135 | 0.55 | 566 | 516 | 450 | 400 | 349 | 283 | 232 | 181 | 143 |
| 日照 | 山东日照 | 6 h | 85 | 0.55 | 356 | 325 | 283 | 252 | 220 | 178 | 146 | 114 | 90 |
| | | 24 h | 120 | 0.6 | 555 | 503 | 435 | 283 | 332 | 264 | 213 | 163 | 126 |
| | | 3 d | 142 | 0.58 | 632 | 574 | 498 | 440 | 383 | 307 | 249 | 192 | 150 |

注：$C_s=3.5C_v$，$C_s$ 表示偏差系数，$C_v$ 表示离差系数；表中参数为采用值。统计资料截止年份：江苏省为 2000 年，山东省为 1997 年。

**表 2-4　沂沭泗流域不同重现期各时段面雨量成果表**

| 分区名称 | 时段/d | 雨量均值/mm | $C_v$ | 不同重现期各时段面雨量/mm | | | | | | | | |
|---|---|---|---|---|---|---|---|---|---|---|---|---|
| | | | | 1 000 年 | 500 年 | 200 年 | 100 年 | 50 年 | 20 年 | 10 年 | 5 年 | 3 年 |
| 沂沭泗河流域 | 1 | 58 | 0.31 | 141 | 132 | 121 | 113 | 104 | 91 | 82 | 71 | 62 |
| | 3 | 89 | 0.30 | 212 | 200 | 184 | 171 | 158 | 140 | 125 | 109 | 96 |
| | 7 | 127 | 0.33 | 327 | 307 | 280 | 259 | 237 | 207 | 184 | 158 | 138 |
| | 15 | 191 | 0.33 | 492 | 462 | 421 | 389 | 356 | 312 | 276 | 238 | 207 |
| | 30 | 280 | 0.33 | 720 | 675 | 615 | 569 | 521 | 456 | 404 | 348 | 303 |
| 沂河临沂以上 | 1 | 75 | 0.44 | 250 | 231 | 206 | 186 | 166 | 140 | 119 | 98 | 81 |
| | 3 | 108 | 0.39 | 320 | 298 | 268 | 245 | 221 | 189 | 164 | 138 | 117 |
| | 7 | 147 | 0.43 | 478 | 442 | 394 | 358 | 320 | 270 | 231 | 190 | 159 |
| | 15 | 219 | 0.44 | 730 | 674 | 600 | 543 | 486 | 408 | 348 | 285 | 237 |
| | 30 | 310 | 0.39 | 922 | 857 | 771 | 704 | 636 | 544 | 472 | 396 | 336 |
| 南四湖韩庄闸以上 | 1 | 62 | 0.36 | 170 | 159 | 144 | 132 | 120 | 104 | 91 | 78 | 67 |
| | 3 | 88 | 0.36 | 243 | 227 | 206 | 189 | 172 | 149 | 131 | 111 | 95 |
| | 7 | 126 | 0.41 | 391 | 362 | 324 | 295 | 266 | 226 | 194 | 162 | 136 |
| | 15 | 186 | 0.41 | 578 | 536 | 480 | 437 | 393 | 334 | 288 | 239 | 201 |
| | 30 | 266 | 0.34 | 699 | 655 | 595 | 549 | 502 | 438 | 387 | 332 | 288 |
| 临沂、韩庄闸至骆马湖区间 | 1 | 77 | 0.31 | 188 | 177 | 162 | 150 | 138 | 122 | 109 | 95 | 83 |
| | 3 | 116 | 0.31 | 283 | 266 | 243 | 226 | 208 | 183 | 164 | 142 | 125 |
| | 7 | 162 | 0.31 | 396 | 373 | 342 | 317 | 292 | 257 | 230 | 200 | 175 |
| | 15 | 225 | 0.31 | 550 | 517 | 473 | 440 | 405 | 357 | 318 | 277 | 243 |
| | 30 | 320 | 0.33 | 821 | 770 | 702 | 649 | 595 | 520 | 461 | 397 | 346 |

表 2-4(续)

| 分区名称 | 时段/d | 雨量均值/mm | $C_v$ | 不同重现期各时段面雨量/mm | | | | | | | | |
|---|---|---|---|---|---|---|---|---|---|---|---|---|
| | | | | 1 000 年 | 500 年 | 200 年 | 100 年 | 50 年 | 20 年 | 10 年 | 5 年 | 3 年 |
| 骆马湖以上 | 1 | 60 | 0.36 | 166 | 155 | 141 | 129 | 118 | 102 | 89 | 76 | 65 |
| | 3 | 89 | 0.31 | 218 | 205 | 188 | 174 | 161 | 142 | 126 | 110 | 96 |
| | 7 | 127 | 0.4 | 385 | 358 | 321 | 293 | 264 | 225 | 195 | 163 | 137 |
| | 15 | 191 | 0.37 | 540 | 504 | 455 | 417 | 379 | 326 | 285 | 241 | 206 |
| | 30 | 277 | 0.36 | 765 | 714 | 646 | 594 | 541 | 468 | 410 | 349 | 300 |
| 沭河大官庄以上 | 1 | 77 | 0.46 | 269 | 248 | 220 | 198 | 176 | 147 | 125 | 101 | 83 |
| | 3 | 110 | 0.4 | 333 | 309 | 277 | 253 | 228 | 195 | 168 | 140 | 119 |
| | 7 | 151 | 0.38 | 437 | 407 | 367 | 336 | 304 | 261 | 227 | 192 | 163 |
| | 15 | 214 | 0.37 | 606 | 565 | 511 | 468 | 425 | 366 | 320 | 271 | 232 |
| | 30 | 303 | 0.36 | 838 | 783 | 708 | 651 | 592 | 513 | 449 | 382 | 328 |
| 大官庄、骆马湖以下 | 1 | 75 | 0.37 | 212 | 197 | 178 | 163 | 148 | 128 | 112 | 95 | 81 |
| | 3 | 114 | 0.37 | 323 | 302 | 272 | 250 | 227 | 195 | 171 | 145 | 124 |
| | 7 | 157 | 0.32 | 393 | 369 | 337 | 313 | 287 | 252 | 224 | 194 | 170 |
| | 15 | 218 | 0.31 | 533 | 502 | 459 | 426 | 393 | 346 | 309 | 269 | 236 |
| | 30 | 312 | 0.34 | 822 | 770 | 700 | 646 | 591 | 515 | 455 | 390 | 338 |

注：$C_s=3.5C_v$；统计资料起迄年份为 1953—2010 年，共 58 年。

**表 2-5(a) 沂沭泗流域主要站历年各月平均水位统计表(一)**

沂河:临沂站　　　　单位:m

| 年份 | 1月 | 2月 | 3月 | 4月 | 5月 | 6月 | 7月 | 8月 | 9月 | 10月 | 11月 | 12月 | 年平均 |
|---|---|---|---|---|---|---|---|---|---|---|---|---|---|
| 1950 | | | | 60.59 | 60.50 | 60.52 | 61.19 | 61.48 | 60.79 | 60.79 | 60.71 | 60.59 | |
| 1951 | 60.59 | 60.58 | 60.52 | 60.49 | 60.59 | 60.60 | 60.92 | 61.26 | 60.65 | 60.54 | 60.48 | 60.45 | 60.64 |
| 1952 | | | | 60.49 | 60.46 | 60.60 | 61.13 | 61.04 | 60.84 | 60.66 | 60.67 | 60.68 | |
| 1953 | 60.56 | 60.57 | 60.56 | 60.49 | 60.65 | 60.96 | 61.32 | 61.40 | 60.66 | 60.61 | 60.61 | 60.52 | 60.74 |
| 1954 | 60.52 | 60.46 | 60.47 | 60.44 | 60.42 | 60.55 | 60.58 | 61.24 | 60.74 | 60.81 | 60.62 | 60.66 | 60.63 |
| 1955 | 60.61 | 60.47 | 60.45 | 60.50 | 60.44 | 60.44 | 61.15 | 60.94 | 60.85 | 60.56 | 60.48 | 60.46 | 60.61 |
| 1956 | 60.49 | 60.44 | 60.42 | 60.45 | 60.44 | 60.76 | 61.06 | 61.02 | 61.00 | 60.50 | 60.43 | 60.44 | 60.62 |
| 1957 | 60.49 | 60.54 | 60.42 | 60.40 | 60.39 | 60.37 | 61.90 | 60.63 | 60.36 | 60.26 | 60.26 | 60.27 | 60.52 |
| 1958 | 60.54 | 60.50 | 60.47 | 60.46 | 60.46 | 60.33 | 61.07 | 61.18 | 60.57 | 60.44 | 60.53 | 60.47 | 60.59 |
| 1959 | 60.47 | 60.38 | 60.35 | 60.42 | 60.44 | 60.69 | 60.73 | 60.52 | 60.57 | 60.46 | 60.49 | 60.48 | 60.50 |
| 1960 | 60.51 | 60.35 | 60.23 | 60.25 | 60.34 | 60.44 | 61.44 | 61.15 | 60.85 | 60.50 | 60.38 | 60.39 | 60.57 |
| 1961 | 60.35 | 60.43 | 60.54 | 60.33 | 60.41 | 60.58 | 61.05 | 61.00 | 60.95 | 60.65 | 60.51 | 60.50 | 60.61 |
| 1962 | 60.52 | 60.47 | 60.39 | 60.39 | 60.43 | 60.62 | 61.01 | 61.40 | 60.96 | 60.86 | 60.83 | 60.77 | 60.72 |
| 1963 | 60.70 | 60.63 | 60.54 | 60.55 | 60.59 | 60.76 | 61.57 | 61.38 | 60.84 | 60.40 | 60.41 | 60.37 | 60.73 |
| 1964 | 60.40 | 60.52 | 60.39 | 60.82 | 60.54 | 60.55 | 61.26 | 61.28 | 61.37 | 60.84 | 60.63 | 60.54 | 60.76 |
| 1965 | 60.54 | 60.51 | 60.30 | 60.45 | 60.49 | 60.54 | 61.08 | 61.17 | 60.30 | 60.21 | 60.29 | 60.21 | 60.51 |
| 1966 | 60.26 | 60.18 | 60.33 | 60.28 | 60.37 | 60.55 | 60.86 | 60.56 | 60.52 | 60.38 | 60.31 | 60.30 | 60.41 |
| 1967 | 60.42 | 60.33 | 60.30 | 60.34 | 60.33 | 60.56 | 60.73 | 60.65 | 60.78 | 60.50 | 60.43 | 60.51 | 60.48 |
| 1968 | 60.53 | 60.48 | 60.39 | 60.46 | 60.51 | 60.60 | 60.66 | 60.54 | 60.46 | 60.42 | 60.38 | 60.39 | 60.48 |
| 1969 | 60.38 | 60.51 | 60.49 | 60.38 | 60.33 | 60.54 | 60.57 | 60.60 | 60.66 | 60.61 | 60.48 | 60.46 | 60.50 |
| 1970 | 60.47 | 60.34 | 60.39 | 60.31 | 60.44 | 60.56 | 61.22 | 60.87 | 60.79 | 60.54 | 60.46 | 60.46 | 60.57 |
| 1971 | 60.47 | 60.47 | 60.48 | 60.42 | 60.55 | 60.81 | 61.13 | 61.46 | 60.66 | 60.26 | 60.21 | 60.33 | 60.61 |
| 1972 | 60.27 | 60.26 | 60.25 | 60.28 | 60.44 | 60.47 | 60.63 | 60.54 | 60.57 | 60.25 | 60.28 | 60.28 | 60.38 |
| 1973 | 60.28 | 60.29 | 60.23 | 60.32 | 60.54 | 60.51 | 61.14 | 60.49 | 60.39 | 60.36 | 60.25 | 60.26 | 60.42 |
| 1974 | 60.24 | 60.20 | 60.22 | 60.31 | 60.38 | 60.45 | 60.76 | 61.44 | 60.46 | 60.47 | 60.31 | 60.38 | 60.47 |

**表 2-5(a)(续)**

沂河:临沂站

单位:m

| 年份 | 1月 | 2月 | 3月 | 4月 | 5月 | 6月 | 7月 | 8月 | 9月 | 10月 | 11月 | 12月 | 年平均 |
|---|---|---|---|---|---|---|---|---|---|---|---|---|---|
| 1975 | 60.41 | 60.49 | 60.34 | 60.59 | 60.43 | 60.48 | 60.89 | 60.65 | 60.63 | 60.47 | 60.43 | 60.41 | 60.52 |
| 1976 | 60.37 | 60.40 | 60.40 | 60.41 | 60.40 | 60.38 | 60.61 | 60.71 | 60.38 | 60.22 | 60.20 | 60.30 | 60.40 |
| 1977 | 60.33 | 60.17 | 60.22 | 60.17 | 60.23 | 60.17 | 60.57 | 60.41 | 60.29 | 60.22 | 60.44 | 60.37 | 60.30 |
| 1978 | 60.39 | 60.32 | 60.22 | 60.22 | 60.25 | 60.24 | 60.68 | 60.57 | 60.33 | 60.32 | 60.27 | 60.30 | 60.34 |
| 1979 | 60.35 | 60.29 | 60.18 | 60.39 | 60.18 | 60.44 | 60.80 | 60.56 | 60.59 | 60.40 | 60.37 | 60.39 | 60.41 |
| 1980 | 60.40 | 60.40 | 60.34 | 60.26 | 60.30 | 60.64 | 60.84 | 60.62 | 60.49 | 60.47 | 60.47 | 60.42 | 60.47 |
| 1981 | 60.46 | 60.34 | 60.19 | 60.26 | 60.29 | 60.25 | 60.49 | 60.27 | 60.16 | 60.24 | 60.28 | 60.26 | 60.29 |
| 1982 | 60.19 | 60.08 | 60.04 | 60.18 | 60.06 | 60.10 | 60.55 | 60.52 | 60.09 | 60.32 | 60.29 | 60.31 | 60.23 |
| 1983 | 60.26 | 60.18 | 60.16 | 60.11 | 60.20 | 60.21 | 60.25 | 60.10 | 60.24 | 60.27 | 60.26 | 60.17 | 60.20 |
| 1984 | 60.17 | 60.12 | 60.16 | 60.10 | 60.10 | 60.24 | 60.70 | 60.53 | 60.43 | 60.45 | 60.37 | 60.37 | 60.31 |
| 1985 | 60.34 | 60.26 | 60.21 | 60.10 | 60.43 | 60.46 | 60.71 | 60.69 | 60.89 | 60.63 | 60.47 | 60.37 | 60.46 |
| 1986 | 60.37 | 60.25 | 60.44 | 60.16 | 60.20 | 60.18 | 60.24 | 60.53 | 60.14 | 60.11 | 60.13 | 60.14 | 60.24 |
| 1987 | 60.16 | 60.10 | 60.06 | 60.10 | 60.03 | 60.16 | 60.33 | 60.30 | 60.28 | 60.30 | 60.26 | 60.17 | 60.19 |
| 1988 | 60.13 | 60.11 | 60.08 | 60.00 | 60.03 | 60.16 | 60.43 | 60.07 | 59.96 | 60.00 | 59.95 | 59.99 | 60.08 |
| 1989 | 60.06 | 60.01 | 60.04 | 59.86 | 59.86 | 60.23 | 60.02 | 59.91 | 59.87 | 59.87 | 59.84 | 59.86 | 59.95 |
| 1990 | 59.88 | 59.93 | 59.93 | 59.88 | 60.01 | 60.31 | 60.65 | 61.09 | 60.42 | 60.08 | 60.09 | 60.03 | 60.19 |
| 1991 | 60.06 | 59.98 | 60.01 | 60.05 | 59.92 | 60.56 | 61.09 | 60.28 | 59.96 | 59.86 | 59.85 | 59.84 | 60.12 |
| 1992 | 59.89 | 59.80 | 59.79 | 59.73 | 59.69 | 59.87 | 59.97 | 59.75 | 59.94 | 59.84 | 59.74 | 59.69 | 59.81 |
| 1993 | 59.78 | 59.76 | 59.74 | 59.66 | 59.74 | 59.82 | 60.32 | 60.66 | 59.94 | 59.91 | 60.27 | 60.16 | 59.98 |
| 1994 | 60.05 | 59.93 | 59.89 | 60.02 | 59.94 | 59.75 | 60.11 | 60.54 | 60.46 | 60.14 | 60.04 | 60.09 | 60.08 |
| 1995 | 59.91 | 59.80 | 59.88 | 59.69 | 59.61 | 59.77 | 59.97 | 60.48 | 60.26 | 59.95 | 59.87 | 59.62 | 59.90 |
| 1996 | 59.65 | 59.51 | 59.57 | 59.73 | 59.63 | 59.89 | 59.96 | 60.01 | 59.55 | 59.64 | 59.80 | 59.76 | 59.73 |
| 1997 | 59.74 | 59.63 | 59.74 | 59.68 | 59.77 | 59.84 | 59.64 | 59.88 | 59.67 | 59.56 | 59.56 | 59.50 | 59.69 |
| 1998 | 59.48 | 59.44 | 59.44 | 59.64 | 59.95 | 59.87 | 59.93 | 60.54 | 59.55 | 59.28 | 59.26 | 59.26 | 59.64 |
| 1999 | 59.10 | 58.88 | 58.87 | 58.93 | 58.77 | 59.02 | 58.93 | 58.76 | 58.81 | 59.00 | 58.95 | 58.58 | 58.88 |

表 2-5(a)(续)

沂河:临沂站

单位:m

| 年份 | 1月 | 2月 | 3月 | 4月 | 5月 | 6月 | 7月 | 8月 | 9月 | 10月 | 11月 | 12月 | 年平均 |
|---|---|---|---|---|---|---|---|---|---|---|---|---|---|
| 2000 | 58.61 | 58.61 | 58.69 | 58.60 | 58.46 | 58.57 | 59.02 | 58.47 | 58.68 | 58.80 | 58.72 | 58.70 | 58.66 |
| 2001 | 58.70 | 58.65 | 58.46 | 58.13 | 58.02 | 58.69 | 59.26 | 59.14 | 58.19 | 58.12 | 57.97 | 58.16 | 58.46 |
| 2002 | 58.04 | 57.96 | 57.64 | 57.89 | 58.24 | 58.20 | 58.10 | 57.79 | 57.64 | 57.59 | 57.56 | 57.52 | 57.85 |
| 2003 | 57.52 | 57.52 | 57.53 | 57.62 | 57.95 | 57.95 | 58.33 | 58.44 | 58.62 | 58.20 | 58.16 | 58.13 | 58.00 |
| 2004 | 57.94 | 57.83 | 57.74 | 57.54 | 57.75 | 57.71 | 58.47 | 58.57 | 58.37 | 58.02 | 57.63 | 57.52 | 57.93 |
| 2005 | 57.97 | 58.07 | 58.31 | 57.99 | 58.09 | 57.93 | 58.55 | 58.38 | 58.43 | 58.48 | 57.98 | 57.75 | 58.16 |
| 2006 | 57.67 | 57.77 | 57.65 | 57.69 | 57.72 | 57.59 | 57.82 | 57.99 | 58.00 | 57.63 | 57.56 | 57.52 | 57.72 |
| 2007 | 57.51 | 57.60 | 57.56 | 57.59 | 57.56 | 57.82 | 58.05 | 58.55 | 58.18 | 57.88 | 57.64 | 57.67 | 57.80 |
| 2008 | 57.64 | 57.63 | 57.65 | 57.81 | 57.68 | 57.74 | 58.57 | 58.37 | 58.01 | 57.78 | 57.76 | 57.60 | 57.85 |
| 2009 | 57.58 | 57.58 | 57.72 | 58.32 | 58.94 | 57.51 | 58.27 | 58.18 | 58.02 | 59.49 | 60.47 | 59.34 | 58.46 |
| 2010 | 60.19 | 59.91 | 59.71 | 58.95 | 58.22 | 58.15 | 58.17 | 58.21 | 59.28 | 59.88 | 59.42 | 60.25 | 59.19 |
| 2011 | 59.52 | 58.85 | 59.17 | 58.62 | 58.26 | 59.40 | 58.26 | 58.50 | 59.23 | 59.69 | 57.92 | 57.98 | 58.78 |
| 2012 | 57.48 | 57.46 | 57.71 | 57.52 | 57.72 | 57.50 | 58.03 | 58.09 | 58.26 | 57.74 | 58.30 | 57.86 | 57.81 |
| 2013 | 58.25 | 58.13 | 57.47 | 59.16 | 58.71 | 58.31 | 58.21 | 58.66 | 58.75 | 58.85 | 58.76 | 58.39 | 58.47 |
| 2014 | 58.32 | 57.24 | 58.80 | 57.72 | 58.05 | 58.60 | 58.52 | 59.43 | 59.19 | 59.32 | 59.19 | 59.16 | 58.64 |
| 2015 | 59.99 | 60.25 | 59.47 | 59.20 | 59.37 | 59.34 | 59.48 | 58.75 | 59.47 | 60.02 | 59.88 | 59.85 | 59.58 |
| 2016 | 60.21 | 59.90 | 60.08 | 60.11 | 59.66 | 59.23 | 57.53 | 58.40 | 59.31 | 59.75 | 59.83 | 58.90 | 59.40 |
| 2017 | 59.69 | 59.03 | 58.88 | 57.99 | 57.82 | 58.94 | 58.91 | 58.87 | 58.76 | 59.72 | 58.90 | 57.98 | 58.79 |
| 2018 | 58.94 | 58.72 | 58.06 | 58.18 | 59.69 | 59.09 | 58.71 | 58.50 | 59.28 | 58.51 | 59.62 | 59.82 | 58.93 |
| 多年平均 | 59.77 | 59.68 | 59.66 | 59.67 | 59.70 | 59.79 | 60.07 | 60.07 | 59.92 | 59.85 | 59.80 | 59.73 | 59.79 |
| 历年最高 | 60.70 | 60.63 | 60.56 | 60.82 | 60.65 | 60.96 | 61.90 | 61.48 | 61.37 | 60.86 | 60.83 | 60.77 | 60.76 |
| 出现年份 | 1963 | 1963 | 1953 | 1964 | 1953 | 1953 | 1957 | 1950 | 1964 | 1962 | 1962 | 1962 | 1964 |
| 历年最低 | 57.48 | 57.24 | 57.47 | 57.52 | 57.56 | 57.50 | 57.53 | 57.79 | 57.64 | 57.59 | 57.56 | 57.52 | 57.72 |
| 出现年份 | 2012 | 2014 | 2013 | 2012 | 2007 | 2012 | 2016 | 2002 | 2002 | 2002 | 2002 | 2002 | 2006 |

**表 2-5(b)　沂沭泗流域主要站历年各月平均水位统计表(二)**

骆马湖:洋河滩站　　　　单位:m

| 年份 | 1月 | 2月 | 3月 | 4月 | 5月 | 6月 | 7月 | 8月 | 9月 | 10月 | 11月 | 12月 | 年平均 |
|---|---|---|---|---|---|---|---|---|---|---|---|---|---|
| 1952 | | | | | | | | 19.28 | | | | | |
| 1953 | | | | | | | | 20.82 | | | | | |
| 1954 | | | | | | | 17.35 | 19.30 | 16.79 | | | | |
| 1955 | | | | | | | 19.36 | 18.48 | 17.04 | | | | |
| 1956 | | | | | | | 18.94 | 17.92 | 18.76 | | | | |
| 1957 | | | | | | | | 20.86 | | | | | |
| 1958 | | | | | | | | 22.06 | 21.63 | | | | |
| 1959 | | | | | | 21.08 | 21.05 | 20.98 | 21.35 | | | | |
| 1960 | 21.37 | 21.28 | 21.25 | 21.13 | 20.77 | | 22.20 | 21.95 | 21.35 | | 20.71 | | |
| 1961 | 21.01 | 20.96 | 20.91 | 20.74 | 20.76 | 20.88 | 21.21 | 21.14 | 21.20 | | | | |
| 1962 | 19.89 | 19.88 | 19.89 | 19.59 | 19.18 | 19.35 | 20.35 | 21.59 | 20.27 | 19.83 | 19.76 | 19.47 | 19.92 |
| 1963 | 19.81 | 20.42 | 20.33 | 20.31 | 20.28 | 20.55 | 22.05 | 23.04 | 21.82 | 19.34 | 19.18 | 19.67 | |
| 1964 | 20.17 | 20.40 | 20.09 | 20.46 | 20.36 | 20.51 | 20.89 | 21.42 | 21.53 | 20.95 | 19.90 | 20.32 | |
| 1965 | 20.47 | 20.48 | 20.39 | 19.99 | 19.82 | 19.37 | 20.94 | 21.62 | 21.48 | 21.58 | 21.63 | 21.60 | 20.78 |
| 1966 | 21.61 | 21.57 | 21.69 | 21.48 | 21.13 | 20.56 | 20.88 | 21.20 | 20.15 | 19.51 | 19.27 | 19.19 | 20.68 |
| 1967 | 19.16 | 19.23 | 19.52 | 19.63 | 19.20 | 18.20 | 20.88 | 21.92 | 22.25 | 22.10 | 22.09 | 22.05 | 20.53 |
| 1968 | 22.01 | 21.99 | 21.99 | 21.94 | 21.65 | 20.78 | 21.01 | 21.56 | 21.99 | 21.96 | 21.93 | 21.94 | 21.73 |
| 1969 | 21.94 | 22.02 | 22.01 | 21.90 | 21.95 | 21.40 | 21.12 | 22.02 | 22.17 | 22.18 | 22.10 | 22.18 | 21.91 |
| 1970 | 22.27 | 22.26 | 22.33 | 22.14 | 21.50 | 20.74 | 21.74 | 22.04 | 22.62 | 22.93 | 22.96 | 23.01 | 22.21 |
| 1971 | 23.06 | 23.03 | 23.10 | 23.05 | 22.46 | 22.23 | 22.35 | 22.83 | 22.79 | 23.09 | 23.06 | 23.03 | 22.84 |
| 1972 | 23.08 | 23.07 | 23.05 | 22.97 | 22.48 | 21.65 | 22.37 | 22.52 | 22.54 | 22.92 | 22.97 | 22.96 | 22.71 |
| 1973 | 23.05 | 23.07 | 23.05 | 22.84 | 23.03 | 22.45 | 22.33 | 22.40 | 22.74 | 23.06 | 22.89 | 22.62 | 22.79 |
| 1974 | 22.62 | 22.66 | 22.76 | 22.85 | 22.75 | 22.16 | 21.66 | 22.91 | 22.97 | 23.11 | 23.00 | 23.08 | 22.71 |
| 1975 | 23.06 | 23.09 | 23.09 | 23.07 | 23.03 | 21.87 | 21.74 | 22.29 | 22.59 | 22.97 | 23.23 | 23.24 | 22.77 |
| 1976 | 23.23 | 23.19 | 23.25 | 23.03 | 22.65 | 21.74 | 21.58 | 22.06 | 22.13 | 22.37 | 22.27 | 22.29 | 22.48 |

表 2-5(b)(续)

骆马湖:洋河滩站

单位:m

| 年份 | 1月 | 2月 | 3月 | 4月 | 5月 | 6月 | 7月 | 8月 | 9月 | 10月 | 11月 | 12月 | 年平均 |
|---|---|---|---|---|---|---|---|---|---|---|---|---|---|
| 1977 | 22.26 | 22.09 | 21.64 | 21.54 | 21.64 | 20.70 | 21.03 | 22.68 | 22.62 | 22.63 | 23.01 | 23.16 | 22.09 |
| 1978 | 23.16 | 23.17 | 23.11 | 22.59 | 21.08 | 19.27 | 20.02 | 22.11 | 22.82 | 22.83 | 22.90 | 23.06 | 22.17 |
| 1979 | 23.03 | 23.11 | 23.08 | 23.02 | 22.65 | 21.63 | 22.15 | 22.40 | 22.54 | 22.92 | 22.92 | 22.91 | 22.69 |
| 1980 | 23.04 | 23.01 | 22.90 | 22.85 | 22.13 | 21.59 | 22.50 | 22.33 | 22.84 | 23.10 | 23.08 | 23.04 | 22.70 |
| 1981 | 22.88 | 22.91 | 22.99 | 22.74 | 21.66 | 20.01 | 19.68 | 20.88 | 20.43 | 20.57 | 20.99 | 21.20 | 21.40 |
| 1982 | 21.22 | 21.27 | 21.39 | 21.41 | 20.88 | 20.07 | 20.61 | 22.63 | 22.61 | 22.66 | 22.74 | 23.00 | 21.71 |
| 1983 | 23.04 | 23.00 | 22.91 | 22.71 | 22.12 | 21.34 | 21.33 | 22.19 | 21.85 | 22.28 | 22.89 | 22.87 | 22.37 |
| 1984 | 22.77 | 22.66 | 22.38 | 22.42 | 22.11 | 21.57 | 21.84 | 22.40 | 22.61 | 23.05 | 23.10 | 23.06 | 22.50 |
| 1985 | 23.07 | 23.09 | 23.03 | 22.91 | 23.02 | 22.66 | 22.45 | 22.61 | 22.86 | 23.08 | 23.12 | 23.06 | 22.91 |
| 1986 | 23.10 | 23.06 | 23.10 | 22.91 | 22.30 | 21.68 | 21.65 | 22.73 | 22.80 | 22.85 | 22.84 | 22.83 | 22.65 |
| 1987 | 22.86 | 22.91 | 22.96 | 22.98 | 22.52 | 21.82 | 21.27 | 21.86 | 22.82 | 23.05 | 23.20 | 23.06 | 22.61 |
| 1988 | 23.05 | 22.90 | 22.63 | 22.88 | 22.74 | 21.84 | 21.34 | 22.52 | 22.29 | 22.12 | 21.81 | 21.39 | 22.29 |
| 1989 | 21.38 | 21.76 | 22.12 | 22.26 | 21.98 | 22.22 | 22.49 | 21.98 | 21.23 | 20.89 | 20.74 | 20.94 | 21.66 |
| 1990 | 21.13 | 21.36 | 21.61 | 21.75 | 21.53 | 21.23 | 22.31 | 22.87 | 23.04 | 23.03 | 23.00 | 23.04 | 22.16 |
| 1991 | 23.02 | 23.06 | 23.10 | 23.07 | 22.68 | 22.89 | 22.58 | 22.32 | 22.37 | 22.75 | 22.68 | 22.72 | 22.77 |
| 1992 | 22.73 | 22.66 | 22.77 | 22.88 | 22.53 | 21.47 | 20.90 | 21.94 | 22.83 | 23.01 | 22.78 | 22.74 | 22.43 |
| 1993 | 22.77 | 22.83 | 22.79 | 22.54 | 22.13 | 21.28 | 21.07 | 23.05 | 23.12 | 23.08 | 23.19 | 23.10 | 22.58 |
| 1994 | 23.09 | 23.02 | 23.01 | 23.04 | 22.62 | 21.45 | 21.07 | 21.62 | 23.09 | 23.06 | 23.09 | 23.11 | 22.60 |
| 1995 | 23.05 | 23.00 | 22.95 | 22.78 | 22.33 | 21.40 | 21.75 | 23.00 | 23.20 | 23.30 | 23.19 | 23.02 | 22.75 |
| 1996 | 22.92 | 22.95 | 22.86 | 22.84 | 22.42 | 21.51 | 22.43 | 22.43 | 22.28 | 22.84 | 23.34 | 23.35 | 22.68 |
| 1997 | 23.28 | 23.12 | 23.00 | 23.10 | 22.84 | 21.73 | 21.26 | 22.17 | 22.52 | 22.15 | 21.64 | 21.83 | 22.38 |
| 1998 | 22.30 | 22.50 | 22.90 | 23.25 | 23.30 | 22.77 | 22.81 | 23.10 | 23.29 | 23.20 | 23.13 | 22.99 | 22.96 |
| 1999 | 22.80 | 22.65 | 22.37 | 22.14 | 21.81 | 21.12 | 20.68 | 19.86 | 20.04 | 21.68 | 22.19 | 22.23 | 21.63 |
| 2000 | 22.32 | 22.48 | 22.53 | 22.27 | 21.83 | 21.09 | 22.06 | 22.41 | 23.07 | 23.24 | 23.45 | 23.45 | 22.52 |
| 2001 | 23.45 | 23.39 | 23.29 | 22.94 | 22.35 | 21.31 | 20.94 | 23.23 | 22.79 | 22.36 | 22.23 | 22.45 | 22.56 |

**表 2-5(b)(续)**

骆马湖:洋河滩站

单位:m

| 年份 | 1月 | 2月 | 3月 | 4月 | 5月 | 6月 | 7月 | 8月 | 9月 | 10月 | 11月 | 12月 | 年平均 |
|---|---|---|---|---|---|---|---|---|---|---|---|---|---|
| 2002 | 22.57 | 22.55 | 22.38 | 22.33 | 22.69 | 22.12 | 21.59 | 21.67 | 21.33 | 21.66 | 21.68 | 21.99 | 22.05 |
| 2003 | 22.36 | 22.41 | 22.47 | 22.41 | 22.45 | 22.27 | 22.87 | 23.06 | 22.97 | 23.40 | 23.20 | 23.24 | 22.76 |
| 2004 | 23.19 | 23.00 | 22.73 | 22.48 | 22.64 | 22.18 | 22.11 | 22.78 | 23.00 | 23.18 | 22.96 | 23.19 | 22.79 |
| 2005 | 23.00 | 22.97 | 23.06 | 22.88 | 22.43 | 21.96 | 22.47 | 22.73 | 22.62 | 22.69 | 23.09 | 22.95 | 22.74 |
| 2006 | 22.86 | 22.88 | 22.88 | 22.67 | 22.44 | 21.88 | 22.47 | 22.42 | 22.56 | 22.19 | 22.02 | 22.27 | 22.46 |
| 2007 | 22.14 | 22.24 | 22.70 | 22.47 | 22.25 | 21.65 | 22.60 | 22.78 | 22.93 | 23.00 | 22.66 | 22.46 | 22.49 |
| 2008 | 22.51 | 22.43 | 22.18 | 22.35 | 22.40 | 22.20 | 22.61 | 22.65 | 23.01 | 23.21 | 22.99 | 22.86 | 22.62 |
| 2009 | 22.80 | 22.54 | 22.50 | 22.56 | 22.45 | 22.30 | 22.27 | 22.79 | 22.79 | 22.70 | 22.70 | 22.93 | 22.61 |
| 2010 | 22.91 | 22.83 | 22.80 | 22.70 | 22.65 | 22.47 | 21.97 | 22.07 | 23.14 | 22.79 | 22.44 | 22.05 | 22.56 |
| 2011 | 22.01 | 21.84 | 21.79 | 21.73 | 21.62 | 21.12 | 20.90 | 22.29 | 23.25 | 23.30 | 23.32 | 23.37 | 22.21 |
| 2012 | 23.13 | 22.96 | 22.98 | 22.99 | 22.67 | 21.88 | 22.06 | 22.21 | 23.30 | 23.03 | 22.92 | 22.97 | 22.76 |
| 2013 | 23.09 | 23.17 | 23.15 | 22.87 | 22.69 | 22.78 | 22.66 | 22.73 | 22.70 | 23.13 | 23.13 | 23.01 | 22.92 |
| 2014 | 22.80 | 22.64 | 22.55 | 22.56 | 22.71 | 22.27 | 21.00 | 21.81 | 22.08 | 22.20 | 22.26 | 22.39 | 22.27 |
| 2015 | 22.26 | 22.13 | 22.55 | 22.92 | 22.92 | 22.32 | 22.01 | 22.03 | 21.84 | 21.64 | 22.15 | 23.11 | 22.32 |
| 2016 | 23.21 | 23.17 | 23.03 | 22.67 | 22.67 | 22.42 | 22.27 | 22.60 | 21.50 | 21.71 | 23.05 | 23.47 | 22.65 |
| 2017 | 23.47 | 23.33 | 23.09 | 22.84 | 22.75 | 22.09 | 22.11 | 23.26 | 23.28 | 23.32 | 23.31 | 23.00 | 22.99 |
| 2018 | 22.98 | 23.20 | 23.22 | 23.09 | 22.58 | 22.04 | 21.95 | 22.59 | 22.95 | 23.04 | 22.63 | 22.57 | 22.73 |
| 多年平均 | 22.42 | 22.42 | 22.41 | 22.33 | 22.05 | 21.48 | 21.53 | 22.00 | 22.12 | 22.45 | 22.43 | 22.49 | 22.32 |
| 历年最高 | 23.47 | 23.39 | 23.29 | 23.25 | 23.30 | 22.89 | 22.87 | 23.26 | 23.30 | 23.40 | 23.45 | 23.47 | 22.99 |
| 出现年份 | 2017 | 2001 | 2001 | 1998 | 1998 | 1991 | 2003 | 2017 | 2012 | 2003 | 2000 | 2016 | 2017 |
| 历年最低 | 19.16 | 19.23 | 19.52 | 19.59 | 19.18 | 18.20 | 17.35 | 17.92 | 16.79 | 19.34 | 19.18 | 19.19 | 19.92 |
| 出现年份 | 1967 | 1967 | 1967 | 1962 | 1962 | 1967 | 1954 | 1956 | 1954 | 1963 | 1963 | 1966 | 1962 |

注:本表自1965年起采用洋河滩闸上水位。

表 2-5(c) 沂沭泗流域主要站历年各月平均水位统计表(三)

新沂河:沭阳站　　　　单位:m

| 年份 | 1月 | 2月 | 3月 | 4月 | 5月 | 6月 | 7月 | 8月 | 9月 | 10月 | 11月 | 12月 | 年平均 |
|---|---|---|---|---|---|---|---|---|---|---|---|---|---|
| 1950 | | | | | | | (5.98) | 5.85 | (5.65) | | | | |
| 1951 | | | | | | (5.48) | 5.37 | 5.90 | (5.68) | | | | |
| 1952 | | | | | | | 5.42 | 5.56 | (5.79) | | | | |
| 1953 | | | | | | | 5.83 | 5.70 | | | | | |
| 1954 | | | | | | | | | | | | | |
| 1955 | | | | | | | | 5.95 | | | | | |
| 1956 | | | | | | | 6.16 | 5.78 | 6.08 | | | | |
| 1957 | | | | | | | 7.20 | 6.69 | 5.52 | | | | |
| 1958 | | | | | | | 6.57 | 6.88 | 5.89 | | | | |
| 1959 | | | | | | | 4.99 | 4.79 | 5.31 | 4.89 | 4.84 | 4.66 | |
| 1960 | | | | | | | 7.10 | 6.85 | 6.62 | 5.25 | 5.04 | 5.16 | |
| 1961 | | | | | | | 6.05 | 5.46 | 5.85 | | | | |
| 1962 | | | | | | (5.33) | 5.12 | 6.79 | 5.51 | 5.01 | 4.99 | 4.99 | |
| 1963 | 5.00 | 5.05 | 4.98 | 5.08 | 5.47 | 5.22 | 7.57 | 8.27 | 6.92 | 5.04 | 5.03 | 5.03 | 5.73 |
| 1964 | 5.08 | 5.07 | 5.23 | 5.27 | 5.36 | 5.07 | 6.28 | 7.62 | 7.60 | 5.17 | 5.09 | 5.07 | 5.66 |
| 1965 | | | | | | 5.55 | 7.31 | 8.25 | 5.99 | | | | 6.79 |
| 1966 | | | | 4.00 | 4.27 | 3.58 | 4.69 | 4.16 | 3.87 | | | | |
| 1967 | | | | | | | | | | | | | |
| 1968 | | | | | | | 5.52 | | | | | | |
| 1969 | | | | | 4.43 | 4.52 | 5.48 | 4.68 | 5.17 | 5.56 | | | |
| 1970 | | | | | | 4.25 | 6.95 | 7.03 | 6.94 | | | | |
| 1971 | | | | | | 5.64 | 7.61 | 7.48 | 6.31 | | | | |
| 1972 | | | | | 5.17 | 4.87 | 7.06 | 5.42 | 6.41 | | | | |
| 1973 | | | | | | 5.14 | 7.07 | 5.88 | 4.89 | | | | |
| 1974 | | | | | 4.92 | 5.19 | 6.06 | 8.71 | 5.56 | | | | |

**表 2-5(c)(续)**

新沂河:沭阳站

单位:m

| 年份 | 1月 | 2月 | 3月 | 4月 | 5月 | 6月 | 7月 | 8月 | 9月 | 10月 | 11月 | 12月 | 年平均 |
|---|---|---|---|---|---|---|---|---|---|---|---|---|---|
| 1975 | | | | | | 4.88 | 6.05 | 6.98 | 6.60 | | | | |
| 1976 | | | | | | 4.68 | 5.23 | 5.94 | 5.55 | | | | |
| 1977 | | | | | | 4.71 | 5.62 | 5.04 | 4.91 | | | | |
| 1978 | | | | | 5.01 | 4.63 | 4.50 | 5.15 | 4.42 | | | | |
| 1979 | | | | | 4.35 | 4.43 | 6.57 | 5.59 | 6.10 | | | | |
| 1980 | | | | | 4.69 | 5.23 | 6.50 | 6.00 | 5.53 | | | | |
| 1981 | | | | | 4.51 | 4.56 | 4.72 | 4.65 | 4.69 | | | | |
| 1982 | | | | | 4.25 | 4.26 | 5.76 | 6.35 | 5.05 | | | | |
| 1983 | | | | | 4.63 | 4.19 | 6.03 | 5.26 | 5.13 | | | | |
| 1984 | | | | | 4.27 | 4.32 | 6.30 | 5.09 | 5.34 | | | | |
| 1985 | | | | | 河干 | 河干 | 部分河干 | 4.95 | 6.53 | | | | |
| 1986 | | | | | 4.27 | 4.41 | 6.12 | 5.69 | 4.71 | | | | |
| 1987 | | | | | 4.74 | 4.88 | 5.33 | 5.08 | 5.09 | | | | |
| 1988 | | | | | 4.76 | 4.78 | 4.60 | 4.47 | 4.82 | | | | |
| 1989 | | | | | 4.63 | 5.07 | 5.42 | 5.10 | 4.73 | | | | |
| 1990 | | | | | 4.83 | 4.96 | 6.35 | 7.57 | 4.97 | | | | |
| 1991 | | | | | 4.63 | 5.26 | 7.89 | 5.57 | 4.68 | | | | |
| 1992 | | | | | 4.87 | 4.28 | 4.40 | 4.59 | 4.55 | | | | |
| 1993 | | | | | 4.78 | 4.97 | 4.81 | 7.10 | 4.71 | | | | |
| 1994 | | | | | 5.03 | 4.57 | 4.53 | 4.32 | 4.72 | | | | |
| 1995 | | | | | 4.55 | 4.60 | 5.46 | 6.31 | 5.49 | | | | |
| 1996 | | | | | 5.03 | 4.90 | 7.47 | 5.14 | 4.90 | | | | |
| 1997 | | | | | 4.72 | 4.82 | 4.97 | 5.30 | 4.67 | | | | |
| 1998 | | | | | 4.95 | 4.90 | 5.36 | 7.91 | 4.99 | | | | |
| 1999 | | | | | 5.09 | 4.47 | 4.60 | 4.16 | 4.68 | | | | |

表 2-5(c)(续)

新沂河:沭阳站

单位:m

| 年份 | 1月 | 2月 | 3月 | 4月 | 5月 | 6月 | 7月 | 8月 | 9月 | 10月 | 11月 | 12月 | 年平均 |
|---|---|---|---|---|---|---|---|---|---|---|---|---|---|
| 2000 | | | | | 4.38 | 5.00 | 5.85 | 5.08 | 5.55 | | | | |
| 2001 | | | | | 5.10 | 4.30 | 4.61 | 5.35 | 4.10 | | | | |
| 2002 | | | | | 4.45 | 4.64 | 5.45 | 5.02 | 4.79 | | | | |
| 2003 | | | | | 5.27 | 4.96 | 8.51 | 6.39 | 7.26 | | | | |
| 2004 | | | | | 5.09 | 5.04 | 5.71 | 7.03 | 6.71 | | | | |
| 2005 | | | | | 5.43 | 4.96 | 7.16 | 6.95 | 6.87 | 6.12 | | | |
| 2006 | | | | | 5.32 | 5.30 | 6.66 | 5.64 | 5.87 | | | | |
| 2007 | | | | | | | 7.95 | 7.93 | 6.34 | | | | |
| 2008 | | | | | 4.65 | 5.13 | 7.27 | 6.50 | 5.42 | | | | |
| 2009 | | | | | 4.96 | 5.06 | 5.58 | 5.90 | 4.96 | | | | |
| 2010 | | | | | 5.08 | 5.06 | 5.58 | 5.26 | 6.67 | | | | |
| 2011 | | | | | 4.49 | 4.70 | 4.46 | 5.18 | 5.87 | | | | |
| 2012 | | | | | 4.82 | 5.01 | 5.86 | 4.73 | 5.45 | | | | |
| 2013 | | | | | 5.06 | 4.91 | 5.49 | 5.21 | 4.67 | | | | |
| 2014 | | | | | 4.82 | 4.96 | 4.85 | 4.83 | 5.12 | | | | |
| 2015 | | | | | 5.33 | 5.61 | 5.08 | 4.99 | 4.66 | | | | |
| 2016 | | | | | 5.03 | 5.50 | 5.25 | 4.84 | 4.52 | | | | |
| 2017 | | | | | 5.52 | 5.25 | 5.07 | 5.82 | 5.16 | | | | |
| 2018 | 4.74 | 4.84 | 5.66 | 5.39 | 5.96 | 5.29 | 5.22 | 6.12 | 5.02 | 4.77 | 4.66 | 4.73 | 5.21 |
| 多年平均 | | | | | 4.87 | 4.86 | 5.90 | 5.88 | 5.46 | | | | |
| 历年最高 | | | | | 5.96 | 5.64 | 8.51 | 8.71 | 7.60 | | | | |
| 出现年份 | | | | | 2018 | 1971 | 2003 | 1974 | 1964 | | | | |
| 历年最低 | | | | | 4.25 | 3.58 | 4.40 | 4.16 | 3.87 | | | | |
| 出现年份 | | | | | 1982 | 1966 | 1992 | 1966 | 1966 | | | | |

**表 2-5(d) 沂沭泗流域主要站历年各月平均水位统计表(四)**

新沭河:新沭河闸站　　　　单位:m

| 年份 | 1月 | 2月 | 3月 | 4月 | 5月 | 6月 | 7月 | 8月 | 9月 | 10月 | 11月 | 12月 | 年平均 |
|---|---|---|---|---|---|---|---|---|---|---|---|---|---|
| 1953 | | | | | | | 50.34 | 50.30 | | | | | |
| 1954 | 49.38 | 49.37 | 部分河干 | 河干 | 部分河干 | 49.35 | 49.44 | 49.91 | 49.46 | 49.62 | 49.49 | 49.49 | 部分河干 |
| 1955 | 49.41 | 49.40 | 49.33 | 49.23 | 49.13 | 49.16 | 50.06 | 49.71 | 49.60 | 49.41 | 49.37 | 49.35 | 49.43 |
| 1956 | 49.31 | 49.30 | 49.32 | 49.40 | 49.37 | 49.72 | 50.08 | 49.89 | 49.94 | 49.45 | 49.40 | 49.36 | 49.55 |
| 1957 | 49.37 | 49.46 | 49.43 | 49.40 | 49.36 | 49.37 | 51.05 | 49.69 | 49.42 | 49.29 | 49.32 | 49.41 | 49.55 |
| 1958 | 49.32 | 49.33 | 49.28 | 49.23 | 49.72 | 49.33 | 49.76 | 49.95 | 49.54 | 49.44 | 49.50 | 49.44 | 49.49 |
| 1959 | 49.40 | 49.41 | 49.39 | 49.49 | 49.40 | 49.52 | 49.77 | 49.59 | 49.71 | 49.44 | 49.51 | 49.44 | 49.51 |
| 1960 | 49.43 | 49.33 | 49.08 | 49.07 | 49.06 | 49.38 | 50.47 | 50.12 | 49.96 | 49.56 | 49.50 | 49.43 | 49.53 |
| 1961 | 49.44 | 49.39 | 49.60 | 49.61 | 49.65 | 49.79 | 50.04 | 49.70 | 49.78 | 49.49 | 49.49 | 49.45 | 49.62 |
| 1962 | 49.44 | 49.41 | 49.44 | 49.31 | 49.07 | 49.49 | 50.14 | 50.36 | 49.85 | 49.79 | 49.73 | 49.63 | 49.64 |
| 1963 | 49.55 | 49.49 | 49.41 | 49.41 | 49.50 | 49.69 | 50.55 | 50.09 | 49.69 | 49.54 | 49.49 | 49.41 | 49.65 |
| 1964 | 49.41 | 49.37 | 49.39 | 49.47 | 49.54 | 49.54 | 50.10 | 49.96 | 50.14 | 49.73 | 49.64 | 49.51 | 49.65 |
| 1965 | 49.44 | 49.36 | 部分河干 | 部分河干 | 部分河干 | 部分河干 | 部分河干 | 50.18 | 49.55 | 49.34 | 49.32 | 部分河干 | 部分河干 |
| 1966 | 河干 | 部分河干 | 49.18 | 部分河干 | 部分河干 | 部分河干 | 49.92 | 部分河干 | 部分河干 | 48.99 | 部分河干 | 部分河干 | 部分河干 |
| 1967 | 部分河干 | 部分河干 | 部分河干 | 49.04 | 部分河干 | 部分河干 | 49.61 | 49.57 | 49.68 | 49.30 | 49.33 | 部分河干 | 部分河干 |
| 1968 | 河干 | 河干 | 河干 | 河干 | 部分河干 | 49.26 | 49.46 | 49.34 | 49.15 | 49.06 | 48.95 | 48.95 | 部分河干 |
| 1969 | 49.02 | 49.17 | 49.13 | 49.07 | 49.11 | 49.19 | 49.30 | 49.49 | 49.60 | 49.31 | 49.07 | 49.27 | 49.23 |
| 1970 | 49.05 | 49.01 | 49.01 | 49.03 | 49.00 | 49.32 | 50.17 | 49.68 | 49.80 | 49.47 | 49.47 | 49.35 | 49.37 |
| 1971 | 49.29 | 49.04 | 49.28 | 49.11 | 49.24 | 49.66 | 49.99 | 50.37 | 49.63 | 49.22 | 49.28 | 49.01 | 49.43 |
| 1972 | 部分河干 | 部分河干 | 部分河干 | 部分河干 | 部分河干 | 49.40 | 49.69 | 49.68 | 49.64 | 部分河干 | 河干 | 河干 | 部分河干 |
| 1973 | 河干 | 河干 | 河干 | 河干 | 河干 | 部分河干 | 48.01 | 部分河干 | 部分河干 | 部分河干 | 河干 | 河干 | 部分河干 |
| 1974 | 河干 | 河干 | 河干 | 河干 | 河干 | 河干 | 47.24 | 48.20 | 46.88 | 部分河干 | 河干 | 河干 | 部分河干 |
| 1975 | 河干 | 河干 | 河干 | 河干 | 河干 | 河干 | 46.91 | 46.94 | 46.39 | 部分河干 | 河干 | 河干 | 部分河干 |
| 1976 | 河干 | 河干 | 河干 | 河干 | 河干 | 河干 | 部分河干 | 部分河干 | 部分河干 | 河干 | 河干 | 部分河干 | 部分河干 |
| 1977 | 河干 | 河干 | 河干 | 河干 | 河干 | 河干 | 部分河干 | 部分河干 | 河干 | 河干 | 河干 | 河干 | 部分河干 |

**表 2-5(d)(续)**

新沭河:新沭河闸站　　　　单位:m

| 年份 | 1月 | 2月 | 3月 | 4月 | 5月 | 6月 | 7月 | 8月 | 9月 | 10月 | 11月 | 12月 | 年平均 |
|---|---|---|---|---|---|---|---|---|---|---|---|---|---|
| 1978 | 河干 | 河干 | 河干 | 河干 | 河干 | 部分河干 | 部分河干 | 部分河干 | 河干 | 河干 | 河干 | 河干 | 部分河干 |
| 1979 | 河干 | 河干 | 河干 | 河干 | 河干 | 部分河干 | 部分河干 | 河干 | 部分河干 | 河干 | 河干 | 河干 | 部分河干 |
| 1980 | 河干 | 河干 | 河干 | 河干 | 部分河干 | 部分河干 | 部分河干 | 河干 | 部分河干 | 河干 | 河干 | 河干 | 部分河干 |
| 1981 | 河干 | 河干 | 河干 | 河干 | 河干 | 河干 | 河干 | 河干 | 河干 | 河干 | 河干 | 河干 | 河干 |
| 1982 | 河干 | 河干 | 河干 | 河干 | 河干 | 河干 | 部分河干 | 河干 | 河干 | 河干 | 河干 | 河干 | 部分河干 |
| 1983 | 河干 | 河干 | 河干 | 河干 | 部分河干 | 河干 | 河干 | 河干 | 部分河干 | 部分河干 | 部分河干 | 河干 | 部分河干 |
| 1984 | 河干 | 河干 | 河干 | 河干 | 河干 | 河干 | 部分河干 | 部分河干 | 部分河干 | 部分河干 | 河干 | 河干 | 部分河干 |
| 1985 | 河干 | 河干 | 河干 | 河干 | 部分河干 | 部分河干 | 部分河干 | 部分河干 | 部分河干 | 河干 | 部分河干 | 部分河干 | 部分河干 |
| 1986 | 河干 | 河干 | 河干 | 河干 | 河干 | 河干 | 部分河干 | 部分河干 | 部分河干 | 河干 | 河干 | 河干 | 部分河干 |
| 1987 | 河干 | 河干 | 河干 | 河干 | 河干 | 河干 | 部分河干 | 河干 | 部分河干 | 河干 | 河干 | 河干 | 部分河干 |
| 1988 | 河干 | 河干 | 河干 | 河干 | 河干 | 河干 | 部分河干 | 河干 | 河干 | 河干 | 河干 | 河干 | 部分河干 |
| 1989 | 河干 | 河干 | 河干 | 部分河干 | 河干 | 河干 | 河干 | 河干 | 河干 | 河干 | 河干 | 河干 | 部分河干 |
| 1990 | 河干 | 河干 | 河干 | 河干 | 河干 | 河干 | 河干 | 部分河干 | 部分河干 | 河干 | 部分河干 | 河干 | 部分河干 |
| 1991 | 河干 | 河干 | 河干 | 河干 | 部分河干 | 50.84 | 51.28 | 部分河干 | 河干 | 河干 | 河干 | 河干 | 部分河干 |
| 1992 | | | | | | | | | | | | | |
| 1993 | | | | | | | 50.88 | 50.40 | 50.43 | | | 46.81 | |
| 1994 | 46.75 | 46.77 | 46.73 | 46.99 | 46.81 | 48.23 | 49.79 | 49.78 | 49.74 | 47.38 | 47.12 | 46.89 | 47.75 |
| 1995 | 46.97 | 46.95 | 46.79 | 46.86 | 46.76 | 48.90 | 51.91 | 51.68 | 52.37 | 49.55 | 52.00 | 52.01 | 49.41 |
| 1996 | 51.90 | 51.01 | 52.22 | 52.30 | 部分河干 | 部分河干 | 49.80 | 49.09 | 部分河干 | 部分河干 | 46.99 | 部分河干 | 部分河干 |
| 1997 | 部分河干 | 部分河干 | 河干 | 河干 | 河干 | 河干 | 部分河干 | 部分河干 | 47.76 | 50.23 | 50.82 | 51.13 | 部分河干 |
| 1998 | 51.06 | 51.77 | 50.73 | 51.50 | 50.68 | 50.15 | 47.97 | 47.85 | 49.60 | 50.61 | 部分河干 | 河干 | 部分河干 |
| 1999 | 部分河干 | 46.86 | 47.70 | 47.83 | 部分河干 | 部分河干 | 部分河干 | 50.19 | 49.56 | 部分河干 | 河干 | 河干 | 部分河干 |
| 2000 | 部分河干 | 48.72 | 49.44 | 50.01 | 50.47 | 50.32 | 49.25 | 48.09 | 47.26 | 46.98 | 46.97 | 47.97 | 部分河干 |
| 2001 | 47.29 | 48.03 | 50.24 | 48.88 | 48.41 | 48.25 | 部分河干 | 47.92 | 48.06 | 50.50 | 部分河干 | 河干 | 部分河干 |
| 2002 | 河干 | 河干 | 河干 | 河干 | 部分河干 | 部分河干 | 部分河干 | 河干 | 河干 | 河干 | 部分河干 | 49.47 | 部分河干 |

**表 2-5(d)(续)**

新沭河:新沭河闸站

单位:m

| 年份 | 1月 | 2月 | 3月 | 4月 | 5月 | 6月 | 7月 | 8月 | 9月 | 10月 | 11月 | 12月 | 年平均 |
|---|---|---|---|---|---|---|---|---|---|---|---|---|---|
| 2003 | 48.35 | 48.24 | 49.51 | 49.52 | 49.53 | 48.41 | 47.92 | 47.19 | 47.15 | 部分河干 | 河干 | 河干 | 部分河干 |
| 2004 | 河干 | 河干 | 河干 | 河干 | 河干 | 河干 | 部分河干 | 47.86 | 47.15 | 47.11 | 46.99 | 46.97 | 部分河干 |
| 2005 | 部分河干 | 部分河干 | 部分河干 | 部分河干 | 部分河干 | 47.28 | 47.89 | 47.26 | 部分河干 | 部分河干 | 部分河干 | 47.48 | 部分河干 |
| 2006 | 49.54 | 49.02 | 47.55 | 部分河干 | 46.99 | 48.32 | 部分河干 | 48.68 | 部分河干 | 49.33 | 50.84 | 部分河干 | 部分河干 |
| 2007 | 部分河干 | 50.97 | 50.65 | 50.45 | 50.05 | 49.79 | 部分河干 | 48.83 | 50.35 | 49.76 | 50.20 | 51.45 | 部分河干 |
| 2008 | 51.37 | 51.09 | 51.04 | 51.31 | 49.67 | 50.66 | 49.08 | 48.33 | 50.97 | 48.56 | 部分河干 | 48.02 | 部分河干 |
| 2009 | 47.14 | 46.92 | 部分河干 | 河干 | 部分河干 | 47.20 | 47.96 | 48.01 | 50.84 | 49.88 | 49.28 | 50.14 | 部分河干 |
| 2010 | 50.24 | 50.52 | 50.26 | 50.35 | 47.57 | 47.29 | 48.41 | 49.97 | 50.73 | 49.84 | 51.25 | 51.03 | 49.78 |
| 2011 | 51.16 | 49.74 | 49.69 | 部分河干 | 49.82 | 50.20 | 50.50 | 50.75 | 51.20 | 51.03 | 51.36 | 51.24 | 部分河干 |
| 2012 | 51.35 | 51.20 | 50.71 | 50.44 | 50.28 | 49.97 | 49.85 | 50.81 | 50.99 | 51.07 | 49.09 | 50.84 | 50.55 |
| 2013 | 50.31 | 50.16 | 50.22 | 49.26 | 48.57 | 48.44 | 50.11 | 50.69 | 50.79 | 49.64 | 50.10 | 50.02 | 49.86 |
| 2014 | 49.52 | 49.42 | 49.52 | 50.54 | 47.77 | 46.92 | 48.93 | 50.32 | 50.22 | 47.54 | 46.91 | 47.62 | 48.76 |
| 2015 | 47.48 | 47.02 | 46.94 | 46.92 | 47.02 | 47.64 | 47.97 | 49.54 | 49.22 | 49.49 | 49.71 | 50.73 | 48.31 |
| 2016 | 50.20 | 50.27 | 49.62 | 49.23 | 49.38 | 49.29 | 50.18 | 50.75 | 49.36 | 50.57 | 51.02 | 50.39 | 50.02 |
| 2017 | 50.42 | 50.19 | 50.26 | 50.56 | 49.30 | 49.20 | 50.51 | 50.88 | 50.52 | 50.46 | 50.03 | 49.88 | 50.18 |
| 2018 | 49.37 | 49.29 | 49.22 | 49.14 | 49.65 | 49.48 | 50.58 | 50.45 | 50.30 | 50.00 | 49.72 | 50.59 | 49.82 |
| 多年平均 | 49.41 | 49.28 | 49.39 | 49.44 | 49.03 | 49.13 | 49.59 | 49.51 | 49.57 | 49.45 | 49.44 | 49.46 | 49.48 |
| 历年最高 | 51.90 | 51.77 | 52.22 | 52.30 | 50.68 | 50.84 | 51.91 | 51.68 | 52.37 | 51.07 | 52.00 | 52.01 | 50.55 |
| 出现年份 | 1996 | 1998 | 1996 | 1996 | 1998 | 1991 | 1995 | 1995 | 1995 | 2012 | 1995 | 1995 | 2012 |
| 历年最低 | 河干 | 河干 | 河干 | 河干 | 河干 | 河干 | 河干 | 河干 | 河干 | 河干 | 河干 | 河干 | 河干 |
| 出现年份 | 1966 | 1968 | 1968 | 1954 | 1973 | 1974 | 1981 | 1979 | 1977 | 1976 | 1972 | 1972 | 1981 |

注:本表水位1991年以前为新沭河大官庄站水位,自1991年起采用新沭河闸上水位。当定量值与定性值要一起统计年平均时,采用"部分河干"表示,下同。

表 2-5(e) 沂沭泗流域主要站历年各月平均水位统计表(五)

老沭河:人民胜利堰闸站　　单位:m

| 年份 | 1月 | 2月 | 3月 | 4月 | 5月 | 6月 | 7月 | 8月 | 9月 | 10月 | 11月 | 12月 | 年平均 |
|---|---|---|---|---|---|---|---|---|---|---|---|---|---|
| 1995 | 河干 | 河干 | 河干 | 河干 | 河干 | 部分河干 | 部分河干 | 51.39 | 52.39 | 49.87 | 51.97 | 52.10 | 部分河干 |
| 1996 | 52.17 | 51.17 | 52.21 | 52.32 | 51.48 | 49.66 | 50.11 | 49.55 | 50.75 | 49.57 | 49.02 | 48.33 | 50.53 |
| 1997 | 48.33 | 48.91 | 48.07 | 48.01 | 48.14 | 部分河干 | 部分河干 | 49.67 | 49.50 | 50.07 | 50.82 | 51.15 | 部分河干 |
| 1998 | 51.06 | 51.77 | 50.83 | 51.62 | 50.74 | 50.19 | 49.05 | 49.49 | 49.85 | 50.61 | 48.27 | 48.16 | 50.12 |
| 1999 | 49.18 | 49.15 | 48.88 | 48.25 | 48.94 | 49.46 | 49.45 | 50.26 | 49.15 | 48.86 | 48.04 | 48.12 | 48.98 |
| 2000 | 48.94 | 49.29 | 49.57 | 50.07 | 50.48 | 50.44 | 49.96 | 49.49 | 49.44 | 49.30 | 49.32 | 49.35 | 49.64 |
| 2001 | 49.24 | 49.29 | 50.21 | 48.96 | 49.11 | 49.08 | 49.88 | 49.19 | 49.29 | 50.65 | 48.90 | 48.05 | 49.32 |
| 2002 | 48.04 | 47.98 | 48.14 | 48.10 | 48.35 | 48.10 | 48.81 | 48.02 | 48.11 | 48.16 | 48.18 | 49.61 | 48.30 |
| 2003 | 49.15 | 49.11 | 49.58 | 49.52 | 49.67 | 49.09 | 49.13 | 48.81 | 48.70 | 48.63 | 48.06 | 48.10 | 48.96 |
| 2004 | 48.04 | 48.09 | 48.06 | 48.11 | 48.09 | 47.88 | 49.26 | 49.38 | 49.00 | 49.30 | 49.23 | 49.24 | 48.64 |
| 2005 | 48.72 | 48.00 | 49.09 | 48.91 | 48.94 | 49.11 | 49.05 | 48.86 | 49.13 | 48.84 | 48.81 | 49.22 | 48.90 |
| 2006 | 49.62 | 49.13 | 49.13 | 48.93 | 49.12 | 49.14 | 48.99 | 48.92 | 49.25 | 49.94 | 50.84 | 50.28 | 49.44 |
| 2007 | 50.33 | 50.92 | 50.66 | 50.54 | 50.04 | 49.96 | 49.34 | 49.85 | 50.64 | 50.20 | 50.51 | 51.45 | 50.37 |
| 2008 | 51.34 | 51.07 | 51.06 | 51.29 | 50.36 | 50.66 | 50.24 | 49.96 | 51.16 | 49.74 | 48.92 | 48.90 | 50.39 |
| 2009 | 48.22 | 47.99 | 48.03 | 47.98 | 47.91 | 48.02 | 48.17 | 48.57 | 50.80 | 49.87 | 49.40 | 50.11 | 48.76 |
| 2010 | 50.21 | 50.49 | 50.23 | 50.32 | 48.42 | 48.07 | 48.52 | 49.92 | 50.68 | 49.99 | 51.20 | 50.99 | 49.91 |
| 2011 | 51.12 | 49.70 | 49.65 | 部分河干 | 49.79 | 50.16 | 50.47 | 50.73 | 51.18 | 51.00 | 51.33 | 51.21 | 部分河干 |
| 2012 | 51.34 | 51.19 | 50.70 | 50.42 | 50.27 | 49.96 | 49.87 | 50.80 | 50.98 | 51.06 | 49.54 | 50.83 | 50.58 |
| 2013 | 50.30 | 50.14 | 50.21 | 49.25 | 48.59 | 48.52 | 50.11 | 50.68 | 50.79 | 49.71 | 50.10 | 50.02 | 49.87 |
| 2014 | 49.52 | 49.42 | 49.52 | 50.54 | 48.20 | 47.46 | 48.94 | 50.32 | 50.22 | 47.85 | 47.46 | 47.95 | 48.94 |
| 2015 | 47.75 | 47.47 | 47.46 | 47.46 | 47.48 | 47.71 | 48.03 | 49.53 | 49.22 | 49.49 | 49.71 | 50.73 | 48.51 |
| 2016 | 50.20 | 50.27 | 49.62 | 49.23 | 49.38 | 49.29 | 50.18 | 50.75 | 49.36 | 50.57 | 51.02 | 50.39 | 50.02 |

**表 2-5(e)(续)**

老沭河:人民胜利堰闸站

单位:m

| 年份 | 1月 | 2月 | 3月 | 4月 | 5月 | 6月 | 7月 | 8月 | 9月 | 10月 | 11月 | 12月 | 年平均 |
|---|---|---|---|---|---|---|---|---|---|---|---|---|---|
| 2017 | 50.42 | 50.18 | 50.25 | 50.55 | 49.30 | 49.20 | 50.50 | 50.88 | 50.52 | 50.45 | 50.04 | 49.87 | 50.18 |
| 2018 | 49.37 | 49.29 | 49.22 | 49.14 | 49.65 | 49.48 | 50.58 | 50.48 | 50.30 | 50.00 | 49.72 | 50.59 | 49.82 |
| 多年平均 | 49.68 | 49.57 | 49.58 | 49.52 | 49.24 | 49.12 | 49.48 | 49.81 | 50.02 | 49.74 | 49.60 | 49.78 | 49.53 |
| 历年最高 | 52.17 | 51.77 | 52.21 | 52.32 | 51.48 | 50.66 | 50.58 | 51.39 | 52.39 | 51.06 | 51.97 | 52.10 | 50.58 |
| 出现年份 | 1996 | 1998 | 1996 | 1996 | 1996 | 2008 | 2018 | 1995 | 1995 | 2012 | 1995 | 1995 | 2012 |
| 历年最低 | 河干 | 河干 | 河干 | 河干 | 河干 | 部分河干 | 部分河干 | 48.02 | 48.11 | 47.85 | 48.04 | 47.95 | 部分河干 |
| 出现年份 | 1995 | 1995 | 1995 | 1995 | 1995 | 1995 | 1995 | 2002 | 2002 | 2014 | 1999 | 2014 | 1995 |

注:1995 年人民胜利堰闸建成,本表水位为闸上水位。

**表 2-5(f) 沂沭泗流域主要站历年各月平均水位统计表(六)**

上级湖:南阳站　　　　单位:m

| 年份 | 1月 | 2月 | 3月 | 4月 | 5月 | 6月 | 7月 | 8月 | 9月 | 10月 | 11月 | 12月 | 年平均 |
|---|---|---|---|---|---|---|---|---|---|---|---|---|---|
| 1953 | 33.37 | 33.30 | 33.25 | 33.21 | 33.01 | 33.09 | 33.88 | 34.94 | 34.24 | 33.92 | 33.74 | 33.56 | 33.63 |
| 1954 | 33.44 | 33.33 | 33.26 | 33.19 | 33.06 | 33.00 | 32.92 | 33.71 | 34.30 | 34.11 | 33.93 | 33.79 | 33.50 |
| 1955 | 33.66 | 33.56 | 33.42 | 33.31 | 33.12 | 32.82 | 33.64 | 33.95 | 34.37 | 34.13 | 33.77 | 33.51 | 33.61 |
| 1956 | 33.35 | 33.26 | 33.18 | 33.14 | 32.95 | 33.29 | 34.28 | 34.22 | 34.28 | 33.95 | 33.69 | 33.48 | 33.59 |
| 1957 | 33.38 | 33.31 | 33.27 | 33.22 | 33.15 | 33.05 | 35.01 | 36.08 | 35.39 | 34.72 | 34.24 | 33.85 | 34.06 |
| 1958 | 33.50 | 33.18 | 33.07 | 32.90 | 32.75 | 32.57 | 34.52 | 34.51 | 34.11 | 33.54 | 33.54 | 33.63 | 33.49 |
| 1959 | 33.67 | 33.75 | 33.75 | 33.61 | 33.30 | 33.16 | 33.24 | 32.96 | 32.91 | 32.60 | 32.76 | 32.88 | 33.21 |
| 1960 | 33.00 | 32.89 | 32.67 | 32.57 | 32.52 |  | 33.89 | 34.22 | 34.10 | 33.72 | 33.42 | 33.30 |  |
| 1961 | 33.27 | 33.23 | 33.19 | 33.07 | 33.14 | 33.31 | 34.06 | 34.25 | 33.93 | 33.54 | 33.29 | 33.14 | 33.45 |
| 1962 | 33.02 | 32.96 | 32.89 | 32.85 | 32.62 | 32.47 | 32.99 | 34.08 | 34.23 | 33.81 | 33.60 | 33.57 | 33.26 |
| 1963 | 33.28 | 33.09 | 33.02 | 33.01 | 33.13 | 33.48 | 34.12 | 35.63 | 34.98 | 33.87 | 33.52 | 33.42 | 33.72 |
| 1964 | 33.23 | 33.07 | 33.06 | 33.49 | 33.69 | 33.40 | 33.60 | 35.05 | 35.64 | 34.63 | 33.99 | 33.95 | 33.90 |
| 1965 | 33.87 | 33.93 | 33.91 | 33.82 | 33.69 | 33.43 | 34.30 | 34.74 | 34.37 | 34.30 | 34.37 | 34.41 | 34.10 |
| 1966 | 34.41 | 34.38 | 34.48 | 34.47 | 34.28 | 33.83 | 33.82 | 33.93 | 33.61 | 33.41 | 33.28 | 33.25 | 33.93 |
| 1967 | 33.27 | 33.35 | 33.44 | 33.49 | 33.20 | 32.69 | 33.53 | 34.28 | 34.86 | 34.55 | 34.37 | 34.14 | 33.77 |
| 1968 | 34.06 | 34.05 | 34.01 | 33.91 | 33.69 | 33.32 | 33.04 | 33.01 | 33.37 | 33.44 | 33.44 | 33.47 | 33.57 |
| 1969 | 33.49 | 33.54 | 33.62 | 33.61 | 33.85 | 33.73 | 33.68 | 34.17 | 34.46 | 34.31 | 34.11 | 34.10 | 33.89 |
| 1970 | 34.10 | 34.10 | 34.08 | 33.99 | 33.86 | 33.56 | 33.85 | 34.98 | 34.59 | 34.43 | 34.48 | 34.32 | 34.20 |
| 1971 | 34.24 | 34.28 | 34.34 | 34.31 | 34.15 | 34.13 | 35.00 | 34.75 | 34.59 | 34.28 | 34.35 | 34.23 | 34.39 |
| 1972 | 34.24 | 34.31 | 34.38 | 34.32 | 34.20 | 33.97 | 34.18 | 34.19 | 34.67 | 34.18 | 34.04 | 33.99 | 34.22 |
| 1973 | 34.02 | 34.10 | 34.06 | 33.92 | 34.12 | 33.80 | 34.29 | 34.51 | 34.31 | 34.14 | 34.11 | 34.00 | 34.11 |
| 1974 | 33.95 | 33.91 | 33.88 | 33.80 | 33.59 | 33.13 | 32.96 | 34.70 | 34.48 | 34.55 | 34.35 | 34.31 | 33.97 |
| 1975 | 34.28 | 34.24 | 34.15 | 33.95 | 33.95 | 33.39 | 33.58 | 34.55 | 34.92 | 34.55 | 34.51 | 34.51 | 34.21 |
| 1976 | 34.62 | 34.66 | 34.60 | 34.42 | 34.22 | 33.77 | 33.67 | 34.61 | 34.55 | 34.46 | 34.45 | 34.41 | 34.37 |
| 1977 | 34.38 | 34.32 | 34.16 | 33.92 | 33.73 | 33.17 | 33.73 | 34.35 | 34.25 | 34.27 | 34.57 | 34.62 | 34.12 |

**表 2-5(f)(续)**

上级湖:南阳站

单位:m

| 年份 | 1月 | 2月 | 3月 | 4月 | 5月 | 6月 | 7月 | 8月 | 9月 | 10月 | 11月 | 12月 | 年平均 |
|---|---|---|---|---|---|---|---|---|---|---|---|---|---|
| 1978 | 34.52 | 34.54 | 34.53 | 34.20 | 33.65 | 32.85 | 34.43 | 34.48 | 34.59 | 34.53 | 34.62 | 34.56 | 34.29 |
| 1979 | 34.58 | 34.56 | 34.45 | 34.39 | 34.26 | 33.77 | 34.29 | 34.46 | 34.54 | 34.58 | 34.46 | 34.28 | 34.39 |
| 1980 | 34.29 | 34.28 | 34.25 | 34.11 | 33.82 | 33.74 | 33.92 | 34.45 | 34.41 | 34.35 | 34.16 | 34.09 | 34.16 |
| 1981 | 34.11 | 34.14 | 34.04 | 33.82 | 33.14 | 32.49 | 32.94 | 33.96 | 34.25 | 34.10 | 34.06 | 33.91 | 33.74 |
| 1982 | 33.83 | 33.81 | 33.69 | 33.43 | 32.66 | 32.22 | 32.56 | 33.88 | 34.32 | 34.33 | 34.27 | 34.19 | 33.60 |
| 1983 | 34.10 | 34.01 | 33.80 | 33.58 | 33.36 | 32.66 | 32.52 | 33.34 | 33.90 | 34.27 | 34.18 | 34.04 | 33.64 |
| 1984 | 33.93 | 33.81 | 33.53 | 33.41 | 33.16 | 33.05 | 33.49 | 34.22 | 34.36 | 34.34 | 34.24 | 34.31 | 33.82 |
| 1985 | 34.34 | 34.33 | 34.27 | 33.96 | 34.12 | 34.02 | 33.66 | 34.12 | 34.57 | 34.35 | 34.26 | 34.22 | 34.18 |
| 1986 | 34.27 | 34.27 | 34.16 | 33.90 | 33.49 | 33.09 | 32.52 | 33.17 | 33.35 | 33.25 | 33.20 | 33.03 | 33.47 |
| 1987 | 33.06 | 33.11 | 33.27 | 32.81 | 31.87 | 31.79 | 31.86 | 32.85 | 33.41 | 33.25 | 33.36 | 33.36 | 32.83 |
| 1988 | 33.34 | 33.28 | 33.03 | 32.70 | 31.88 | 31.48 | 31.51 | 31.63 | 部分湖干 | 湖干 | 湖干 | 湖干 | 部分湖干 |
| 1989 | 部分湖干 | 32.99 | 32.97 | 32.07 | 31.59 | 31.84 | 32.37 | 32.61 | 31.87 | 32.40 | 部分湖干 | 湖干 | 部分湖干 |
| 1990 | 湖干 | 部分湖干 | 33.21 | 33.28 | 33.03 | 33.25 | 33.62 | 34.18 | 34.36 | 34.12 | 33.97 | 33.95 | 部分湖干 |
| 1991 | 33.92 | 33.92 | 33.96 | 34.03 | 33.83 | 33.79 | 33.88 | 34.11 | 34.03 | 33.78 | 33.52 | 33.35 | 33.84 |
| 1992 | 33.39 | 33.43 | 33.45 | 33.41 | 33.15 | 32.43 | 32.21 | 32.50 | 32.95 | 33.03 | 32.91 | 32.77 | 32.97 |
| 1993 | 32.80 | 32.84 | 32.93 | 32.66 | 32.94 | 部分湖干 | 33.38 | 34.56 | 34.49 | 34.46 | 34.54 | 34.51 | 部分湖干 |
| 1994 | 34.47 | 34.46 | 34.42 | 34.24 | 34.15 | 33.69 | 33.87 | 34.19 | 34.47 | 34.43 | 34.55 | 34.56 | 34.29 |
| 1995 | 34.50 | 34.46 | 34.31 | 34.09 | 33.85 | 33.34 | 33.08 | 33.92 | 34.61 | 34.54 | 34.54 | 34.41 | 34.13 |
| 1996 | 34.31 | 34.32 | 34.21 | 34.09 | 33.91 | 33.41 | 33.28 | 33.97 | 34.35 | 34.57 | 34.58 | 34.52 | 34.13 |
| 1997 | 34.57 | 34.57 | 34.53 | 34.46 | 34.30 | 33.84 | 33.19 | 32.95 | 32.99 | 32.97 | 32.83 | 32.88 | 33.67 |
| 1998 | 33.00 | 33.02 | 33.13 | 33.24 | 33.33 | 33.31 | 33.13 | 34.46 | 34.62 | 34.56 | 34.55 | 34.57 | 33.75 |
| 1999 | 34.64 | 34.52 | 34.31 | 34.28 | 34.09 | 33.73 | 33.56 | 33.42 | 33.42 | 33.74 | 33.81 | 33.84 | 33.94 |
| 2000 | 33.89 | 34.04 | 34.02 | 33.54 | 33.03 | 部分湖干 | 32.58 | 33.06 | 33.20 | 33.39 | 33.60 | 33.75 | 部分湖干 |
| 2001 | 33.87 | 34.01 | 34.12 | 33.81 | 33.36 | 32.50 | 32.63 | 33.82 | 33.65 | 33.46 | 33.40 | 33.40 | 33.50 |
| 2002 | 33.44 | 33.44 | 33.14 | 32.86 | 32.81 | 32.50 | 部分湖干 | 湖干 | 湖干 | 部分湖干 | 部分湖干 | 部分湖干 | 部分湖干 |

**表 2-5(f)(续)**

上级湖:南阳站　　　　单位:m

| 年份 | 1月 | 2月 | 3月 | 4月 | 5月 | 6月 | 7月 | 8月 | 9月 | 10月 | 11月 | 12月 | 年平均 |
|---|---|---|---|---|---|---|---|---|---|---|---|---|---|
| 2003 | 部分湖干 | 32.18 | 部分湖干 | 湖干 | 湖干 | 部分湖干 | 32.62 | 33.27 | 34.86 | 34.67 | 34.63 | 34.45 | 部分湖干 |
| 2004 | 34.44 | 34.56 | 34.56 | 34.41 | 34.16 | 33.91 | 34.07 | 34.55 | 34.55 | 34.54 | 34.54 | 34.54 | 34.40 |
| 2005 | 34.62 | 34.55 | 34.57 | 34.54 | 34.29 | 34.07 | 34.22 | 34.12 | 34.75 | 34.56 | 34.56 | 34.48 | 34.44 |
| 2006 | 34.52 | 34.52 | 34.54 | 34.45 | 34.40 | 34.05 | 34.23 | 34.20 | 34.47 | 34.51 | 34.52 | 34.58 | 34.41 |
| 2007 | 34.60 | 34.57 | 34.60 | 34.45 | 34.20 | 34.13 | 34.12 | 34.36 | 34.37 | 34.56 | 34.54 | 34.60 | 34.43 |
| 2008 | 34.55 | 34.62 | 34.60 | 34.48 | 34.49 | 34.36 | 34.14 | 34.21 | 34.28 | 34.26 | 34.31 | 34.31 | 34.38 |
| 2009 | 34.34 | 34.38 | 34.41 | 34.37 | 34.24 | 34.03 | 34.02 | 34.21 | 34.37 | 34.37 | 34.43 | 34.54 | 34.31 |
| 2010 | 34.58 | 34.61 | 34.52 | 34.53 | 34.39 | 34.17 | 34.20 | 34.32 | 34.51 | 34.49 | 34.45 | 34.43 | 34.43 |
| 2011 | 34.47 | 34.55 | 34.57 | 34.43 | 34.13 | 33.74 | 33.50 | 34.09 | 34.35 | 34.53 | 34.53 | 34.50 | 34.28 |
| 2012 | 34.45 | 34.52 | 34.57 | 34.54 | 34.35 | 33.92 | 33.95 | 34.07 | 34.29 | 34.23 | 34.19 | 34.23 | 34.27 |
| 2013 | 34.32 | 34.43 | 34.46 | 34.15 | 33.89 | 33.81 | 34.05 | 34.21 | 33.97 | 33.80 | 33.75 | 33.81 | 34.05 |
| 2014 | 33.83 | 33.89 | 33.88 | 33.63 | 33.47 | 33.15 | 32.79 | 32.77 | 32.74 | 32.99 | 33.05 | 33.09 | 33.27 |
| 2015 | 33.09 | 33.14 | 33.16 | 33.27 | 33.37 | 33.10 | 33.13 | 33.39 | 33.20 | 32.98 | 33.00 | 33.23 | 33.17 |
| 2016 | 33.34 | 33.44 | 33.44 | 33.32 | 33.16 | 32.71 | 33.13 | 34.19 | 34.08 | 34.10 | 34.24 | 34.25 | 33.62 |
| 2017 | 34.41 | 34.41 | 34.33 | 34.39 | 34.33 | 33.93 | 34.10 | 34.38 | 34.39 | 34.42 | 34.36 | 34.34 | 34.32 |
| 2018 | 34.40 | 34.41 | 34.36 | 34.37 | 34.33 | 34.05 | 33.65 | 34.06 | 34.56 | 34.57 | 34.56 | 34.52 | 34.32 |
| 多年平均 | 33.94 | 33.89 | 33.87 | 33.74 | 33.55 | 33.31 | 33.54 | 34.05 | 34.19 | 34.06 | 34.02 | 33.97 | 33.91 |
| 历年最高 | 34.64 | 34.66 | 34.60 | 34.54 | 34.49 | 34.36 | 35.01 | 36.08 | 35.64 | 34.72 | 34.63 | 34.62 | 34.44 |
| 出现年份 | 1999 | 1976 | 1976 | 2005 | 2008 | 2008 | 1957 | 1957 | 1964 | 1957 | 2003 | 1977 | 2005 |
| 历年最低 | 湖干 | 部分湖干 | 部分湖干 | 湖干 | 湖干 | 部分湖干 | 部分湖干 | 湖干 | 湖干 | 湖干 | 湖干 | 湖干 | 部分湖干 |
| 出现年份 | 1990 | 1990 | 2003 | 2003 | 2003 | 1993 | 2002 | 2002 | 2002 | 1988 | 1988 | 1988 | 1988 |

注:当定量值与定性值要一起统计年平均时,采用“部分湖干”表示,下同。

**表 2-5(g)　沂沭泗流域主要站历年各月平均水位统计表(七)**

下级湖:微山站　　　　单位:m

| 年份 | 1月 | 2月 | 3月 | 4月 | 5月 | 6月 | 7月 | 8月 | 9月 | 10月 | 11月 | 12月 | 年平均 |
|---|---|---|---|---|---|---|---|---|---|---|---|---|---|
| 1952 | | | | | | | 30.97 | 30.83 | 30.84 | 30.76 | 30.76 | 30.95 | — |
| 1953 | 31.05 | 31.08 | 31.06 | 30.94 | 30.74 | 30.63 | 30.88 | 32.87 | 33.72 | 33.41 | 33.15 | 32.96 | 31.88 |
| 1954 | 32.77 | 32.56 | 32.34 | 32.03 | 31.73 | 31.46 | 31.22 | 31.25 | 31.47 | 31.89 | 32.11 | 32.32 | 31.93 |
| 1955 | 32.33 | 32.30 | 32.22 | 32.00 | 31.66 | 31.28 | 31.65 | 32.10 | 32.29 | 32.63 | 32.73 | 32.67 | 32.15 |
| 1956 | 32.58 | 32.39 | 32.19 | 32.02 | 31.70 | 31.47 | 31.73 | 32.20 | 32.72 | 32.79 | 32.67 | 32.52 | 32.25 |
| 1957 | 32.36 | 32.23 | 32.06 | 31.82 | 31.57 | 31.30 | 33.10 | 36.03 | 35.39 | 34.73 | 34.21 | 33.81 | 33.23 |
| 1958 | 33.42 | 32.86 | 32.42 | 32.27 | 32.19 | 32.08 | 34.08 | 34.45 | 34.09 | 33.53 | 33.56 | 33.66 | 33.22 |
| 1959 | 33.72 | 33.75 | 33.70 | 33.49 | 33.11 | 32.71 | 32.58 | 32.41 | 32.34 | 32.24 | 32.21 | 32.25 | 32.87 |
| 1960 | 32.30 | 32.30 | 32.25 | 32.19 | 32.08 | 31.94 | 32.58 | 33.66 | 33.82 | | | 32.61 | |
| 1961 | 32.39 | 32.24 | | | 31.81 | 31.77 | 32.24 | 32.72 | | 32.61 | | | |
| 1962 | 31.96 | 31.80 | 31.66 | 31.52 | 31.33 | 31.17 | 31.14 | 31.60 | 32.36 | 32.42 | 32.19 | 32.65 | 31.82 |
| 1963 | 32.02 | 31.74 | 31.58 | 31.62 | 31.67 | 31.85 | 32.23 | 34.27 | 34.09 | 32.81 | 32.19 | 32.08 | 32.35 |
| 1964 | 32.23 | 32.24 | 31.84 | 31.78 | 31.79 | 31.63 | 31.56 | 32.55 | 33.52 | 33.70 | 32.84 | 31.92 | 32.30 |
| 1965 | 31.75 | 31.77 | 31.76 | 31.61 | 31.57 | 31.41 | 31.98 | 33.17 | 32.57 | 32.39 | 32.37 | 32.34 | 32.06 |
| 1966 | 32.31 | 32.28 | 32.27 | 32.16 | 32.05 | 31.71 | 31.56 | 31.83 | 31.72 | 31.51 | 31.39 | 31.31 | 31.84 |
| 1967 | 31.28 | 31.29 | 31.30 | 31.27 | 31.14 | 30.98 | 31.17 | 31.44 | 32.79 | 32.81 | 32.56 | 32.55 | 31.72 |
| 1968 | 32.55 | 32.53 | 32.43 | 32.32 | 32.19 | 31.92 | 31.79 | 31.76 | 31.79 | 31.82 | 31.82 | 31.83 | 32.06 |
| 1969 | 31.85 | 31.91 | 31.92 | 31.86 | 31.74 | 31.47 | 31.41 | 31.82 | 32.36 | 33.09 | 32.61 | 32.52 | 32.05 |
| 1970 | 32.49 | 32.44 | 32.34 | 32.26 | 32.15 | 31.89 | 31.84 | 32.75 | 32.64 | 32.33 | 32.34 | 32.37 | 32.32 |
| 1971 | 32.46 | 32.41 | 32.44 | 32.33 | 32.06 | 31.84 | 32.74 | 32.61 | 32.62 | 32.53 | 32.45 | 32.37 | 32.40 |
| 1972 | 32.41 | 32.45 | 32.42 | 32.37 | 32.08 | 31.77 | 31.70 | 32.05 | 32.38 | 32.40 | 32.51 | 32.48 | 32.25 |
| 1973 | 32.45 | 32.42 | 32.35 | 32.31 | 32.27 | 31.94 | 31.84 | 32.25 | 32.33 | 32.58 | 32.42 | 32.27 | 32.29 |
| 1974 | 32.21 | 32.20 | 32.22 | 32.21 | 32.13 | 31.86 | 31.54 | 32.78 | 32.54 | 32.73 | 32.58 | 32.62 | 32.30 |
| 1975 | 32.39 | 32.45 | 32.51 | 32.36 | 32.38 | 31.96 | 31.75 | 32.23 | 32.74 | 32.52 | 32.37 | 32.39 | 32.34 |
| 1976 | 32.37 | 32.36 | 32.52 | 32.39 | 32.19 | 31.77 | 31.47 | 31.77 | 32.69 | 32.59 | 32.45 | 32.39 | 32.25 |

**表 2-5(g)(续)**

下级湖:微山站　　　　单位:m

| 年份 | 1月 | 2月 | 3月 | 4月 | 5月 | 6月 | 7月 | 8月 | 9月 | 10月 | 11月 | 12月 | 年平均 |
|---|---|---|---|---|---|---|---|---|---|---|---|---|---|
| 1977 | 32.36 | 32.36 | 32.12 | 31.97 | 31.89 | 31.53 | 31.33 | 31.60 | 31.34 | 31.20 | 31.42 | 31.46 | 31.71 |
| 1978 | 31.71 | 31.75 | 31.70 | 31.46 | 31.01 | 30.66 | 31.48 | 32.63 | 32.63 | 32.51 | 32.40 | 32.38 | 31.86 |
| 1979 | 32.27 | 32.31 | 32.30 | 32.23 | 32.14 | 31.83 | 32.10 | 32.31 | 32.38 | 32.72 | 32.43 | 32.44 | 32.29 |
| 1980 | 32.55 | 32.56 | 32.46 | 32.34 | 32.08 | 31.80 | 31.63 | 32.37 | 32.66 | 32.65 | 32.52 | 32.39 | 32.33 |
| 1981 | 32.31 | 32.30 | 32.23 | 31.99 | 31.51 | 31.01 | 30.80 | 30.74 | 30.89 | 31.13 | 31.18 | 31.17 | 31.43 |
| 1982 | 31.07 | 31.06 | 30.95 | 30.85 | 30.65 | 30.46 | 30.46 | 30.88 | 31.11 | 31.65 | 31.90 | 32.01 | 31.09 |
| 1983 | 32.06 | 32.08 | 32.05 | 31.95 | 31.63 | 31.31 | 31.10 | 31.08 | 31.08 | 31.30 | 31.86 | 31.89 | 31.61 |
| 1984 | 31.88 | 31.87 | 31.75 | 31.63 | 31.47 | 31.40 | 31.45 | 31.91 | 32.47 | 32.46 | 32.48 | 32.51 | 31.94 |
| 1985 | 32.49 | 32.46 | 32.49 | 32.45 | 32.50 | 32.37 | 32.21 | 32.30 | 32.43 | 32.46 | 32.49 | 32.44 | 32.42 |
| 1986 | 32.45 | 32.43 | 32.39 | 32.25 | 32.03 | 31.78 | 31.46 | 31.74 | 31.68 | 31.63 | 31.62 | 31.59 | 31.92 |
| 1987 | 31.68 | 31.78 | 31.91 | 31.93 | 31.76 | 31.48 | 31.09 | 31.05 | 31.25 | 31.33 | 31.61 | 31.81 | 31.55 |
| 1988 | 31.95 | 31.90 | 31.82 | 31.80 | 31.66 | 31.35 | 31.00 | 31.26 | 31.03 | 30.94 | 31.02 | 30.93 | 31.38 |
| 1989 | 31.07 | 31.30 | 31.45 | 31.45 | 31.26 | 31.22 | 31.33 | 31.32 | 30.84 | 30.69 | 30.60 | 30.65 | 31.10 |
| 1990 | 30.63 | 30.89 | 31.16 | 31.30 | 31.11 | 30.89 | 30.86 | 31.62 | 31.78 | 31.77 | 31.76 | 31.86 | 31.30 |
| 1991 | 31.97 | 32.06 | 32.14 | 32.19 | 32.14 | 32.27 | 32.23 | 32.44 | 32.39 | 32.23 | 32.10 | 32.06 | 32.18 |
| 1992 | 32.10 | 32.17 | 32.26 | 32.27 | 32.16 | 31.70 | 31.31 | 31.50 | 31.97 | 32.17 | 32.24 | 32.23 | 32.00 |
| 1993 | 32.24 | 32.22 | 32.21 | 32.12 | 31.88 | 31.48 | 31.12 | 32.33 | 32.50 | 32.43 | 32.53 | 32.54 | 32.13 |
| 1994 | 32.51 | 32.51 | 32.46 | 32.39 | 32.21 | 31.77 | 31.48 | 31.53 | 32.34 | 32.44 | 32.51 | 32.63 | 32.23 |
| 1995 | 32.69 | 32.72 | 32.66 | 32.57 | 32.41 | 32.01 | 31.75 | 31.96 | 32.56 | 32.59 | 32.64 | 32.58 | 32.43 |
| 1996 | 32.49 | 32.43 | 32.35 | 32.26 | 32.12 | 31.74 | 31.68 | 31.71 | 31.67 | 31.80 | 32.11 | 32.28 | 32.05 |
| 1997 | 32.27 | 32.29 | 32.29 | 32.45 | 32.42 | 31.80 | 31.24 | 31.27 | 31.22 | 31.00 | 30.91 | 31.16 | 31.69 |
| 1998 | 31.33 | 31.61 | 31.82 | 32.00 | 32.13 | 32.04 | 32.04 | 32.33 | 32.69 | 32.42 | 32.35 | 32.33 | 32.09 |
| 1999 | 32.35 | 32.45 | 32.26 | 32.21 | 32.10 | 31.70 | 31.31 | 31.01 | 30.83 | 30.98 | 31.04 | 31.09 | 31.61 |
| 2000 | 31.04 | 31.02 | 30.96 | 30.79 | 30.23 | 部分湖干 | 30.53 | 31.46 | 31.51 | 31.55 | 31.66 | 31.73 | 部分湖干 |
| 2001 | 31.77 | 31.85 | 31.87 | 31.75 | 31.49 | 30.89 | 30.74 | 31.81 | 31.79 | 31.56 | 31.48 | 31.49 | 31.54 |

**表 2-5(g)(续)**

下级湖:微山站

单位:m

| 年份 | 1月 | 2月 | 3月 | 4月 | 5月 | 6月 | 7月 | 8月 | 9月 | 10月 | 11月 | 12月 | 年平均 |
|---|---|---|---|---|---|---|---|---|---|---|---|---|---|
| 2002 | 31.45 | 31.48 | 31.31 | 31.18 | 31.10 | 30.69 | 30.34 | 30.10 | 30.19 | 30.38 | 30.34 | 30.47 | 30.75 |
| 2003 | 30.76 | 30.79 | 30.84 | 31.12 | 31.20 | 30.99 | 31.73 | 32.52 | 33.18 | 33.29 | 33.04 | 32.95 | 31.87 |
| 2004 | 32.90 | 32.90 | 32.88 | 32.78 | 32.47 | 32.17 | 32.17 | 32.67 | 32.79 | 32.74 | 32.76 | 32.73 | 32.66 |
| 2005 | 32.63 | 32.62 | 32.65 | 32.60 | 32.25 | 31.89 | 32.55 | 32.55 | 32.87 | 32.90 | 32.78 | 32.60 | 32.57 |
| 2006 | 32.61 | 32.67 | 32.65 | 32.63 | 32.43 | 32.06 | 32.51 | 32.47 | 32.52 | 32.52 | 32.45 | 32.57 | 32.51 |
| 2007 | 32.61 | 32.59 | 32.60 | 32.51 | 32.15 | 31.85 | 32.51 | 32.63 | 32.63 | 32.59 | 32.57 | 32.53 | 32.48 |
| 2008 | 32.59 | 32.54 | 32.52 | 32.39 | 32.28 | 32.18 | 32.45 | 32.50 | 32.58 | 32.42 | 32.44 | 32.41 | 32.44 |
| 2009 | 32.38 | 32.28 | 32.27 | 32.19 | 32.12 | 31.93 | 32.12 | 32.40 | 32.49 | 32.46 | 32.34 | 32.32 | 32.28 |
| 2010 | 32.28 | 32.32 | 32.54 | 32.37 | 32.17 | 31.92 | 32.26 | 32.40 | 32.55 | 32.59 | 32.46 | 32.34 | 32.35 |
| 2011 | 32.28 | 32.18 | 32.15 | 32.14 | 31.90 | 31.53 | 31.21 | 31.44 | 32.19 | 32.58 | 32.62 | 32.64 | 32.07 |
| 2012 | 32.53 | 32.55 | 32.59 | 32.51 | 32.21 | 31.68 | 31.99 | 32.09 | 32.17 | 32.07 | 32.02 | 31.99 | 32.20 |
| 2013 | 32.00 | 32.01 | 32.03 | 32.08 | 31.91 | 31.85 | 32.06 | 32.55 | 32.22 | 32.10 | 32.06 | 32.00 | 32.07 |
| 2014 | 31.95 | 31.93 | 31.90 | 31.76 | 31.64 | 31.44 | 30.95 | 31.07 | 31.27 | 31.37 | 31.43 | 31.50 | 31.52 |
| 2015 | 31.48 | 31.43 | 31.38 | 31.34 | 31.38 | 31.27 | 31.39 | 31.37 | 31.30 | 31.30 | 31.38 | 31.58 | 31.38 |
| 2016 | 31.61 | 31.58 | 31.54 | 31.50 | 31.46 | 31.53 | 31.53 | 31.75 | 31.55 | 31.62 | 31.83 | 31.89 | 31.62 |
| 2017 | 32.22 | 32.39 | 32.46 | 32.41 | 32.10 | 31.56 | 32.00 | 32.64 | 32.69 | 32.69 | 32.45 | 32.38 | 32.33 |
| 2018 | 32.47 | 32.42 | 32.48 | 32.44 | 32.38 | 31.81 | 31.51 | 32.08 | 32.53 | 32.55 | 32.50 | 32.49 | 32.30 |
| 多年平均 | 32.15 | 32.14 | 32.10 | 32.03 | 31.86 | 31.61 | 31.67 | 32.10 | 32.25 | 32.22 | 32.17 | 32.16 | 32.05 |
| 历年最高 | 33.72 | 33.75 | 33.70 | 33.49 | 33.11 | 32.71 | 34.08 | 36.03 | 35.39 | 34.73 | 34.21 | 33.81 | 33.23 |
| 出现年份 | 1959 | 1959 | 1959 | 1959 | 1959 | 1959 | 1958 | 1957 | 1957 | 1957 | 1957 | 1957 | 1957 |
| 历年最低 | 30.63 | 30.79 | 30.84 | 30.79 | 30.23 | 30.46 | 30.34 | 30.10 | 30.19 | 30.38 | 30.34 | 30.47 | 部分湖干 |
| 出现年份 | 1990 | 2003 | 2003 | 2000 | 2000 | 1982 | 2002 | 2002 | 2002 | 2002 | 2002 | 2002 | 2000 |

## 表 2-5(h) 沂沭泗流域主要站历年各月平均水位统计表(八)

中运河:运河站　　　　单位:m

| 年份 | 1月 | 2月 | 3月 | 4月 | 5月 | 6月 | 7月 | 8月 | 9月 | 10月 | 11月 | 12月 | 年平均 |
|---|---|---|---|---|---|---|---|---|---|---|---|---|---|
| 1972 | 23.03 | 23.01 | 23.00 | 22.93 | 22.48 | 21.67 | 23.23 | 22.55 | 22.93 | 22.93 | 22.95 | 22.94 | 22.80 |
| 1973 | 23.03 | 23.07 | 23.05 | 22.84 | 23.11 | 22.46 | 23.04 | 23.08 | 22.74 | 23.07 | 22.85 | 22.57 | 22.90 |
| 1974 | 22.58 | 22.62 | 22.73 | 22.82 | 22.75 | 22.13 | 21.84 | 24.16 | 23.05 | 23.20 | 23.00 | 23.07 | 22.82 |
| 1975 | 23.11 | 23.12 | 23.12 | 23.15 | 23.06 | 21.92 | 21.89 | 22.49 | 23.03 | 23.38 | 23.25 | 23.25 | 22.89 |
| 1976 | 23.25 | 23.20 | 23.29 | 23.07 | 22.68 | 21.79 | 21.73 | 22.31 | 22.45 | 22.41 | 22.28 | 22.28 | 22.55 |
| 1977 | 22.27 | 22.09 | 21.64 | 21.56 | 21.67 | 20.58 | 21.34 | 22.71 | 22.63 | 22.65 | 23.02 | 23.18 | 22.10 |
| 1978 | 23.18 | 23.19 | 23.15 | 22.61 | 20.81 | 19.05 | 20.88 | 22.57 | 22.87 | 22.85 | 22.90 | 23.09 | 22.25 |
| 1979 | 23.06 | 23.13 | 23.12 | 23.08 | 22.68 | 21.72 | 22.74 | 22.68 | 22.71 | 22.97 | 22.96 | 22.95 | 22.81 |
| 1980 | 23.07 | 23.05 | 22.95 | 22.91 | 22.17 | 21.62 | 22.58 | 22.55 | 23.13 | 23.19 | 23.14 | 23.05 | 22.77 |
| 1981 | 22.90 | 22.95 | 23.00 | 22.78 | 21.66 | 19.89 | 20.89 | 21.10 | 20.48 | 20.77 | 21.04 | 21.21 | 21.54 |
| 1982 | 21.23 | 21.31 | 21.43 | 21.45 | 20.63 | 19.76 | 21.14 | 22.88 | 22.65 | 22.70 | 22.76 | 23.03 | 21.74 |
| 1983 | 23.08 | 23.03 | 22.94 | 22.75 | 22.16 | 21.27 | 21.46 | 22.23 | 21.88 | 22.32 | 22.89 | 22.87 | 22.39 |
| 1984 | 22.77 | 22.66 | 22.41 | 22.46 | 22.14 | 21.52 | 22.08 | 22.42 | 22.69 | 23.20 | 23.12 | 23.07 | 22.54 |
| 1985 | 23.08 | 23.11 | 23.05 | 22.92 | 23.12 | 22.72 | 22.54 | 22.65 | 23.43 | 23.28 | 23.15 | 23.08 | 23.00 |
| 1986 | 23.12 | 23.07 | 23.12 | 22.95 | 22.34 | 21.69 | 21.90 | 22.87 | 22.83 | 22.86 | 22.85 | 22.84 | 22.69 |
| 1987 | 22.87 | 22.93 | 22.98 | 23.00 | 22.56 | 21.79 | 21.39 | 21.98 | 22.93 | 23.16 | 23.21 | 23.07 | 22.64 |
| 1988 | 23.05 | 22.93 | 22.66 | 22.92 | 22.78 | 21.77 | 21.36 | 22.57 | 22.32 | 22.14 | 21.82 | 21.39 | 22.30 |
| 1989 | 21.43 | 21.80 | 22.15 | 22.31 | 22.00 | 22.30 | 22.63 | 21.95 | 21.13 | 20.96 | 20.90 | 21.06 | 21.71 |
| 1990 | 21.19 | 21.42 | 21.65 | 21.78 | 21.56 | 21.19 | 22.49 | 23.66 | 23.09 | 23.08 | 23.02 | 23.05 | 22.26 |
| 1991 | 23.05 | 23.09 | 23.15 | 23.12 | 22.74 | 23.01 | 22.98 | 22.54 | 22.44 | 22.76 | 22.71 | 22.72 | 22.85 |
| 1992 | 22.77 | 22.70 | 22.80 | 22.90 | 22.55 | 21.30 | 21.34 | 22.01 | 22.97 | 23.05 | 22.80 | 22.78 | 22.49 |
| 1993 | 22.80 | 22.85 | 22.83 | 22.58 | 22.17 | 21.21 | 21.33 | 23.71 | 23.18 | 23.13 | 23.30 | 23.14 | 22.68 |

**表 2-5(h)(续)**

中运河:运河站

单位:m

| 年份 | 1月 | 2月 | 3月 | 4月 | 5月 | 6月 | 7月 | 8月 | 9月 | 10月 | 11月 | 12月 | 年平均 |
|---|---|---|---|---|---|---|---|---|---|---|---|---|---|
| 1994 | 23.14 | 23.06 | 23.06 | 23.08 | 22.64 | 21.36 | 21.39 | 21.49 | 23.14 | 23.10 | 23.12 | 23.14 | 22.63 |
| 1995 | 23.08 | 23.03 | 22.98 | 22.82 | 22.36 | 21.27 | 22.03 | 23.14 | 23.43 | 23.34 | 23.20 | 23.04 | 22.80 |
| 1996 | 22.94 | 22.97 | 22.90 | 22.87 | 22.44 | 21.53 | 22.83 | 22.47 | 22.33 | 22.88 | 23.37 | 23.37 | 22.73 |
| 1997 | 23.29 | 23.14 | 23.04 | 23.14 | 22.87 | 21.60 | 21.44 | 22.32 | 22.55 | 22.17 | 21.66 | 21.85 | 22.41 |
| 1998 | 22.32 | 22.52 | 22.93 | 23.29 | 23.35 | 22.83 | 22.94 | 23.94 | 23.41 | 23.23 | 23.16 | 23.01 | 23.07 |
| 1999 | 22.82 | 22.67 | 22.41 | 22.18 | 21.83 | 21.04 | 20.89 | 20.37 | 20.82 | 21.77 | 22.21 | 22.23 | 21.75 |
| 2000 | 22.33 | 22.51 | 22.55 | 22.27 | 21.83 | 21.04 | 22.34 | 22.46 | 23.12 | 23.27 | 23.47 | 23.48 | 22.55 |
| 2001 | 23.47 | 23.41 | 23.32 | 22.97 | 22.38 | 21.26 | 21.17 | 23.31 | 22.80 | 22.37 | 22.24 | 22.47 | 22.58 |
| 2002 | 22.60 | 22.59 | 22.41 | 22.36 | 22.73 | 22.18 | 21.66 | 21.69 | 21.35 | 21.68 | 21.70 | 21.99 | 22.07 |
| 2003 | 22.39 | 22.46 | 22.53 | 22.46 | 22.51 | 22.32 | 23.22 | 23.35 | 23.87 | 23.57 | 23.28 | 23.32 | 22.93 |
| 2004 | 23.23 | 23.05 | 22.78 | 22.54 | 22.68 | 22.23 | 22.35 | 23.25 | 23.52 | 23.25 | 23.01 | 23.25 | 22.92 |
| 2005 | 23.06 | 23.03 | 23.11 | 22.94 | 22.49 | 22.02 | 23.03 | 23.38 | 23.33 | 23.85 | 23.13 | 23.01 | 23.03 |
| 2006 | 22.91 | 22.95 | 22.95 | 22.73 | 22.49 | 21.97 | 23.07 | 22.68 | 22.83 | 22.26 | 22.08 | 22.32 | 22.60 |
| 2007 | 22.19 | 22.31 | 22.72 | 22.52 | 22.28 | 21.75 | 23.10 | 23.55 | 23.12 | 23.04 | 22.71 | 22.49 | 22.65 |
| 2008 | 22.56 | 22.48 | 22.24 | 22.42 | 22.46 | 22.30 | 23.26 | 23.05 | 23.13 | 23.28 | 23.06 | 22.93 | 22.77 |
| 2009 | 22.85 | 22.61 | 22.58 | 22.62 | 22.52 | 22.37 | 22.40 | 22.91 | 22.86 | 22.76 | 22.73 | 22.98 | 22.68 |
| 2010 | 22.93 | 22.87 | 22.84 | 22.74 | 22.69 | 22.52 | 22.14 | 22.14 | 23.36 | 22.82 | 22.48 | 22.08 | 22.63 |
| 2011 | 22.06 | 21.90 | 21.84 | 21.78 | 21.66 | 21.19 | 20.92 | 22.35 | 23.28 | 23.32 | 23.34 | 23.42 | 22.26 |
| 2012 | 23.15 | 22.98 | 23.01 | 23.02 | 22.71 | 21.93 | 22.15 | 22.23 | 23.32 | 23.06 | 22.93 | 22.98 | 22.79 |
| 2013 | 23.12 | 23.20 | 23.18 | 22.90 | 22.73 | 22.82 | 22.72 | 22.79 | 22.72 | 23.15 | 23.13 | 23.01 | 22.96 |
| 2014 | 22.82 | 22.67 | 22.59 | 22.60 | 22.72 | 22.28 | 21.01 | 21.83 | 22.10 | 22.19 | 22.25 | 22.38 | 22.28 |
| 2015 | 22.26 | 22.13 | 22.55 | 22.94 | 22.93 | 22.35 | 22.05 | 22.06 | 21.87 | 21.66 | 22.16 | 23.12 | 22.34 |

**表 2-5(h)(续)**

中运河:运河站

单位:m

| 年份 | 1月 | 2月 | 3月 | 4月 | 5月 | 6月 | 7月 | 8月 | 9月 | 10月 | 11月 | 12月 | 年平均 |
|---|---|---|---|---|---|---|---|---|---|---|---|---|---|
| 2016 | 23.22 | 23.18 | 23.05 | 22.69 | 22.71 | 22.43 | 22.31 | 22.64 | 21.54 | 21.74 | 22.62 | 23.47 | 22.67 |
| 2017 | 23.48 | 23.35 | 23.12 | 22.86 | 22.78 | 22.13 | 22.17 | 23.32 | 23.30 | 23.35 | 23.33 | 23.03 | 23.02 |
| 2018 | 23.00 | 23.22 | 23.24 | 23.11 | 22.61 | 22.08 | 21.99 | 22.79 | 22.99 | 23.06 | 22.65 | 22.57 | 22.77 |
| 多年平均 | 22.79 | 22.78 | 22.77 | 22.70 | 22.41 | 21.73 | 22.07 | 22.62 | 22.72 | 22.77 | 22.74 | 22.78 | 22.57 |
| 历年最高 | 23.48 | 23.41 | 23.32 | 23.29 | 23.35 | 23.01 | 23.26 | 24.16 | 23.87 | 23.85 | 23.47 | 23.48 | 23.07 |
| 出现年份 | 2017 | 2001 | 2001 | 1998 | 1998 | 1991 | 2008 | 1974 | 2003 | 2005 | 2000 | 2000 | 1998 |
| 历年最低 | 21.19 | 21.31 | 21.43 | 21.45 | 20.63 | 19.05 | 20.88 | 20.37 | 20.48 | 20.77 | 20.90 | 21.06 | 21.54 |
| 出现年份 | 1990 | 1982 | 1982 | 1982 | 1982 | 1978 | 1978 | 1999 | 1981 | 1981 | 1989 | 1989 | 1981 |

注:本站即为1980年前的运河(铁、铁下)站。1972年以前,由于水尺断面变动频繁,水位未列。

**表 2-6(a)　沂沭泗流域主要站历年各月平均流量统计表(一)**

沂河:临沂站　　　　单位:m³·s⁻¹

| 年份 | 1月 | 2月 | 3月 | 4月 | 5月 | 6月 | 7月 | 8月 | 9月 | 10月 | 11月 | 12月 | 年平均 |
|---|---|---|---|---|---|---|---|---|---|---|---|---|---|
| 1951 | 28.3 | 25.1 | 15.8 | 12.2 | 52.6 | 33.0 | 200 | 567 | 45.5 | 18.9 | 9.88 | 7.19 | 85.7 |
| 1952 | | | | 7.13 | 4.62 | 64.6 | 352 | 238 | 104 | 42.5 | 43.9 | 47.5 | |
| 1953 | 25.1 | 26.0 | 25.3 | 16.0 | 30.2 | 256 | 524 | 668 | 47.7 | 36.0 | 33.1 | 19.2 | 144 |
| 1954 | 17.6 | 15.7 | 12.4 | 10.4 | 9.89 | 25.2 | 30.0 | 508 | 98.0 | 115 | 37.6 | 47.2 | 78.2 |
| 1955 | 31.6 | 24.6 | 13.4 | 7.96 | 4.81 | 4.44 | 483 | 217 | 173 | 34.0 | 16.5 | 15.2 | 85.5 |
| 1956 | 12.1 | 12.5 | 10.9 | 13.1 | 10.9 | 206 | 295 | 283 | 452 | 59.6 | 30.1 | 35.5 | |
| 1957 | 20.5 | 25.2 | 22.3 | 17.5 | 12.9 | 11.6 | 1 930 | 163 | 42.3 | 15.3 | 16.4 | 15.9 | 194 |
| 1958 | 8.43 | 9.85 | 8.10 | 8.75 | 9.46 | 1.46 | 411 | 478 | 90.6 | 44.2 | 58.7 | 31.1 | 97.9 |
| 1959 | 16.7 | 16.0 | 16.4 | 27.7 | 31.1 | 101 | 107 | 40.6 | 47.8 | 7.53 | 15.5 | 14.4 | 36.9 |
| 1960 | 14.6 | 3.49 | 0.06 | 0.18 | 1.54 | 103 | 762 | 536 | 279 | 64.1 | 37.8 | 27.4 | 152 |
| 1961 | 18.5 | 47.3 | 73.8 | 29.9 | 40.0 | 73.6 | 324 | 270 | 227 | 71.8 | 44.9 | 27.6 | 105 |
| 1962 | 20.0 | 20.9 | 6.56 | 6.88 | 8.97 | 73.4 | 333 | 632 | 202 | 160 | 162 | 117 | 147 |
| 1963 | 54.9 | 44.5 | 21.1 | 25.3 | 52.5 | 97.0 | 1 070 | 707 | 197 | 26.1 | 22.2 | 16.4 | 197 |
| 1964 | 19.8 | 15.2 | 13.9 | 147 | 60.6 | 52.2 | 536 | 578 | 600 | 160 | 49.0 | 26.4 | 189 |
| 1965 | 21.0 | 15.3 | 4.73 | 10.2 | 15.5 | 21.3 | 429 | 451 | 28.2 | 6.5 | 11.2 | 4.18 | 86.2 |
| 1966 | 3.08 | 1.60 | 11.6 | 8.72 | 14.5 | 50.0 | 250 | 52.6 | 27.4 | 4.76 | 1.79 | 0.55 | 36.0 |
| 1967 | 1.26 | 1.21 | 0.75 | 4.69 | 4.93 | 38.2 | 100 | 68.5 | 151 | 20.2 | 11.1 | 11.9 | 34.6 |
| 1968 | 11.1 | 10.9 | 6.23 | 12.5 | 16.9 | 33.8 | 57.8 | 25.3 | 14.0 | 9.86 | 5.14 | 5.11 | 17.4 |
| 1969 | 1.86 | 4.37 | 9.82 | 7.07 | 5.55 | 20.6 | 32.9 | 49.0 | 77.0 | 58.6 | 12.9 | 10.2 | 24.3 |
| 1970 | 11.5 | 3.33 | 5.03 | 3.34 | 14.8 | 27.4 | 749 | 233 | 143 | 39.9 | 22.8 | 22.5 | 108 |
| 1971 | 17.4 | 16.2 | 19.7 | 13.2 | 35.3 | 150 | 497 | 904 | 137 | 22.3 | 10.6 | 15.0 | 155 |
| 1972 | 9.2 | 7.20 | 10.5 | 14.3 | 38.9 | 34.2 | 84.1 | 72.1 | 106 | 10.3 | 12.5 | 6.71 | 33.9 |
| 1973 | 7.05 | 6.72 | 4.40 | 12.9 | 49.9 | 39.8 | 415 | 53.3 | 24.2 | 14.9 | 4.29 | 4.18 | 53.8 |
| 1974 | 2.75 | 1.61 | 3.14 | 8.24 | 13.7 | 21.9 | 211 | 970 | 47.8 | 39.8 | 15.7 | 18.1 | 115 |
| 1975 | 27.5 | 70.4 | 14.2 | 74.8 | 30.9 | 36.5 | 257 | 113 | 95.7 | 35.1 | 28.8 | 22.7 | 67.3 |

表 2-6(a)(续)

沂河:临沂站

单位:$m^3 \cdot s^{-1}$

| 年份 | 1月 | 2月 | 3月 | 4月 | 5月 | 6月 | 7月 | 8月 | 9月 | 10月 | 11月 | 12月 | 年平均 |
|---|---|---|---|---|---|---|---|---|---|---|---|---|---|
| 1976 | 14.6 | 20.3 | 17.6 | 18.1 | 18.1 | 18.0 | 93.6 | 125 | 23.6 | 6.78 | 4.10 | 7.93 | 30.9 |
| 1977 | 3.64 | 1.91 | 5.81 | 3.72 | 5.26 | 4.08 | 64.1 | 46.5 | 14.6 | 23.5 | 26.1 | 17.4 | 18.2 |
| 1978 | 16.2 | 10.6 | 5.29 | 5.94 | 7.23 | 7.65 | 128 | 86.3 | 14 | 11.2 | 7.35 | 10.3 | 26.1 |
| 1979 | 9.55 | 8.89 | 4.78 | 16.3 | 5.63 | 38.3 | 172 | 99.6 | 70.7 | 15.9 | 12.6 | 13.7 | 39.3 |
| 1980 | 14.0 | 11.7 | 10.7 | 8.02 | 10.0 | 140 | 239 | 93 | 71.1 | 34.6 | 31.5 | 24.5 | 57.5 |
| 1981 | 30.5 | 14.9 | 6.64 | 10.4 | 10.6 | 9.69 | 81.1 | 12.7 | 2.84 | 8.63 | 8.79 | 5.39 | 17 |
| 1982 | 3.32 | 0.92 | 0.53 | 6.05 | 0.31 | 1.63 | 111 | 123 | 2.84 | 20.0 | 10.6 | 13.0 | 24.8 |
| 1983 | 6.44 | 4.11 | 3.65 | 3.13 | 9.18 | 9.88 | 14.2 | 1.33 | 8.4 | 11.1 | 6.65 | 2.08 | 6.70 |
| 1984 | 1.65 | 1.08 | 3.77 | 0.82 | 0.45 | 7.89 | 138 | 64.9 | 34.4 | 36.7 | 21.5 | 16.0 | 27.5 |
| 1985 | 13.5 | 6.62 | 3.9 | 1.49 | 26.5 | 35.5 | 145 | 116 | 198 | 89.5 | 48.9 | 28.8 | 59.8 |
| 1986 | 29.7 | 16.1 | 43.3 | 7.70 | 12.0 | 14.0 | 21.9 | 94.1 | 8.13 | 7.52 | 6.89 | 7.13 | 22.6 |
| 1987 | 6.99 | 5.34 | 3.75 | 5.35 | 3.78 | 14.3 | 34.7 | 33.5 | 48.5 | 37.6 | 17.3 | 11.4 | 18.6 |
| 1988 | 6.86 | 5.90 | 4.27 | 1.06 | 3.38 | 9.28 | 100 | 5.76 | 0.99 | 2.71 | 1.33 | 2.92 | 12.2 |
| 1989 | 4.59 | 2.75 | 4.09 | 0.29 | 0.34 | 38.2 | 4.10 | 0.56 | 0.24 | 0.37 | 0.20 | 0.11 | 4.61 |
| 1990 | 0.21 | 0.81 | 0.62 | 0.17 | 5.80 | 39.7 | 214 | 608 | 107 | 23.3 | 24.5 | 15.5 | 87.9 |
| 1991 | 17.7 | 8.67 | 11.3 | 14.3 | 8.17 | 179 | 737 | 93.9 | 20.7 | 8.43 | 7.64 | 8.06 | 94.0 |
| 1992 | 9.31 | 4.76 | 4.62 | 2.76 | 1.33 | 13.1 | 34.6 | 4.22 | 27.3 | 12.4 | 3.35 | 1.22 | 9.92 |
| 1993 | 5.64 | 4.01 | 2.29 | 0.32 | 4.02 | 7.93 | 123 | 401 | 14.8 | 13.4 | 62.8 | 33.5 | 56.9 |
| 1994 | 20.9 | 11.4 | 11.0 | 17.4 | 14.3 | 8.17 | 50.3 | 271 | 183 | 39.9 | 18.6 | 27.3 | 56.4 |
| 1995 | 7.34 | 4.09 | 12.6 | 4.36 | 2.29 | 13.2 | 32.2 | 374 | 145 | 49.1 | 40.4 | 16.5 | 58.9 |
| 1996 | 17.4 | 3.15 | 1.71 | 19.9 | 5.15 | 41.6 | 63.6 | 127 | 22.6 | 9.88 | 17.8 | 13.4 | 28.8 |
| 1997 | 12.8 | 5.04 | 11.8 | 5.70 | 13.5 | 21.9 | 4.87 | 235 | 16.6 | 11.8 | 14.8 | 7.56 | 30.5 |
| 1998 | 9.15 | 5.82 | 9.11 | 31.2 | 60.8 | 43.6 | 140 | 805 | 174 | 43.0 | 37.1 | 36.6 | 118 |
| 1999 | 27.8 | 6.24 | 5.46 | 10.6 | 4.96 | 38.4 | 20.2 | 6.54 | 9.44 | 19.6 | 17.1 | 0.97 | 13.9 |
| 2000 | 1.18 | 1.2 | 3.57 | 2.52 | 0.48 | 29.2 | 75.1 | 38.4 | 64.4 | 30.7 | 23.7 | 22.0 | 24.4 |

**表 2-6(a)(续)**

沂河:临沂站

单位:$m^3 \cdot s^{-1}$

| 年份 | 1月 | 2月 | 3月 | 4月 | 5月 | 6月 | 7月 | 8月 | 9月 | 10月 | 11月 | 12月 | 年平均 |
|---|---|---|---|---|---|---|---|---|---|---|---|---|---|
| 2001 | 21.8 | 21.5 | 11.1 | 2.31 | 0.83 | 25.3 | 206 | 257 | 18.4 | 11.5 | 6.99 | 13.1 | 50.3 |
| 2002 | 7.14 | 5.71 | 0.49 | 11.9 | 25.0 | 26.0 | 23.2 | 2.96 | 0.41 | 0.27 | 0.18 | 0.13 | 8.63 |
| 2003 | 0.12 | 0.123 | 0.16 | 0.36 | 21.2 | 62.9 | 203 | 257 | 358 | 92.3 | 67.7 | 59.2 | 94.0 |
| 2004 | 30.6 | 28.1 | 18.5 | 8.74 | 19.5 | 24.3 | 246 | 333 | 219 | 78.6 | 20.5 | 12.6 | 87.1 |
| 2005 | 8.82 | 20.2 | 42.3 | 11.2 | 30.5 | 78.0 | 246 | 180 | 450 | 292 | 70.0 | 35.0 | 122 |
| 2006 | 25.1 | 38.0 | 19.3 | 25.0 | 25.6 | 13.9 | 47.8 | 109 | 84.8 | 18.8 | 12.9 | 11.2 | 35.9 |
| 2007 | 9.97 | 16.5 | 13.2 | 11.6 | 7.27 | 58.9 | 123 | 351 | 135 | 49.6 | 13.5 | 16.3 | 67.7 |
| 2008 | 13.0 | 12.5 | 17.3 | 33.8 | 9.14 | 26.3 | 335 | 270 | 110 | 48.8 | 44.3 | 20.0 | 79.0 |
| 2009 | 10.3 | 12.0 | 26.9 | 27.8 | 24.0 | 6.83 | 352 | 223 | 67.2 | 23.0 | 23.3 | 24.4 | 69.3 |
| 2010 | 6.84 | 3.29 | 4.06 | 7.62 | 6.98 | 3.94 | 59.7 | 84.9 | 72.2 | 23.5 | 14.0 | 24.6 | 26.2 |
| 2011 | 20.0 | 1.00 | 5.04 | 1.00 | 3.23 | 13.8 | 61.1 | 211 | 257 | 57.6 | 28.9 | 89.8 | 62.8 |
| 2012 | 29.2 | 22.7 | 34.7 | 25.4 | 31.0 | 22.2 | 446 | 208 | 152 | 42.7 | 53.4 | 25.2 | 91.7 |
| 2013 | 18.3 | 14.9 | 6.2 | 10.4 | 50.5 | 31.6 | 179 | 162 | 37.6 | 27.7 | 24.6 | 4.45 | 47.8 |
| 2014 | 1.07 | 6.78 | 17.4 | 1 | 4.64 | 5.18 | 3.81 | 4.69 | 1 | 1 | 1 | 1 | 4.05 |
| 2015 | 1 | 1 | 1 | 1 | 1 | 1 | 1 | 10.6 | 1 | 1 | 2.7 | 1 | 1.95 |
| 2016 | 6.1 | 0 | 0 | 0 | 0 | 16.7 | 37.6 | 52.6 | 8.25 | 11.7 | 20 | 20.2 | 14.5 |
| 2017 | 25.1 | 21.3 | 15.5 | 26.1 | 16.3 | 2.86 | 135 | 115 | 33.3 | 13.8 | 17.2 | 2.53 | 35.6 |
| 2018 | 5.76 | 6.53 | 2.76 | 8.17 | 14.6 | 9.99 | 38.7 | 249 | 69.4 | 23.4 | 12.6 | 24.5 | 39.2 |
| 多年平均 | 13.93 | 12.29 | 11.32 | 13.40 | 16.12 | 41.03 | 235.66 | 232.71 | 100.22 | 36.80 | 23.82 | 19.08 | 62.53 |
| 历年最大 | 54.9 | 70.4 | 73.8 | 147 | 60.8 | 256 | 1 930 | 970 | 600 | 292 | 162 | 117 | 197 |
| 出现年份 | 1963 | 1975 | 1961 | 1964 | 1998 | 1953 | 1957 | 1974 | 1964 | 2005 | 1962 | 1962 | 1963 |
| 历年最小 | 0.12 | 0 | 0 | 0 | 0 | 1 | 1 | 0.56 | 0.24 | 0.27 | 0.18 | 0.11 | 1.95 |
| 出现年份 | 2003 | 2016 | 2016 | 2016 | 2016 | 2015 | 2015 | 1989 | 1989 | 2002 | 2002 | 1989 | 2015 |

**表 2-6(b) 沂沭泗流域主要站历年各月平均流量统计表(二)**

新沂河:沭阳站　　　　单位:m$^3$ · s$^{-1}$

| 年份 | 1月 | 2月 | 3月 | 4月 | 5月 | 6月 | 7月 | 8月 | 9月 | 10月 | 11月 | 12月 | 年平均 |
|---|---|---|---|---|---|---|---|---|---|---|---|---|---|
| 1950 | | | | | | | | 461 | | | | | |
| 1951 | | | | | | | | | | | | | |
| 1952 | | | | | | | | 54.9 | | | | | |
| 1953 | | | | | | | | 469 | | | | | |
| 1954 | | | | | | | | | | | | | |
| 1955 | | | | | | | | | | | | | |
| 1956 | | | | | | | 270 | 141 | 334 | | | | |
| 1957 | | | | | | | | 541 | 36.8 | | | | |
| 1958 | | | | | | | | 797 | 225 | | | | |
| 1959 | | | | | | | 37.9 | 4.79 | 61.8 | | | | |
| 1960 | | | | | | | 957 | 803 | 615 | 30.4 | | | |
| 1961 | | | | | | | 292 | 73.9 | 272 | | | | |
| 1962 | | | | | | | 286 | 937 | 288 | 40.0 | | | |
| 1963 | | | | | | 23.3 | 1 770 | 2 330 | 979 | 7.11 | 2.18 | | |
| 1964 | | | 4.52 | 13.1 | 1.46 | 0.10 | 205 | 1 040 | 1 090 | 25.2 | 5.10 | | (269) |
| 1965 | | | | | | 24.2 | 1 060 | 1 770 | 273 | | | | |
| 1966 | | | | | 8.64 | 5.44 | 255 | 14.9 | 8.78 | | | | |
| 1967 | | | | 0.82 | 7.66 | 19.2 | 26.8 | 25.7 | 24.6 | | | | |
| 1968 | | | | | | | 223 | | | | | | |
| 1969 | | | | | | | (190) | 35.0 | 54.0 | 366 | | | |
| 1970 | | | | | | | 1 240 | 1 020 | 741 | | | | |
| 1971 | | | | | | | 1 420 | 1 700 | 584 | | | | |
| 1972 | | | | | | | 899 | 62.6 | 447 | | | | (118) |
| 1973 | | | | | | | 827 | 308 | | | | | (96.4) |
| 1974 | | | | | | | (456) | 2 670 | (44.7) | | | | (269) |

**表 2-6(b)(续)**

新沂河:沭阳站

单位:$m^3 \cdot s^{-1}$

| 年份 | 1月 | 2月 | 3月 | 4月 | 5月 | 6月 | 7月 | 8月 | 9月 | 10月 | 11月 | 12月 | 年平均 |
|---|---|---|---|---|---|---|---|---|---|---|---|---|---|
| 1975 | | | | | | | (264) | 474 | 290 | | | | (86.6) |
| 1976 | | | | | | | (72.9) | 240 | 156 | | | | (39.3) |
| 1977 | | | | | | | 127 | 52.5 | 24.3 | | | | (17.2) |
| 1978 | | | | | 32.6 | 10.4 | 3.92 | 52.0 | 1.87 | | | | (8.53) |
| 1979 | | | | | 0.23 | 3.17 | 621 | 262 | 359 | | | | (105) |
| 1980 | | | | | 8.35 | 87.6 | 281 | 325 | 142 | | | | |
| 1981 | | | | | 5.03 | 14.0 | 11.7 | 10.0 | 11.8 | | | | |
| 1982 | | | | | 0 | 0 | 263 | 399 | 32.3 | | | | |
| 1983 | | | | | 7.20 | 0 | 336 | 48.8 | 27.6 | | | | |
| 1984 | | | | | 0 | 3.59 | 471 | 44.7 | 99.8 | | | | |
| 1985 | | | | | 0 | 0 | 116 | 25.0 | 344 | | | | |
| 1986 | | | | | 0 | 0 | 361 | 252 | 14.9 | | | | |
| 1987 | | | | | 14.8 | 27.1 | 86 | 48.2 | 42.4 | | | | |
| 1988 | | | | | 13.7 | 17.0 | 17.9 | 8.20 | 23.2 | | | | |
| 1989 | | | | | 9.39 | 48.9 | 72.3 | 42.8 | 16.9 | | | | |
| 1990 | | | | | 19.4 | 31.5 | 451 | 1 650 | 62.2 | | | | |
| 1991 | | | | 0.31 | 14.9 | 78.1 | 1 340 | 288 | 19.5 | 0.40 | | | (148) |
| 1992 | | | | | 20.7 | 0 | 12.6 | 22.9 | 14.8 | | | | |
| 1993 | | | | | 9.94 | 28.9 | 26.7 | 947 | 14.6 | | | | |
| 1994 | | | | | 25.6 | 10.2 | 16.7 | 0.56 | 14.5 | | | | |
| 1995 | | | | | 5.16 | 13.9 | 84.5 | 486 | 176 | | | | |
| 1996 | | | | | 20.7 | 50.8 | 734 | 76.3 | 31.8 | | | | |
| 1997 | | | | | 13.5 | 26.2 | 56.0 | 169 | 11.7 | | | | |
| 1998 | | | | | 50.0 | 53.8 | 139 | 1 510 | 58.1 | | | | |
| 1999 | | | | | 13.1 | 4.90 | 8.66 | 0.58 | 12.8 | | | | |

**表 2-6(b)(续)**

新沂河:沭阳站　　单位:$m^3 \cdot s^{-1}$

| 年份 | 1月 | 2月 | 3月 | 4月 | 5月 | 6月 | 7月 | 8月 | 9月 | 10月 | 11月 | 12月 | 年平均 |
|---|---|---|---|---|---|---|---|---|---|---|---|---|---|
| 2000 | | | | | 5.73 | 41.5 | 241 | 107 | 253 | | | | |
| 2001 | | | | | 17.1 | 3.32 | 33.2 | 266 | 0 | | | | |
| 2002 | | | | | 6.74 | 11.1 | 58.9 | 18.9 | 11.5 | | | | |
| 2003 | | | | | 54.5 | 30.7 | 1 710 | 674 | 1 220 | | | | |
| 2004 | | | | | 12.1 | 23.7 | 237 | 672 | 649 | | | | |
| 2005 | | | | | 21.0 | 20.0 | 763 | 1 020 | 1 210 | 1 230 | | | |
| 2006 | | | | | 24.9 | 38.9 | 563 | 202 | 290 | | | | (94.1) |
| 2007 | | | | | | (34.1) | 1 170 | 1 360 | 479 | | | | (258) |
| 2008 | | | | | 16.8 | 60.5 | 1 150 | 877 | 125 | | | | (188) |
| 2009 | | | | | 21.1 | 36.6 | 308 | 306 | 37 | | | | (60.0) |
| 2010 | | | | | 48.3 | 38.4 | 217 | 68.3 | 725 | | | | |
| 2011 | | | | | 12.7 | 15.4 | 15.8 | 204 | 304 | | | | |
| 2012 | | | | | 16.3 | 26.4 | 348 | 25.6 | 153 | | | | |
| 2013 | | | | | 20.8 | 33.2 | 198 | 134 | 21.8 | | | | |
| 2014 | | | | | 23.7 | 40.4 | 27.8 | 27.4 | 59.6 | | | | |
| 2015 | | | | | 28.5 | 97.5 | 55.7 | 43 | 17.1 | | | | |
| 2016 | | | | | 15.5 | 87.4 | 76.7 | 33.1 | 13.8 | | | | |
| 2017 | | | | | 23 | 70.9 | 67.5 | 231 | 69.5 | | | | |
| 2018 | | | | | 111 | 87.5 | 79.8 | 544 | 48.6 | | | | |
| 多年平均 | | | 4.52 | 4.74 | 18.18 | 29.90 | 398.70 | 453.95 | 228.72 | 242.73 | 3.64 | | 148.13 |
| 历年最大 | | | 4.52 | 13.1 | 111 | 97.5 | 1 770 | 2 670 | 1 220 | 1 230 | 5.10 | | (269) |
| 出现年份 | | | 1964 | 1964 | 2018 | 2015 | 1963 | 1974 | 2003 | 2005 | 1964 | | 1964 |
| 历年最小 | | | 4.52 | 0.31 | 0 | 0 | 3.92 | 0.56 | 0 | 0.40 | 2.18 | | 96.4 |
| 出现年份 | | | 1964 | 1991 | 1982 | 1982 | 1978 | 1994 | 2001 | 1991 | 1963 | | 1973 |

**表 2-6(c)　沂沭泗流域主要站历年各月平均流量统计表(三)**

新沭河:新沭河闸站　　　　单位:$m^3 \cdot s^{-1}$

| 年份 | 1月 | 2月 | 3月 | 4月 | 5月 | 6月 | 7月 | 8月 | 9月 | 10月 | 11月 | 12月 | 年平均 |
|---|---|---|---|---|---|---|---|---|---|---|---|---|---|
| 1953 | | | | | | (52.1) | 220 | 233 | (4.87) | | | | |
| 1954 | 3.91 | 4.39 | 3.34 | 0 | 1.38 | 4.69 | 9.91 | 107 | 11.2 | 28.9 | 6.83 | 9.26 | 15.9 |
| 1955 | 3.93 | 4.67 | 2.73 | 1.03 | 0.51 | 4.19 | 173 | 62.0 | 30.4 | 5.76 | 2.63 | 2.43 | 24.7 |
| 1956 | 1.37 | 2.07 | 3.73 | 8.46 | 8.33 | 105 | 163 | 112 | 146 | 9.41 | 6.48 | 4.28 | 47.5 |
| 1957 | 3.16 | 6.57 | 10.0 | 7.19 | 4.46 | 5.42 | 550 | 49.8 | 6.23 | 2.09 | 2.91 | 5.23 | 55.4 |
| 1958 | 2.67 | 3.13 | 2.46 | 1.75 | 0.92 | 0.54 | 89.1 | 121 | 21.5 | 10.2 | 18.5 | 9.83 | 23.8 |
| 1959 | 6.34 | 8.56 | 7.73 | 15.8 | 5.59 | 20.1 | 65.9 | 35.5 | 61.1 | 7.22 | 16.0 | 9.53 | 21.7 |
| 1960 | 9.91 | 4.72 | 0.60 | 0.22 | 0.23 | 72.5 | 284 | 171 | 126 | 21.1 | 12.2 | 7.88 | 59.5 |
| 1961 | 7.41 | 6.43 | 33.4 | 25.5 | 36.0 | 59.0 | 144 | 57.2 | 70.7 | 14.3 | 12.0 | 10.6 | 40.0 |
| 1962 | 7.79 | 7.76 | 10.8 | 3.39 | 0.58 | 18.8 | 213 | 259 | 82.9 | 66.6 | 62.4 | 36.0 | 64.7 |
| 1963 | 14.4 | 11.9 | 7.16 | 7.44 | 22.2 | 48.3 | 342 | 169 | 53.0 | 10.5 | 8.60 | 5.88 | 59.1 |
| 1964 | 6.41 | 3.3 | 7.17 | 22.6 | 21.9 | 22.5 | 159 | 126 | 175 | 53.6 | 17.1 | 8.12 | 52.1 |
| 1965 | 5.88 | 4.22 | 0.01 | 1.61 | 2.76 | 1.21 | 207 | 208 | 23.4 | 4.53 | 3.78 | 1.11 | 39.2 |
| 1966 | 0 | 0.01 | 2.54 | 0.06 | 0 | 22.0 | 132 | 26.1 | 8.20 | 0.14 | 0.14 | 0.37 | 16.2 |
| 1967 | 0.04 | 0.08 | 1.52 | 0.58 | 0.84 | 17.8 | 38.5 | 43.4 | 62.9 | 3.41 | 2.77 | 0.25 | 14.4 |
| 1968 | 0 | 0 | 0 | 0 | 0.82 | 5.91 | 31.1 | 19.6 | 3.75 | 1.90 | 0.07 | 0.07 | 5.32 |
| 1969 | 0.48 | 1.30 | 2.73 | 0.78 | 1.99 | 3.30 | 15.9 | 24.3 | 45.2 | 21.2 | 0.97 | 2.9 | 10.1 |
| 1970 | 0.49 | 0.21 | 0.21 | 0.33 | 0.17 | 16.2 | 223 | 59.5 | 89.5 | 20.7 | 15.6 | 6.87 | 36.4 |
| 1971 | 3.26 | 0.57 | 7.13 | 0.72 | 4.85 | 75.0 | 162 | 290 | 54.6 | 2.32 | 6.41 | 0.15 | 51.1 |
| 1972 | 0 | 0.06 | 0.03 | 1.32 | 18.9 | 11.3 | 61.5 | 82.6 | 66.2 | 1.62 | 0 | 0 | 20.4 |
| 1973 | 0 | 0 | 0 | 0 | 0 | 0.13 | 88.2 | 14.9 | 23.6 | 5.52 | 0 | 0 | 11.2 |
| 1974 | 0 | 0 | 0 | 0 | 0 | 2.12 | 108 | 398 | 18.4 | 4.51 | 0 | 0 | 45.0 |
| 1975 | 0 | 0 | 0 | 0 | 0 | 0.62 | 121 | 163 | 61.2 | 4.01 | 0 | 0 | 29.5 |
| 1976 | 0 | 0 | 0 | 0 | 0 | 0 | 100 | 77.2 | 16.1 | 0 | 0 | 1.32 | 16.5 |
| 1977 | 0 | 0 | 0 | 0 | 0 | 0 | 18.6 | 0.11 | 0 | 0 | 0 | 0 | 1.59 |

**表 2-6(c)(续)**

新沭河:新沭河闸站　　　　单位:$m^3 \cdot s^{-1}$

| 年份 | 1月 | 2月 | 3月 | 4月 | 5月 | 6月 | 7月 | 8月 | 9月 | 10月 | 11月 | 12月 | 年平均 |
|---|---|---|---|---|---|---|---|---|---|---|---|---|---|
| 1978 | 0 | 0 | 0 | 0 | 0 | 0.01 | 24.2 | 26.6 | 0 | 0 | 0 | 0 | 4.32 |
| 1979 | 0 | 0 | 0 | 0 | 0 | 0.50 | 9.55 | 0 | 4.22 | 0 | 0 | 0 | 1.20 |
| 1980 | 0 | 0 | 0 | 0 | 2.50 | 18.4 | 0.23 | 1.83 | 2.36 | 0.66 | 0 | 0 | 2.15 |
| 1981 | 0 | 0 | 0 | 0 | 0 | 0 | 0 | 0 | 0 | 0 | 0 | 0 | 0 |
| 1982 | 0 | 0 | 0 | 0 | 0 | 0 | 2.64 | 0 | 0 | 0 | 0 | 0 | 0.22 |
| 1983 | 0 | 0 | 0 | 0 | 0.5 | 0 | 0 | 0 | 0.41 | 0.56 | 0.45 | 0 | 0.16 |
| 1984 | 0 | 0 | 0 | 0 | 0 | 0 | 10.5 | 1.66 | 10.8 | 8.67 | 0 | 0 | 2.64 |
| 1985 | 0 | 0 | 0 | 0 | 0.17 | 0.13 | 16.2 | 14.3 | 22.2 | 0 | 1.39 | 0.85 | 4.62 |
| 1986 | 0 | 0 | 0 | 0 | 0 | 0 | 0.44 | 2.8 | 0.78 | 0 | 0 | 0 | 0.34 |
| 1987 | 0 | 0 | 0 | 0 | 0 | 0 | 18.7 | 0 | 1.78 | 0 | 0 | 0 | 1.73 |
| 1988 | 0 | 0 | 0 | 0 | 0 | 0 | 11.2 | 0 | 0 | 0 | 0 | 0 | 0.95 |
| 1989 | 0 | 0 | 0 | 0.10 | 0 | 0 | 0 | 0 | 0 | 0 | 0 | 0 | 0.01 |
| 1990 | 0 | 0 | 0 | 0 | 0 | 0 | 0 | 72.2 | 1.31 | 0 | 0.85 | 0 | 6.31 |
| 1991 | 0 | 0 | 0 | 0 | 9.53 | 94.3 | 84.4 | 14.0 | 0 | 0 | 0 | 0 | 16.9 |
| 1992 | 0 | 0 | 0 | 0 | 0.87 | 0 | 44.1 | 2.48 | 29.3 | 1.93 | 0 | 0 | 6.59 |
| 1993 | 0 | 0 | 0 | 0 | 0 | 0 | 17.0 | 69.5 | 0 | 0.26 | 55.7 | 12.5 | (13.0) |
| 1994 | 5.20 | 6.30 | 2.47 | 12.2 | 5.79 | 0.49 | 43.9 | 121 | 87.6 | 32.1 | 23.7 | 8.24 | 29.30 |
| 1995 | 12.8 | 8.93 | 2.05 | 6.79 | 2.12 | 2.14 | 35.6 | 43.4 | 63.1 | 6.0 | 5.12 | 5.19 | 16.10 |
| 1996 | 5.07 | 3.06 | 3.20 | 4.24 | 0.21 | 7.45 | 38.2 | 37.2 | 6.75 | 7.97 | 6.96 | 1 | 10.20 |
| 1997 | 0.80 | 0.91 | 0 | 0 | 0 | 0 | 3.88 | 82.1 | 14.7 | 0 | 0 | 3.81 | 8.97 |
| 1998 | 0 | 0 | 5.14 | 5.97 | 3.97 | 0.08 | 88.2 | 202 | 21.6 | 7.33 | 0.05 | 0 | 28.30 |
| 1999 | 2.99 | 1.22 | 1.74 | 0 | 0.04 | 0 | 9.46 | 11.6 | 5.17 | 0.18 | 0 | 0 | 2.73 |
| 2000 | 0 | 0 | 0 | 0 | 0 | 7.58 | 31.6 | 38.9 | 71.6 | 23.8 | 24.5 | 12.9 | 17.6 |
| 2001 | 11.3 | 4.36 | 0 | 0 | 0 | 0 | 50.9 | 42.1 | 10.2 | 1.15 | 3.90 | 0 | 10.4 |
| 2002 | 0 | 0 | 0 | 0 | 1.39 | 0.10 | 6.98 | 0 | 0 | 0 | 0 | 0 | 0.72 |

**表 2-6(c)(续)**

新沭河:新沭河闸站

单位:$m^3 \cdot s^{-1}$

| 年份 | 1月 | 2月 | 3月 | 4月 | 5月 | 6月 | 7月 | 8月 | 9月 | 10月 | 11月 | 12月 | 年平均 |
|---|---|---|---|---|---|---|---|---|---|---|---|---|---|
| 2003 | 0 | 0 | 0 | 0 | 0 | 6.86 | 100 | 53.7 | 64.7 | 39.4 | 0 | 0 | 22.3 |
| 2004 | 0 | 0 | 0 | 0 | 0 | 0 | 71.9 | 92.4 | 60.3 | 53.9 | 38.3 | 35.9 | 29.6 |
| 2005 | 18.9 | 0.4 | 38.2 | 11.5 | 5.9 | 10.4 | 58.7 | 42.5 | 167.0 | 109 | 9.79 | 16.4 | 41.0 |
| 2006 | 1.6 | 0.0 | 11.4 | 9.2 | 12.8 | 1.8 | 52.8 | 26.0 | 63.9 | 15.8 | 7.35 | 9.39 | 17.8 |
| 2007 | 2.6 | 12.6 | 15.3 | 14.6 | 5.4 | 20.1 | 36.9 | 94.1 | 58.9 | 33.1 | 19.2 | 40.0 | 29.5 |
| 2008 | 37.6 | 21.8 | 25.2 | 46.3 | 40.6 | 16.2 | 202.0 | 269.0 | 55.3 | 27.9 | 15.7 | 8.7 | 64.4 |
| 2009 | 7.70 | 5.2 | 2.9 | 0.0 | 3.3 | 10.9 | 113.0 | 125.0 | 30.2 | 23.6 | 12.8 | 15.1 | 29.5 |
| 2010 | 16.3 | 23.0 | 16.8 | 29.4 | 24.2 | 26.0 | 28.3 | 55.0 | 64.9 | 23.3 | 27.9 | 24.8 | 30.0 |
| 2011 | 40.4 | 5.03 | 5.64 | 7.62 | 3.62 | 3.37 | 10.4 | 101 | 40.8 | 23.0 | 24.3 | 66.9 | 28.0 |
| 2012 | 25.2 | 23.8 | 23.1 | 19.5 | 17.1 | 11.5 | 152 | 85.7 | 51.4 | 23.7 | 25.4 | 28.1 | 40.8 |
| 2013 | 23.9 | 17.6 | 18.1 | 0.467 | 47.8 | 12.3 | 126 | 52.2 | 44.7 | 19.4 | 15.3 | 13.9 | 32.90 |
| 2014 | 5.09 | 4.34 | 3.06 | 13.7 | 4.37 | 3.05 | 2.21 | 12 | 8.56 | 22.3 | 11.9 | 8.44 | 8.27 |
| 2015 | 4.66 | 3.04 | 1.91 | 1.52 | 5.74 | 0.067 | 1.1 | 13 | 4.8 | 5.67 | 9.32 | 21.5 | 6.07 |
| 2016 | 0 | 0 | 0 | 0 | 0 | 0 | 12.1 | 0 | 0 | 0 | 0 | 0 | 1.02 |
| 2017 | 18.9 | 13.2 | 7.24 | 11.5 | 6.07 | 1.58 | 17.7 | 28.4 | 19 | 19.2 | 9.85 | 7.15 | 13.30 |
| 2018 | 0 | 0 | 0 | 0 | 0 | 0 | 8.66 | 244 | 36.1 | 0 | 0 | 0 | 24.4 |
| 多年平均 | 4.97 | 3.51 | 4.45 | 4.53 | 5.25 | 12.01 | 79.93 | 72.16 | 36.36 | 12.95 | 8.49 | 7.44 | 20.92 |
| 历年最大 | 40.4 | 23.8 | 38.2 | 46.3 | 47.8 | 105 | 550 | 398 | 175 | 109 | 62.4 | 66.9 | 64.7 |
| 出现年份 | 2011 | 2012 | 2005 | 2008 | 2013 | 1956 | 1957 | 1974 | 1964 | 2005 | 1962 | 2011 | 1962 |
| 历年最小 | 0 | 0 | 0 | 0 | 0 | 0 | 0 | 0 | 0 | 0 | 0 | 0 | 0 |
| 出现年份 | 1966 | 1968 | 1968 | 1954 | 1966 | 1976 | 1981 | 1979 | 1977 | 1976 | 1972 | 1972 | 1981 |

**表 2-6(d) 沂沭泗流域主要站历年各月平均流量统计表(四)**

老沭河:人民胜利堰闸站　　　　单位:$m^3 \cdot s^{-1}$

| 年份 | 1月 | 2月 | 3月 | 4月 | 5月 | 6月 | 7月 | 8月 | 9月 | 10月 | 11月 | 12月 | 年平均 |
|---|---|---|---|---|---|---|---|---|---|---|---|---|---|
| 1953 | 0 | 0 | 0 | 0 | 0 | 29.3 | 40.0 | 66.3 | 0.10 | 0 | 0 | 0 | |
| 1954 | 0 | 0 | (0.11) | 2.37 | (0.46) | 0 | (0.41) | (4.58) | 0 | 0 | 0 | 0 | |
| 1955 | 0 | 0 | 0 | 0 | 0 | 0 | (29.7) | (2.76) | 0 | 0 | 0 | 0 | |
| 1956 | 0 | 0 | 0 | 0 | 0 | 13.3 | 9.02 | 9.37 | 56.7 | 0 | 0 | 0 | |
| 1957 | 0 | 0 | 0 | 0 | 0 | 0 | 222 | 1.00 | 0 | 0 | 0 | 0 | 18.6 |
| 1958 | 0 | 0 | 0 | 0 | 0 | 0 | 11.5 | 11.0 | 0 | 0 | 0 | 0 | 1.88 |
| 1959 | 0 | 0 | 0 | 0 | 0 | 0 | 0 | 0.02 | 1.10 | 0 | 0 | 0 | 0.09 |
| 1960 | 0 | 0 | 0 | 0 | 0 | 12.4 | 49.5 | 21.9 | 7.22 | 0 | 0 | 0 | 7.59 |
| 1961 | 0 | 0 | 0 | 0 | 0 | 0 | 24.5 | 11.3 | 12.5 | 5.76 | 2.12 | 0.90 | 4.76 |
| 1962 | 0.22 | 0.36 | 0 | 0.80 | 1.95 | 9.22 | 53.0 | 16.9 | 0.09 | 0.06 | 1.14 | 0.05 | 6.98 |
| 1963 | 0.05 | 0.05 | 0.07 | 0 | 0.05 | 0.08 | 63.6 | 2.38 | 0.01 | 0.29 | 0.08 | 0.05 | 5.67 |
| 1964 | 0.06 | 0.06 | 0.06 | 4.50 | 6.21 | 5.11 | 18.5 | 15.9 | 20.3 | 9.44 | 0.06 | 0.03 | 6.71 |
| 1965 | 0.01 | 0.39 | 1.70 | 3.78 | 6.13 | 12.7 | 39.8 | 28.6 | 2.18 | 1.99 | 0.94 | 1.87 | 8.44 |
| 1966 | 2.16 | 0.78 | 0.68 | 1.24 | 7.94 | 12.2 | 22.1 | 9.28 | 9.22 | 4.43 | 2.67 | 1.49 | 6.23 |
| 1967 | 2.12 | 4.50 | 1.37 | 1.02 | 3.16 | 11.6 | 11.2 | 12.7 | 13.9 | 4.36 | 1.48 | 4.00 | 5.81 |
| 1968 | 2.90 | 2.82 | 2.16 | 4.08 | 7.64 | 13.4 | 20.7 | 17.0 | 12.8 | 5.99 | 3.28 | 3.67 | 8.06 |
| 1969 | 0.83 | 2.66 | 5.90 | 1.65 | 3.96 | 9.21 | 11.2 | 13.2 | 17.1 | 11.4 | 3.79 | 0.06 | 6.77 |
| 1970 | 2.08 | 2.36 | 2.02 | 0.64 | 2.15 | 15.2 | 86.5 | 23.7 | 24.6 | 5.68 | 0.70 | 4.05 | 14.3 |
| 1971 | 1.05 | 3.21 | 6.27 | 4.93 | 11.7 | 28.3 | 53.5 | 99.1 | 20.6 | 12.1 | 7.41 | 10.5 | 21.8 |
| 1972 | 7.29 | 6.15 | 3.80 | 9.22 | 17.9 | 13.0 | 19.4 | 30.5 | 27.7 | 10.4 | 9.65 | 5.42 | 13.4 |
| 1973 | 4.96 | 5.46 | 2.50 | 8.34 | 21.3 | 28.8 | 37.3 | 17.3 | 20.6 | 12.1 | 6.91 | 5.53 | 14.3 |
| 1974 | 4.84 | 3.29 | 8.12 | 7.97 | 14.2 | 19.4 | 35.1 | 96.7 | 13.2 | 11.7 | 8.83 | 8.50 | 19.5 |
| 1975 | 11.6 | 43.1 | 9.83 | 31.9 | 19.3 | 31.8 | 37.4 | 36.9 | 15.7 | 13.9 | 22.3 | 9.44 | 23.4 |
| 1976 | 7.06 | 15.5 | 10.9 | 20.7 | 24.8 | 28.3 | 30.8 | 18.9 | 13.4 | 16.6 | 10.0 | 5.24 | 16.8 |
| 1977 | 4.06 | 1.77 | 1.57 | 2.30 | 2.83 | 1.89 | 41.8 | 25.4 | 9.7 | 4.37 | 5.65 | 2.10 | 8.72 |

**表 2-6(d)(续)**

老沭河:人民胜利堰闸站

单位:$m^3 \cdot s^{-1}$

| 年份 | 1月 | 2月 | 3月 | 4月 | 5月 | 6月 | 7月 | 8月 | 9月 | 10月 | 11月 | 12月 | 年平均 |
|---|---|---|---|---|---|---|---|---|---|---|---|---|---|
| 1978 | 1.76 | 2.78 | 1.66 | 0.09 | 0 | 1.60 | 28.8 | 88.3 | 20.1 | 9.31 | 9.26 | 3.01 | 14.0 |
| 1979 | 3.21 | 2.66 | 1.38 | 11.1 | 8.11 | 14.8 | 67.8 | 31.1 | 41.3 | 11.2 | 13.8 | 8.48 | 18.0 |
| 1980 | 3.38 | 1.97 | 2.43 | 7.72 | 6.65 | 42.8 | 80.6 | 47.7 | 36.7 | 24.8 | 6.65 | 2.17 | 22.1 |
| 1981 | 1.77 | 2.06 | 4.99 | 4.56 | 4.24 | 8.62 | 38.6 | 19.5 | 7.74 | 6.40 | 2.99 | 1.54 | 8.66 |
| 1982 | 1.09 | 0.95 | 0.76 | 0.86 | 0 | 2.38 | 80.9 | 55.4 | 8.34 | 11.7 | 3.81 | 5.87 | 14.6 |
| 1983 | 2.49 | 2.63 | 2.19 | 2.75 | 3.84 | 2.53 | 28.3 | 12.2 | 10.7 | 6.45 | 2.68 | 2.15 | 6.62 |
| 1984 | 0.59 | 0.97 | 0.09 | 0 | 0.02 | 0.64 | 117 | 44.8 | 21.8 | 13.2 | 7.41 | 3.74 | 17.7 |
| 1985 | 2.17 | 2.23 | 1.96 | 4.20 | 13.8 | 8.13 | 72.6 | 35.1 | 31.4 | 32.3 | 6.82 | 1.72 | 17.9 |
| 1986 | 6.09 | 4.99 | 3.66 | 7.09 | 3.52 | 14.1 | 46.6 | 68.2 | 18.5 | 7.77 | 3.52 | 2.02 | 15.6 |
| 1987 | 3.02 | 3.53 | 1.63 | 6.59 | 3.02 | 12.6 | 25.1 | 26.4 | 21.2 | 24.5 | 6.28 | 3.16 | 11.5 |
| 1988 | 2.31 | 2.16 | 1.25 | 2.36 | 1.58 | 1.46 | 78.2 | 18.3 | 12.3 | 4.43 | 1.12 | 0.65 | 10.6 |
| 1989 | 3.21 | 1.74 | 2.19 | 0.23 | 0.08 | 17.7 | 12.6 | 1.34 | 2.81 | 0.74 | 0.08 | 0.18 | 3.57 |
| 1990 | 0.17 | 0.26 | 0.20 | 0.11 | 2.29 | 24.5 | 57.6 | 197 | 64.5 | 10.1 | 4.03 | 3.55 | 30.7 |
| 1991 | 4.00 | 3.41 | 2.81 | 5.75 | 18.0 | 45.5 | 102 | 39.5 | 17.2 | 3.88 | 2.31 | 2.38 | 20.7 |
| 1992 | 2.15 | 1.26 | 1.87 | 0.72 | 2.40 | 1.45 | 5.04 | 5.42 | 2.85 | 2.08 | 0.90 | 1.01 | 2.28 |
| 1993 | 1.83 | 2.28 | 1.49 | 0.26 | 0.62 | 0.38 | 43.1 | 24.6 | 15.4 | 4.89 | 0.15 | 0 | 8.01 |
| 1994 | 0 | 0 | 0 | 0 | 0 | 1.86 | 13.0 | 15.3 | 14 | 0 | 0 | 0 | 3.71 |
| 1995 | 0 | 0 | 0 | 0 | 0 | 0 | 22.3 | 91.1 | 4.78 | 24.5 | 2.81 | 0 | 12.3 |
| 1996 | 0 | 0 | 0 | 0 | 7.42 | 5.41 | 51.6 | 56.0 | 21.4 | 2.60 | 2.58 | 4.22 | 12.7 |
| 1997 | 6.13 | 1.60 | 10.7 | 1.69 | 6.46 | 2.97 | 12.0 | 27.8 | 1.39 | 1.91 | 0 | 0 | 6.14 |
| 1998 | 0 | 0 | 0.19 | 10.0 | 32.9 | 13.2 | 109 | 68.8 | 30.9 | 8.73 | 9.66 | 6.91 | 24.5 |
| 1999 | 0.23 | 0.72 | 3.18 | 1.99 | 2.43 | 0.66 | 11.1 | 26.0 | 91.3 | 31.0 | 13.8 | 17.7 | 16.7 |
| 2000 | 10.5 | 2.53 | 3.40 | 1.62 | 0 | 11.2 | 35.5 | 22.2 | 21.3 | 0 | 0.24 | 2.26 | 9.28 |
| 2001 | 0 | 6.11 | 24.6 | 8.00 | 3.65 | 3.27 | 63.7 | 97.7 | 24.6 | 0.88 | 7.04 | 8.88 | 20.9 |
| 2002 | 4.05 | 2.84 | 3.13 | 3.14 | 6.31 | 8.72 | 23.1 | 14.7 | 10.8 | 4.84 | 5.19 | 0.53 | 7.33 |

**表 2-6(d)(续)**

老沐河:人民胜利堰闸站　　　　单位:$m^3 \cdot s^{-1}$

| 年份 | 1月 | 2月 | 3月 | 4月 | 5月 | 6月 | 7月 | 8月 | 9月 | 10月 | 11月 | 12月 | 年平均 |
|---|---|---|---|---|---|---|---|---|---|---|---|---|---|
| 2003 | 1.01 | 0.94 | 0.532 | 1.27 | 4.53 | 11.2 | 27.5 | 89.5 | 144 | 69.5 | 79.4 | 72 | 42.0 |
| 2004 | 58.5 | 34.6 | 33.0 | 10.3 | 11.3 | 9.30 | 49.3 | 79.4 | 61.4 | 0 | 0 | 0 | 29.0 |
| 2005 | 11.4 | 29.9 | 1.30 | 3.12 | 0.67 | 14.1 | 69.1 | 108 | 52.6 | 84.1 | 32.4 | 0 | 34.0 |
| 2006 | 9.14 | 6.66 | 1.19 | 5.08 | 0 | 2.41 | 57.3 | 42.5 | 15.6 | 0 | 0 | 3.50 | 12.1 |
| 2007 | 7.48 | 3.39 | 0 | 1.26 | 0 | 20.3 | 73.1 | 95.8 | 56.7 | 60.3 | 1.27 | 4.47 | 27.3 |
| 2008 | 0 | 0 | 0 | 0 | 3.16 | 7.64 | 12.3 | 49.5 | 20.2 | 6.60 | 6.22 | 3.42 | 9.13 |
| 2009 | 0 | 0 | 10.4 | 17.2 | 4.65 | 3.28 | 31.4 | 10.9 | 1.22 | 1.61 | 0 | 0 | 6.79 |
| 2010 | 0 | 0 | 0 | 0.94 | 0 | 0 | 32.7 | 46.1 | 36.7 | 13.0 | 0 | 0 | 10.9 |
| 2011 | 0 | 0 | 0 | 0 | 0 | 0 | 12.8 | 26.5 | 25.8 | 9.32 | 2.51 | 16.8 | 7.87 |
| 2012 | 9.66 | 4.36 | 0 | 0 | 0 | 1.35 | 72.2 | 42.1 | 28.0 | 2.22 | 3.32 | 0 | 13.7 |
| 2013 | 0 | 0 | 3.62 | 12.9 | 8.75 | 17 | 51 | 39 | 19.5 | 0 | 0 | 0 | 12.8 |
| 2014 | 0 | 0 | 0 | 0 | 0 | 0 | 0 | 0 | 0 | 0 | 0 | 0.416 | 0.035 |
| 2015 | 0.098 | 0 | 0 | 0 | 0 | 0 | 0 | 13.1 | 0 | 0 | 0 | 0 | 1.12 |
| 2016 | 14.4 | 14.9 | 9.12 | 5.34 | 2.78 | 5.77 | 19.5 | 24.3 | 8.1 | 19.2 | 23.5 | 14.1 | 13.4 |
| 2017 | 0 | 0 | 0 | 0 | 0.416 | 0 | 28.5 | 5.83 | 0 | 0 | 0 | 0 | 2.95 |
| 2018 | 4.43 | 3.64 | 2.33 | 1.21 | 4.71 | 8.86 | 22.9 | 19.7 | 17.8 | 12.4 | 6.98 | 20.9 | 10.60 |
| 多年平均 | 3.45 | 3.64 | 2.99 | 3.71 | 4.92 | 9.74 | 42.57 | 37.69 | 20.30 | 9.96 | 5.39 | 4.25 | 12.74 |
| 历年最大 | 58.5 | 43.1 | 33.0 | 31.9 | 32.9 | 45.5 | 222 | 197 | 144 | 84.1 | 79.4 | 72 | 42.0 |
| 出现年份 | 2004 | 1975 | 2004 | 1975 | 1998 | 1991 | 1957 | 1990 | 2003 | 2005 | 2003 | 2003 | 2003 |
| 历年最小 | 0 | 0 | 0 | 0 | 0 | 0 | 0 | 0 | 0 | 0 | 0 | 0 | 0.035 |
| 出现年份 | 1953 | 1953 | 1953 | 1953 | 1953 | 1954 | 1959 | 2014 | 1954 | 1953 | 1953 | 1953 | 2014 |

**表 2-6(e)　沂沭泗流域主要站历年各月平均流量统计表(五)**

中运河:运河站　　单位:$m^3 \cdot s^{-1}$

| 年份 | 1月 | 2月 | 3月 | 4月 | 5月 | 6月 | 7月 | 8月 | 9月 | 10月 | 11月 | 12月 | 年平均 |
|---|---|---|---|---|---|---|---|---|---|---|---|---|---|
| 1951 | 112 | 105 | 92.7 | 75.3 | 91.3 | 71.6 | 180 | 554 | 151 | 113 | 107 | 102 | 147 |
| 1952 | 95.8 | 85.6 | 85.0 | 64.2 | 42.3 | | | 105 | | | | | |
| 1953 | 36.2 | 37.4 | 37.3 | 31.1 | 19.7 | 31.8 | 205 | 442 | 182 | 145 | 127 | 110 | 118 |
| 1954 | 95.2 | 86.7 | 71.7 | 51.1 | 56.6 | 40.9 | 86.2 | 152 | 55.0 | 66.2 | 72.5 | 88.7 | 77.1 |
| 1955 | 80.5 | 73.4 | 68.9 | 59.7 | 44.5 | 28.0 | 300 | 226 | 88.7 | 87.0 | 91.4 | 90.2 | 104 |
| 1956 | | 73.9 | 64.0 | 60.7 | 46.9 | 85.9 | 215 | 118 | 180 | 108 | 95.7 | 86.5 | |
| 1957 | 79.2 | 73.7 | 62.3 | 51.0 | 42.0 | 36.5 | 859 | 979 | 691 | 460 | 316 | 233 | 326 |
| 1958 | 257 | 208 | 82.0 | 31.2 | 17.4 | 15.7 | 802 | 877 | 585 | 225 | 60.8 | 30.4 | 267 |
| 1959 | 19.8 | 13.8 | 74.3 | 172 | 219 | 209 | 225 | 54.6 | 25.4 | 11.4 | 16.8 | 14.5 | 88.3 |
| 1960 | 30.6 | 8.73 | 8.06 | 11.0 | 4.00 | 48.0 | 462 | 490 | 556 | 231 | 184 | 102 | 179 |
| 1961 | 57.8 | 65.1 | 47.9 | 44.2 | 64.3 | 140 | 261 | 224 | 432 | 198 | 124 | 104 | 146 |
| 1962 | 59.9 | 48.8 | 19.6 | 3.19 | 0 | 31.1 | 36.4 | 276 | 326 | 295 | 242 | 201 | 129 |
| 1963 | 136 | 106 | 43.6 | 12.0 | 124 | 123 | 841 | 1 570 | 1 110 | 507 | 169 | 125 | 408 |
| 1964 | 65.3 | 122 | 93.6 | 137 | 140 | 120 | 209 | 927 | 1 330 | 761 | 469 | 185 | 380 |
| 1965 | 29.3 | 7.95 | 7.02 | 5.43 | 9.07 | 2.96 | 502 | 938 | 351 | 29.1 | 32.6 | 15.2 | 163 |
| 1966 | 7.27 | 7.37 | 48.7 | 9.71 | 18.3 | 44.6 | 274 | 86.5 | 31.5 | 1.61 | 2.86 | 1.87 | 45.1 |
| 1967 | 1.34 | 17.4 | 18.1 | 7.56 | 0 | 7.37 | 107 | 89.8 | 216 | 215 | 80.0 | 89.6 | 71.2 |
| 1968 | 23.8 | 23.5 | 25.4 | 68.1 | 11.8 | 20.4 | 139 | 83.4 | 45.4 | 37.8 | 22.0 | 22.7 | 43.8 |
| 1969 | 9.24 | 24.7 | 40.0 | 32.5 | 107 | 38.8 | 168 | 50.1 | 116 | 385 | 83.8 | 32.8 | 91.4 |
| 1970 | 12.8 | 30.4 | 35.4 | 22.5 | 21.5 | 67.3 | 469 | 838 | 509 | 92.3 | 64.2 | 47.6 | 186 |
| 1971 | 38.2 | 1.12 | 19.6 | 0.50 | 29.2 | 246 | 1 160 | 945 | 667 | 40.8 | 38.0 | 36.7 | 271 |
| 1972 | 22.0 | 23.4 | 23.8 | 20.2 | 35.3 | 22.0 | 719 | 77.0 | 464 | 114 | 10.1 | 7.78 | 129 |
| 1973 | 0 | 1.06 | 12.1 | 0.81 | 191 | 41.8 | 510 | 439 | 60.1 | 132 | 40.2 | 26.4 | 123 |
| 1974 | 13.7 | 17.5 | 21.5 | 11.7 | 58.8 | 24.1 | 220 | 1 320 | 150 | 240 | 49.5 | 83.7 | 187 |
| 1975 | 124 | 28.8 | 29.5 | 115 | 44.6 | 34.8 | 155 | 223 | 423 | 414 | 32.5 | 18.9 | 138 |

表 2-6(e)(续)

中运河:运河站

单位:$m^3 \cdot s^{-1}$

| 年份 | 1月 | 2月 | 3月 | 4月 | 5月 | 6月 | 7月 | 8月 | 9月 | 10月 | 11月 | 12月 | 年平均 |
|---|---|---|---|---|---|---|---|---|---|---|---|---|---|
| 1976 | 15.3 | 22.6 | 40.3 | 22.9 | 24.5 | 22.1 | 119 | 252 | 280 | 65.2 | 26.8 | 14.3 | 75.6 |
| 1977 | 26.6 | 13.9 | 19.4 | 23.9 | 30.1 | 14.9 | 183 | 79.9 | 31.9 | 28.4 | 24.9 | 14.6 | 41.4 |
| 1978 | 15.3 | 15.2 | 17.7 | 18.6 | 10.8 | 2.49 | 145 | 360 | 87.7 | 27.8 | 32.3 | 25.0 | 63.9 |
| 1979 | 23.4 | 31 | 17.2 | 27.6 | 17.2 | 47.1 | 454 | 231 | 207 | 76.8 | 75.3 | 20.8 | 103 |
| 1980 | 26.8 | 24.3 | 26.0 | 22.6 | 16.7 | 29.3 | 93.5 | 204 | 329 | 177 | 102 | 18.1 | 89.1 |
| 1981 | 23.4 | 24.0 | 29.7 | 27.7 | 18.3 | 7.89 | 52.9 | 54.8 | 17.2 | 20.2 | 22.9 | 14.4 | 26.2 |
| 1982 | 12.3 | 13.0 | 13.6 | −9.76 | −11.9 | −7.41 | 173 | 216 | 29.6 | 25.0 | 24.1 | 23.2 | 42.3 |
| 1983 | 20.9 | 18.4 | 20.5 | 10.0 | −17.4 | −18.1 | 103 | 28.1 | 32.2 | 54.3 | 34.6 | 21.0 | 25.9 |
| 1984 | 14.6 | 1.24 | −18.0 | −7.74 | −21.7 | −21.5 | 199 | 61.1 | 129 | 191 | 35.9 | 28.6 | 49.7 |
| 1985 | 32.4 | 30.8 | 14.8 | 10.2 | 181 | 73.9 | 110 | 68.0 | 580 | 285 | 104 | 48.1 | 128 |
| 1986 | 29.6 | 21.5 | 18.3 | 18.3 | 15.0 | −9.55 | 157 | 162 | 44.2 | 23.7 | 25.1 | 22.7 | 44.4 |
| 1987 | 20.1 | 17.4 | 10.9 | 9.78 | −23.3 | −28.4 | 50.7 | 88.7 | 116 | 152 | 53.8 | 15.7 | 40.5 |
| 1988 | 26.7 | 2.25 | 14.4 | 6.65 | 3.1 | −38.5 | 49.8 | 7.20 | 7.35 | −13.1 | −2.41 | −6.56 | 4.87 |
| 1989 | −15.9 | −20.0 | −16.9 | −20.7 | −20.2 | 54.8 | 98.1 | −0.73 | −28.5 | −27.4 | −10.8 | −10.5 | −1.43 |
| 1990 | −18.5 | −22.1 | −25.1 | −24.0 | −21.5 | 9.61 | 117 | 489 | 52.4 | 8.48 | 8.42 | −2.79 | 48.6 |
| 1991 | −5.67 | −1.50 | 7.13 | 8.50 | 31.8 | 156 | 376 | 207 | 40.9 | −6.8 | 7.77 | 19.0 | 70.8 |
| 1992 | 12.1 | 6.79 | −8.94 | −5.12 | 2.55 | −40.1 | 125 | 19.6 | 72.8 | −16.3 | −2.18 | −0.66 | 13.9 |
| 1993 | 0.79 | 0.22 | 0 | 0 | 0 | 5.39 | 26.1 | 542 | 52.7 | 21.3 | 134 | 64.2 | 71.4 |
| 1994 | 50.6 | 12.2 | 18.3 | 12.6 | 0.29 | 5.58 | 51.3 | 72.9 | 98.2 | 33.1 | 28.8 | 41.1 | 35.6 |
| 1995 | 0 | 1.67 | 9.40 | 5.18 | 6.60 | 9.34 | 119 | 172 | 328 | 38.3 | 19.2 | 0 | 59.3 |
| 1996 | 4.36 | 11.9 | 10.3 | 4.35 | 4.79 | 48.0 | 276 | 51.0 | 43.7 | 24.3 | 7.18 | 9.59 | 41.6 |
| 1997 | 6.23 | 6.52 | 12.1 | 5.78 | 8.22 | 5.23 | 69.2 | 149 | 22.8 | 16.3 | 21.2 | 12.4 | 28.3 |
| 1998 | 11.4 | 21.3 | 10.7 | 38.8 | 73.1 | 40.0 | 174 | 847 | 208 | 44.8 | 34.5 | 17.8 | 128 |
| 1999 | 5.51 | 6.66 | 6.85 | 15.3 | 22.5 | 19.9 | 47.1 | 12.9 | 15.1 | 75.5 | 34.4 | 31.4 | 24.6 |
| 2000 | 18.8 | 8.85 | 17.6 | 1.73 | 0 | 5.64 | 244 | 68.3 | 97.8 | 67.9 | 55.4 | 41.4 | 52.7 |

**表 2-6(e)(续)**

中运河:运河站

单位:$m^3 \cdot s^{-1}$

| 年份 | 1月 | 2月 | 3月 | 4月 | 5月 | 6月 | 7月 | 8月 | 9月 | 10月 | 11月 | 12月 | 年平均 |
|---|---|---|---|---|---|---|---|---|---|---|---|---|---|
| 2001 | 46.3 | 41.0 | 31.3 | 14.4 | 6.81 | 0.18 | 73.2 | 210 | 29.5 | 14.0 | 3.31 | 0 | 39.4 |
| 2002 | 0 | 7.29 | 19.2 | 13.3 | 21.0 | 10.2 | 26.9 | 0.98 | 0 | 0 | 0 | 0 | 8.28 |
| 2003 | 0 | 0 | 0 | 0 | 0 | 0.69 | 372 | 325 | 799 | 383 | 179 | 170 | 187 |
| 2004 | 34.7 | 36.1 | 31.3 | 29.7 | 12.3 | 0 | 320 | 642 | 631 | 126 | 18.1 | 132 | 168 |
| 2005 | 54.2 | 43.0 | 33.5 | 7.80 | 3.18 | 1.61 | 617 | 631 | 729 | 1 020 | 151 | 94.3 | 284 |
| 2006 | 58.7 | 67.4 | 58.3 | 18.4 | 17.7 | 23.1 | 583 | 355 | 303 | 34.7 | 22.9 | 59.3 | 134 |
| 2007 | 24.7 | 60.9 | 109 | 49.8 | 10.7 | 59.9 | 657 | 1 020 | 351 | 81.4 | 41.3 | 22.6 | 209 |
| 2008 | 44.6 | 16.8 | 21.6 | 21.4 | 3.31 | 20.0 | 681 | 506 | 233 | 55.6 | 26.9 | 27.5 | 139 |
| 2009 | 23.4 | −8.08 | −2.75 | −8.83 | −11.3 | −19.0 | 147 | 164 | 95.9 | 23.6 | 18.5 | 18.2 | 37.3 |
| 2010 | 6.91 | 2.29 | 18.5 | 16.4 | −10.6 | −30.4 | 247 | 118 | 509 | 44.3 | 3.63 | −5.32 | 76.8 |
| 2011 | −11.2 | −15.1 | −13.0 | −24.4 | −20.8 | −29.5 | 6.66 | 135 | 130 | 63.8 | 75.0 | 257 | 46.8 |
| 2012 | 90.2 | 56.0 | 42.1 | 24.1 | −3.13 | −40.0 | 114 | 30.4 | 77.6 | 27.0 | 16.4 | 7.79 | 36.9 |
| 2013 | 23.3 | 24 | 7.94 | −13.6 | −3.01 | −21.7 | 165 | 182 | 37.1 | 3.21 | −22.1 | −9.78 | 31.4 |
| 2014 | −13.9 | −5.1 | −15.5 | −17.8 | −29.9 | −45.6 | −37.6 | −41.6 | −10.4 | −9.98 | −12.5 | −6.16 | −20.6 |
| 2015 | −4.46 | −2.26 | −12.8 | −36.7 | −85.1 | −54.6 | 0.288 | 13.3 | −3.46 | −9.85 | −1.13 | 6.54 | −15.9 |
| 2016 | −52.9 | 2.3 | −54.4 | −71.9 | −80.1 | −37.3 | 46.4 | 46.4 | −16.1 | 36.3 | 28.4 | −10.4 | −13.6 |
| 2017 | 8.03 | 0.719 | −25.7 | −89.7 | −54.3 | −47.1 | 123 | 370 | 59.6 | 69.5 | 8.04 | −31.2 | 33.4 |
| 2018 | −48 | 5.44 | −54.4 | −76.8 | −83.6 | −34.3 | 24 | 491 | 145 | 21.5 | 16.7 | 3.84 | 34.7 |
| 多年平均 | 30.58 | 27.83 | 23.42 | 17.30 | 21.80 | 25.10 | 251.99 | 319.49 | 234.92 | 123.67 | 59.73 | 45.89 | 99.12 |
| 历年最大 | 257 | 208 | 109 | 172 | 219 | 246 | 1 160 | 1 570 | 1 330 | 1 020 | 469 | 257 | 408 |
| 出现年份 | 1958 | 1958 | 2007 | 1959 | 1959 | 1971 | 1971 | 1963 | 1964 | 2005 | 1964 | 2011 | 1963 |
| 历年最小 | −52.9 | −22.1 | −54.4 | −89.7 | −85.1 | −54.6 | −37.6 | −41.6 | −28.5 | −27.4 | −22.1 | −31.2 | −20.6 |
| 出现年份 | 2016 | 1990 | 2016 | 2017 | 2015 | 2015 | 2014 | 2014 | 1989 | 1989 | 2013 | 2017 | 2014 |

**表 2-7(a) 沂沭泗流域主要站历年各月最高水位统计表(一)**

沂河:临沂站　　　　单位:m

| 年份 | 1月 | 2月 | 3月 | 4月 | 5月 | 6月 | 7月 | 8月 | 9月 | 10月 | 11月 | 12月 | 年最高 | 月.日 |
|---|---|---|---|---|---|---|---|---|---|---|---|---|---|---|
| 1950 | | | | 61.09 | 60.60 | 60.91 | 63.12 | 63.85 | 61.13 | 61.21 | 60.82 | 60.65 | 63.85 | 8.18 |
| 1951 | 60.70 | 60.67 | 60.58 | 60.51 | 61.56 | 60.79 | 61.58 | 63.75 | 60.86 | 60.66 | 60.52 | 60.51 | 63.75 | 8.8 |
| 1952 | | | | 60.54 | 60.51 | 61.84 | 62.31 | 61.91 | 61.17 | 60.85 | 60.84 | 60.94 | 62.31 | 7.2 |
| 1953 | 60.68 | 60.64 | 60.63 | 60.53 | 60.84 | 62.97 | 63.22 | 63.95 | 60.77 | 60.72 | 60.69 | 60.56 | 63.95 | 8.4 |
| 1954 | 60.66 | 60.51 | 60.57 | 60.52 | 60.51 | 60.67 | 60.74 | 63.51 | 61.35 | 61.22 | 60.74 | 60.77 | 63.51 | 8.13 |
| 1955 | 60.70 | 60.62 | 60.54 | 60.54 | 60.51 | 60.50 | 63.95 | 62.28 | 61.66 | 60.67 | 60.52 | 60.52 | 63.95 | 7.11 |
| 1956 | 60.61 | 60.55 | 60.49 | 60.57 | 60.66 | 62.41 | 62.24 | 62.22 | 64.63 | 60.58 | 60.53 | 60.52 | 64.63 | 9.5 |
| 1957 | 60.63 | 60.61 | 60.51 | 60.49 | 60.44 | 60.48 | 65.65 | 61.28 | 60.56 | 60.30 | 60.31 | 60.31 | 65.65 | 7.19 |
| 1958 | 60.62 | 60.62 | 60.51 | 60.59 | 60.54 | 60.44 | 62.83 | 63.28 | 61.04 | 60.70 | 60.83 | 60.57 | 63.28 | 8.18 |
| 1959 | 60.52 | 60.46 | 60.46 | 60.60 | 60.68 | 61.40 | 61.35 | 61.34 | 60.85 | 60.52 | 60.57 | 60.56 | 61.40 | 6.9 |
| 1960 | 60.59 | 60.52 | 60.29 | 60.42 | 60.52 | 62.55 | 63.88 | 64.46 | 62.06 | 60.68 | 60.47 | 60.57 | 64.46 | 8.17 |
| 1961 | 60.40 | 60.64 | 60.67 | 60.56 | 60.61 | 61.32 | 62.28 | 61.71 | 61.62 | 60.76 | 60.64 | 60.54 | 62.28 | 7.6 |
| 1962 | 60.61 | 60.61 | 60.46 | 60.56 | 60.53 | 61.06 | 62.55 | 62.95 | 61.32 | 61.30 | 61.79 | 60.90 | 62.95 | 8.8 |
| 1963 | 60.85 | 60.74 | 60.58 | 60.67 | 61.18 | 61.02 | 64.27 | 62.72 | 61.56 | 60.58 | 60.44 | 60.46 | 64.27 | 7.20 |
| 1964 | 60.59 | 60.69 | 60.49 | 61.32 | 60.99 | 61.19 | 62.50 | 62.93 | 62.16 | 61.26 | 60.75 | 60.58 | 62.93 | 8.1 |
| 1965 | 60.60 | 60.57 | 60.49 | 60.61 | 60.72 | 60.60 | 62.91 | 62.47 | 60.65 | 60.27 | 60.32 | 60.40 | 62.91 | 7.22 |
| 1966 | 60.38 | 60.33 | 60.40 | 60.62 | 60.62 | 61.03 | 62.39 | 61.02 | 60.81 | 60.46 | 60.45 | 60.40 | 62.39 | 7.22 |
| 1967 | 60.50 | 60.42 | 60.36 | 60.71 | 60.63 | 61.14 | 61.70 | 61.06 | 61.97 | 60.56 | 60.52 | 60.62 | 61.97 | 9.3 |
| 1968 | 60.62 | 60.56 | 60.54 | 60.61 | 60.59 | 60.81 | 61.09 | 60.80 | 60.69 | 60.68 | 60.42 | 60.44 | 61.09 | 7.21 |
| 1969 | 60.44 | 60.62 | 60.63 | 60.57 | 60.69 | 60.69 | 60.99 | 61.35 | 61.81 | 61.50 | 60.53 | 60.54 | 61.81 | 9.30 |
| 1970 | 60.51 | 60.46 | 60.46 | 60.49 | 60.64 | 60.74 | 64.07 | 62.37 | 61.60 | 60.68 | 60.57 | 60.60 | 64.07 | 7.26 |
| 1971 | 60.59 | 60.60 | 60.62 | 60.49 | 60.71 | 61.94 | 63.60 | 63.27 | 61.48 | 60.38 | 60.38 | 60.42 | 63.60 | 7.1 |
| 1972 | 60.36 | 60.33 | 60.30 | 60.58 | 60.93 | 60.67 | 61.20 | 61.51 | 61.64 | 60.31 | 60.35 | 60.43 | 61.64 | 9.7 |
| 1973 | 60.40 | 60.33 | 60.33 | 60.49 | 61.00 | 60.85 | 62.78 | 61.16 | 60.79 | 60.59 | 60.34 | 60.31 | 62.78 | 7.29 |
| 1974 | 60.35 | 60.28 | 60.28 | 60.43 | 60.57 | 60.83 | 62.15 | 65.17 | 60.75 | 60.59 | 60.37 | 60.48 | 65.17 | 8.14 |

**表 2-7(a)(续)**

沂河:临沂站

单位:m

| 年份 | 1月 | 2月 | 3月 | 4月 | 5月 | 6月 | 7月 | 8月 | 9月 | 10月 | 11月 | 12月 | 年最高 | 月.日 |
|---|---|---|---|---|---|---|---|---|---|---|---|---|---|---|
| 1975 | 60.78 | 61.14 | 60.38 | 61.03 | 60.75 | 60.89 | 61.85 | 61.26 | 61.71 | 60.63 | 60.55 | 60.47 | 61.85 | 7.10 |
| 1976 | 60.47 | 60.64 | 60.50 | 60.48 | 60.51 | 60.78 | 61.62 | 61.84 | 60.63 | 60.38 | 60.34 | 60.46 | 61.84 | 8.19 |
| 1977 | 60.41 | 60.32 | 60.45 | 60.48 | 60.39 | 60.38 | 61.27 | 61.13 | 60.51 | 61.14 | 60.74 | 60.43 | 61.27 | 7.20 |
| 1978 | 60.52 | 60.39 | 60.33 | 60.35 | 60.40 | 60.59 | 62.13 | 61.58 | 60.45 | 60.41 | 60.36 | 60.61 | 62.13 | 7.14 |
| 1979 | 60.46 | 60.38 | 60.37 | 60.59 | 60.38 | 61.06 | 61.60 | 61.49 | 61.08 | 60.52 | 60.46 | 60.43 | 61.60 | 7.10 |
| 1980 | 60.45 | 60.50 | 60.43 | 60.58 | 60.60 | 62.59 | 61.99 | 61.31 | 61.66 | 60.73 | 60.53 | 60.63 | 62.59 | 6.17 |
| 1981 | 60.68 | 60.43 | 60.44 | 60.48 | 60.45 | 60.51 | 61.63 | 60.59 | 60.35 | 60.44 | 60.32 | 60.33 | 61.63 | 7.26 |
| 1982 | 60.29 | 60.15 | 60.18 | 60.43 | 60.11 | 60.47 | 61.79 | 62.00 | 60.27 | 60.60 | 60.38 | 60.39 | 62.00 | 8.10 |
| 1983 | 60.31 | 60.30 | 60.32 | 60.38 | 60.50 | 60.48 | 60.67 | 60.25 | 60.53 | 60.53 | 60.32 | 60.29 | 60.67 | 7.20 |
| 1984 | 60.27 | 60.28 | 60.39 | 60.20 | 60.14 | 60.51 | 61.41 | 61.20 | 60.79 | 60.79 | 60.54 | 60.50 | 61.41 | 7.12 |
| 1985 | 60.43 | 60.32 | 60.30 | 60.30 | 60.58 | 60.74 | 61.90 | 61.36 | 61.93 | 61.22 | 60.56 | 60.50 | 61.93 | 9.5 |
| 1986 | 60.47 | 60.38 | 60.54 | 60.28 | 60.42 | 60.81 | 60.80 | 61.50 | 60.30 | 60.41 | 60.21 | 60.18 | 61.50 | 8.2 |
| 1987 | 60.22 | 60.19 | 60.15 | 60.25 | 60.49 | 60.72 | 60.94 | 61.14 | 61.40 | 61.02 | 60.45 | 60.25 | 61.40 | 9.5 |
| 1988 | 60.19 | 60.15 | 60.24 | 60.09 | 60.31 | 60.37 | 61.96 | 60.55 | 60.10 | 60.17 | 60.09 | 60.10 | 61.96 | 7.16 |
| 1989 | 60.15 | 60.11 | 60.18 | 59.91 | 59.99 | 61.07 | 60.21 | 60.06 | 59.94 | 59.92 | 59.88 | 59.89 | 61.07 | 6.13 |
| 1990 | 59.97 | 60.00 | 60.01 | 59.91 | 60.34 | 61.05 | 61.63 | 63.53 | 61.04 | 60.25 | 60.15 | 60.09 | 63.53 | 8.16 |
| 1991 | 60.13 | 60.04 | 60.14 | 60.17 | 60.21 | 62.60 | 64.07 | 61.11 | 60.21 | 59.97 | 59.97 | 59.95 | 64.07 | 7.25 |
| 1992 | 59.92 | 59.90 | 59.92 | 59.89 | 59.82 | 60.29 | 60.73 | 59.98 | 60.60 | 59.97 | 59.79 | 59.75 | 60.73 | 7.24 |
| 1993 | 59.80 | 59.82 | 59.81 | 59.74 | 60.00 | 60.30 | 61.46 | 64.34 | 60.10 | 60.05 | 60.79 | 60.24 | 64.34 | 8.5 |
| 1994 | 60.10 | 60.01 | 60.14 | 60.15 | 60.06 | 60.37 | 60.78 | 62.18 | 61.38 | 60.45 | 60.12 | 60.13 | 62.18 | 8.9 |
| 1995 | 59.99 | 59.85 | 59.93 | 59.85 | 59.97 | 60.04 | 60.50 | 62.44 | 61.15 | 60.03 | 59.99 | 59.72 | 62.44 | 8.23 |
| 1996 | 59.73 | 59.57 | 59.75 | 59.80 | 59.85 | 60.45 | 60.93 | 61.70 | 59.60 | 59.70 | 59.87 | 59.79 | 61.70 | 8.7 |
| 1997 | 59.76 | 59.76 | 59.93 | 59.77 | 60.15 | 60.11 | 59.96 | 63.46 | 59.93 | 59.59 | 59.81 | 59.56 | 63.46 | 8.20 |
| 1998 | 59.56 | 59.46 | 59.50 | 60.12 | 60.31 | 60.31 | 61.48 | 62.88 | 60.30 | 59.58 | 59.39 | 59.36 | 62.88 | 8.15 |
| 1999 | 59.29 | 59.06 | 58.92 | 59.00 | 59.06 | 59.33 | 59.42 | 59.07 | 59.07 | 59.02 | 59.05 | 58.60 | 59.42 | 7.9 |

表 2-7(a)(续)

沂河:临沂站

单位:m

| 年份 | 1月 | 2月 | 3月 | 4月 | 5月 | 6月 | 7月 | 8月 | 9月 | 10月 | 11月 | 12月 | 年最高 | 月.日 |
|---|---|---|---|---|---|---|---|---|---|---|---|---|---|---|
| 2000 | 58.62 | 58.63 | 58.91 | 58.83 | 58.46 | 60.40 | 60.07 | 61.03 | 61.03 | 59.00 | 58.85 | 58.75 | 61.03 | 8.31 |
| 2001 | 58.71 | 59.08 | 58.95 | 58.53 | 58.08 | 59.65 | 60.91 | 60.80 | 58.54 | 58.30 | 58.18 | 58.27 | 60.91 | 7.31 |
| 2002 | 58.21 | 58.21 | 57.82 | 58.98 | 58.90 | 59.28 | 59.45 | 57.99 | 57.65 | 57.60 | 57.60 | 57.56 | 59.45 | 7.25 |
| 2003 | 57.52 | 57.52 | 57.63 | 57.63 | 59.10 | 60.29 | 59.55 | 59.91 | 59.84 | 59.16 | 58.41 | 58.16 | 60.29 | 6.23 |
| 2004 | 57.98 | 58.24 | 57.95 | 57.68 | 57.95 | 58.29 | 59.72 | 59.78 | 59.57 | 58.28 | 57.76 | 57.91 | 59.78 | 8.5 |
| 2005 | 57.98 | 58.54 | 58.48 | 58.21 | 58.96 | 60.46 | 59.70 | 59.79 | 61.03 | 59.35 | 58.32 | 57.86 | 61.03 | 9.20 |
| 2006 | 57.72 | 57.94 | 57.72 | 58.36 | 58.18 | 58.21 | 58.50 | 59.98 | 58.80 | 57.83 | 57.69 | 57.70 | 59.98 | 8.29 |
| 2007 | 57.70 | 57.74 | 57.68 | 58.29 | 57.69 | 58.91 | 59.11 | 60.12 | 58.76 | 58.16 | 57.94 | 58.01 | 60.12 | 8.19 |
| 2008 | 57.75 | 57.67 | 58.29 | 58.25 | 57.96 | 58.04 | 60.35 | 59.62 | 58.45 | 58.06 | 57.93 | 57.96 | 60.35 | 7.24 |
| 2009 | 58.23 | 57.93 | 58.33 | 59.64 | 60.05 | 57.68 | 61.08 | 60.59 | 58.75 | 60.15 | 60.82 | 60.51 | 61.08 | 7.21 |
| 2010 | 60.74 | 60.51 | 60.56 | 60.55 | 59.05 | 59.03 | 59.05 | 59.24 | 60.11 | 60.33 | 59.89 | 60.64 | 60.74 | 1.18 |
| 2011 | 60.24 | 59.22 | 59.77 | 58.79 | 59.52 | 60.18 | 58.90 | 59.68 | 60.45 | 60.52 | 58.53 | 58.51 | 60.52 | 10.1 |
| 2012 | 58.17 | 57.65 | 58.54 | 58.04 | 58.25 | 58.30 | 61.73 | 58.92 | 59.26 | 58.67 | 58.75 | 58.45 | 61.73 | 7.10 |
| 2013 | 58.57 | 58.50 | 59.17 | 59.25 | 59.42 | 59.22 | 59.80 | 59.69 | 59.55 | 59.44 | 59.23 | 59.18 | 59.80 | 7.21 |
| 2014 | 58.68 | 57.64 | 60.18 | 59.10 | 58.72 | 59.83 | 58.81 | 60.14 | 59.48 | 59.49 | 59.34 | 59.56 | 60.18 | 3.21 |
| 2015 | 60.33 | 60.42 | 59.96 | 59.29 | 59.52 | 59.51 | 59.68 | 60.00 | 59.81 | 60.20 | 60.14 | 60.16 | 60.42 | 2.10 |
| 2016 | 60.52 | 60.24 | 60.29 | 60.25 | 59.84 | 59.85 | 58.85 | 60.06 | 60.02 | 60.11 | 60.09 | 59.30 | 60.52 | 1.20 |
| 2017 | 60.00 | 59.47 | 59.54 | 58.85 | 58.37 | 59.24 | 60.16 | 59.77 | 59.75 | 60.18 | 60.13 | 58.72 | 60.18 | 10.16 |
| 2018 | 59.83 | 59.68 | 58.41 | 58.70 | 60.21 | 59.78 | 59.83 | 60.12 | 60.16 | 59.42 | 60.00 | 60.32 | 60.32 | 12.15 |
| 历年最高 | 60.85 | 61.14 | 60.67 | 61.32 | 61.56 | 62.97 | 65.65 | 65.17 | 64.63 | 61.50 | 61.79 | 60.94 | 65.65 | |
| 出现年份 | 1963 | 1975 | 1961 | 1964 | 1951 | 1953 | 1957 | 1974 | 1956 | 1969 | 1962 | 1952 | 1957 | |

**表 2-7(b)　沂沭泗流域主要站历年各月最高水位统计表(二)**

骆马湖:洋河滩站　　　　单位:m

| 年份 | 1月 | 2月 | 3月 | 4月 | 5月 | 6月 | 7月 | 8月 | 9月 | 10月 | 11月 | 12月 | 年最高 | 月.日 |
|---|---|---|---|---|---|---|---|---|---|---|---|---|---|---|
| 1952 | | | | | | | 19.51 | 19.60 | (19.76) | | | | (19.76) | 9.13 |
| 1953 | | | | | | | 20.54 | 22.41 | | | | | 22.41 | 8.9 |
| 1954 | | | | | | (15.83) | 18.57 | 21.16 | 18.21 | | | | 21.16 | 8.16 |
| 1955 | | | | | | | 21.71 | 20.39 | 18.06 | | | | 21.71 | 7.15 |
| 1956 | | | | | | 19.63 | 20.32 | 19.31 | 21.07 | | | | 21.07 | 9.8 |
| 1957 | | | | | | | 23.15 | 22.37 | 19.30 | | | | 23.15 | 7.21 |
| 1958 | | | | | | | 21.92 | 22.63 | 22.58 | | | | 22.63 | 8.22 |
| 1959 | | | | | | 21.29 | 21.29 | 21.26 | 21.49 | | | | 21.49 | 9.24 |
| 1960 | | | | | | 21.16 | 23.26 | 22.96 | 22.58 | | | | 23.26 | 7.5 |
| 1961 | | | | | | 21.22 | 21.90 | 21.47 | 21.75 | | | | 21.90 | 7.9 |
| 1962 | 19.95 | 20.01 | 20.23 | 19.81 | 19.43 | 19.98 | 21.05 | 22.37 | 20.95 | 20.32 | 20.00 | 19.73 | 22.37 | 8.10 |
| 1963 | | | | | | 21.37 | 23.70 | 23.87 | 23.05 | | | | 23.87 | 8.3 |
| 1964 | | | | | | 20.74 | 21.37 | 21.87 | 22.31 | | | | 22.31 | 9.20 |
| 1965 | 20.65 | 20.55 | 20.53 | 20.17 | 19.97 | 19.61 | 21.90 | 22.16 | 21.64 | 21.66 | 21.72 | 21.68 | 22.16 | 8.21 |
| 1966 | 21.65 | 21.62 | 21.88 | 21.61 | 21.40 | 20.87 | 21.95 | 21.84 | 20.49 | 19.78 | 19.33 | 19.28 | 21.95 | 7.26 |
| 1967 | 19.22 | 19.41 | 19.67 | 19.81 | 19.48 | 19.04 | 21.63 | 22.45 | 22.51 | 22.25 | 22.17 | 22.16 | 22.51 | 9.10 |
| 1968 | 22.13 | 22.02 | 22.10 | 22.05 | 21.92 | 21.28 | 21.71 | 22.00 | 22.09 | 22.03 | 21.97 | 21.97 | 22.13 | 1.14 |
| 1969 | 21.96 | 22.07 | 22.06 | 22.04 | 22.11 | 21.79 | 22.03 | 22.14 | 22.76 | 22.69 | 22.29 | 22.24 | 22.76 | 9.30 |
| 1970 | 22.36 | 22.31 | 22.37 | 22.46 | 21.94 | 21.12 | 22.98 | 22.74 | 22.81 | 23.12 | 23.01 | 23.05 | 23.12 | 10.25 |
| 1971 | 23.17 | 23.07 | 23.15 | 23.11 | 22.89 | 22.61 | 23.09 | 23.16 | 23.21 | 23.14 | 23.13 | 23.07 | 23.21 | 9.27 |
| 1972 | 23.11 | 23.09 | 23.09 | 23.08 | 22.74 | 22.16 | 22.63 | 22.70 | 22.79 | 23.02 | 23.10 | 23.03 | 23.11 | 1.14 |
| 1973 | 23.11 | 23.10 | 23.09 | 22.96 | 23.23 | 22.77 | 22.78 | 22.84 | 22.96 | 23.15 | 23.03 | 22.73 | 23.23 | 5.2 |
| 1974 | 22.64 | 22.71 | 22.81 | 22.92 | 23.00 | 22.71 | 23.12 | 25.47 | 23.07 | 23.18 | 23.12 | 23.16 | 25.47 | 8.16 |
| 1975 | 23.12 | 23.18 | 23.14 | 23.67 | 23.51 | 22.42 | 22.47 | 22.57 | 23.01 | 23.20 | 23.27 | 23.28 | 23.67 | 4.28 |
| 1976 | 23.27 | 23.50 | 23.37 | 23.22 | 22.94 | 22.29 | 22.34 | 22.27 | 22.27 | 22.43 | 22.33 | 22.36 | 23.50 | 2.28 |

表 2-7(b)(续)

骆马湖:洋河滩站

单位:m

| 年份 | 1月 | 2月 | 3月 | 4月 | 5月 | 6月 | 7月 | 8月 | 9月 | 10月 | 11月 | 12月 | 年最高 | 月.日 |
|---|---|---|---|---|---|---|---|---|---|---|---|---|---|---|
| 1977 | 22.29 | 22.28 | 21.99 | 21.71 | 21.81 | 21.37 | 22.79 | 22.78 | 22.71 | 22.70 | 23.16 | 23.20 | 23.20 | 12.25 |
| 1978 | 23.21 | 23.24 | 23.17 | 22.98 | 21.99 | 20.35 | 21.27 | 22.81 | 22.96 | 22.96 | 23.01 | 23.12 | 23.24 | 2.28 |
| 1979 | 23.16 | 23.19 | 23.16 | 23.08 | 23.00 | 22.05 | 22.99 | 22.70 | 22.98 | 23.01 | 23.12 | 23.06 | 23.19 | 2.22 |
| 1980 | 23.14 | 23.05 | 22.97 | 23.00 | 22.61 | 22.17 | 22.62 | 22.63 | 23.11 | 23.29 | 23.13 | 23.17 | 23.29 | 10.13 |
| 1981 | 22.99 | 22.99 | 23.05 | 22.91 | 22.42 | 20.87 | 21.08 | 21.22 | 20.75 | 20.90 | 21.20 | 21.24 | 23.05 | 3.15 |
| 1982 | 21.35 | 21.43 | 21.50 | 21.65 | 21.46 | 20.59 | 22.48 | 22.94 | 22.79 | 22.84 | 22.96 | 23.13 | 23.13 | 12.22 |
| 1983 | 23.22 | 23.13 | 23.11 | 22.94 | 22.46 | 21.77 | 23.01 | 22.84 | 22.06 | 22.76 | 23.07 | 22.99 | 23.22 | 1.7 |
| 1984 | 22.95 | 22.78 | 22.60 | 22.55 | 22.38 | 22.01 | 22.81 | 22.82 | 23.21 | 23.31 | 23.38 | 23.22 | 23.38 | 11.18 |
| 1985 | 23.17 | 23.22 | 23.11 | 23.11 | 23.35 | 23.17 | 22.90 | 23.02 | 23.03 | 23.25 | 23.25 | 23.21 | 23.35 | 5.15 |
| 1986 | 23.23 | 23.20 | 23.23 | 23.13 | 22.62 | 22.09 | 22.85 | 22.89 | 23.04 | 23.00 | 22.93 | 23.00 | 23.23 | 1.7 |
| 1987 | 22.95 | 23.02 | 23.08 | 23.18 | 22.91 | 22.27 | 21.59 | 22.15 | 23.06 | 23.66 | 23.43 | 23.20 | 23.66 | 10.18 |
| 1988 | 23.29 | 23.04 | 22.85 | 23.10 | 22.94 | 22.55 | 22.75 | 22.80 | 22.34 | 22.31 | 21.99 | 21.66 | 23.29 | 1.22 |
| 1989 | 21.62 | 21.91 | 22.33 | 22.38 | 22.19 | 22.76 | 22.95 | 22.73 | 21.49 | 21.02 | 20.87 | 21.10 | 22.95 | 7.19 |
| 1990 | 21.33 | 21.65 | 21.72 | 21.90 | 21.91 | 21.88 | 23.10 | 23.34 | 23.22 | 23.17 | 23.25 | 23.27 | 23.34 | 8.7 |
| 1991 | 23.07 | 23.18 | 23.36 | 23.35 | 23.04 | 23.25 | 23.28 | 22.62 | 22.66 | 22.85 | 22.79 | 22.93 | 23.36 | 3.26 |
| 1992 | 22.83 | 22.77 | 22.95 | 23.10 | 22.80 | 22.35 | 22.35 | 22.24 | 23.07 | 23.10 | 22.90 | 22.89 | 23.10 | 4.14 |
| 1993 | 22.86 | 22.97 | 22.95 | 22.71 | 22.37 | 22.15 | 22.33 | 23.54 | 23.32 | 23.18 | 23.56 | 23.22 | 23.56 | 11.17 |
| 1994 | 23.23 | 23.19 | 23.15 | 23.13 | 23.09 | 22.32 | 21.70 | 22.26 | 23.28 | 23.31 | 23.14 | 23.24 | 23.31 | 10.20 |
| 1995 | 23.12 | 23.23 | 23.09 | 23.00 | 22.66 | 22.06 | 22.83 | 23.40 | 23.38 | 23.43 | 23.64 | 23.10 | 23.64 | 11.7 |
| 1996 | 23.00 | 23.01 | 22.96 | 22.95 | 22.74 | 21.96 | 22.74 | 22.71 | 22.69 | 23.11 | 23.54 | 23.54 | 23.54 | 11.30 |
| 1997 | 23.50 | 23.29 | 23.09 | 23.21 | 23.08 | 22.79 | 22.10 | 23.32 | 22.88 | 22.51 | 21.76 | 22.04 | 23.50 | 1.1 |
| 1998 | 22.45 | 22.69 | 23.10 | 23.42 | 23.51 | 23.51 | 23.10 | 23.55 | 23.46 | 23.33 | 23.25 | 23.15 | 23.55 | 8.27 |
| 1999 | 22.94 | 22.85 | 22.56 | 22.38 | 22.01 | 21.79 | 21.02 | 20.57 | 20.85 | 22.22 | 22.30 | 22.38 | 22.94 | 1.1 |
| 2000 | 22.45 | 22.66 | 22.69 | 22.53 | 21.99 | 21.73 | 23.16 | 22.85 | 23.45 | 23.48 | 23.64 | 23.58 | 23.64 | 11.26 |
| 2001 | 23.58 | 23.47 | 23.49 | 23.19 | 22.61 | 22.08 | 22.80 | 23.66 | 23.11 | 22.60 | 22.37 | 22.67 | 23.66 | 8.4 |

**表 2-7(b)(续)**

骆马湖:洋河滩站

单位:m

| 年份 | 1月 | 2月 | 3月 | 4月 | 5月 | 6月 | 7月 | 8月 | 9月 | 10月 | 11月 | 12月 | 年最高 | 月.日 |
|---|---|---|---|---|---|---|---|---|---|---|---|---|---|---|
| 2002 | 22.69 | 22.68 | 22.60 | 22.46 | 22.94 | 22.80 | 22.09 | 22.10 | 21.55 | 21.74 | 21.83 | 22.18 | 22.94 | 5.25 |
| 2003 | 22.66 | 22.55 | 22.67 | 22.58 | 22.64 | 22.64 | 23.32 | 23.24 | 23.29 | 23.58 | 23.37 | 23.37 | 23.58 | 10.12 |
| 2004 | 23.31 | 23.09 | 22.95 | 22.68 | 22.77 | 22.74 | 22.99 | 23.05 | 23.36 | 23.36 | 23.03 | 23.44 | 23.44 | 12.17 |
| 2005 | 23.17 | 23.24 | 23.19 | 23.04 | 22.75 | 22.43 | 23.16 | 23.25 | 23.05 | 23.15 | 23.21 | 23.19 | 23.25 | 8.30 |
| 2006 | 23.01 | 23.05 | 23.08 | 22.85 | 22.54 | 22.40 | 22.77 | 22.79 | 22.72 | 22.38 | 22.12 | 22.41 | 23.08 | 3.18 |
| 2007 | 22.36 | 22.47 | 22.97 | 22.74 | 22.37 | 22.16 | 23.34 | 23.12 | 23.22 | 23.13 | 22.88 | 22.51 | 23.34 | 7.6 |
| 2008 | 22.75 | 22.66 | 22.39 | 22.53 | 22.56 | 22.40 | 22.96 | 23.21 | 23.37 | 23.39 | 23.09 | 23.00 | 23.39 | 10.5 |
| 2009 | 22.96 | 22.79 | 22.63 | 22.66 | 22.81 | 22.80 | 23.08 | 23.08 | 23.02 | 22.97 | 22.85 | 23.03 | 23.08 | 7.21 |
| 2010 | 23.04 | 22.96 | 22.99 | 22.87 | 22.72 | 22.72 | 22.86 | 23.05 | 23.39 | 22.95 | 22.65 | 22.23 | 23.39 | 9.8 |
| 2011 | 22.04 | 22.02 | 21.92 | 21.90 | 21.71 | 21.68 | 21.71 | 23.61 | 23.36 | 23.43 | 23.50 | 23.63 | 23.63 | 12.8 |
| 2012 | 23.25 | 23.09 | 23.13 | 23.18 | 22.92 | 22.45 | 22.58 | 22.97 | 23.65 | 23.19 | 23.00 | 23.15 | 23.65 | 9.7 |
| 2013 | 23.16 | 23.23 | 23.25 | 23.12 | 23.31 | 23.33 | 23.11 | 22.92 | 23.14 | 23.22 | 23.24 | 23.07 | 23.33 | 6.2 |
| 2014 | 22.94 | 22.68 | 22.68 | 22.70 | 22.76 | 22.85 | 21.48 | 22.23 | 22.24 | 22.32 | 22.35 | 22.50 | 22.94 | 1.1 |
| 2015 | 22.35 | 22.21 | 22.85 | 23.07 | 23.08 | 22.76 | 22.21 | 22.25 | 22.12 | 21.81 | 22.80 | 23.20 | 23.20 | 12.26 |
| 2016 | 23.31 | 23.25 | 23.17 | 22.89 | 22.81 | 22.83 | 22.60 | 23.08 | 21.99 | 22.50 | 23.38 | 23.56 | 23.56 | 12.29 |
| 2017 | 23.62 | 23.48 | 23.35 | 22.95 | 22.93 | 22.77 | 23.14 | 23.51 | 23.46 | 23.41 | 23.45 | 23.18 | 23.62 | 1.2 |
| 2018 | 23.07 | 23.35 | 23.32 | 23.33 | 22.98 | 22.47 | 22.18 | 23.17 | 23.34 | 23.24 | 22.71 | 22.66 | 23.35 | 2.11 |
| 历年最高 | 23.62 | 23.50 | 23.49 | 23.67 | 23.51 | 23.51 | 23.70 | 25.47 | 23.65 | 23.66 | 23.64 | 23.63 | 25.47 | |
| 出现年份 | 2017 | 1976 | 2001 | 1975 | 1975 | 1998 | 1963 | 1974 | 2012 | 1987 | 1995 | 2011 | 1974 | |

注:本表自1965年起采用洋河滩闸上水位。

**表 2-7(c) 沂沭泗流域主要站历年各月最高水位统计表(三)**

新沂河:沭阳站 单位:m

| 年份 | 1月 | 2月 | 3月 | 4月 | 5月 | 6月 | 7月 | 8月 | 9月 | 10月 | 11月 | 12月 | 年最高 | 月.日 |
|---|---|---|---|---|---|---|---|---|---|---|---|---|---|---|
| 1950 | | | | | | | 7.40 | 8.33 | 6.17 | | | | 8.33 | 8.20 |
| 1951 | | | | | | 6.01 | 6.45 | 7.68 | 6.07 | | | | 7.68 | 8.4 |
| 1952 | | | | | | | 6.41 | 6.59 | (6.44) | | | | 6.59 | 8.24 |
| 1953 | | | | | | | 6.98 | 7.51 | | | | | 7.51 | 8.5 |
| 1954 | | | | | | | (6.64) | 6.79 | (5.58) | | | | 6.79 | 8.16 |
| 1955 | | | | | | | 7.42 | 6.76 | | | | | 7.42 | 7.13 |
| 1956 | | | | | | 6.88 | 7.17 | 6.45 | 8.07 | (5.29) | | | 8.07 | 9.7 |
| 1957 | | | | | | 5.67 | 9.09 | 7.36 | 6.09 | | | | 9.09 | 7.21 |
| 1958 | | | | | | | 7.22 | 7.55 | 6.79 | | | | 7.55 | 8.20 |
| 1959 | | | | | | | 5.96 | 5.84 | 6.04 | 5.00 | 4.90 | 4.75 | 6.04 | 9.1 |
| 1960 | 4.95 | 河干 | 河干 | 河干 | 河干 | 6.51 | 8.07 | 8.11 | 7.47 | 5.80 | 5.19 | 5.25 | 8.11 | 8.19 |
| 1961 | 5.13 | 河干 | 河干 | 河干 | 5.83 | 5.79 | 7.63 | 6.18 | 7.42 | 河干 | 河干 | 河干 | 7.63 | 7.6 |
| 1962 | | | | | | 5.82 | 7.81 | 8.27 | 7.27 | 6.43 | 5.51 | 5.01 | 8.27 | 8.9 |
| 1963 | 5.01 | 5.27 | 5.18 | 5.29 | 8.03 | 6.91 | 9.21 | 9.15 | 8.40 | 5.08 | 5.30 | 5.09 | 9.21 | 7.21 |
| 1964 | 5.13 | 5.10 | 5.46 | 5.92 | 5.59 | 5.11 | 7.34 | 8.09 | 8.36 | 5.82 | 5.10 | 5.09 | 8.36 | 9.20 |
| 1965 | | | | | | 5.97 | 8.80 | 9.20 | 7.68 | | | | 9.20 | 8.5 |
| 1966 | | | | 4.21 | 4.34 | 3.90 | 8.80 | 5.04 | 4.73 | | | | 8.80 | 7.26 |
| 1967 | | | | | | | | | | | | | | |
| 1968 | | | | | | | 7.74 | | | | | | | |
| 1969 | | | | | 5.10 | 4.90 | 8.15 | 6.60 | 7.27 | 9.07 | | | 9.07 | 10.2 |
| 1970 | | | | | | 5.03 | 9.98 | 9.67 | 8.20 | | | | 9.98 | 7.28 |
| 1971 | | | | | | 9.26 | 9.95 | 9.78 | 9.36 | | | | 9.95 | 7.3 |
| 1972 | | | | | 6.17 | 7.08 | 9.62 | 6.60 | 8.25 | | | | 9.62 | 7.6 |
| 1973 | | | | | 5.32 | 6.17 | 9.27 | 9.16 | 6.49 | | | | 9.27 | 7.18 |
| 1974 | | | | | 6.74 | 6.28 | 8.94 | 10.76 | 7.10 | | | | 10.76 | 8.16 |

**表 2-7(c)(续)**

新沂河:沭阳站

单位:m

| 年份 | 1月 | 2月 | 3月 | 4月 | 5月 | 6月 | 7月 | 8月 | 9月 | 10月 | 11月 | 12月 | 年最高 | 月.日 |
|---|---|---|---|---|---|---|---|---|---|---|---|---|---|---|
| 1975 | | | | | | 5.37 | 8.89 | 9.02 | 9.05 | | | | 9.05 | 9.21 |
| 1976 | | | | | | 5.74 | 8.06 | 8.32 | 7.87 | | | | 8.32 | 8.21 |
| 1977 | | | | | | 6.18 | 8.25 | 7.28 | 6.67 | | | | 8.25 | 7.12 |
| 1978 | | | | | 5.24 | 5.13 | 5.08 | 6.74 | 4.82 | | | | 6.74 | 8.18 |
| 1979 | | | | | 4.94 | 5.11 | 9.55 | 9.32 | 8.38 | | | | 9.55 | 7.20 |
| 1980 | | | | | 6.30 | 8.03 | 8.28 | 8.56 | 7.77 | | | | 8.56 | 8.29 |
| 1981 | | | | | 5.28 | 7.10 | 5.26 | 5.17 | 4.96 | | | | 7.10 | 6.28 |
| 1982 | | | | | 4.33 | 4.46 | 8.98 | 8.96 | 5.25 | | | | 8.98 | 7.26 |
| 1983 | | | | | 5.05 | 4.26 | 8.93 | 6.35 | 6.07 | | | | 8.93 | 7.22 |
| 1984 | | | | | 4.31 | 5.09 | 9.48 | 7.48 | 7.94 | 8.18 | | | 9.48 | 7.29 |
| 1985 | | | | | 河干 | 河干 | 8.21 | 5.83 | 8.29 | 8.26 | | | 8.29 | 9.30 |
| 1986 | | | | | 4.35 | 4.52 | 8.88 | 8.28 | 5.86 | | | | 8.88 | 7.28 |
| 1987 | | | | | 5.07 | 5.38 | 7.47 | 6.24 | 6.98 | | | | 7.47 | 7.6 |
| 1988 | | | | | 4.97 | 4.95 | 5.62 | 5.11 | 4.99 | | | | 5.62 | 7.19 |
| 1989 | | | | | 4.94 | 7.91 | 7.29 | 6.57 | 4.99 | | | | 7.91 | 6.8 |
| 1990 | | | | | 5.14 | 6.35 | 8.67 | 10.58 | 7.38 | | | | 10.58 | 8.6 |
| 1991 | | | | | 5.07 | 7.36 | 10.06 | 8.57 | 5.88 | | | | 10.06 | 7.17 |
| 1992 | | | | | 6.37 | 4.45 | 7.49 | 7.74 | 7.43 | | | | 7.74 | 8.13 |
| 1993 | | | | | 5.54 | 5.23 | 5.11 | 10.45 | 4.90 | | | | 10.45 | 8.6 |
| 1994 | | | | | 5.24 | 5.01 | 7.10 | 4.75 | 5.00 | | | | 7.10 | 7.19 |
| 1995 | | | | | 5.30 | 5.50 | 7.71 | 9.32 | 7.85 | | | | 9.32 | 8.24 |
| 1996 | | | | | 5.23 | 8.16 | 9.21 | 7.35 | 5.67 | | | | 9.21 | 7.21 |
| 1997 | | | | | 5.03 | 5.37 | 7.38 | 8.50 | 4.81 | | | | 8.50 | 8.22 |
| 1998 | | | | | 6.44 | 7.05 | 7.81 | 10.51 | 8.07 | | | | 10.51 | 8.15 |
| 1999 | | | | | 5.45 | 5.07 | 4.94 | 4.70 | 5.92 | | | | 5.92 | 9.7 |

表 2-7(c)(续)

新沂河:沭阳站

单位:m

| 年份 | 1月 | 2月 | 3月 | 4月 | 5月 | 6月 | 7月 | 8月 | 9月 | 10月 | 11月 | 12月 | 年最高 | 月.日 |
|---|---|---|---|---|---|---|---|---|---|---|---|---|---|---|
| 2000 | | | | | 5.08 | 7.16 | 8.76 | 8.56 | 8.66 | | | | 8.76 | 7.24 |
| 2001 | | | | | 5.65 | 4.91 | 7.71 | 9.18 | 4.10 | | | | 9.18 | 8.6 |
| 2002 | | | | | 4.95 | 5.27 | 7.62 | 5.62 | 5.10 | | | | 7.62 | 7.25 |
| 2003 | | | | | 5.91 | 7.12 | 10.71 | 9.54 | 9.63 | | | | 10.71 | 7.17 |
| 2004 | | | | | 5.49 | 5.25 | 8.74 | 8.95 | 9.24 | | | | 9.24 | 9.24 |
| 2005 | | | | | 6.02 | 5.16 | 9.32 | 9.71 | 10.07 | 9.81 | | | 10.07 | 9.23 |
| 2006 | | | | | 5.81 | 5.46 | 9.36 | 8.78 | 8.82 | | | | 9.36 | 7.5 |
| 2007 | | | | | | 6.22 | 10.05 | 9.33 | 8.70 | | | | 10.05 | 7.7 |
| 2008 | | | | | 5.05 | 7.08 | 10.50 | 9.67 | 7.72 | | | | 10.50 | 7.26 |
| 2009 | | | | | 5.15 | 5.50 | 9.50 | 8.84 | 6.23 | | | | 9.50 | 7.23 |
| 2010 | | | | | 5.46 | 5.48 | 8.69 | 6.59 | 9.64 | | | | 9.64 | 9.9 |
| 2011 | | | | | 5.18 | 4.81 | 6.04 | 9.19 | 9.06 | | | | 9.19 | 8.30 |
| 2012 | | | | | 4.96 | 5.72 | 9.74 | 5.56 | 8.15 | | | | 9.74 | 7.11 |
| 2013 | | | | | 5.37 | 5.22 | 8.24 | 7.49 | 5.23 | | | | 8.24 | 7.23 |
| 2014 | | | | | 5.03 | 5.23 | 5.68 | 5.58 | 6.11 | | | | 6.11 | 9.19 |
| 2015 | | | | | 5.46 | 6.72 | 6.55 | 6.09 | 4.98 | | | | 6.72 | 6.26 |
| 2016 | | | | | 5.15 | 7.66 | 6.22 | 5.12 | 4.80 | | | | 7.66 | 6.24 |
| 2017 | | | | | 6.15 | 5.90 | 7.55 | 8.82 | 6.69 | | | | 8.82 | 8.4 |
| 2018 | 4.89 | 4.89 | 6.35 | 5.77 | 6.75 | 6.15 | 6.94 | 10.11 | 7.73 | 4.85 | 4.80 | 4.85 | 10.11 | 8.21 |
| 历年最高 | 5.13 | 5.27 | 6.35 | 5.92 | 8.03 | 9.26 | 10.71 | 10.76 | 10.07 | 9.81 | 5.51 | 5.25 | 10.76 | |
| 出现年份 | 1961 | 1963 | 2018 | 1964 | 1963 | 1971 | 2003 | 1974 | 2005 | 2005 | 1962 | 1960 | 1974 | |

**表 2-7(d)　沂沭泗流域主要站历年各月最高水位统计表(四)**

新沭河:新沭河闸站　　　　单位:m

| 年份 | 1月 | 2月 | 3月 | 4月 | 5月 | 6月 | 7月 | 8月 | 9月 | 10月 | 11月 | 12月 | 年最高 | 月.日 |
|---|---|---|---|---|---|---|---|---|---|---|---|---|---|---|
| 1953 | | | | | | (51.66) | 54.03 | 54.00 | (49.58) | | | | 54.03 | 7.27 |
| 1954 | 49.42 | 49.43 | 49.47 | 河干 | 49.59 | 49.55 | 49.75 | 51.79 | 49.72 | 50.29 | 49.56 | 49.60 | 51.79 | 8.14 |
| 1955 | 49.51 | 49.43 | 49.46 | 49.30 | 49.26 | 49.69 | 53.20 | 51.48 | 50.24 | 49.48 | 49.41 | 49.41 | 53.20 | 7.11 |
| 1956 | 49.40 | 49.39 | 49.43 | 49.61 | 49.80 | 53.28 | 51.66 | 52.65 | 56.35 | 49.50 | 49.49 | 49.42 | 56.35 | 9.5 |
| 1957 | 49.47 | 49.57 | 49.58 | 49.50 | 49.44 | 49.59 | 56.43 | 50.72 | 49.51 | 49.35 | 49.48 | 49.48 | 56.43 | 7.11 |
| 1958 | 49.42 | 49.40 | 49.37 | 49.40 | 50.37 | 50.52 | 52.67 | 52.61 | 49.84 | 49.58 | 49.90 | 49.48 | 52.67 | 7.1 |
| 1959 | 49.47 | 49.45 | 49.65 | 49.75 | 49.47 | 49.81 | 50.56 | 50.79 | 51.14 | 49.49 | 49.62 | 49.53 | 51.14 | 9.1 |
| 1960 | 49.51 | 49.48 | 49.42 | 49.15 | 49.15 | 52.59 | 53.78 | 54.11 | 52.26 | 49.74 | 49.55 | 49.49 | 54.11 | 8.18 |
| 1961 | 49.54 | 49.44 | 49.80 | 49.75 | 50.50 | 50.26 | 53.10 | 51.18 | 50.92 | 49.64 | 49.65 | 49.51 | 53.10 | 7.6 |
| 1962 | 49.54 | 49.49 | 49.51 | 49.40 | 49.34 | 49.86 | 56.51 | 52.33 | 50.56 | 50.51 | 51.15 | 49.83 | 56.51 | 7.14 |
| 1963 | 49.81 | 49.74 | 49.44 | 49.61 | 50.45 | 50.10 | 54.13 | 51.18 | 50.29 | 49.61 | 49.55 | 49.46 | 54.13 | 7.20 |
| 1964 | 49.57 | 49.51 | 49.52 | 50.06 | 49.79 | 49.97 | 51.93 | 51.35 | 51.45 | 50.45 | 49.73 | 49.60 | 51.93 | 7.18 |
| 1965 | 49.50 | 49.48 | 49.03 | 49.56 | 49.60 | 49.56 | 52.93 | 53.05 | 49.77 | 49.54 | 49.37 | 49.34 | 53.05 | 8.5 |
| 1966 | 河干 | 49.09 | 49.41 | 49.35 | 49.21 | 50.49 | 51.85 | 49.99 | 50.04 | 49.09 | 49.27 | 49.20 | 51.85 | 7.22 |
| 1967 | 49.27 | 49.32 | 49.31 | 49.30 | 49.45 | 50.38 | 50.43 | 50.59 | 51.05 | 49.39 | 49.42 | 49.37 | 51.05 | 9.3 |
| 1968 | 河干 | 河干 | 河干 | 河干 | 49.33 | 49.74 | 50.44 | 50.07 | 49.58 | 49.50 | 48.97 | 48.98 | 50.44 | 7.21 |
| 1969 | 49.23 | 49.37 | 49.48 | 49.31 | 49.47 | 49.56 | 50.02 | 50.33 | 51.01 | 50.83 | 49.31 | 49.31 | 51.01 | 9.30 |
| 1970 | 49.31 | 49.06 | 49.09 | 49.22 | 49.10 | 50.53 | 54.14 | 51.00 | 51.18 | 49.84 | 49.59 | 49.50 | 54.14 | 7.23 |
| 1971 | 49.43 | 49.26 | 49.61 | 49.38 | 49.50 | 52.24 | 52.99 | 53.13 | 50.89 | 49.39 | 49.48 | 49.20 | 53.13 | 8.29 |
| 1972 | 48.95 | 49.06 | 49.08 | 49.56 | 50.28 | 49.56 | 51.06 | 51.74 | 51.16 | 49.42 | 河干 | 河干 | 51.74 | 8.26 |
| 1973 | 河干 | 河干 | 河干 | 河干 | 河干 | 46.77 | 50.28 | 49.86 | 49.97 | 47.46 | 河干 | 河干 | 50.28 | 7.17 |
| 1974 | 河干 | 河干 | 河干 | 河干 | 河干 | 46.92 | 50.32 | 54.69 | 47.00 | 46.90 | 0.00 | 0.00 | 54.69 | 8.14 |
| 1975 | 河干 | 河干 | 河干 | 河干 | 河干 | 46.31 | 49.91 | 51.59 | 49.07 | 46.10 | 河干 | 河干 | 51.59 | 8.15 |
| 1976 | 河干 | 河干 | 河干 | 河干 | 河干 | 河干 | 49.19 | 49.89 | 46.38 | 河干 | 河干 | 46.53 | 49.89 | 8.19 |
| 1977 | 河干 | 河干 | 河干 | 河干 | 河干 | 河干 | 46.96 | 47.04 | 河干 | 河干 | 河干 | 河干 | 47.04 | 8.20 |

**表 2-7(d)(续)**

新沐河:新沐河闸站

单位:m

| 年份 | 1月 | 2月 | 3月 | 4月 | 5月 | 6月 | 7月 | 8月 | 9月 | 10月 | 11月 | 12月 | 年最高 | 月.日 |
|---|---|---|---|---|---|---|---|---|---|---|---|---|---|---|
| 1978 | 河干 | 河干 | 河干 | 河干 | 河干 | 45.52 | 46.42 | 48.55 | 河干 | 河干 | 河干 | 河干 | 48.55 | 8.12 |
| 1979 | 河干 | 河干 | 河干 | 河干 | 河干 | 45.81 | 46.55 | 河干 | 45.82 | 河干 | 河干 | 河干 | 46.55 | 7.26 |
| 1980 | 河干 | 河干 | 河干 | 河干 | 45.68 | 46.50 | 45.78 | 45.78 | 45.67 | 45.99 | 河干 | 河干 | 46.50 | 6.17 |
| 1981 | 河干 | 河干 | 河干 | 河干 | 河干 | 河干 | 河干 | 河干 | 河干 | 河干 | 河干 | 河干 | 河干 | 1.1 |
| 1982 | 河干 | 河干 | 河干 | 河干 | 河干 | 河干 | 45.75 | 河干 | 河干 | 河干 | 河干 | 河干 | 45.75 | 7.7 |
| 1983 | 河干 | 河干 | 河干 | 河干 | 46.24 | 河干 | 河干 | 河干 | 45.57 | 45.61 | 45.55 | 河干 | 46.24 | 5.22 |
| 1984 | 河干 | 河干 | 河干 | 河干 | 河干 | 河干 | 46.45 | 45.84 | 45.84 | 45.85 | 河干 | 河干 | 46.45 | 7.10 |
| 1985 | 河干 | 河干 | 河干 | 河干 | 45.66 | 46.15 | 46.21 | 46.13 | 46.23 | 河干 | 45.65 | 45.63 | 46.23 | 9.7 |
| 1986 | 河干 | 河干 | 河干 | 河干 | 河干 | 河干 | 45.87 | 45.88 | 45.78 | 河干 | 河干 | 河干 | 45.88 | 8.21 |
| 1987 | 河干 | 河干 | 河干 | 河干 | 河干 | 河干 | 47.15 | 河干 | 45.96 | 河干 | 河干 | 河干 | 47.15 | 7.21 |
| 1988 | 河干 | 河干 | 河干 | 河干 | 河干 | 河干 | 47.12 | 河干 | 河干 | 河干 | 河干 | 河干 | 47.12 | 7.17 |
| 1989 | 河干 | 河干 | 河干 | 45.97 | 河干 | 河干 | 河干 | 河干 | 河干 | 河干 | 河干 | 河干 | 45.97 | 4.26 |
| 1990 | 河干 | 河干 | 河干 | 河干 | 河干 | 河干 | 河干 | 49.16 | 46.20 | 河干 | 46.04 | 河干 | 49.16 | 8.17 |
| 1991 | 河干 | 河干 | 河干 | 河干 | 51.86 | 53.94 | 52.48 | 51.43 | 河干 | 河干 | 河干 | 河干 | 53.94 | 6.11 |
| 1992 | | | | | | | | | | | | | | |
| 1993 | | | | | | | 52.28 | 52.84 | 50.85 | 49.58 | 51.46 | 46.89 | 52.84 | 8.5 |
| 1994 | 46.79 | 46.79 | 46.77 | 47.66 | 46.90 | 49.53 | 52.10 | 52.53 | 52.76 | 49.79 | 47.19 | 47.12 | 52.76 | 9.4 |
| 1995 | 46.99 | 47.07 | 46.84 | 47.07 | 46.83 | 50.26 | 53.89 | 53.42 | 54.09 | 52.36 | 52.90 | 52.98 | 54.09 | 9.10 |
| 1996 | 52.88 | 52.13 | 53.12 | 52.74 | 52.74 | 53.17 | 52.69 | 52.70 | 52.61 | 52.54 | 47.20 | 46.97 | 53.17 | 6.30 |
| 1997 | 46.85 | 50.21 | 河干 | 河干 | 河干 | 河干 | 49.31 | 52.57 | 50.70 | 50.78 | 51.47 | 51.87 | 52.57 | 8.20 |
| 1998 | 51.58 | 51.96 | 52.19 | 52.78 | 52.09 | 51.46 | 52.97 | 51.17 | 51.20 | 51.76 | 49.17 | 河干 | 52.97 | 7.3 |
| 1999 | 50.18 | 46.94 | 49.40 | 49.38 | 49.90 | 50.61 | 51.82 | 51.73 | 50.92 | 50.95 | 河干 | 河干 | 51.82 | 7.8 |
| 2000 | 50.06 | 49.94 | 50.57 | 50.39 | 50.74 | 51.15 | 52.44 | 52.80 | 49.46 | 47.40 | 49.46 | 50.04 | 52.80 | 8.31 |
| 2001 | 48.02 | 49.58 | 51.06 | 49.59 | 49.12 | 49.41 | 52.09 | 51.92 | 51.64 | 51.37 | 51.49 | 河干 | 52.09 | 7.31 |
| 2002 | 河干 | 河干 | 河干 | 河干 | 49.49 | 46.79 | 51.00 | 河干 | 河干 | 河干 | 47.74 | 50.04 | 51.00 | 7.24 |

**表 2-7(d)(续)**

新沭河:新沭河闸站

单位:m

| 年份 | 1月 | 2月 | 3月 | 4月 | 5月 | 6月 | 7月 | 8月 | 9月 | 10月 | 11月 | 12月 | 年最高 | 月.日 |
|---|---|---|---|---|---|---|---|---|---|---|---|---|---|---|
| 2003 | 49.42 | 48.54 | 49.94 | 49.88 | 50.37 | 50.04 | 50.59 | 50.98 | 50.46 | 48.62 | 河干 | 河干 | 50.98 | 8.31 |
| 2004 | 河干 | 河干 | 河干 | 河干 | 河干 | 河干 | 51.35 | 51.90 | 49.47 | 47.27 | 47.02 | 46.98 | 51.90 | 8.5 |
| 2005 | 46.97 | 46.98 | 47.03 | 50.46 | 49.55 | 50.31 | 51.27 | 50.82 | 51.00 | 48.07 | 51.19 | 49.76 | 51.27 | 7.3 |
| 2006 | 50.22 | 49.22 | 48.97 | 49.63 | 47.29 | 50.32 | 51.80 | 52.31 | 48.98 | 50.92 | 51.12 | 51.22 | 52.31 | 8.29 |
| 2007 | 51.25 | 51.48 | 51.15 | 51.24 | 50.43 | 51.45 | 51.53 | 51.30 | 51.80 | 51.59 | 51.47 | 51.58 | 51.80 | 9.20 |
| 2008 | 51.59 | 51.40 | 51.47 | 51.58 | 51.59 | 51.52 | 52.00 | 51.73 | 51.77 | 51.34 | 48.46 | 49.92 | 52.00 | 7.11 |
| 2009 | 49.70 | 47.06 | 48.27 | 河干 | 47.05 | 48.95 | 49.11 | 51.14 | 51.29 | 50.92 | 50.58 | 50.45 | 51.29 | 9.27 |
| 2010 | 50.54 | 50.80 | 50.72 | 51.66 | 50.77 | 47.63 | 50.29 | 51.50 | 51.59 | 51.44 | 51.51 | 51.50 | 51.66 | 4.2 |
| 2011 | 51.59 | 50.51 | 50.89 | 50.67 | 50.16 | 50.63 | 51.29 | 51.73 | 51.68 | 51.58 | 51.56 | 51.70 | 51.73 | 8.17 |
| 2012 | 51.61 | 51.58 | 51.23 | 51.00 | 50.55 | 50.35 | 52.25 | 51.57 | 51.68 | 51.47 | 51.63 | 51.45 | 52.25 | 7.8 |
| 2013 | 50.93 | 50.49 | 51.32 | 50.33 | 49.09 | 50.17 | 51.59 | 51.57 | 51.93 | 50.61 | 50.48 | 50.37 | 51.93 | 9.24 |
| 2014 | 49.73 | 49.66 | 51.22 | 51.36 | 49.78 | 47.38 | 49.78 | 50.82 | 50.33 | 50.12 | 46.96 | 49.05 | 51.36 | 4.5 |
| 2015 | 49.04 | 47.61 | 47.00 | 46.94 | 48.09 | 48.56 | 48.67 | 50.27 | 49.68 | 50.08 | 51.20 | 51.22 | 51.22 | 12.1 |
| 2016 | 51.09 | 50.85 | 50.36 | 49.50 | 49.67 | 50.18 | 51.19 | 51.13 | 49.96 | 51.54 | 51.30 | 50.58 | 51.54 | 10.28 |
| 2017 | 50.63 | 50.50 | 50.34 | 51.00 | 50.56 | 49.46 | 51.77 | 51.44 | 51.39 | 50.76 | 50.55 | 50.17 | 51.77 | 7.2 |
| 2018 | 49.60 | 49.46 | 49.39 | 49.39 | 50.33 | 50.38 | 51.35 | 51.77 | 51.27 | 50.48 | 50.58 | 51.39 | 51.77 | 8.20 |
| 历年最高 | 52.88 | 52.13 | 53.12 | 52.78 | 52.74 | 53.94 | 56.51 | 54.69 | 56.35 | 52.54 | 52.90 | 52.98 | 56.51 | |
| 出现年份 | 1996 | 1996 | 1996 | 1998 | 1996 | 1991 | 1962 | 1974 | 1956 | 1996 | 1995 | 1995 | 1962 | |

注:本表水位 1991 年以前为新沭河大官庄站水位,自 1991 年起采用新沭河闸上水位。

### 表 2-7(e) 沂沭泗流域主要站历年各月最高水位统计表(五)

老沭河:人民胜利堰闸站　　　　单位:m

| 年份 | 1月 | 2月 | 3月 | 4月 | 5月 | 6月 | 7月 | 8月 | 9月 | 10月 | 11月 | 12月 | 年最高 | 月.日 |
|---|---|---|---|---|---|---|---|---|---|---|---|---|---|---|
| 1995 | 河干 | 河干 | 河干 | 河干 | 河干 | 50.26 | 53.89 | 53.61 | 54.08 | 52.36 | 52.85 | 52.98 | 54.08 | 9.10 |
| 1996 | 52.88 | 51.80 | 53.12 | 52.74 | 52.72 | 53.18 | 52.69 | 52.71 | 52.59 | 52.54 | 49.38 | 49.26 | 53.18 | 6.30 |
| 1997 | 49.20 | 50.21 | 49.18 | 48.88 | 48.80 | 49.04 | 49.33 | 52.65 | 50.72 | 50.78 | 51.47 | 51.86 | 52.65 | 8.20 |
| 1998 | 51.58 | 51.96 | 52.19 | 52.77 | 52.10 | 51.46 | 52.96 | 52.28 | 51.21 | 51.76 | 49.29 | 48.95 | 52.96 | 7.3 |
| 1999 | 50.02 | 49.45 | 50.09 | 49.38 | 49.90 | 50.61 | 51.82 | 51.73 | 50.92 | 51.02 | 48.18 | 48.20 | 51.82 | 7.8 |
| 2000 | 50.06 | 49.94 | 50.51 | 50.39 | 50.74 | 51.15 | 52.44 | 52.75 | 51.24 | 49.52 | 49.56 | 50.03 | 52.75 | 8.31 |
| 2001 | 49.31 | 49.68 | 51.06 | 49.60 | 49.33 | 49.41 | 52.09 | 51.94 | 51.64 | 51.37 | 51.49 | 48.28 | 52.09 | 7.31 |
| 2002 | 48.26 | 48.27 | 48.29 | 48.21 | 49.48 | 49.04 | 50.99 | 48.42 | 48.44 | 48.22 | 49.01 | 50.04 | 50.99 | 7.24 |
| 2003 | 49.45 | 49.13 | 49.94 | 49.88 | 50.37 | 50.19 | 50.72 | 51.14 | 50.61 | 50.36 | 48.14 | 48.30 | 51.14 | 8.31 |
| 2004 | 48.30 | 48.24 | 48.29 | 48.30 | 48.29 | 48.27 | 51.35 | 51.90 | 50.18 | 49.39 | 49.26 | 49.25 | 51.90 | 8.5 |
| 2005 | 49.23 | 49.23 | 49.23 | 50.46 | 49.55 | 50.24 | 51.23 | 50.86 | 51.36 | 50.64 | 50.81 | 49.75 | 51.36 | 9.21 |
| 2006 | 50.13 | 49.14 | 49.14 | 49.64 | 49.17 | 50.33 | 51.80 | 52.31 | 49.81 | 50.91 | 51.12 | 51.22 | 52.31 | 8.29 |
| 2007 | 51.25 | 51.48 | 51.15 | 51.22 | 50.35 | 51.25 | 51.52 | 51.30 | 51.80 | 51.59 | 51.47 | 51.58 | 51.80 | 9.2 |
| 2008 | 51.59 | 51.35 | 51.41 | 51.40 | 51.27 | 51.52 | 52.02 | 51.70 | 51.74 | 51.34 | 49.32 | 49.91 | 52.02 | 7.11 |
| 2009 | 48.90 | 48.00 | 48.23 | 48.03 | 47.99 | 48.90 | 49.02 | 51.10 | 51.25 | 50.89 | 50.55 | 50.42 | 51.25 | 9.27 |
| 2010 | 50.51 | 50.77 | 50.69 | 51.63 | 50.74 | 48.08 | 50.24 | 51.46 | 51.55 | 51.40 | 51.48 | 51.46 | 51.63 | 4.2 |
| 2011 | 51.55 | 50.47 | 50.84 | 50.62 | 50.12 | 50.60 | 51.26 | 51.72 | 51.65 | 51.55 | 51.53 | 51.67 | 51.72 | 8.17 |
| 2012 | 51.60 | 51.57 | 51.22 | 50.99 | 50.54 | 50.34 | 52.19 | 51.56 | 51.67 | 51.46 | 51.62 | 51.44 | 52.19 | 7.8 |
| 2013 | 50.92 | 50.48 | 51.31 | 50.32 | 49.10 | 50.16 | 51.58 | 51.56 | 51.93 | 50.61 | 50.48 | 50.37 | 51.93 | 9.24 |
| 2014 | 49.73 | 49.66 | 51.22 | 51.36 | 49.78 | 47.46 | 49.78 | 50.82 | 50.33 | 50.12 | 47.46 | 49.05 | 51.36 | 4.5 |
| 2015 | 49.04 | 47.61 | 47.46 | 47.46 | 48.10 | 48.56 | 48.67 | 50.27 | 49.68 | 50.08 | 51.20 | 51.22 | 51.22 | 12.1 |
| 2016 | 51.09 | 50.85 | 50.36 | 49.50 | 49.67 | 50.18 | 51.19 | 51.13 | 49.96 | 51.54 | 51.30 | 50.58 | 51.54 | 10.28 |

**表 2-7(e)(续)**

老沭河:人民胜利堰闸站

单位:m

| 年份 | 1月 | 2月 | 3月 | 4月 | 5月 | 6月 | 7月 | 8月 | 9月 | 10月 | 11月 | 12月 | 年最高 | 月.日 |
|---|---|---|---|---|---|---|---|---|---|---|---|---|---|---|
| 2017 | 50.62 | 50.49 | 50.34 | 51.00 | 50.55 | 49.46 | 51.75 | 51.44 | 51.39 | 50.76 | 50.56 | 50.16 | 51.75 | 7.15 |
| 2018 | 49.60 | 49.46 | 49.39 | 49.39 | 50.33 | 50.38 | 51.35 | 52.14 | 51.27 | 50.48 | 50.58 | 51.39 | 52.14 | 8.20 |
| 历年最高 | 52.88 | 51.96 | 53.12 | 52.77 | 52.72 | 53.18 | 53.89 | 53.61 | 54.08 | 52.54 | 52.85 | 52.98 | 54.08 | |
| 出现年份 | 1996 | 1998 | 1996 | 1998 | 1996 | 1996 | 1995 | 1995 | 1995 | 1996 | 1995 | 1995 | 1995 | |

表 2-7(f) 沂沭泗流域主要站历年各月最高水位统计表(六)

上级湖:南阳站 单位:m

| 年份 | 1月 | 2月 | 3月 | 4月 | 5月 | 6月 | 7月 | 8月 | 9月 | 10月 | 11月 | 12月 | 年最高 | 月.日 |
|---|---|---|---|---|---|---|---|---|---|---|---|---|---|---|
| 1953 | 33.42 | 33.34 | 33.36 | 33.30 | 33.13 | 33.28 | 34.44 | 35.22 | 34.55 | 34.04 | 33.83 | 33.70 | 35.22 | 8.12 |
| 1954 | 33.52 | 33.41 | 33.42 | 33.28 | 33.16 | 33.04 | 32.98 | 34.21 | 34.46 | 34.15 | 34.02 | 33.92 | 34.46 | 9.7 |
| 1955 | 33.72 | 33.71 | 33.63 | 33.41 | 33.27 | 32.96 | 33.98 | 34.05 | 34.64 | 34.38 | 33.93 | 33.62 | 34.64 | 9.14 |
| 1956 | 33.45 | 33.36 | 33.29 | 33.32 | 33.08 | 34.42 | 34.46 | 34.32 | 34.39 | 34.12 | 33.80 | 33.57 | 34.46 | 7.2 |
| 1957 | 33.45 | 33.35 | 33.34 | 33.39 | 33.24 | 33.08 | 36.48 | 36.38 | 35.71 | 35.03 | 34.48 | 34.02 | 36.48 | 7.25 |
| 1958 | 33.72 | 33.29 | 33.22 | 33.05 | 32.86 | 33.04 | 34.91 | 34.71 | 34.52 | 33.74 | 33.65 | 33.70 | 34.91 | 7.17 |
| 1959 | 33.74 | 33.86 | 33.85 | 33.77 | 33.50 | 33.23 | 33.33 | 33.12 | 33.07 | 32.74 | 32.89 | 33.02 | 33.86 | 2.12 |
| 1960 | 33.09 | 33.02 | 32.84 | 32.73 | 32.62 | | 34.37 | 34.45 | 34.20 | 33.96 | 33.53 | 33.35 | 34.45 | 8.3 |
| 1961 | 33.28 | 33.29 | 33.28 | 33.19 | 33.21 | 34.03 | 34.19 | 34.46 | 34.16 | 33.74 | 33.38 | 33.22 | 34.46 | 8.19 |
| 1962 | 33.10 | 33.03 | 33.04 | 32.98 | 32.84 | 32.68 | 33.46 | 34.59 | 34.54 | 33.96 | 33.71 | 33.68 | 34.59 | 8.23 |
| 1963 | 33.42 | 33.15 | 33.12 | 33.14 | 33.55 | 33.57 | 34.76 | 36.08 | 35.69 | 34.31 | 33.59 | 33.49 | 36.08 | 8.9 |
| 1964 | 33.34 | 33.12 | 33.18 | 33.96 | 33.85 | 33.57 | 34.40 | 35.48 | 35.89 | 35.07 | 34.24 | 34.02 | 35.89 | 9.5 |
| 1965 | 33.92 | 33.96 | 33.95 | 33.90 | 33.82 | 33.52 | 34.89 | 34.98 | 34.58 | 34.34 | 34.42 | 34.45 | 34.98 | 8.6 |
| 1966 | 34.44 | 34.43 | 34.57 | 34.55 | 34.45 | 34.09 | 34.26 | 34.21 | 33.74 | 33.50 | 33.31 | 33.27 | 34.57 | 3.25 |
| 1967 | 33.34 | 33.40 | 33.54 | 33.57 | 33.41 | 32.93 | 33.92 | 34.84 | 35.04 | 34.64 | 34.48 | 34.25 | 35.04 | 9.12 |
| 1968 | 34.07 | 34.09 | 34.05 | 34.05 | 33.84 | 33.54 | 33.17 | 33.40 | 33.43 | 33.46 | 33.46 | 33.52 | 34.09 | 2.18 |
| 1969 | 33.57 | 33.57 | 33.68 | 33.78 | 33.92 | 33.84 | 34.00 | 34.46 | 34.74 | 34.74 | 34.14 | 34.12 | 34.74 | 9.30 |
| 1970 | 34.13 | 34.14 | 34.11 | 34.14 | 34.00 | 33.72 | 35.03 | 35.54 | 34.74 | 34.52 | 34.52 | 34.41 | 35.54 | 8.8 |
| 1971 | 34.28 | 34.32 | 34.41 | 34.38 | 34.33 | 35.10 | 35.58 | 35.50 | 35.20 | 34.34 | 34.38 | 34.35 | 35.58 | 7.11 |
| 1972 | 34.26 | 34.36 | 34.43 | 34.39 | 34.39 | 34.22 | 34.45 | 34.42 | 35.12 | 34.33 | 34.08 | 34.03 | 35.12 | 9.7 |
| 1973 | 34.07 | 34.14 | 34.12 | 34.05 | 34.24 | 33.98 | 35.33 | 35.31 | 34.47 | 34.23 | 34.15 | 34.06 | 35.33 | 7.31 |
| 1974 | 33.98 | 33.95 | 33.98 | 33.94 | 33.71 | 33.43 | 33.79 | 35.09 | 34.64 | 34.77 | 34.38 | 34.34 | 35.09 | 8.11 |
| 1975 | 34.31 | 34.29 | 34.20 | 34.08 | 34.06 | 33.73 | 34.38 | 34.69 | 35.26 | 34.86 | 34.55 | 34.56 | 35.26 | 9.22 |
| 1976 | 34.67 | 34.70 | 34.66 | 34.56 | 34.34 | 34.04 | 34.04 | 35.15 | 34.72 | 34.51 | 34.51 | 34.47 | 35.15 | 8.20 |
| 1977 | 34.39 | 34.38 | 34.28 | 34.05 | 33.84 | 33.63 | 34.34 | 34.41 | 34.32 | 34.50 | 34.61 | 34.66 | 34.66 | 12.24 |

**表 2-7(f)(续)**

上级湖:南阳站

单位:m

| 年份 | 1月 | 2月 | 3月 | 4月 | 5月 | 6月 | 7月 | 8月 | 9月 | 10月 | 11月 | 12月 | 年最高 | 月.日 |
|---|---|---|---|---|---|---|---|---|---|---|---|---|---|---|
| 1978 | 34.62 | 34.58 | 34.58 | 34.42 | 33.93 | 33.21 | 34.95 | 34.63 | 34.69 | 34.63 | 34.66 | 34.63 | 34.95 | 7.15 |
| 1979 | 34.61 | 34.61 | 34.53 | 34.46 | 34.44 | 33.96 | 34.50 | 34.61 | 34.84 | 34.61 | 34.54 | 34.39 | 34.84 | 9.23 |
| 1980 | 34.38 | 34.28 | 34.30 | 34.29 | 33.89 | 33.94 | 34.42 | 34.73 | 34.64 | 34.47 | 34.21 | 34.14 | 34.73 | 8.26 |
| 1981 | 34.12 | 34.18 | 34.14 | 33.97 | 33.55 | 32.64 | 33.66 | 34.29 | 34.36 | 34.16 | 34.10 | 33.99 | 34.36 | 9.14 |
| 1982 | 33.86 | 33.83 | 33.80 | 33.63 | 33.04 | 32.35 | 33.42 | 34.20 | 34.44 | 34.43 | 34.30 | 34.26 | 34.44 | 9.18 |
| 1983 | 34.15 | 34.08 | 33.94 | 33.67 | 33.48 | 33.16 | 33.13 | 33.54 | 34.12 | 34.41 | 34.26 | 34.11 | 34.41 | 10.21 |
| 1984 | 33.97 | 33.89 | 33.65 | 33.49 | 33.28 | 33.24 | 33.85 | 34.42 | 34.50 | 34.52 | 34.27 | 34.33 | 34.52 | 10.2 |
| 1985 | 34.36 | 34.35 | 34.32 | 34.14 | 34.27 | 34.29 | 33.96 | 34.43 | 34.86 | 34.53 | 34.29 | 34.26 | 34.86 | 9.20 |
| 1986 | 34.31 | 34.30 | 34.24 | 34.01 | 33.74 | 33.27 | 32.96 | 33.54 | 33.44 | 33.33 | 33.24 | 33.12 | 34.31 | 1.22 |
| 1987 | 33.09 | 33.18 | 33.38 | 33.26 | 32.09 | 32.06 | 32.57 | 33.19 | 33.63 | 33.34 | 33.41 | 33.38 | 33.63 | 9.9 |
| 1988 | 33.37 | 33.33 | 33.19 | 33.00 | 32.13 | 31.65 | 31.92 | 32.26 | 31.52 | 湖干 | 湖干 | 湖干 | 33.37 | 1.3 |
| 1989 | 33.12 | 33.18 | 33.14 | 32.86 | 31.63 | 32.50 | 33.01 | 33.03 | 32.26 | 32.68 | 32.28 | 湖干 | 33.18 | 2.7 |
| 1990 | 湖干 | 33.26 | 33.29 | 33.32 | 33.30 | 33.42 | 34.05 | 34.44 | 34.41 | 34.31 | 33.99 | 33.97 | 34.44 | 8.20 |
| 1991 | 33.93 | 33.93 | 34.02 | 34.06 | 33.99 | 33.88 | 34.55 | 34.53 | 34.09 | 33.94 | 33.59 | 33.43 | 34.55 | 7.30 |
| 1992 | 33.44 | 33.45 | 33.49 | 33.48 | 33.26 | 32.93 | 32.71 | 32.90 | 33.00 | 33.06 | 32.98 | 32.80 | 33.49 | 3.26 |
| 1993 | 32.83 | 32.91 | 32.98 | 32.84 | 33.30 | 33.26 | 34.37 | 35.00 | 34.56 | 34.52 | 34.64 | 34.55 | 35.00 | 8.9 |
| 1994 | 34.55 | 34.46 | 34.46 | 34.32 | 34.32 | 33.96 | 33.99 | 34.57 | 34.58 | 34.52 | 34.59 | 34.61 | 34.61 | 12.9 |
| 1995 | 34.50 | 34.49 | 34.42 | 34.21 | 34.01 | 33.65 | 33.19 | 34.83 | 34.84 | 34.60 | 34.58 | 34.49 | 34.84 | 9.1 |
| 1996 | 34.34 | 34.33 | 34.32 | 34.13 | 34.03 | 33.70 | 33.47 | 34.15 | 34.51 | 34.62 | 34.68 | 34.54 | 34.68 | 11.5 |
| 1997 | 34.61 | 34.63 | 34.64 | 34.63 | 34.36 | 34.22 | 33.44 | 33.15 | 33.12 | 33.12 | 32.91 | 32.94 | 34.64 | 3.31 |
| 1998 | 33.04 | 33.06 | 33.22 | 33.26 | 33.47 | 33.47 | 33.22 | 35.11 | 34.85 | 34.58 | 34.58 | 34.59 | 35.11 | 8.17 |
| 1999 | 34.70 | 34.54 | 34.45 | 34.30 | 34.22 | 33.97 | 33.68 | 33.57 | 33.59 | 33.81 | 33.84 | 33.85 | 34.70 | 1.25 |
| 2000 | 33.97 | 34.10 | 34.10 | 33.79 | 33.30 | 32.78 | 32.98 | 33.24 | 33.25 | 33.51 | 33.69 | 33.79 | 34.10 | 2.29 |
| 2001 | 33.93 | 34.10 | 34.15 | 34.07 | 33.60 | 33.05 | 33.54 | 33.94 | 33.75 | 33.55 | 33.43 | 33.43 | 34.15 | 3.11 |
| 2002 | 33.46 | 33.46 | 33.33 | 32.97 | 32.91 | 32.90 | 32.39 | 湖干 | 湖干 | 32.24 | 32.11 | 湖干 | 33.46 | 1.29 |

**表 2-7(f)(续)**

上级湖:南阳站

单位:m

| 年份 | 1月 | 2月 | 3月 | 4月 | 5月 | 6月 | 7月 | 8月 | 9月 | 10月 | 11月 | 12月 | 年最高 | 月.日 |
|---|---|---|---|---|---|---|---|---|---|---|---|---|---|---|
| 2003 | 32.16 | 32.20 | 32.17 | 湖干 | 湖干 | 32.30 | 33.27 | 34.55 | 35.28 | 34.81 | 34.81 | 34.58 | 35.28 | 9.7 |
| 2004 | 34.52 | 34.61 | 34.60 | 34.52 | 34.26 | 34.05 | 34.46 | 35.07 | 35.00 | 34.70 | 34.66 | 34.69 | 35.07 | 8.30 |
| 2005 | 34.69 | 34.65 | 34.66 | 34.61 | 34.45 | 34.26 | 34.36 | 34.37 | 35.35 | 35.01 | 34.64 | 34.57 | 35.35 | 9.22 |
| 2006 | 34.61 | 34.62 | 34.65 | 34.49 | 34.45 | 34.34 | 34.75 | 34.53 | 34.58 | 34.54 | 34.59 | 34.68 | 34.75 | 7.5 |
| 2007 | 34.66 | 34.67 | 34.66 | 34.62 | 34.35 | 34.37 | 34.36 | 34.61 | 34.47 | 34.64 | 34.65 | 34.63 | 34.67 | 2.4 |
| 2008 | 34.68 | 34.67 | 34.64 | 34.51 | 34.51 | 34.50 | 34.32 | 34.48 | 34.38 | 34.29 | 34.32 | 34.33 | 34.68 | 1.11 |
| 2009 | 34.38 | 34.39 | 34.43 | 34.41 | 34.33 | 34.18 | 34.31 | 34.49 | 34.47 | 34.39 | 34.49 | 34.58 | 34.58 | 12.28 |
| 2010 | 34.60 | 34.66 | 34.59 | 34.60 | 34.51 | 34.29 | 34.44 | 34.55 | 34.73 | 34.62 | 34.47 | 34.44 | 34.73 | 9.11 |
| 2011 | 34.55 | 34.58 | 34.58 | 34.58 | 34.26 | 34.01 | 33.58 | 34.34 | 34.55 | 34.59 | 34.62 | 34.62 | 34.62 | 11.14 |
| 2012 | 34.54 | 34.59 | 34.64 | 34.64 | 34.47 | 34.24 | 34.26 | 34.31 | 34.33 | 34.25 | 34.21 | 34.28 | 34.64 | 3.8 |
| 2013 | 34.38 | 34.49 | 34.52 | 34.29 | 33.99 | 33.95 | 34.37 | 34.36 | 34.08 | 33.87 | 33.80 | 33.83 | 34.52 | 3.14 |
| 2014 | 33.86 | 33.90 | 33.90 | 33.81 | 33.56 | 33.34 | 32.90 | 32.84 | 32.93 | 33.04 | 33.06 | 33.10 | 33.90 | 2.25 |
| 2015 | 33.10 | 33.19 | 33.19 | 33.35 | 33.44 | 33.31 | 33.32 | 33.48 | 33.30 | 33.06 | 33.15 | 33.28 | 33.48 | 8.9 |
| 2016 | 33.43 | 33.46 | 33.48 | 33.37 | 33.25 | 33.03 | 34.07 | 34.27 | 34.19 | 34.22 | 34.26 | 34.39 | 34.39 | 12.31 |
| 2017 | 34.44 | 34.43 | 34.38 | 34.44 | 34.37 | 34.20 | 34.41 | 34.49 | 34.43 | 34.44 | 34.42 | 34.35 | 34.49 | 8.3 |
| 2018 | 34.45 | 34.44 | 34.44 | 34.43 | 34.42 | 34.33 | 33.85 | 34.92 | 34.70 | 34.58 | 34.58 | 34.58 | 34.92 | 8.22 |
| 历年最高 | 34.70 | 34.70 | 34.66 | 34.64 | 34.51 | 35.10 | 36.48 | 36.38 | 35.89 | 35.07 | 34.81 | 34.69 | 36.48 | |
| 出现年份 | 1999 | 1976 | 1976 | 2012 | 2008 | 1971 | 1957 | 1957 | 1964 | 1964 | 2003 | 2004 | 1957 | |

**表 2-7(g)　沂沭泗流域主要站历年各月最高水位统计表(七)**

下级湖:微山站　　　　单位:m

| 年份 | 1月 | 2月 | 3月 | 4月 | 5月 | 6月 | 7月 | 8月 | 9月 | 10月 | 11月 | 12月 | 年最高 | 月.日 |
|---|---|---|---|---|---|---|---|---|---|---|---|---|---|---|
| 1952 | | | | | | | 30.98 | 30.82 | 30.80 | 30.74 | 30.78 | 30.96 | | |
| 1953 | 31.14 | 31.13 | 31.20 | 31.06 | 30.86 | 30.67 | 31.45 | 33.77 | 33.80 | 33.58 | 33.28 | 33.07 | 33.80 | 9.6 |
| 1954 | 32.85 | 32.67 | 32.48 | 32.18 | 31.88 | 31.61 | 31.30 | 31.32 | 31.66 | 32.05 | 32.25 | 32.37 | 32.85 | 1.1 |
| 1955 | 32.39 | 32.38 | 32.32 | 32.21 | 31.85 | 31.45 | 31.90 | 32.19 | 32.48 | 32.74 | 32.77 | 32.73 | 32.77 | 11.4 |
| 1956 | 32.65 | 32.52 | 32.29 | 32.14 | 31.88 | 31.57 | 31.94 | 32.42 | 32.84 | 32.85 | 32.76 | 32.60 | 32.85 | 10.12 |
| 1957 | 32.43 | 32.31 | 32.16 | 31.94 | 31.71 | 31.39 | 36.28 | 36.29 | 35.77 | 35.08 | 34.42 | 34.01 | 36.29 | 8.3 |
| 1958 | 33.64 | 33.12 | 32.60 | 32.36 | 32.28 | 32.21 | 34.57 | 34.66 | 34.47 | 33.76 | 33.66 | 33.74 | 34.66 | 8.22 |
| 1959 | 33.80 | 33.80 | 33.83 | 33.70 | 33.32 | 32.84 | 32.72 | 32.51 | 32.37 | 32.32 | 32.24 | 32.30 | 33.83 | 3.9 |
| 1960 | 32.34 | 32.35 | 32.30 | 32.27 | 32.15 | 32.12 | 33.21 | 33.99 | 34.07 | | 33.13 | 32.78 | 34.07 | 9.7 |
| 1961 | 32.47 | 32.32 | 32.17 | 31.93 | 31.92 | 31.84 | 32.45 | 32.93 | 33.08 | 32.87 | 32.32 | 32.21 | (33.08) | 9.19 |
| 1962 | 32.04 | 31.88 | 31.74 | 31.65 | 31.44 | 31.24 | 31.29 | 31.99 | 32.51 | 32.50 | 32.27 | 32.70 | 32.70 | 12.1 |
| 1963 | 32.18 | 31.88 | 31.64 | 31.67 | 31.87 | 31.97 | 32.91 | 34.68 | 34.57 | 33.40 | 32.28 | 32.13 | 34.68 | 8.17 |
| 1964 | 32.32 | 32.36 | 32.02 | 31.84 | 31.87 | 31.75 | 31.65 | 33.00 | 33.86 | 33.88 | 33.30 | 32.31 | 33.88 | 10.16 |
| 1965 | 31.79 | 31.82 | 31.84 | 31.68 | 31.67 | 31.52 | 33.24 | 33.46 | 33.00 | 32.42 | 32.42 | 32.37 | 33.46 | 8.23 |
| 1966 | 32.35 | 32.32 | 32.37 | 32.26 | 32.18 | 31.93 | 31.80 | 31.89 | 31.84 | 31.60 | 31.44 | 31.34 | 32.37 | 3.9 |
| 1967 | 31.30 | 31.33 | 31.36 | 31.32 | 31.30 | 31.08 | 31.25 | 31.83 | 33.27 | 33.10 | 32.63 | 32.61 | 33.27 | 9.27 |
| 1968 | 32.56 | 32.56 | 32.53 | 32.45 | 32.28 | 32.09 | 31.89 | 31.83 | 31.84 | 31.85 | 31.85 | 31.90 | 32.56 | 1.5 |
| 1969 | 31.87 | 32.00 | 31.97 | 32.00 | 31.86 | 31.59 | 31.66 | 31.92 | 32.90 | 33.24 | 32.75 | 32.58 | 33.24 | 10.18 |
| 1970 | 32.54 | 32.49 | 32.38 | 32.34 | 32.25 | 32.02 | 32.10 | 33.12 | 32.97 | 32.39 | 32.40 | 32.52 | 33.12 | 8.14 |
| 1971 | 32.54 | 32.47 | 32.47 | 32.39 | 32.25 | 32.31 | 33.12 | 33.09 | 33.03 | 32.59 | 32.52 | 32.42 | 33.12 | 7.14 |
| 1972 | 32.47 | 32.49 | 32.47 | 32.49 | 32.29 | 31.96 | 31.90 | 32.10 | 32.69 | 32.57 | 32.58 | 32.53 | 32.69 | 9.16 |
| 1973 | 32.50 | 32.43 | 32.40 | 32.39 | 32.50 | 32.10 | 32.33 | 32.48 | 32.52 | 32.66 | 32.47 | 32.33 | 32.66 | 10.16 |
| 1974 | 32.23 | 32.21 | 32.29 | 32.25 | 32.19 | 32.09 | 31.76 | 33.58 | 32.67 | 32.96 | 32.60 | 32.66 | 33.58 | 8.18 |
| 1975 | 32.56 | 32.51 | 32.54 | 32.45 | 32.48 | 32.22 | 32.02 | 32.38 | 33.06 | 33.03 | 32.39 | 32.40 | 33.06 | 9.26 |
| 1976 | 32.40 | 32.56 | 32.58 | 32.48 | 32.32 | 32.04 | 31.57 | 32.34 | 32.90 | 32.71 | 32.48 | 32.43 | 32.90 | 9.17 |

表 2-7(g)(续)

下级湖:微山站

单位:m

| 年份 | 1月 | 2月 | 3月 | 4月 | 5月 | 6月 | 7月 | 8月 | 9月 | 10月 | 11月 | 12月 | 年最高 | 月.日 |
|---|---|---|---|---|---|---|---|---|---|---|---|---|---|---|
| 1977 | 32.37 | 32.37 | 32.27 | 32.02 | 31.97 | 31.79 | 31.54 | 31.69 | 31.43 | 31.31 | 31.46 | 31.50 | 32.37 | 1.22 |
| 1978 | 31.76 | 31.76 | 31.74 | 31.63 | 31.20 | 30.81 | 32.63 | 32.69 | 32.70 | 32.61 | 32.43 | 32.43 | 32.70 | 9.1 |
| 1979 | 32.37 | 32.36 | 32.36 | 32.27 | 32.22 | 31.95 | 32.29 | 32.36 | 32.89 | 32.87 | 32.59 | 32.46 | 32.89 | 9.29 |
| 1980 | 32.60 | 32.57 | 32.53 | 32.40 | 32.22 | 31.95 | 31.92 | 32.95 | 32.96 | 32.78 | 32.75 | 32.45 | 32.96 | 9.2 |
| 1981 | 32.32 | 32.31 | 32.30 | 32.09 | 31.79 | 31.20 | 30.92 | 30.81 | 31.11 | 31.17 | 31.19 | 31.18 | 32.32 | 1.1 |
| 1982 | 31.15 | 31.10 | 31.06 | 30.88 | 30.78 | 30.58 | 30.67 | 30.98 | 31.39 | 31.87 | 31.98 | 32.05 | 32.05 | 12.20 |
| 1983 | 32.09 | 32.10 | 32.08 | 32.05 | 31.84 | 31.50 | 31.16 | 31.15 | 31.14 | 31.68 | 31.90 | 31.93 | 32.10 | 2.3 |
| 1984 | 31.89 | 31.89 | 31.86 | 31.68 | 31.54 | 31.47 | 31.73 | 32.14 | 32.72 | 32.58 | 32.51 | 32.52 | 32.72 | 9.17 |
| 1985 | 32.51 | 32.48 | 32.51 | 32.50 | 32.60 | 32.50 | 32.29 | 32.45 | 32.63 | 32.61 | 32.54 | 32.48 | 32.63 | 9.6 |
| 1986 | 32.47 | 32.46 | 32.44 | 32.37 | 32.12 | 31.96 | 31.57 | 31.84 | 31.71 | 31.69 | 31.63 | 31.60 | 32.47 | 1.1 |
| 1987 | 31.71 | 31.87 | 31.96 | 31.98 | 31.92 | 31.63 | 31.22 | 31.15 | 31.31 | 31.50 | 31.66 | 31.91 | 31.98 | 4.2 |
| 1988 | 31.98 | 31.94 | 31.86 | 31.83 | 31.73 | 31.55 | 31.32 | 31.37 | 31.12 | 30.98 | 31.07 | 31.05 | 31.98 | 1.17 |
| 1989 | 31.23 | 31.39 | 31.49 | 31.49 | 31.40 | 31.33 | 31.51 | 31.48 | 31.08 | 30.73 | 30.67 | 30.68 | 31.51 | 7.20 |
| 1990 | 30.71 | 31.05 | 31.28 | 31.34 | 31.23 | 30.99 | 31.07 | 31.86 | 31.80 | 31.80 | 31.82 | 31.91 | 31.91 | 12.31 |
| 1991 | 32.05 | 32.08 | 32.20 | 32.21 | 32.22 | 32.38 | 32.49 | 32.52 | 32.43 | 32.32 | 32.13 | 32.08 | 32.52 | 8.11 |
| 1992 | 32.14 | 32.20 | 32.30 | 32.29 | 32.22 | 32.07 | 31.66 | 31.61 | 32.09 | 32.21 | 32.26 | 32.24 | 32.30 | 3.28 |
| 1993 | 32.27 | 32.23 | 32.23 | 32.20 | 31.96 | 31.81 | 31.26 | 32.70 | 32.55 | 32.47 | 32.67 | 32.60 | 32.70 | 8.20 |
| 1994 | 32.53 | 32.53 | 32.49 | 32.43 | 32.35 | 32.05 | 31.56 | 31.80 | 32.48 | 32.49 | 32.55 | 32.68 | 32.68 | 12.24 |
| 1995 | 32.71 | 32.73 | 32.70 | 32.63 | 32.53 | 32.27 | 31.81 | 32.62 | 32.69 | 32.62 | 32.65 | 32.65 | 32.73 | 2.5 |
| 1996 | 32.53 | 32.45 | 32.41 | 32.29 | 32.25 | 31.96 | 31.82 | 31.83 | 31.76 | 31.87 | 32.29 | 32.29 | 32.53 | 1.1 |
| 1997 | 32.29 | 32.30 | 32.30 | 32.59 | 32.52 | 32.22 | 31.34 | 31.37 | 31.33 | 31.17 | 31.08 | 31.26 | 32.59 | 4.24 |
| 1998 | 31.52 | 31.71 | 31.91 | 32.07 | 32.19 | 32.22 | 32.07 | 32.62 | 32.80 | 32.57 | 32.38 | 32.34 | 32.80 | 9.15 |
| 1999 | 32.51 | 32.52 | 32.33 | 32.23 | 32.17 | 32.02 | 31.41 | 31.23 | 30.88 | 31.03 | 31.07 | 31.12 | 32.52 | 2.1 |
| 2000 | 31.09 | 31.04 | 31.00 | 30.91 | 30.52 | 30.15 | 31.29 | 31.60 | 31.60 | 31.63 | 31.73 | 31.74 | 31.74 | 12.19 |
| 2001 | 31.82 | 31.88 | 31.89 | 31.82 | 31.66 | 31.27 | 31.56 | 31.89 | 31.83 | 31.73 | 31.50 | 31.50 | 31.89 | 3.4 |

**表 2-7(g)(续)**

下级湖:微山站　　　　单位:m

| 年份 | 1月 | 2月 | 3月 | 4月 | 5月 | 6月 | 7月 | 8月 | 9月 | 10月 | 11月 | 12月 | 年最高 | 月.日 |
|---|---|---|---|---|---|---|---|---|---|---|---|---|---|---|
| 2002 | 31.48 | 31.51 | 31.45 | 31.21 | 31.15 | 31.06 | 30.55 | 30.50 | 30.36 | 30.43 | 30.42 | 30.62 | 31.51 | 2.14 |
| 2003 | 30.83 | 30.83 | 31.01 | 31.18 | 31.24 | 31.21 | 32.40 | 33.17 | 33.33 | 33.36 | 33.10 | 33.10 | 33.36 | 10.14 |
| 2004 | 32.91 | 32.91 | 32.91 | 32.86 | 32.60 | 32.37 | 32.72 | 32.88 | 32.91 | 32.80 | 32.78 | 32.86 | 32.91 | 1.1 |
| 2005 | 32.64 | 32.66 | 32.67 | 32.64 | 32.45 | 32.07 | 32.77 | 32.76 | 33.36 | 33.44 | 32.83 | 32.82 | 33.44 | 10.3 |
| 2006 | 32.64 | 32.69 | 32.66 | 32.66 | 32.57 | 32.27 | 32.80 | 32.69 | 32.58 | 32.55 | 32.48 | 32.73 | 32.80 | 7.4 |
| 2007 | 32.62 | 32.62 | 32.66 | 32.58 | 32.33 | 32.09 | 32.67 | 32.96 | 32.68 | 32.72 | 32.75 | 32.54 | 32.96 | 8.19 |
| 2008 | 32.76 | 32.59 | 32.57 | 32.45 | 32.35 | 32.42 | 32.64 | 32.71 | 32.66 | 32.45 | 32.45 | 32.44 | 32.76 | 1.19 |
| 2009 | 32.40 | 32.35 | 32.29 | 32.24 | 32.17 | 32.12 | 32.64 | 32.57 | 32.59 | 32.57 | 32.35 | 32.33 | 32.64 | 7.20 |
| 2010 | 32.31 | 32.61 | 32.62 | 32.44 | 32.30 | 32.08 | 32.46 | 32.75 | 32.76 | 32.77 | 32.51 | 32.41 | 32.77 | 10.14 |
| 2011 | 32.31 | 32.26 | 32.18 | 32.18 | 32.03 | 31.81 | 31.26 | 31.97 | 32.56 | 32.66 | 32.74 | 32.69 | 32.74 | 11.21 |
| 2012 | 32.62 | 32.59 | 32.65 | 32.60 | 32.40 | 32.03 | 32.52 | 32.25 | 32.19 | 32.15 | 32.05 | 32.01 | 32.65 | 3.16 |
| 2013 | 32.01 | 32.01 | 32.17 | 32.16 | 32.03 | 32.03 | 32.60 | 32.71 | 32.34 | 32.16 | 32.10 | 32.01 | 32.71 | 8.4 |
| 2014 | 31.98 | 31.94 | 31.92 | 31.86 | 31.72 | 31.58 | 31.21 | 31.23 | 31.37 | 31.42 | 31.49 | 31.51 | 31.98 | 1.1 |
| 2015 | 31.43 | 31.39 | 31.37 | 31.31 | 31.17 | 31.03 | 30.66 | 30.68 | 30.82 | 30.87 | 30.94 | 30.96 | 31.43 | 12.25 |
| 2016 | 31.63 | 31.61 | 31.56 | 31.55 | 31.57 | 31.59 | 31.69 | 31.84 | 31.70 | 31.81 | 31.84 | 32.00 | 32.00 | 12.31 |
| 2017 | 32.30 | 32.58 | 32.56 | 32.53 | 32.35 | 31.75 | 32.73 | 32.77 | 32.75 | 32.79 | 32.58 | 32.45 | 32.79 | 10.12 |
| 2018 | 32.50 | 32.49 | 32.50 | 32.49 | 32.42 | 32.33 | 31.68 | 32.77 | 32.68 | 32.63 | 32.52 | 32.52 | 32.77 | 8.26 |
| 历年最高 | 33.80 | 33.80 | 33.83 | 33.70 | 33.32 | 32.84 | 36.28 | 36.29 | 35.77 | 35.08 | 34.42 | 34.01 | 36.29 | |
| 出现年份 | 1959 | 1959 | 1959 | 1959 | 1959 | 1959 | 1957 | 1957 | 1957 | 1957 | 1957 | 1957 | 1957 | |

## 表 2-7(h) 沂沭泗流域主要站历年各月最高水位统计表(八)

中运河:运河站

单位:m

| 年份 | 1月 | 2月 | 3月 | 4月 | 5月 | 6月 | 7月 | 8月 | 9月 | 10月 | 11月 | 12月 | 年最高 | 月.日 |
|---|---|---|---|---|---|---|---|---|---|---|---|---|---|---|
| 1972 | 23.09 | 23.06 | 23.06 | 23.05 | 22.78 | 22.20 | 25.39 | 22.70 | 23.33 | 23.00 | 23.11 | 22.99 | 25.39 | 7.7 |
| 1973 | 23.10 | 23.11 | 23.14 | 23.02 | 23.39 | 22.78 | 24.98 | 24.73 | 22.99 | 23.15 | 23.01 | 22.69 | 24.98 | 7.31 |
| 1974 | 22.62 | 22.69 | 22.92 | 22.94 | 23.29 | 22.65 | 23.67 | 26.42 | 23.56 | 23.36 | 23.23 | 23.21 | 26.42 | 8.15 |
| 1975 | 23.19 | 23.21 | 23.21 | 24.14 | 23.52 | 22.52 | 23.30 | 22.83 | 23.52 | 23.76 | 23.28 | 23.30 | 24.14 | 4.27 |
| 1976 | 23.28 | 23.39 | 23.40 | 23.27 | 22.97 | 22.29 | 22.73 | 22.84 | 23.51 | 22.46 | 22.35 | 22.34 | 23.51 | 9.7 |
| 1977 | 22.31 | 22.28 | 21.86 | 21.87 | 21.82 | 21.36 | 22.95 | 22.91 | 22.70 | 22.70 | 23.16 | 23.21 | 23.21 | 12.19 |
| 1978 | 23.23 | 23.23 | 23.21 | 23.03 | 22.01 | 19.72 | 22.09 | 24.12 | 23.02 | 23.01 | 23.02 | 23.16 | 24.12 | 8.13 |
| 1979 | 23.11 | 23.18 | 23.20 | 23.15 | 23.03 | 22.11 | 23.93 | 23.44 | 23.64 | 23.06 | 23.13 | 23.09 | 23.93 | 7.26 |
| 1980 | 23.13 | 23.09 | 23.03 | 23.06 | 22.72 | 22.18 | 22.75 | 23.93 | 23.36 | 23.47 | 23.24 | 23.15 | 23.93 | 8.26 |
| 1981 | 22.97 | 23.05 | 23.10 | 22.95 | 22.43 | 20.75 | 21.66 | 21.37 | 20.98 | 20.89 | 21.18 | 21.28 | 23.10 | 3.11 |
| 1982 | 21.29 | 21.40 | 21.55 | 21.57 | 21.29 | 20.37 | 23.81 | 23.67 | 22.86 | 22.76 | 22.89 | 23.11 | 23.81 | 7.24 |
| 1983 | 23.11 | 23.08 | 23.02 | 22.91 | 22.48 | 21.78 | 23.28 | 22.88 | 22.01 | 22.76 | 22.93 | 22.92 | 23.28 | 7.25 |
| 1984 | 22.82 | 22.76 | 22.50 | 22.54 | 22.40 | 21.93 | 23.95 | 22.72 | 23.31 | 23.70 | 23.16 | 23.13 | 23.95 | 7.28 |
| 1985 | 23.13 | 23.16 | 23.08 | 23.05 | 23.87 | 23.05 | 23.00 | 23.01 | 23.67 | 23.51 | 23.27 | 23.14 | 23.87 | 5.13 |
| 1986 | 23.15 | 23.15 | 23.23 | 23.16 | 22.58 | 22.08 | 24.20 | 23.32 | 23.00 | 22.99 | 22.90 | 22.90 | 24.20 | 7.28 |
| 1987 | 22.94 | 22.97 | 23.04 | 23.05 | 22.85 | 22.29 | 21.78 | 22.50 | 23.14 | 24.03 | 23.30 | 23.11 | 24.03 | 10.16 |
| 1988 | 23.11 | 23.04 | 22.79 | 23.01 | 22.86 | 22.56 | 23.18 | 22.85 | 22.40 | 22.35 | 22.00 | 21.69 | 23.18 | 7.25 |
| 1989 | 21.66 | 21.95 | 22.30 | 22.36 | 22.23 | 22.98 | 23.53 | 22.79 | 21.51 | 21.20 | 21.09 | 21.22 | 23.53 | 7.15 |
| 1990 | 21.32 | 21.57 | 21.73 | 21.86 | 21.75 | 21.98 | 23.37 | 25.01 | 23.24 | 23.22 | 23.09 | 23.08 | 25.01 | 8.16 |
| 1991 | 23.12 | 23.14 | 23.28 | 23.22 | 23.26 | 23.74 | 24.28 | 23.50 | 22.75 | 22.85 | 22.81 | 22.79 | 24.28 | 7.16 |
| 1992 | 22.87 | 22.78 | 23.03 | 23.04 | 22.77 | 22.46 | 22.82 | 22.26 | 23.21 | 23.16 | 22.92 | 22.82 | 23.21 | 9.2 |
| 1993 | 22.87 | 22.97 | 22.94 | 22.74 | 22.40 | 22.02 | 22.43 | 25.62 | 23.24 | 23.22 | 23.63 | 23.26 | 25.62 | 8.7 |
| 1994 | 23.24 | 23.10 | 23.08 | 23.15 | 23.07 | 22.34 | 22.40 | 22.86 | 23.32 | 23.25 | 23.17 | 23.24 | 23.32 | 9.5 |
| 1995 | 23.12 | 23.06 | 23.02 | 22.96 | 22.69 | 22.09 | 22.91 | 23.92 | 23.72 | 23.41 | 23.41 | 23.09 | 23.92 | 8.23 |
| 1996 | 22.99 | 23.03 | 22.96 | 22.94 | 22.75 | 22.78 | 23.97 | 22.93 | 22.70 | 23.11 | 23.47 | 23.44 | 23.97 | 7.18 |

**表 2-7(h)(续)**

中运河:运河站

单位:m

| 年份 | 1月 | 2月 | 3月 | 4月 | 5月 | 6月 | 7月 | 8月 | 9月 | 10月 | 11月 | 12月 | 年最高 | 月.日 |
|---|---|---|---|---|---|---|---|---|---|---|---|---|---|---|
| 1997 | 23.35 | 23.25 | 23.14 | 23.19 | 23.01 | 22.75 | 22.57 | 23.77 | 22.89 | 22.52 | 21.75 | 22.06 | 23.77 | 8.21 |
| 1998 | 22.47 | 22.73 | 23.11 | 23.44 | 23.48 | 23.43 | 23.34 | 25.23 | 24.02 | 23.34 | 23.27 | 23.07 | 25.23 | 8.15 |
| 1999 | 22.97 | 22.76 | 22.54 | 22.30 | 21.98 | 21.80 | 21.79 | 20.70 | 21.20 | 22.13 | 22.26 | 22.26 | 22.97 | 1.1 |
| 2000 | 22.45 | 22.65 | 22.68 | 22.46 | 21.99 | 21.73 | 23.97 | 23.03 | 23.63 | 23.48 | 23.65 | 23.56 | 23.97 | 7.16 |
| 2001 | 23.58 | 23.45 | 23.44 | 23.20 | 22.62 | 22.12 | 23.50 | 23.88 | 23.10 | 22.59 | 22.29 | 22.60 | 23.88 | 8.4 |
| 2002 | 22.63 | 22.64 | 22.53 | 22.47 | 22.95 | 22.83 | 22.14 | 22.15 | 21.56 | 21.72 | 21.84 | 22.21 | 22.95 | 5.22 |
| 2003 | 22.63 | 22.58 | 22.70 | 22.60 | 22.70 | 22.71 | 24.75 | 24.87 | 24.86 | 23.77 | 23.46 | 23.45 | 24.87 | 8.31 |
| 2004 | 23.32 | 23.10 | 22.94 | 22.69 | 22.82 | 22.78 | 23.68 | 23.68 | 24.28 | 23.38 | 23.04 | 23.53 | 24.28 | 9.21 |
| 2005 | 23.26 | 23.35 | 23.25 | 23.09 | 22.79 | 22.49 | 24.25 | 24.67 | 25.19 | 25.52 | 23.31 | 23.20 | 25.52 | 10.1 |
| 2006 | 23.08 | 23.15 | 23.16 | 22.90 | 22.59 | 22.53 | 24.36 | 23.65 | 23.64 | 22.44 | 22.17 | 22.46 | 24.36 | 7.5 |
| 2007 | 22.39 | 22.58 | 23.01 | 22.78 | 22.35 | 22.30 | 24.58 | 24.58 | 23.82 | 23.17 | 22.88 | 22.53 | 24.58 | 7.6 |
| 2008 | 22.86 | 22.71 | 22.39 | 22.59 | 22.53 | 22.44 | 25.19 | 24.80 | 23.63 | 23.49 | 23.16 | 23.01 | 25.19 | 7.25 |
| 2009 | 22.93 | 22.85 | 22.71 | 22.71 | 22.86 | 22.89 | 23.31 | 23.63 | 23.15 | 23.05 | 22.93 | 23.10 | 23.63 | 8.18 |
| 2010 | 23.05 | 22.93 | 22.91 | 22.89 | 22.80 | 22.76 | 23.45 | 23.21 | 23.97 | 23.00 | 22.69 | 22.27 | 23.97 | 9.11 |
| 2011 | 22.17 | 22.10 | 21.94 | 21.89 | 21.78 | 21.73 | 21.76 | 23.85 | 23.45 | 23.49 | 23.50 | 23.68 | 23.85 | 8.29 |
| 2012 | 23.31 | 23.15 | 23.17 | 23.12 | 22.96 | 22.51 | 22.72 | 23.01 | 23.62 | 23.23 | 23.01 | 23.09 | 23.62 | 9.7 |
| 2013 | 23.21 | 23.25 | 23.26 | 23.17 | 23.37 | 23.39 | 23.22 | 23.14 | 23.18 | 23.23 | 23.24 | 23.09 | 23.39 | 6.2 |
| 2014 | 22.98 | 22.73 | 22.74 | 22.74 | 22.82 | 22.86 | 21.51 | 22.29 | 22.25 | 22.33 | 22.35 | 22.48 | 22.98 | 1.1 |
| 2015 | 22.55 | 22.30 | 22.31 | 22.31 | 22.39 | 22.43 | 21.08 | 21.86 | 21.82 | 21.90 | 21.92 | 22.05 | 22.55 | 12.31 |
| 2016 | 23.30 | 23.23 | 23.20 | 22.91 | 22.81 | 22.83 | 22.66 | 23.14 | 22.06 | 22.50 | 23.38 | 23.54 | 23.54 | 12.30 |
| 2017 | 23.62 | 23.46 | 23.24 | 22.95 | 22.93 | 22.75 | 23.19 | 23.77 | 23.50 | 23.41 | 23.47 | 23.12 | 23.77 | 8.3 |
| 2018 | 23.10 | 23.29 | 23.29 | 23.29 | 22.99 | 22.55 | 22.26 | 23.37 | 23.38 | 23.26 | 22.77 | 22.62 | 23.38 | 9.25 |
| 历年最高 | 23.62 | 23.46 | 23.44 | 24.14 | 23.87 | 23.74 | 25.39 | 26.42 | 25.19 | 25.52 | 23.65 | 23.68 | 26.42 | |
| 出现年份 | 2017 | 2017 | 2001 | 1975 | 1985 | 1991 | 1972 | 1974 | 2005 | 2005 | 2000 | 2011 | 1974 | |

注:本站即为1980年前的运河(铁、铁下)站。1972年以前,由于水尺断面变化频繁,水位未列。

表 2-8(a) 沂沭泗流域主要站历年各月最低水位统计表(一)

沂河:临沂站　　单位:m

| 年份 | 1月 | 2月 | 3月 | 4月 | 5月 | 6月 | 7月 | 8月 | 9月 | 10月 | 11月 | 12月 | 年最低 | 月.日 |
|---|---|---|---|---|---|---|---|---|---|---|---|---|---|---|
| 1950 | | | | 60.41 | 60.43 | 60.38 | 60.51 | 60.77 | 60.65 | 60.60 | 60.62 | 60.51 | (60.38) | 6.12 |
| 1951 | 60.47 | 60.50 | 60.48 | 60.45 | 60.24 | 60.48 | 60.52 | 60.71 | 60.54 | 60.47 | 60.38 | 60.24 | 60.24 | 5.11 |
| 1952 | | | | 60.43 | 60.42 | 60.35 | 60.63 | 60.80 | 60.69 | 60.61 | 60.54 | 60.57 | 60.35 | 6.6 |
| 1953 | 60.45 | 60.49 | 60.49 | 60.46 | 60.44 | 60.53 | 60.76 | 60.78 | 60.59 | 60.55 | 60.56 | 60.44 | 60.44 | 5.3 |
| 1954 | 60.46 | 60.39 | 60.39 | 60.39 | 60.40 | 60.49 | 60.49 | 60.55 | 60.57 | 60.58 | 60.56 | 60.52 | 60.39 | 2.26 |
| 1955 | 60.52 | 60.39 | 60.24 | 60.47 | 60.37 | 60.37 | 60.43 | 60.67 | 60.59 | 60.50 | 60.45 | 60.42 | 60.24 | 3.17 |
| 1956 | 60.39 | 60.35 | 60.35 | 60.41 | 60.37 | 60.34 | 60.71 | 60.64 | 60.57 | 60.40 | 60.37 | 60.37 | 60.34 | 6.2 |
| 1957 | 60.40 | 60.47 | 60.33 | 60.30 | 60.34 | 60.29 | 60.31 | 60.30 | 60.26 | 60.22 | 60.22 | 60.20 | 60.20 | 12.3 |
| 1958 | 60.47 | 60.39 | 60.42 | 60.40 | 60.40 | 60.21 | 60.41 | 60.75 | 60.39 | 60.33 | 60.38 | 60.41 | 60.21 | 6.19 |
| 1959 | 60.39 | 60.35 | 60.26 | 60.30 | 60.31 | 60.37 | 60.46 | 60.34 | 60.40 | 60.42 | 60.42 | 60.41 | 60.26 | 3.26 |
| 1960 | 60.42 | 60.22 | 60.21 | 60.18 | 60.22 | 60.18 | 60.88 | 60.76 | 60.41 | 60.43 | 60.32 | 60.30 | 60.18 | 4.21 |
| 1961 | 60.28 | 60.30 | 60.38 | 60.13 | 60.19 | 60.44 | 60.68 | 60.77 | 60.74 | 60.57 | 60.41 | 60.47 | 60.13 | 4.16 |
| 1962 | 60.46 | 60.39 | 60.32 | 60.33 | 60.31 | 60.39 | 60.57 | 61.05 | 60.75 | 60.71 | 60.62 | 60.57 | 60.31 | 5.31 |
| 1963 | 60.61 | 60.54 | 60.49 | 60.51 | 60.41 | 60.62 | 60.67 | 60.92 | 60.59 | 60.33 | 60.37 | 60.26 | 60.26 | 12.25 |
| 1964 | 60.32 | 60.29 | 60.35 | 60.32 | 60.27 | 60.26 | 60.82 | 60.90 | 61.00 | 60.64 | 60.52 | 60.52 | 60.26 | 6.9 |
| 1965 | 60.46 | 60.46 | 60.04 | 60.36 | 60.33 | 60.47 | 60.29 | 60.64 | 60.03 | 60.18 | 60.24 | 60.06 | 60.03 | 9.27 |
| 1966 | 60.15 | 60.09 | 60.27 | 60.11 | 60.29 | 60.37 | 60.44 | 60.40 | 60.38 | 60.27 | 60.21 | 60.22 | 60.09 | 2.1 |
| 1967 | 60.32 | 60.30 | 60.28 | 60.28 | 60.26 | 60.40 | 60.48 | 60.36 | 60.50 | 60.43 | 60.41 | 60.42 | 60.26 | 5.18 |
| 1968 | 60.44 | 60.40 | 60.24 | 60.34 | 60.42 | 60.53 | 60.45 | 60.38 | 60.31 | 60.25 | 60.35 | 60.35 | 60.24 | 3.23 |
| 1969 | 60.28 | 60.43 | 60.38 | 60.23 | 60.15 | 60.39 | 60.37 | 60.26 | 60.39 | 60.47 | 60.45 | 60.43 | 60.15 | 5.26 |
| 1970 | 60.46 | 60.24 | 60.36 | 60.15 | 60.25 | 60.36 | 60.48 | 60.44 | 60.49 | 60.37 | 60.41 | 60.38 | 60.15 | 4.22 |
| 1971 | 60.40 | 60.38 | 60.38 | 60.28 | 60.45 | 60.61 | 60.55 | 60.46 | 60.36 | 60.14 | 60.07 | 60.19 | 60.07 | 11.24 |
| 1972 | 60.18 | 60.20 | 60.20 | 60.18 | 60.24 | 60.36 | 60.39 | 60.25 | 60.16 | 60.14 | 60.22 | 60.16 | 60.14 | 10.1 |
| 1973 | 60.20 | 60.24 | 60.13 | 60.11 | 60.36 | 60.38 | 60.60 | 60.23 | 60.22 | 60.21 | 60.20 | 60.21 | 60.11 | 4.1 |
| 1974 | 60.20 | 60.13 | 60.15 | 60.19 | 60.24 | 60.32 | 60.22 | 60.43 | 60.25 | 60.33 | 60.26 | 60.28 | 60.13 | 2.24 |

**表 2-8(a)(续)**

沂河:临沂站

单位:m

| 年份 | 1月 | 2月 | 3月 | 4月 | 5月 | 6月 | 7月 | 8月 | 9月 | 10月 | 11月 | 12月 | 年最低 | 月.日 |
|---|---|---|---|---|---|---|---|---|---|---|---|---|---|---|
| 1975 | 60.31 | 60.30 | 60.21 | 60.28 | 60.30 | 60.34 | 60.21 | 60.26 | 60.34 | 60.34 | 60.31 | 60.33 | 60.21 | 3.29 |
| 1976 | 60.25 | 60.10 | 60.28 | 60.30 | 60.25 | 60.17 | 60.16 | 60.34 | 60.20 | 60.12 | 60.10 | 60.12 | 60.10 | 2.9 |
| 1977 | 60.26 | 59.99 | 60.00 | 60.02 | 60.04 | 59.90 | 60.05 | 60.01 | 59.99 | 59.98 | 60.32 | 60.32 | 59.90 | 6.29 |
| 1978 | 60.23 | 60.18 | 60.07 | 60.03 | 60.10 | 60.08 | 60.25 | 60.11 | 60.27 | 60.21 | 60.14 | 60.18 | 60.03 | 4.3 |
| 1979 | 60.23 | 60.19 | 60.01 | 60.24 | 60.00 | 60.08 | 60.38 | 60.12 | 60.34 | 60.31 | 60.20 | 60.33 | 60.00 | 5.27 |
| 1980 | 60.33 | 60.32 | 60.08 | 60.02 | 59.99 | 60.18 | 60.46 | 60.43 | 60.19 | 60.20 | 60.35 | 60.26 | 59.99 | 5.6 |
| 1981 | 60.33 | 60.24 | 59.99 | 60.04 | 60.09 | 60.03 | 60.11 | 60.12 | 60.09 | 60.11 | 60.24 | 60.21 | 59.99 | 3.18 |
| 1982 | 60.08 | 60.03 | 60.01 | 60.06 | 60.04 | 60.05 | 60.06 | 60.10 | 60.04 | 60.10 | 60.27 | 60.26 | 60.01 | 3.24 |
| 1983 | 60.13 | 60.08 | 60.05 | 60.06 | 60.04 | 60.08 | 60.07 | 60.07 | 60.14 | 60.13 | 60.21 | 60.13 | 60.04 | 5.11 |
| 1984 | 60.13 | 60.08 | 60.08 | 60.08 | 60.06 | 60.12 | 60.29 | 60.20 | 60.27 | 60.29 | 60.18 | 60.30 | 60.06 | 5.12 |
| 1985 | 60.24 | 60.18 | 60.04 | 60.04 | 60.09 | 60.08 | 60.28 | 60.29 | 60.55 | 60.49 | 60.33 | 60.26 | 60.04 | 3.31 |
| 1986 | 60.28 | 60.12 | 60.12 | 60.07 | 60.06 | 59.99 | 60.00 | 60.11 | 60.03 | 59.97 | 60.03 | 60.11 | 59.97 | 10.17 |
| 1987 | 60.07 | 59.98 | 59.95 | 59.94 | 59.93 | 59.91 | 60.03 | 60.05 | 60.01 | 60.01 | 60.15 | 60.12 | 59.91 | 6.16 |
| 1988 | 60.04 | 60.04 | 59.97 | 59.93 | 59.93 | 59.98 | 59.92 | 59.96 | 59.89 | 59.89 | 59.82 | 59.85 | 59.82 | 11.25 |
| 1989 | 59.96 | 59.87 | 59.87 | 59.83 | 59.78 | 59.90 | 59.88 | 59.85 | 59.83 | 59.83 | 59.83 | 59.82 | 59.78 | 5.1 |
| 1990 | 59.85 | 59.86 | 59.87 | 59.86 | 59.84 | 60.02 | 59.97 | 60.44 | 60.22 | 59.98 | 60.06 | 59.95 | 59.84 | 5.3 |
| 1991 | 60.01 | 59.88 | 59.85 | 59.80 | 59.75 | 59.86 | 60.30 | 59.92 | 59.82 | 59.72 | 59.80 | 59.68 | 59.68 | 12.4 |
| 1992 | 59.85 | 59.73 | 59.70 | 59.67 | 59.66 | 59.67 | 59.67 | 59.63 | 59.71 | 59.76 | 59.66 | 59.66 | 59.63 | 8.5 |
| 1993 | 59.75 | 59.72 | 59.71 | 59.62 | 59.64 | 59.69 | 59.70 | 60.01 | 59.85 | 59.79 | 59.98 | 60.10 | 59.62 | 4.25 |
| 1994 | 60.01 | 59.80 | 59.78 | 59.97 | 59.59 | 59.55 | 59.71 | 60.01 | 60.06 | 60.07 | 59.99 | 59.99 | 59.55 | 6.22 |
| 1995 | 59.85 | 59.74 | 59.81 | 59.58 | 59.57 | 59.51 | 59.54 | 59.59 | 59.89 | 59.89 | 59.72 | 59.58 | 59.51 | 6.28 |
| 1996 | 59.50 | 59.48 | 59.47 | 59.61 | 59.54 | 59.45 | 59.51 | 59.54 | 59.52 | 59.54 | 59.68 | 59.71 | 59.45 | 6.26 |
| 1997 | 59.71 | 59.53 | 59.53 | 59.59 | 59.64 | 59.56 | 59.55 | 59.59 | 59.52 | 59.52 | 59.50 | 59.45 | 59.45 | 12.14 |
| 1998 | 59.44 | 59.40 | 59.40 | 59.46 | 59.61 | 59.60 | 59.61 | 59.64 | 58.85 | 58.85 | 59.09 | 59.10 | 58.85 | 9.28 |
| 1999 | 58.94 | 58.83 | 58.83 | 58.79 | 58.66 | 58.64 | 58.63 | 58.60 | 58.66 | 58.99 | 58.60 | 58.57 | 58.57 | 12.14 |

表 2-8(a)(续)

沂河:临沂站

单位:m

| 年份 | 1月 | 2月 | 3月 | 4月 | 5月 | 6月 | 7月 | 8月 | 9月 | 10月 | 11月 | 12月 | 年最低 | 月.日 |
|---|---|---|---|---|---|---|---|---|---|---|---|---|---|---|
| 2000 | 58.58 | 58.60 | 58.60 | 58.43 | 58.45 | 58.27 | 58.37 | 58.17 | 58.22 | 58.73 | 58.64 | 58.65 | 58.17 | 8.11 |
| 2001 | 58.68 | 58.25 | 58.08 | 57.90 | 57.90 | 57.91 | 58.10 | 58.04 | 57.85 | 57.95 | 57.65 | 58.03 | 57.65 | 11.18 |
| 2002 | 57.81 | 57.66 | 57.60 | 57.61 | 57.67 | 57.75 | 57.75 | 57.65 | 57.60 | 57.56 | 57.54 | 57.52 | 57.52 | 12.6 |
| 2003 | 57.52 | 57.52 | 57.52 | 57.62 | 57.60 | 57.55 | 57.55 | 57.96 | 58.14 | 58.10 | 58.05 | 57.98 | 57.52 | 1.1 |
| 2004 | 57.92 | 57.58 | 57.60 | 57.40 | 57.40 | 57.40 | 57.99 | 58.09 | 57.98 | 57.76 | 57.47 | 57.44 | 57.40 | 4.24 |
| 2005 | 57.96 | 57.94 | 57.90 | 57.90 | 57.45 | 57.45 | 57.89 | 57.97 | 57.77 | 57.69 | 57.80 | 57.69 | 57.45 | 5.31 |
| 2006 | 57.56 | 57.56 | 57.59 | 57.50 | 57.51 | 57.47 | 57.45 | 57.59 | 57.74 | 57.43 | 57.44 | 57.28 | 57.28 | 12.11 |
| 2007 | 57.43 | 57.41 | 57.43 | 57.44 | 57.43 | 57.42 | 57.62 | 57.69 | 57.85 | 57.63 | 57.43 | 57.61 | 57.41 | 2.1 |
| 2008 | 57.46 | 57.41 | 57.38 | 57.67 | 57.39 | 57.47 | 57.45 | 57.73 | 57.41 | 57.64 | 57.65 | 57.37 | 57.37 | 12.26 |
| 2009 | 57.36 | 57.36 | 57.37 | 57.41 | 57.39 | 57.38 | 57.38 | 57.66 | 57.63 | 57.66 | 59.72 | 58.56 | 57.36 | 1.26 |
| 2010 | 59.59 | 59.22 | 58.87 | 57.52 | 56.86 | 57.75 | 57.58 | 57.60 | 57.70 | 59.42 | 58.93 | 59.89 | 56.86 | 5.3 |
| 2011 | 58.59 | 58.64 | 58.72 | 57.95 | 57.70 | 58.50 | 57.81 | 57.65 | 57.65 | 57.52 | 57.65 | 57.63 | 57.52 | 10.30 |
| 2012 | 57.16 | 57.13 | 57.33 | 57.29 | 57.20 | 57.17 | 57.16 | 57.42 | 57.45 | 57.39 | 57.45 | 57.21 | 57.13 | 2.10 |
| 2013 | 57.95 | 57.46 | 57.06 | 59.04 | 58.06 | 57.40 | 57.28 | 57.47 | 57.79 | 58.40 | 58.11 | 57.83 | 57.06 | 3.4 |
| 2014 | 57.64 | 57.17 | 57.20 | 57.07 | 57.14 | 57.98 | 58.40 | 58.81 | 59.02 | 59.15 | 58.96 | 58.93 | 57.07 | 4.16 |
| 2015 | 59.56 | 59.96 | 59.15 | 59.10 | 59.15 | 59.22 | 59.37 | 57.20 | 58.90 | 59.74 | 59.66 | 59.68 | 60.42 | 2.10 |
| 2016 | 59.55 | 59.57 | 59.86 | 59.84 | 59.43 | 58.08 | 57.33 | 57.74 | 58.75 | 59.23 | 59.30 | 58.51 | 57.33 | 7.26 |
| 2017 | 59.19 | 58.52 | 57.87 | 57.40 | 57.17 | 58.37 | 57.70 | 57.86 | 57.86 | 59.05 | 58.39 | 57.37 | 57.17 | 5.7 |
| 2018 | 58.16 | 57.75 | 57.76 | 58.00 | 58.70 | 58.22 | 58.13 | 57.52 | 58.25 | 57.82 | 59.09 | 59.11 | 57.52 | 8.14 |
| 历年最低 | 57.16 | 57.13 | 57.06 | 57.07 | 56.86 | 57.17 | 57.16 | 57.20 | 57.41 | 57.39 | 57.43 | 57.21 | 56.86 | |
| 出现年份 | 2012 | 2012 | 2013 | 2014 | 2010 | 2012 | 2012 | 2015 | 2008 | 2012 | 2007 | 2012 | 2010 | |

**表 2-8(b)　沂沭泗流域主要站历年各月最低水位统计表(二)**

骆马湖:洋河滩站　　　　单位:m

| 年份 | 1月 | 2月 | 3月 | 4月 | 5月 | 6月 | 7月 | 8月 | 9月 | 10月 | 11月 | 12月 | 年最低 | 月.日 |
|---|---|---|---|---|---|---|---|---|---|---|---|---|---|---|
| 1952 | | | | | | | 16.72 | 18.79 | (19.27) | | | | 16.72 | 7.23 |
| 1953 | | | | | | | 18.16 | 18.29 | | | | | 18.16 | 7.5 |
| 1954 | | | | | | (15.71) | 15.69 | 16.06 | 16.21 | | | | 15.69 | 7.2 |
| 1955 | | | | | | | 15.74 | 16.66 | 16.48 | | | | 15.74 | 7.3 |
| 1956 | | | | | | (16.58) | 16.89 | 16.74 | 16.59 | | | | (16.58) | (6.24) |
| 1957 | | | | | | | (15.75) | 19.17 | (16.38) | | | | (15.75) | 7.2 |
| 1958 | | | | | | | 19.60 | 21.29 | 20.87 | | | | (19.60) | 7.3 |
| 1959 | | | | | | 20.85 | 20.84 | 20.65 | 21.05 | | | | 20.65 | 8.24 |
| 1960 | | | | | | (20.02) | 21.31 | 21.47 | 20.35 | | | | (20.02) | 6.23 |
| 1961 | | | | | | 20.64 | 20.84 | 20.70 | 20.70 | | | | 20.64 | 6.3 |
| 1962 | 19.79 | 19.68 | 19.64 | 19.41 | (18.63) | (18.85) | 20.02 | 20.58 | 19.80 | 19.50 | 19.52 | 19.33 | (18.63) | 5.3 |
| 1963 | | | | | | 20.25 | 20.06 | 22.29 | 20.76 | | | | 20.06 | 7.6 |
| 1964 | | | | | | 20.37 | 20.50 | 20.94 | 20.93 | | | | 20.37 | 6.1 |
| 1965 | 20.41 | 20.39 | 20.17 | 19.78 | 19.62 | 19.10 | 19.11 | 21.26 | 21.19 | 21.49 | 21.51 | 21.49 | 19.10 | 6.29 |
| 1966 | 21.58 | 21.51 | 21.52 | 21.32 | 20.86 | 20.33 | 20.45 | 20.41 | 19.68 | 19.31 | 19.17 | 19.12 | 19.12 | 12.25 |
| 1967 | 19.12 | 19.09 | 19.31 | 19.42 | 18.84 | 17.61 | 19.09 | 21.46 | 22.10 | 22.02 | 21.99 | 21.99 | 17.61 | 6.23 |
| 1968 | 21.96 | 21.97 | 21.88 | 21.85 | 21.30 | 20.29 | 20.19 | 21.29 | 21.88 | 21.93 | 21.90 | 21.91 | 20.19 | 7.8 |
| 1969 | 21.92 | 21.96 | 21.93 | 21.75 | 21.78 | 20.88 | 20.67 | 21.91 | 21.87 | 21.32 | 22.00 | 22.09 | 20.67 | 7.14 |
| 1970 | 22.24 | 22.20 | 22.29 | 21.87 | 20.93 | 20.45 | 21.26 | 21.52 | 22.40 | 22.64 | 22.90 | 22.95 | 20.45 | 6.12 |
| 1971 | 23.02 | 23.00 | 23.05 | 22.89 | 21.92 | 21.81 | 21.31 | 22.28 | 21.70 | 23.05 | 22.95 | 22.95 | 21.31 | 7.1 |
| 1972 | 23.03 | 23.04 | 23.01 | 22.75 | 22.09 | 21.17 | 21.22 | 22.29 | 22.10 | 22.65 | 22.87 | 22.91 | 21.17 | 6.27 |
| 1973 | 22.99 | 23.03 | 22.98 | 22.74 | 22.79 | 22.19 | 21.55 | 21.85 | 22.46 | 22.98 | 22.68 | 22.57 | 21.55 | 7.3 |
| 1974 | 22.61 | 22.62 | 22.68 | 22.74 | 22.49 | 21.56 | 20.93 | 22.12 | 22.59 | 23.05 | 22.93 | 22.93 | 20.93 | 7.17 |
| 1975 | 23.02 | 23.01 | 23.02 | 22.86 | 22.47 | 21.37 | 21.27 | 21.61 | 21.99 | 22.67 | 23.17 | 23.17 | 21.27 | 7.9 |
| 1976 | 23.18 | 23.02 | 23.16 | 22.86 | 22.29 | 21.18 | 20.94 | 21.86 | 21.97 | 22.27 | 22.20 | 22.24 | 20.94 | 7.11 |

表 2-8(b)(续)

骆马湖:洋河滩站

单位:m

| 年份 | 1月 | 2月 | 3月 | 4月 | 5月 | 6月 | 7月 | 8月 | 9月 | 10月 | 11月 | 12月 | 年最低 | 月.日 |
|---|---|---|---|---|---|---|---|---|---|---|---|---|---|---|
| 1977 | 22.23 | 21.85 | 21.49 | 21.40 | 21.37 | 19.87 | 19.51 | 22.49 | 22.47 | 22.55 | 22.74 | 23.13 | 19.51 | 7.1 |
| 1978 | 23.14 | 23.15 | 23.00 | 22.04 | 20.36 | 17.95 | 17.85 | 21.27 | 22.54 | 22.64 | 22.74 | 22.97 | 17.85 | 7.1 |
| 1979 | 22.99 | 23.07 | 22.96 | 22.96 | 22.09 | 21.20 | 21.52 | 22.06 | 22.09 | 22.82 | 22.82 | 22.77 | 21.20 | 6.19 |
| 1980 | 22.97 | 22.95 | 22.84 | 22.63 | 21.65 | 21.21 | 22.16 | 22.17 | 22.38 | 22.90 | 23.01 | 22.91 | 21.21 | 6.17 |
| 1981 | 22.80 | 22.84 | 22.81 | 22.42 | 20.88 | 19.28 | 19.43 | 20.52 | 20.24 | 20.36 | 20.77 | 21.13 | 19.28 | 6.24 |
| 1982 | 21.19 | 21.19 | 21.30 | 21.26 | 20.46 | 19.46 | 19.20 | 22.01 | 22.46 | 22.50 | 22.63 | 22.84 | 19.20 | 7.5 |
| 1983 | 22.97 | 22.93 | 22.82 | 22.40 | 21.76 | 20.80 | 20.47 | 21.71 | 21.61 | 21.94 | 22.74 | 22.79 | 20.47 | 7.18 |
| 1984 | 22.73 | 22.49 | 22.28 | 22.32 | 21.80 | 20.95 | 20.75 | 21.92 | 21.93 | 22.88 | 23.02 | 22.99 | 20.75 | 7.7 |
| 1985 | 23.01 | 23.00 | 22.94 | 22.75 | 22.69 | 22.05 | 21.89 | 22.36 | 22.61 | 22.56 | 23.00 | 22.98 | 21.89 | 7.4 |
| 1986 | 23.06 | 23.00 | 23.00 | 22.56 | 22.04 | 21.37 | 21.26 | 22.54 | 22.55 | 22.73 | 22.77 | 22.75 | 21.26 | 7.1 |
| 1987 | 22.73 | 22.84 | 22.86 | 22.81 | 22.14 | 21.22 | 21.09 | 21.45 | 22.04 | 22.68 | 23.08 | 23.00 | 21.09 | 7.8 |
| 1988 | 22.99 | 22.73 | 22.45 | 22.72 | 22.49 | 20.96 | 20.61 | 22.31 | 22.20 | 21.96 | 21.61 | 21.16 | 20.61 | 7.13 |
| 1989 | 21.13 | 21.60 | 21.86 | 22.18 | 21.69 | 21.49 | 21.96 | 21.46 | 20.96 | 20.69 | 20.64 | 20.82 | 20.64 | 11.2 |
| 1990 | 21.02 | 21.22 | 21.49 | 21.66 | 21.34 | 20.59 | 21.77 | 22.27 | 22.78 | 22.91 | 22.87 | 22.98 | 20.59 | 6.17 |
| 1991 | 22.97 | 23.00 | 22.96 | 22.87 | 22.38 | 22.53 | 21.92 | 22.01 | 21.99 | 22.61 | 22.55 | 22.65 | 21.92 | 7.25 |
| 1992 | 22.65 | 22.56 | 22.57 | 22.60 | 22.33 | 20.61 | 19.85 | 21.54 | 21.80 | 22.87 | 22.72 | 22.67 | 19.85 | 7.13 |
| 1993 | 22.68 | 22.77 | 22.64 | 22.28 | 21.92 | 20.56 | 20.37 | 22.33 | 23.02 | 22.99 | 22.92 | 23.02 | 20.37 | 7.7 |
| 1994 | 23.00 | 22.94 | 22.93 | 22.94 | 22.30 | 20.77 | 20.55 | 21.20 | 22.10 | 22.91 | 23.05 | 23.02 | 20.55 | 7.13 |
| 1995 | 23.01 | 22.94 | 22.86 | 22.64 | 22.04 | 20.63 | 20.59 | 22.76 | 22.98 | 23.14 | 23.03 | 22.93 | 20.59 | 7.5 |
| 1996 | 22.86 | 22.90 | 22.78 | 22.67 | 21.96 | 21.14 | 21.92 | 22.08 | 21.99 | 22.65 | 23.10 | 23.30 | 21.14 | 6.26 |
| 1997 | 23.16 | 22.90 | 22.90 | 22.94 | 22.70 | 20.79 | 20.70 | 21.32 | 22.41 | 21.73 | 21.53 | 21.68 | 20.70 | 7.3 |
| 1998 | 22.02 | 22.35 | 22.67 | 23.05 | 23.19 | 21.87 | 22.04 | 22.47 | 22.96 | 23.02 | 23.01 | 22.93 | 21.87 | 6.29 |
| 1999 | 22.68 | 22.47 | 22.11 | 21.94 | 21.70 | 20.45 | 20.16 | 19.27 | 19.46 | 20.76 | 22.10 | 22.19 | 19.27 | 8.29 |
| 2000 | 22.16 | 22.38 | 22.33 | 21.98 | 21.69 | 20.31 | 21.01 | 22.18 | 22.72 | 23.04 | 23.33 | 23.34 | 20.31 | 6.25 |
| 2001 | 23.30 | 23.34 | 23.14 | 22.61 | 22.08 | 20.67 | 20.40 | 22.80 | 22.55 | 22.18 | 22.17 | 22.18 | 20.40 | 7.1 |

**表 2-8(b)(续)**

骆马湖:洋河滩站　　　　单位:m

| 年份 | 1月 | 2月 | 3月 | 4月 | 5月 | 6月 | 7月 | 8月 | 9月 | 10月 | 11月 | 12月 | 年最低 | 月.日 |
|---|---|---|---|---|---|---|---|---|---|---|---|---|---|---|
| 2002 | 22.53 | 22.48 | 22.28 | 22.24 | 22.41 | 21.55 | 21.18 | 21.24 | 21.14 | 21.46 | 21.58 | 21.81 | 21.14 | 9.16 |
| 2003 | 22.16 | 22.28 | 22.22 | 22.30 | 22.32 | 21.73 | 22.36 | 22.78 | 22.47 | 23.17 | 23.02 | 23.11 | 21.73 | 6.22 |
| 2004 | 23.04 | 22.87 | 22.59 | 22.34 | 22.42 | 21.56 | 21.42 | 22.48 | 22.59 | 22.98 | 22.93 | 22.93 | 21.42 | 7.5 |
| 2005 | 22.92 | 22.76 | 22.85 | 22.72 | 22.28 | 21.33 | 21.58 | 21.84 | 22.21 | 21.91 | 22.86 | 22.77 | 21.33 | 6.26 |
| 2006 | 22.74 | 22.73 | 22.76 | 22.47 | 22.19 | 21.25 | 21.57 | 21.90 | 22.30 | 22.07 | 21.96 | 22.11 | 21.25 | 6.27 |
| 2007 | 21.94 | 21.96 | 22.33 | 22.27 | 22.15 | 21.13 | 21.98 | 22.42 | 22.68 | 22.85 | 22.47 | 22.41 | 21.13 | 6.2 |
| 2008 | 22.33 | 22.30 | 22.08 | 22.14 | 22.33 | 21.85 | 22.19 | 22.21 | 22.74 | 23.05 | 22.90 | 22.81 | 21.85 | 6.2 |
| 2009 | 22.75 | 22.37 | 22.38 | 22.38 | 22.17 | 21.60 | 21.66 | 22.59 | 22.58 | 22.55 | 22.54 | 22.82 | 21.60 | 6.28 |
| 2010 | 22.84 | 22.77 | 22.72 | 22.62 | 22.55 | 21.66 | 21.42 | 21.61 | 22.82 | 22.65 | 22.20 | 21.97 | 21.42 | 7.1 |
| 2011 | 21.98 | 21.59 | 21.69 | 21.58 | 21.44 | 20.05 | 20.32 | 21.71 | 23.06 | 23.15 | 23.21 | 23.18 | 20.05 | 6.24 |
| 2012 | 22.96 | 22.88 | 22.88 | 22.90 | 22.43 | 20.98 | 20.92 | 21.73 | 22.87 | 22.91 | 22.86 | 22.88 | 20.92 | 7.2 |
| 2013 | 23.03 | 23.11 | 23.06 | 22.60 | 22.45 | 21.88 | 21.85 | 22.56 | 22.36 | 23.08 | 23.05 | 22.94 | 21.85 | 7.3 |
| 2014 | 22.66 | 22.62 | 22.43 | 22.47 | 22.63 | 21.48 | 20.65 | 21.02 | 21.97 | 22.07 | 22.18 | 22.30 | 20.65 | 7.24 |
| 2015 | 22.19 | 22.06 | 22.15 | 22.81 | 22.73 | 21.67 | 21.68 | 21.68 | 21.64 | 21.51 | 21.72 | 22.80 | 21.51 | 10.7 |
| 2016 | 23.17 | 23.11 | 22.83 | 22.43 | 22.59 | 21.78 | 21.95 | 21.99 | 21.23 | 21.22 | 22.47 | 23.38 | 21.22 | 10.1 |
| 2017 | 23.27 | 23.19 | 22.92 | 22.79 | 22.70 | 21.14 | 21.04 | 22.94 | 23.10 | 23.20 | 23.07 | 22.93 | 21.04 | 7.7 |
| 2018 | 22.90 | 23.07 | 23.17 | 22.95 | 22.38 | 21.55 | 21.69 | 22.12 | 22.54 | 22.71 | 22.58 | 22.52 | 21.55 | 6.25 |
| 历年最低 | 19.12 | 19.09 | 19.31 | 19.41 | 18.84 | 17.61 | 15.69 | 16.06 | 16.21 | 19.31 | 19.17 | 19.12 | 15.69 | |
| 出现年份 | 1967 | 1967 | 1967 | 1962 | 1967 | 1967 | 1954 | 1954 | 1954 | 1966 | 1966 | 1966 | 1954 | |

注:本表自1965年起采用洋河滩闸上水位。

**表 2-8(c) 沂沭泗流域主要站历年各月最低水位统计表(三)**

新沭河:新沭河闸站 单位:m

| 年份 | 1月 | 2月 | 3月 | 4月 | 5月 | 6月 | 7月 | 8月 | 9月 | 10月 | 11月 | 12月 | 年最低 | 月.日 |
|---|---|---|---|---|---|---|---|---|---|---|---|---|---|---|
| 1953 | | | | | | (49.68) | 49.61 | 49.59 | (49.48) | | | | (49.48) | 9.1 |
| 1954 | 49.17 | 49.24 | 河干 | 河干 | 河干 | 49.23 | 49.18 | 49.41 | 49.37 | 49.40 | 49.44 | 49.31 | 河干 | 3.16 |
| 1955 | 49.30 | 49.28 | 49.26 | 49.13 | 49.04 | 48.96 | 49.41 | 49.46 | 49.45 | 49.37 | 49.36 | 49.28 | (48.96) | 6.21 |
| 1956 | 49.19 | 49.19 | 49.17 | 49.29 | 49.23 | 49.19 | 49.58 | 49.53 | 49.48 | 49.41 | 49.37 | 49.29 | 49.17 | 3.12 |
| 1957 | 49.31 | 49.29 | 49.33 | 49.31 | 49.29 | 49.26 | 49.27 | 49.50 | 49.35 | 49.23 | 49.26 | 49.29 | 49.23 | 10.17 |
| 1958 | 49.22 | 49.19 | 49.21 | 49.07 | 49.19 | 48.96 | 49.15 | 49.52 | 49.41 | 49.35 | 49.37 | 49.37 | 48.96 | 6.26 |
| 1959 | 49.33 | 49.36 | 49.29 | 49.36 | 49.33 | 49.31 | 49.45 | 49.40 | 49.48 | 49.41 | 49.44 | 49.40 | 49.29 | 3.24 |
| 1960 | 49.37 | 49.07 | 49.02 | 48.90 | 48.99 | 48.97 | 49.66 | 49.64 | 49.58 | 49.49 | 49.41 | 49.39 | 48.90 | 4.18 |
| 1961 | 49.38 | 49.35 | 49.36 | 49.51 | 49.49 | 49.64 | 49.67 | 49.46 | 49.45 | 49.41 | 49.41 | 49.37 | 49.35 | 2.14 |
| 1962 | 49.33 | 49.37 | 49.37 | 49.22 | 48.96 | 49.09 | 49.43 | 49.77 | 49.73 | 49.55 | 49.50 | 49.48 | 48.96 | 5.24 |
| 1963 | 49.43 | 49.39 | 49.36 | 49.36 | 49.39 | 49.45 | 49.49 | 49.71 | 49.53 | 49.44 | 49.44 | 49.30 | 49.30 | 12.26 |
| 1964 | 49.31 | 49.11 | 49.29 | 48.92 | 49.47 | 49.45 | 49.58 | 49.56 | 49.67 | 49.56 | 49.60 | 49.47 | 48.92 | 4.2 |
| 1965 | 49.29 | 48.96 | 河干 | 河干 | 河干 | 河干 | 河干 | 49.64 | 49.46 | 49.15 | 49.21 | 河干 | 河干 | 3.1 |
| 1966 | 河干 | 河干 | 48.94 | 河干 | 河干 | 河干 | 49.37 | 河干 | 河干 | 48.92 | 河干 | 河干 | 河干 | 1.1 |
| 1967 | 河干 | 河干 | 河干 | 48.93 | 河干 | 河干 | 49.36 | 49.05 | 49.34 | 49.03 | 48.99 | 河干 | 河干 | 1.1 |
| 1968 | 河干 | 河干 | 河干 | 河干 | 河干 | 48.94 | 48.94 | 48.94 | 48.94 | 48.93 | 48.93 | 48.92 | 河干 | 1.1 |
| 1969 | 48.92 | 48.98 | 48.91 | 48.98 | 48.93 | 48.92 | 48.97 | 49.14 | 49.34 | 48.98 | 48.91 | 49.23 | 48.91 | 3.26 |
| 1970 | 48.90 | 48.99 | 48.98 | 48.98 | 48.98 | 49.05 | 49.34 | 49.37 | 49.44 | 49.35 | 49.41 | 49.01 | 48.90 | 1.16 |
| 1971 | 49.03 | 48.94 | 48.98 | 48.96 | 48.96 | 49.30 | 49.45 | 49.40 | 49.37 | 49.03 | 49.05 | 48.95 | 48.94 | 2.19 |
| 1972 | 河干 | 河干 | 河干 | 河干 | 河干 | 49.23 | 49.43 | 49.08 | 49.05 | 河干 | 河干 | 河干 | 河干 | 1.4 |
| 1973 | 河干 | 河干 | 河干 | 河干 | 河干 | 河干 | 46.68 | 河干 | 河干 | 河干 | 河干 | 河干 | 河干 | 1.1 |
| 1974 | 河干 | 河干 | 河干 | 河干 | 河干 | 河干 | 46.82 | 46.92 | 46.80 | 河干 | 河干 | 河干 | 河干 | 1.1 |
| 1975 | 河干 | 河干 | 河干 | 河干 | 河干 | 河干 | 46.13 | 46.13 | 46.03 | 河干 | 河干 | 河干 | 河干 | 1.1 |
| 1976 | 河干 | 河干 | 河干 | 河干 | 河干 | 河干 | 河干 | 河干 | 河干 | 河干 | 河干 | 河干 | 河干 | 1.1 |
| 1977 | 河干 | 河干 | 河干 | 河干 | 河干 | 河干 | 河干 | 河干 | 河干 | 河干 | 河干 | 河干 | 河干 | 1.1 |

**表 2-8(c)(续)**

新沭河:新沭河闸站

单位:m

| 年份 | 1月 | 2月 | 3月 | 4月 | 5月 | 6月 | 7月 | 8月 | 9月 | 10月 | 11月 | 12月 | 年最低 | 月.日 |
|---|---|---|---|---|---|---|---|---|---|---|---|---|---|---|
| 1978 | 河干 | 河干 | 河干 | 河干 | 河干 | 河干 | 河干 | 河干 | 河干 | 河干 | 河干 | 河干 | 河干 | 1.1 |
| 1979 | 河干 | 河干 | 河干 | 河干 | 河干 | 河干 | 河干 | 河干 | 河干 | 河干 | 河干 | 河干 | 河干 | 1.1 |
| 1980 | 河干 | 河干 | 河干 | 河干 | 河干 | 河干 | 河干 | 河干 | 河干 | 河干 | 河干 | 河干 | 河干 | 1.1 |
| 1981 | 河干 | 河干 | 河干 | 河干 | 河干 | 河干 | 河干 | 河干 | 河干 | 河干 | 河干 | 河干 | 河干 | 1.1 |
| 1982 | 河干 | 河干 | 河干 | 河干 | 河干 | 河干 | 河干 | 河干 | 河干 | 河干 | 河干 | 河干 | 河干 | 1.1 |
| 1983 | 河干 | 河干 | 河干 | 河干 | 河干 | 河干 | 河干 | 河干 | 河干 | 河干 | 河干 | 河干 | 河干 | 1.1 |
| 1984 | 河干 | 河干 | 河干 | 河干 | 河干 | 河干 | 河干 | 河干 | 河干 | 河干 | 河干 | 河干 | 河干 | 1.1 |
| 1985 | 河干 | 河干 | 河干 | 河干 | 河干 | 河干 | 河干 | 河干 | 河干 | 河干 | 河干 | 河干 | 河干 | 1.1 |
| 1986 | 河干 | 河干 | 河干 | 河干 | 河干 | 河干 | 河干 | 河干 | 河干 | 河干 | 河干 | 河干 | 河干 | 1.1 |
| 1987 | 河干 | 河干 | 河干 | 河干 | 河干 | 河干 | 河干 | 河干 | 河干 | 河干 | 河干 | 河干 | 河干 | 1.1 |
| 1988 | 河干 | 河干 | 河干 | 河干 | 河干 | 河干 | 河干 | 河干 | 河干 | 河干 | 河干 | 河干 | 河干 | 1.1 |
| 1989 | 河干 | 河干 | 河干 | 河干 | 河干 | 河干 | 河干 | 河干 | 河干 | 河干 | 河干 | 河干 | 河干 | 1.1 |
| 1990 | 河干 | 河干 | 河干 | 河干 | 河干 | 河干 | 河干 | 河干 | 河干 | 河干 | 河干 | 河干 | 河干 | 1.1 |
| 1991 | 河干 | 河干 | 河干 | 河干 | 河干 | 47.29 | 47.38 | 河干 | 河干 | 河干 | 河干 | 河干 | 河干 | 1.1 |
| 1992 | | | | | | | | | | | | | | |
| 1993 | | | | | | | 49.22 | 47.05 | 49.57 | 47.96 | 46.89 | 46.78 | 46.78 | 12.2 |
| 1994 | 46.73 | 46.73 | 46.72 | 46.70 | 46.74 | 46.76 | 46.99 | 47.15 | 47.48 | 46.93 | 47.07 | 46.85 | 46.70 | 4.21 |
| 1995 | 46.95 | 46.84 | 46.74 | 46.75 | 46.72 | 46.80 | 46.83 | 48.23 | 47.68 | 46.94 | 51.16 | 50.00 | 46.72 | 5.16 |
| 1996 | 48.75 | 46.75 | 51.63 | 51.48 | 河干 | 河干 | 47.00 | 46.90 | 河干 | 河干 | 46.73 | 河干 | 河干 | 5.25 |
| 1997 | 河干 | 河干 | 河干 | 河干 | 河干 | 河干 | 河干 | 河干 | 46.92 | 49.02 | 50.57 | 47.50 | 河干 | 1.7 |
| 1998 | 50.49 | 51.58 | 47.09 | 49.08 | 46.91 | 46.90 | 46.89 | 47.17 | 47.34 | 48.03 | 河干 | 河干 | 河干 | 11.9 |
| 1999 | 河干 | 46.73 | 46.72 | 47.00 | 河干 | 河干 | 河干 | 47.49 | 47.54 | 河干 | 河干 | 河干 | 河干 | 1.1 |
| 2000 | 河干 | 48.34 | 47.20 | 48.71 | 50.23 | 46.96 | 46.96 | 46.86 | 46.84 | 46.85 | 46.78 | 46.95 | 河干 | 1.1 |
| 2001 | 46.95 | 46.95 | 48.07 | 47.85 | 48.10 | 47.74 | 河干 | 46.77 | 46.75 | 47.09 | 河干 | 河干 | 河干 | 7.2 |
| 2002 | 河干 | 河干 | 河干 | 河干 | 河干 | 河干 | 河干 | 河干 | 河干 | 河干 | 河干 | 47.74 | 河干 | 1.1 |

**表 2-8(c)(续)**

新沭河:新沭河闸站

单位:m

| 年份 | 1月 | 2月 | 3月 | 4月 | 5月 | 6月 | 7月 | 8月 | 9月 | 10月 | 11月 | 12月 | 年最低 | 月.日 |
|---|---|---|---|---|---|---|---|---|---|---|---|---|---|---|
| 2003 | 48.24 | 48.17 | 48.35 | 49.15 | 48.27 | 46.70 | 46.87 | 46.69 | 46.70 | 河干 | 河干 | 河干 | 河干 | 10.24 |
| 2004 | 河干 | 河干 | 河干 | 河干 | 河干 | 河干 | 河干 | 46.89 | 46.81 | 46.97 | 46.94 | 46.96 | 河干 | 1.1 |
| 2005 | 河干 | 河干 | 河干 | 河干 | 河干 | 46.87 | 46.73 | 46.82 | 河干 | 河干 | 河干 | 47.04 | 河干 | 1.19 |
| 2006 | 47.06 | 48.83 | 46.98 | 河干 | 46.90 | 46.85 | 河干 | 46.83 | 河干 | 46.94 | 50.58 | 河干 | 河干 | 4.8 |
| 2007 | 河干 | 50.42 | 50.10 | 47.22 | 49.70 | 46.97 | 河干 | 46.89 | 46.98 | 46.86 | 46.85 | 51.16 | 河干 | 1.16 |
| 2008 | 51.15 | 50.88 | 50.47 | 50.93 | 46.80 | 49.46 | 47.55 | 47.03 | 47.28 | 46.80 | 河干 | 46.91 | 河干 | 11.3 |
| 2009 | 46.84 | 46.82 | 河干 | 河干 | 河干 | 46.85 | 47.23 | 47.03 | 50.44 | 46.85 | 46.78 | 49.79 | 河干 | 3.2 |
| 2010 | 49.80 | 50.04 | 49.62 | 49.70 | 46.86 | 46.96 | 47.15 | 47.95 | 48.07 | 47.20 | 50.79 | 50.04 | 46.86 | 5.15 |
| 2011 | 50.20 | 49.34 | 49.33 | 河干 | 49.39 | 49.79 | 49.89 | 47.67 | 47.39 | 50.24 | 51.19 | 50.08 | 河干 | 4.16 |
| 2012 | 51.05 | 50.78 | 50.27 | 49.89 | 49.96 | 49.64 | 47.51 | 49.52 | 48.30 | 50.47 | 46.88 | 50.03 | 46.88 | 11.12 |
| 2013 | 49.87 | 49.71 | 49.02 | 48.78 | 47.15 | 47.26 | 47.88 | 48.42 | 50.07 | 46.91 | 47.86 | 49.72 | 46.91 | 10.30 |
| 2014 | 49.19 | 49.18 | 48.86 | 49.61 | 46.83 | 46.83 | 47.38 | 49.78 | 50.04 | 46.89 | 46.89 | 46.89 | 46.83 | 5.14 |
| 2015 | 46.89 | 46.94 | 46.89 | 46.90 | 46.87 | 46.88 | 46.91 | 47.89 | 49.03 | 49.14 | 49.05 | 50.06 | 46.87 | 5.19 |
| 2016 | 49.67 | 49.84 | 48.89 | 48.93 | 49.09 | 48.95 | 48.56 | 49.96 | 49.14 | 49.45 | 50.58 | 50.20 | 48.56 | 7.3 |
| 2017 | 50.30 | 49.98 | 50.15 | 50.18 | 47.77 | 49.11 | 48.58 | 49.29 | 49.73 | 49.79 | 49.73 | 49.60 | 47.77 | 5.19 |
| 2018 | 49.15 | 49.17 | 49.04 | 48.39 | 49.15 | 49.15 | 49.61 | 47.94 | 47.78 | 49.39 | 49.17 | 49.97 | 47.78 | 9.2 |
| 历年最低 | 河干 | 河干 | 河干 | 河干 | 河干 | 河干 | 河干 | 河干 | 河干 | 河干 | 河干 | 河干 | 河干 | |
| 出现年份 | 1966 | 1966 | 1954 | 1954 | 1954 | 1965 | 1965 | 1966 | 1966 | 1972 | 1966 | 1965 | 1954 | |

注:本表水位 1991 年以前为新沭河大官庄站水位,自 1991 年起采用新沭河闸上水位。

**表 2-8(d)　沂沭泗流域主要站历年各月最低水位统计表(四)**

老沭河:人民胜利堰闸站　　单位:m

| 年份 | 1月 | 2月 | 3月 | 4月 | 5月 | 6月 | 7月 | 8月 | 9月 | 10月 | 11月 | 12月 | 年最低 | 月.日 |
|---|---|---|---|---|---|---|---|---|---|---|---|---|---|---|
| 1995 | 河干 | 河干 | 河干 | 河干 | 河干 | 河干 | 河干 | 48.34 | 48.62 | 48.09 | 51.30 | 50.86 | 河干 | 1.1 |
| 1996 | 50.76 | 50.37 | 51.63 | 51.84 | 47.87 | 47.87 | 48.18 | 48.20 | 48.31 | 48.03 | 48.08 | 48.01 | 47.87 | 5.31 |
| 1997 | 47.85 | 47.86 | 47.87 | 47.83 | 47.87 | 河干 | 47.86 | 47.87 | 49.06 | 47.98 | 50.57 | 49.25 | 河干 | 6.14 |
| 1998 | 50.49 | 51.58 | 49.25 | 48.27 | 48.12 | 48.10 | 48.20 | 48.22 | 48.33 | 49.29 | 47.87 | 47.92 | 47.87 | 11.26 |
| 1999 | 48.06 | 47.90 | 47.99 | 48.00 | 48.02 | 48.26 | 47.82 | 48.60 | 48.16 | 48.02 | 47.98 | 48.00 | 47.82 | 7.26 |
| 2000 | 47.91 | 49.15 | 48.16 | 49.22 | 50.23 | 48.41 | 48.35 | 48.13 | 49.15 | 49.22 | 49.25 | 49.19 | 47.91 | 1.4 |
| 2001 | 49.17 | 49.21 | 48.01 | 48.05 | 49.08 | 48.81 | 48.08 | 48.18 | 48.13 | 49.28 | 47.99 | 47.81 | 47.81 | 12.20 |
| 2002 | 47.96 | 47.87 | 47.91 | 48.01 | 48.09 | 47.75 | 48.03 | 47.83 | 47.94 | 48.09 | 47.75 | 49.01 | 47.75 | 6.16 |
| 2003 | 49.11 | 49.10 | 49.13 | 49.15 | 49.18 | 47.79 | 48.00 | 48.12 | 48.10 | 48.10 | 47.97 | 47.95 | 47.79 | 6.23 |
| 2004 | 47.85 | 47.88 | 47.87 | 47.83 | 47.82 | 47.58 | 48.06 | 48.37 | 48.23 | 49.23 | 49.19 | 49.23 | 47.58 | 6.15 |
| 2005 | 47.91 | 47.93 | 47.95 | 47.93 | 48.13 | 48.32 | 48.10 | 48.29 | 48.00 | 48.18 | 48.15 | 49.11 | 47.91 | 1.30 |
| 2006 | 49.12 | 49.12 | 49.12 | 48.08 | 49.10 | 49.06 | 48.16 | 48.13 | 48.36 | 49.16 | 50.58 | 48.15 | 48.08 | 4.14 |
| 2007 | 48.12 | 50.46 | 50.24 | 49.33 | 49.71 | 48.75 | 48.15 | 48.47 | 48.33 | 48.21 | 48.20 | 51.29 | 48.12 | 1.15 |
| 2008 | 51.15 | 50.90 | 50.58 | 50.98 | 48.59 | 49.46 | 49.50 | 48.47 | 49.66 | 48.16 | 48.12 | 48.15 | 48.12 | 11.3 |
| 2009 | 47.99 | 47.95 | 47.95 | 47.97 | 47.82 | 47.82 | 47.90 | 47.92 | 50.40 | 47.62 | 47.62 | 49.76 | 47.62 | 10.30 |
| 2010 | 49.77 | 50.01 | 49.59 | 49.67 | 48.07 | 48.06 | 48.05 | 48.13 | 48.17 | 48.08 | 50.75 | 50.00 | 48.05 | 7.5 |
| 2011 | 50.16 | 49.30 | 49.29 | 河干 | 49.35 | 49.76 | 49.86 | 48.07 | 48.07 | 50.21 | 51.16 | 50.05 | 河干 | 4.16 |
| 2012 | 51.04 | 50.77 | 50.26 | 49.88 | 49.95 | 49.63 | 48.07 | 49.51 | 48.30 | 50.46 | 48.10 | 50.02 | 48.07 | 7.12 |
| 2013 | 49.86 | 49.70 | 49.05 | 48.77 | 47.67 | 47.57 | 47.89 | 48.39 | 50.07 | 47.68 | 47.86 | 49.72 | 47.57 | 6.20 |
| 2014 | 49.19 | 49.18 | 48.86 | 49.61 | 47.46 | 47.46 | 47.46 | 49.78 | 50.04 | 47.46 | 47.46 | 47.46 | 47.46 | 5.24 |
| 2015 | 47.46 | 47.46 | 47.46 | 47.46 | 47.46 | 47.46 | 47.46 | 47.91 | 49.03 | 49.14 | 49.05 | 50.06 | 47.46 | 1.8 |
| 2016 | 49.67 | 49.84 | 48.89 | 48.93 | 49.09 | 48.95 | 48.51 | 49.96 | 49.14 | 49.45 | 50.58 | 50.20 | 48.51 | 7.3 |

**表 2-8(d)(续)**

老沭河：人民胜利堰闸站　　　　单位：m

| 年份 | 1月 | 2月 | 3月 | 4月 | 5月 | 6月 | 7月 | 8月 | 9月 | 10月 | 11月 | 12月 | 年最低 | 月.日 |
|---|---|---|---|---|---|---|---|---|---|---|---|---|---|---|
| 2017 | 50.30 | 49.98 | 50.15 | 50.18 | 47.77 | 49.11 | 48.56 | 49.28 | 49.72 | 49.79 | 49.74 | 49.60 | 47.77 | 5.19 |
| 2018 | 49.15 | 49.17 | 49.04 | 48.39 | 49.15 | 49.15 | 49.48 | 48.16 | 47.77 | 49.39 | 49.17 | 49.97 | 47.77 | 9.2 |
| 历年最低 | 河干 | 河干 | 河干 | 河干 | 河干 | 河干 | 河干 | 47.83 | 47.77 | 47.46 | 47.46 | 47.46 | 河干 | |
| 出现年份 | 1995 | 1995 | 1995 | 1995 | 1995 | 1995 | 1995 | 2002 | 2018 | 2014 | 2014 | 2014 | 1995 | |

注：1995年人民胜利堰闸建成，本表为闸上水位。

**表 2-8(e)　沂沭泗流域主要站历年各月最低水位统计表(五)**

上级湖:南阳站　　　　单位:m

| 年份 | 1月 | 2月 | 3月 | 4月 | 5月 | 6月 | 7月 | 8月 | 9月 | 10月 | 11月 | 12月 | 年最低 | 月.日 |
|---|---|---|---|---|---|---|---|---|---|---|---|---|---|---|
| 1953 | 33.31 | 33.24 | 33.20 | 33.14 | 32.92 | 32.97 | 33.29 | 34.50 | 34.04 | 33.84 | 33.63 | 33.46 | 32.92 | 5.2 |
| 1954 | 33.35 | 33.16 | 33.08 | 33.13 | 32.98 | 32.97 | 32.84 | 32.89 | 34.12 | 34.03 | 33.85 | 33.72 | 32.84 | 7.24 |
| 1955 | 33.62 | 33.45 | 33.29 | 33.22 | 32.96 | 32.69 | 32.69 | 33.76 | 33.90 | 33.93 | 33.62 | 33.42 | 32.69 | 6.3 |
| 1956 | 33.28 | 33.19 | 33.06 | 33.08 | 32.84 | 32.72 | 34.11 | 34.08 | 34.12 | 33.81 | 33.58 | 33.42 | 32.72 | 6.2 |
| 1957 | 33.34 | 33.26 | 33.17 | 33.08 | 33.02 | 33.00 | 33.02 | 35.72 | 35.00 | 34.41 | 33.99 | 33.69 | 33.00 | 6.2 |
| 1958 | 33.30 | 33.05 | 32.96 | 32.80 | 32.55 | 32.39 | 33.08 | 34.32 | 33.70 | 33.40 | 33.44 | 33.59 | 32.39 | 6.25 |
| 1959 | 33.61 | 33.67 | 33.65 | 33.43 | 33.12 | 33.09 | 33.13 | 32.76 | 32.76 | 32.50 | 32.54 | 32.73 | 32.50 | 10.31 |
| 1960 | 32.96 | 32.69 | 32.59 | 32.45 | 32.36 |  | 32.47 | 34.09 | 33.98 | 33.53 | 33.34 | 33.28 | 32.36 | 5.4 |
| 1961 | 33.25 | 33.14 | 33.11 | 32.99 | 33.06 | 33.08 | 33.96 | 33.94 | 33.75 | 33.38 | 33.21 | 33.08 | 32.99 | 4.19 |
| 1962 | 32.96 | 32.88 | 32.72 | 32.73 | 32.44 | 32.32 | 32.68 | 33.46 | 33.97 | 33.65 | 33.49 | 33.43 | 32.32 | 6.8 |
| 1963 | 33.16 | 33.02 | 32.93 | 32.94 | 32.94 | 33.35 | 33.33 | 34.76 | 34.33 | 33.60 | 33.46 | 33.28 | 32.93 | 3.3 |
| 1964 | 33.13 | 33.01 | 32.93 | 32.98 | 33.56 | 33.25 | 33.37 | 34.46 | 35.08 | 34.25 | 33.87 | 33.80 | 32.93 | 3.27 |
| 1965 | 33.84 | 33.90 | 33.86 | 33.77 | 33.53 | 33.30 | 33.28 | 34.52 | 34.32 | 34.27 | 34.30 | 34.37 | 33.28 | 7.2 |
| 1966 | 34.37 | 34.35 | 34.37 | 34.41 | 34.10 | 33.61 | 33.53 | 33.70 | 33.50 | 33.31 | 33.25 | 33.23 | 33.23 | 12.12 |
| 1967 | 33.24 | 33.31 | 33.36 | 33.41 | 32.95 | 32.56 | 32.84 | 33.85 | 34.62 | 34.49 | 34.24 | 34.06 | 32.56 | 6.25 |
| 1968 | 34.03 | 34.02 | 33.95 | 33.77 | 33.54 | 33.05 | 32.88 | 32.73 | 33.27 | 33.37 | 33.42 | 33.44 | 32.73 | 8.9 |
| 1969 | 33.48 | 33.50 | 33.58 | 33.51 | 33.69 | 33.53 | 33.48 | 33.92 | 34.23 | 34.12 | 34.09 | 34.08 | 33.48 | 1.2 |
| 1970 | 34.09 | 34.05 | 34.06 | 33.90 | 33.73 | 33.38 | 33.44 | 34.64 | 34.34 | 34.33 | 34.41 | 34.25 | 33.38 | 6.3 |
| 1971 | 34.21 | 34.26 | 34.31 | 34.24 | 33.99 | 33.89 | 34.30 | 34.24 | 34.20 | 34.24 | 34.29 | 34.16 | 33.89 | 6.8 |
| 1972 | 34.21 | 34.26 | 34.32 | 34.19 | 34.12 | 33.66 | 33.64 | 34.04 | 34.21 | 34.00 | 34.01 | 33.96 | 33.64 | 7.1 |
| 1973 | 33.97 | 34.08 | 33.99 | 33.84 | 33.94 | 33.60 | 33.62 | 34.12 | 34.15 | 34.07 | 34.07 | 33.96 | 33.60 | 6.25 |
| 1974 | 33.92 | 33.86 | 33.83 | 33.71 | 33.46 | 32.80 | 32.63 | 33.80 | 34.36 | 34.34 | 34.33 | 34.28 | 32.63 | 7.16 |
| 1975 | 34.26 | 34.18 | 34.06 | 33.83 | 33.74 | 32.93 | 32.91 | 34.42 | 34.61 | 34.44 | 34.48 | 34.47 | 32.91 | 7.2 |
| 1976 | 34.55 | 34.59 | 34.52 | 34.30 | 34.03 | 33.45 | 33.26 | 34.04 | 34.44 | 34.43 | 34.42 | 34.37 | 33.26 | 7.7 |
| 1977 | 34.36 | 34.23 | 34.06 | 33.79 | 33.64 | 32.74 | 32.74 | 34.27 | 34.18 | 34.23 | 34.50 | 34.59 | 32.74 | 6.27 |

表 2-8(e)(续)

上级湖:南阳站

单位:m

| 年份 | 1月 | 2月 | 3月 | 4月 | 5月 | 6月 | 7月 | 8月 | 9月 | 10月 | 11月 | 12月 | 年最低 | 月.日 |
|---|---|---|---|---|---|---|---|---|---|---|---|---|---|---|
| 1978 | 34.47 | 34.48 | 34.43 | 33.98 | 33.26 | 32.58 | 32.87 | 34.30 | 34.49 | 34.50 | 34.58 | 34.52 | 32.58 | 6.23 |
| 1979 | 34.56 | 34.51 | 34.31 | 34.33 | 33.96 | 33.58 | 33.80 | 34.32 | 34.36 | 34.53 | 34.26 | 34.22 | 33.58 | 6.29 |
| 1980 | 34.25 | 34.27 | 34.17 | 33.94 | 33.74 | 33.53 | 33.77 | 34.28 | 34.19 | 34.23 | 34.11 | 34.07 | 33.53 | 6.14 |
| 1981 | 34.08 | 34.10 | 33.90 | 33.55 | 32.67 | 32.36 | 32.31 | 33.63 | 34.09 | 34.08 | 33.99 | 33.87 | 32.31 | 7.5 |
| 1982 | 33.80 | 33.79 | 33.59 | 33.12 | 32.37 | 32.12 | 32.11 | 33.42 | 34.18 | 34.20 | 34.24 | 34.15 | 32.11 | 7.3 |
| 1983 | 34.06 | 33.93 | 33.69 | 33.47 | 33.18 | 32.25 | 32.07 | 33.11 | 33.16 | 34.11 | 34.12 | 33.97 | 32.07 | 7.16 |
| 1984 | 33.89 | 33.67 | 33.40 | 33.31 | 33.07 | 32.74 | 32.93 | 33.82 | 34.27 | 34.22 | 34.20 | 34.27 | 32.74 | 6.22 |
| 1985 | 34.32 | 34.32 | 34.17 | 33.81 | 33.80 | 33.64 | 33.52 | 33.88 | 34.33 | 34.28 | 34.22 | 34.19 | 33.52 | 7.8 |
| 1986 | 34.23 | 34.25 | 34.02 | 33.75 | 33.28 | 32.86 | 32.16 | 32.78 | 33.28 | 33.17 | 33.12 | 32.99 | 32.16 | 7.27 |
| 1987 | 33.04 | 33.06 | 33.17 | 32.03 | 31.56 | 31.59 | 31.58 | 32.00 | 33.08 | 33.11 | 33.33 | 33.35 | 31.56 | 5.3 |
| 1988 | 33.31 | 33.20 | 32.93 | 31.84 | 31.48 | 31.44 | 31.44 | 31.51 | 湖干 | 湖干 | 湖干 | 湖干 | 湖干 | 9.13 |
| 1989 | 湖干 | 32.64 | 32.68 | 31.57 | 31.56 | 31.56 | 31.67 | 32.06 | 31.67 | 32.24 | 湖干 | 湖干 | 湖干 | 1.1 |
| 1990 | 湖干 | 湖干 | 33.04 | 33.19 | 32.52 | 32.95 | 33.42 | 33.94 | 34.30 | 33.99 | 33.94 | 33.93 | 湖干 | 1.1 |
| 1991 | 33.91 | 33.91 | 33.91 | 33.99 | 33.67 | 33.70 | 33.63 | 33.92 | 33.91 | 33.59 | 33.43 | 33.31 | 33.31 | 12.22 |
| 1992 | 33.32 | 33.39 | 33.41 | 33.26 | 32.93 | 32.02 | 31.76 | 32.04 | 32.61 | 32.96 | 32.78 | 32.76 | 31.76 | 7.1 |
| 1993 | 32.78 | 32.81 | 32.84 | 32.04 | 32.15 | 湖干 | 31.99 | 34.12 | 34.44 | 34.41 | 34.46 | 34.48 | 湖干 | 6.23 |
| 1994 | 34.42 | 34.44 | 34.32 | 34.17 | 33.96 | 33.39 | 33.72 | 33.90 | 34.42 | 34.33 | 34.51 | 34.47 | 33.39 | 6.24 |
| 1995 | 34.49 | 34.41 | 34.21 | 34.01 | 33.65 | 33.07 | 32.97 | 33.08 | 34.43 | 34.42 | 34.49 | 34.34 | 32.97 | 7.7 |
| 1996 | 34.30 | 34.31 | 34.11 | 34.01 | 33.70 | 33.18 | 33.12 | 33.46 | 34.11 | 34.51 | 34.50 | 34.50 | 33.12 | 7.8 |
| 1997 | 34.52 | 34.44 | 34.43 | 34.33 | 34.22 | 33.42 | 32.93 | 32.74 | 32.82 | 32.74 | 32.76 | 32.85 | 32.74 | 8.19 |
| 1998 | 32.94 | 33.00 | 33.06 | 33.19 | 33.22 | 33.06 | 33.05 | 33.14 | 34.56 | 34.53 | 34.52 | 34.55 | 32.94 | 1.1 |
| 1999 | 34.51 | 34.45 | 34.26 | 34.22 | 33.97 | 33.47 | 33.38 | 33.30 | 33.26 | 33.59 | 33.77 | 33.83 | 33.26 | 9.3 |
| 2000 | 33.84 | 33.97 | 33.79 | 33.30 | 32.78 | 湖干 | 32.11 | 32.85 | 33.10 | 33.20 | 33.51 | 33.69 | 湖干 | 6.16 |
| 2001 | 33.79 | 33.93 | 34.07 | 33.60 | 33.05 | 32.19 | 32.33 | 33.54 | 33.55 | 33.41 | 33.34 | 33.34 | 32.19 | 6.17 |
| 2002 | 33.43 | 33.33 | 32.95 | 32.67 | 32.67 | 32.00 | 湖干 | 湖干 | 湖干 | 湖干 | 湖干 | 湖干 | 湖干 | 7.15 |

**表 2-8(e)(续)**

上级湖:南阳站

单位:m

| 年份 | 1月 | 2月 | 3月 | 4月 | 5月 | 6月 | 7月 | 8月 | 9月 | 10月 | 11月 | 12月 | 年最低 | 月.日 |
|---|---|---|---|---|---|---|---|---|---|---|---|---|---|---|
| 2003 | 湖干 | 湖干 | 湖干 | 湖干 | 湖干 | 湖干 | 31.85 | 33.03 | 34.55 | 34.46 | 34.42 | 34.32 | 湖干 | 1.1 |
| 2004 | 34.33 | 34.52 | 34.52 | 34.26 | 34.05 | 33.77 | 33.74 | 34.24 | 34.39 | 34.41 | 34.46 | 34.43 | 33.74 | 7.7 |
| 2005 | 34.52 | 34.45 | 34.52 | 34.45 | 34.20 | 33.83 | 34.10 | 33.95 | 34.37 | 34.33 | 34.42 | 34.38 | 33.83 | 6.25 |
| 2006 | 34.43 | 34.42 | 34.44 | 34.41 | 34.34 | 33.70 | 33.92 | 34.04 | 34.30 | 34.46 | 34.50 | 34.47 | 33.70 | 6.21 |
| 2007 | 34.52 | 34.50 | 34.51 | 34.35 | 34.11 | 33.91 | 33.95 | 34.17 | 34.17 | 34.47 | 34.48 | 34.58 | 33.91 | 6.19 |
| 2008 | 34.43 | 34.56 | 34.51 | 34.46 | 34.43 | 34.09 | 34.01 | 34.09 | 34.16 | 34.16 | 34.28 | 34.27 | 34.01 | 7.22 |
| 2009 | 34.31 | 34.35 | 34.38 | 34.33 | 34.18 | 33.82 | 33.77 | 34.05 | 34.27 | 34.30 | 34.35 | 34.49 | 33.77 | 7.4 |
| 2010 | 34.55 | 34.46 | 34.45 | 34.48 | 34.29 | 33.95 | 34.00 | 34.14 | 34.36 | 34.42 | 34.43 | 34.41 | 33.95 | 6.3 |
| 2011 | 34.42 | 34.51 | 34.53 | 34.26 | 34.01 | 33.41 | 33.39 | 33.56 | 34.19 | 34.45 | 34.43 | 34.38 | 33.39 | 7.3 |
| 2012 | 34.36 | 34.41 | 34.47 | 34.47 | 34.24 | 33.51 | 33.45 | 33.94 | 34.25 | 34.20 | 34.18 | 34.20 | 33.45 | 7.3 |
| 2013 | 34.28 | 34.38 | 34.28 | 33.99 | 33.76 | 33.45 | 33.43 | 34.08 | 33.87 | 33.71 | 33.72 | 33.80 | 33.43 | 7.1 |
| 2014 | 33.82 | 33.86 | 33.81 | 33.56 | 33.34 | 32.90 | 32.69 | 32.69 | 32.64 | 32.93 | 33.03 | 33.06 | 32.64 | 9.12 |
| 2015 | 33.08 | 33.10 | 33.15 | 33.15 | 33.31 | 32.85 | 33.09 | 33.30 | 33.06 | 32.92 | 32.92 | 33.15 | 32.85 | 6.23 |
| 2016 | 33.28 | 33.41 | 33.34 | 33.25 | 33.03 | 32.44 | 32.51 | 34.05 | 33.97 | 34.04 | 34.22 | 34.16 | 32.44 | 6.22 |
| 2017 | 34.39 | 34.37 | 34.28 | 34.30 | 34.20 | 33.64 | 33.54 | 34.32 | 34.34 | 34.39 | 34.34 | 34.34 | 33.54 | 7.6 |
| 2018 | 34.35 | 34.37 | 34.29 | 34.30 | 34.28 | 33.75 | 33.47 | 33.52 | 34.50 | 34.54 | 34.54 | 34.47 | 33.47 | 7.28 |
| 历年最低 | 湖干 | 湖干 | 湖干 | 湖干 | 湖干 | 湖干 | 湖干 | 湖干 | 湖干 | 湖干 | 湖干 | 湖干 | 湖干 | |
| 出现年份 | 1989 | 1990 | 2003 | 2003 | 2003 | 1993 | 2002 | 2002 | 1988 | 1988 | 1988 | 1988 | 1988 | |

## 表 2-8(f) 沂沭泗流域主要站历年各月最低水位统计表(六)

下级湖:微山站 单位:m

| 年份 | 1月 | 2月 | 3月 | 4月 | 5月 | 6月 | 7月 | 8月 | 9月 | 10月 | 11月 | 12月 | 年最低 | 月.日 |
|---|---|---|---|---|---|---|---|---|---|---|---|---|---|---|
| 1952 | | | | | | | 30.80 | 30.70 | 30.72 | 30.65 | 30.60 | 30.74 | 30.60 | 11.8 |
| 1953 | 30.95 | 31.01 | 30.89 | 30.84 | 30.66 | 30.59 | 30.60 | 31.48 | 33.59 | 33.28 | 33.04 | 32.81 | 30.59 | 6.21 |
| 1954 | 32.68 | 32.43 | 32.20 | 31.84 | 31.59 | 31.30 | 31.16 | 31.14 | 31.28 | 31.66 | 32.03 | 32.21 | 31.14 | 8.4 |
| 1955 | 32.23 | 32.22 | 32.13 | 31.84 | 31.47 | 31.14 | 31.14 | 31.93 | 32.16 | 32.47 | 32.65 | 32.58 | 31.14 | 6.23 |
| 1956 | 32.52 | 32.20 | 32.07 | 31.83 | 31.55 | 31.37 | 31.51 | 31.81 | 32.41 | 32.73 | 32.59 | 32.45 | 31.37 | 6.24 |
| 1957 | 32.30 | 32.15 | 31.90 | 31.69 | 31.40 | 31.18 | 31.16 | 35.70 | 35.03 | 34.45 | 34.01 | 33.58 | 31.16 | 7.6 |
| 1958 | 33.13 | 32.55 | 32.26 | 32.15 | 32.08 | 31.97 | 32.28 | 34.16 | 33.71 | 33.40 | 33.45 | 33.59 | 31.97 | 6.22 |
| 1959 | 33.68 | 33.65 | 33.56 | 33.29 | 32.78 | 32.55 | 32.49 | 32.28 | 32.26 | 32.11 | 32.17 | 32.17 | 32.11 | 10.31 |
| 1960 | 32.20 | 32.18 | 32.10 | 32.07 | 31.96 | 31.85 | 32.16 | 33.23 | 33.55 | — | 32.80 | 32.47 | 31.85 | 6.13 |
| 1961 | 32.31 | 32.11 | (33.19) | (32.96) | 31.72 | 31.68 | 31.82 | 32.46 | (32.87) | 32.32 | (33.20) | (33.17) | 31.68 | 6.14 |
| 1962 | 31.88 | 31.68 | 31.54 | 31.44 | 31.18 | 31.07 | 31.07 | 31.13 | 32.03 | 32.31 | 32.01 | 32.55 | 31.07 | 6.19 |
| 1963 | 31.89 | 31.61 | 31.38 | 31.51 | 31.57 | 31.67 | 31.57 | 33.02 | 33.42 | 32.30 | 32.08 | 32.04 | 31.38 | 3.21 |
| 1964 | 32.07 | 32.02 | 31.67 | 31.64 | 31.72 | 31.49 | 31.46 | 31.71 | 32.90 | 33.37 | 32.33 | 31.67 | 31.46 | 7.31 |
| 1965 | 31.66 | 31.73 | 31.66 | 31.52 | 31.45 | 31.33 | 31.24 | 32.85 | 32.42 | 32.34 | 32.34 | 32.31 | 31.24 | 7.6 |
| 1966 | 32.23 | 32.23 | 32.15 | 32.07 | 31.90 | 31.53 | 31.35 | 31.76 | 31.60 | 31.35 | 31.24 | 31.23 | 31.23 | 12.2 |
| 1967 | 31.20 | 31.19 | 31.19 | 31.19 | 31.05 | 30.84 | 31.01 | 31.20 | 31.83 | 32.58 | 32.51 | 32.48 | 30.84 | 6.26 |
| 1968 | 32.51 | 32.45 | 32.34 | 32.21 | 32.10 | 31.76 | 31.68 | 31.72 | 31.71 | 31.78 | 31.76 | 31.77 | 31.68 | 7.7 |
| 1969 | 31.81 | 31.87 | 31.77 | 31.76 | 31.60 | 31.33 | 31.27 | 31.66 | 31.91 | 32.80 | 32.52 | 32.48 | 31.27 | 7.7 |
| 1970 | 32.43 | 32.31 | 32.26 | 32.08 | 32.01 | 31.74 | 31.76 | 32.02 | 32.16 | 32.24 | 32.29 | 32.25 | 31.74 | 6.27 |
| 1971 | 32.39 | 32.36 | 32.33 | 32.25 | 31.85 | 31.76 | 32.22 | 32.19 | 32.26 | 32.50 | 32.34 | 32.30 | 31.76 | 6.28 |
| 1972 | 32.33 | 32.33 | 32.33 | 32.23 | 31.77 | 31.61 | 31.40 | 31.91 | 32.07 | 32.31 | 32.36 | 32.30 | 31.40 | 7.2 |
| 1973 | 32.42 | 32.39 | 32.28 | 32.23 | 32.05 | 31.66 | 31.60 | 32.07 | 32.22 | 32.47 | 32.33 | 32.20 | 31.60 | 7.8 |
| 1974 | 32.19 | 32.15 | 32.13 | 32.13 | 32.02 | 31.61 | 31.44 | 31.78 | 32.46 | 32.57 | 32.53 | 32.56 | 31.44 | 7.17 |
| 1975 | 32.32 | 32.35 | 32.44 | 32.27 | 32.22 | 31.70 | 31.66 | 32.07 | 32.38 | 32.22 | 32.34 | 32.38 | 31.66 | 7.5 |
| 1976 | 32.33 | 32.30 | 32.47 | 32.29 | 32.05 | 31.48 | 31.32 | 31.33 | 32.30 | 32.48 | 32.42 | 32.34 | 31.32 | 7.12 |

**表 2-8(f)(续)**

下级湖:微山站

单位:m

| 年份 | 1月 | 2月 | 3月 | 4月 | 5月 | 6月 | 7月 | 8月 | 9月 | 10月 | 11月 | 12月 | 年最低 | 月.日 |
|---|---|---|---|---|---|---|---|---|---|---|---|---|---|---|
| 1977 | 32.35 | 32.30 | 32.02 | 31.95 | 31.80 | 31.32 | 31.19 | 31.43 | 31.23 | 31.17 | 31.32 | 31.44 | 31.17 | 10.7 |
| 1978 | 31.50 | 31.74 | 31.64 | 31.22 | 30.84 | 30.55 | 30.58 | 32.51 | 32.58 | 32.43 | 32.38 | 32.35 | 30.55 | 6.23 |
| 1979 | 32.21 | 32.21 | 32.15 | 32.19 | 31.97 | 31.71 | 31.86 | 32.25 | 32.14 | 32.60 | 32.37 | 32.37 | 31.71 | 6.23 |
| 1980 | 32.44 | 32.52 | 32.39 | 32.23 | 31.97 | 31.67 | 31.51 | 31.93 | 32.45 | 32.45 | 32.43 | 32.32 | 31.51 | 7.18 |
| 1981 | 32.29 | 32.29 | 32.10 | 31.82 | 31.22 | 30.85 | 30.73 | 30.69 | 30.74 | 31.03 | 31.16 | 31.15 | 30.69 | 8.24 |
| 1982 | 31.01 | 31.00 | 30.88 | 30.79 | 30.59 | 30.39 | 30.34 | 30.66 | 30.98 | 31.42 | 31.82 | 31.90 | 30.34 | 7.11 |
| 1983 | 32.02 | 32.03 | 32.01 | 31.82 | 31.51 | 31.14 | 30.99 | 31.01 | 31.01 | 31.14 | 31.70 | 31.86 | 30.99 | 7.17 |
| 1984 | 31.84 | 31.78 | 31.64 | 31.55 | 31.39 | 31.30 | 31.28 | 31.71 | 32.15 | 32.33 | 32.45 | 32.48 | 31.28 | 7.4 |
| 1985 | 32.46 | 32.44 | 32.47 | 32.39 | 32.38 | 32.18 | 32.14 | 32.16 | 32.26 | 32.23 | 32.43 | 32.40 | 32.14 | 7.8 |
| 1986 | 32.42 | 32.39 | 32.36 | 32.11 | 31.96 | 31.58 | 31.38 | 31.53 | 31.62 | 31.54 | 31.59 | 31.58 | 31.38 | 7.16 |
| 1987 | 31.61 | 31.70 | 31.80 | 31.86 | 31.60 | 31.23 | 30.99 | 30.94 | 30.94 | 31.18 | 31.50 | 31.64 | 30.94 | 8.31 |
| 1988 | 31.90 | 31.82 | 31.76 | 31.75 | 31.53 | 31.00 | 30.75 | 31.12 | 30.97 | 30.88 | 30.96 | 30.84 | 30.75 | 7.13 |
| 1989 | 30.87 | 31.23 | 31.39 | 31.39 | 31.13 | 31.04 | 31.09 | 31.08 | 30.69 | 30.60 | 30.55 | 30.62 | 30.55 | 11.9 |
| 1990 | 30.57 | 30.71 | 31.05 | 31.20 | 30.99 | 30.80 | 30.73 | 31.07 | 31.75 | 31.72 | 31.66 | 31.80 | 30.57 | 1.6 |
| 1991 | 31.91 | 32.05 | 32.06 | 32.16 | 32.07 | 32.17 | 32.10 | 32.36 | 32.32 | 32.13 | 32.07 | 32.03 | 31.91 | 1.1 |
| 1992 | 32.06 | 32.14 | 32.20 | 32.22 | 32.07 | 31.24 | 30.94 | 31.42 | 31.44 | 32.09 | 32.20 | 32.22 | 30.94 | 7.11 |
| 1993 | 32.22 | 32.20 | 32.19 | 31.96 | 31.81 | 31.11 | 30.98 | 31.26 | 32.47 | 32.40 | 32.41 | 32.49 | 30.98 | 7.1 |
| 1994 | 32.49 | 32.49 | 32.43 | 32.35 | 32.05 | 31.50 | 31.39 | 31.43 | 31.80 | 32.39 | 32.48 | 32.55 | 31.39 | 7.12 |
| 1995 | 32.68 | 32.70 | 32.63 | 32.53 | 32.27 | 31.71 | 31.67 | 31.69 | 32.47 | 32.55 | 32.62 | 32.53 | 31.67 | 7.7 |
| 1996 | 32.45 | 32.41 | 32.29 | 32.24 | 31.96 | 31.58 | 31.59 | 31.58 | 31.55 | 31.76 | 31.87 | 32.27 | 31.55 | 9.5 |
| 1997 | 32.26 | 32.28 | 32.28 | 32.28 | 32.22 | 31.32 | 31.05 | 31.06 | 31.16 | 30.81 | 30.80 | 31.08 | 30.80 | 11.4 |
| 1998 | 31.26 | 31.52 | 31.71 | 31.91 | 32.06 | 31.81 | 31.81 | 31.98 | 32.50 | 32.38 | 32.32 | 32.31 | 31.26 | 1.1 |
| 1999 | 32.32 | 32.33 | 32.23 | 32.17 | 32.02 | 31.34 | 31.19 | 30.82 | 30.79 | 30.83 | 31.03 | 31.07 | 30.79 | 9.4 |
| 2000 | 31.02 | 31.00 | 30.91 | 30.52 | 30.00 | 湖干 | 29.97 | 31.26 | 31.41 | 31.47 | 31.63 | 31.72 | 湖干 | 6.2 |
| 2001 | 31.72 | 31.82 | 31.82 | 31.66 | 31.27 | 30.56 | 30.57 | 31.56 | 31.73 | 31.49 | 31.46 | 31.46 | 30.56 | 6.28 |

表 2-8(f)(续)

下级湖:微山站

单位:m

| 年份 | 1月 | 2月 | 3月 | 4月 | 5月 | 6月 | 7月 | 8月 | 9月 | 10月 | 11月 | 12月 | 年最低 | 月.日 |
|---|---|---|---|---|---|---|---|---|---|---|---|---|---|---|
| 2002 | 31.44 | 31.44 | 31.21 | 31.11 | 31.06 | 30.28 | 30.09 | 29.85 | 30.03 | 30.35 | 30.30 | 30.33 | 29.85 | 8.25 |
| 2003 | 30.62 | 30.70 | 30.70 | 31.01 | 31.08 | 30.72 | 30.89 | 32.36 | 32.93 | 32.96 | 32.97 | 32.84 | 30.62 | 1.1 |
| 2004 | 32.88 | 32.88 | 32.86 | 32.60 | 32.32 | 31.95 | 31.79 | 32.45 | 32.61 | 32.62 | 32.74 | 32.59 | 31.79 | 7.8 |
| 2005 | 32.61 | 32.59 | 32.61 | 32.45 | 32.07 | 31.63 | 31.80 | 32.38 | 32.63 | 32.46 | 32.71 | 32.51 | 31.63 | 6.26 |
| 2006 | 32.56 | 32.64 | 32.61 | 32.57 | 32.27 | 31.86 | 32.23 | 32.27 | 32.44 | 32.47 | 32.43 | 32.48 | 31.86 | 6.19 |
| 2007 | 32.59 | 32.57 | 32.56 | 32.33 | 32.02 | 31.53 | 32.09 | 32.40 | 32.48 | 32.48 | 32.50 | 32.51 | 31.53 | 6.2 |
| 2008 | 32.52 | 32.50 | 32.45 | 32.33 | 32.20 | 31.91 | 32.32 | 32.40 | 32.35 | 32.36 | 32.43 | 32.38 | 31.91 | 6.2 |
| 2009 | 32.35 | 32.24 | 32.24 | 32.12 | 32.05 | 31.69 | 31.62 | 32.23 | 32.40 | 32.34 | 32.33 | 32.30 | 31.62 | 7.5 |
| 2010 | 32.28 | 32.26 | 32.43 | 32.30 | 32.08 | 31.54 | 31.53 | 32.23 | 32.36 | 32.51 | 32.41 | 32.31 | 31.53 | 7.1 |
| 2011 | 32.26 | 32.06 | 32.12 | 32.03 | 31.81 | 31.25 | 31.11 | 31.22 | 31.93 | 32.51 | 32.53 | 32.56 | 31.11 | 7.18 |
| 2012 | 32.44 | 32.51 | 32.51 | 32.40 | 32.03 | 31.15 | 31.11 | 31.97 | 32.15 | 32.03 | 32.00 | 31.98 | 31.11 | 7.4 |
| 2013 | 32.00 | 31.99 | 31.98 | 31.99 | 31.84 | 31.52 | 31.52 | 32.34 | 32.15 | 32.05 | 32.01 | 31.98 | 31.52 | 6.30 |
| 2014 | 31.94 | 31.92 | 31.86 | 31.72 | 31.56 | 31.21 | 30.75 | 30.82 | 31.19 | 31.33 | 31.41 | 31.49 | 30.75 | 7.24 |
| 2015 | 31.45 | 31.39 | 31.32 | 31.31 | 31.34 | 31.03 | 31.31 | 31.31 | 31.19 | 31.22 | 31.31 | 31.54 | 31.03 | 6.23 |
| 2016 | 31.59 | 31.54 | 31.52 | 31.48 | 31.40 | 31.36 | 31.37 | 31.56 | 31.45 | 31.50 | 31.81 | 31.84 | 31.36 | 6.23 |
| 2017 | 32.00 | 32.29 | 32.34 | 32.34 | 31.75 | 31.39 | 31.35 | 32.45 | 32.64 | 32.58 | 32.40 | 32.33 | 31.35 | 7.6 |
| 2018 | 32.43 | 32.38 | 32.38 | 32.37 | 32.33 | 31.50 | 31.39 | 31.66 | 32.40 | 32.50 | 32.48 | 32.45 | 31.39 | 7.24 |
| 历年最低 | 30.57 | 30.70 | 30.70 | 30.52 | 30.00 | 湖干 | 29.97 | 29.85 | 30.03 | 30.35 | 30.30 | 30.33 | 湖干 | |
| 出现年份 | 1990 | 2003 | 2003 | 2000 | 2000 | 2000 | 2000 | 2002 | 2002 | 2002 | 2002 | 2002 | 2000 | |

**表 2-8(g)　沂沭泗流域主要站历年各月最低水位统计表(七)**

中运河:运河站　　　　单位:m

| 年份 | 1月 | 2月 | 3月 | 4月 | 5月 | 6月 | 7月 | 8月 | 9月 | 10月 | 11月 | 12月 | 年最低 | 月.日 |
|---|---|---|---|---|---|---|---|---|---|---|---|---|---|---|
| 1972 | 22.90 | 22.87 | 22.94 | 22.73 | 22.10 | 21.16 | 21.30 | 22.30 | 22.55 | 22.71 | 22.86 | 22.89 | 21.16 | 6.27 |
| 1973 | 22.89 | 23.02 | 22.98 | 22.74 | 22.80 | 22.19 | 22.16 | 22.29 | 22.50 | 22.95 | 22.67 | 22.35 | 22.16 | 7.3 |
| 1974 | 22.52 | 22.57 | 22.65 | 22.67 | 22.44 | 21.54 | 20.89 | 22.70 | 22.87 | 23.05 | 22.85 | 22.92 | 20.89 | 7.16 |
| 1975 | 23.04 | 22.93 | 22.76 | 22.89 | 22.51 | 21.41 | 21.32 | 22.21 | 22.18 | 23.11 | 23.21 | 23.22 | 21.32 | 7.3 |
| 1976 | 23.18 | 23.06 | 23.20 | 22.85 | 22.23 | 21.20 | 20.97 | 21.91 | 22.18 | 22.29 | 22.11 | 22.23 | 20.97 | 7.7 |
| 1977 | 22.24 | 21.90 | 21.31 | 21.32 | 21.39 | 19.46 | 19.38 | 22.52 | 22.52 | 22.59 | 22.75 | 23.10 | 19.38 | 7.6 |
| 1978 | 23.03 | 23.12 | 23.04 | 22.07 | 19.55 | 18.51 | 18.51 | 21.29 | 22.64 | 22.64 | 22.75 | 22.88 | 18.51 | 6.3 |
| 1979 | 23.02 | 23.04 | 22.95 | 22.99 | 22.16 | 21.35 | 21.62 | 22.16 | 22.12 | 22.87 | 22.87 | 22.74 | 21.35 | 6.2 |
| 1980 | 22.93 | 22.97 | 22.88 | 22.69 | 21.74 | 21.18 | 22.19 | 22.21 | 22.66 | 22.94 | 23.06 | 22.91 | 21.18 | 6.17 |
| 1981 | 22.82 | 22.84 | 22.79 | 22.44 | 20.76 | 19.12 | 20.59 | 20.79 | 19.99 | 20.50 | 20.85 | 21.08 | 19.12 | 6.23 |
| 1982 | 21.09 | 21.21 | 21.34 | 21.30 | 20.19 | 18.83 | 18.73 | 22.37 | 22.49 | 22.52 | 22.59 | 22.90 | 18.73 | 7.4 |
| 1983 | 23.01 | 22.93 | 22.78 | 22.36 | 21.81 | 20.62 | 20.33 | 21.77 | 21.69 | 21.97 | 22.77 | 22.78 | 20.33 | 7.18 |
| 1984 | 22.73 | 22.43 | 22.26 | 22.37 | 21.89 | 20.60 | 20.45 | 21.91 | 21.94 | 23.02 | 23.07 | 23.00 | 20.45 | 7.6 |
| 1985 | 22.99 | 23.04 | 23.00 | 22.80 | 22.79 | 22.15 | 22.01 | 22.39 | 23.03 | 23.11 | 23.08 | 23.00 | 22.01 | 7.4 |
| 1986 | 23.01 | 22.99 | 22.98 | 22.60 | 22.07 | 21.41 | 21.22 | 22.70 | 22.60 | 22.75 | 22.80 | 22.78 | 21.22 | 7.1 |
| 1987 | 22.80 | 22.87 | 22.92 | 22.86 | 22.21 | 21.07 | 20.89 | 21.54 | 22.15 | 22.80 | 23.10 | 23.03 | 20.89 | 7.5 |
| 1988 | 22.97 | 22.74 | 22.47 | 22.78 | 22.52 | 20.81 | 20.11 | 22.35 | 22.27 | 21.98 | 21.65 | 21.18 | 20.11 | 7.11 |
| 1989 | 21.23 | 21.65 | 21.94 | 22.22 | 21.70 | 21.47 | 22.00 | 21.34 | 20.69 | 20.62 | 20.61 | 20.92 | 20.61 | 11.2 |
| 1990 | 21.08 | 21.29 | 21.51 | 21.64 | 21.42 | 20.23 | 21.79 | 22.86 | 22.84 | 22.95 | 22.95 | 22.97 | 20.23 | 6.14 |
| 1991 | 22.99 | 23.03 | 23.05 | 22.87 | 22.46 | 22.62 | 22.36 | 22.03 | 22.05 | 22.61 | 22.55 | 22.64 | 22.03 | 8.29 |
| 1992 | 22.67 | 22.48 | 22.59 | 22.58 | 22.36 | 20.50 | 20.08 | 21.60 | 21.91 | 22.87 | 22.73 | 22.71 | 20.08 | 7.1 |
| 1993 | 22.74 | 22.78 | 22.68 | 22.39 | 22.01 | 20.49 | 20.45 | 22.43 | 23.10 | 23.07 | 23.06 | 23.07 | 20.45 | 7.5 |
| 1994 | 23.07 | 23.03 | 23.02 | 23.02 | 22.33 | 20.60 | 20.82 | 20.52 | 22.74 | 22.96 | 23.05 | 23.08 | 20.52 | 8.2 |
| 1995 | 23.05 | 22.98 | 22.91 | 22.69 | 22.09 | 20.52 | 20.69 | 22.84 | 23.22 | 23.19 | 23.03 | 22.96 | 20.52 | 6.21 |
| 1996 | 22.88 | 22.95 | 22.85 | 22.71 | 22.01 | 20.88 | 22.05 | 22.12 | 21.99 | 22.70 | 23.11 | 23.33 | 20.88 | 6.18 |

**表 2-8(g)(续)**

中运河:运河站

单位:m

| 年份 | 1月 | 2月 | 3月 | 4月 | 5月 | 6月 | 7月 | 8月 | 9月 | 10月 | 11月 | 12月 | 年最低 | 月.日 |
|---|---|---|---|---|---|---|---|---|---|---|---|---|---|---|
| 1997 | 23.23 | 22.94 | 22.96 | 23.01 | 22.75 | 20.39 | 20.67 | 21.34 | 22.44 | 21.75 | 21.56 | 21.72 | 20.39 | 6.27 |
| 1998 | 22.04 | 22.36 | 22.73 | 23.05 | 23.24 | 21.99 | 22.19 | 22.67 | 23.16 | 23.07 | 23.05 | 22.95 | 21.99 | 6.29 |
| 1999 | 22.73 | 22.52 | 22.30 | 21.98 | 21.72 | 20.26 | 20.46 | 20.15 | 20.32 | 21.19 | 22.10 | 22.20 | 20.15 | 8.25 |
| 2000 | 22.18 | 22.42 | 22.32 | 21.99 | 21.71 | 20.26 | 21.14 | 22.24 | 22.96 | 23.06 | 23.35 | 23.39 | 20.26 | 6.24 |
| 2001 | 23.34 | 23.37 | 23.20 | 22.58 | 22.07 | 20.54 | 20.50 | 23.07 | 22.55 | 22.20 | 22.18 | 22.23 | 20.50 | 7.9 |
| 2002 | 22.55 | 22.50 | 22.29 | 22.27 | 22.46 | 21.66 | 21.23 | 21.26 | 21.10 | 21.50 | 21.62 | 21.84 | 21.10 | 9.14 |
| 2003 | 22.17 | 22.32 | 22.29 | 22.35 | 22.39 | 21.80 | 22.47 | 23.07 | 23.17 | 23.22 | 23.13 | 23.23 | 21.80 | 6.22 |
| 2004 | 23.08 | 22.94 | 22.68 | 22.41 | 22.45 | 21.65 | 21.52 | 22.60 | 23.04 | 23.02 | 22.97 | 22.95 | 21.52 | 7.5 |
| 2005 | 22.99 | 22.85 | 22.87 | 22.78 | 22.31 | 21.43 | 21.67 | 22.58 | 22.61 | 22.89 | 22.95 | 22.83 | 21.43 | 6.27 |
| 2006 | 22.81 | 22.80 | 22.83 | 22.54 | 22.27 | 21.40 | 21.88 | 22.04 | 22.44 | 22.12 | 22.01 | 22.17 | 21.40 | 6.28 |
| 2007 | 22.04 | 22.04 | 22.35 | 22.32 | 22.16 | 21.21 | 22.30 | 22.51 | 22.80 | 22.88 | 22.51 | 22.42 | 21.21 | 6.2 |
| 2008 | 22.39 | 22.28 | 22.07 | 22.18 | 22.35 | 22.01 | 22.31 | 22.45 | 22.80 | 23.09 | 22.90 | 22.74 | 22.01 | 6.2 |
| 2009 | 22.67 | 22.42 | 22.40 | 22.45 | 22.22 | 21.75 | 21.73 | 22.63 | 22.60 | 22.54 | 22.53 | 22.85 | 21.73 | 7.9 |
| 2010 | 22.81 | 22.80 | 22.65 | 22.51 | 22.56 | 21.71 | 21.47 | 21.58 | 22.95 | 22.66 | 22.21 | 21.82 | 21.47 | 7.1 |
| 2011 | 21.95 | 21.65 | 21.67 | 21.59 | 21.50 | 20.44 | 20.31 | 21.72 | 23.05 | 23.14 | 23.18 | 23.16 | 20.31 | 7.4 |
| 2012 | 22.97 | 22.86 | 22.87 | 22.92 | 22.45 | 20.98 | 20.98 | 21.76 | 22.87 | 22.90 | 22.82 | 22.83 | 20.98 | 6.30 |
| 2013 | 23.02 | 23.13 | 23.09 | 22.63 | 22.49 | 21.90 | 21.86 | 22.60 | 22.34 | 23.06 | 23.00 | 22.90 | 21.86 | 7.3 |
| 2014 | 22.67 | 22.61 | 22.44 | 22.47 | 22.62 | 21.51 | 20.61 | 21.04 | 21.98 | 22.02 | 22.14 | 22.22 | 20.61 | 7.25 |
| 2015 | 22.16 | 22.04 | 22.13 | 22.78 | 22.70 | 21.70 | 21.70 | 21.72 | 21.61 | 21.49 | 21.71 | 22.82 | 21.49 | 10.1 |
| 2016 | 23.13 | 23.11 | 22.82 | 22.42 | 22.60 | 21.86 | 21.99 | 22.02 | 21.23 | 21.23 | 22.49 | 23.38 | 21.23 | 9.28 |
| 2017 | 23.31 | 23.22 | 22.94 | 22.80 | 22.72 | 21.18 | 21.13 | 23.01 | 23.13 | 23.25 | 23.09 | 22.91 | 21.13 | 7.6 |
| 2018 | 22.91 | 23.06 | 23.18 | 22.95 | 22.39 | 21.58 | 21.71 | 22.16 | 22.56 | 22.76 | 22.60 | 22.53 | 21.58 | 6.26 |
| 历年最低 | 21.08 | 21.21 | 21.31 | 21.30 | 19.55 | 18.51 | 18.51 | 20.15 | 19.99 | 20.50 | 20.61 | 20.92 | 18.51 | |
| 出现年份 | 1990 | 1982 | 1977 | 1982 | 1978 | 1978 | 1978 | 1999 | 1981 | 1981 | 1989 | 1989 | 1978 | |

注:本站即为1980年前的运河(铁、铁下)站。1972年以前,由于水尺断面变化频繁,水位未列。

**表 2-9(a)　沂沭泗流域主要站历年各月最大流量统计表(一)**

沂河:临沂站　　　　单位:$m^3 \cdot s^{-1}$

| 年份 | 1月 | 2月 | 3月 | 4月 | 5月 | 6月 | 7月 | 8月 | 9月 | 10月 | 11月 | 12月 | 年最大 | 月.日 |
|---|---|---|---|---|---|---|---|---|---|---|---|---|---|---|
| 1951 | 59.0 | 49.7 | 25.6 | 14.8 | 824 | 101 | 783 | 5 840 | 122 | 46.6 | 14.8 | 13.4 | 5 840 | 8.8 |
| 1952 | | | | 14.1 | 9.6 | 1 010 | 1 760 | 1 110 | 294 | 102 | 98.6 | 143 | 1 760 | 7.2 |
| 1953 | 54.1 | 41.3 | 38.2 | 20.8 | 126 | 3 350 | 4 000 | 6 000 | 94.4 | 69.9 | 57.4 | 24.8 | 6 000 | 8.4 |
| 1954 | 21.4 | 19.4 | 34.2 | 22.3 | 24.2 | 60.6 | 76.5 | 4 870 | 445 | 341 | 70.5 | 82.7 | 4 870 | 8.13 |
| 1955 | 55.2 | 72.2 | 36.5 | 13.2 | 14.8 | 11.6 | 6 200 | 1 860 | 854 | 63.6 | 25.0 | 30.5 | 6 200 | 7.11 |
| 1956 | 19.6 | 18.6 | 16.7 | 30.8 | 56.7 | 2 150 | 1 800 | 1 760 | 10 400 | 96.6 | 48.3 | 77.8 | 10 400 | 9.6 |
| 1957 | 29.4 | 31.0 | 36.3 | 33.8 | 19.9 | 27.5 | 15 400 | 529 | 109 | 25.3 | 28.2 | 20.9 | 15 400 | 7.19 |
| 1958 | 16.8 | 20.5 | 11.7 | 30.8 | 20.5 | 7.70 | 2 970 | 4 230 | 301 | 106 | 181 | 46.4 | 4 230 | 8.18 |
| 1959 | 33.3 | 25.2 | 31.6 | 59 | 94.5 | 465 | 478 | 514 | 152 | 20.6 | 23.6 | 18.9 | 514 | 8.27 |
| 1960 | 22.8 | 12.6 | 0.45 | 4.17 | 10.6 | 2 220 | 5 360 | 12 100 | 1 490 | 115 | 56.5 | 38.0 | 12 100 | 8.17 |
| 1961 | 25.8 | 116 | 99.9 | 59.8 | 92.2 | 516 | 1 960 | 985 | 915 | 111 | 73.2 | 35.3 | 1 960 | 7.6 |
| 1962 | 39.7 | 42.8 | 12.8 | 17.8 | 17.5 | 293 | 2 790 | 3 530 | 473 | 477 | 1 100 | 162 | 3 530 | 8.7 |
| 1963 | 104 | 62.4 | 33.8 | 54.7 | 331 | 227 | 9 090 | 2 910 | 810 | 58.4 | 27.2 | 25.6 | 9 090 | 7.2 |
| 1964 | 49.0 | 18.0 | 22.8 | 505 | 236 | 371 | 2 460 | 3 250 | 1 740 | 426 | 79.0 | 33.2 | 3 250 | 8.1 |
| 1965 | 26.9 | 25.1 | 13.2 | 28.6 | 54.0 | 34.1 | 3 230 | 2 360 | 119 | 11.0 | 15.4 | 9.59 | 3 230 | 7.22 |
| 1966 | 14.0 | 10.3 | 26.0 | 58.1 | 56.4 | 266 | 2 180 | 292 | 108 | 13.9 | 6.25 | 1.00 | 2 180 | 7.22 |
| 1967 | 2.14 | 6.60 | 1.31 | 81.5 | 53.8 | 340 | 909 | 275 | 1 330 | 36.3 | 21.8 | 21.8 | 1 330 | 9.3 |
| 1968 | 24.9 | 21.3 | 21.3 | 36.5 | 31.6 | 91.5 | 287 | 84.7 | 53.6 | 49.9 | 8.00 | 9.70 | 287 | 7.21 |
| 1969 | 3.44 | 9.63 | 17.0 | 24.3 | 45.1 | 45.1 | 183 | 451 | 979 | 586 | 25.9 | 28.8 | 979 | 9.3 |
| 1970 | 14.9 | 10.2 | 10.2 | 17.1 | 43.7 | 70.6 | 5 950 | 1 920 | 741 | 68 | 41.3 | 48.2 | 5 950 | 7.26 |
| 1971 | 25.9 | 30.2 | 45.0 | 26 | 62.5 | 1 240 | 4 920 | 4 450 | 748 | 44.6 | 29.1 | 34.3 | 4 920 | 7.1 |
| 1972 | 16.9 | 11.0 | 14.5 | 60.8 | 237 | 81.2 | 401 | 693 | 786 | 15.8 | 19.2 | 14.9 | 786 | 9.7 |
| 1973 | 14.8 | 10.5 | 12.6 | 33.3 | 224 | 166 | 3 170 | 356 | 126 | 47.0 | 10.7 | 8.34 | 3 170 | 7.29 |
| 1974 | 9.68 | 5.14 | 6.59 | 20.4 | 38.0 | 121 | 1 710 | 10 600 | 131 | 61.7 | 24.0 | 34.5 | 10 600 | 8.14 |
| 1975 | 119 | 382 | 18.4 | 267 | 112 | 176 | 1 190 | 442 | 940 | 68.8 | 43.4 | 29.3 | 1 190 | 7.1 |

**表 2-9(a)(续)**

沂河:临沂站

单位:$m^3 \cdot s^{-1}$

| 年份 | 1月 | 2月 | 3月 | 4月 | 5月 | 6月 | 7月 | 8月 | 9月 | 10月 | 11月 | 12月 | 年最大 | 月.日 |
|---|---|---|---|---|---|---|---|---|---|---|---|---|---|---|
| 1976 | 26.2 | 47.9 | 28.9 | 26.6 | 31.0 | 124 | 837 | 1 050 | 72.7 | 20.3 | 13.3 | 25.3 | 1 050 | 8.19 |
| 1977 | 6.47 | 4.39 | 18.4 | 20.9 | 13.4 | 12.8 | 434 | 318 | 45.2 | 362 | 97.8 | 23.0 | 434 | 7.2 |
| 1978 | 21.8 | 18.5 | 10.6 | 14.0 | 18.2 | 49.5 | 1 690 | 775 | 29.5 | 24.2 | 14.3 | 26.4 | 1 690 | 7.14 |
| 1979 | 18.1 | 12.7 | 14.4 | 33.0 | 14.5 | 320 | 782 | 734 | 309 | 35.2 | 23.8 | 18.9 | 782 | 7.1 |
| 1980 | 23.6 | 23.6 | 19.5 | 51.0 | 54.0 | 2 510 | 1 430 | 545 | 872 | 125 | 41.5 | 51.7 | 2 510 | 6.17 |
| 1981 | 37.5 | 25.3 | 24.1 | 28.6 | 28.9 | 45.0 | 876 | 61.3 | 15.5 | 31.5 | 13.6 | 10.4 | 876 | 7.26 |
| 1982 | 6.42 | 1.94 | 2.57 | 27.6 | 0.76 | 40.4 | 1 100 | 1 500 | 15.0 | 73.7 | 23.7 | 24.2 | 1 500 | 8.1 |
| 1983 | 8.27 | 7.89 | 16.2 | 24.5 | 44.4 | 41.1 | 95.2 | 8.09 | 43.9 | 48.4 | 13.9 | 9.65 | 95.2 | 7.2 |
| 1984 | 3.45 | 2.42 | 24.4 | 3.57 | 0.72 | 44.1 | 672 | 496 | 157 | 146 | 45.7 | 33.0 | 672 | 7.12 |
| 1985 | 26.2 | 11.2 | 9.23 | 9.23 | 48.8 | 137 | 1 260 | 515 | 1 230 | 428 | 61.2 | 62.3 | 1 260 | 7.16 |
| 1986 | 47.0 | 29.4 | 59.8 | 18.0 | 33.4 | 125 | 149 | 640 | 22.2 | 43.7 | 13.3 | 9.92 | 640 | 8.2 |
| 1987 | 11.5 | 9.42 | 7.05 | 13.8 | 43.4 | 114 | 199 | 342 | 656 | 235 | 37.8 | 16.2 | 656 | 9.5 |
| 1988 | 12.5 | 9.14 | 13.1 | 2.39 | 20.2 | 26.3 | 1 410 | 63.3 | 5.74 | 9.59 | 4.57 | 6.25 | 1 410 | 7.16 |
| 1989 | 10.0 | 6.63 | 12.7 | 0.74 | 1.99 | 319 | 13.8 | 4.99 | 1.02 | 0.82 | 0.44 | 0.35 | 319 | 6.13 |
| 1990 | 0.36 | 1.81 | 2.06 | 0.28 | 29.2 | 321 | 963 | 5 520 | 506 | 51.1 | 33.7 | 24.3 | 5 520 | 8.16 |
| 1991 | 30.4 | 17.1 | 22.6 | 25.7 | 30.0 | 3 050 | 7 590 | 585 | 67.0 | 20.5 | 20.5 | 17.3 | 7 590 | 7.25 |
| 1992 | 11.4 | 10.1 | 11.4 | 9.45 | 5.46 | 54.6 | 231 | 17.2 | 187 | 25.0 | 8.13 | 3.79 | 231 | 7.24 |
| 1993 | 7.31 | 9.50 | 8.40 | 2.01 | 23.0 | 48.6 | 1 010 | 8 140 | 27.0 | 22.7 | 288 | 43.1 | 8 140 | 8.5 |
| 1994 | 27.0 | 16.3 | 32.3 | 33.9 | 21.8 | 78.7 | 313 | 2 060 | 829 | 144 | 32.5 | 35.2 | 2 060 | 8.9 |
| 1995 | 11.8 | 9.12 | 14.9 | 10.9 | 26.2 | 33.3 | 164 | 2 880 | 752 | 57.8 | 52.8 | 25.8 | 2 880 | 8.23 |
| 1996 | 22.4 | 7.50 | 17.5 | 25.5 | 19.7 | 219 | 542 | 1 790 | 24.9 | 20.8 | 24.1 | 16.0 | 1 790 | 8.7 |
| 1997 | 14.9 | 14.9 | 30.7 | 11.9 | 48.4 | 58.5 | 32.6 | 6 510 | 67.1 | 15.0 | 58.7 | 11.6 | 6 510 | 8.2 |
| 1998 | 11.6 | 6.69 | 13.6 | 139 | 208 | 140 | 1 450 | 4 870 | 521 | 87.8 | 50.0 | 45.2 | 4 870 | 8.15 |
| 1999 | 38.0 | 18.8 | 7.67 | 19.6 | 29.7 | 80.1 | 102 | 31.4 | 31.4 | 22.3 | 28.0 | 1.16 | 102 | 7.9 |
| 2000 | 1.24 | 1.31 | 14.5 | 6.59 | 0.48 | 774 | 580 | 1 800 | 1 760 | 64.4 | 35.5 | 25.6 | 1 800 | 8.31 |

**表 2-9(a)(续)**

沂河：临沂站　　单位：$m^3 \cdot s^{-1}$

| 年份 | 1月 | 2月 | 3月 | 4月 | 5月 | 6月 | 7月 | 8月 | 9月 | 10月 | 11月 | 12月 | 年最大 | 月.日 |
|---|---|---|---|---|---|---|---|---|---|---|---|---|---|---|
| 2001 | 22.7 | 95.4 | 64.9 | 11.1 | 1.18 | 144 | 2 250 | 1 790 | 47.4 | 24.8 | 14.8 | 22.2 | 2 250 | 7.31 |
| 2002 | 14.4 | 14.4 | 1.75 | 180 | 134 | 108 | 166 | 8.36 | 0.43 | 0.28 | 0.28 | 0.19 | 180 | 4.19 |
| 2003 | 0.12 | 0.12 | 0.38 | 0.38 | 294 | 2 220 | 1 140 | 1 710 | 1 580 | 726 | 169 | 67.1 | 2 220 | 6.23 |
| 2004 | 33.7 | 93.8 | 31.1 | 15.4 | 31.1 | 109 | 1 380 | 1 570 | 1 230 | 148 | 32.7 | 52.2 | 1 570 | 8.5 |
| 2005 | 9.77 | 77.0 | 65.5 | 30.0 | 237 | 1 960 | 1 180 | 1 070 | 5 030 | 1 050 | 150 | 49.1 | 5 030 | 9.2 |
| 2006 | 31.1 | 60.5 | 24.7 | 128 | 91.5 | 97.8 | 220 | 1 460 | 380 | 39.4 | 22.2 | 23.2 | 1 460 | 8.29 |
| 2007 | 23.2 | 27.6 | 21.3 | 156 | 17.0 | 542 | 653 | 1 510 | 408 | 119 | 59.0 | 75.6 | 1 510 | 8.19 |
| 2008 | 21.6 | 15.2 | 237 | 213 | 52.2 | 97.7 | 2 540 | 1 320 | 278 | 108 | 80.0 | 86.5 | 2 540 | 7.24 |
| 2009 | 126 | 51.3 | 163 | 216 | 192 | 16.6 | 4 640 | 3 530 | 147 | 51.6 | 51.6 | 47.0 | 4 640 | 7.21 |
| 2010 | 26.0 | 12.0 | 20.0 | 197 | 13.0 | 13.0 | 641 | 470 | 483 | 30.5 | 30.0 | 31.3 | 641 | 7.18 |
| 2011 | 80.0 | 1.00 | 12.0 | 1.00 | 30.0 | 180 | 444 | 1 010 | 2 300 | 190 | 73.9 | 163 | 2 300 | 9.16 |
| 2012 | 290 | 49.0 | 108 | 72.5 | 80.3 | 136 | 8 050 | 1 380 | 660 | 154 | 160 | 120 | 8 050 | 7.10 |
| 2013 | 20.0 | 18.0 | 32.0 | 30.0 | 940 | 250 | 630 | 700 | 400 | 30.0 | 30.0 | 20.0 | 940 | 5.28 |
| 2014 | 14.0 | 18.4 | 45.0 | 1.0 | 30.0 | 114.0 | 56.0 | 50.0 | 1.0 | 1.0 | 1.0 | 1.0 | 114.0 | 6.10 |
| 2015 | 1.0 | 1.0 | 1.0 | 1.0 | 1.0 | 1.0 | 1.0 | 950.0 | 1.0 | 1.0 | 18.0 | 1.0 | 950.0 | 8.9 |
| 2016 | 86.0 | 0.0 | 0.0 | 0.0 | 0.0 | 16.7 | 37.6 | 52.6 | 8.3 | 11.7 | 20.0 | 20.2 | 835.0 | 7.22 |
| 2017 | 25.5 | 28.1 | 25.6 | 116.0 | 100.0 | 12.7 | 994.0 | 338.0 | 155.0 | 29.8 | 296.0 | 22.1 | 994.0 | 7.16 |
| 2018 | 21.6 | 26.9 | 5.45 | 26.6 | 54.9 | 40 | 142 | 3 220 | 117 | 53.8 | 27.2 | 62.9 | 3 220 | 8.20 |
| 历年最大 | 290 | 382 | 108 | 505 | 940 | 3 350 | 15 400 | 12 100 | 5 030 | 1 050 | 1 100 | 163 | 15 400 | |
| 出现年份 | 2012 | 1975 | 2012 | 1964 | 2013 | 1953 | 1957 | 1960 | 2005 | 2005 | 1962 | 2011 | 1957 | |

### 表 2-9(b) 沂沭泗流域主要站历年各月最大流量统计表(二)

新沂河:沭阳站 单位:$m^3 \cdot s^{-1}$

| 年份 | 1月 | 2月 | 3月 | 4月 | 5月 | 6月 | 7月 | 8月 | 9月 | 10月 | 11月 | 12月 | 年最大 | 月.日 |
|---|---|---|---|---|---|---|---|---|---|---|---|---|---|---|
| 1950 | | | | | | | (924) | 2 550 | (162) | | | | 2 550 | 8.2 |
| 1951 | | | | | | | | | | | | | | |
| 1952 | | | | | | | 131 | 250 | (235) | | | | 250 | 8.25 |
| 1953 | | | | | | | 830 | 1 390 | | | | | 1 390 | 8.5 |
| 1954 | | | | | | | | | | | | | | |
| 1955 | | | | | | | | 579 | | | | | 579 | 8.3 |
| 1956 | | | | | | 602 | 965 | 481 | 2 660 | 18.9 | | | 2 660 | 9.7 |
| 1957 | | | | | | | 3 710 | 1 330 | 173 | | | | 3 710 | 7.21 |
| 1958 | | | | | | | 1 040 | 1 580 | 691 | | | | 1 580 | 8.2 |
| 1959 | | | | | | | 285 | 231.0 | 330 | | | | 330 | 9.1 |
| 1960 | | | | | | 380 | 2 060 | 2 330 | 1 370 | 109 | | | 2 330 | 8.19 |
| 1961 | | | | | | 22.1 | 1 370 | 263 | 1 240 | | | | 1 370 | 7.6 |
| 1962 | | | | | | | 1 240 | 1 880 | 781 | 266 | 14.3 | | 1 880 | 8.9 |
| 1963 | | | | | 1 150 | 278 | 4 150 | 4 080 | 2 840 | 10.5 | 7.95 | | 4 150 | 7.21 |
| 1964 | | | 10.5 | 72.1 | 8.61 | 3.87 | 681 | 1 640 | 2 220 | 47.3 | 15.3 | | 2 220 | 9.2 |
| 1965 | | | | | | 66.2 | 2 660 | 3 410 | 972 | | | | | |
| 1966 | | | | 31.9 | 18.2 | 21.6 | 2 360 | 52.0 | 11.4 | | | | 2 360 | 7.27 |
| 1967 | | | | 10.2 | 15.8 | 37.8 | 41.6 | 37.3 | 39.2 | | | | 41.6 | 7.6 |
| 1968 | | | | | | | 1 000 | | | | | | 1 000 | 7.18 |
| 1969 | | | | | | | 1 440 | 308 | 650 | 2 890 | | | 2 890 | 10.2 |
| 1970 | | | | | | | 4 840 | 4 000 | 1 760 | | | | 4 840 | 7.28 |
| 1971 | | | | | | 3 310 | 4 620 | 4 620 | 3 580 | | | | 4 620 | 7.3 |
| 1972 | | | | | | | 4 000 | 270 | 1 690 | | | | 4 000 | 7.6 |
| 1973 | | | | | | | 3 030 | 2 880 | | | | | 3 030 | 7.18 |
| 1974 | | | | | | | 2 690 | 6 900 | 464 | | | | 6 900 | 8.16 |

**表 2-9(b)(续)**

新沂河:沭阳站

单位:$m^3 \cdot s^{-1}$

| 年份 | 1月 | 2月 | 3月 | 4月 | 5月 | 6月 | 7月 | 8月 | 9月 | 10月 | 11月 | 12月 | 年最大 | 月.日 |
|---|---|---|---|---|---|---|---|---|---|---|---|---|---|---|
| 1975 | | | | | | | 2 260 | 2 500 | 3 010 | | | | 3 010 | 9.21 |
| 1976 | | | | | | | 1 120 | 1 500 | 899 | | | | 1 500 | 8.21 |
| 1977 | | | | | | | 1 240 | 455 | 221 | | | | 1 240 | 7.12 |
| 1978 | | | | | 46.5 | 40.0 | 36.4 | 220 | 17.3 | | | | 220 | 8.18 |
| 1979 | | | | | 25.4 | 27.2 | 3 090 | 3 020 | 1 590 | | | | 3 090 | 7.2 |
| 1980 | | | | | 75.4 | 704 | 1 080 | 1 490 | 811 | | | | 1 490 | 8.29 |
| 1981 | | | | | 46.4 | 261 | 53.5 | 26.2 | 24.6 | | | | 261 | 6.28 |
| 1982 | | | | | 0 | 0 | 2 040 | 2 320 | 73.2 | | | | 2 320 | 8.11 |
| 1983 | | | | | 24 | 0 | 2 060 | 163 | 113 | | | | 2 060 | 7.22 |
| 1984 | | | | | 0 | 32.4 | 2 870 | 524 | 971 | 1 150 | | | 2 870 | 7.29 |
| 1985 | | | | | 0 | 0 | 934 | 105 | 1 090 | 1 000 | | | 1 090 | 9.29 |
| 1986 | | | | | 0 | 0 | 1 770 | 1 300 | 136 | | | | 1 770 | 7.28 |
| 1987 | | | | | 31.6 | 66.0 | 594 | 165 | 328 | | | | 594 | 7.6 |
| 1988 | | | | | 27.5 | 29.5 | 160 | 43.1 | 61.1 | | | | 160 | 7.19 |
| 1989 | | | | | 25.3 | 758 | 467 | 315 | 28.6 | | | | 758 | 6.8 |
| 1990 | | | | | 34.4 | 168 | 1 670 | 4 880 | 725 | | | | 4 880 | 8.6 |
| 1991 | | | | 18.5 | 31.6 | 421 | 3 730 | 1 710 | 177 | 24.8 | | | 3 730 | 7.17 |
| 1992 | | | | | 150 | 0 | 390 | 474 | 428 | | | | 474 | 8.13 |
| 1993 | | | | | 29.8 | 50.4 | 77.7 | 4 560 | 26.0 | | | | 4 560 | 8.6 |
| 1994 | | | | | 31.3 | 26.6 | 388 | 12.6 | 26.4 | | | | 388 | 7.19 |
| 1995 | | | | | 30.1 | 52.4 | 675 | 2 830 | 839 | | | | 2 830 | 8.23 |
| 1996 | | | | | 29.6 | 1 010 | 2 560 | 505 | 162 | | | | 2 560 | 7.21 |
| 1997 | | | | | 27.1 | 64.7 | 546 | 1 350 | 25.1 | | | | 1 350 | 8.22 |
| 1998 | | | | | 205 | 327 | 648 | 4 220 | 905 | | | | 4 220 | 8.15 |
| 1999 | | | | | 30.3 | 26.8 | 25.5 | 9.95 | 214 | | | | 214 | 9.7 |

**表 2-9(b)(续)**

新沂河:沭阳站

单位:$m^3 \cdot s^{-1}$

| 年份 | 1月 | 2月 | 3月 | 4月 | 5月 | 6月 | 7月 | 8月 | 9月 | 10月 | 11月 | 12月 | 年最大 | 月.日 |
|---|---|---|---|---|---|---|---|---|---|---|---|---|---|---|
| 2000 | | | | | 23.4 | 322 | 1 770 | 1 440 | 1 650 | | | | 1 770 | 7.24 |
| 2001 | | | | | 25.1 | 23.8 | 595 | 2 330 | 0 | | | | 2 330 | 8.5 |
| 2002 | | | | | 24.4 | 35.6 | 481 | 78.6 | 28.6 | | | | 481 | 7.25 |
| 2003 | | | | | 110 | 489 | 4 880 | 3 310 | 3 420 | | | | 4 880 | 7.17 |
| 2004 | | | | | 23.6 | 39.4 | 1 720 | 1 960 | 2 720 | | | | 2 720 | 9.24 |
| 2005 | | | | | 30.1 | 42.6 | 2 570 | 3 360 | 4 310 | 3 890 | | | 4 310 | 9.23 |
| 2006 | | | | | 40.9 | 55.8 | 2 840 | 1 780 | 1 780 | | | | 2 840 | 7.5 |
| 2007 | | | | | | 328 | 3 900 | 2 980 | 1 960 | | | | 3 900 | 7.7 |
| 2008 | | | | | 53.6 | 370 | 4 760 | 3 690 | 810 | | | | 4 760 | 7.26 |
| 2009 | | | | | 31.0 | 101 | 2 930 | 2 150 | 214 | | | | 2 930 | 7.23 |
| 2010 | | | | | 100 | 91.9 | 1 440 | 231 | 3 010 | | | | 3 010 | 9.9 |
| 2011 | | | | | 46.8 | 20.5 | 213 | 2 510 | 2 100 | | | | 2 510 | 8.30 |
| 2012 | | | | | 26.2 | 83.2 | 3 610 | 128 | 1 090 | | | | 3 610 | 7.11 |
| 2013 | | | | | 30.2 | 84.0 | 1 240 | 891 | 80.2 | | | | 1 240 | 7.23 |
| 2014 | | | | | 41.1 | 78.7 | 135 | 132 | 204 | | | | 204 | 9.19 |
| 2015 | | | | | 36.8 | 254 | 260 | 209 | 30.9 | | | | 260 | 7.30 |
| 2016 | | | | | 29.3 | 520 | 213 | 68.2 | 29.4 | | | | 520 | 6.26 |
| 2017 | | | | | 30.4 | 155 | 465 | 1 650 | 336 | | | | 1 650 | 8.4 |
| 2018 | | | | | 198 | 234 | 361 | 3 860 | 449 | | | | 3 860 | 8.21 |
| 历年最大 | | | 10.5 | 72.1 | 1 150 | 3 310 | 4 880 | 6 900 | 4 310 | 3 890 | 15.3 | | 6 900 | |
| 出现年份 | | | 1964 | 1964 | 1963 | 1971 | 2003 | 1974 | 2005 | 2005 | 1964 | | 1974 | |

**表 2-9(c)　沂沭泗流域主要站历年各月最大流量统计表(三)**

新沭河:新沭河闸站　　　　单位:$m^3 \cdot s^{-1}$

| 年份 | 1月 | 2月 | 3月 | 4月 | 5月 | 6月 | 7月 | 8月 | 9月 | 10月 | 11月 | 12月 | 年最大 | 月.日 |
|---|---|---|---|---|---|---|---|---|---|---|---|---|---|---|
| 1953 | | | | | | (720) | 1 740 | 1 720 | (20.0) | | | | 1 740 | 7.27 |
| 1954 | 6.07 | 7.90 | 11.1 | 0 | 25.3 | 20.1 | 42.5 | 720 | 38.5 | 181 | 13.6 | 16.4 | 720 | 8.14 |
| 1955 | 5.52 | 5.96 | 5.40 | 2.00 | 1.27 | 42.3 | 1 410 | 657 | 183 | 13.4 | 3.33 | 2.61 | 1 410 | 7.11 |
| 1956 | 1.92 | 3.66 | 6.26 | 32.2 | 44.5 | 1 460 | 764 | 1 090 | 2 430 | 14.0 | 13.1 | 7.58 | 2 430 | 9.5 |
| 1957 | 5.72 | 16.6 | 23.1 | 12.2 | 9.55 | 25.9 | 2 950 | 375 | 13.6 | 3.00 | 10.1 | 10.1 | 2 950 | 7.11 |
| 1958 | 5.14 | 5.14 | 4.61 | 5.34 | 3.79 | 22.8 | 926 | 1 050 | 73.8 | 24.5 | 88.0 | 14.4 | 1 050 | 8.19 |
| 1959 | 13.9 | 11.4 | 32.7 | 52.1 | 10.2 | 62.5 | 305 | 405 | 524 | 13.4 | 29.5 | 19.4 | 524 | 9.1 |
| 1960 | 17.9 | 16.9 | 9.35 | 0.52 | 0.61 | 1 040 | 1 450 | 1 560 | 916 | 52.8 | 17.1 | 12.7 | 1 560 | 8.18 |
| 1961 | 17.9 | 9.58 | 62.6 | 51.2 | 300 | 180 | 1 230 | 573 | 469 | 31.9 | 30.4 | 17.5 | 1 230 | 7.6 |
| 1962 | 15.4 | 10.5 | 16.9 | 7.52 | 4.24 | 86.5 | 3 040 | 964 | 326 | 292 | 538 | 72.1 | 3 040 | 7.14 |
| 1963 | 25.7 | 27.4 | 9.97 | 32.5 | 276 | 147 | 1 680 | 570 | 232 | 15.2 | 13.1 | 9.50 | 1 680 | 7.2 |
| 1964 | 20.8 | 14.0 | 17.8 | 147 | 66.3 | 114 | 835 | 631 | 663 | 280 | 33.6 | 12.8 | 835 | 7.18 |
| 1965 | 8.06 | 7.46 | 0.28 | 22.0 | 28.1 | 27.4 | 1 230 | 1 220 | 65.7 | 16.0 | 5.21 | 4.16 | 1 230 | 7.1 |
| 1966 | 0 | 0.53 | 8.52 | 0.53 | 0 | 304 | 842 | 122 | 137 | 0.54 | 1.62 | 1.20 | 842 | 7.22 |
| 1967 | 2.13 | 2.88 | 2.89 | 2.79 | 11.2 | 289 | 282 | 339 | 526 | 6.75 | 5.08 | 3.59 | 526 | 9.3 |
| 1968 | 0 | 0 | 0 | 0 | 4.74 | 59.5 | 279 | 148 | 29.8 | 18.0 | 0.10 | 0.13 | 279 | 7.21 |
| 1969 | 2 | 3.21 | 13.9 | 3.76 | 13.0 | 22.0 | 132 | 237 | 504 | 440 | 3.76 | 3.76 | 504 | 9.3 |
| 1970 | 3.44 | 0.51 | 0.72 | 1.75 | 0.71 | 314 | 1 720 | 506 | 564 | 90.5 | 36.7 | 19.6 | 1 720 | 7.23 |
| 1971 | 8.78 | 2.59 | 34.7 | 8.46 | 19.6 | 951 | 1 210 | 1 260 | 482 | 11.0 | 19.2 | 1.79 | 1 260 | 8.29 |
| 1972 | 0 | 0.34 | 0.47 | 28.8 | 215 | 28.8 | 487 | 749 | 523 | 11.6 | 0 | 0 | 749 | 8.26 |
| 1973 | 0 | 0 | 0 | 0 | 0 | 16.0 | 444 | 351 | 392 | 34.7 | 0 | 0 | 444 | 7.17 |
| 1974 | 0 | 0 | 0 | 0 | 0 | 16.5 | 1 050 | 4 250 | 41.0 | 20.5 | 0 | 0 | 4 250 | 8.14 |
| 1975 | 0 | 0 | 0 | 0 | 0 | 15.8 | 867 | 1 840 | 450 | 21.3 | 0 | 0 | 1 840 | 8.15 |
| 1976 | 0 | 0 | 0 | 0 | 0 | 0 | 537 | 940 | 53.0 | 0 | 0 | 67.2 | 940 | 8.19 |
| 1977 | 0 | 0 | 0 | 0 | 0 | 0 | 248 | 278 | 0 | 0 | 0 | 0 | 278 | 8.2 |

**表 2-9(c)(续)**

新沐河:新沐河闸站

单位:$m^3 \cdot s^{-1}$

| 年份 | 1月 | 2月 | 3月 | 4月 | 5月 | 6月 | 7月 | 8月 | 9月 | 10月 | 11月 | 12月 | 年最大 | 月.日 |
|---|---|---|---|---|---|---|---|---|---|---|---|---|---|---|
| 1978 | 0 | 0 | 0 | 0 | 0 | 0.25 | 266 | 1 360 | 0 | 0 | 0 | 0 | 1 360 | 8.12 |
| 1979 | 0 | 0 | 0 | 0 | 0 | 46.7 | 328 | 0 | 49.2 | 0 | 0 | 0 | 328 | 7.26 |
| 1980 | 0 | 0 | 0 | 0 | 23.2 | 368 | 40.0 | 40.0 | 18.4 | 94.4 | 0 | 0 | 368 | 6.17 |
| 1981 | 0 | 0 | 0 | 0 | 0 | 0 | 0 | 0 | 0 | 0 | 0 | 0 | 0 | 1.1 |
| 1982 | 0 | 0 | 0 | 0 | 0 | 0 | 32.4 | 0 | 0 | 0 | 0 | 0 | 32.4 | 7.7 |
| 1983 | 0 | 0 | 0 | 0 | 195 | 0 | 0 | 0 | 6.14 | 10.2 | 4.35 | 0 | 195 | 5.22 |
| 1984 | 0 | 0 | 0 | 0 | 0 | 0 | 321 | 40.4 | 40.4 | 42.8 | 0 | 0 | 321 | 7.1 |
| 1985 | 0 | 0 | 0 | 0 | 6.7 | 135 | 161 | 127 | 171 | 0 | 5.95 | 4.90 | 171 | 9.7 |
| 1986 | 0 | 0 | 0 | 0 | 0 | 0 | 38.2 | 40.7 | 23.2 | 0 | 0 | 0 | 40.7 | 8.21 |
| 1987 | 0 | 0 | 0 | 0 | 0 | 0 | 655 | 0 | 47.4 | 0 | 0 | 0 | 655 | 7.21 |
| 1988 | 0 | 0 | 0 | 0 | 0 | 0 | 652 | 0 | 0 | 0 | 0 | 0 | 652 | 7.17 |
| 1989 | 0 | 0 | 0 | 83.9 | 0 | 0 | 0 | 0 | 0 | 0 | 0 | 0 | 83.9 | 4.26 |
| 1990 | 0 | 0 | 0 | 0 | 0 | 0 | 0 | 1 920 | 183 | 0 | 118 | 0 | 1 920 | 8.17 |
| 1991 | 0 | 0 | 0 | 0 | 120 | 2 530 | 1 390 | 114 | 0 | 0 | 0 | 0 | 2 530 | 6.11 |
| 1992 | 0 | 0 | 0 | 0 | 19.5 | 0 | 1 090 | 83.0 | 249 | 7.78 | 0 | 0 | 1 090 | 7.22 |
| 1993 | 0 | 0 | 0 | 0 | 0 | 0 | 152 | 1 570 | 0 | 18.9 | 417 | 23.7 | 1 570 | 8.5 |
| 1994 | 8.98 | 8.98 | 3.32 | 39.7 | 12.7 | 3.32 | 512 | 727 | 579 | 107 | 29.9 | 24.0 | 727 | 8.25 |
| 1995 | 14.2 | 17.7 | 2.63 | 20.0 | 4.77 | 16.8 | 430 | 408 | 424 | 59.9 | 43.3 | 57.4 | 430 | 7.12 |
| 1996 | 43.2 | 39.6 | 22.1 | 67.3 | 56.9 | 289 | 311 | 628 | 101 | 82.3 | 13.9 | 5.81 | 628 | 8.7 |
| 1997 | 2.61 | 23.6 | 0 | 0 | 0 | 0 | 34.4 | 1 830 | 26.1 | 0 | 0 | 50.5 | 1 830 | 8.21 |
| 1998 | 0 | 0 | 213 | 27.2 | 48.5 | 4.10 | 750 | 2 550 | 245 | 59.4 | 38.7 | 0 | 2 550 | 8.16 |
| 1999 | 41.9 | 3.08 | 37.6 | 0 | 78.6 | 0 | 56.9 | 246 | 183 | 139 | 0 | 0 | 246 | 8.15 |
| 2000 | 0 | 0 | 0 | 0 | 0 | 243 | 394 | 1 230 | 1 090 | 75.4 | 72.5 | 66.7 | 1 230 | 8.31 |
| 2001 | 19.2 | 12.2 | 0 | 0 | 0 | 0 | 543 | 537 | 69.8 | 19.3 | 34.9 | 0 | 543 | 7.31 |
| 2002 | 0 | 0 | 0 | 0 | 27.3 | 1.36 | 65.3 | 0 | 0 | 0 | 0 | 0 | 65.3 | 7.24 |

**表 2-9(c)(续)**

新沭河:新沭河闸站

单位:$m^3 \cdot s^{-1}$

| 年份 | 1月 | 2月 | 3月 | 4月 | 5月 | 6月 | 7月 | 8月 | 9月 | 10月 | 11月 | 12月 | 年最大 | 月.日 |
|---|---|---|---|---|---|---|---|---|---|---|---|---|---|---|
| 2003 | 0 | 0 | 0 | 0 | 0 | 219 | 620 | 574 | 529 | 431 | 0 | 0 | 620 | 7.18 |
| 2004 | 0 | 0 | 0 | 0 | 0 | 0 | 347 | 341 | 339 | 75.4 | 42.3 | 37.1 | 347 | 7.2 |
| 2005 | 36.0 | 49.0 | 57.4 | 136 | 52.3 | 24.1 | 362 | 217 | 997 | 678 | 69.3 | 74.8 | 997 | 9.21 |
| 2006 | 54.4 | 0 | 39.2 | 64.4 | 22.1 | 10.1 | 544 | 271 | 158 | 67.9 | 16.4 | 143 | 544 | 7.4 |
| 2007 | 53.9 | 23.2 | 23.1 | 163 | 12.8 | 345 | 557 | 445 | 308 | 83.1 | 27.8 | 69.1 | 557 | 7.19 |
| 2008 | 60.3 | 26.7 | 64.6 | 102 | 142 | 28.6 | 743 | 1 040 | 392 | 71.0 | 86.8 | 33.2 | 1 040 | 8.22 |
| 2009 | 36.0 | 6.91 | 64.1 | 0 | 7.59 | 58.3 | 533 | 589 | 50.9 | 413 | 69.4 | 19.1 | 589 | 8.19 |
| 2010 | 29.1 | 29.8 | 27.9 | 79.1 | 67.0 | 39.3 | 237 | 300 | 447 | 78.0 | 47.5 | 33.0 | 447 | 9.11 |
| 2011 | 51.0 | 18.6 | 38.0 | 59.2 | 9.73 | 34.7 | 27.6 | 1 020 | 424 | 37.2 | 47.7 | 331 | 1 020 | 8.29 |
| 2012 | 41.8 | 41.9 | 36.0 | 35.4 | 20.9 | 17.8 | 1 980 | 329 | 569 | 27.7 | 127 | 41.2 | 1 980 | 7.10 |
| 2013 | 39.1 | 22.6 | 121 | 21.4 | 678 | 46.7 | 455 | 272 | 351 | 62.9 | 21.8 | 20.6 | 678 | 5.28 |
| 2014 | 11.3 | 5.4 | 25.4 | 25 | 59.1 | 7.03 | 5.94 | 25.3 | 54.7 | 94.4 | 21.4 | 15.7 | 94.4 | 10.27 |
| 2015 | 15.4 | 8.52 | 3.48 | 1.95 | 84.3 | 1.36 | 20.8 | 325 | 6.4 | 8.13 | 29 | 29.5 | 325 | 8.9 |
| 2016 | 0 | 0 | 0 | 0 | 0 | 0 | 214 | 0 | 0 | 0 | 0 | 0 | 214 | 7.22 |
| 2017 | 0 | 0 | 0 | 0 | 63.6 | 0 | 409 | 99 | 0 | 0 | 0 | 0 | 409 | 7.15 |
| 2018 | 0 | 0 | 0 | 0 | 0 | 0 | 117 | 5 040 | 614 | 0 | 0 | 0 | 5 040 | 8.20 |
| 历年最大 | 60.3 | 49.0 | 213 | 163 | 678 | 2 530 | 3 040 | 5 040 | 2 430 | 678 | 538 | 331 | 5 040 | |
| 出现年份 | 2008 | 2005 | 1998 | 2007 | 2013 | 1991 | 1962 | 2018 | 1956 | 2005 | 1962 | 2011 | 2018 | |

**表 2-9(d) 沂沭泗流域主要站历年各月最大流量统计表(四)**

老沭河:人民胜利堰闸站　　　　单位:$m^3 \cdot s^{-1}$

| 年份 | 1月 | 2月 | 3月 | 4月 | 5月 | 6月 | 7月 | 8月 | 9月 | 10月 | 11月 | 12月 | 年最大 | 月.日 |
|---|---|---|---|---|---|---|---|---|---|---|---|---|---|---|
| 1953 | | | | | | 915 | 965 | 1 110 | (0.60) | | | | 1 110 | 8.4 |
| 1954 | | | (1.42) | 7.05 | (3.92) | | (6.72) | 172 | | | | | 172 | 8.14 |
| 1955 | | | | | | | 634 | 132 | | | | | 634 | 7.11 |
| 1956 | | | | | | 568 | 159 | 381 | 1 950 | | | | 1 950 | 9.5 |
| 1957 | | | | | | 0 | 1 960 | 13.0 | 0 | | | | 1 960 | 7.11 |
| 1958 | | | | | | 0 | 399 | 383 | 0 | | | | 399 | 7.1 |
| 1959 | | | | | | 0 | 0 | 20.5 | 63.6 | | | | 63.6 | 9.1 |
| 1960 | | | | | | 286 | 689 | 920 | 291 | | | | 920 | 8.18 |
| 1961 | | | | | | 0 | 469 | 108 | 76.1 | | | | 469 | 7.6 |
| 1962 | 1.91 | 2.75 | 0 | 2.64 | 4.5 | 15.7 | 2 140 | 308 | 5.03 | 2.12 | 65.3 | 0.68 | 2 140 | 7.14 |
| 1963 | 0.05 | 0.05 | 0.10 | 0 | 0.10 | 0.10 | 892 | 69.7 | 0.18 | 0.52 | 0.10 | 0.05 | 892 | 7.2 |
| 1964 | 0.06 | 0.06 | 0.06 | 6.04 | 11.1 | 6.88 | 238 | 123 | 143 | 22.9 | 0.06 | 0.03 | 238 | 7.18 |
| 1965 | 0.01 | 6.90 | 4.65 | 11.4 | 11.8 | 26.5 | 512 | 550 | 4.11 | 2.21 | 2.10 | 8.01 | 550 | 8.5 |
| 1966 | 4.37 | 2.10 | 1.00 | 14.8 | 16.0 | 32.2 | 239 | 18.4 | 30.7 | 7.83 | 5.96 | 8.61 | 239 | 7.22 |
| 1967 | 11.6 | 13.1 | 5.39 | 2.40 | 15.5 | 72.4 | 18.2 | 25.1 | 77.0 | 9.67 | 8.47 | 7.57 | 77.0 | 9.3 |
| 1968 | 4.42 | 6.28 | 8.35 | 12.8 | 13.5 | 21.5 | 79.8 | 46.4 | 19.0 | 9.21 | 4.97 | 5.05 | 79.8 | 7.21 |
| 1969 | 1.71 | 4.30 | 10.6 | 4.8 | 9.13 | 11.8 | 29.9 | 68.1 | 147 | 133 | 5.15 | 0.17 | 147 | 9.3 |
| 1970 | 6.83 | 3.12 | 3.61 | 3.28 | 4.99 | 97.6 | 1 030 | 164 | 180 | 9.60 | 1.11 | 13.1 | 1 030 | 7.23 |
| 1971 | 6.03 | 6.22 | 11.2 | 12.0 | 16.0 | 346 | 560 | 616 | 145 | 14.4 | 12.3 | 13.7 | 616 | 8.29 |
| 1972 | 13.2 | 8.16 | 13.6 | 16.5 | 64.2 | 16.3 | 128 | 240 | 164 | 17.3 | 13.8 | 7.09 | 240 | 8.26 |
| 1973 | 7.79 | 7.61 | 4.12 | 17.9 | 62.9 | 116 | 156 | 75.9 | 91.7 | 20.1 | 13.5 | 8.80 | 156 | 7.17 |
| 1974 | 7.35 | 5.68 | 22.6 | 14.5 | 78.7 | 85.5 | 277 | 1 150 | 17.8 | 18.1 | 11.8 | 13.2 | 1 150 | 8.14 |
| 1975 | 14.1 | 199 | 46.7 | 168 | 38.8 | 120 | 217 | 408 | 88.9 | 21.6 | 58.3 | 12.4 | 408 | 8.15 |
| 1976 | 9.33 | 35.1 | 14.4 | 35.1 | 38.1 | 95.2 | 105 | 128 | 24.2 | 19.7 | 12.4 | 7.76 | 128 | 8.19 |
| 1977 | 7.51 | 2.93 | 3.23 | 8.09 | 4.43 | 9.20 | 169 | 125 | 17.5 | 10.6 | 11.7 | 8.20 | 169 | 7.23 |

表 2-9(d)(续)

老沭河:人民胜利堰闸站

单位:$m^3 \cdot s^{-1}$

| 年份 | 1月 | 2月 | 3月 | 4月 | 5月 | 6月 | 7月 | 8月 | 9月 | 10月 | 11月 | 12月 | 年最大 | 月.日 |
|---|---|---|---|---|---|---|---|---|---|---|---|---|---|---|
| 1978 | 3.14 | 3.59 | 2.79 | 0.56 | 0 | 3.88 | 191 | 587 | 37.2 | 12.6 | 19.5 | 4.62 | 587 | 8.16 |
| 1979 | 4.76 | 2.97 | 2.66 | 19.1 | 12.7 | 28.6 | 351 | 188 | 294 | 23.8 | 22.3 | 15.0 | 351 | 7.14 |
| 1980 | 6.38 | 3.04 | 8.78 | 33.3 | 11.4 | 628 | 648 | 102 | 228 | 98.5 | 10.6 | 4.44 | 648 | 7.1 |
| 1981 | 5.30 | 2.56 | 13.5 | 11 | 10.6 | 25.0 | 178 | 40.6 | 16.9 | 15.2 | 5.30 | 1.91 | 178 | 7.27 |
| 1982 | 1.67 | 1.49 | 3.85 | 4.05 | 0 | 14.2 | 475 | 333 | 16.8 | 45.2 | 10.5 | 17.2 | 475 | 7.14 |
| 1983 | 3.42 | 4.30 | 4.56 | 6.34 | 44.1 | 5.09 | 146 | 36.4 | 30.1 | 17.2 | 14.1 | 3.03 | 146 | 7.2 |
| 1984 | 1.26 | 7.00 | 3.92 | 0 | 0.56 | 1.46 | 750 | 108 | 63.3 | 70.8 | 16.5 | 6.51 | 750 | 7.28 |
| 1985 | 4.56 | 4.45 | 7.43 | 13.5 | 38.3 | 16.1 | 369 | 92.5 | 95.9 | 164 | 17.3 | 7.90 | 369 | 7.17 |
| 1986 | 10.8 | 7.34 | 12.3 | 15.7 | 12.3 | 33.6 | 253 | 340 | 47.4 | 12.6 | 6.01 | 3.81 | 340 | 8.2 |
| 1987 | 11.1 | 10.4 | 3.30 | 14.1 | 10.1 | 47.7 | 301 | 65.4 | 124 | 210 | 11.8 | 3.98 | 301 | 7.11 |
| 1988 | 4.74 | 3.33 | 1.85 | 5.8 | 4.36 | 5.21 | 737 | 35.7 | 28.6 | 7.57 | 2.43 | 1.88 | 737 | 7.17 |
| 1989 | 5.99 | 2.62 | 3.28 | 0.83 | 0.09 | 146 | 47.5 | 3.97 | 6.38 | 2.14 | 0.13 | 0.25 | 146 | 6.15 |
| 1990 | 0.19 | 1.29 | 0.34 | 0.13 | 7.62 | 144 | 328 | 1 030 | 300 | 25.3 | 10.1 | 7.36 | 1 030 | 8.17 |
| 1991 | 5.71 | 5.71 | 7.18 | 14.5 | 140 | 727 | 632 | 71.0 | 34.5 | 7.55 | 4.46 | 5.90 | 727 | 6.11 |
| 1992 | 3.20 | 2.10 | 2.18 | 8.93 | 11.0 | 11.0 | 309 | 25.8 | 10.0 | 3.42 | 1.45 | 1.35 | 309 | 7.22 |
| 1993 | 3.10 | 3.62 | 3.62 | 0.86 | 1.73 | 3.53 | 188 | 348 | 22.1 | 14.0 | 2.53 | 0 | 348 | 8.5 |
| 1994 | 0 | 0 | 0 | 0 | 0 | 14.8 | 30.1 | 35.0 | 40.0 | 0 | 0 | 0 | 40.0 | 9.4 |
| 1995 | 0 | 0 | 0 | 0 | 0 | 0 | 1 500 | 690 | 102 | 85.4 | 34.5 | 0 | 1 500 | 7.11 |
| 1996 | 0 | 0 | 0 | 0 | 126 | 103 | 180 | 310 | 38.3 | 11.8 | 13.3 | 8.51 | 310 | 8.7 |
| 1997 | 9.76 | 6.34 | 21.6 | 17.0 | 13.3 | 12.1 | 20.6 | 756 | 36.6 | 25.6 | 0 | 0 | 756 | 8.21 |
| 1998 | 0 | 0 | 60.4 | 101 | 103 | 217 | 379 | 296 | 116 | 61.3 | 17.6 | 13.6 | 379 | 7.25 |
| 1999 | 2.93 | 6.69 | 27.0 | 11.6 | 63.7 | 8.69 | 35.3 | 151 | 387 | 103 | 20.1 | 27.5 | 387 | 9.6 |
| 2000 | 35.1 | 4.16 | 22.7 | 18.9 | 0 | 169 | 163 | 697 | 571 | 0 | 15.7 | 24.4 | 697 | 8.31 |
| 2001 | 0 | 18.7 | 63.5 | 38.4 | 13.6 | 27.4 | 319 | 313 | 74.7 | 15.1 | 13.5 | 15.1 | 319 | 7.31 |
| 2002 | 7.21 | 4.31 | 4.60 | 5.25 | 23.9 | 23.3 | 59.0 | 26.5 | 26.1 | 6.43 | 18.4 | 1.97 | 59 | 7.24 |

表 2-9(d)(续)

老沭河:人民胜利堰闸站

单位:m³ · s⁻¹

| 年份 | 1月 | 2月 | 3月 | 4月 | 5月 | 6月 | 7月 | 8月 | 9月 | 10月 | 11月 | 12月 | 年最大 | 月.日 |
|---|---|---|---|---|---|---|---|---|---|---|---|---|---|---|
| 2003 | 1.70 | 1.27 | 1.95 | 5.92 | 17.4 | 144 | 121 | 218 | 339 | 150 | 96.8 | 107 | 339 | 9.8 |
| 2004 | 78.2 | 85.7 | 51.0 | 13.0 | 14.2 | 20.4 | 116 | 213 | 206 | 0 | 0 | 0 | 213 | 8.18 |
| 2005 | 43.2 | 37.1 | 31.9 | 26.6 | 7 | 216 | 221 | 188 | 389 | 147 | 73.2 | 0 | 389 | 9.21 |
| 2006 | 12.9 | 9.99 | 5.02 | 38.5 | 0 | 5.32 | 410 | 159 | 54.0 | 0 | 0 | 112 | 410 | 7.3 |
| 2007 | 33.0 | 23.2 | 0 | 38.8 | 0 | 386 | 231 | 303 | 349 | 112 | 53.5 | 23.6 | 386 | 6.28 |
| 2008 | 0 | 0 | 0 | 0 | 50.8 | 49.7 | 193 | 437 | 51.9 | 39.2 | 38.6 | 26.6 | 437 | 8.22 |
| 2009 | 0 | 0 | 27.6 | 19.0 | 16.8 | 59.8 | 196 | 281 | 36.5 | 74.3 | 0 | 0 | 281 | 8.19 |
| 2010 | 0 | 0 | 0 | 51.0 | 0 | 0 | 264 | 234 | 116 | 118 | 0 | 0 | 264 | 7.20 |
| 2011 | 0 | 0 | 0 | 0 | 0 | 0 | 47.8 | 347 | 232 | 125 | 23.6 | 51.3 | 347 | 8.29 |
| 2012 | 59.1 | 58.8 | 0 | 0 | 0 | 10.5 | 910 | 241 | 59.8 | 27.2 | 59.3 | 0 | 910 | 7.9 |
| 2013 | 0 | 0 | 56.3 | 30.6 | 171 | 55.1 | 262 | 123 | 62.2 | 0 | 0 | 0 | 262 | 7.30 |
| 2014 | 0 | 0 | 0 | 0 | 0 | 0 | 0 | 0 | 0 | 0 | 0 | 2.95 | 2.95 | 12.31 |
| 2015 | 0.854 | 0 | 0 | 0 | 0 | 0 | 0 | 401 | 0 | 0 | 0 | 0 | 401 | 8.9 |
| 2016 | 30.9 | 21.5 | 16.6 | 8.77 | 9.68 | 23.6 | 28.1 | 55.2 | 16.9 | 22.4 | 25.5 | 20.2 | 55.2 | 8.10 |
| 2017 | 22 | 17.3 | 9.03 | 14.3 | 15.5 | 4.74 | 40.3 | 54.3 | 44.8 | 23.4 | 13 | 12 | 54.3 | 8.12 |
| 2018 | 5.87 | 5.85 | 5.62 | 5 | 16.1 | 27.6 | 49.4 | 59.3 | 35.8 | 18.6 | 23.3 | 23.5 | 59.3 | 8.27 |
| 历年最大 | 78.2 | 199 | 63.5 | 168 | 171 | 915 | 2 140 | 1 150 | 1 950 | 210 | 96.8 | 107 | 2 140 | |
| 出现年份 | 2004 | 1975 | 2001 | 1975 | 2013 | 1953 | 1962 | 1974 | 1956 | 1987 | 2003 | 2003 | 1962 | |

**表 2-9(e)　沂沭泗流域主要站历年各月最大流量统计表(五)**

中运河:运河站　　　　单位:$m^3 \cdot s^{-1}$

| 年份 | 1月 | 2月 | 3月 | 4月 | 5月 | 6月 | 7月 | 8月 | 9月 | 10月 | 11月 | 12月 | 年最大 | 月.日 |
|---|---|---|---|---|---|---|---|---|---|---|---|---|---|---|
| 1951 | 132 | 118 | 105 | 85.5 | 210 | 96.0 | 351 | 983 | 294 | 142 | 113 | 107 | 983 | 8.1 |
| 1952 | 104 | 92.5 | 94.1 | 81.1 | 49.9 | 81.1 |  | 258 | 468 |  |  |  | 468 | 9.9 |
| 1953 | 47.2 | 43.2 | 49.9 | 38.3 | 25.1 | 149 | 615 | 1 160 | 197 | 162 | 145 | 131 | 1 160 | 8.7 |
| 1954 | 101 | 99.0 | 86.0 | 59.7 | 79.1 | 73.1 | 391 | 337 | 118 | 81.2 | 95.4 | 98.6 | 391 | 7.29 |
| 1955 | 109 | 79.2 | 75.6 | 66.6 | 58.6 | 36.4 | 1 080 | 637 | 146 | 99.8 | 96.7 | 97.5 | 1 080 | 7.14 |
| 1956 | (106) | 81.4 | 69.5 | 82.9 | 53.2 | 370 | 664 | 259 | 503 | 121 | 106 | 99.2 | 664 | 7.3 |
| 1957 | 87.2 | 80.6 | 69.4 | 58.9 | 49.9 | 79.5 | 1 660 | 1 210 | 838 | 559 | 385 | 293 | 1 660 | 7.23 |
| 1958 | 338 | 259 | 163 | 40.4 | 56.5 | 380 | 1 310 | 1 330 | 786 | 409 | 122 | 43.0 | 1 330 | 8.5 |
| 1959 | 21.0 | 24.8 | 146 | 186 | 258 | 414 | 432 | 90.0 | 54.2 | 23.7 | 23.8 | 17.2 | 432 | 7.13 |
| 1960 | 66.2 | 16.7 | 24.5 | 23.3 | 16.0 | 520 | 1 200 | 1 370 | 1 380 | 334 | 202 | 149 | 1 380 | 9.7 |
| 1961 | 64.4 | 94.4 | 67.0 | 51.4 | 276 | 350 | 644 | 296 | 811 | 307 | 151 | 124 | 811 | 9.9 |
| 1962 | 80.1 | 56.0 | 31.2 | 7.00 | 0 | 60.8 | 94.7 | 723 | 655 | 470 | 508 | 238 | 723 | 8.9 |
| 1963 | 216 | 118 | 85.0 | 28.4 | 540 | 378 | 2 190 | 2 620 | 1 410 | 802 | 343 | 139 | 2 620 | 8.5 |
| 1964 | 121 | 198 | 175 | 413 | 219 | 186 | 460 | 1 290 | 1 650 | 1 360 | 841 | 283 | 1 650 | 9.2 |
| 1965 | 144 | 11.0 | 10.5 | 14.5 | 14.4 | 7.24 | 947 | 1 410 | 906 | 41.9 | 42.2 | 40.1 | 1 410 | 8.6 |
| 1966 | 29.5 | 15.3 | 170 | 67.2 | 112 | 195 | 1 070 | 279 | 168 | 5.05 | 31.7 | 5.47 | 1 070 | 7.26 |
| 1967 | 35.3 | 32.1 | 26.7 | 16.0 | 0 | 96.8 | 354 | 579 | 342 | 344 | 124 | 144 | 579 | 8.18 |
| 1968 | 33.9 | 29.9 | 31.9 | 234 | 26.5 | 41.6 | 676 | 250 | 177 | 59.0 | 30.8 | 28.0 | 676 | 7.16 |
| 1969 | 14.0 | 34.7 | 54.4 | 69.4 | 284 | 73.9 | 908 | 118 | 752 | 773 | 284 | 39.7 | 908 | 7.23 |
| 1970 | 28.0 | 71.2 | 69 | 38.2 | 29.8 | 575 | 1 560 | 1 270 | 1 050 | 313 | 90.7 | 80.4 | 1 560 | 7.27 |
| 1971 | 73.0 | 11.7 | 34.1 | 12.5 | 39.0 | 2 320 | 2 380 | 1 640 | 1 490 | 112 | 52.3 | 69.7 | 2 380 | 7.1 |
| 1972 | 42.8 | 41.0 | 52.1 | 27.0 | 95.0 | 67.0 | 2 390 | 180 | 750 | 178 | 64.0 | 36.5 | 2 390 | 7.7 |
| 1973 | 0 | 5.92 | 32.4 | 144 | 367 | 64.3 | 1 690 | 1 550 | 106 | 158 | 163 | 52.5 | 1 690 | 7.31 |
| 1974 | 19.5 | 33.2 | 28.3 | 24.3 | 488 | 47.9 | 906 | 3 790 | 900 | 449 | 240 | 199 | 3 790 | 8.14 |
| 1975 | 221 | 61.5 | 52.6 | 808 | 173 | 121 | 865 | 658 | 828 | 863 | 61.5 | 38.1 | 865 | 7.27 |

**表 2-9(e)(续)**

中运河:运河站

单位:$m^3 \cdot s^{-1}$

| 年份 | 1月 | 2月 | 3月 | 4月 | 5月 | 6月 | 7月 | 8月 | 9月 | 10月 | 11月 | 12月 | 年最大 | 月.日 |
|---|---|---|---|---|---|---|---|---|---|---|---|---|---|---|
| 1976 | 26.2 | 44.6 | 119 | 43.2 | 47.9 | 76.1 | 574 | 634 | 887 | 144 | 43.1 | 240 | 887 | 9.7 |
| 1977 | 50.8 | 29.3 | 29.2 | 74.1 | 44.5 | 23.5 | 522 | 284 | 52.8 | 99.4 | 53.0 | 32.0 | 522 | 7.12 |
| 1978 | 22.2 | 22.6 | 33.4 | 31.4 | 24.3 | 4.51 | 504 | 1 290 | 244 | 83.3 | 49.3 | 36.0 | 1 290 | 8.13 |
| 1979 | 33.3 | 53.3 | 31.1 | 41.2 | 40.2 | 390 | 1 030 | 700 | 613 | 270 | 187 | 53.8 | 1 030 | 7.26 |
| 1980 | 59.2 | 52.2 | 80.7 | 46.3 | 34.0 | 97.3 | 290 | 970 | 596 | 369 | 279 | 68.9 | 970 | 8.25 |
| 1981 | 29.9 | 33.1 | 50.7 | 42.4 | 36.7 | 17.8 | 264 | 124 | 35.5 | 40.1 | 40.3 | 17.7 | 264 | 7.28 |
| 1982 | 15.7 | 18.0 | 22.2 | 11.6 | −4.67 | −3.14 | 876 | 823 | 68.4 | 63.1 | 56.4 | 39.0 | 876 | 7.23 |
| 1983 | 32.3 | 20.3 | 28.5 | 24.5 | −1.66 | −3.06 | 655 | 225 | 79.6 | 249 | 120 | 23.6 | 655 | 7.22 |
| 1984 | 27.1 | 19.8 | −8.80 | 0 | 0 | −5.51 | 879 | 265 | 293 | 500 | 106 | 60.7 | 879 | 7.27 |
| 1985 | 63.7 | 47.1 | 53.3 | 37.4 | 728 | 157 | 325 | 317 | 713 | 690 | 282 | 72.2 | 728 | 5.13 |
| 1986 | 49.5 | 30.8 | 29.1 | 27.4 | 30.3 | 31.2 | 975 | 447 | 149 | 35.9 | 30.0 | 25.6 | 975 | 7.28 |
| 1987 | 27.1 | 33.0 | 44.5 | 28.5 | −15.0 | −8.57 | 161 | 504 | 650 | 861 | 99.4 | 30.6 | 861 | 10.16 |
| 1988 | 44.9 | 32.0 | 32.3 | 19.0 | 36.6 | −17.7 | 640 | 53.5 | 48.5 | 7.59 | 6.30 | 4.46 | 640 | 7.26 |
| 1989 | −11.6 | −13.2 | −10.5 | −9.30 | −7.39 | 492 | 700 | 41.0 | 14.1 | −13.8 | 0.85 | 5.99 | 700 | 7.15 |
| 1990 | −10.3 | −13.4 | −8.84 | 0 | −3.65 | 175 | 634 | 1 270 | 138 | 37.9 | 23.2 | 32.3 | 1 270 | 8.16 |
| 1991 | 7.72 | 19.6 | 79.7 | 36.0 | 478 | 640 | 1 440 | 872 | 102 | 22.8 | 23.6 | 24.8 | 1 440 | 7.16 |
| 1992 | 37.2 | 20.3 | 15.2 | 20.1 | 36.9 | 11.1 | 572 | 177 | 588 | 35.2 | 28.6 | 10.6 | 588 | 9.2 |
| 1993 | 5.18 | 6.91 | 0 | 0 | 0 | 25.6 | 125 | 1 740 | 148 | 27.6 | 342 | 190 | 1 740 | 8.6 |
| 1994 | 128 | 21.1 | 36.5 | 17.0 | 13.4 | 21.1 | 403 | 496 | 410 | 64.6 | 40.6 | 84.0 | 496 | 8.31 |
| 1995 | 0 | 12.1 | 21.5 | 14.2 | 14.9 | 32.1 | 360 | 735 | 622 | 66.1 | 42.6 | 0 | 735 | 8.23 |
| 1996 | 9.26 | 23.7 | 12.7 | 11.4 | 7.74 | 415 | 789 | 328 | 124 | 37.2 | 17.2 | 14.4 | 789 | 7.18 |
| 1997 | 9.07 | 11.1 | 14.6 | 12.3 | 11.4 | 37.5 | 389 | 1 080 | 45.4 | 34.1 | 36.1 | 18.1 | 1 080 | 8.21 |
| 1998 | 34.7 | 30.5 | 30.6 | 48.2 | 173 | 150 | 652 | 1 730 | 1 070 | 75.3 | 51.7 | 37.7 | 1 730 | 8.15 |
| 1999 | 9.00 | 12.8 | 31.5 | 28.3 | 30.6 | 318 | 328 | 24.9 | 56.1 | 119 | 49.9 | 35.9 | 328 | 7.8 |
| 2000 | 28.1 | 24.3 | 25.3 | 19.4 | 0 | 74.1 | 1 040 | 395 | 584 | 128 | 109 | 69.4 | 1 040 | 7.16 |

**表 2-9(e)(续)**

中运河:运河站

单位:$m^3 \cdot s^{-1}$

| 年份 | 1月 | 2月 | 3月 | 4月 | 5月 | 6月 | 7月 | 8月 | 9月 | 10月 | 11月 | 12月 | 年最大 | 月.日 |
|---|---|---|---|---|---|---|---|---|---|---|---|---|---|---|
| 2001 | 56.2 | 49.4 | 36.0 | 26.5 | 22.0 | 12.6 | 1 100 | 1 090 | 37.7 | 24.3 | 17.3 | 0 | 1 100 | 7.31 |
| 2002 | 0 | 22.8 | 24.6 | 22.1 | 122 | 59.2 | 165 | 34.2 | 0 | 0 | 0 | 0 | 165 | 7.26 |
| 2003 | 0 | 0 | 0 | 0 | 0 | 33.0 | 1 490 | 1 700 | 1 740 | 569 | 324 | 350 | 1 740 | 9.5 |
| 2004 | 83.9 | 58.6 | 46.2 | 44.9 | 29.8 | 0 | 1 010 | 1 090 | 1 370 | 366 | 22.3 | 353 | 1 370 | 9.21 |
| 2005 | 355 | 342 | 254 | 25.9 | 23.9 | 22.6 | 1 540 | 1 730 | 2 470 | 2 630 | 398 | 293 | 2 630 | 10.1 |
| 2006 | 286 | 282 | 243 | 58.0 | 44.3 | 303 | 1 570 | 1 280 | 1 250 | 49.8 | 36.4 | 132 | 1 570 | 7.5 |
| 2007 | 34.3 | 421 | 321 | 297 | 40.2 | 538 | 1 710 | 1 850 | 1 160 | 201 | 90.6 | 35.6 | 1 850 | 8.18 |
| 2008 | 152 | 21.2 | 36.9 | 45.0 | 33.7 | 119 | 2 410 | 2 000 | 653 | 366 | 35.9 | 34.5 | 2 410 | 7.25 |
| 2009 | 27.3 | 22.3 | 17.5 | 14.7 | 46.9 | 39.3 | 897 | 1 270 | 492 | 29.3 | 25.5 | 24.2 | 1 270 | 8.18 |
| 2010 | 22.8 | 16.0 | 30.9 | 19.0 | 18.4 | 12.9 | 1 200 | 804 | 1 730 | 98.1 | 32.3 | 16.5 | 1 730 | 9.11 |
| 2011 | 19.5 | 15.9 | 5.71 | −11.5 | 18.4 | −20.3 | 32.8 | 928 | 616 | 138 | 153 | 517 | 928 | 8.28 |
| 2012 | 278 | 263 | 174 | 36.8 | 29.6 | −17.1 | 825 | 212 | 288 | 49.2 | 32.5 | 25.6 | 825 | 7.11 |
| 2013 | 27.3 | 26.6 | 23.8 | 19.6 | 231 | 35.1 | 544 | 846 | 67.9 | 26.4 | −7.45 | 13.8 | 846 | 8.3 |
| 2014 | 10.5 | 13 | −8.6 | 15.4 | −7.82 | −26.1 | −27.7 | −9.38 | 15.5 | 19.6 | 19.2 | −1.99 | 19.6 | 10.28 |
| 2015 | 11.9 | 11.7 | 4.01 | 9.68 | −44.1 | 82.9 | 104 | 338 | 45.5 | 12 | 12.9 | 13.2 | 338 | 8.1 |
| 2016 | 12.3 | 12.5 | −9.49 | −17.2 | −8.51 | 215 | 154 | 438 | 21.9 | 98.5 | 70.6 | 35.1 | 438 | 8.8 |
| 2017 | 63.7 | 35.6 | 15.9 | −18.5 | −10.2 | −9.89 | 985 | 1 140 | 177 | 219 | 34.5 | −0.495 | 1 140 | 8.3 |
| 2018 | −7.18 | 28.6 | 16.5 | −44.8 | 18.6 | 41.9 | 237 | 1 840 | 1 170 | 54.9 | 36.6 | 21.2 | 1 840 | 8.21 |
| 历年最大 | 355 | 342 | 254 | 808 | 728 | 2 320 | 2 390 | 3 790 | 2 470 | 2 630 | 841 | 517 | 3 790 | |
| 出现年份 | 2005 | 2005 | 2005 | 1975 | 1985 | 1971 | 1972 | 1974 | 2005 | 2005 | 1964 | 2011 | 1974 | |

**表 2-10(a) 沂沭泗流域主要站历年各月最小流量统计表(一)**

沂河:临沂站 单位:m³·s⁻¹

| 年份 | 1月 | 2月 | 3月 | 4月 | 5月 | 6月 | 7月 | 8月 | 9月 | 10月 | 11月 | 12月 | 年最小 | 月.日 |
|---|---|---|---|---|---|---|---|---|---|---|---|---|---|---|
| 1951 | 9.00 | 12.0 | 10.0 | 8.00 | 6.00 | 10.0 | 13.4 | 62.6 | 17.6 | 9.00 | 4.00 | 5.50 | 4.00 | 11.22 |
| 1952 | | | | 2.70 | 2.30 | 0.60 | 32.9 | 82.6 | 48.1 | 28.3 | 14.1 | 19.5 | 0.60 | 6.6 |
| 1953 | 11.5 | 15.9 | 15.9 | 12.5 | 10.5 | 20.8 | 87.6 | 96.8 | 29.0 | 23.4 | 24.8 | 10.5 | 10.5 | 5.3 |
| 1954 | 8.60 | 11.6 | 6.00 | 5.50 | 6.85 | 12.3 | 12.3 | 15.8 | 38.7 | 40.1 | 27.6 | 25.6 | 5.50 | 4.6 |
| 1955 | 14.8 | 7.20 | 1.12 | 3.60 | 1.48 | 1.60 | 3.60 | 47.2 | 40.0 | 18.2 | 11.6 | 8.40 | 1.12 | 3.17 |
| 1956 | 7.94 | 7.73 | 6.95 | 6.55 | 5.22 | 5.21 | 66.6 | 43.4 | 98.9 | 31.4 | 17.1 | 15.0 | 5.21 | 6.1 |
| 1957 | 7.50 | 19.3 | 10.8 | 9.47 | 7.93 | 6.26 | 9.00 | 72.8 | 16.5 | 8.91 | 10.3 | 4.50 | 4.50 | 12.3 |
| 1958 | 4.48 | 2.35 | 4.90 | 3.46 | 3.46 | 0 | 2.05 | 132 | 34.0 | 26.2 | 24.5 | 21.0 | 0 | 6.19 |
| 1959 | 6.00 | 4.82 | 3.65 | 8.60 | 9.95 | 17.2 | 20.8 | 1.6 | 13.9 | 2.25 | 8.20 | 10.0 | 1.60 | 8.23 |
| 1960 | 6.59 | 0.03 | 0 | 0 | 0 | 0 | 184 | 180 | 50.0 | 43.5 | 29.8 | 20.0 | 0 | 3.13 |
| 1961 | 11.8 | 21.2 | 41.8 | 9.20 | 9.50 | 36.0 | 97.8 | 127 | 107 | 49.4 | 27.0 | 17.5 | 9.20 | 4.16 |
| 1962 | 5.34 | 5.34 | 3.10 | 2.85 | 3.77 | 10.2 | 49.3 | 262 | 98.5 | 85.2 | 66.6 | 61.7 | 2.85 | 4.23 |
| 1963 | 26.6 | 29.4 | 14.6 | 16.7 | 13.7 | 40.0 | 52.0 | 252 | 58.4 | 15.4 | 15.4 | 3.70 | 3.70 | 12.25 |
| 1964 | 10.9 | 10.5 | 10.4 | 10.7 | 7.25 | 6.80 | 143 | 200 | 270 | 43.1 | 24.0 | 19.6 | 6.80 | 6.9 |
| 1965 | 10.0 | 8.14 | 0.07 | 4.44 | 3.24 | 13.2 | 1.64 | 108 | 4.85 | 3.43 | 7.50 | 0.24 | 0.07 | 3.19 |
| 1966 | 0.13 | 0.12 | 3.34 | 0.15 | 5.54 | 13.1 | 13.4 | 15.4 | 4.70 | 1.26 | 0.11 | 0.14 | 0.11 | 11.3 |
| 1967 | 0.03 | 0.75 | 0.50 | 0.50 | 0.32 | 5.60 | 17.2 | 4.52 | 23.3 | 8.26 | 6.82 | 5.94 | 0.03 | 1.13 |
| 1968 | 5.09 | 2.91 | 1.26 | 2.61 | 7.40 | 19.8 | 12.5 | 5.25 | 2.24 | 1.28 | 3.74 | 2.84 | 1.26 | 3.23 |
| 1969 | 0.63 | 1.80 | 4.60 | 0.89 | 0.58 | 5.20 | 2.85 | 1.45 | 6.17 | 11.5 | 8.50 | 6.30 | 0.58 | 5.26 |
| 1970 | 5.39 | 0.58 | 3.42 | 0.06 | 0.31 | 4.28 | 12.5 | 41.9 | 47.6 | 14.0 | 16.7 | 14.6 | 0.06 | 4.22 |
| 1971 | 10.6 | 7.20 | 7.44 | 2.00 | 19.5 | 45.0 | 47.9 | 22.0 | 41.3 | 8.00 | 2.40 | 2.40 | 2.00 | 4.24 |
| 1972 | 3.84 | 4.50 | 7.46 | 6.57 | 10.1 | 18.7 | 16.9 | 4.61 | 4.42 | 3.56 | 6.77 | 2.66 | 2.66 | 12.6 |
| 1973 | 2.27 | 3.63 | 0.80 | 0.51 | 16.0 | 17.2 | 51.7 | 8.05 | 3.95 | 2.24 | 1.81 | 0.65 | 0.51 | 4.1 |
| 1974 | 0.95 | 0.31 | 0.84 | 1.48 | 1.97 | 5.74 | 2.75 | 57.1 | 19.0 | 18.2 | 9.90 | 10.3 | 0.31 | 2.8 |
| 1975 | 13.0 | 12.1 | 3.08 | 7.44 | 12.8 | 15.6 | 4.65 | 13.0 | 15.0 | 17.6 | 15.0 | 15.1 | 3.08 | 3.29 |

**表 2-10(a)(续)**

沂河:临沂站

单位:$m^3 \cdot s^{-1}$

| 年份 | 1月 | 2月 | 3月 | 4月 | 5月 | 6月 | 7月 | 8月 | 9月 | 10月 | 11月 | 12月 | 年最小 | 月.日 |
|---|---|---|---|---|---|---|---|---|---|---|---|---|---|---|
| 1976 | 7.30 | 0.80 | 8.25 | 8.83 | 4.03 | 1.42 | 1.20 | 13.7 | 5.87 | 2.10 | 0.93 | 1.21 | 0.80 | 2.9 |
| 1977 | 2.31 | 0.27 | 0.35 | 0.45 | 0.60 | 0.06 | 0.98 | 0.30 | 0.73 | 0.61 | 13.7 | 13.7 | 0.06 | 6.29 |
| 1978 | 3.40 | 3.00 | 0.54 | 0.15 | 0.92 | 0.50 | 7.15 | 0.56 | 8.20 | 5.00 | 2.16 | 6.70 | 0.15 | 4.3 |
| 1979 | 3.01 | 4.33 | 0.22 | 6.28 | 0.45 | 1.82 | 18.8 | 1.35 | 9.40 | 6.35 | 1.67 | 7.77 | 0.22 | 3.24 |
| 1980 | 6.07 | 5.60 | 0.85 | 0.46 | 0.20 | 1.75 | 40.2 | 31 | 5.50 | 5.67 | 18.1 | 15.2 | 0.20 | 5.6 |
| 1981 | 23.7 | 5.94 | 0.60 | 1.10 | 1.86 | 0.29 | 2.62 | 2.29 | 0.59 | 1.15 | 4.50 | 3.00 | 0.29 | 6.18 |
| 1982 | 0.93 | 0.43 | 0.25 | 0.36 | 0.14 | 0.22 | 0.31 | 3.42 | 0.85 | 4.53 | 8.33 | 7.13 | 0.14 | 5.7 |
| 1983 | 2.59 | 1.28 | 0.50 | 0.71 | 0.45 | 0.68 | 0.25 | 0.25 | 1.13 | 0.97 | 2.76 | 1.21 | 0.25 | 7.16 |
| 1984 | 1.45 | 0.30 | 0.30 | 0.45 | 0.17 | 0.50 | 7.49 | 2.20 | 6.09 | 12.1 | 3.31 | 9.40 | 0.17 | 5.11 |
| 1985 | 5.03 | 2.80 | 0.37 | 0.37 | 1.04 | 0.70 | 5.63 | 12.0 | 61.3 | 50.5 | 24.3 | 15.3 | 0.37 | 3.31 |
| 1986 | 14.9 | 6.72 | 5.58 | 3.33 | 3.16 | 0.65 | 0.79 | 5.40 | 1.45 | 0.66 | 1.65 | 5.11 | 0.65 | 6.23 |
| 1987 | 3.16 | 1.50 | 0.99 | 0.82 | 0.65 | 0.29 | 2.58 | 3.18 | 1.65 | 1.65 | 10.2 | 8.50 | 0.29 | 6.16 |
| 1988 | 1.00 | 2.31 | 0.64 | 0.23 | 0.28 | 0.74 | 0.25 | 0.50 | 0.22 | 0.22 | 0.09 | 0.21 | 0.09 | 11.25 |
| 1989 | 1.13 | 0.34 | 0.34 | 0.17 | 0.13 | 0.36 | 0.19 | 0.13 | 0.13 | 0.13 | 0.13 | 0.04 | 0.04 | 12.26 |
| 1990 | 0.05 | 0.22 | 0.11 | 0.12 | 0.15 | 2.90 | 1.60 | 75.0 | 45.5 | 8.75 | 19.9 | 5.00 | 0.05 | 1.1 |
| 1991 | 10.2 | 2.63 | 2.20 | 1.25 | 0.56 | 2.49 | 50.0 | 13.8 | 5.38 | 2.14 | 4.54 | 1.18 | 0.56 | 5.13 |
| 1992 | 7.04 | 2.19 | 1.42 | 0.87 | 0.73 | 0.87 | 0.87 | 0.61 | 2.61 | 4.67 | 0.25 | 0.25 | 0.25 | 11.28 |
| 1993 | 3.79 | 0.87 | 0.61 | 0.18 | 0.2 | 0.79 | 1.35 | 19.8 | 8.99 | 5.56 | 17.7 | 27.0 | 0.18 | 4.25 |
| 1994 | 16.3 | 5.60 | 5.00 | 12.8 | 0.95 | 0.63 | 2.12 | 23.0 | 21.6 | 23.3 | 11.8 | 11.8 | 0.63 | 6.22 |
| 1995 | 4.83 | 2.93 | 9.12 | 0.81 | 0.64 | 0.04 | 0.43 | 1.67 | 42.8 | 42.8 | 25.8 | 12.4 | 0.04 | 6.28 |
| 1996 | 7.50 | 1.17 | 0.08 | 11.2 | 0.67 | 0.04 | 0.70 | 19.5 | 19.5 | 7.39 | 8.38 | 9.83 | 0.04 | 6.26 |
| 1997 | 9.83 | 0.07 | 0.07 | 0.78 | 2.73 | 0.81 | 0.72 | 1.70 | 2.34 | 8.00 | 6.74 | 4.35 | 0.07 | 2.28 |
| 1998 | 6.69 | 4.70 | 4.61 | 13.6 | 6.00 | 5.25 | 25.6 | 38.1 | 4.39 | 4.39 | 27.5 | 27.9 | 4.39 | 9.28 |
| 1999 | 18.8 | 4.20 | 4.20 | 3.43 | 1.70 | 1.50 | 1.40 | 1.12 | 1.70 | 18.0 | 1.16 | 0.90 | 0.9 | 12.16 |
| 2000 | 0.96 | 1.10 | 1.10 | 0.45 | 0.47 | 0.40 | 1.09 | 0.61 | 2.62 | 24.0 | 18.3 | 18.8 | 0.4 | 6.1 |

**表 2-10(a)(续)**

沂河:临沂站

单位:$m^3 \cdot s^{-1}$

| 年份 | 1月 | 2月 | 3月 | 4月 | 5月 | 6月 | 7月 | 8月 | 9月 | 10月 | 11月 | 12月 | 年最小 | 月.日 |
|---|---|---|---|---|---|---|---|---|---|---|---|---|---|---|
| 2001 | 20.3 | 2.09 | 0.41 | 0.21 | 0.21 | 0.25 | 3.86 | 20.5 | 1.84 | 3.93 | 0.49 | 6.32 | 0.21 | 4.23 |
| 2002 | 1.61 | 0.51 | 0.33 | 0.35 | 0.52 | 0.91 | 0.91 | 0.43 | 0.28 | 0.19 | 0.15 | 0.13 | 0.13 | 12.6 |
| 2003 | 0.12 | 0.12 | 0.12 | 0.35 | 0.38 | 0.39 | 1.06 | 31.4 | 61.7 | 52.1 | 42.4 | 33.1 | 0.12 | 1.1 |
| 2004 | 28.9 | 10.2 | 11.2 | 2.72 | 2.72 | 2.58 | 36.2 | 88.4 | 64.3 | 32.7 | 9.15 | 7.35 | 2.58 | 6.22 |
| 2005 | 8.21 | 6.75 | 4.61 | 4.61 | 4.61 | 3.44 | 37.6 | 49.7 | 30.0 | 27.9 | 40.7 | 27.9 | 3.44 | 6.25 |
| 2006 | 11.1 | 11.1 | 14.8 | 9.89 | 5.34 | 3.51 | 3.03 | 11.0 | 27.5 | 5.87 | 6.22 | 2.27 | 2.27 | 12.11 |
| 2007 | 5.38 | 4.68 | 5.38 | 1.33 | 1.16 | 0.99 | 13.0 | 21.2 | 40.8 | 11.3 | 0.70 | 9.55 | 0.70 | 11.17 |
| 2008 | 1.60 | 0.55 | 0.19 | 11.5 | 0.32 | 2.97 | 2.58 | 36.8 | 0.40 | 21.1 | 22.8 | 0.27 | 0.19 | 3.4 |
| 2009 | 0.23 | 0.18 | 0.30 | 1.00 | 0.65 | 0.47 | 0.47 | 28.2 | 26.5 | 7.00 | 7.00 | 11.0 | 0.18 | 2.10 |
| 2010 | 1.00 | 1.00 | 1.00 | 1.00 | 1.00 | 1.00 | 1.00 | 1.00 | 1.00 | 1.00 | 1.00 | 12.0 | 1.00 | 1.1 |
| 2011 | 1.00 | 1.00 | 1.00 | 1.00 | 1.00 | 1.00 | 1.00 | 1.00 | 10.0 | 12.0 | 12.0 | 18.0 | 1.00 | 1.19 |
| 2012 | 0.67 | 0.37 | 7.14 | 5.81 | 1.43 | 0.93 | 0.91 | 13.0 | 28.0 | 10.0 | 18.0 | 1.00 | 0.37 | 2.10 |
| 2013 | 18.0 | 3.00 | 0.178 | 0.30 | 1.00 | 1.00 | 1.00 | 30.0 | 28.0 | 18.0 | 7.00 | 1.00 | 0.178 | 3.4 |
| 2014 | 1 | 1 | 1 | 1 | 1 | 1 | 1 | 1 | 1 | 1 | 1 | 1 | 1 | 1.1 |
| 2015 | 1 | 1 | 1 | 1 | 1 | 1 | 1 | 1 | 1 | 1 | 1 | 1 | 1 | 1.1 |
| 2016 | 0 | 0 | 0 | 0 | 0 | 0 | 18.4 | 20 | 0 | 0 | 19.5 | 0 | 0 | 1.1 |
| 2017 | 24.8 | 3.11 | 0.153 | 0.164 | 0.164 | 0.373 | 0.306 | 3.64 | 2.5 | 1.78 | 1.7 | 1.45 | 0.153 | 3.20 |
| 2018 | 1.25 | 1.83 | 1.66 | 0.712 | 0.601 | 0.601 | 1.82 | 28.1 | 30.9 | 1.06 | 1.01 | 0.966 | 0.601 | 5.31 |
| 历年最小 | 0 | 0 | 0 | 0 | 0 | 0 | 0.19 | 0.13 | 0 | 0 | 0.09 | 0 | 0 | |
| 出现年份 | 2016 | 2016 | 1960 | 1960 | 1960 | 1958 | 1989 | 1989 | 2016 | 2016 | 1988 | 2016 | 1958 | |

**表 2-10(b)　沂沭泗流域主要站历年各月最小流量统计表(二)**

新沂河:沭阳站　　　　单位:$m^3 \cdot s^{-1}$

| 年份 | 1月 | 2月 | 3月 | 4月 | 5月 | 6月 | 7月 | 8月 | 9月 | 10月 | 11月 | 12月 | 年最小 | 月.日 |
|---|---|---|---|---|---|---|---|---|---|---|---|---|---|---|
| 1950 | | | | | | | (66.0) | 28.0 | (100) | | | | (28.0) | 8.2 |
| 1951 | | | | | | | | | | | | | | |
| 1952 | | | | | | | (7.50) | 21.2 | (37.7) | | | | (7.50) | 7.23 |
| 1953 | | | | | | | 104 | 87.0 | | | | | 87.0 | 8.31 |
| 1954 | | | | | | | | | | | | | | |
| 1955 | | | | | | | | 26.7 | | | | | 26.7 | 8.31 |
| 1956 | | | | | | (70.6) | 49.8 | 33.5 | 18.9 | (9.92) | | | (9.92) | (10.4) |
| 1957 | | | | | | | (31.7) | 120 | 6.63 | | | | (6.63) | (9.3) |
| 1958 | | | | | | | (382) | 470 | 0.45 | | | | (0.45) | (9.27) |
| 1959 | | | | | | | 4.00 | 0.66 | 11.3 | | | | (0.66) | (8.26) |
| 1960 | | | | | | 0 | 80.0 | 140 | 108 | 4.20 | | | 0 | 6.26 |
| 1961 | | | | | | | 2.73 | 3.49 | 27.6 | | | | (2.73) | 7.3 |
| 1962 | | | | | | | 0.30 | 377 | 29.0 | 4.40 | | | 0 | 11.12 |
| 1963 | | | | | 0 | 4.57 | 9.65 | 1 440 | 10.3 | 5.20 | | | 0 | 5.19 |
| 1964 | | | | | 0 | 0 | 0 | 558 | 55.5 | 15.7 | | | 0 | 1.1 |
| 1965 | | | | | | 2.76 | 13.6 | 960 | 3.25 | | | | (2.76) | 6.5 |
| 1966 | | | | | 1.82 | 1.63 | 1.06 | 7.66 | 5.23 | | | | 0 | 4.1 |
| 1967 | | | | | 0 | 10.8 | 9.24 | 7.50 | 0 | | | | 0 | 4.1 |
| 1968 | | | | | | | 0 | | | | | | 0 | 7.14 |
| 1969 | | | | | | | 0 | 0 | 0 | 0 | | | 0 | 7.21 |
| 1970 | | | | | | | 0 | 0 | 0 | | | | 0 | 7.1 |
| 1971 | | | | | | (0.80) | 139 | 33.0 | 50.1 | | | | (0.80) | 6.17 |
| 1972 | | | | | | | 0 | 17.5 | 31.7 | | | | 0 | 7.1 |
| 1973 | | | | | | | 0 | 0 | | | | | 0 | 7.1 |
| 1974 | | | | | | | 0 | 201 | (9.00) | | | | 0 | 7.19 |

**表 2-10(b)(续)**

新沂河:沭阳站

单位:$m^3 \cdot s^{-1}$

| 年份 | 1月 | 2月 | 3月 | 4月 | 5月 | 6月 | 7月 | 8月 | 9月 | 10月 | 11月 | 12月 | 年最小 | 月.日 |
|---|---|---|---|---|---|---|---|---|---|---|---|---|---|---|
| 1975 | | | | | | | (6.00) | 94.7 | 65.5 | | | | (6.00) | 7.11 |
| 1976 | | | | | | | 0 | 5.90 | 0 | | | | 0 | 7.11 |
| 1977 | | | | | | | 0 | 0 | 0 | | | | 0 | 7.1 |
| 1978 | | | | | 0 | 0 | 0 | 0 | 0 | | | | 0 | 5.3 |
| 1979 | | | | | 0 | 0 | 0 | 0 | 0 | | | | 0 | 5.1 |
| 1980 | | | | | 0 | 0 | 0 | 0 | 0 | | | | 0 | 5.06 |
| 1981 | | | | | 0 | 0 | 0 | 0 | 0 | | | | 0 | 5.1 |
| 1982 | | | | | 0 | 0 | 0 | 0 | 19.3 | | | | 0 | 5.1 |
| 1983 | | | | | 0 | 0 | 0 | 4.00 | 20.0 | | | | 0 | 5.2 |
| 1984 | | | | | 0 | 0 | 0.27 | 0 | 0 | (9.50) | | | 0 | 5.1 |
| 1985 | | | | | 0 | 0 | 0 | 0 | 1.26 | (4.78) | | | 0 | 5.1 |
| 1986 | | | | | 0 | 0 | 0 | 0 | 0 | | | | 0 | 5.1 |
| 1987 | | | | | 0 | 0 | 0 | 10.8 | 0 | | | | 0 | 5.19 |
| 1988 | | | | | 0 | 0 | 0 | 0 | 0 | | | | 0 | 5.1 |
| 1989 | | | | | 0 | 0 | 20.0 | 6.04 | 0 | | | | 0 | 5.27 |
| 1990 | | | | | 0 | 2.12 | 6.53 | 2.95 | 7.93 | | | | 0 | 5.4 |
| 1991 | | | | | 0 | 0 | 9 | 0 | 0 | | | | 0 | 1.1 |
| 1992 | | | | | 0 | 0 | 0 | 0 | 0 | | | | 0 | 5.18 |
| 1993 | | | | | 0 | 13.7 | 0 | 0 | 0 | | | | 0 | 5.6 |
| 1994 | | | | | 1.69 | 0 | 0 | 0 | 0 | | | | 0 | 6.8 |
| 1995 | | | | | 0 | 0 | 4.33 | 6.16 | 4.34 | | | | 0 | 5.1 |
| 1996 | | | | | 0 | 0 | 37.1 | 0 | 0 | | | | (0) | 5.31 |
| 1997 | | | | | 0 | 9.74 | 0 | 0 | 0 | | | | (0) | 5.1 |
| 1998 | | | | | 3.28 | 20.9 | 4.18 | 20.6 | 0 | | | | (0) | 9.8 |
| 1999 | | | | | 0 | 0 | 0 | 0 | 0 | | | | (0) | 5.2 |

**表 2-10(b)(续)**

新沂河:沭阳站

单位:$m^3 \cdot s^{-1}$

| 年份 | 1月 | 2月 | 3月 | 4月 | 5月 | 6月 | 7月 | 8月 | 9月 | 10月 | 11月 | 12月 | 年最小 | 月.日 |
|---|---|---|---|---|---|---|---|---|---|---|---|---|---|---|
| 2000 | | | | | 0 | 0 | 12.6 | 0 | 0 | | | | (0) | 5.1 |
| 2001 | | | | | 0 | 0 | 0 | 0 | 0 | | | | (0) | 5.27 |
| 2002 | | | | | 0 | 0 | 3.74 | 7.54 | 0 | | | | (0) | 5.1 |
| 2003 | | | | | 17.8 | 0 | 213 | 1.54 | 14.0 | | | | (0) | 6.3 |
| 2004 | | | | | 0 | 0 | 0 | 21.5 | 14.6 | | | | (0) | 5.4 |
| 2005 | | | | | 0 | 4.38 | 4.97 | 0 | 0 | 79.7 | | | (0) | 5.19 |
| 2006 | | | | | 7.53 | 18.5 | 20.7 | 16.4 | 16.2 | | | | (7.53) | (5.16) |
| 2007 | | | | | | 0 | 32.9 | 152 | 19.8 | | | | (0) | (6.3) |
| 2008 | | | | | 0 | 0 | 24.0 | 0 | 5.84 | | | | 0 | (5.15) |
| 2009 | | | | | 10.7 | 14.5 | 5.76 | 19.0 | 10.5 | | | | (5.76) | (7.9) |
| 2010 | | | | | 20.7 | 0 | 15.4 | 17.0 | 3.83 | | | | 0 | (6.10) |
| 2011 | | | | | 0 | 9.06 | 0 | 0 | 0 | | | | 0 | (5.13) |
| 2012 | | | | | 7.92 | 10.7 | 9.15 | 0 | 5.18 | | | | 0 | (8.1) |
| 2013 | | | | | 4.09 | 10.9 | 0 | 0 | 0 | | | | 0 | (7.4) |
| 2014 | | | | | 0 | 4.36 | 4.62 | 0 | 7.12 | | | | 0 | (5.29) |
| 2015 | | | | | 22.9 | 17.9 | 25 | 20.7 | 0 | | | | 0 | (9.16) |
| 2016 | | | | | 7.05 | 6.76 | 27.7 | 12.7 | 0 | | | | 0 | 9.20 |
| 2017 | | | | | 15 | 23.9 | 0 | 2.55 | 2.38 | | | | 0 | 7.3 |
| 2018 | | | | | 20.4 | 5.82 | 0 | 19.7 | 11.3 | | | | 0 | (7.18) |
| 历年最小 | | | | | 0 | 0 | 0 | 0 | 0 | 0 | | | 0 | |
| 出现年份 | | | | | 1963 | 1960 | 1964 | 1969 | 1967 | 1969 | | | 1964 | |

## 表 2-10(c) 沂沭泗流域主要站历年各月最小流量统计表(三)

新沭河:新沭河闸站　　　　单位:$m^3 \cdot s^{-1}$

| 年份 | 1月 | 2月 | 3月 | 4月 | 5月 | 6月 | 7月 | 8月 | 9月 | 10月 | 11月 | 12月 | 年最小 | 月.日 |
|---|---|---|---|---|---|---|---|---|---|---|---|---|---|---|
| 1953 | | | | | | (34.8) | 23.6 | 21.0 | (11.0) | | | | (11.0) | 9.1 |
| 1954 | 0.85 | 1.11 | 0 | 0 | 0 | 1.29 | 0.91 | 5.47 | 3.28 | 4.80 | 4.30 | 1.77 | 0 | 3.16 |
| 1955 | 3.27 | 3.06 | 1.61 | 0.49 | 0.17 | 0 | 6.16 | 10.3 | 9.20 | 2.45 | 2.17 | 1.94 | 0 | 6.23 |
| 1956 | 0.96 | 0.82 | 1.08 | 2.16 | 1.58 | 1.40 | 25.0 | 17.8 | 12.2 | 6.94 | 4.86 | 2.34 | 0.82 | 2.28 |
| 1957 | 1.49 | 2.11 | 3.50 | 2.72 | 1.96 | 1.63 | 1.75 | 12.6 | 3.00 | 1.40 | 1.63 | 1.98 | 1.40 | 10.17 |
| 1958 | 1.14 | 1.22 | 1.22 | 0.52 | 0 | 0 | 0.76 | 17.6 | 6.28 | 2.68 | 4.56 | 4.55 | 0 | 5.16 |
| 1959 | 2.46 | 5.06 | 3.90 | 3.35 | 2.60 | 2.42 | 11.3 | 7.76 | 12.3 | 4.50 | 7.90 | 6.00 | 2.42 | 6.1 |
| 1960 | 3.89 | 0.50 | 0.20 | 0.02 | 0.05 | 0.00 | 39.3 | 35.6 | 25.8 | 10.5 | 6.12 | 1.90 | 0 | 6.5 |
| 1961 | 3.22 | 4.14 | 5.20 | 11.0 | 8.15 | 36.4 | 41.5 | 11.1 | 10.2 | 5.57 | 4.63 | 3.74 | 3.22 | 1.7 |
| 1962 | 1.95 | 2.24 | 5.77 | 1.26 | 0.05 | 0.57 | 9.70 | 64.6 | 55.4 | 20.4 | 13.0 | 10.9 | 0.05 | 5.24 |
| 1963 | 3.66 | 5.33 | 4.20 | 4.20 | 5.94 | 9.70 | 14.2 | 50.1 | 17.8 | 5.50 | 6.18 | 1.92 | 1.92 | 12.26 |
| 1964 | 1.53 | 0.21 | 2.34 | 0.01 | 12.5 | 8.34 | 24.6 | 23.7 | 43.0 | 14.4 | 10.2 | 4.60 | 0.01 | 4.2 |
| 1965 | 1.72 | 0.02 | 0 | 0 | 0 | 0 | 0 | 39.6 | 8.02 | 0.65 | 1.28 | 0 | 0 | 3.1 |
| 1966 | 0 | 0 | 0 | 0 | 0 | 0 | 6.76 | 0 | 0 | 0.01 | 0 | 0 | 0 | 1.1 |
| 1967 | 0 | 0 | 0 | 0.02 | 0 | 0 | 5.60 | 0.37 | 4.03 | 0.40 | 0.12 | 0 | 0 | 1.1 |
| 1968 | 0 | 0 | 0 | 0 | 0 | 0.05 | 0.05 | 0.05 | 0.05 | 0.04 | 0.04 | 0.03 | 0 | 1.1 |
| 1969 | 0 | 0.14 | 0 | 0.14 | 0.03 | 0 | 0.12 | 0.99 | 4.73 | 0.14 | 0 | 2.00 | 0 | 1.2 |
| 1970 | 0 | 0.11 | 0.08 | 0.08 | 0.06 | 0.17 | 5.23 | 9.39 | 14.6 | 6.26 | 7.48 | 0.15 | 0 | 1.16 |
| 1971 | 0.19 | 0.01 | 0.09 | 0.02 | 0.03 | 4.00 | 15.8 | 11.0 | 9.24 | 0.01 | 0.06 | 0 | 0 | 12.31 |
| 1972 | 0 | 0 | 0 | 0 | 0 | 2.60 | 12.6 | 0.15 | 0.08 | 0 | 0 | 0 | 0 | 1.1 |
| 1973 | 0 | 0 | 0 | 0 | 0 | 0 | 12.8 | 0 | 0 | 0 | 0 | 0 | 0 | 1.1 |
| 1974 | 0 | 0 | 0 | 0 | 0 | 0 | 5.17 | 34.4 | 7.00 | 0 | 0 | 0 | 0 | 1.1 |
| 1975 | 0 | 0 | 0 | 0 | 0 | 0 | 9.85 | 24.7 | 12.6 | 0 | 0 | 0 | 0 | 1.1 |
| 1976 | 0 | 0 | 0 | 0 | 0 | 0 | 0 | 0 | 0 | 0 | 0 | 0 | 0 | 1.1 |
| 1977 | 0 | 0 | 0 | 0 | 0 | 0 | 0 | 0 | 0 | 0 | 0 | 0 | 0 | 1.1 |

**表 2-10(c)(续)**

新沭河:新沭河闸站　　　　单位:$m^3 \cdot s^{-1}$

| 年份 | 1月 | 2月 | 3月 | 4月 | 5月 | 6月 | 7月 | 8月 | 9月 | 10月 | 11月 | 12月 | 年最小 | 月.日 |
|---|---|---|---|---|---|---|---|---|---|---|---|---|---|---|
| 1978 | 0 | 0 | 0 | 0 | 0 | 0 | 0 | 0 | 0 | 0 | 0 | 0 | 0 | 1.1 |
| 1979 | 0 | 0 | 0 | 0 | 0 | 0 | 0 | 0 | 0 | 0 | 0 | 0 | 0 | 1.1 |
| 1980 | 0 | 0 | 0 | 0 | 0 | 0 | 0 | 0 | 0 | 0 | 0 | 0 | 0 | 1.1 |
| 1981 | 0 | 0 | 0 | 0 | 0 | 0 | 0 | 0 | 0 | 0 | 0 | 0 | 0 | 1.1 |
| 1982 | 0 | 0 | 0 | 0 | 0 | 0 | 0 | 0 | 0 | 0 | 0 | 0 | 0 | 1.1 |
| 1983 | 0 | 0 | 0 | 0 | 0 | 0 | 0 | 0 | 0 | 0 | 0 | 0 | 0 | 1.1 |
| 1984 | 0 | 0 | 0 | 0 | 0 | 0 | 0 | 0 | 0 | 0 | 0 | 0 | 0 | 1.1 |
| 1985 | 0 | 0 | 0 | 0 | 0 | 0 | 0 | 0 | 0 | 0 | 0 | 0 | 0 | 1.1 |
| 1986 | 0 | 0 | 0 | 0 | 0 | 0 | 0 | 0 | 0 | 0 | 0 | 0 | 0 | 1.1 |
| 1987 | 0 | 0 | 0 | 0 | 0 | 0 | 0 | 0 | 0 | 0 | 0 | 0 | 0 | 1.1 |
| 1988 | 0 | 0 | 0 | 0 | 0 | 0 | 0 | 0 | 0 | 0 | 0 | 0 | 0 | 1.1 |
| 1989 | 0 | 0 | 0 | 0 | 0 | 0 | 0 | 0 | 0 | 0 | 0 | 0 | 0 | 1.1 |
| 1990 | 0 | 0 | 0 | 0 | 0 | 0 | 0 | 0 | 0 | 0 | 0 | 0 | 0 | 1.1 |
| 1991 | 0 | 0 | 0 | 0 | 0 | 0 | 0 | 0 | 0 | 0 | 0 | 0 | 0 | 1.1 |
| 1992 | 0 | 0 | 0 | 0 | 0 | 0 | 0 | 0 | 0 | 0 | 0 | 0 | 0 | 1.1 |
| 1993 | 0 | 0 | 0 | 0 | 0 | 0 | 0 | 0 | 0 | 0 | 0 | 7.79 | 0 | 1.1 |
| 1994 | 2.75 | 2.52 | 1.97 | 0.17 | 1.81 | 0 | 0 | 0 | 0 | 12.4 | 20.0 | 5.75 | 0 | 6.5 |
| 1995 | 11.5 | 2.63 | 1.11 | 1.52 | 0.66 | 0 | 0 | 0 | 0 | 0 | 0 | 0 | 0 | 6.11 |
| 1996 | 0 | 0 | 0 | 0 | 0 | 0 | 0 | 0 | 0 | 0 | 0.42 | 0 | 0 | 1.1 |
| 1997 | 0 | 0 | 0 | 0 | 0 | 0 | 0 | 0 | 0 | 0 | 0 | 0 | 0 | 1.7 |
| 1998 | 0 | 0 | 0 | 0 | 0 | 0 | 0 | 20.7 | 0 | 0 | 0 | 0 | 0 | 1.1 |
| 1999 | 0 | 0 | 0 | 0 | 0 | 0 | 0 | 0 | 0 | 0 | 0 | 0 | 0 | 1.1 |
| 2000 | 0 | 0 | 0 | 0 | 0 | 0 | 0 | 0 | 7.14 | 7.82 | 0 | 0 | 0 | 1.1 |
| 2001 | 5.22 | 0 | 0 | 0 | 0 | 0 | 0 | 0 | 0 | 0 | 0 | 0 | 0 | 2.15 |
| 2002 | 0 | 0 | 0 | 0 | 0 | 0 | 0 | 0 | 0 | 0 | 0 | 0 | 0 | 1.1 |

**表 2-10(c)(续)**

新沭河:新沭河闸站　　　　单位:$m^3 \cdot s^{-1}$

| 年份 | 1月 | 2月 | 3月 | 4月 | 5月 | 6月 | 7月 | 8月 | 9月 | 10月 | 11月 | 12月 | 年最小 | 月.日 |
|---|---|---|---|---|---|---|---|---|---|---|---|---|---|---|
| 2003 | 0 | 0 | 0 | 0 | 0 | 0 | 0 | 0.11 | 0.53 | 0 | 0 | 0 | 0 | 1.1 |
| 2004 | 0 | 0 | 0 | 0 | 0 | 0 | 0 | 27.2 | 19.3 | 36.0 | 32.6 | 34.8 | 0 | 1.1 |
| 2005 | 0 | 0 | 0 | 0 | 0 | 0 | 0 | 10 | 0 | 0 | 0 | 0 | 0 | 1.19 |
| 2006 | 0 | 0 | 0 | 0 | 9.41 | 0 | 0 | 0 | 0 | 0 | 0 | 0 | 0 | 1.1 |
| 2007 | 0 | 0 | 6.27 | 0 | 0 | 0 | 0 | 0 | 0 | 0 | 0 | 23.0 | 0 | 1.1 |
| 2008 | 23.1 | 17.9 | 0 | 19.7 | 0 | 0 | 0 | 3.83 | 9.26 | 6.11 | 0 | 0 | 0 | 3.18 |
| 2009 | 3.69 | 3.37 | 0 | 0 | 0 | 0 | 0 | 0 | 22.6 | 0 | 0 | 12.1 | 0 | 3.15 |
| 2010 | 11.9 | 6.97 | 7.10 | 18.1 | 8.37 | 11.6 | 0 | 0 | 0 | 0 | 0 | 0 | 0 | 7.7 |
| 2011 | 0 | 0 | 0 | 0 | 0 | 0 | 0 | 0 | 0 | 12.2 | 19.4 | 22.9 | 0 | 1.1 |
| 2012 | 19.5 | 19.1 | 0 | 0 | 13.0 | 0 | 0 | 0 | 0 | 21.1 | 0 | 18.6 | 0 | 3.2 |
| 2013 | 13.1 | 11.1 | 0 | 0 | 0 | 0 | 0 | 0 | 0 | 0 | 0 | 0 | 0 | 3.10 |
| 2014 | 0 | 3.11 | 0 | 5.18 | 0 | 0 | 0 | 0 | 7.16 | 8.52 | 9.04 | 0 | 0 | 1.1 |
| 2015 | 0 | 1.95 | 1 | 1.18 | 1.1 | 0 | 0 | 0 | 0 | 0 | 2.99 | 16.9 | 0 | 1.1 |
| 2016 | 0 | 0 | 0 | 0 | 0 | 0 | 0 | 0 | 0 | 0 | 0 | 0 | 0 | 1.1 |
| 2017 | 0 | 0 | 0 | 0 | 0 | 0 | 0 | 0 | 0 | 0 | 0 | 0 | 0 | 1.1 |
| 2018 | 0 | 0 | 0 | 0 | 0 | 0 | 0 | 0 | 0 | 0 | 0 | 0 | 0 | 1.1 |
| 历年最小 | 0 | 0 | 0 | 0 | 0 | 0 | 0 | 0 | 0 | 0 | 0 | 0 | 0 | |
| 出现年份 | 1966 | 1966 | 1954 | 1954 | 1954 | 1955 | 1965 | 1966 | 1966 | 1972 | 1966 | 1965 | 1954 | |

表 2-10(d) 沂沭泗流域主要站历年各月最小流量统计表(四)

老沭河:人民胜利堰闸

单位:$m^3 \cdot s^{-1}$

| 年份 | 1月 | 2月 | 3月 | 4月 | 5月 | 6月 | 7月 | 8月 | 9月 | 10月 | 11月 | 12月 | 年最小 | 月.日 |
|---|---|---|---|---|---|---|---|---|---|---|---|---|---|---|
| 1953 | | | | | | 0.50 | 0.10 | 0.50 | (0.10) | | | | 0.10 | 7.2 |
| 1954 | | | 0 | 0 | (0.30) | | (0.30) | 0.08 | | | | | 0 | 3.24 |
| 1955 | | | | | | | | | | | | | | |
| 1956 | | | | | | 0 | 0.16 | 0 | 0.01 | | | | 0 | 6.15 |
| 1957 | | | | | | 0 | 0 | 0 | 0 | | | | 0 | 6.1 |
| 1958 | | | | | | 0 | 0 | 0 | 0 | | | | 0 | 6.1 |
| 1959 | | | | | | 0 | 0 | 0 | 0 | | | | 0 | 6.1 |
| 1960 | | | | | | 0 | 0 | 0 | 0 | | | | 0 | 6.1 |
| 1961 | | | | | | 0 | 0 | 3.98 | 4.10 | | | | 0 | 6.1 |
| 1962 | 0 | 0 | 0 | 0 | 0 | 3.22 | 0.05 | 0.05 | 0.05 | 0.05 | 0.05 | 0.05 | 0 | 1.1 |
| 1963 | 0.05 | 0.05 | 0 | 0 | 0 | 0.08 | 0.03 | 0 | 0 | 0 | 0.05 | 0.03 | 0 | 3.1 |
| 1964 | 0.06 | 0.06 | 0.06 | 0.92 | 5.22 | 3.24 | 6.54 | 6.88 | 6.88 | 0.09 | 0.06 | 0.03 | 0.03 | 12.1 |
| 1965 | 0.01 | 0 | 0.53 | 0.76 | 3.33 | 5.85 | 3.59 | 0.03 | 1.29 | 1.65 | 0.04 | 0.01 | 0 | 2.1 |
| 1966 | 0.28 | 0.02 | 0.23 | 0.04 | 3.85 | 8.43 | 2.52 | 2.52 | 3.09 | 2.17 | 0 | 0.21 | 0 | 11.23 |
| 1967 | 0.68 | 0.44 | 0.05 | 0.05 | 0 | 2.8 | 8.47 | 6.68 | 8.29 | 1.25 | 0 | 0.95 | 0 | 5.9 |
| 1968 | 0.55 | 0.79 | 0 | 0.04 | 3.35 | 6.54 | 9.96 | 6.37 | 3.34 | 2.50 | 2.79 | 2.42 | 0 | 3.7 |
| 1969 | 0.26 | 0.65 | 0.59 | 0.67 | 1.80 | 5.56 | 7.78 | 9.99 | 6.98 | 5.45 | 0.01 | 0 | 0 | 12.28 |
| 1970 | 0.03 | 1.52 | 1.06 | 0 | 0.60 | 5.64 | 12.4 | 14.8 | 8.38 | 1.11 | 0.48 | 0.48 | 0 | 4.17 |
| 1971 | 0.78 | 0.78 | 2.27 | 0.18 | 7.49 | 14.9 | 14.9 | 14.7 | 13.2 | 9.75 | 0.74 | 0.74 | 0.18 | 4.22 |
| 1972 | 0.97 | 2.56 | 0 | 0 | 9.39 | 10.4 | 13.2 | 10.8 | 9.63 | 8.07 | 2.91 | 0.93 | 0 | 3.13 |
| 1973 | 2.78 | 3.70 | 0.24 | 1.06 | 10.6 | 15.2 | 19.6 | 10.3 | 10.0 | 4.70 | 0.15 | 3.34 | 0.15 | 11.24 |
| 1974 | 1.91 | 1.18 | 4.34 | 0.5 | 0.15 | 11.4 | 11.0 | 12.4 | 9.42 | 7.16 | 2.55 | 4.85 | 0.15 | 5.7 |
| 1975 | 8.81 | 8.98 | 2.42 | 0 | 13.5 | 13 | 11.1 | 10.0 | 9.84 | 9.92 | 9.84 | 5.30 | 0 | 4.4 |
| 1976 | 4.18 | 5.33 | 6.75 | 10.5 | 18.4 | 18.2 | 7.81 | 5.62 | 5.05 | 12.5 | 7.43 | 2.39 | 2.39 | 12.8 |
| 1977 | 0.68 | 1.03 | 0.87 | 0.93 | 1.73 | 0 | 2.22 | 5.24 | 4.06 | 0.60 | 2.39 | 1.35 | 0 | 6.2 |

**表 2-10(d)(续)**

老沐河:人民胜利堰闸

单位:$m^3 \cdot s^{-1}$

| 年份 | 1月 | 2月 | 3月 | 4月 | 5月 | 6月 | 7月 | 8月 | 9月 | 10月 | 11月 | 12月 | 年最小 | 月.日 |
|---|---|---|---|---|---|---|---|---|---|---|---|---|---|---|
| 1978 | 0.91 | 2.18 | 0.58 | 0 | 0 | 0 | 1.52 | 0.40 | 9.65 | 0.55 | 3.60 | 0.91 | 0 | 4.8 |
| 1979 | 0.16 | 2.18 | 0 | 0 | 3.80 | 4.18 | 20 | 6.25 | 9.94 | 8.14 | 6.76 | 5.88 | 0 | 3.24 |
| 1980 | 0.09 | 0.31 | 1.56 | 1.49 | 4.24 | 8.78 | 28.6 | 21.6 | 14.0 | 5.60 | 4.51 | 0.24 | 0.09 | 1.29 |
| 1981 | 0 | 1.21 | 2.56 | 0 | 0.21 | 0.73 | 10.7 | 13.4 | 3.17 | 3.17 | 1.49 | 0.76 | 0 | 1.6 |
| 1982 | 0.46 | 0.57 | 0 | 0 | 0 | 0 | 1.27 | 13.2 | 3.17 | 3.34 | 2.78 | 2.76 | 0 | 3.12 |
| 1983 | 0.07 | 0.40 | 0.93 | 0.44 | 0 | 0.74 | 4.69 | 2.46 | 3.05 | 3.36 | 0 | 0.03 | 0 | 5.4 |
| 1984 | 0.03 | 0.23 | 0 | 0 | 0 | 0 | 0.10 | 5.23 | 7.99 | 3.49 | 2.63 | 1.92 | 0 | 3.22 |
| 1985 | 0.01 | 0.62 | 1.26 | 0.43 | 3.71 | 3.45 | 6.59 | 6.92 | 6.03 | 10.5 | 0.30 | 0.42 | 0.01 | 1.7 |
| 1986 | 1.75 | 2.80 | 1.06 | 3.54 | 0.25 | 2.88 | 10.3 | 16.8 | 8.37 | 1.77 | 2.22 | 0.04 | 0.04 | 12.3 |
| 1987 | 0.13 | 2.48 | 0.46 | 2.48 | 1.23 | 3.76 | 4.48 | 9.27 | 5.48 | 1.41 | 3.75 | 2.71 | 0.13 | 1.1 |
| 1988 | 1.01 | 1.60 | 0.60 | 0.14 | 0.10 | 0.12 | 0.09 | 7.77 | 3.13 | 0.06 | 0.13 | 0.18 | 0.06 | 10.1 |
| 1989 | 1.77 | 1.09 | 0.82 | 0.09 | 0.08 | 0.08 | 2.78 | 0.39 | 0.03 | 0.06 | 0.05 | 0.08 | 0.03 | 9.26 |
| 1990 | 0.14 | 0.14 | 0.11 | 0.1 | 0.12 | 0.23 | 7.36 | 21.8 | 5.69 | 4.04 | 1.00 | 1.7 | 0.1 | 4.8 |
| 1991 | 1.75 | 1.87 | 1.63 | 3.56 | 5.35 | 6.33 | 10.4 | 10.3 | 1.95 | 0.23 | 0.17 | 0.23 | 0.17 | 11.3 |
| 1992 | 1.74 | 1.02 | 1.55 | 0.07 | 0.03 | 0.01 | 0.13 | 1.20 | 1.45 | 1.45 | 0.57 | 0.7 | 0.01 | 6.27 |
| 1993 | 1.15 | 1.59 | 0.75 | 0.02 | 0 | 0 | 3.53 | −125 | 5.02 | 1.25 | 0 | 0 | −125 | 8.5 |
| 1994 | 0 | 0 | 0 | 0 | 0 | 0 | 0 | 0 | 0 | 0 | 0 | 0 | 0 | 1.1 |
| 1995 | 0 | 0 | 0 | 0 | 0 | 0 | 0 | 0 | 0 | 0 | 0 | 0 | 0 | 1.1 |
| 1996 | 0 | 0 | 0 | 0 | 0 | 0 | 0 | 0 | 0 | 0 | 0 | 0 | 0 | 1.1 |
| 1997 | 0 | 0 | 3.42 | 0 | 0.77 | 0 | 9.53 | 0 | 0 | 0 | 0 | 0 | 0 | 1.1 |
| 1998 | 0 | 0 | 0 | 0 | 0 | 0 | 0 | 0 | 0 | 0 | 4.55 | 0 | 0 | 1.1 |
| 1999 | 0 | 0 | 0 | 0 | 0 | 0 | 0 | 0 | 7.6 | 13.1 | 7.57 | 7.55 | 0 | 1.5 |
| 2000 | 0 | 0 | 0 | 0 | 0 | 0 | 0 | 0 | 0 | 0 | 0 | 0 | 0 | 1.1 |
| 2001 | 0 | 0 | 0 | 0 | 1.5 | 0 | 0 | 0 | 0 | 0 | 0 | 1.78 | 0 | 1.1 |
| 2002 | 1.74 | 1.76 | 1.73 | 1.74 | 1.98 | 1.74 | 6.17 | 3.25 | 3.20 | 3.21 | 0 | 0 | 0 | 11.15 |

**表 2-10(d)(续)**

老沭河:人民胜利堰闸　　　　单位:$m^3 \cdot s^{-1}$

| 年份 | 1月 | 2月 | 3月 | 4月 | 5月 | 6月 | 7月 | 8月 | 9月 | 10月 | 11月 | 12月 | 年最小 | 月.日 |
|---|---|---|---|---|---|---|---|---|---|---|---|---|---|---|
| 2003 | 0.89 | 0.85 | 0 | 0 | 0 | 0 | 0 | 46.0 | 93.3 | 0 | 38.2 | 24.5 | 0 | 3.3 |
| 2004 | 24.9 | 20.4 | 5.49 | 5.79 | 5.69 | 3.69 | 0 | 0 | 0 | 0 | 0 | 0 | 0 | 7.21 |
| 2005 | 0 | 0 | 0 | 0 | 0 | 0 | 0 | 0 | 0 | 22.7 | 0 | 0 | 0 | 1.1 |
| 2006 | 0 | 4.18 | 0 | 0 | 0 | 0 | 0 | 23.1 | 0 | 0 | 0 | 0 | 0 | 1.1 |
| 2007 | 0 | 0 | 0 | 0 | 0 | 0 | 0 | 0 | 0 | 0 | 0 | 0 | 0 | 1.1 |
| 2008 | 0 | 0 | 0 | 0 | 0 | 0 | 0 | 0 | 0 | 0 | 0 | 0 | 0 | 1.1 |
| 2009 | 0 | 0 | 0 | 16.4 | 0 | 0 | 0 | 0 | 0 | 0 | 0 | 0 | 0 | 1.1 |
| 2010 | 0 | 0 | 0 | 0 | 0 | 0 | 0 | 0 | 0 | 0 | 0 | 0 | 0 | 1.1 |
| 2011 | 0 | 0 | 0 | 0 | 0 | 0 | 0 | 0 | 0 | 0 | 0 | 0 | 0 | 1.1 |
| 2012 | 0 | 0 | 0 | 0 | 0 | 0 | 0 | 0 | 0 | 0 | 0 | 0 | 0 | 1.1 |
| 2013 | 0 | 0 | 0 | 0 | 0 | 0 | 0 | 0 | 0 | 0 | 0 | 0 | 0 | 1.1 |
| 2014 | 0 | 0 | 0 | 0 | 0 | 0 | 0 | 0 | 0 | 0 | 0 | 0 | 0 | 1.1 |
| 2015 | 0 | 0 | 0 | 0 | 0 | 0 | 0 | 0 | 0 | 0 | 0 | 0 | 0 | 1.4 |
| 2016 | 0 | 0 | 1.78 | 2.43 | 0 | 0 | 0 | 16.3 | 4.45 | 15.2 | 12.2 | 10.2 | 0 | 1.24 |
| 2017 | 16.3 | 6.85 | 6.81 | 0 | 0 | 0 | 0 | 0 | 0 | 10.8 | 6.01 | 5.43 | 0 | 4.25 |
| 2018 | 0 | 0 | 0 | 0 | 0 | 0 | 9.98 | 0 | 0 | 5.36 | 0 | 11.5 | 0 | 1.10 |
| 历年最小 | 0 | 0 | 0 | 0 | 0 | 0 | 0 | −125 | 0 | 0 | 0 | 0 | −125 | |
| 出现年份 | 1962 | 1962 | 1954 | 1954 | 1962 | 1956 | 1957 | 1993 | 1957 | 1963 | 1966 | 1969 | 1993 | |

**表 2-10(e)　沂沭泗流域主要站历年各月最小流量统计表(五)**

中运河:运河站　　　　单位:$m^3 \cdot s^{-1}$

| 年份 | 1月 | 2月 | 3月 | 4月 | 5月 | 6月 | 7月 | 8月 | 9月 | 10月 | 11月 | 12月 | 年最小 | 月.日 |
|---|---|---|---|---|---|---|---|---|---|---|---|---|---|---|
| 1951 | 103 | 93.4 | 83.1 | 64.6 | 59.8 | 52.0 | 56.8 | 170 | 114 | 105 | 100 | 96.7 | 52.0 | 6.22 |
| 1952 | 89.2 | 77.8 | 77.1 | 41.9 | 34.8 | (21.8) | | 36.4 | (54.0) | | | | (21.8) | 6.26 |
| 1953 | 21.8 | 33.5 | 27.0 | 21.7 | 14.2 | 0 | 16.6 | 185 | 159 | 131 | 112 | 99.2 | 0 | 6.13 |
| 1954 | 82.3 | 68.7 | 60.8 | 34.7 | 35.8 | 29.9 | 28.8 | 45.6 | 39.8 | 49.6 | 62.0 | 76.6 | 28.8 | 7.7 |
| 1955 | 34.7 | 57.1 | 58.0 | 41.9 | 26.9 | 20.5 | 23.5 | 85.1 | 64.8 | 79.5 | 84.3 | 83.2 | 20.5 | 6.23 |
| 1956 | (76.4) | 60.3 | 58.4 | 48.4 | 42.2 | 36.8 | 65.4 | 66.2 | 104 | 99.6 | 87.7 | 81.6 | 36.8 | 6.23 |
| 1957 | 73.4 | 66.8 | 56.4 | 42.0 | 36.5 | 27.3 | 27.6 | 832 | 561 | 368 | 261 | 196 | 27.3 | 6.3 |
| 1958 | 172 | 148 | 35.5 | 25.1 | 2.95 | 0 | 380 | 671 | 396 | 31.0 | 15.8 | 20.0 | 0 | 6.22 |
| 1959 | 14.0 | 0 | 19.0 | 146 | 152 | 18.3 | 90.3 | 17.6 | 2.90 | 0 | 11.5 | 10.6 | 0 | 2.3 |
| 1960 | 12.3 | 0 | 0 | 0.80 | 0 | 0 | 154 | 150 | 336 | 118 | 148 | 56.0 | 0 | 2.22 |
| 1961 | 54.0 | 49.5 | 38.5 | 37.5 | 30.2 | 67.5 | 144 | 139 | 227 | 148 | 97.7 | 87.0 | 30.2 | 5.6 |
| 1962 | 32.4 | 31.2 | 7.07 | 0 | 0 | 14.6 | 21.2 | 56.3 | 184 | 227 | 175 | 180 | 0 | 4.2 |
| 1963 | 93.2 | 86.0 | 6.35 | 0.39 | 14.4 | 31 | 90.8 | 1130 | 811 | 324 | 117 | 54.0 | 0.39 | 4.7 |
| 1964 | 37.0 | 55.2 | 21.4 | 21.4 | 109 | 84.2 | 111 | 354 | 916 | 597 | 273 | 134 | 21.4 | 3.31 |
| 1965 | 8.21 | 7.24 | 5.28 | 0.10 | 4.28 | 0 | 0.88 | 460 | 17.7 | 11.5 | 16.2 | 0 | 0 | 6.7 |
| 1966 | 0 | 0 | 1.01 | 0 | 0 | 3.26 | 37.0 | 0 | 0 | 0 | 0 | 0 | 0 | 1.1 |
| 1967 | 0 | 8.96 | 13.3 | 0 | 0 | 0 | 23.5 | 14.8 | 15.1 | 31.0 | 29.0 | 34.0 | 0 | 1.1 |
| 1968 | 15.2 | 20.1 | 21.7 | 12.0 | 0 | 12.2 | 8.08 | 13.4 | 10.0 | 21.7 | 12.2 | 12.9 | 0 | 5.15 |
| 1969 | 6.85 | 14.8 | 26 | 17.7 | 57.9 | 24.6 | 26.3 | 21.0 | 15.8 | 284 | 30.3 | 28.3 | 6.85 | 1.3 |
| 1970 | 0 | 0 | 14.1 | 14.0 | 13.0 | 5.00 | 47.7 | 84.2 | 67.4 | 24.4 | 26.6 | 28.1 | 0 | 1.2 |
| 1971 | 0 | 0 | 0 | 0 | 12.0 | 15.1 | 604 | 71.7 | 0 | 14.5 | 19.7 | 18.0 | 0 | 1.23 |
| 1972 | 9.73 | 9.00 | 5.19 | 12.0 | 3.75 | 0 | 24.5 | 0 | 40.0 | 64.0 | 0 | 0 | 0 | 6.2 |
| 1973 | 0 | 0 | 0 | 0 | 12.3 | 19.6 | 54 | 17.1 | 16.3 | 83.1 | 15.1 | 12.8 | 0 | 1.1 |
| 1974 | 9.71 | 3.92 | 0 | 0 | 0 | 13.8 | 9.93 | 379 | 26.6 | 44.0 | 22.0 | 46.0 | 0 | 3.3 |
| 1975 | 25.6 | 10.0 | 15.3 | 17.5 | 13.3 | 2.26 | 24.4 | 40.3 | 34.9 | 35.2 | 11.5 | 1.48 | 1.48 | 12.3 |

**表 2-10(e)(续)**

中运河:运河站

单位:$m^3 \cdot s^{-1}$

| 年份 | 1月 | 2月 | 3月 | 4月 | 5月 | 6月 | 7月 | 8月 | 9月 | 10月 | 11月 | 12月 | 年最小 | 月.日 |
|---|---|---|---|---|---|---|---|---|---|---|---|---|---|---|
| 1976 | 5.23 | 2.45 | 0 | 11.8 | 8.40 | 1.94 | 24.8 | 29.4 | 67.2 | 21.5 | 19.5 | 5.56 | 0 | 3.1 |
| 1977 | 13.1 | 6.29 | 6.12 | 11.8 | 19.2 | 5.35 | 6.83 | 26.6 | 10.8 | 11.8 | 0 | 1.98 | 0 | 11.16 |
| 1978 | 8.32 | 6.78 | 11.3 | 13.2 | 2.32 | 0 | 1.05 | 30.0 | 15.8 | 2.69 | 22.6 | 15.6 | 0 | 6.16 |
| 1979 | 16.0 | 18 | 8.04 | 10.6 | 4.30 | 0.91 | 39.0 | 14.1 | 23.1 | 13.5 | 14.8 | 6.07 | 0.91 | 6.7 |
| 1980 | 6.55 | 5.93 | 8.92 | 2.65 | 0.76 | 0 | 4.54 | 25.0 | 17.8 | 9.50 | 1.71 | 0 | 0 | 6.1 |
| 1981 | 17.3 | 16.3 | 21.3 | 22.5 | 0 | 0 | 9.07 | 26.1 | 8.53 | 7.56 | 11.7 | 9.76 | 0 | 5.29 |
| 1982 | 9.60 | 10.4 | 9.49 | −23.1 | −27.8 | −13.4 | −7.12 | 37.6 | 16.2 | 12.5 | 15.0 | 17.3 | −27.8 | 5.4 |
| 1983 | 13.0 | 15.6 | 17.7 | −20.1 | −37.1 | −36.6 | −16.0 | 4.73 | 13.8 | 17.7 | 16.5 | 17.1 | −37.1 | 5.12 |
| 1984 | 0 | −46.2 | −28.4 | −17.6 | −40.5 | −40.1 | −21.8 | 8.29 | 13.0 | 25.7 | 15.5 | 14.8 | −46.2 | 2.8 |
| 1985 | 22.3 | 20.6 | 0 | 0 | 16.3 | 11.9 | 24.1 | 1.70 | 321 | 38.4 | 39.7 | 32.1 | 0 | 3.15 |
| 1986 | 17.1 | 14.7 | 9.14 | 5.70 | −18.7 | −70.6 | 12.2 | 20.9 | 23.4 | 15.6 | 20.3 | 14.6 | −70.6 | 6.7 |
| 1987 | 9.82 | 3.68 | −21.2 | −29.9 | −34.5 | −52.5 | −19.5 | 14.5 | 26.2 | 14.4 | 12.9 | 1.67 | −52.5 | 6.24 |
| 1988 | 16.3 | −17.2 | −21.2 | −7.65 | −29.7 | −71.1 | −52.6 | −28.1 | −11.5 | −35.0 | −21.1 | −19.4 | −71.1 | 6.19 |
| 1989 | −26.1 | −29.2 | −27.1 | −29.6 | −32.4 | −42.2 | −16.9 | −47.6 | −43.2 | −40.0 | −31.6 | −26.0 | −47.6 | 8.23 |
| 1990 | −30.5 | −27.2 | −40.9 | −43.6 | −48.6 | −55.2 | −21.6 | 41.6 | 16.0 | −21.5 | −16.1 | −16.3 | −55.2 | 6.19 |
| 1991 | −22.0 | −38.1 | −36.7 | −8.27 | −42.6 | 38.7 | 40.0 | 36.3 | 16.9 | −33.5 | −18.7 | 9.41 | −42.6 | 5.6 |
| 1992 | −22.3 | −20.4 | −28.5 | −20.6 | −35.5 | −77.2 | 4.22 | −43.9 | −44.8 | −61.5 | −19.9 | −8.31 | −77.2 | 6.13 |
| 1993 | 0 | 0 | 0 | 0 | 0 | 0 | 0 | 0 | 0 | 17.5 | 17.9 | 11.5 | 0 | 1.1 |
| 1994 | 12.1 | 7.82 | 3.50 | 0 | 0 | 0 | 0 | 7.53 | 3.52 | 0 | 20.1 | 12.6 | 0 | 4.2 |
| 1995 | 0 | 0 | 0 | 0 | 0 | 0 | 6.78 | 10.9 | 17.3 | 18.6 | 0 | 0 | 0 | 1.1 |
| 1996 | 0 | 7.26 | 7.62 | 0 | 0 | 6.03 | 38.8 | 10.9 | 6.93 | 16.9 | 0 | 6.81 | 0 | 1.1 |
| 1997 | 4.13 | 0 | 10.9 | 0 | 0 | 0 | 21.2 | 0 | 8.92 | 0 | 11.7 | 0 | 0 | 2.17 |
| 1998 | 0 | 15.2 | 0 | 27.4 | 32.1 | 10.0 | 34.8 | 42.9 | 1.17 | 0 | 0 | 0 | 0 | 1.1 |
| 1999 | 0 | 0 | 0 | 0 | 17.8 | 0 | 9.02 | 3.82 | 0 | 35.9 | 19.6 | 12.9 | 0 | 1.1 |
| 2000 | 11.8 | 0 | 12.0 | 0 | 0 | 0 | 15.0 | 20.0 | 24.6 | 32.8 | 36.6 | 29.2 | 0 | 2.5 |

**表 2-10(e)(续)**

中运河:运河站

单位:$m^3 \cdot s^{-1}$

| 年份 | 1月 | 2月 | 3月 | 4月 | 5月 | 6月 | 7月 | 8月 | 9月 | 10月 | 11月 | 12月 | 年最小 | 月.日 |
|---|---|---|---|---|---|---|---|---|---|---|---|---|---|---|
| 2001 | 29.0 | 32.6 | 26.5 | 3.50 | 0 | 0 | 0 | 28.6 | 23.0 | 0 | 0 | 0 | 0 | 5.5 |
| 2002 | 0 | 0 | 13.9 | 0 | 0 | 0 | 0 | 0 | 0 | 0 | 0 | 0 | 0 | 1.1 |
| 2003 | 0 | 0 | 0 | 0 | 0 | 0 | 13.7 | 25.7 | 68.5 | 50.2 | 35.4 | 26.9 | 0 | 1.1 |
| 2004 | 22.4 | 25.7 | 21.2 | 20.7 | 0 | 0 | 0 | 158 | 41.5 | 22.2 | 15.6 | 15.8 | 0 | 5.21 |
| 2005 | 17.4 | 8.48 | 7.75 | 0 | 0 | 0 | 14.2 | 66.5 | 66.2 | 66.2 | 41.4 | 16.7 | 0 | 4.3 |
| 2006 | 19.2 | 20.4 | 13.9 | 9.68 | 8.19 | 0 | 43.9 | 41.4 | 25.9 | 21.3 | 0 | 16.1 | 0 | 6.7 |
| 2007 | 15.4 | 14.3 | 19.3 | 12.4 | 0 | 0 | 147 | 153 | 72.2 | 26.0 | 23.0 | 17.1 | 0 | 5.15 |
| 2008 | 19.1 | 13.6 | 14.9 | 0 | 0 | 0 | 25.3 | 66.8 | 46.6 | 23.6 | 18.0 | 20.8 | 0 | 4.23 |
| 2009 | 20.0 | −31.0 | −22.7 | −36.3 | −26.8 | −39.0 | −30.5 | 27.0 | 25.2 | 17.7 | −8.51 | 5.39 | −39.0 | 6.17 |
| 2010 | −20.7 | −21.3 | −6.22 | −12.9 | −28.7 | −52.1 | −31.9 | −33.8 | 28.4 | 21.6 | −26.3 | −26.3 | −52.1 | 6.25 |
| 2011 | −24.9 | −37.7 | −24.4 | −38.1 | −37.1 | −39.3 | −20.3 | 10.8 | 29.0 | 33.9 | 38.1 | 47.6 | −39.3 | 6.11 |
| 2012 | 20.9 | 15.5 | 24.3 | 18.2 | −32.1 | −54.1 | −37.6 | −33.9 | 24.6 | −13.7 | −19.0 | −18.2 | −54.1 | 6.24 |
| 2013 | 19.4 | 21.8 | −20 | −27.2 | −41.2 | −33.5 | −13.8 | 21.8 | −6.46 | −85.9 | −53.2 | −24.1 | −85.9 | 10.26 |
| 2014 | −24.2 | −17.2 | −25.6 | −24.5 | −36.8 | −75.3 | −52.6 | −72.4 | −28.5 | −19.5 | −29.5 | −14 | −75.3 | 6.13 |
| 2015 | −10 | −14.8 | −18.2 | −112 | −110 | −98.3 | −35.7 | −30.2 | −18.6 | −24.2 | −10.3 | −5.61 | −112 | 4.29 |
| 2016 | −113 | −9.19 | −67.5 | −116 | −137 | −97.4 | −14.8 | −35.6 | −36.5 | 15.4 | 7.69 | −46.8 | −137 | 5.13 |
| 2017 | −47.3 | −37.4 | −86.1 | −129 | −127 | −87.6 | −88 | 24.8 | 25.3 | 18 | −47.9 | −69.1 | −129 | 4.6 |
| 2018 | −91.7 | −35.7 | −80.1 | −109 | −127 | −84.4 | −44.5 | 15.1 | 8.36 | 7.1 | 7.02 | −60.8 | −127 | 5.24 |
| 历年最小 | −113 | −46.2 | −86.1 | −129 | −137 | −98.3 | −88 | −72.4 | −44.8 | −85.9 | −53.2 | −69.1 | −137 | |
| 出现年份 | 2016 | 1984 | 2017 | 2017 | 2016 | 2015 | 2017 | 2014 | 1992 | 2013 | 2013 | 2017 | 2016 | |

**表 2-11　沂沭泗流域主要站历年最高水位、最大流量统计表**

| 河名 | 沂河 | | | 沂河 | | | 沂河 | | | 沭河 | | |
|---|---|---|---|---|---|---|---|---|---|---|---|---|
| 站名 | 葛沟 | | | 临沂 | | | 刘道口闸(闸下) | | | 莒县 | | |
| 年份 | 最高水位/m | 最大流量/($m^3 \cdot s^{-1}$) | 出现日期(月.日) | 最高水位/m | 最大流量/($m^3 \cdot s^{-1}$) | 出现日期(月.日) | 最高水位/m | 最大流量/($m^3 \cdot s^{-1}$) | 出现日期(月.日) | 最高水位/m | 最大流量/($m^3 \cdot s^{-1}$) | 出现日期(月.日) |
| 1950 | | | | 63.85 | (114) | 8.18 | | | | | | |
| 1951 | 92.78 | 6 140 | 8.8 | 63.75 | 5 840 | 8.8 | | | | 108.06 | 812 | 8.17 |
| 1952 | 89.63 | 875 | 8.2 | 62.31 | 1 760 | 7.2 | | | | 107.38 | 500 | 6.28 |
| 1953 | 91.31 | 2 420 | 6.19 | 63.95 | 6 000 | 8.4 | | | | 108.35 | 1 610 | 8.8 |
| 1954 | 91.96 | 3 670 | 8.13 | 63.51 | 4 870 | 8.13 | | | | 108.92 | 2 400 | 8.13 |
| 1955 | 90.41 | 2 000 | 7.10 | 63.95 | 6 200 | 7.11 | | | | 108.96 | 3 040 | 7.10 |
| 1956 | 92.86 | 5 590 | 9.5 | 64.63 | 10 400 | 9.5 | | | | 109.96 | 4 500 | 9.5 |
| 1957 | **94.35** | **8 730** | 7.19 | **65.65** | **15 400** | 7.19 | | | | **110.13** | **4 780** | 7.19 |
| 1958 | 89.89 | 1 270 | 8.18 | 63.28 | 4 230 | 8.18 | | | | 107.58 | 629 | 8.18 |
| 1959 | 89.65 | 417 | 8.26 | 61.4 | 514 | 6.9 | | | | 107.12 | 371 | 8.31 |
| 1960 | 93.97 | 8 620 | 8.17 | 64.46 | 12 100 | 8.17 | | | | 108.82 | 2 150 | 8.17 |
| 1961 | 89.96 | 1 720 | 7.6 | 62.28 | 1 960 | 7.6 | | | | 108.12 | 1 050 | 7.14 |
| 1962 | 90.62 | 2 770 | 7.14 | 62.95 | 3 530 | 8.8 | | | | 108.84 | 1 860 | 7.14 |
| 1963 | 91.12 | 5 010 | 7.20 | 64.27 | 9 090 | 7.20 | | | | 108.29 | 1 260 | 7.30 |
| 1964 | 89.91 | 2 390 | 7.18 | 62.93 | 3 250 | 8.1 | | | | 106.36 | 883 | 7.18 |
| 1965 | 88.85 | 1 170 | 8.5 | 62.91 | 3 230 | 7.22 | | | | 106.18 | 840 | 7.10 |
| 1966 | 89.86 | 1 950 | 7.21 | 62.39 | 2 180 | 7.22 | | | | 106.23 | 882 | 7.21 |
| 1967 | 88.34 | 853 | 7.1 | 61.97 | 1 330 | 9.30 | | | | 106.30 | 313 | 7.1 |
| 1968 | 87.14 | 224 | 7.8 | 61.09 | 287 | 7.21 | | | | 105.65 | 61.5 | 8.20 |

表 2-11(续)

| 河名 | 沂河 | | | 沂河 | | | 沂河 | | | 沭河 | | |
|---|---|---|---|---|---|---|---|---|---|---|---|---|
| 站名 | 葛沟 | | | 临沂 | | | 刘道口闸(闸下) | | | 莒县 | | |
| 年份 | 最高水位/m | 最大流量/($m^3 \cdot s^{-1}$) | 出现日期(月.日) | 最高水位/m | 最大流量/($m^3 \cdot s^{-1}$) | 出现日期(月.日) | 最高水位/m | 最大流量/($m^3 \cdot s^{-1}$) | 出现日期(月.日) | 最高水位/m | 最大流量/($m^3 \cdot s^{-1}$) | 出现日期(月.日) |
| 1969 | 87.25 | 251 | 9.3 | 61.81 | 979 | 9.30 | | | | 106.12 | 190 | 9.30 |
| 1970 | 90.53 | 3 330 | 7.25 | 64.07 | 5 950 | 7.26 | | | | 107.52 | 1 120 | 7.30 |
| 1971 | 90.09 | 2 270 | 7.1 | 63.6 | 4 920 | 7.1 | | | | 107.96 | 1 620 | 7.1 |
| 1972 | 88.03 | 479 | 8.25 | 61.64 | 786 | 9.7 | | | | 106.24 | 253 | 8.27 |
| 1973 | 88.49 | 737 | 7.5 | 62.78 | 3 170 | 7.29 | | | | 106.17 | 206 | 7.16 |
| 1974 | 91.98 | 5 250 | 8.14 | 65.17 | 10 600 | 8.14 | | | | 109.63 | 3 460 | 8.13 |
| 1975 | 88.01 | 407 | 7.10 | 61.85 | 1 190 | 7.10 | | | | 107.16 | 699 | 8.15 |
| 1976 | 88.82 | 930 | 7.24 | 61.84 | 1 050 | 8.19 | | | | 106.35 | 263 | 7.29 |
| 1977 | 87.50 | 238 | 7.31 | 61.27 | 434 | 7.20 | | | | 105.72 | 83.5 | 7.13 |
| 1978 | 87.86 | 371 | 8.16 | 62.13 | 1 690 | 7.14 | | | | 106.05 | 183 | 8.12 |
| 1979 | 88.39 | 661 | 7.31 | 61.6 | 782 | 7.10 | | | | 106.38 | 331 | 7.12 |
| 1980 | 89.14 | 1 170 | 6.16 | 62.59 | 2 510 | 6.17 | | | | 106.75 | 553 | 6.16 |
| 1981 | 87.56 | 308 | 7.27 | 61.63 | 876 | 7.26 | | | | 105.80 | 96 | 7.28 |
| 1982 | 87.75 | 391 | 8.9 | 62 | 1 500 | 8.10 | | | | 106.68 | 513 | 8.8 |
| 1983 | 86.46 | 63.7 | 5.21 | 60.67 | 95.2 | 7.20 | | | | 105.08 | 10.4 | 9.12 |
| 1984 | 87.60 | 344 | 8.7 | 61.41 | 672 | 7.12 | | | | 105.50 | 46.3 | 8.30 |
| 1985 | 88.22 | 595 | 7.16 | 61.93 | 1 260 | 9.5 | | | | 106.18 | 225 | 8.7 |
| 1986 | 87.56 | 355 | 8.1 | 61.5 | 640 | 8.2 | | | | 105.66 | 74.9 | 8.1 |
| 1987 | 87.86 | 449 | 8.15 | 61.4 | 656 | 9.5 | | | | 105.53 | 68.0 | 8.15 |

**表 2-11(续)**

| 河名 | 沂河 | | | 沂河 | | | 沂河 | | | 沭河 | | |
|---|---|---|---|---|---|---|---|---|---|---|---|---|
| 站名 | 葛沟 | | | 临沂 | | | 刘道口闸(闸下) | | | 莒县 | | |
| 年份 | 最高水位/m | 最大流量/($m^3 \cdot s^{-1}$) | 出现日期(月.日) | 最高水位/m | 最大流量/($m^3 \cdot s^{-1}$) | 出现日期(月.日) | 最高水位/m | 最大流量/($m^3 \cdot s^{-1}$) | 出现日期(月.日) | 最高水位/m | 最大流量/($m^3 \cdot s^{-1}$) | 出现日期(月.日) |
| 1988 | 88.59 | 825 | 7.16 | 61.96 | 1 410 | 7.16 | | | | 106.51 | 480 | 7.16 |
| 1989 | 86.46 | 92 | 6.13 | 61.07 | 319 | 6.13 | | | | 105.14 | 26.2 | 6.30 |
| 1990 | 90.37 | 2 720 | 8.16 | 63.53 | 5 520 | 8.16 | | | | 107.37 | 1 140 | 8.16 |
| 1991 | 90.70 | 3 130 | 7.25 | 64.07 | 7 590 | 7.25 | | | | 106.07 | 325 | 6.11 |
| 1992 | 86.99 | 123 | 6.13 | 60.73 | 231 | 7.24 | | | | 104.98 | 44.2 | 7.23 |
| 1993 | 89.78 | 1 800 | 8.5 | 64.34 | 8 140 | 8.5 | | | | 105.63 | 233 | 7.16 |
| 1994 | 89.45 | 1 490 | 8.9 | 62.18 | 2 060 | 8.9 | | | | 105.80 | 264 | 8.24 |
| 1995 | 89.13 | 1 320 | 8.18 | 62.44 | 2 880 | 8.23 | | | | 106.51 | 677 | 8.18 |
| 1996 | 88.27 | 737 | 8.7 | 61.7 | 1 790 | 8.7 | | | | 105.55 | 190 | 8.7 |
| 1997 | 90.75 | 3 150 | 8.20 | 63.46 | 6 510 | 8.20 | | | | 108.33 | 1 170 | 8.20 |
| 1998 | 89.40 | 1 810 | 8.15 | 62.88 | 4 870 | 8.15 | | | | 107.63 | 716 | 8.15 |
| 1999 | 87.26 | 311 | 8.14 | 59.42 | 102 | 7.9 | | | | 106.85 | 376 | 9.9 |
| 2000 | 88.15 | 719 | 6.26 | 61.03 | 1 800 | 8.31 | | | | 106.55 | 295 | 6.26 |
| 2001 | 88.63 | 1 090 | 8.5 | 60.91 | 2 250 | 7.31 | | | | 105.90 | 208 | 8.2 |
| 2002 | 86.40 | 78.6 | 5.16 | 59.45 | 180 | 4.19 | | | | 104.88 | 43.5 | 8.26 |
| 2003 | 88.36 | 802 | 6.23 | 60.29 | 2 220 | 6.23 | | | | 105.41 | 226 | 10.12 |
| 2004 | 88.52 | 1 050 | 7.18 | 59.78 | 1 570 | 8.5 | | | | 105.19 | 168 | 8.9 |
| 2005 | 89.12 | 1 340 | 9.20 | 61.03 | 5 030 | 9.20 | | | | 105.94 | 399 | 9.20 |
| 2006 | 86.77 | 207 | 7.4 | 59.98 | 1 460 | 8.29 | | | | 105.71 | 310 | 7.3 |

**表 2-11(续)**

| 河名 | 沂河 | | | 沂河 | | | 沂河 | | | 沭河 | | |
|---|---|---|---|---|---|---|---|---|---|---|---|---|
| 站名 | 葛沟 | | | 临沂 | | | 刘道口闸(闸下) | | | 莒县 | | |
| 年份 | 最高水位/m | 最大流量/($m^3$·$s^{-1}$) | 出现日期(月.日) | 最高水位/m | 最大流量/($m^3$·$s^{-1}$) | 出现日期(月.日) | 最高水位/m | 最大流量/($m^3$·$s^{-1}$) | 出现日期(月.日) | 最高水位/m | 最大流量/($m^3$·$s^{-1}$) | 出现日期(月.日) |
| 2007 | 88.08 | 726 | 8.20 | 60.12 | 1 510 | 8.19 | | | | 105.18 | 143 | 8.18 |
| 2008 | 88.58 | 1 220 | 7.24 | 60.35 | 2 540 | 7.24 | | | | 108.57 | 363 | 7.24 |
| 2009 | 87.94 | 935 | 7.21 | 61.08 | 4 640 | 7.21 | | 4 130 | 7.21 | 108.43 | 165 | 7.14 |
| 2010 | 90.16 | 127 | 9.8 | 60.74 | 641 | 7.18 | | 679 | 7.18 | 108.82 | 149 | 7.20 |
| 2011 | 90.55 | 2 030 | 9.16 | 60.52 | 2 300 | 9.16 | | 1 750 | 9.16 | 108.71 | 558 | 8.29 |
| 2012 | 90.48 | 2 190 | 7.10 | 61.73 | 8 050 | 7.10 | | **6 120** | 7.10 | 108.63 | 295 | 8.3 |
| 2013 | 89.83 | 411 | 5.27 | 59.8 | 940 | 5.28 | | 808 | 8.18 | 108.68 | 280 | 7.5 |
| 2014 | 90.22 | 36.2 | 6.5 | 60.18 | 114 | 6.10 | | 102 | 6.12 | 108.16 | 14 | 6.23 |
| 2015 | 90.53 | 28.8 | 6.11 | 60.42 | 950 | 8.9 | | 572 | 8.9 | 107.18 | 102 | 8.7 |
| 2016 | 90.69 | 480 | 8.8 | 60.52 | 835 | 7.22 | 54.33 | 803 | 7.22 | 108.01 | 68 | 8.8 |
| 2017 | 90.14 | 305 | 7.16 | 60.18 | 994 | 7.16 | 54.36 | 892 | 7.15 | 107.81 | 12.7 | 4.1 |
| 2018 | 90.90 | 1 890 | 8.2 | 60.32 | 3 220 | 8.2 | **55.28** | 2 290 | 8.2 | 108.69 | 1 190 | 8.20 |
| 历年最高(大) | **94.35** | **8 730** | | **65.65** | **15 400** | | **55.28** | **6 120** | | **110.13** | **4 780** | |
| 出现年份 | 1957 | 1957 | | 1957 | 1957 | | 2018 | 2012 | | 1957 | 1957 | |

**表 2-11(续)**

| 河名 | 沭河 | | | 沭河 | | | 新沭河 | | | 老沭河 | | |
|---|---|---|---|---|---|---|---|---|---|---|---|---|
| 站名 | 重沟 | | | 人民胜利堰闸(闸下) | | | 新沭河河闸(闸下) | | | 新安 | | |
| 年份 | 最高水位/m | 最大流量/($m^3 \cdot s^{-1}$) | 出现日期(月.日) | 最高水位/m | 最大流量/($m^3 \cdot s^{-1}$) | 出现日期(月.日) | 最高水位/m | 最大流量/($m^3 \cdot s^{-1}$) | 出现日期(月.日) | 最高水位/m | 最大流量/($m^3 \cdot s^{-1}$) | 出现日期(月.日) |
| 1950 | | | | | | | | | | **30.94** | 3 040 | 8.19 |
| 1951 | | | | | | | | | | 29.80 | 1 840 | 8.4 |
| 1952 | | | | | | | | | | 26.53 | 296 | 8.24 |
| 1953 | | | | | 1 110 | 8.4 | (54.03) | 1 740 | 7.27 | 28.63 | 1 160 | 8.4 |
| 1954 | | | | | 172 | 8.14 | 51.79 | 720 | 8.14 | 25.75 | 168 | 8.14 |
| 1955 | | | | | 634 | 7.11 | 53.20 | 1 410 | 7.11 | 28.23 | 972 | 7.12 |
| 1956 | | | | | 1 950 | 9.5 | 56.35 | 2 430 | 9.5 | 30.62 | 2 520 | 9.6 |
| 1957 | | | | | 1 960 | 7.11 | 56.43 | 2 950 | 7.11 | 30.84 | 2 820 | 7.16 |
| 1958 | | | | | 399 | 7.1 | 52.67 | 1 050 | 8.19 | 27.90 | 821 | 8.19 |
| 1959 | | | | | 63.6 | 9.1 | 51.14 | 524 | 9.1 | 25.89 | 202 | 3.12 |
| 1960 | | | | | 920 | 8.18 | 54.11 | 1 560 | 8.18 | 29.30 | 1 870 | 8.18 |
| 1961 | | | | | 469 | 7.6 | 53.10 | 1 230 | 7.6 | 27.08 | 582 | 7.7 |
| 1962 | | | | | **2 140** | 7.14 | **56.51** | 3 040 | 7.14 | 29.23 | 2 060 | 7.15 |
| 1963 | | | | | 892 | 7.20 | 54.13 | 1 680 | 7.20 | 29.69 | 2 050 | 7.20 |
| 1964 | | | | | 238 | 7.18 | 51.93 | 835 | 7.18 | 26.83 | 532 | 8.20 |
| 1965 | | | | | 550 | 8.5 | 53.05 | 1 230 | 8.5 | 27.64 | 920 | 8.5 |
| 1966 | | | | | 239 | 7.22 | 51.85 | 842 | 7.22 | 26.42 | 490 | 7.23 |
| 1967 | | | | | 77.0 | 9.3 | 51.05 | 526 | 9.30 | 25.89 | 256 | 9.4 |
| 1968 | | | | | 79.8 | 7.21 | 50.44 | 279 | 7.21 | 25.55 | 163 | 7.16 |

表 2-11(续)

| 河名 | 沭河 | | | 沭河 | | | 新沭河 | | | 老沭河 | | |
|---|---|---|---|---|---|---|---|---|---|---|---|---|
| 站名 | 重沟 | | | 人民胜利堰闸(闸下) | | | 新沭河河闸(闸下) | | | 新安 | | |
| 年份 | 最高水位/m | 最大流量/($m^3 \cdot s^{-1}$) | 出现日期(月.日) | 最高水位/m | 最大流量/($m^3 \cdot s^{-1}$) | 出现日期(月.日) | 最高水位/m | 最大流量/($m^3 \cdot s^{-1}$) | 出现日期(月.日) | 最高水位/m | 最大流量/($m^3 \cdot s^{-1}$) | 出现日期(月.日) |
| 1969 | | | | | 147 | 9.30 | 51.01 | 504 | 9.3 | 26.58 | 448 | 7.23 |
| 1970 | | | | | 1 030 | 7.23 | 54.14 | 1 720 | 7.23 | 29.26 | 1 810 | 7.24 |
| 1971 | | | | | 616 | 8.29 | 53.13 | 1 260 | 8.29 | 28.35 | 1 340 | 8.23 |
| 1972 | | | | 52.17 | 240 | 8.26 | 51.74 | 749 | 8.26 | 27.66 | 575 | 5.30 |
| 1973 | | | | 51.84 | 156 | 7.17 | 50.28 | 444 | 7.17 | 27.81 | 930 | 6.8 |
| 1974 | | | | **54.32** | 1 150 | 8.14 | 54.69 | 4 250 | 8.14 | 30.48 | **3 320** | 8.14 |
| 1975 | | | | 52.65 | 408 | 8.15 | 51.59 | 1 840 | 8.15 | 28.77 | 939 | 4.25 |
| 1976 | | | | 51.70 | 128 | 8.19 | 49.89 | 940 | 8.19 | 28.05 | 282 | 6.10 |
| 1977 | | | | 51.88 | 169 | 7.23 | 47.04 | 278 | 8.20 | 27.93 | 270 | 7.16 |
| 1978 | | | | 53.06 | 587 | 8.17 | 48.55 | 1 360 | 8.12 | 28.22 | 596 | 8.22 |
| 1979 | | | | 52.54 | 351 | 7.14 | 46.55 | 328 | 7.26 | 27.85 | 360 | 7.5 |
| 1980 | | | | 53.18 | 648 | 7.1 | 46.50 | 368 | 6.17 | 28.27 | 1 260 | 6.17 |
| 1981 | | | | 51.96 | 178 | 7.27 | 河干 | 0 | 1.1 | 27.49 | 304 | 7.27 |
| 1982 | | | | 52.82 | 475 | 7.14 | 45.75 | 32.4 | 7.7 | 27.92 | 494 | 8.18 |
| 1983 | | | | 51.77 | 146 | 7.20 | 46.24 | 195 | 5.22 | 27.35 | 238 | 10.24 |
| 1984 | | | | 53.39 | 750 | 7.28 | 46.45 | 321 | 7.10 | 27.88 | 752 | 7.21 |
| 1985 | | | | 52.56 | 369 | 7.17 | 46.23 | 171 | 9.7 | 27.58 | 405 | 5.4 |
| 1986 | | | | 52.52 | 340 | 8.2 | 45.88 | 40.7 | 8.21 | 27.42 | 542 | 7.26 |
| 1987 | | | | 52.44 | 301 | 7.11 | 47.15 | 655 | 7.21 | 27.55 | 357 | 10.15 |

**表 2-11(续)**

| 河名 | 沭河 | | | 沭河 | | | 新沭河 | | | 老沭河 | | |
|---|---|---|---|---|---|---|---|---|---|---|---|---|
| 站名 | 重沟 | | | 人民胜利堰闸(闸下) | | | 新沭河河闸(闸下) | | | 新安 | | |
| 年份 | 最高水位/m | 最大流量/($m^3 \cdot s^{-1}$) | 出现日期(月.日) | 最高水位/m | 最大流量/($m^3 \cdot s^{-1}$) | 出现日期(月.日) | 最高水位/m | 最大流量/($m^3 \cdot s^{-1}$) | 出现日期(月.日) | 最高水位/m | 最大流量/($m^3 \cdot s^{-1}$) | 出现日期(月.日) |
| 1988 | | | | 53.44 | 737 | 7.17 | 47.12 | 652 | 7.17 | 27.59 | 610 | 7.17 |
| 1989 | | | | 51.88 | 146 | 6.15 | 45.97 | 83.9 | 4.26 | 27.38 | 245 | 6.14 |
| 1990 | | | | 53.99 | 1 030 | 8.17 | 49.16 | 1 920 | 8.17 | 28.19 | 1 430 | 8.5 |
| 1991 | | | | 53.40 | 727 | 6.11 | (50.15) | 2 530 | 6.11 | 27.93 | 1 030 | 7.26 |
| 1992 | | | | 52.51 | 309 | 7.22 | (49.87) | 1 090 | 7.22 | 27.46 | 411 | 7.22 |
| 1993 | | | | 52.56 | 348 | 8.5 | 49.08 | 1 570 | 8.5 | 28.16 | 1 390 | 8.6 |
| 1994 | | | | (施工) | 40.0 | 9.4 | 47.66 | 727 | 8.25 | 28.02 | 111 | 7.12 |
| 1995 | | | | 50.82 | 1 500 | 7.11 | 47.21 | 430 | 7.12 | 28.08 | 801 | 8.23 |
| 1996 | | | | 49.06 | 310 | 8.7 | 47.53 | 628 | 8.7 | 27.97 | 525 | 7.17 |
| 1997 | | | | 50.87 | 756 | 8.21 | 49.58 | 1 830 | 8.21 | 27.88 | 838 | 8.21 |
| 1998 | | | | 49.36 | 379 | 7.25 | 49.88 | 2 550 | 8.16 | 27.92 | 474 | 8.13 |
| 1999 | | | | 49.57 | 387 | 9.6 | 46.72 | 246 | 8.15 | 27.72 | 364 | 9.6 |
| 2000 | | | | 50.54 | 697 | 8.31 | 48.74 | 1 230 | 8.31 | 27.91 | 934 | 9.1 |
| 2001 | | | | 49.08 | 319 | 7.31 | 47.50 | 543 | 7.31 | 27.78 | 386 | 8.1 |
| 2002 | | | | 48.47 | 59.0 | 7.24 | 46.20 | 65.3 | 7.24 | 27.67 | 272 | 7.24 |
| 2003 | | | | 49.09 | 339 | 9.8 | 47.52 | 620 | 7.18 | 27.76 | 475 | 7.14 |
| 2004 | 56.14 | 664 | 8.17 | 48.55 | 213 | 8.18 | 47.18 | 347 | 7.20 | 27.70 | 220 | 8.1 |
| 2005 | 57.36 | 1 710 | 9.21 | 49.23 | 389 | 9.21 | 48.23 | 997 | 9.21 | 27.82 | 467 | 9.22 |
| 2006 | 55.57 | 660 | 7.4 | 49.43 | 410 | 7.3 | 47.30 | 544 | 7.4 | 28.14 | 696 | 7.4 |

表 2-11(续)

| 河名 | 沭河 | | | 沭河 | | | 新沭河 | | | 老沭河 | | |
|---|---|---|---|---|---|---|---|---|---|---|---|---|
| 站名 | 重沟 | | | 人民胜利堰闸(闸下) | | | 新沭河河闸(闸下) | | | 新安 | | |
| 年份 | 最高水位/m | 最大流量/($m^3 \cdot s^{-1}$) | 出现日期(月.日) | 最高水位/m | 最大流量/($m^3 \cdot s^{-1}$) | 出现日期(月.日) | 最高水位/m | 最大流量/($m^3 \cdot s^{-1}$) | 出现日期(月.日) | 最高水位/m | 最大流量/($m^3 \cdot s^{-1}$) | 出现日期(月.日) |
| 2007 | 55.73 | 817 | 8.19 | 47.33 | 386 | 6.28 | 47.33 | 557 | 7.19 | 27.85 | 935 | 8.11 |
| 2008 | 56.82 | 1 420 | 8.22 | 49.61 | 437 | 8.22 | 48.27 | 1 040 | 8.22 | 27.91 | 727 | 8.22 |
| 2009 | 57.91 | 898 | 8.18 | 48.24 | 281 | 8.19 | 47.51 | 589 | 8.19 | 27.74 | 207 | 7.14 |
| 2010 | **58.09** | 474 | 9.11 | 48.47 | 264 | 7.20 | 47.34 | 447 | 9.11 | 27.69 | 225 | 7.22 |
| 2011 | 56.04 | 1 440 | 8.29 | 49.04 | 347 | 8.29 | 48.16 | 1 020 | 8.29 | 27.76 | 526 | 8.29 |
| 2012 | 56.34 | 2 050 | 7.23 | 50.44 | 910 | 7.9 | 49.91 | 1 980 | 7.10 | 27.71 | 712 | 7.11 |
| 2013 | 54.57 | 633 | 7.5 | 48.60 | 262 | 7.30 | 47.53 | 678 | 5.28 | 27.75 | 448 | 7.5 |
| 2014 | 54.23 | 260 | 7.4 | 河干 | 2.95 | 12.31 | 46.39 | 94.4 | 10.27 | 27.51 | 23.9 | 11.7 |
| 2015 | 54.78 | 384 | 8.8 | 48.97 | 401 | 8.9 | 47.25 | 325 | 8.9 | 27.64 | 314 | 8.9 |
| 2016 | 54.61 | 222 | 7.22 | 48.45 | 221 | 7.1 | 46.87 | 238 | 7.22 | 27.64 | 144 | 7.30 |
| 2017 | 55.47 | 957 | 7.15 | 49.54 | 530 | 7.15 | 47.45 | 441 | 7.15 | 27.90 | 731 | 7.16 |
| 2018 | 57.48 | **3 200** | 8.20 | 49.27 | 526 | 8.15 | 51.53 | **5 040** | 8.20 | 27.80 | 513 | 8.16 |
| 历年最高(大) | **58.09** | **3 200** | | **54.32** | **2 140** | | **56.51** | **5 040** | | **30.94** | **3 320** | |
| 出现年份 | 2010 | 2018 | | 1974 | 1962 | | 1962 | 2018 | | 1950 | 1974 | |

**表 2-11(续)**

| 河名 | 分沂入沭水道 | | | 邳苍分洪道 | | | 邳苍分洪道 | | | 沂河 | | |
|---|---|---|---|---|---|---|---|---|---|---|---|---|
| 站名 | 彭道口闸(闸下) | | | 江风口闸(闸下) | | | 林子(总) | | | 港上 | | |
| 年份 | 最高水位/m | 最大流量/($m^3 \cdot s^{-1}$) | 出现日期(月.日) | 最高水位/m | 最大流量/($m^3 \cdot s^{-1}$) | 出现日期(月.日) | 最高水位/m | 最大流量/($m^3 \cdot s^{-1}$) | 出现日期(月.日) | 最高水位/m | 最大流量/($m^3 \cdot s^{-1}$) | 出现日期(月.日) |
| 1950 | | | | | | | | | | | | |
| 1951 | | | | | | | | | | | | |
| 1952 | | | | | | | | | | | (859) | 7.25 |
| 1953 | | 407 | 8.4 | | | | | | | | | |
| 1954 | | 146 | 8.13 | | | | | | | | 2 610 | 8.14 |
| 1955 | | 378 | 7.11 | | 1 300 | 7.1 | | | | | 3 700 | 7.12 |
| 1956 | | 533 | 9.5 | | 2 150 | 9.5 | | | | | (3 340) | 9.5 |
| 1957 | | **3 180** | 7.20 | | **3 380** | 7.20 | | | | | 6 420 | 7.20 |
| 1958 | | 582 | 8.18 | | 0 | 1.1 | | | | | 3 010 | 8.19 |
| 1959 | | 2.25 | 7.11 | | 0 | 1.1 | | | | | 469 | 6.10 |
| 1960 | | 2 580 | 8.17 | | 1 100 | 8.17 | | 838 | 9.7 | | **7 800** | 8.17 |
| 1961 | | 203 | 7.6 | | 0 | 1.1 | | 295 | 7.7 | | 1 190 | 7.7 |
| 1962 | | (633) | 8.8 | | 0 | 1.1 | | 463 | 8.8 | | 2 570 | 8.8 |
| 1963 | | (1 510) | 7.20 | | 0 | 1.1 | | 1 040 | 8.5 | | 5 430 | 7.20 |
| 1964 | | 620 | 8.1 | | 0 | 1.1 | | 284 | 9.19 | | 2 140 | 8.2 |
| 1965 | | 632 | 7.22 | | 0 | 1.1 | | 408 | 8.5 | | 1 940 | 7.22 |
| 1966 | | 384 | 7.22 | | 0 | 1.1 | | 365 | 7.24 | | 1 310 | 7.25 |
| 1967 | | 218 | 9.3 | | 0 | 1.1 | | 216 | 8.18 | | 865 | 9.4 |
| 1968 | | 0 | 1.1 | | 223 | 8.20 | | 210 | 7.22 | | | |

表 2-11(续)

| 河名 | 分沂入沭水道 | | | 邳苍分洪道 | | | 邳苍分洪道 | | | 沂河 | | |
|---|---|---|---|---|---|---|---|---|---|---|---|---|
| 站名 | 彭道口闸(闸下) | | | 江风口闸(闸下) | | | 林子(总) | | | 港上 | | |
| 年份 | 最高水位/m | 最大流量/($m^3 \cdot s^{-1}$) | 出现日期(月.日) | 最高水位/m | 最大流量/($m^3 \cdot s^{-1}$) | 出现日期(月.日) | 最高水位/m | 最大流量/($m^3 \cdot s^{-1}$) | 出现日期(月.日) | 最高水位/m | 最大流量/($m^3 \cdot s^{-1}$) | 出现日期(月.日) |
| 1969 | | 158 | 9.30 | | 0 | 1.1 | | 312 | 10.1 | | 763 | 10.1 |
| 1970 | | 1 310 | 7.26 | | 0 | 1.1 | | 954 | 7.3 | | 4 710 | 7.26 |
| 1971 | | 1 110 | 7.1 | | 0 | 1.1 | | 690 | 6.30 | 35.14 | 3 360 | 7.2 |
| 1972 | | 112 | 9.7 | | 0 | 1.1 | | 694 | 7.3 | 31.76 | 623 | 9.7 |
| 1973 | | 763 | 7.29 | | 0 | 1.1 | | 605 | 7.30 | 33.09 | 1 750 | 7.30 |
| 1974 | | 3 130 | 8.14 | | 1 550 | 8.14 | | **2 250** | 8.14 | **35.59** | 6 380 | 8.14 |
| 1975 | | 453 | 7.10 | | 0 | 1.1 | | 506 | 4.26 | 32.00 | 860 | 7.11 |
| 1976 | | 161 | 8.13 | | 0 | 1.1 | | 142 | 7.16 | 32.05 | 933 | 8.20 |
| 1977 | | 0 | 1.1 | | 0 | 1.1 | | 242 | 7.20 | 30.98 | 319 | 8.1 |
| 1978 | | 0 | 1.1 | | 0 | 1.1 | | 456 | 8.12 | 32.52 | 1 370 | 7.15 |
| 1979 | | 111 | 7.11 | | 0 | 1.1 | | 252 | 9.17 | 31.82 | 631 | 7.11 |
| 1980 | | 915 | 6.17 | | 0 | 1.1 | | 146 | 8.25 | 32.81 | 1 210 | 7.31 |
| 1981 | | 0 | 1.1 | | 0 | 1.1 | | 170 | 7.27 | 31.92 | 765 | 7.27 |
| 1982 | | 0 | 1.1 | | 0 | 1.1 | | 342 | 7.23 | 32.54 | 1 080 | 8.10 |
| 1983 | | 0 | 1.1 | | 0 | 1.1 | | 116 | 7.21 | 30.11 | 91 | 7.22 |
| 1984 | | 0 | 1.1 | | 0 | 1.1 | | 449 | 7.28 | 31.54 | 593 | 7.12 |
| 1985 | | 0 | 1.1 | | 0 | 1.1 | | 197 | 7.18 | 32.40 | 1 010 | 7.17 |
| 1986 | | 0 | 1.1 | | 0 | 1.1 | | 370 | 7.27 | 31.60 | 580 | 8.3 |
| 1987 | | 0 | 1.1 | | 0 | 1.1 | | 312 | 8.2 | 31.46 | 533 | 9.6 |

**表 2-11(续)**

| 河名 | 分沂入沭水道 | | | 邳苍分洪道 | | | 邳苍分洪道 | | | 沂河 | | |
|---|---|---|---|---|---|---|---|---|---|---|---|---|
| 站名 | 彭道口闸(闸下) | | | 江风口闸(闸下) | | | 林子(总) | | | 港上 | | |
| 年份 | 最高水位/m | 最大流量/($m^3 \cdot s^{-1}$) | 出现日期(月.日) | 最高水位/m | 最大流量/($m^3 \cdot s^{-1}$) | 出现日期(月.日) | 最高水位/m | 最大流量/($m^3 \cdot s^{-1}$) | 出现日期(月.日) | 最高水位/m | 最大流量/($m^3 \cdot s^{-1}$) | 出现日期(月.日) |
| 1988 | | 0 | 1.1 | | 0 | 1.1 | | 92.3 | 7.18 | 32.45 | 1 260 | 7.17 |
| 1989 | | 0 | 1.1 | | 0 | 1.1 | | 167 | 6.14 | 30.73 | 324 | 6.14 |
| 1990 | | 0 | 1.1 | | 0 | 1.1 | | 588 | 8.6 | 35.00 | 5 120 | 8.17 |
| 1991 | | 1 980 | 7.25 | | 0 | 1.1 | | 1 020 | 7.25 | 35.24 | 5 460 | 7.25 |
| 1992 | | 0 | 1.1 | | 0 | 1.1 | | 145 | 7.22 | 30.05 | 225 | 7.23 |
| 1993 | | 1 860 | 8.5 | | 0 | 1.1 | | 1 390 | 8.7 | 35.04 | 5 370 | 8.6 |
| 1994 | | 0 | 1.1 | | 0 | 1.1 | | 186 | 8.31 | 32.47 | 1 920 | 8.10 |
| 1995 | | 0 | 1.1 | | 0 | 1.1 | | 448 | 8.23 | 32.99 | 2 410 | 8.23 |
| 1996 | | 0 | 1.1 | | 0 | 1.1 | | 301 | 7.27 | 31.32 | 1 300 | 8.8 |
| 1997 | | 854 | 8.20 | | 0 | 1.1 | | 659 | 8.21 | 33.83 | 4 040 | 8.21 |
| 1998 | | 1 410 | 8.16 | | 0 | 1.1 | | 534 | 8.14 | 33.03 | 3 060 | 8.16 |
| 1999 | | 0 | 1.1 | | 0 | 1.1 | | 137 | 7.7 | 28.34 | 80.6 | 1.30 |
| 2000 | | 0 | 1.1 | | 0 | 1.1 | | 444 | 9.1 | 30.90 | 1 680 | 9.1 |
| 2001 | | 0 | 1.1 | | 0 | 1.1 | | 516 | 7.31 | 31.49 | 1 680 | 7.31 |
| 2002 | | 0 | 1.1 | | 0 | 1.1 | | 90.5 | 7.26 | 29.10 | 290 | 5.19 |
| 2003 | | 132 | 7.18 | | 0 | 1.1 | | 581 | 8.31 | 31.05 | 1 610 | 6.24 |
| 2004 | | 0 | 1.1 | | 0 | 1.1 | | 191 | 7.20 | 31.13 | 1 550 | 7.19 |
| 2005 | | 0 | 1.1 | | 0 | 1.1 | | 692 | 8.11 | 32.76 | 3 320 | 9.22 |
| 2006 | | 43.1 | 10.15 | | 0 | 1.1 | | 560 | 8.30 | 30.82 | 1 270 | 8.30 |

表 2-11(续)

| 河名 | 分沂入沭水道 | | | 邳苍分洪道 | | | 邳苍分洪道 | | | 沂河 | | |
|---|---|---|---|---|---|---|---|---|---|---|---|---|
| 站名 | 彭道口闸(闸下) | | | 江风口闸(闸下) | | | 林子(总) | | | 港上 | | |
| 年份 | 最高水位/m | 最大流量/($m^3 \cdot s^{-1}$) | 出现日期(月.日) | 最高水位/m | 最大流量/($m^3 \cdot s^{-1}$) | 出现日期(月.日) | 最高水位/m | 最大流量/($m^3 \cdot s^{-1}$) | 出现日期(月.日) | 最高水位/m | 最大流量/($m^3 \cdot s^{-1}$) | 出现日期(月.日) |
| 2007 | | 111 | 6.10 | | 0 | 1.1 | | 457 | 7.20 | 31.33 | 1 820 | 8.19 |
| 2008 | | 102 | 3.12 | | 0 | 1.1 | | 957 | 8.22 | 31.69 | 2 260 | 7.24 |
| 2009 | | 56.19 | 7.21 | | 0 | 1.1 | | 200 | 8.18 | 32.67 | 3 550 | 7.21 |
| 2010 | | 218 | 4.1 | | 0 | 1.1 | | 139 | 9.12 | 29.70 | 884 | 7.19 |
| 2011 | | 304 | 9.16 | | 0 | 1.1 | | 616 | 8.27 | 30.90 | 1 790 | 9.17 |
| 2012 | | 983 | 7.10 | | 0 | 1.1 | | 906 | 7.10 | 33.54 | 4 860 | 7.10 |
| 2013 | | 318 | 5.28 | | 0 | 1.1 | | 181 | 7.5 | 29.80 | 1 210 | 7.5 |
| 2014 | | 20.3 | 3.21 | | 0 | 1.1 | | 2.59 | 7.26 | 29.70 | 20.4 | 2.26 |
| 2015 | | 3.92 | 10.19 | | 0 | 1.1 | | 10.6 | 6.30 | 29.79 | 438 | 8.10 |
| 2016 | | 15.6 | 1.20 | | 0 | 1.1 | | 121 | 6.24 | 30.19 | 494 | 7.23 |
| 2017 | | 60.7 | 11.4 | | 0 | 1.1 | | 651 | 7.16 | 30.11 | 900 | 7.17 |
| 2018 | | 1 560 | 8.20 | | 0 | 1.1 | | 319 | 8.16 | 30.93 | 2 190 | 8.21 |
| 历年最高(大) | | **3 180** | | | **3 380** | | | **2 250** | | **35.59** | **7 800** | |
| 出现年份 | | 1957 | | | 1957 | | | 1974 | | 1974 | 1960 | |

表 2-11(续)

| 河名 | 骆马湖 | | | 新沂河 | | | 新沂河 | | | 临洪河 | | |
|---|---|---|---|---|---|---|---|---|---|---|---|---|
| 站名 | 洋河滩 | | | 嶂山闸(闸下) | | | 沭阳 | | | 临洪 | | |
| 年份 | 最高水位/m | 最大流量/($m^3 \cdot s^{-1}$) | 出现日期(月.日) | 最高水位/m | 最大流量/($m^3 \cdot s^{-1}$) | 出现日期(月.日) | 最高水位/m | 最大流量/($m^3 \cdot s^{-1}$) | 出现日期(月.日) | 最高水位/m | 最大流量/($m^3 \cdot s^{-1}$) | 出现日期(月.日) |
| 1950 | | | | | | | 8.33 | 2 550 | 8.20 | | | |
| 1951 | | | | | | | 7.68 | 1 340 | 8.4 | | | |
| 1952 | (19.76) | | 9.13 | | | | 6.59 | | 8.24 | | | |
| 1953 | 22.41 | | 8.9 | | | | 7.51 | 1 390 | 8.5 | | | |
| 1954 | 21.16 | | 8.16 | | | | 6.79 | | 8.16 | | | |
| 1955 | 21.71 | | 7.15 | | | | 7.42 | | 7.13 | | | |
| 1956 | 21.07 | | 9.8 | | | | 8.07 | 2 660 | 9.7 | | | |
| 1957 | 23.15 | | 7.21 | | | | 9.09 | 3 710 | 7.21 | | | |
| 1958 | 22.63 | | 8.22 | | | | 7.55 | 1 580 | 8.20 | | | |
| 1959 | (21.49) | | 9.24 | | | | 6.04 | 330 | 9.1 | | | |
| 1960 | 23.26 | | 7.5 | 21.81 | 1 560 | 7.5 | 8.11 | 2 330 | 8.19 | | | |
| 1961 | 21.90 | | 7.9 | 20.63 | 858 | 7.9 | 7.63 | 1 370 | 7.6 | 3.57 | | 7.7 |
| 1962 | 22.37 | | 8.10 | (21.29) | 1 210 | 8.10 | 8.27 | 1 880 | 8.19 | | | |
| 1963 | 23.87 | | 8.3 | 22.66 | 2 640 | 8.3 | 9.21 | 4 150 | 7.21 | 3.89 | | 7.21 |
| 1964 | 22.31 | | 9.20 | 21.08 | 2 040 | 9.20 | 8.36 | 2 220 | 9.20 | 3.23 | 266 | 8.8 |
| 1965 | 22.16 | | 8.21 | 20.93 | 2 500 | 8.7 | 9.20 | 3 410 | 8.5 | 4.16 | 560 | 8.5 |
| 1966 | 21.95 | | 7.26 | 20.29 | 1 970 | 7.26 | 8.80 | 2 360 | 7.26 | | | |
| 1967 | 22.51 | | 9.10 | | 181 | 9.13 | 5.23 | 41.6 | 7.26 | 3.09 | 118 | 8.17 |
| 1968 | 22.13 | | 1.14 | 19.04 | 825 | 7.17 | (7.74) | 1 000 | 7.18 | 4.05 | | 7.17 |

表 2-11(续)

| 河名 | 骆马湖 | | | 新沂河 | | | 新沂河 | | | 临洪河 | | |
|---|---|---|---|---|---|---|---|---|---|---|---|---|
| 站名 | 洋河滩 | | | 嶂山闸(闸下) | | | 沭阳 | | | 临洪 | | |
| 年份 | 最高水位/m | 最大流量/$(m^3 \cdot s^{-1})$ | 出现日期(月.日) | 最高水位/m | 最大流量/$(m^3 \cdot s^{-1})$ | 出现日期(月.日) | 最高水位/m | 最大流量/$(m^3 \cdot s^{-1})$ | 出现日期(月.日) | 最高水位/m | 最大流量/$(m^3 \cdot s^{-1})$ | 出现日期(月.日) |
| 1969 | 22.76 | | 9.30 | 21.33 | 2 790 | 10.1 | 9.07 | 2 890 | 10.2 | 4.34 | — | 10.1 |
| 1970 | 23.12 | | 10.25 | 22.03 | 3 430 | 7.29 | 9.98 | 4 840 | 7.28 | 5.09 | 419 | 7.24 |
| 1971 | 23.21 | | 9.27 | 22.08 | 3 810 | 8.9 | 9.95 | 4 620 | 7.3 | 4.84 | 460 | 8.30 |
| 1972 | 23.11 | | 1.14 | 21.67 | 3 240 | 7.5 | 9.62 | 4 000 | 7.6 | 3.65 | 414 | 7.6 |
| 1973 | 23.23 | | 5.2 | 21.40 | 3 000 | 7.17 | 9.27 | 3 030 | 7.18 | 3.57 | 309 | 7.30 |
| 1974 | **25.47** | | 8.16 | **22.98** | **5 760** | 8.16 | **10.76** | **6 900** | 8.16 | **5.93** | 565 | 8.14 |
| 1975 | 23.67 | | 4.28 | 21.34 | 3 440 | 9.20 | 9.05 | 3 010 | 9.21 | 5.19 | 513 | 8.15 |
| 1976 | 23.50 | | 2.28 | 19.57 | 1 500 | 8.20 | 8.32 | 1 500 | 8.21 | 3.61 | 426 | 7.16 |
| 1977 | 23.20 | | 12.25 | 18.15 | 471 | 8.1 | 8.25 | 1 240 | 7.12 | 3.53 | 393 | 7.13 |
| 1978 | 23.24 | | 2.28 | 16.91 | 104 | 8.1 | 6.74 | 220 | 8.18 | 3.43 | 285 | 8.12 |
| 1979 | 23.19 | | 2.22 | 21.15 | 3 190 | 7.19 | 9.55 | 3 090 | 7.20 | 4.08 | 402 | 9.17 |
| 1980 | 23.29 | | 10.13 | 19.66 | 1 580 | 8.28 | 8.56 | 1 490 | 8.29 | 3.56 | 286 | 7.29 |
| 1981 | 23.05 | | 3.15 | 河干 | 0 | 1.1 | 7.10 | 261 | 6.28 | 3.33 | 224 | 9.25 |
| 1982 | 23.13 | | 12.22 | 20.05 | 1 930 | 8.9 | 8.98 | 2 320 | 7.26 | 4.08 | 366 | 7.11 |
| 1983 | 23.22 | | 1.7 | 18.87 | 929 | 7.26 | 8.93 | 2 060 | 7.22 | 4.23 | 493 | 7.25 |
| 1984 | 23.38 | | 11.18 | 20.06 | 1 940 | 7.28 | 9.48 | 2 870 | 7.29 | 3.98 | 446 | 9.10 |
| 1985 | 23.35 | | 5.15 | 19.15 | 1 150 | 9.28 | 8.29 | 1 090 | 9.30 | 3.33 | 294 | 5.4 |
| 1986 | 23.23 | | 1.7 | 19.25 | 1 240 | 7.28 | 8.88 | 1 770 | 7.28 | 3.31 | 374 | 9.11 |
| 1987 | 23.66 | | 10.18 | (18.22) | 843 | 10.17 | 7.47 | 594 | 7.6 | 3.43 | 397 | 10.15 |

**表 2-11(续)**

| 河名 | 骆马湖 | | | 新沂河 | | | 新沂河 | | | 临洪河 | | |
|---|---|---|---|---|---|---|---|---|---|---|---|---|
| 站名 | 洋河滩 | | | 嶂山闸(闸下) | | | 沭阳 | | | 临洪 | | |
| 年份 | 最高水位/m | 最大流量/($m^3 \cdot s^{-1}$) | 出现日期(月.日) | 最高水位/m | 最大流量/($m^3 \cdot s^{-1}$) | 出现日期(月.日) | 最高水位/m | 最大流量/($m^3 \cdot s^{-1}$) | 出现日期(月.日) | 最高水位/m | 最大流量/($m^3 \cdot s^{-1}$) | 出现日期(月.日) |
| 1988 | 23.29 | | 1.22 | 河干 | 0 | 1.1 | 5.62 | 160 | 7.19 | 3.41 | 363 | 7.22 |
| 1989 | 22.95 | | 7.19 | 河干 | 0 | 1.1 | 7.91 | 758 | 6.8 | 3.52 | 517 | 6.9 |
| 1990 | 23.34 | | 8.7 | 21.50 | 3 650 | 8.16 | 10.58 | 4 880 | 8.6 | 5.02 | 629 | 8.7 |
| 1991 | 23.36 | | 3.26 | 21.28 | 3 250 | 7.27 | 10.06 | 3 730 | 7.17 | 5.20 | 619 | 7.16 |
| 1992 | 23.10 | | 4.14 | 河干 | 0 | 1.1 | 7.74 | 474 | 8.13 | 4.17 | 705 | 8.13 |
| 1993 | 23.56 | | 11.17 | 21.50 | 3 500 | 8.5 | 10.45 | 4 560 | 8.6 | 5.49 | 590 | 8.7 |
| 1994 | 23.31 | | 10.20 | 河干 | 0 | 1.1 | 7.10 | 388 | 7.19 | 3.63 | 478 | 7.17 |
| 1995 | 23.64 | | 11.7 | 20.13 | 2 070 | 8.23 | 9.32 | 2 830 | 8.23 | 3.64 | 466 | 10.4 |
| 1996 | 23.54 | | 11.30 | 19.45 | 1 680 | 7.18 | 9.21 | 2 560 | 7.21 | 3.84 | 566 | 6.30 |
| 1997 | 23.50 | | 1.1 | 18.83 | 1 060 | 8.22 | 8.50 | 1 350 | 8.22 | 3.97 | 735 | 8.20 |
| 1998 | 23.55 | | 8.27 | 21.50 | 3 940 | 8.17 | 10.51 | 4 220 | 8.15 | 4.79 | 567 | 8.14 |
| 1999 | 22.94 | | 1.1 | 河干 | 0 | 1.1 | 5.92 | 214 | 9.7 | 3.89 | 539 | 9.23 |
| 2000 | 23.64 | | 11.26 | 19.78 | 2 220 | 7.23 | 8.76 | 1 770 | 7.24 | 5.87 | **760** | 9.3 |
| 2001 | 23.66 | | 8.4 | 19.70 | 1 980 | 8.4 | 9.18 | 2 330 | 8.5 | 4.26 | 633 | 7.11 |
| 2002 | 22.94 | | 5.25 | 河干 | 0 | 1.1 | 7.62 | 481 | 7.25 | 3.67 | 647 | 6.27 |
| 2003 | 23.58 | | 10.12 | 20.60 | 3 410 | 8.27 | 10.71 | 4 880 | 7.17 | 4.15 | 604 | 7.15 |
| 2004 | 23.44 | | 12.17 | 19.87 | 2 830 | 9.23 | 9.24 | 2 720 | 9.24 | 3.37 | 389 | 1.19 |
| 2005 | 23.25 | | 8.30 | 20.80 | 4 320 | 9.21 | 10.07 | 4 310 | 9.23 | 3.55 | 625 | 8.3 |
| 2006 | 23.08 | | 3.18 | 18.92 | 2 240 | 7.4 | 9.36 | 2 840 | 7.5 | 4.19 | 689 | 7.5 |

**表 2-11(续)**

| 河名 | 骆马湖 | | | 新沂河 | | | 新沂河 | | | 临洪河 | | |
|---|---|---|---|---|---|---|---|---|---|---|---|---|
| 站名 | 洋河滩 | | | 嶂山闸(闸下) | | | 沭阳 | | | 临洪 | | |
| 年份 | 最高水位/m | 最大流量/($m^3 \cdot s^{-1}$) | 出现日期(月.日) | 最高水位/m | 最大流量/($m^3 \cdot s^{-1}$) | 出现日期(月.日) | 最高水位/m | 最大流量/($m^3 \cdot s^{-1}$) | 出现日期(月.日) | 最高水位/m | 最大流量/($m^3 \cdot s^{-1}$) | 出现日期(月.日) |
| 2007 | 23.34 | | 7.6 | 20.64 | 3 930 | 7.6 | 10.05 | 3 900 | 7.7 | 3.54 | 569 | 9.20 |
| 2008 | 23.39 | | 10.5 | 20.78 | 4 930 | 7.26 | 10.50 | 4 760 | 7.26 | 4.02 | 631 | 5.12 |
| 2009 | 23.08 | | 7.21 | 19.24 | 3 960 | 7.21 | 9.50 | 2 930 | 7.23 | 3.94 | 637 | 7.12 |
| 2010 | 23.39 | | 9.8 | 17.63 | 2 260 | 9.8 | 9.64 | 3 010 | 9.9 | 3.68 | 630 | 7.11 |
| 2011 | 23.63 | | 12. 8 | 17.06 | 2 090 | 8.29 | 9.19 | 2 510 | 8.30 | 3.42 | 663 | 9.13 |
| 2012 | 23.65 | | 9. 7 | 19.28 | 3 070 | 7.11 | 9.74 | 3 610 | 7.11 | 3.91 | 550 | 8.11 |
| 2013 | 23.33 | | 6.2 | 16.82 | 1 280 | 7.22 | 8.24 | 1 240 | 7.23 | 3.78 | 637 | 9.13 |
| 2014 | 22.94 | | 1.1 | 河干 | 0 | 1.1 | 6.11 | 204 | 9.19 | 3.62 | 363 | 9.2 |
| 2015 | 23.20 | | 12.26 | 河干 | 0 | 1.1 | 6.72 | 260 | 7.3 | 3.56 | 528 | 11.25 |
| 2016 | 23.56 | | 12.29 | 河干 | 0 | 1.1 | 7.66 | 520 | 6.26 | 3.87 | 316 | 10.3 |
| 2017 | 23.62 | | 1.16 | 17.21 | 1 810 | 8.3 | 8.82 | 1 650 | 8.4 | 3.54 | 355 | 10.4 |
| 2018 | 23.35 | | 2.11 | 19.65 | 4 730 | 8.20 | 10.11 | 3 860 | 8.21 | 3.77 | 465 | 9.23 |
| 历年最高(大) | **25.47** | | | **22.98** | **5 760** | | **10.76** | **6 900** | | **5.93** | **760** | |
| 出现年份 | 1974 | | | 1974 | 1974 | | 1974 | 1974 | | 1974 | 2000 | |

**表 2-11(续)**

| 河名 | 梁济运河 | | | 洸府河 | | | 泗河 | | | 城河 | | |
|---|---|---|---|---|---|---|---|---|---|---|---|---|
| 站名 | 后营 | | | 黄庄 | | | 书院 | | | 滕州 | | |
| 年份 | 最高水位/m | 最大流量/($m^3 \cdot s^{-1}$) | 出现日期(月.日) | 最高水位/m | 最大流量/($m^3 \cdot s^{-1}$) | 出现日期(月.日) | 最高水位/m | 最大流量/($m^3 \cdot s^{-1}$) | 出现日期(月.日) | 最高水位/m | 最大流量/($m^3 \cdot s^{-1}$) | 出现日期(月.日) |
| 1950 | | | | | | | | | | | | |
| 1951 | | | | | | | | | | | | |
| 1952 | | | | | | | | | | | | |
| 1953 | | | | | | | | | | | | |
| 1954 | | | | | | | | | | | | |
| 1955 | | | | | | | 66.84 | 609 | 7.11 | | | |
| 1956 | | | | | | | 66.29 | 515 | 6.25 | | | |
| 1957 | | | | | | | **69.92** | **4 020** | 7.24 | | | |
| 1958 | | | | | | | 66.02 | 446 | 7.7 | | | |
| 1959 | | | | | | | 65.71 | 354 | 8.25 | | | |
| 1960 | 34.82 | 218 | 8.2 | | | | 66.44 | 787 | 7.2 | 61.98 | 484 | 7.3 |
| 1961 | 34.85 | 162 | 8.14 | 38.33 | | | 65.90 | 346 | 8.11 | 61.66 | 349 | 7.6 |
| 1962 | 34.91 | 143 | 8.22 | 37.81 | 62.8 | 8.8 | 66.31 | 800 | 7.14 | 60.90 | 146 | 8.15 |
| 1963 | 36.63 | 386 | 8.9 | 38.63 | 149 | 8.2 | 66.66 | 691 | 8.3 | 61.10 | 189 | 8.30 |
| 1964 | **36.74** | **626** | 9.5 | **39.37** | **400** | 9.1 | 66.91 | 731 | 7.28 | 61.23 | 282 | 7.28 |
| 1965 | 35.48 | 370 | 7.27 | 38.29 | 264 | 7.10 | 66.81 | 731 | 7.10 | 60.36 | 97.7 | 7.10 |
| 1966 | 34.84 | 123 | 4.6 | 36.20 | 24.7 | 7.25 | 66.16 | 430 | 7.24 | 60.15 | 75.0 | 7.21 |
| 1967 | 35.32 | 68.4 | 9.12 | 37.06 | 120 | 7.1 | 66.28 | 466 | 7.12 | 60.84 | 227 | 9.9 |
| 1968 | 34.36 | 46.8 | 2.27 | 河干 | 0 | 1.1 | 65.20 | 140 | 8.20 | 59.61 | 17.3 | 6.19 |

表 2-11(续)

| 河名 | 梁济运河 | | | 洸府河 | | | 泗河 | | | 城河 | | |
|---|---|---|---|---|---|---|---|---|---|---|---|---|
| 站名 | 后营 | | | 黄庄 | | | 书院 | | | 滕州 | | |
| 年份 | 最高水位/m | 最大流量/($m^3 \cdot s^{-1}$) | 出现日期(月.日) | 最高水位/m | 最大流量/($m^3 \cdot s^{-1}$) | 出现日期(月.日) | 最高水位/m | 最大流量/($m^3 \cdot s^{-1}$) | 出现日期(月.日) | 最高水位/m | 最大流量/($m^3 \cdot s^{-1}$) | 出现日期(月.日) |
| 1969 | 35.09 | 214 | 8.23 | 37.06 | 171 | 8.22 | 65.74 | 315 | 9.2 | 59.74 | 26.6 | 9.29 |
| 1970 | 36.19 | 420 | 8.8 | 37.98 | 265 | 8.7 | 67.60 | 1 190 | 8.6 | 60.63 | 198 | 7.29 |
| 1971 | 35.98 | 420 | 7.11 | 36.98 | 270 | 7.7 | 66.64 | 587 | 7.7 | 61.26 | 323 | 7.1 |
| 1972 | 35.53 | 202 | 9.4 | 35.65 | 60.3 | 9.2 | 66.26 | 480 | 9.2 | 62.26 | **630** | 7.6 |
| 1973 | 35.68 | 299 | 7.30 | 36.63 | 158 | 7.17 | 65.75 | 257 | 7.29 | 59.82 | 66.1 | 7.17 |
| 1974 | 35.86 | 275 | 8.8 | 37.52 | 348 | 8.1 | 67.05 | 976 | 8.1 | 61.56 | 470 | 8.1 |
| 1975 | 35.69 | 191 | 9.21 | 36.15 | 132 | 8.31 | 65.79 | 271 | 7.30 | 60.75 | 220 | 7.26 |
| 1976 | 36.13 | 276 | 8.13 | 35.82 | 78.2 | 8.13 | 65.53 | 218 | 7.29 | 59.67 | 56.2 | 8.12 |
| 1977 | 34.77 | 68.8 | 11.24 | 34.82 | 15.0 | 7.6 | 65.90 | 322 | 7.6 | 59.53 | 44.3 | 7.30 |
| 1978 | 35.86 | 205 | 7.3 | 36.05 | 96.8 | 7.14 | 65.45 | 200 | 7.14 | 59.74 | 70.2 | 7.14 |
| 1979 | 35.08 | 57.2 | 9.23 | 35.11 | 9.76 | 7.15 | 65.25 | 175 | 7.13 | 59.82 | 76.4 | 7.9 |
| 1980 | 35.16 | 104 | 9.6 | 35.03 | 9.85 | 6.18 | 66.76 | 635 | 7.29 | 60.16 | 123 | 7.29 |
| 1981 | 34.81 | 65.0 | 8.26 | 34.60 | 0 | 1.1 | 65.09 | 69.4 | 6.22 | 59.15 | 12.8 | 6.9 |
| 1982 | 34.83 | 81.1 | 8.14 | 34.62 | 0 | 1.1 | 65.01 | 83.0 | 8.5 | 62.97 | 9.95 | 7.5 |
| 1983 | 34.72 | 77.1 | 8.1 | 34.63 | 0 | 1.1 | 64.23 | 4.58 | 9.10 | 63.01 | 9.98 | 9.8 |
| 1984 | 34.92 | 47.5 | 8.13 | 34.89 | 10.2 | 10.14 | 65.40 | 216 | 6.5 | 62.98 | 11.3 | 6.4 |
| 1985 | 35.26 | 58.5 | 9.20 | 35.24 | 12.6 | 9.19 | 65.74 | 282 | 7.12 | 63.32 | 47.7 | 7.31 |
| 1986 | 34.44 | 24.0 | 8.17 | 34.48 | 0 | 1.1 | 65.22 | 148 | 8.16 | 62.79 | 16.5 | 6.12 |
| 1987 | 34.50 | 50.7 | 9.4 | 34.29 | 0 | 1.1 | 64.86 | 56.3 | 9.4 | 62.54 | 14.2 | 1.10 |

表 2-11(续)

| 河名 | 梁济运河 | | | 洸府河 | | | 泗河 | | | 城河 | | |
|---|---|---|---|---|---|---|---|---|---|---|---|---|
| 站名 | 后营 | | | 黄庄 | | | 书院 | | | 滕州 | | |
| 年份 | 最高水位/m | 最大流量/($m^3 \cdot s^{-1}$) | 出现日期(月.日) | 最高水位/m | 最大流量/($m^3 \cdot s^{-1}$) | 出现日期(月.日) | 最高水位/m | 最大流量/($m^3 \cdot s^{-1}$) | 出现日期(月.日) | 最高水位/m | 最大流量/($m^3 \cdot s^{-1}$) | 出现日期(月.日) |
| 1988 | 33.99 | 32.9 | 7.25 | 33.73 | 0 | 1.1 | 64.35 | 16.2 | 7.21 | 62.72 | 18.5 | 7.14 |
| 1989 | 34.35 | 57.1 | 6.14 | 33.90 | 0 | 1.1 | 河干 | 0 | 1.1 | 62.29 | 7.08 | 7.11 |
| 1990 | 35.34 | 70.2 | 8.17 | 36.43 | 139 | 8.16 | 67.46 | 812 | 8.16 | 62.84 | 26.0 | 8.16 |
| 1991 | 35.20 | 60.7 | 7.30 | 35.26 | 23.8 | 7.29 | 68.58 | 1 710 | 7.25 | 63.83 | 379 | 7.25 |
| 1992 | 33.68 | 17.0 | 8.6 | 34.16 | 0 | 1.1 | 63.93 | 4.12 | 9.9 | 62.34 | 33.8 | 7.15 |
| 1993 | 35.83 | 307 | 8.6 | 35.55 | 3 | 8.6 | 65.63 | 352 | 7.16 | 63.54 | 290 | 8.5 |
| 1994 | 35.15 | 176 | 8.8 | 34.89 | 0 | 6.1 | 64.84 | 118 | 6.25 | 62.40 | 42.0 | 8.30 |
| 1995 | 35.24 | 55.7 | 8.18 | 36.15 | 127 | 8.16 | 67.56 | 1 100 | 8.16 | 63.75 | 352 | 8.22 |
| 1996 | 34.84 | 102 | 8.7 | 34.78 | 3.19 | 9.14 | 65.00 | 112 | 8.8 | 61.72 | 2.04 | 3.17 |
| 1997 | 34.88 | 46.7 | 9.20 | (34.47) | (4.42) | 9.5 | 64.22 | 24.2 | 8.15 | 61.93 | 17.4 | 10.4 |
| 1998 | 35.74 | 244 | 8.8 | 35.66 | 10.6 | 8.4 | 66.37 | 724 | 8.15 | 62.79 | 185 | 8.15 |
| 1999 | 34.86 | 25.1 | 7.8 | 34.99 | 6.91 | 11.18 | 64.76 | 174 | 9.10 | (64.41) | 202 | 8.1 |
| 2000 | 34.25 | 51.1 | 8.10 | 34.50 | 6.22 | 1.21 | 63.80 | 7.37 | 7.26 | 63.59 | 22.1 | 7.19 |
| 2001 | 34.34 | 33.8 | 7.31 | 35.00 | 7.21 | 8.9 | 66.77 | 916 | 8.4 | 63.90 | 74.6 | 9.4 |
| 2002 | 33.60 | 40.1 | 5.15 | 34.13 | 4.63 | 2.11 | 64.22 | 21.9 | 6.29 | 63.38 | 1.41 | 6.23 |
| 2003 | 35.64 | 165 | 10.12 | 37.34 | 165 | 9.4 | 66.14 | 578 | 9.4 | 64.22 | 150 | 9.2 |
| 2004 | 35.68 | 355 | 8.1 | 36.34 | 18.2 | 8.2 | 65.80 | 475 | 8.28 | 64.08 | 115 | 7.19 |
| 2005 | 35.77 | 81.0 | 9.20 | 37.05 | 7.75 | 9.20 | 66.16 | 602 | 9.20 | **64.48** | 224 | 7.4 |
| 2006 | 35.21 | 243 | 7.4 | 36.68 | 5.46 | 9.1 | 64.50 | 94.0 | 8.4 | 63.94 | 83.0 | 8.6 |

表 2-11(续)

| 河名 | 梁济运河 | | | 洸府河 | | | 泗河 | | | 城河 | | |
|---|---|---|---|---|---|---|---|---|---|---|---|---|
| 站名 | 后营 | | | 黄庄 | | | 韦院 | | | 滕州 | | |
| 年份 | 最高水位/m | 最大流量/($m^3 \cdot s^{-1}$) | 出现日期(月.日) | 最高水位/m | 最大流量/($m^3 \cdot s^{-1}$) | 出现日期(月.日) | 最高水位/m | 最大流量/($m^3 \cdot s^{-1}$) | 出现日期(月.日) | 最高水位/m | 最大流量/($m^3 \cdot s^{-1}$) | 出现日期(月.日) |
| 2007 | 35.10 | 154 | 8.11 | 36.40 | 8.68 | 9.2 | 66.93 | 1 070 | 8.17 | 64.24 | 155 | 8.18 |
| 2008 | 34.88 | 41.2 | 7.19 | 36.46 | 3.20 | 1.31 | 65.25 | 242 | 7.18 | 63.65 | 31.9 | 7.23 |
| 2009 | 34.76 | 52.8 | 8.19 | 36.38 | 2.42 | 7.17 | 65.50 | 331 | 7.21 | 64.25 | 155 | 8.18 |
| 2010 | 35.16 | 79.2 | 9.9 | 36.44 | 4.65 | 7.25 | 65.08 | 175 | 7.18 | 63.68 | 34.8 | 7.23 |
| 2011 | 34.88 | 15.9 | 9.18 | 36.43 | 0 | 1.1 | 65.12 | 200 | 9.15 | 63.49 | 10.2 | 9.18 |
| 2012 | 34.90 | 0 | 1.1 | 36.40 | 0 | 1.1 | 67.91 | 132 | 7.10 | 63.92 | 78.8 | 7.10 |
| 2013 | 34.76 | 45.5 | 7.19 | 36.45 | 0 | 1.1 | 67.75 | 198 | 7.5 | 63.60 | 23.3 | 7.30 |
| 2014 | 34.14 | 12.9 | 7.23 | 36.28 | 0 | 1.1 | 67.66 | 0.7 | 1.14 | 63.31 | (0) | 6.1 |
| 2015 | 33.72 | 16.9 | 4.12 | 36.24 | 0 | 1.1 | 67.71 | 5.42 | 8.6 | 河干 | 0 | 1.1 |
| 2016 | 34.61 | 83.80 | 7.21 | 36.23 | 0 | 1.1 | 67.79 | 316 | 7.21 | 63.71 | 46.1 | 7.20 |
| 2017 | 34.79 | 47.8 | 8.3 | 36.33 | 0 | 1.1 | 67.97 | 226 | 7.6 | 63.76 | 38.0 | 8.4 |
| 2018 | 35.51 | 309 | 8.20 | 36.86 | 0 | 1.1 | 68.32 | 47.8 | 8.20 | 63.77 | 47.2 | 8.28 |
| 历年最高(大) | **36.74** | **626** | | **39.37** | **400** | | **69.92** | **4 020** | | **64.48** | **630** | |
| 出现年份 | 1964 | 1964 | | 1964 | 1964 | | 1957 | 1957 | | 2005 | 1972 | |

表 2-11(续)

| 河名 | 十字河 | | | 沭赵新河 | | | 万福河 | | | 复新河 | | |
|---|---|---|---|---|---|---|---|---|---|---|---|---|
| 站名 | 柴胡店(官庄) | | | 梁山闸 | | | 孙庄 | | | 丰王庄（沙庄、李楼闸、丰县闸） | | |
| 年份 | 最高水位/m | 最大流量/($m^3 \cdot s^{-1}$) | 出现日期(月.日) | 最高水位/m | 最大流量/($m^3 \cdot s^{-1}$) | 出现日期(月.日) | 最高水位/m | 最大流量/($m^3 \cdot s^{-1}$) | 出现日期(月.日) | 最高水位/m | 最大流量/($m^3 \cdot s^{-1}$) | 出现日期(月.日) |
| 1950 | | | | | | | | | | | | |
| 1951 | | 305 | 8.2 | | | | | | | | | |
| 1952 | | 170 | 6.30 | | | | | | | | | |
| 1953 | | 1 650 | 7.30 | | | | | | | | | |
| 1954 | | 519 | 9.1 | | | | | | | | | |
| 1955 | | 2 370 | 7.11 | | | | | | | | | |
| 1956 | | 1 590 | 9.5 | | | | | | | | | |
| 1957 | | 1 910 | 7.13 | | | | **37.90** | **747** | 7.17 | | | |
| 1958 | | 1 910 | 7.3 | | | | 35.84 | 217 | 7.3 | | | |
| 1959 | | 267 | 6.27 | | | | 35.99 | 79.4 | 7.10 | | 28.7 | 7.1 |
| 1960 | | 2 600 | 7.27 | | | | 35.79 | 245 | 7.31 | | 486 | 8.17 |
| 1961 | | 2 270 | 7.6 | | | | 36.42 | 351 | 6.23 | | 138 | 6.29 |
| 1962 | | 720 | 8.7 | | | | 36.33 | 378 | 8.19 | | (19.8) | 8.28 |
| 1963 | | 1 420 | 8.1 | | | | 37.20 | 419 | 8.7 | | 590 | 8.7 |
| 1964 | 51.95 | 574 | 8.1 | | | | 37.39 | 625 | 9.1 | | 462 | 8.18 |
| 1965 | 52.40 | 999 | 7.16 | | | | 37.39 | 662 | 7.10 | | 219 | 8.4 |
| 1966 | 50.35 | 89.5 | 7.23 | | 66.5 | 8.26 | 35.01 | 90.8 | 8.10 | | 134 | 7.23 |
| 1967 | 51.54 | 393 | 9.9 | | 184 | 8.19 | 37.81 | 600 | 8.19 | | 139 | 8.18 |

**表 2-11(续)**

| 河名 | 十字河 | | | 洙赵新河 | | | 万福河 | | | 复新河 | | |
|---|---|---|---|---|---|---|---|---|---|---|---|---|
| 站名 | 柴胡店(官庄) | | | 梁山闸 | | | 孙庄 | | | 丰王庄（沙庄、李楼闸、丰县闸） | | |
| 年份 | 最高水位/m | 最大流量/($m^3 \cdot s^{-1}$) | 出现日期（月.日） | 最高水位/m | 最大流量/($m^3 \cdot s^{-1}$) | 出现日期（月.日） | 最高水位/m | 最大流量/($m^3 \cdot s^{-1}$) | 出现日期（月.日） | 最高水位/m | 最大流量/($m^3 \cdot s^{-1}$) | 出现日期（月.日） |
| 1968 | 51.54 | 343 | 9.7 | | 53 | 8.16 | 34.15 | 16.4 | 6.28 | | 12.8 | 8.26 |
| 1969 | 51.57 | 360 | 9.29 | | 79.9 | 8.12 | 35.58 | 146 | 9.3 | | 227 | 9.29 |
| 1970 | **54.30** | **2 770** | 8.6 | | 257 | 7.31 | 36.03 | 211 | 7.25 | | 232 | 8.6 |
| 1971 | 54.07 | 2 620 | 8.9 | | 324 | 6.26 | 36.76 | 249 | 8.22 | | 283 | 6.29 |
| 1972 | 52.38 | 768 | 7.6 | | 338 | 9.2 | 35.54 | 109 | 9.2 | | 118 | 9.2 |
| 1973 | 51.68 | 364 | 7.29 | | 620 | 7.16 | 36.30 | 268 | 7.29 | | 352 | 7.29 |
| 1974 | 51.81 | 513 | 8.1 | | 409 | 8.8 | 35.42 | 67.9 | 8.10 | | 110 | 8.7 |
| 1975 | 52.70 | 1 380 | 9.20 | | 694 | 9.20 | 35.40 | 21.0 | 8.15 | | 246 | 7.23 |
| 1976 | 49.86 | 61.5 | 8.12 | | 665 | 8.12 | 35.34 | 55.3 | 8.13 | | 228 | 9.6 |
| 1977 | 50.65 | 165 | 10.29 | | 912 | 7.10 | 35.44 | 109 | 7.11 | | 125 | 7.20 |
| 1978 | 50.94 | 226 | 7.14 | | **913** | 7.3 | 35.73 | 140 | 7.25 | | **816** | 7.25 |
| 1979 | 51.00 | 310 | 6.24 | | 404 | 6.30 | 35.04 | 43.2 | 8.16 | | 350 | 7.24 |
| 1980 | 50.40 | 194 | 6.16 | | 519 | 6.17 | 35.04 | 39.5 | 9.3 | | 65 | 8.24 |
| 1981 | 48.87 | 5.43 | 8.17 | | 260 | 7.14 | 34.80 | 32.0 | 9.12 | | 0 | 6.1 |
| 1982 | 49.32 | 55 | 8.9 | | 339 | 8.12 | 34.94 | 31.0 | 8.13 | | 18.4 | 8.12 |
| 1983 | 49.06 | 31 | 9.9 | | 638 | 7.25 | 34.87 | 44.8 | 9.12 | | 0 | 6.1 |
| 1984 | 50.03 | 187 | 8.12 | | 240 | 8.11 | 35.20 | 48.7 | 8.14 | | 59.8 | 9.30 |
| 1985 | 50.62 | 314 | 8.23 | | 173 | 9.18 | 35.25 | 45.5 | 8.24 | | 157 | 9.17 |

**表 2-11(续)**

| 河名 | 十字河 | | | 洙赵新河 | | | 万福河 | | | 复新河 | | |
|---|---|---|---|---|---|---|---|---|---|---|---|---|
| 站名 | 柴胡店(官庄) | | | 梁山闸 | | | 孙庄 | | | 丰王庄（沙庄、李楼闸、丰县闸） | | |
| 年份 | 最高水位/m | 最大流量/($m^3 \cdot s^{-1}$) | 出现日期(月.日) | 最高水位/m | 最大流量/($m^3 \cdot s^{-1}$) | 出现日期(月.日) | 最高水位/m | 最大流量/($m^3 \cdot s^{-1}$) | 出现日期(月.日) | 最高水位/m | 最大流量/($m^3 \cdot s^{-1}$) | 出现日期(月.日) |
| 1986 | 49.89 | 140 | 8.1 | | 155 | 8.6 | 34.35 | 21.1 | 8.18 | | 0 | 5.1 |
| 1987 | 50.24 | 222 | 9.4 | | 450 | 8.31 | 34.86 | 32.3 | 8.9 | | 0 | 5.1 |
| 1988 | 49.72 | 159 | 7.24 | | 308 | 7.21 | 33.41 | 8.83 | 6.12 | | 0 | 6.1 |
| 1989 | 48.86 | 31.7 | 6.12 | | 532 | 7.25 | 33.75 | 12.1 | 8.9 | | 13.1 | 6.19 |
| 1990 | 52.34 | | 8.3 | | 240 | 7.21 | 35.16 | 24.4 | 7.25 | | 36.2 | 8.16 |
| 1991 | 停测 | | | | 358 | 7.3 | 34.97 | 0 | 1.1 | | 0 | 5.1 |
| 1992 | 停测 | | | | 212 | 8.12 | 33.66 | 0 | 1.1 | | 6.97 | 7.3 |
| 1993 | 停测 | | | | 434 | 7.13 | 35.50 | 34.5 | 8.7 | | 27.5 | 8.6 |
| 1994 | 停测 | | | | 433 | 8.8 | 34.81 | 26.2 | 8.9 | | 0 | 5.1 |
| 1995 | 停测 | | | | 346 | 8.22 | 35.35 | 38.8 | 8.30 | | 11.8 | 8.31 |
| 1996 | 停测 | | | | 287 | 8.7 | 34.76 | 0 | 1.1 | | 0 | 5.1 |
| 1997 | 停测 | | | | 100 | 3.18 | 34.73 | 0 | 1.1 | | 0 | 5.1 |
| 1998 | 45.18 | 560 | 8.13 | | 249 | 8.8 | 35.56 | 37.5 | 8.31 | | 54.8 | 8.15 |
| 1999 | 46.74 | 1 680 | 6.15 | | 128 | 9.15 | 34.78 | 0 | 1.1 | | 0 | 5.1 |
| 2000 | 43.66 | 186 | 8.10 | | 329 | 7.17 | 34.19 | 16.2 | 7.31 | | 0 | 5.1 |
| 2001 | 43.85 | 208 | 7.31 | | 29.4 | 7.12 | 34.25 | 14.1 | 8.2 | | 0 | 5.1 |
| 2002 | 41.27 | 0.36 | 6.23 | | 3.85 | 6.26 | 33.53 | 0 | 1.1 | | 0 | 5.1 |
| 2003 | 44.01 | 531 | 8.30 | | 491 | 8.26 | 35.69 | 52.4 | 9.6 | | 111 | 8.31 |

**表 2-11(续)**

| 河名 | 十字河 | | | 洙赵新河 | | | 万福河 | | | 复新河 | | |
|---|---|---|---|---|---|---|---|---|---|---|---|---|
| 站名 | 柴胡店(官庄) | | | 梁山闸 | | | 孙庄 | | | 丰王庄(沙庄、李楼闸、丰县闸) | | |
| 年份 | 最高水位/m | 最大流量/($m^3 \cdot s^{-1}$) | 出现日期(月.日) | 最高水位/m | 最大流量/($m^3 \cdot s^{-1}$) | 出现日期(月.日) | 最高水位/m | 最大流量/($m^3 \cdot s^{-1}$) | 出现日期(月.日) | 最高水位/m | 最大流量/($m^3 \cdot s^{-1}$) | 出现日期(月.日) |
| 2004 | 43.36 | 233 | 9.14 | | 372 | 8.28 | 36.37 | 170 | 8.28 | | 114 | 7.17 |
| 2005 | 45.23 | 628 | 7.1 | | 596 | 9.30 | 36.71 | 218 | 9.22 | | 96.9 | 7.17 |
| 2006 | 44.09 | 399 | 8.29 | | 658 | 7.4 | 35.45 | 66.9 | 7.7 | | 186 | 7.3 |
| 2007 | 44.71 | 612 | 8.17 | | 317 | 8.10 | 35.37 | 80.7 | 8.11 | | 62.5 | 8.16 |
| 2008 | 43.77 | 306 | 8.22 | | 167 | 7.9 | 34.94 | 56.4 | 7.24 | | 102 | 7.23 |
| 2009 | 42.53 | 63.6 | 8.18 | | 186 | 7.13 | 34.88 | 35.3 | 7.13 | | 17.5 | 7.15 |
| 2010 | 42.73 | 88.0 | 9.8 | | 611 | 7.2 | 35.88 | 102 | 9.10 | | 28.8 | 7.28 |
| 2011 | 43.52 | 239 | 8.27 | | 165 | 9.21 | 35.68 | 65.3 | 9.17 | | 0 | 1.1 |
| 2012 | 45.76 | 835 | 7.10 | | 289 | 7.8 | 35.44 | 73.3 | 7.9 | | 151 | 10.2 |
| 2013 | 43.27 | 113 | 7.19 | | 109 | 7.6 | 34.70 | 42.5 | 5.29 | | 101 | 5.20 |
| 2014 | 41.23 | 0 | 1.1 | | 42.8 | 10.24 | 34.06 | 0 | 1.1 | | 217 | 11.8 |
| 2015 | 河干 | 0 | 1.1 | | 78.5 | 4.10 | 34.07 | 24.0 | 7.31 | | 187 | 4.23 |
| 2016 | 42.89 | 56.1 | 8.8 | | 152 | 7.15 | 35.71 | 105 | 7.20 | | 95.2 | 6.29 |
| 2017 | 44.52 | 446 | 7.15 | | 203 | 7.15 | 35.23 | 56.7 | 7.15 | | 64.6 | 1.13 |
| 2018 | 40.59 | 0 | 1.1 | | 277 | 8.19 | 35.63 | 72.6 | 8.20 | | 325 | 8.19 |
| 历年最高(大) | **54.30** | **2 770** | | | **913** | | **37.90** | **747** | | | **816** | |
| 出现年份 | 1970 | 1970 | | | 1978 | | 1957 | 1957 | | | 1978 | |

表 2-11(续)

| 河名 | 南阳湖 | | | 微山湖 | | | 昭阳湖 | | | 韩庄运河 | | |
|---|---|---|---|---|---|---|---|---|---|---|---|---|
| 站名 | 南阳 | | | 微山 | | | 二级坝(总) | | | 韩庄闸 | | |
| 年份 | 最高水位/m | 最大流量/($m^3 \cdot s^{-1}$) | 出现日期(月.日) | 最高水位/m | 最大流量/($m^3 \cdot s^{-1}$) | 出现日期(月.日) | 最高水位/m | 最大流量/($m^3 \cdot s^{-1}$) | 出现日期(月.日) | 最高水位/m | 最大流量/($m^3 \cdot s^{-1}$) | 出现日期(月.日) |
| 1950 | | | | | | | | | | | | |
| 1951 | | | | | | | | | | | | |
| 1952 | | | | | | | | | | | | |
| 1953 | 35.22 | | 8.12 | 33.80 | | 9.6 | | | | | | |
| 1954 | 34.46 | | 9.7 | 32.85 | | 1.1 | | | | | | |
| 1955 | 34.64 | | 9.14 | 32.77 | | 11.4 | | | | | | |
| 1956 | 34.46 | | 7.2 | 32.85 | | 10.12 | | | | | | |
| 1957 | **36.48** | | 7.25 | **36.28** | | 8.3 | | | | | | |
| 1958 | 34.91 | | 7.17 | 34.66 | | 8.22 | | | | | | |
| 1959 | 33.86 | | 2.12 | 33.83 | | 3.9 | | | | | | |
| 1960 | 34.45 | | 8.3 | 34.07 | | 9.7 | | | | | | |
| 1961 | 34.46 | | 8.19 | (33.08) | | 9.19 | | 302 | 8.20 | | 16.7 | 9.15 |
| 1962 | 34.59 | | 8.23 | 32.70 | | 12.1 | | 266 | 9.1 | | 75.7 | 9.27 |
| 1963 | 36.08 | | 8.9 | 34.68 | | 8.17 | | 1 240 | 8.11 | | 325 | 8.17 |
| 1964 | 35.89 | | 9.5 | 33.88 | | 10.16 | | 821 | 9.8 | | 813 | 9.20 |
| 1965 | 34.98 | | 8.6 | 33.46 | | 8.23 | | 907 | 8.16 | | 696 | 8.28 |
| 1966 | 34.57 | | 3.25 | 32.37 | | 3.9 | | 310 | 7.15 | | 134 | 7.27 |
| 1967 | 35.04 | | 9.12 | 33.27 | | 9.27 | | 1 300 | 9.10 | | 210 | 9.19 |
| 1968 | 34.09 | | 2.18 | 32.56 | | 1.5 | | 87.7 | 4.11 | | 140 | 4.11 |

表 2-11(续)

| 河名 | 南阳湖 | | | 微山湖 | | | 昭阳湖 | | | 韩庄运河 | | |
|---|---|---|---|---|---|---|---|---|---|---|---|---|
| 站名 | 南阳 | | | 微山 | | | 二级坝(总) | | | 韩庄闸 | | |
| 年份 | 最高水位/m | 最大流量/($m^3 \cdot s^{-1}$) | 出现日期(月.日) | 最高水位/m | 最大流量/($m^3 \cdot s^{-1}$) | 出现日期(月.日) | 最高水位/m | 最大流量/($m^3 \cdot s^{-1}$) | 出现日期(月.日) | 最高水位/m | 最大流量/($m^3 \cdot s^{-1}$) | 出现日期(月.日) |
| 1969 | 34.74 | | 9.30 | 33.24 | | 10.18 | | 1 510 | 9.30 | | 599 | 10.5 |
| 1970 | 35.54 | | 8.8 | 33.12 | | 8.14 | | 1 110 | 8.7 | | 803 | 8.15 |
| 1971 | 35.58 | | 7.11 | 33.12 | | 7.14 | | 1 260 | 7.12 | | 770 | 7.14 |
| 1972 | 35.12 | | 9.7 | 32.69 | | 9.16 | | 855 | 9.8 | | 690 | 9.19 |
| 1973 | 35.33 | | 7.31 | 32.66 | | 10.16 | | 1 200 | 7.31 | | 582 | 8.4 |
| 1974 | 35.09 | | 8.11 | 33.58 | | 8.18 | | 1 290 | 8.14 | | 810 | 8.15 |
| 1975 | 35.26 | | 9.22 | 33.06 | | 9.26 | | 773 | 9.22 | | 810 | 10.10 |
| 1976 | 35.15 | | 8.20 | 32.90 | | 9.17 | | 828 | 8.24 | | 430 | 8.29 |
| 1977 | 34.66 | | 12.24 | 32.37 | | 1.22 | | 338 | 7.22 | | 0 | 1.1 |
| 1978 | 34.95 | | 7.15 | 32.70 | | 9.1 | | 2 110 | 7.14 | | 466 | 7.29 |
| 1979 | 34.84 | | 9.23 | 32.89 | | 9.29 | | 920 | 9.24 | | 393 | 8.1 |
| 1980 | 34.73 | | 8.26 | 32.96 | | 9.2 | | 720 | 8.25 | | 407 | 9.9 |
| 1981 | 34.36 | | 9.14 | 32.32 | | 1.1 | | 142 | 9.16 | | 0 | 1.1 |
| 1982 | 34.44 | | 9.18 | 32.05 | | 12.20 | | 586 | 10.15 | | 0 | 1.1 |
| 1983 | 34.41 | | 10.21 | 32.10 | | 2.3 | | 305 | 10.20 | | 0 | 1.1 |
| 1984 | 34.52 | | 10.2 | 32.72 | | 9.17 | | 455 | 10.8 | | 332 | 10.4 |
| 1985 | 34.86 | | 9.20 | 32.63 | | 9.6 | | 700 | 9.20 | | 526 | 9.19 |
| 1986 | 34.31 | | 1.22 | 32.47 | | 1.1 | | 0 | 1.1 | | 0 | 1.1 |
| 1987 | 33.63 | | 9.9 | 31.98 | | 4.2 | | 0 | 1.1 | | 0 | 1.1 |

**表 2-11(续)**

| 河名 | 南阳湖 | | | 微山湖 | | | 昭阳湖 | | | 韩庄运河 | | |
|---|---|---|---|---|---|---|---|---|---|---|---|---|
| 站名 | 南阳 | | | 微山 | | | 二级坝(总) | | | 韩庄闸 | | |
| 年份 | 最高水位/m | 最大流量/($m^3 \cdot s^{-1}$) | 出现日期(月.日) | 最高水位/m | 最大流量/($m^3 \cdot s^{-1}$) | 出现日期(月.日) | 最高水位/m | 最大流量/($m^3 \cdot s^{-1}$) | 出现日期(月.日) | 最高水位/m | 最大流量/($m^3 \cdot s^{-1}$) | 出现日期(月.日) |
| 1988 | 33.37 | | 1.3 | 31.98 | | 1.17 | | 0 | 1.1 | | 0 | 1.1 |
| 1989 | 33.18 | | 2.7 | 31.51 | | 7.20 | | 0 | 1.1 | | 0 | 1.1 |
| 1990 | 34.44 | | 8.20 | 31.91 | | 12.31 | | 0 | 1.1 | | 0 | 1.1 |
| 1991 | 34.55 | | 7.30 | 32.52 | | 8.11 | | 1 400 | 7.25 | | 515 | 7.30 |
| 1992 | 33.49 | | 3.26 | 32.30 | | 3.28 | | 0 | 1.1 | | 0 | 1.1 |
| 1993 | 35.00 | | 8.9 | 32.70 | | 8.20 | | 1 680 | 8.8 | | 656 | 8.16 |
| 1994 | 34.61 | | 12.9 | 32.68 | | 12.24 | | 508 | 8.11 | | 149 | 1.9 |
| 1995 | 34.84 | | 9.1 | 32.73 | | 2.5 | | 558 | 8.31 | | 449 | 8.30 |
| 1996 | 34.68 | | 11.5 | 32.53 | | 1.1 | | 206 | 11.9 | | 0 | 1.1 |
| 1997 | 34.64 | | 3.31 | 32.59 | | 4.24 | | 662 | 4.11 | | 0 | 1.1 |
| 1998 | 35.11 | | 8.17 | 32.80 | | 9.15 | | 1 160 | 8.16 | | **1 800** | 8.16 |
| 1999 | 34.70 | | 1.25 | 32.52 | | 2.1 | | 410 | 1.27 | | 0 | 1.1 |
| 2000 | 34.10 | | 2.29 | 31.74 | | 12.19 | | 0 | 1.1 | | 0 | 1.1 |
| 2001 | 34.15 | | 3.11 | 31.89 | | 3.4 | | 0 | 1.1 | | 0 | 1.1 |
| 2002 | 33.46 | | 1.29 | 31.51 | | 2.14 | | 0 | 1.1 | | 0 | 1.1 |
| 2003 | 35.28 | | 9.7 | 33.36 | | 10.14 | | 1 060 | 9.8 | | 1 030 | 9.10 |
| 2004 | 35.07 | | 8.30 | 32.91 | | 1.1 | | 2 310 | 8.31 | | 1 210 | 8.3 |
| 2005 | 35.35 | | 9.22 | 33.44 | | 10.3 | | 2 180 | 9.20 | | 1 720 | 10.2 |
| 2006 | 34.75 | | 7.5 | 32.80 | | 7.4 | | 1 510 | 7.7 | | 980 | 7.7 |

**表 2-11(续)**

| 河名 | 南阳湖 | | | 微山湖 | | | 昭阳湖 | | | 韩庄运河 | | |
|---|---|---|---|---|---|---|---|---|---|---|---|---|
| 站名 | 南阳 | | | 微山 | | | 二级坝(总) | | | 韩庄闸 | | |
| 年份 | 最高水位/m | 最大流量/($m^3 \cdot s^{-1}$) | 出现日期(月.日) | 最高水位/m | 最大流量/($m^3 \cdot s^{-1}$) | 出现日期(月.日) | 最高水位/m | 最大流量/($m^3 \cdot s^{-1}$) | 出现日期(月.日) | 最高水位/m | 最大流量/($m^3 \cdot s^{-1}$) | 出现日期(月.日) |
| 2007 | 34.67 | | 2.4 | 32.96 | | 8.19 | | 1 370 | 8.2 | | 1 410 | 8.23 |
| 2008 | 34.68 | | 1.11 | 32.76 | | 1.19 | | 1 010 | 7.18 | | 1 170 | 7.23 |
| 2009 | 34.58 | | 12.28 | 32.64 | | 7.20 | | 1 200 | 7.14 | | 832 | 7.21 |
| 2010 | 34.73 | | 9.11 | 32.77 | | 10.14 | | 1 690 | 7.19 | | 1 490 | 9.10 |
| 2011 | 34.62 | | 11.14 | 32.74 | | 11.21 | | 537 | 12.5 | | 551 | 9.20 |
| 2012 | 34.64 | | 3.8 | 32.65 | | 3.16 | | 849 | 7.10 | | 306 | 1.4 |
| 2013 | 34.52 | | 3.14 | 32.71 | | 8.4 | | 316 | 7.21 | | 222 | 8.4 |
| 2014 | 33.90 | | 2.25 | 31.98 | | 1.1 | | 0 | 1.1 | | 0 | 1.1 |
| 2015 | 33.48 | | 8.9 | 31.60 | | 12.25 | | 0 | 1.1 | | 0 | 1.1 |
| 2016 | 34.39 | | 12.31 | 32.00 | | 12.31 | | 0 | 1.1 | | 0 | 1.1 |
| 2017 | 34.46 | | 8.3 | 32.79 | | 10.12 | | 977 | 7.16 | | 608 | 8.3 |
| 2018 | 34.92 | | 8.22 | 32.77 | | 8.26 | | **3 490** | 8.20 | | 1 080 | 8.20 |
| 历年最高(大) | **36.48** | | | **36.28** | | | | **3 490** | | | **1 800** | |
| 出现年份 | 1957 | | | 1957 | | | | 2018 | | | 1998 | |

**表 2-11(续)**

| 河名 | 伊家河 | | | 不牢河 | | | 中运河 | | | 中运河 | | |
|---|---|---|---|---|---|---|---|---|---|---|---|---|
| 站名 | 新河头闸 | | | 蔺家坝闸 | | | 台儿庄闸(闸下) | | | 运河镇 | | |
| 年份 | 最高水位/m | 最大流量/$(m^3 \cdot s^{-1})$ | 出现日期(月.日) | 最高水位/m | 最大流量/$(m^3 \cdot s^{-1})$ | 出现日期(月.日) | 最高水位/m | 最大流量/$(m^3 \cdot s^{-1})$ | 出现日期(月.日) | 最高水位/m | 最大流量/$(m^3 \cdot s^{-1})$ | 出现日期(月.日) |
| 1950 | | | | | | | | | | | | |
| 1951 | | | | | | | | | | | 983 | 8.10 |
| 1952 | | | | | | | | 188 | 9.9 | | 468 | 9.9 |
| 1953 | | | | | | | | 684 | 7.23 | | 1 160 | 8.7 |
| 1954 | | | | | | | | 354 | 8.5 | | 391 | 7.29 |
| 1955 | | | | | | | | 603 | 7.11 | 24.54 | 1 080 | 7.14 |
| 1956 | | | | | | | | 384 | 7.1 | 23.51 | 664 | 9.3 |
| 1957 | | | | | (339) | 9.22 | | 805 | 7.15 | 26.18 | 1 660 | 7.23 |
| 1958 | | 253 | 8.22 | | 256 | 8.22 | | 1 490 | 8.3 | 24.84 | 1330 | 7.8 |
| 1959 | | 190 | 2.16 | | | | | 508 | 7.1 | (22.19) | 432 | 7.13 |
| 1960 | | 202 | 9.7 | | | | | 1 220 | 8.17 | (24.75) | 1 380 | 9.7 |
| 1961 | | 115 | 9.7 | | 49.2 | 9.22 | | 765 | 9.7 | (25.53) | 811 | 9.9 |
| 1962 | | 74.5 | 9.28 | | | | | 588 | 8.7 | 23.61 | 723 | 8.9 |
| 1963 | | **348** | 8.17 | | **452** | 9.6 | | 1 580 | 8.4 | 25.54 | 2 620 | 8.5 |
| 1964 | | 252 | 9.24 | | 437 | 9.25 | | 1 220 | 9.21 | 25.35 | 1 650 | 9.20 |
| 1965 | | 185 | 8.2 | | 57.8 | 3.20 | | 1 060 | 8.17 | 25.00 | 1 410 | 8.6 |
| 1966 | | 153 | 3.15 | | 113 | 4.23 | | 872 | 7.23 | 24.18 | 1 070 | 7.26 |
| 1967 | | 187 | 9.28 | | 206 | 10.6 | | 299 | 8.15 | 22.64 | 579 | 8.18 |
| 1968 | | 1.9 | 1.13 | | 73.6 | 4.6 | | 261 | 8.25 | 22.84 | 676 | 7.16 |

**表 2-11(续)**

| 河名 | 伊家河 | | | 不牢河 | | | 中运河 | | | 中运河 | | |
|---|---|---|---|---|---|---|---|---|---|---|---|---|
| 站名 | 新河头闸 | | | 蔺家坝闸 | | | 台儿庄闸(闸下) | | | 运河镇 | | |
| 年份 | 最高水位/m | 最大流量/$(m^3 \cdot s^{-1})$ | 出现日期(月.日) | 最高水位/m | 最大流量/$(m^3 \cdot s^{-1})$ | 出现日期(月.日) | 最高水位/m | 最大流量/$(m^3 \cdot s^{-1})$ | 出现日期(月.日) | 最高水位/m | 最大流量/$(m^3 \cdot s^{-1})$ | 出现日期(月.日) |
| 1969 | | 54.6 | 10.31 | | 192 | 10.6 | | 660 | 7.23 | 23.89 | 908 | 10.1 |
| 1970 | | 175 | 8.14 | | 58.6 | 3.1 | | 1 550 | 8.6 | 24.96 | 1 560 | 7.29 |
| 1971 | | 185 | 7.13 | | 227 | 7.14 | 28.34 | 1 650 | 6.29 | 25.92 | 2 380 | 7.1 |
| 1972 | | 69.8 | 7.11 | | 151 | 9.14 | 28.66 | 1 900 | 7.6 | 25.39 | 2 390 | 7.7 |
| 1973 | | 120 | 11.28 | | 130 | 6.11 | 27.95 | 1 370 | 7.29 | 24.98 | 1 690 | 7.31 |
| 1974 | | 206 | 8.18 | | 228 | 10.12 | 28.96 | 1 870 | 8.13 | **26.42** | **3 790** | 8.15 |
| 1975 | | 143 | 9.29 | | 123 | 10.4 | 27.43 | 900 | 10.10 | 24.14 | 865 | 4.27 |
| 1976 | | 84.9 | 8.27 | | 59.8 | 5.15 | 27.13 | 680 | 9.6 | 23.51 | 887 | 9.7 |
| 1977 | | 30.2 | 4.12 | | 48.3 | 5.31 | 24.93 | 358 | 7.11 | 23.21 | 522 | 12.19 |
| 1978 | | 161 | 8.3 | | 110 | 8.6 | 27.58 | 924 | 8.11 | 24.12 | 1 290 | 8.13 |
| 1979 | | 157 | 9.29 | | 142 | 8.13 | 27.40 | 1 080 | 7.25 | 23.93 | 1 030 | 7.26 |
| 1980 | | 152 | 9.5 | | 93.6 | 9.12 | 27.61 | 1 200 | 8.24 | 23.93 | 970 | 8.26 |
| 1981 | | 16.6 | 3.20 | | 37.1 | 4.25 | 23.63 | 104 | 3.11 | 23.10 | 264 | 3.11 |
| 1982 | | 0 | 1.1 | | 12.9 | 11.10 | 27.21 | 1 000 | 8.9 | 23.81 | 876 | 7.24 |
| 1983 | | 15.6 | 5.14 | | 96.8 | 5.3 | 25.53 | 513 | 8.12 | 23.28 | 655 | 7.25 |
| 1984 | | 109 | 9.19 | | 110 | 1.29 | 26.30 | 380 | 7.27 | 23.95 | 879 | 7.28 |
| 1985 | | 149 | 11.1 | | 114 | 6.13 | 27.38 | 1 000 | 9.5 | 23.87 | 728 | 5.13 |
| 1986 | | 0 | 1.1 | | 32.1 | 12.27 | 27.26 | 743 | 7.26 | 24.20 | 975 | 7.28 |
| 1987 | | 0 | 1.1 | | 23.1 | 6.17 | 27.01 | 1 100 | 9.4 | 24.03 | 861 | 10.16 |

**表 2-11(续)**

| 河名 | 伊家河 | | | 不牢河 | | | 中运河 | | | 中运河 | | |
|---|---|---|---|---|---|---|---|---|---|---|---|---|
| 站名 | 新河头闸 | | | 蔺家坝闸 | | | 台儿庄闸(闸下) | | | 运河镇 | | |
| 年份 | 最高水位/m | 最大流量/$(m^3 \cdot s^{-1})$ | 出现日期(月.日) | 最高水位/m | 最大流量/$(m^3 \cdot s^{-1})$ | 出现日期(月.日) | 最高水位/m | 最大流量/$(m^3 \cdot s^{-1})$ | 出现日期(月.日) | 最高水位/m | 最大流量/$(m^3 \cdot s^{-1})$ | 出现日期(月.日) |
| 1988 | | 0 | 1.1 | | 6 | 12.4 | 26.59 | 656 | 7.24 | 23.18 | 640 | 7.26 |
| 1989 | | 0 | 1.1 | | 8.16 | 3.4 | 26.79 | 1 150 | 7.14 | 23.53 | 700 | 7.15 |
| 1990 | | 0 | 1.1 | | 10 | 6.13 | 27.43 | 605 | 8.13 | 25.01 | 1 270 | 8.16 |
| 1991 | | 0 | 1.1 | | 130 | 7.31 | 26.92 | 590 | 7.30 | 24.28 | 1 440 | 7.16 |
| 1992 | | 0 | 1.1 | | 20.1 | 6.12 | 25.05 | 237 | 7.15 | 23.21 | 588 | 9.2 |
| 1993 | | 0 | 1.1 | | 98.2 | 8.11 | 28.49 | 1 300 | 8.5 | 25.62 | 1 740 | 8.6 |
| 1994 | | 0 | 1.1 | | 57.3 | 12.19 | 25.10 | 308 | 7.17 | 23.32 | 496 | 8.31 |
| 1995 | | 0 | 1.1 | | 109 | 9.10 | 25.83 | 559 | 8.31 | 23.92 | 735 | 8.23 |
| 1996 | | 16.2 | 8.25 | | 0 | 1.1 | 25.56 | 526 | 7.31 | 23.97 | 789 | 7.18 |
| 1997 | | 0 | 1.1 | | 50.7 | 6.13 | 26.20 | 346 | 8.20 | 23.77 | 1 080 | 8.21 |
| 1998 | | 135 | 9.9 | | 107 | 8.20 | 28.06 | 1 150 | 8.25 | 25.23 | 1 730 | 8.15 |
| 1999 | | 0 | 1.1 | 23.75 | 541 | 6.15 | 22.97 | 328 | 7.8 | 22.97 | 32.8 | 7.8 |
| 2000 | | 0 | 1.1 | | 0 | 1.1 | 26.52 | 1 430 | 7.23 | 23.97 | 1 040 | 7.16 |
| 2001 | | 0 | 1.1 | | 0 | 1.1 | 26.27 | 979 | 7.31 | 23.88 | 1 100 | 7.31 |
| 2002 | | 0 | 1.1 | | 0 | 1.1 | 23.42 | 20.1 | 7.25 | 22.95 | 165 | 7.26 |
| 2003 | | 110 | 9.4 | | 142 | 9.8 | 28.19 | 1 210 | 9.4 | 24.87 | 1 740 | 9.5 |
| 2004 | | 122 | 8.12 | | 100 | 8.30 | 27.66 | 1 090 | 9.20 | 24.28 | 1 370 | 9.21 |
| 2005 | | 98.3 | 9.7 | | 0 | 1.1 | **28.98** | **1 940** | 9.30 | 25.52 | 2 630 | 10.1 |
| 2006 | | 148 | 12.14 | | 47.3 | 7.7 | 27.61 | 1 200 | 7.8 | 24.36 | 1 570 | 7.5 |

**表 2-11(续)**

| 河名 | 伊家河 | | | 不牢河 | | | 中运河 | | | 中运河 | | |
|---|---|---|---|---|---|---|---|---|---|---|---|---|
| 站名 | 新河头闸 | | | 蔺家坝闸 | | | 台儿庄闸(闸下) | | | 运河镇 | | |
| 年份 | 最高水位/m | 最大流量/($m^3 \cdot s^{-1}$) | 出现日期(月.日) | 最高水位/m | 最大流量/($m^3 \cdot s^{-1}$) | 出现日期(月.日) | 最高水位/m | 最大流量/($m^3 \cdot s^{-1}$) | 出现日期(月.日) | 最高水位/m | 最大流量/($m^3 \cdot s^{-1}$) | 出现日期(月.日) |
| 2007 | | 150 | 11.6 | | 62.0 | 7.10 | 28.04 | 1 330 | 8.18 | 24.58 | 1 850 | 8.18 |
| 2008 | | 148 | 7.4 | | 32.8 | 12.13 | 28.68 | 1 640 | 7.23 | 25.19 | 2 410 | 7.25 |
| 2009 | | 0 | 1.1 | | 0 | 1.1 | (25.48) | 806 | 7.21 | 23.63 | 1 270 | 8.18 |
| 2010 | | 0 | 1.1 | | 59.2 | 7.14 | 27.20 | 1 500 | 9.10 | 23.97 | 1 730 | 9.11 |
| 2011 | | 143 | 11.23 | | 0 | 1.1 | 24.68 | 575 | 9.24 | 23.85 | 928 | 8.28 |
| 2012 | | 0 | 1.1 | | 0 | 1.1 | 23.91 | 247 | 1.5 | 23.62 | 825 | 7.11 |
| 2013 | | 175 | 7.30 | | 29 | 5.30 | 24.44 | 592 | 8.2 | 23.39 | 846 | 8.3 |
| 2014 | | 0 | 1.1 | | 0 | 1.1 | 23.38 | 0 | 1.1 | 22.98 | 19.6 | 10.28 |
| 2015 | | 0 | 1.1 | | 0 | 1.1 | 23.63 | 14.2 | 8.29 | 23.24 | 338 | 8.1 |
| 2016 | | 0 | 1.1 | | 0 | 1.1 | 23.95 | 204 | 8.8 | 23.54 | 438 | 8.8 |
| 2017 | | 156 | 7.22 | | 0 | 1.1 | 25.78 | 861 | 8.3 | 23.77 | 1 140 | 8.3 |
| 2018 | | 116 | 8.25 | | 138 | 8.22 | 26.59 | 1 320 | 8.23 | 23.38 | 1 840 | 8.21 |
| 历年最高(大) | | **348** | | 23.75 | **452** | | **28.98** | **1 940** | | **26.42** | **3 790** | |
| 出现年份 | | 1963 | | 1999 | 1963 | | 2005 | 2005 | | 1974 | 1974 | |

表 2-11(续)

| 河名 | 中运河 | | | 中运河 | | | | | | | | |
|---|---|---|---|---|---|---|---|---|---|---|---|---|
| 站名 | 皂河闸 | | | 宿迁闸 | | | | | | | | |
| 年份 | 最高水位/m | 最大流量/($m^3 \cdot s^{-1}$) | 出现日期(月.日) | 最高水位/m | 最大流量/($m^3 \cdot s^{-1}$) | 出现日期(月.日) | 最高水位/m | 最大流量/($m^3 \cdot s^{-1}$) | 出现日期(月.日) | 最高水位/m | 最大流量/($m^3 \cdot s^{-1}$) | 出现日期(月.日) |
| 1950 | | 1 024 | 8.26 | | | | | | | | | |
| 1951 | | 1 019 | 8.12 | | | | | | | | | |
| 1952 | | | | | | | | | | | | |
| 1953 | | | | | | | | | | | | |
| 1954 | | | | | | | | | | | | |
| 1955 | | (460) | 8.15 | | | | | | | | | |
| 1956 | | 622 | 6.27 | | | | | | | | | |
| 1957 | | 909 | 7.23 | | | | | | | | | |
| 1958 | | 735 | 7.9 | | 745 | 8.16 | | | | | | |
| 1959 | | 737 | 6.9 | | 718 | 7.14 | | | | | | |
| 1960 | | 832 | 7.7 | | 859 | 7.6 | | | | | | |
| 1961 | | 709 | 8.2 | | 718 | 8.2 | | | | | | |
| 1962 | | | | | 649 | 11.21 | | | | | | |
| 1963 | | 920 | 8.2 | | 983 | 8.1 | | | | | | |
| 1964 | | 935 | 9.20 | | 936 | 9.26 | | | | | | |
| 1965 | | 623 | 7.11 | | 606 | 7.11 | | | | | | |
| 1966 | | 738 | 8.1 | | 702 | 7.24 | | | | | | |
| 1967 | | 683 | 9.13 | | 675 | 9.14 | | | | | | |
| 1968 | | 296 | 4.12 | | 324 | 4.12 | | | | | | |

表 2-11(续)

| 河名 | 中运河 | | | 中运河 | | | | | | | | |
|---|---|---|---|---|---|---|---|---|---|---|---|---|
| 站名 | 皂河闸 | | | 宿迁闸 | | | | | | | | |
| 年份 | 最高水位/m | 最大流量/($m^3 \cdot s^{-1}$) | 出现日期(月.日) | 最高水位/m | 最大流量/($m^3 \cdot s^{-1}$) | 出现日期(月.日) | 最高水位/m | 最大流量/($m^3 \cdot s^{-1}$) | 出现日期(月.日) | 最高水位/m | 最大流量/($m^3 \cdot s^{-1}$) | 出现日期(月.日) |
| 1969 | | 489 | 5.5 | | 484 | 5.5 | | | | | | |
| 1970 | | 629 | 7.28 | | 638 | 7.28 | | | | | | |
| 1971 | | 1 020 | 11.26 | | 785 | 7.7 | | | | | | |
| 1972 | | 500 | 9.23 | | 549 | 9.23 | | | | | | |
| 1973 | | 705 | 7.9 | | 674 | 7.10 | | | | | | |
| 1974 | | **1 240** | 8.15 | | **1 040** | 8.14 | | | | | | |
| 1975 | | 637 | 10.3 | | 706 | 10.4 | | | | | | |
| 1976 | | 286 | 7.26 | | 309 | 8.29 | | | | | | |
| 1977 | | 75.8 | 8.4 | | 282 | 7.20 | | | | | | |
| 1978 | | 683 | 8.14 | | 646 | 8.14 | | | | | | |
| 1979 | | 613 | 7.13 | | 775 | 7.15 | | | | | | |
| 1980 | | 405 | 10.12 | | 504 | 10.13 | | | | | | |
| 1981 | | 55.5 | 1.14 | | 667 | 11.28 | | | | | | |
| 1982 | | 619 | 8.5 | | 206 | 7.23 | | | | | | |
| 1983 | | 149 | 8.4 | | 384 | 7.21 | | | | | | |
| 1984 | | 274 | 7.25 | | 353 | 7.26 | | | | | | |
| 1985 | | 732 | 9.14 | | 543 | 9.5 | | | | | | |
| 1986 | | 300 | 3.20 | | 221 | 7.20 | | | | | | |
| 1987 | | 480 | 10.16 | | 612 | 10.16 | | | | | | |

表 2-11(续)

| 河名 | 中运河 | | | 中运河 | | | | | | | | |
|---|---|---|---|---|---|---|---|---|---|---|---|---|
| 站名 | 皂河闸 | | | 宿迁闸 | | | | | | | | |
| 年份 | 最高水位/m | 最大流量/($m^3 \cdot s^{-1}$) | 出现日期(月.日) | 最高水位/m | 最大流量/($m^3 \cdot s^{-1}$) | 出现日期(月.日) | 最高水位/m | 最大流量/($m^3 \cdot s^{-1}$) | 出现日期(月.日) | 最高水位/m | 最大流量/($m^3 \cdot s^{-1}$) | 出现日期(月.日) |
| 1988 | | 23.9 | 8.16 | | 105 | 11.23 | | | | | | |
| 1989 | | 124 | 8.2 | | 134 | 6.15 | | | | | | |
| 1990 | | 516 | 8.6 | | 743 | 8.7 | | | | | | |
| 1991 | | 886 | 6.11 | | 836 | 6.13 | | | | | | |
| 1992 | | 58 | 8.22 | | 302 | 9.1 | | | | | | |
| 1993 | | 299 | 8.7 | | 340 | 11.16 | | | | | | |
| 1994 | | 722 | 9.6 | | 867 | 9.5 | | | | | | |
| 1995 | | 581 | 8.19 | | 594 | 9.11 | | | | | | |
| 1996 | | 279 | 8.4 | | 837 | 6.2 | | | | | | |
| 1997 | | 517 | 8.24 | | 509 | 8.25 | | | | | | |
| 1998 | | 640 | 8.5 | | 656 | 7.19 | | | | | | |
| 1999 | | 76.5 | 1.3 | | 79.3 | 4.4 | | | | | | |
| 2000 | | 708 | 7.22 | | 789 | 7.22 | | | | | | |
| 2001 | | 804 | 8.1 | | 776 | 8.1 | | | | | | |
| 2002 | | 21.6 | 5.26 | | 175 | 7.26 | | | | | | |
| 2003 | | 150 | 11.15 | | 366 | 7.2 | | | | | | |
| 2004 | | 392 | 7.26 | | 460 | 7.25 | | | | | | |
| 2005 | | 319 | 7.7 | | 403 | 7.11 | | | | | | |
| 2006 | | 146 | 8.14 | | 183 | 7.3 | | | | | | |

表 2-11(续)

| 河名 | 中运河 | | | 中运河 | | | | | | | | |
|---|---|---|---|---|---|---|---|---|---|---|---|---|
| 站名 | 皂河闸 | | | 宿迁闸 | | | | | | | | |
| 年份 | 最高水位/m | 最大流量/($m^3 \cdot s^{-1}$) | 出现日期(月.日) | 最高水位/m | 最大流量/($m^3 \cdot s^{-1}$) | 出现日期(月.日) | 最高水位/m | 最大流量/($m^3 \cdot s^{-1}$) | 出现日期(月.日) | 最高水位/m | 最大流量/($m^3 \cdot s^{-1}$) | 出现日期(月.日) |
| 2007 | | 469 | 7.4 | | 549 | 7.5 | | | | | | |
| 2008 | | 381 | 7.14 | | 448 | 7.14 | | | | | | |
| 2009 | | 425 | 7.21 | | 438 | 7.21 | | | | | | |
| 2010 | | 323 | 9.2 | | 380 | 9.3 | | | | | | |
| 2011 | | 360 | 12.13 | | 484 | 12.6 | | | | | | |
| 2012 | | 175 | 9.7 | | 267 | 9.13 | | | | | | |
| 2013 | | 229 | 7.20 | | 444 | 8.3 | | | | | | |
| 2014 | | 11.3 | 6.14 | | 114 | 10.28 | | | | | | |
| 2015 | | 7.85 | 6.18 | | 121 | 6.30 | | | | | | |
| 2016 | | 21.0 | 7.26 | | 219 | 7.26 | | | | | | |
| 2017 | | 391 | 8.2 | | 477 | 8.3 | | | | | | |
| 2018 | | 242 | 8.29 | | 386 | 8.16 | | | | | | |
| 历年最高(大) | | **1 240** | | | **1 040** | | | | | | | |
| 出现年份 | | 1974 | | | 1974 | | | | | | | |

注:加黑数值表示历年最大值。

**表 2-12　沂沭泗流域主要站最高水位、最大流量排序统计表**

| 沂河:临沂站 | | | | | 骆马湖:洋河滩站 | | | | |
|---|---|---|---|---|---|---|---|---|---|
| 排位 | 最高水位 /m | 出现时间 | 最大流量 /($m^3 \cdot s^{-1}$) | 出现时间 | 排位 | 最高水位 /m | 出现时间 | 最大流量 /($m^3 \cdot s^{-1}$) | 出现时间 |
| 1 | 65.65 | 1957.7.19 | 15 400 | 1957.7.19 | 1 | 25.47 | 1974.8.16 | 6 160 | 1974.8.16 |
| 2 | 65.17 | 1974.8.14 | 12 100 | 1960.8.17 | 2 | 23.87 | 1963.8.3 | 4 874 | 2018.8.20 |
| 3 | 64.63 | 1956.9.5 | 10 600 | 1974.8.14 | 3 | 23.67 | 1975.4.28 | 4 830 | 2008.7.26 |
| 4 | 64.46 | 1960.8.17 | 10 400 | 1956.9.6 | 4 | 23.66 | 1987.10.18，2001.8.4 | 4 550 | 1970.7.29 |
| 5 | 64.34 | 1993.8.5 | 9 090 | 1963.7.2 | 5 | 23.65 | 2012.9.7 | 4 320 | 1971.8.23 |
| 6 | 64.27 | 1963.7.20 | 8 140 | 1993.8.5 | 6 | 23.64 | 1995.11.7，2000.11.26 | 4 170 | 1963.7.22 |
| 7 | 64.07 | 1970.7.26，1991.7.25 | 8 050 | 2012.7.10 | 7 | 23.63 | 2011.12.8 | 3 930 | 1998.8.17 |
| 8 | 63.95 | 1953.8.4，1955.7.11 | 7 590 | 1991.7.25 | 8 | 23.58 | 2003.10.12 | 3 900 | 2007.7.6 |
| 9 | 63.85 | 1950.8.18 | 6 510 | 1997.8.2 | 9 | 23.56 | 1993.11.17 | 3 830 | 2005.9.22 |
| 10 | 63.75 | 1951.8.8 | 6 200 | 1955.7.11 | 10 | 23.55 | 1998.8.27 | 3 430 | 1979.7.19 |
| 新沂河:沭阳站 | | | | | 新沭河:新沭河闸站 | | | | |
| 排位 | 最高水位 /m | 出现时间 | 最大流量 /($m^3 \cdot s^{-1}$) | 出现时间 | 排位 | 最高水位 /m | 出现时间 | 最大流量 /($m^3 \cdot s^{-1}$) | 出现时间 |
| 1 | 10.76 | 1974.8.16 | 6 900 | 1974.8.16 | 1 | 56.51 | 1962.7.14 | 5 040 | 2018.8.20 |
| 2 | 10.71 | 2003.7.17 | 4 880 | 2003.7.17，1990.8.6 | 2 | 56.43 | 1957.7.11 | 4 250 | 1974.8.14 |
| 3 | 10.58 | 1990.8.6 | 4 840 | 1970.7.28 | 3 | 56.35 | 1956.9.5 | 3 040 | 1962.7.14 |
| 4 | 10.51 | 1998.8.15 | 4 760 | 2008.7.26 | 4 | 54.69 | 1974.8.14 | 2 950 | 1957.7.11 |

**表 2-12(续)**

| 沂河:沭阳站 | | | | | 新沭河:新沭河闸站 | | | | |
|---|---|---|---|---|---|---|---|---|---|
| 排位 | 最高水位/m | 出现时间 | 最大流量/($m^3 \cdot s^{-1}$) | 出现时间 | 排位 | 最高水位/m | 出现时间 | 最大流量/($m^3 \cdot s^{-1}$) | 出现时间 |
| 5 | 10.50 | 2008.7.26 | 4 620 | 1971.7.3 | 5 | 54.14 | 1970.7.23 | 2 550 | 1998.8.16 |
| 6 | 10.45 | 1993.8.6 | 4 560 | 1993.8.6 | 6 | 54.13 | 1963.7.20 | 2 530 | 1991.6.11 |
| 7 | 10.07 | 2005.9.23 | 4 310 | 2005.9.23 | 7 | 54.11 | 1960.8.18 | 2 430 | 1956.9.5 |
| 8 | 10.06 | 1991.7.17 | 4 220 | 1998.8.15 | 8 | 54.09 | 1995.9.10 | 1 980 | 2012.7.10 |
| 9 | 10.05 | 2007.7.7 | 4 150 | 1963.7.21 | 9 | 54.03 | 1953.7.27 | 1 920 | 1990.8.17 |
| 10 | 9.98 | 1970.7.28 | 4 000 | 1972.7.6 | 10 | 53.94 | 1991.6.11 | 1 840 | 1975.8.15 |
| 老沭河:人民胜利堰闸站 | | | | | 沭河:大官庄枢纽 | | | | |
| 排位 | 最高水位/m | 出现时间 | 最大流量/($m^3 \cdot s^{-1}$) | 出现时间 | 排位 | 最高水位/m | 出现时间 | 最大流量/($m^3 \cdot s^{-1}$) | 出现时间 |
| 1 | 54.32 | 1974.8.14 | 2 140 | 1962.7.14 | 1 | | | 5 400 | 1974.8.14 |
| 2 | 54.08 | 1995.9.10 | 1 960 | 1957.7.11 | 2 | | | 5 289 | 2018.8.20 |
| 3 | 53.99 | 1990.8.17 | 1 950 | 1956.9.5 | 3 | | | 5 180 | 1962.7.14 |
| 4 | 53.44 | 1988.7.17 | 1 500 | 1995.7.11 | 4 | | | 4 910 | 1957.7.11 |
| 5 | 53.40 | 1991.6.11 | 1 150 | 1974.8.14 | 5 | | | 4 380 | 1956.9.5 |
| 6 | 53.39 | 1984.7.28 | 1 110 | 1953.8.4 | 6 | | | 3 260 | 1991.6.11 |
| 7 | 53.18 | 1980.7.1,<br>1996.6.30 | 1 030 | 1970.7.23,<br>1990.8.17 | 7 | | | 2 860 | 2012.7.10 |
| 8 | 53.06 | 1978.8.17 | 920 | 1960.8.18 | 8 | | | 2 850 | 1990.8.17 |
| 9 | 52.96 | 1998.7.3 | 910 | 2012.7.9 | 9 | | | 2 800 | 1953.7.27 |
| 10 | 52.82 | 1982.7.14 | 892 | 1963.7.2 | 10 | | | 2 590 | 1997.8.21 |

表 2-12(续)

| 上级湖:南阳站 | | | | | 下级湖:微山站 | | | | |
|---|---|---|---|---|---|---|---|---|---|
| 排位 | 最高水位/m | 出现时间 | 最大流量/($m^3 \cdot s^{-1}$) | 出现时间 | 排位 | 最高水位/m | 出现时间 | 最大流量/($m^3 \cdot s^{-1}$) | 出现时间 |
| 1 | 36.48 | 1957.7.25 | 3 490 | 2018.8.20 | 1 | 36.29 | 1957.8.3 | 1 920 | 2005.10.1 |
| 2 | 36.08 | 1963.8.9 | 2 310 | 2004.8.31 | 2 | 34.68 | 1963.8.17 | 1 600 | 2007.7.2 |
| 3 | 35.89 | 1964.9.5 | 2 180 | 2005.9.20 | 3 | 34.66 | 1958.8.22 | 1 510 | 2018.8.20 |
| 4 | 35.58 | 1971.7.11 | 2 110 | 1978.7.14 | 4 | 34.07 | 1960.9.7 | 1 490 | 2010.9.10 |
| 5 | 35.54 | 1970.8.8 | 1 690 | 2010.7.19 | 5 | 33.88 | 1964.10.16 | 1 430 | 1964.9.25 |
| 6 | 35.35 | 2005.9.22 | 1 680 | 1993.8.8 | 6 | 33.83 | 1959.3.9 | 1 290 | 2003.9.5 |
| 7 | 35.33 | 1973.7.31 | 1 510 | 1969.9.30 | 7 | 33.80 | 1953.9.6 | 1 250 | 2006.7.7 |
| 8 | 35.28 | 2003.9.7 | 1 400 | 1991.7.25 | 8 | 33.58 | 1974.8.18 | 1 210 | 2008.7.24 |
| 9 | 35.26 | 1975.9.22 | 1 370 | 2007.8.2 | 9 | 33.46 | 1965.8.23 | 1 150 | 1971.7.15 |
| 10 | 35.22 | 1953.8.12 | 1 360 | 2006.7.7 | 10 | 33.44 | 2005.10.3 | 1 090 | 2004.9.3 |
| 中运河:运河站 | | | | | | | | | |
| 排位 | 最高水位/m | 出现时间 | 最大流量/($m^3 \cdot s^{-1}$) | 出现时间 | | | | | |
| 1 | 26.42 | 1974.8.15 | 3 790 | 1974.8.14 | | | | | |
| 2 | 25.62 | 1993.8.7 | 2 630 | 2005.10.1 | | | | | |
| 3 | 25.52 | 2005.10.1 | 2 620 | 1963.8.5 | | | | | |
| 4 | 25.39 | 1972.7.7 | 2 410 | 2008.7.25 | | | | | |
| 5 | 25.23 | 1998.8.15 | 2 390 | 1972.7.7 | | | | | |
| 6 | 25.19 | 2008.7.25 | 2 380 | 1971.7.1 | | | | | |
| 7 | 25.01 | 1990.8.16 | 1 850 | 2007.8.18 | | | | | |
| 8 | 24.98 | 1973.7.31 | 1 840 | 2018.8.21 | | | | | |

表 2-12(续)

| 上级湖:南阳站 | | | | | | | | | |
|---|---|---|---|---|---|---|---|---|---|
| 排位 | 最高水位/m | 出现时间 | 最大流量/($m^3 \cdot s^{-1}$) | 出现时间 | | | | | |
| 9 | 24.87 | 2003.8.31 | 1 740 | 1993.8.6，2003.9.5 | | | | | |
| 10 | 24.58 | 2007.7.6 | 1 730 | 2010.9.11，1998.8.15 | | | | | |

注:1. 洋河滩站最大流量为骆马湖最大出湖流量;2. 大官庄枢纽流量为新沭河闸与人民胜利堰闸合并最大流量;3. 新沭河闸上水位 1990 年及以前为新沭河大官庄站水位，人民胜利堰闸上水位 1994 年及以前为堰上水位;4. 南阳站、微山站最大流量分别为上级湖、下级湖最大出湖流量;5. 出现时间以年.月.日形式表示。

**表 2-13　沂沭泗流域主要站最低水位、最小流量排序统计表**

| 沂河:临沂站 | | | | | 骆马湖:洋河滩站 | | | | |
|---|---|---|---|---|---|---|---|---|---|
| 排位 | 最低水位 /m | 出现时间 | 最小流量 /($m^3 \cdot s^{-1}$) | 出现时间 | 排位 | 最低水位 /m | 出现时间 | 最小流量 /($m^3 \cdot s^{-1}$) | 出现时间 |
| 1 | 56.86 | 2010.5.3 | 0 | 1958.6.19，1960.3.13 | 1 | 15.69 | 1954.7.2 | | |
| 2 | 57.06 | 2013.3.4 | 0.03 | 1967.1.13 | 2 | 15.74 | 1955.7.3 | | |
| 3 | 57.07 | 2014.4.16 | 0.04 | 1989 年等 3 年 | 3 | (15.75) | 1957.7.2 | | |
| 4 | 57.13 | 2012.2.1 | 0.05 | 1990.1.1 | 4 | (16.58) | 1956.6.24 | | |
| 5 | 57.28 | 2006.12.11 | 0.06 | 1970.4.22，1977.6.29 | 5 | 16.72 | 1952.7.23 | | |
| 6 | 57.36 | 2009.1.26 | 0.07 | 1965.3.19，1997.2.28 | 6 | 17.61 | 1967.6.23 | | |
| 7 | 57.37 | 2008.12.26 | 0.09 | 1988.11.25 | 7 | 17.85 | 1978.7.1 | | |
| 8 | 57.40 | 2004.4.24 | 0.11 | 1966.11.3 | 8 | 18.16 | 1953.7.5 | | |
| 9 | 57.41 | 2007.2.10 | 0.12 | 2003.1.1 | 9 | (18.63) | 1962.5.30 | | |
| 10 | 57.45 | 2005.5.31 | 0.13 | 2002.12.6 | 10 | 19.10 | 1965.6.29 | | |
| 新沭河:新沭河闸(上)站 | | | | | 上级湖:南阳站 | | | | |
| 排位 | 最低水位 /m | 出现时间 | 最小流量 /($m^3 \cdot s^{-1}$) | 出现时间 | 排位 | 最低水位 /m | 出现时间 | 最小流量 /($m^3 \cdot s^{-1}$) | 出现时间 |
| 1 | 河干 | 1954 年等 40 年 | 0 | 1954 年等 55 年 | 1 | 湖干 | 1988 年等 7 年 | | |
| 2 | 46.70 | 1994.4.21 | 0.01 | 1964.4.2 | 2 | 31.56 | 1987.5.30 | | |
| 3 | 46.72 | 1995.5.16 | 0.05 | 1962.5.24 | 3 | 31.76 | 1992.7.10 | | |
| 4 | 46.78 | 1993.12.20 | 0.82 | 1956.2.28 | 4 | 32.07 | 1983.7.16 | | |
| 5 | 46.83 | 2014.5.14 | 1.40 | 1957.10.17 | 5 | 32.11 | 1982.7.3 | | |

表 2-13(续)

| 新沭河:新沭河闸(上)站 | | | | | 上级湖:南阳站 | | | | |
|---|---|---|---|---|---|---|---|---|---|
| 排位 | 最低水位 /m | 出现时间 | 最小流量 /($m^3 \cdot s^{-1}$) | 出现时间 | 排位 | 最低水位 /m | 出现时间 | 最小流量 /($m^3 \cdot s^{-1}$) | 出现时间 |
| 6 | 46.86 | 2010.5.15 | 1.92 | 1963.12.26 | 6 | 32.16 | 1986.7.27 | | |
| 7 | 46.87 | 2015.5.19 | 2.42 | 1959.6.1 | 7 | 32.19 | 2001.6.17 | | |
| 8 | 46.88 | 2012.11.12 | 3.22 | 1961.1.7 | 8 | 32.31 | 1981.7.5 | | |
| 9 | 46.91 | 2013.10.30 | 11.0 | 1953.9.1 | 9 | 32.32 | 1962.6.8 | | |
| 10 | 48.90 | 1960.4.18,<br>1970.1.16 | | | 10 | 32.36 | 1960.5.4 | | |
| 下级湖:微山站 | | | | | 中运河:运河站 | | | | |
| 排位 | 最低水位 /m | 出现时间 | 最小流量 /($m^3 \cdot s^{-1}$) | 出现时间 | 排位 | 最低水位 /m | 出现时间 | 最小流量 /($m^3 \cdot s^{-1}$) | 出现时间 |
| 1 | 湖干 | 2000.6.20 | | | 1 | 18.51 | 1978.6.30 | −112 | 2015.4.29 |
| 2 | 29.85 | 2002.8.25 | | | 2 | 18.73 | 1982.7.4 | −85.9 | 2013.10.26 |
| 3 | 30.34 | 1982.7.11 | | | 3 | 19.12 | 1981.6.23 | −77.2 | 1992.6.13 |
| 4 | 30.55 | 1978.6.2,<br>1989.11.9 | | | 4 | 19.38 | 1977.7.6 | −75.3 | 2014.6.13 |
| 5 | 30.56 | 2001.6.28 | | | 5 | 20.08 | 1992.7.10 | −71.1 | 1988.6.19 |
| 6 | 30.57 | 1990.1.6 | | | 6 | 20.11 | 1988.7.11 | −70.6 | 1986.6.7 |
| 7 | 30.59 | 1953.6.21 | | | 7 | 20.15 | 1999.8.25 | −55.2 | 1990.6.19 |
| 8 | 30.60 | 1952.11.8 | | | 8 | 20.23 | 1990.6.14 | −54.1 | 2012.6.24 |
| 9 | 30.62 | 2003.1.1 | | | 9 | 20.26 | 2000.6.24 | −52.5 | 1987.6.24 |
| 10 | 30.69 | 1981.8.24 | | | 10 | 20.31 | 2011.7.4 | −52.1 | 2010.6.25 |

注:出现时间以年.月.日形式表示。

### 表 2-14　南四湖、骆马湖和石梁河水库历年汛初、汛末水位统计表

单位：m

| 年份 | 上级湖：南阳站 | | 下级湖：微山站 | |
|---|---|---|---|---|
| | 6月1日水位 | 10月1日水位 | 6月1日水位 | 10月1日水位 |
| 1950 | | | | |
| 1951 | | | | |
| 1952 | | | | |
| 1953 | | | | |
| 1954 | | | | |
| 1955 | | | | |
| 1956 | | | | |
| 1957 | | | | |
| 1958 | | | | |
| 1959 | | | | |
| 1960 | | | | |
| 1961 | 33.15 | 33.73 | 31.75 | 32.86 |
| 1962 | 32.47 | 33.95 | 31.23 | 32.49 |
| 1963 | 33.55 | 34.29 | 31.87 | 33.39 |
| 1964 | 33.57 | 35.05 | 31.73 | 33.51 |
| 1965 | 33.51 | 34.33 | 31.49 | 32.41 |
| 1966 | 34.09 | 33.50 | 31.91 | 31.60 |
| 1967 | 32.93 | 34.63 | 31.05 | 33.10 |
| 1968 | 33.54 | 33.38 | 32.09 | 31.79 |
| 1969 | 33.82 | 34.74 | 31.58 | 33.02 |
| 1970 | 33.71 | 34.33 | 32.02 | 32.24 |
| 1971 | 33.98 | 34.24 | 31.82 | 32.58 |

表 2-14(续)

| 年份 | 上级湖:南阳站 | | 下级湖:微山站 | |
|---|---|---|---|---|
| | 6月1日水位 | 10月1日水位 | 6月1日水位 | 10月1日水位 |
| 1972 | 34.21 | 34.22 | 31.96 | 32.31 |
| 1973 | 33.93 | 34.16 | 32.10 | 32.54 |
| 1974 | 33.43 | 34.66 | 32.08 | 32.58 |
| 1975 | 33.72 | 34.85 | 32.22 | 33.03 |
| 1976 | 34.04 | 34.47 | 32.04 | 32.71 |
| 1977 | 33.63 | 34.24 | 31.79 | 31.23 |
| 1978 | 33.21 | 34.51 | 30.81 | 32.61 |
| 1979 | 33.93 | 34.58 | 31.95 | 32.87 |
| 1980 | 33.77 | 34.27 | 31.95 | 32.45 |
| 1981 | 32.64 | 34.09 | 31.20 | 31.03 |
| 1982 | 32.35 | 34.20 | 30.58 | 31.44 |
| 1983 | 33.16 | 34.11 | 31.50 | 31.14 |
| 1984 | 33.11 | 34.51 | 31.42 | 32.57 |
| 1985 | 34.26 | 34.53 | 32.47 | 32.25 |
| 1986 | 33.27 | 33.33 | 31.96 | 31.69 |
| 1987 | 31.62 | 33.29 | 31.60 | 31.24 |
| 1988 | 31.58 | 湖干 | 31.54 | 30.97 |
| 1989 | 31.57 | 32.32 | 31.12 | 30.73 |
| 1990 | 33.32 | 34.31 | 30.99 | 31.80 |
| 1991 | 33.72 | 33.94 | 32.21 | 32.32 |
| 1992 | 32.91 | 32.97 | 32.07 | 32.10 |
| 1993 | 33.25 | 34.52 | 31.80 | 32.47 |

表 2-14(续)

| 年份 | 上级湖:南阳站 | | 下级湖:微山站 | |
|---|---|---|---|---|
| | 6月1日水位 | 10月1日水位 | 6月1日水位 | 10月1日水位 |
| 1994 | 33.96 | 34.42 | 32.04 | 32.43 |
| 1995 | 33.65 | 34.42 | 32.26 | 32.56 |
| 1996 | 33.70 | 34.52 | 31.96 | 31.76 |
| 1997 | 34.22 | 33.10 | 32.20 | 31.17 |
| 1998 | 33.47 | 34.58 | 32.19 | 32.56 |
| 1999 | 33.97 | 33.60 | 32.01 | 30.83 |
| 2000 | 32.78 | 33.21 | 30.00 | 31.47 |
| 2001 | 33.03 | 33.55 | 31.26 | 31.73 |
| 2002 | 32.81 | 湖干 | 31.05 | 30.36 |
| 2003 | 湖干 | 34.72 | 31.21 | 33.31 |
| 2004 | 34.05 | 34.47 | 32.37 | 32.75 |
| 2005 | 34.19 | 35.01 | 31.07 | 33.38 |
| 2006 | 34.34 | 34.47 | 32.25 | 32.55 |
| 2007 | 34.14 | 34.48 | 32.03 | 32.68 |
| 2008 | 34.43 | 34.16 | 32.21 | 32.38 |
| 2009 | 34.18 | 34.30 | 32.12 | 32.57 |
| 2010 | 34.29 | 34.53 | 32.08 | 32.57 |
| 2011 | 34.00 | 34.53 | 31.81 | 32.56 |
| 2012 | 34.24 | 34.25 | 32.03 | 32.15 |
| 2013 | 33.92 | 33.87 | 32.03 | 32.16 |
| 2014 | 33.34 | 32.93 | 31.56 | 31.37 |
| 2015 | 33.31 | 33.06 | 31.40 | 31.24 |

**表 2-14(续)**

| 年份 | 上级湖:南阳站 | | 下级湖:微山站 | |
|---|---|---|---|---|
| | 6 月 1 日水位 | 10 月 1 日水位 | 6 月 1 日水位 | 10 月 1 日水位 |
| 2016 | 33.02 | 34.05 | 31.57 | 31.50 |
| 2017 | 34.20 | 34.40 | 31.74 | 32.71 |
| 2018 | 34.33 | 34.57 | 32.32 | 32.63 |
| 最高水位 | 34.43 | 35.05 | 32.47 | 33.51 |
| 出现年份 | 2008 | 1964 | 1985 | 1964 |
| 最低水位 | 湖干 | 湖干 | 30.00 | 30.73 |
| 出现年份 | 2003 | 1988 | 2000 | 1989 |
| 年份 | 骆马湖:洋河滩站 | | 石梁河水库 | |
| | 6 月 1 日水位 | 10 月 1 日水位 | 6 月 1 日水位 | 10 月 1 日水位 |
| 1950 | | | | |
| 1951 | | | | |
| 1952 | | | | |
| 1953 | | | | |
| 1954 | | | | |
| 1955 | | | | |
| 1956 | | | | |
| 1957 | | | | |
| 1958 | | | | |
| 1959 | 20.14 | 21.47 | | |
| 1960 | 20.52 | 20.30 | | |
| 1961 | 20.69 | 20.72 | 19.73 | 19.40 |
| 1962 | 18.98 | 20.36 | 15.99 | 19.07 |

**表 2-14(续)**

| 年份 | 骆马湖:洋河滩站 | | 石梁河水库 | |
|---|---|---|---|---|
| | 6 月 1 日水位 | 10 月 1 日水位 | 6 月 1 日水位 | 10 月 1 日水位 |
| 1963 | 21.38 | 20.71 | 19.64 | 20.58 |
| 1964 | 20.49 | 21.68 | 20.57 | 21.21 |
| 1965 | 19.60 | 21.49 | 18.90 | 21.41 |
| 1966 | 20.84 | 19.75 | 20.47 | 17.51 |
| 1967 | 18.31 | 22.18 | 15.97 | 21.75 |
| 1968 | 21.27 | 21.97 | 20.55 | 21.51 |
| 1969 | 21.78 | 22.61 | 21.54 | 22.62 |
| 1970 | 20.91 | 22.67 | 20.91 | 24.36 |
| 1971 | 21.89 | 23.12 | 22.47 | 25.03 |
| 1972 | 22.16 | 22.69 | 23.75 | 23.98 |
| 1973 | 22.77 | 22.98 | 22.57 | 22.35 |
| 1974 | 22.70 | 23.07 | 20.90 | 25.14 |
| 1975 | 22.42 | 22.67 | 24.59 | 25.32 |
| 1976 | 22.29 | 22.30 | 23.50 | 22.72 |
| 1977 | 21.37 | 22.65 | 21.00 | 17.61 |
| 1978 | 20.34 | 22.94 | 17.09 | 22.23 |
| 1979 | 22.04 | 22.92 | 21.49 | 21.85 |
| 1980 | 21.69 | 22.97 | 21.44 | 19.66 |
| 1981 | 20.85 | 20.36 | 19.12 | 15.49 |
| 1982 | 20.56 | 22.51 | 20.23 | 23.88 |
| 1983 | 21.76 | 21.95 | 22.51 | 18.65 |
| 1984 | 21.88 | 23.12 | 20.49 | 21.66 |

**表 2-14(续)**

| 年份 | 骆马湖:洋河滩站 | | 石梁河水库 | |
|---|---|---|---|---|
| | 6月1日水位 | 10月1日水位 | 6月1日水位 | 10月1日水位 |
| 1985 | 22.96 | 22.61 | 23.22 | 22.49 |
| 1986 | 22.05 | 22.98 | 21.44 | 21.96 |
| 1987 | 22.15 | 22.92 | 21.91 | 21.92 |
| 1988 | 22.51 | 22.30 | 21.84 | 19.79 |
| 1989 | 21.69 | 20.97 | 21.60 | 18.50 |
| 1990 | 21.42 | 23.16 | 22.31 | 22.50 |
| 1991 | 23.07 | 22.68 | 23.82 | 20.77 |
| 1992 | 22.33 | 22.96 | 22.39 | 24.12 |
| 1993 | 22.04 | 23.15 | 22.78 | 24.05 |
| 1994 | 22.30 | 23.00 | 24.08 | 24.65 |
| 1995 | 22.03 | 23.16 | 24.07 | 24.58 |
| 1996 | 21.95 | 22.69 | 23.81 | 23.48 |
| 1997 | 22.72 | 22.46 | 23.33 | 23.89 |
| 1998 | 23.27 | 23.25 | 24.58 | 23.23 |
| 1999 | 21.78 | 20.82 | 22.63 | 20.84 |
| 2000 | 21.69 | 23.05 | 21.07 | 24.65 |
| 2001 | 22.08 | 22.56 | 22.48 | 22.97 |
| 2002 | 22.79 | 21.49 | 24.20 | 18.64 |
| 2003 | 22.64 | 23.28 | 23.40 | 24.65 |
| 2004 | 22.73 | 23.25 | 23.68 | 24.67 |
| 2005 | 22.40 | 22.34 | 23.10 | 25.53 |
| 2006 | 22.38 | 22.37 | 23.79 | 23.54 |

**表 2-14(续)**

| 年份 | 骆马湖:洋河滩站 | | 石梁河水库 | |
|---|---|---|---|---|
| | 6 月 1 日水位 | 10 月 1 日水位 | 6 月 1 日水位 | 10 月 1 日水位 |
| 2007 | 22.16 | 22.98 | 24.07 | 25.16 |
| 2008 | 22.33 | 23.35 | 24.93 | 24.69 |
| 2009 | 22.76 | 22.96 | 23.86 | 24.3 |
| 2010 | 22.69 | 22.93 | 24.50 | 24.98 |
| 2011 | 21.67 | 23.27 | 24.49 | 24.97 |
| 2012 | 22.43 | 23.17 | 24.58 | 24.63 |
| 2013 | 23.32 | 23.15 | 24.92 | 24.83 |
| 2014 | 22.78 | 22.20 | 24.19 | 22.61 |
| 2015 | 22.74 | 21.70 | 24.17 | 20.29 |
| 2016 | 22.76 | 21.24 | 23.22 | 21.93 |
| 2017 | 22.72 | 23.26 | 24.27 | 24.18 |
| 2018 | 22.42 | 23.23 | 24.34 | 24.50 |
| 最高水位 | 23.32 | 23.35 | 24.93 | 25.53 |
| 出现年份 | 2013 | 2008 | 2008 | 2005 |
| 最低水位 | 18.31 | 19.75 | 15.97 | 15.49 |
| 出现年份 | 1967 | 1966 | 1967 | 1981 |

**表 2-15　沂沭泗流域主要控制站洪水频率计算成果表**

| 河湖名称 | 控制站 | 流域面积/km² | 统计年份 | 年数 | 洪水要素 | 特征值 均值 | 特征值 $C_v$ | 特征值 $C_s/C_v$ | 各种重现期的洪峰/(m³·s⁻¹)、洪量/亿 m³ 1 000 年 | 500 年 | 200 年 | 100 年 | 50 年 | 20 年 | 10 年 | 5 年 | 3 年 | 备注 |
|---|---|---|---|---|---|---|---|---|---|---|---|---|---|---|---|---|---|---|
| 沂河 | 临沂 | 10 100 | 1730 年、1912 年、1914 年、1916—1921 年、1923 年、1924 年、1931—1937 年、1939 年、1947 年、1950—1975 年 | 46 | $Q_m$ | 5 800 | 0.95 | 2.5 | 41 100 | 36 700 | 31 000 | 26 700 | 22 400 | 16 800 | 12 800 | 8 760 | 6 200 | |
| | | | | | $Q_m$ | | | | | | | (18 690) | (15 680) | (11 760) | (8 960) | (6 132) | (4 340) | 上游水库削峰后的数值 |
| | | | | 46 | $W_{3d}$ | 5.5 | 0.85 | 2.5 | 33.9 | 30.5 | 26 | 22.7 | 19.2 | 14.8 | 11.6 | 8.25 | 6.0 | |
| | | | | 46 | $W_{7d}$ | 9.2 | 0.85 | 2.5 | 56.8 | 51.1 | 43.5 | 37.9 | 32.2 | 24.8 | 19.3 | 13.8 | 10.0 | |
| | | | | 46 | $W_{15d}$ | 13 | 0.8 | 2.5 | 74.5 | 67.3 | 57.7 | 50.6 | 43.3 | 33.8 | 26.5 | 19.4 | 14.0 | |
| | | | | 46 | $W_{30d}$ | 17.8 | 0.8 | 2.5 | 102 | 92.2 | 79 | 69.2 | 59.3 | 46.3 | 36.3 | 26.5 | 19.4 | |
| 沭河 | 大官庄 | 4 350 | 1730 年、1881 年、1918—1921 年、1923—1924 年、1926 年、1931—1937 年、1939 年、1947 年、1950—1975 年 | 44 | $Q_m$ | 2 700 | 0.85 | 2.5 | 16 600 | 15 000 | 12 800 | 11 100 | 9 450 | 7 290 | 5 670 | 4 050 | 2 900 | |
| | | | | | $Q_m$ | | | | | | | (8 760) | (7 450) | (5 750) | (4 500) | (3 190) | (2 290) | 上游水库削峰后的数值 |
| | | | | 44 | $W_{3d}$ | 2.7 | 0.85 | 2.5 | 16.6 | 15 | 12.8 | 11.1 | 9.45 | 7.3 | 5.7 | 4.0 | 2.9 | |
| | | | | 44 | $W_{7d}$ | 4 | 0.85 | 2.5 | 24.7 | 22.2 | 18.9 | 16.5 | 14.0 | 10.8 | 8.4 | 6.0 | 4.4 | |
| | | | | 44 | $W_{15d}$ | 5.5 | 0.8 | 2.5 | 31.5 | 28.5 | 24.4 | 21.4 | 18.3 | 14.3 | 11.2 | 8.2 | 6.0 | |
| | | | | 44 | $W_{30d}$ | 7 | 0.8 | 2.5 | 40.1 | 36.3 | 31 | 27.2 | 23.3 | 18.2 | 14.3 | 10.4 | 7.5 | |
| 南四湖 | 韩庄以上 | 31 368 | 1703 年、1730 年、1921 年、1926 年、1931 年、1937 年、1951—1974 年 | 30 | $W_{7d}$ | 17 | 0.8 | 2.5 | 97.4 | 88.1 | 75.5 | 66.1 | 56.6 | 44.2 | 34.7 | 25.3 | 18.0 | |
| | | | | 30 | $W_{15d}$ | 27.3 | 0.8 | 2.5 | 156.4 | 141.2 | 121.2 | 105.9 | 90.6 | 71.0 | 55.7 | 40.7 | 30.0 | |
| | | | | 30 | $W_{30d}$ | 31 | 0.8 | 2.5 | 178 | 161 | 138 | 121.0 | 103.0 | 80.6 | 63.2 | 46.2 | 36.0 | |
| 骆马湖 | 嶂山以上 | 55 773 | 1951—1974 年 | 24 | $W_{7d}$ | 32 | 0.75 | 2.5 | 170 | 154 | 133 | 117.0 | 101.0 | 79.7 | 63.4 | 47.0 | 34.0 | |
| | | | | 24 | $W_{15d}$ | 55 | 0.75 | 2.5 | 292 | 265 | 229 | 201.0 | 173.0 | 137.0 | 109.0 | 80.8 | 63.0 | |
| | | | | 24 | $W_{30d}$ | 71 | 0.7 | 2.5 | 348 | 318 | 276 | 244.0 | 212.0 | 170.0 | 136.0 | 104.0 | 79.0 | |

说明：该计算成果于 1982 年由水利部审定，括号内数值为编者按上游水库削峰后计算。

注：$Q_m$ 表示洪峰流量，$W_{3d}$表示 3 天洪量，$W_{7d}$表示 7 天洪量，$W_{15d}$表示 15 天洪量，$W_{30d}$表示 30 天洪量。

**表 2-16　沂沭泗流域主要站历史大洪水组成分析表**

| 洪水起讫日期（年.月.日—月.日） | 沂河临沂站 | | 上游干支流 | | | | | | | |
|---|---|---|---|---|---|---|---|---|---|---|
| | | | 沂河葛沟站 | | 祊河角沂站 | | 蒙河高里站 | | 区间 | |
| | 洪量天数 | 洪量/亿 $m^3$ | 洪量/亿 $m^3$ | 占总量/% | 洪量/亿 $m^3$ | 占总量/% | 洪量/亿 $m^3$ | 占总量/% | 洪量/亿 $m^3$ | 占总量/% |
| 1955.7.10—7.18 | 9 | 7.44 | 3.2 | 43 | 3.27 | 44 | | | | |
| 1956.9.4—9.13 | 10 | 9.46 | 4.52 | 48 | 3.8 | 40 | | | | |
| 1957.7.17—7.24 | 8 | 17.85 | 10.13 | 57 | 5.5 | 31 | | | | |
| 1960.8.17—8.21 | 5 | 6.86 | 3.41 | 50 | 1.94 | 28 | 0.7 | 10 | | |
| 1963.7.19—7.22 | 4 | 9.36 | 5.96 | 64 | 2.55 | 27 | 0.63 | 7 | | |
| 1970.7.23—7.29 | 7 | 12.83 | 5.83 | 45 | 5.2 | 41 | | | | |
| 1974.8.10—8.23 | 13 | 19.55 | 10.55 | 54 | 5.28 | 27 | 1.42 | 7 | | |
| 1991.7.8—8.21 | 45 | 21.6 | 10.2 | 47.2 | 10 | 46.3 | 2 | 9.3 | | |
| 2003.8.23—9.11 | 20 | 12.2 | 4.67 | 38.3 | 5.63 | 46.1 | 0.305 | 2.5 | 1.56 | 12.8 |
| 2012.7.1—7.15 | 15 | 9.06 | 2 | 22.1 | 3.65 | 40.3 | 0.58 | 6.4 | 2.86 | 31.6 |
| 洪水起讫日期（年.月.日—月.日） | 新沂河沭阳站 | | 上游干支流 | | | | | | | |
| | | | 新沂河嶂山闸站 | | 老沭河新安镇站 | | 新开河桐槐树站 | | 区间 | |
| | 洪量天数 | 洪量/亿 $m^3$ | 洪量/亿 $m^3$ | 占总量/% | 洪量/亿 $m^3$ | 占总量/% | 洪量/亿 $m^3$ | 占总量/% | 洪量/亿 $m^3$ | 占总量/% |
| 1963.7.20—8.18 | 30 | 72.8 | 52.4 | 72 | 8.6 | 12 | | | | |
| 1963.7.12—9.9 | 60 | 121.3 | 90.9 | 75 | 10.5 | 9 | | | | |
| 1970.7.23—8.21 | 30 | 53.5 | 43.5 | 81 | 8.6 | 16 | | | | |
| 1970.7.19—8.5 | 17 | 38.3 | 26.6 | 69 | 8.1 | 21 | | | | |
| 1974.7.26—8.24 | 30 | 78.5 | 59.5 | 76 | 11.5 | 15 | | | | |
| 1991.7.10—8.8 | 30 | 39.5 | 30.2 | 76.5 | 4 | 10.1 | 1.2 | 3 | 4.1 | 10.4 |

表 2-16(续)

| 洪水起讫日期（年.月.日—月.日） | 新沂河沭阳站 | | 上游干支流 | | | | | | | |
|---|---|---|---|---|---|---|---|---|---|---|
| | | | 新沂河嶂山闸站 | | 老沭河新安镇站 | | 新开河桐槐树站 | | 区间 | |
| | 洪量天数 | 洪量/亿 m³ | 洪量/亿 m³ | 占总量/% | 洪量/亿 m³ | 占总量/% | 洪量/亿 m³ | 占总量/% | 洪量/亿 m³ | 占总量/% |
| 2003.6.28—8.5 | 39 | 47.1 | 17.6 | 37.4 | 1.5 | 3.2 | 2.3 | 4.9 | 25.6 | 54.4 |
| 2003.8.24—9.25 | 33 | 46.7 | 41.1 | 88.0 | 3.9 | 8.4 | 1.4 | 3.0 | 0.3 | 0.6 |
| 2007.8.3—8.30 | 28 | 37.4 | 39.8 | 106.4 | 3.4 | 9.1 | 0.6 | 1.6 | −6.4 | −17.1 |

| 洪水起讫日期（年.月.日—月.日） | 中运河运河镇站 | | 上游干支流 | | | | | | | |
|---|---|---|---|---|---|---|---|---|---|---|
| | | | 不牢河蔺家坝闸站 | | 伊家河新河头闸站 | | 韩庄运河韩庄站 | | 分洪道林子站(区间) | |
| | 洪量天数 | 洪量/亿 m³ | 洪量/亿 m³ | 占总量/% | 洪量/亿 m³ | 占总量/% | 洪量/亿 m³ | 占总量/% | 洪量/亿 m³ | 占总量/% |
| 1957.7.16—8.14 | 30 | 33.1 | 11.7 | 35 | 1 | 3 | 8.8 | 27 | | |
| 1957.7.15—9.12 | 60 | 54.9 | 21 | 38 | 1.9 | 3 | 17.8 | 32 | | |
| 1963.7.30—8.28 | 30 | 41.5 | 4.5 | 11 | 7.5 | 18 | 8.8 | 21 | 8.6 | 21 |
| 1963.7.20—9.17 | 60 | 69.2 | 11.2 | 16 | 14.3 | 21 | 16.2 | 23 | 13.8 | 20 |
| 1974.8.2—8.31 | 30 | 34.1 | 0.1 | 0.3 | 2.1 | 6 | 11.5 | 34 | 9.8 | 29 |
| 1974.8.7—8.18 | 12 | 17.7 | 0 | 0 | 0.37 | 2 | 3.8 | 21 | 7.1 | 40 |
| 1991.7.15—8.13 | 30 | 13.5 | | | | | 3.5 | 25.9 | 10 | 74.1 |
| 2003.8.22—9.24 | 34 | 27.1 | | | | | 13.7 | 50.6 | 13.4 | 49.4 |
| 2007.8.9—8.30 | 22 | 22.4 | | | | | 13.9 | 62.1 | 8.5 | 37.9 |

**表 2-16(续)**

| 洪水日期(年.月.日 时)或洪水起讫日期(年.月.日—月.日) | 骆马湖 | | 上游干支流相应洪峰 | | | | | | | |
|---|---|---|---|---|---|---|---|---|---|---|
| | | | 中运河运河镇站 | | 沂河港上站 | | 房亭河土山站 | | 区间 | |
| | 入湖洪峰流量/($m^3 \cdot s^{-1}$) | 洪量/亿 $m^3$ | 洪峰流量/($m^3 \cdot s^{-1}$)或洪量/亿 $m^3$ | 占总量/% | 洪峰流量/($m^3 \cdot s^{-1}$)或洪量/亿 $m^3$ | 占总量/% | 洪峰流量/($m^3 \cdot s^{-1}$)或洪量/亿 $m^3$ | 占总量/% | 洪峰流量/($m^3 \cdot s^{-1}$)或洪量/亿 $m^3$ | 占总量/% |
| 1957.7.20 6:00 | 8 344 | | 1 520 | 18.2 | 6 420 | 76.9 | 137 | 1.6 | | |
| 1963.7.20 18:00 | 7 363 | | 1 730 | 23.5 | 5 430 | 73.7 | 387 | 5.3 | | |
| 1974.8.14 20:00 | 12 350 | | 3 790 | 30.7 | 6 380 | 51.7 | 428 | 3.5 | | |
| 1991.7.13—8.11(30 天) | | 32.6 | 13.4 | 41.1 | 21.3 | 65.3 | | | | |
| 2003.7.11—7.26(16 天) | | 18 | 8.8 | 48.9 | 5.7 | 31.7 | 1.1 | 6.1 | 2.4 | 13.3 |
| 2003.8.22—9.24(34 天) | | 47.7 | 25.9 | 54.3 | 17.6 | 36.9 | 0.7 | 1.5 | 3.5 | 7.3 |
| 2007.8.1—8.30(30 天) | | 44.3 | 26.8 | 60.5 | 9.7 | 21.9 | 0.9 | 2.0 | 6.9 | 15.6 |
| 2012.7.2—7.18(17 天) | | 11.9 | 2.8 | 23.5 | 7.4 | 62.2 | 0.5 | 4.2 | 1.2 | 10.1 |

注:1957 年、1963 年骆马湖洪峰流量是采用上游诸站瞬时洪峰流量位移累加值,1974 年采用时段长为 3 小时的实测反推成果。

# 第三部分　旱情与水资源

## 一、旱情

### （一）干旱成因

沂沭泗流域属暖温带、半湿润季风气候区，降水的时空分布极不均匀。干旱的根本原因是气象因素造成降水偏少，大致有以下四个方面：一是当年大气环流异常，汛前期，西风带冷空气较强，汛中、后期，欧亚环流以纬向环流为主，冷空气偏弱，冷暖空气在沂沭泗流域交汇的机会少。二是东亚季风异常，西南季风汛前期偏弱，水汽输送位置偏南，汛后期季风爆发性增强，暖湿气流穿过沂沭泗流域，被输送到华北到东北地区。三是赤道辐合带异常，汛中、后期，热带气旋异常活跃，辐合带位置偏北，副热带高压不稳定。四是赤道太平洋海温异常，研究表明，典型旱年赤道太平洋海温自春季至夏季处于厄尔尼诺衰减阶段，或是拉尼娜衰减阶段。

### （二）历史旱灾

沂沭泗流域历史上的旱灾，据流域内各种文献和地方志记载，不仅频率高，受灾范围惨重。据 1957 年沂沭泗流域规划统计，公元 960—1948 年的 989 年中，共发生旱灾 103 次。清光绪元年、二年（1875—1876 年）部分州县连续两年大旱，据《峄县志》记载，“秋虫败稼，人多饿死，道馑相望，树皮草根食殆尽”。

### （三）现代旱灾

新中国成立后，据苏鲁两省各市、县（1949—1984 年）36 年的旱灾统计，多年平均成灾面积 577 万亩，占苏鲁两省耕地面积的 10.6%。成灾面积超过 1 000 万亩的有 1959 年、1962 年、1966 年、1977 年、1978 年、1983 年 6 个大旱年，平均约 6 年一次，其中 1966 年、1977 年分别达 1 485 万亩、1 502 万亩，各占耕地的 27.3%、27.6%。1959 年、1960 年、1961 年连续 3 年皆春旱少雨，其中 1959 年旱灾最重，1961 年次之。接着，1966 年、1967 年、1968 年又连续 3 年春旱，其中 1966 年旱灾最重，1968 年次之。之后，1976 年、1977 年、1978 年又连续 3 年春旱成灾，其中 1977 年最重，受灾面积达1 502万亩，1978 年次之，达 1 067 万亩。1981 年、1983 年又 2 年干旱，灾情均较严重，但是灌溉工程发挥了作用，灾情有所减小。

2002 年南四湖流域大旱，流域降水较常年偏少一半，旱情达百年一遇，南四湖干涸，济宁、菏泽、徐州受旱面积 1 600 余万亩，工农业生产损失严重。2002 年 12 月 8 日开始实施南四湖应急生态补水，至 2003 年 3 月 4 日结束，引调江水 1.1 亿 $m^3$（其中入上级湖 0.5 亿 $m^3$），湖内水面面积增加 110 $km^2$，避免了生态系统遭受毁灭性破坏，对保全湖区物种、恢复湖区生态系统具有极其重要的作用，生态效益显著。

2014年,南四湖流域再次出现严重干旱,南四湖上、下级湖均出现自2003年以来的最低水位,湖水位在死水位以下持续时间长达100余天。其中,南四湖下级湖最低水位低于最低生态水位0.3 m。持续的旱情造成南四湖内河断流、航运中断,水环境和水生态遭到严重破坏,交通、养殖业损失巨大,是继2002年特大干旱之后出现的又一次严重旱情。2014年8月1日,国家防汛抗旱总指挥部决定利用南水北调东线一期工程,从长江向南四湖下级湖实施生态应急调水。蔺家坝泵站于8月5日开机,至8月24日关机,应急调水历时20天,调入南四湖下级湖水量8 069万$m^3$,水质达到Ⅲ类标准。南四湖生态应急调水在较短时间内抬升了湖区水位、扩大了水面面积、增加了水资源总量,基本满足湖内生态用水,及时缓解了因干旱造成的生态、航运、养殖等出现的严重问题,避免了生物链的断裂,具有十分显著的经济效益、社会效益和生态环境效益。

#### (四) 分布特征

从沂沭泗流域干旱的时空分布特征分析,干旱主要有以下四种类型:① 典型大旱年。汛期或农业灌溉期降水偏少,如1978年、1988年、2002年等,年内冬春季或秋季也出现旱情,导致连旱发生,汛期湖泊、水库蓄水不足,秋、冬季节河道干涸,水资源短缺严重。② 连年干旱。流域性大旱连旱现象也较突出,如1976—1978年,1986—1989年,1999—2002年等。这种连旱情况不同于典型大旱年,各年降水都偏少,其中有一年干旱特别严重,导致连续3~4年出现旱灾。③ 连季干旱。这种干旱往往是典型干旱年的前奏,由于季风的原因,秋、冬季节降水少,容易出现季节性干旱,如果春季降水持续偏少,则导致连季干旱,如1981年9月—1982年4月、2001年9月—2002年4月淮河流域出现的大旱。④ 区域性大旱。这种类型干旱出现较多,全流域均可发生,流域的西北部,特别是山东的菏泽地区是区域性干旱的高发地区。如2002年南四湖流域发生特大干旱,汛期降水比常年偏少近6成,全年降水偏少4成,导致南四湖几近干涸,出现了严重的水生态危机,不得不进行应急生态补水。

### 二、旱情指标与等级

#### (一) 概述

沂沭泗流域的旱情以农业旱情为主,绝大部分地区为雨养农业区,苏北局部地区及南四湖周边少部分地区为灌溉农业区(水田)。适用的旱情指标包括土壤相对湿度、降水量距平百分率、连续无雨日数、作物缺水率、断水天数等。因作物缺水率需要作物实际需水量、同期可用或实际提供的灌溉水量作为参数进行计算,业务应用难度较大,暂时不做计算,其他各种指标适用范围应符合表3-1的规定。

**表3-1　适用的旱情指标**

<table>
<tr><td>农业类别</td><td>雨养农业区</td><td colspan="2">灌溉农业区</td></tr>
<tr><td rowspan="2">适用指标</td><td rowspan="2">土壤相对湿度,<br>降水量距平百分率,<br>连续无雨日数</td><td>水浇地</td><td>水田</td></tr>
<tr><td>土壤相对湿度<br>(作物缺水率)</td><td>断水天数<br>(作物缺水率)</td></tr>
</table>

（二）旱情指标与等级

沂沭泗流域干旱的等级采用《旱情等级标准》（SL 424—2008）中规定的旱情等级，即轻度干旱、中度干旱、严重干旱、特大干旱四个等级。

1. 土壤相对湿度

土壤相对湿度是指土壤含水量占田间持水量的比值，即：

$$W=\frac{\theta}{F_c}\times 100\% \tag{3-1}$$

式中　$W$——土壤相对湿度，%；

$\theta$——土壤平均含水量，%；

$F_c$——土壤平均田间持水量，%。

宜采用 0～40 cm 深度的土壤相对湿度评估农业旱情，旱情等级划分见表 3-2。

**表 3-2　旱情等级划分(一)**

| 旱情等级 | 轻度干旱 | 中度干旱 | 严重干旱 | 特大干旱 |
|---|---|---|---|---|
| 土壤相对湿度 $W$/% | $50<W\leqslant 60$ | $40<W\leqslant 50$ | $30<W\leqslant 40$ | $W\leqslant 30$ |

2. 降水量距平百分率

降水量距平百分率是指某一时段内降水量与多年同期平均降水量之差占多年平均降水量的比值，即：

$$D_P=\frac{P-\bar{P}}{\bar{P}}\times 100\% \tag{3-2}$$

式中　$D_P$——计算期内降水量距平百分率，%；

$P$——计算期内降水量，mm；

$\bar{P}$——计算期内多年平均降水量，mm，宜采用近 30 年的平均值。

采用降水量距平百分率评估农业旱情，旱情等级划分见表 3-3。

**表 3-3　旱情等级划分(二)**

| 旱情等级 | 降水量距平百分率 $D_P$/% | | |
|---|---|---|---|
| | 月尺度 | 季尺度 | 年尺度 |
| 轻度干旱 | $-60<D_P\leqslant -40$ | $-50<D_P\leqslant -25$ | $-30<D_P\leqslant -15$ |
| 中度干旱 | $-80<D_P\leqslant -60$ | $-70<D_P\leqslant -50$ | $-40<D_P\leqslant -30$ |
| 严重干旱 | $-95<D_P\leqslant -80$ | $-80<D_P\leqslant -70$ | $-45<D_P\leqslant -40$ |
| 特大干旱 | $D_P\leqslant -95$ | $D_P\leqslant -80$ | $D_P\leqslant -45$ |

3. 连续无雨日数

连续无雨日数是指在作物生长期内连续无有效降雨的天数。沂沭泗流域连续无雨日计算标准为：春季（3—5 月）、秋季（9—11 月）和冬季（12 月至次年 2 月），日雨量小于 3 mm 的降雨日视为无雨日；夏季（6—8 月），日雨量小于 5 mm 的降雨日视为无雨日。

采用连续无雨日数作为评估农业旱情,旱情等级划分见表 3-4。

**表 3-4　旱情等级划分(三)**

| 季节 | 地域 | 不同旱情等级的连续无雨日数/d | | | |
|---|---|---|---|---|---|
| | | 轻度干旱 | 中度干旱 | 严重干旱 | 特大干旱 |
| 春季(3 月至 5 月),秋季(9 月至 11 月) | 北方 | 15～30 | 31～50 | 51～75 | >75 |
| | 南方 | 10～20 | 21～45 | 46～60 | >60 |
| 夏季(6 月至 8 月) | 北方 | 10～20 | 21～30 | 31～50 | >50 |
| | 南方 | 5～10 | 11～15 | 16～30 | >30 |
| 冬季(12 月至次年 2 月) | 北方 | 20～30 | 31～60 | 61～80 | >80 |
| | 南方 | 15～25 | 26～45 | 46～70 | >70 |

沂沭泗流域每年的连续无雨日最长时间段主要集中在夏季之前和之后,通过绘制干旱年份的日雨量柱状图,确定引起干旱的少雨时段。有些年份春夏干旱后、夏季降水偏少、接着又是夏末秋冬连续少雨,这时就将干旱连续无雨日分成两个时间段计算。如 1959 年春、夏季少雨引起的干旱,后又夏季、秋季连旱;1978 年春夏后,接着夏秋连旱;1988 年冬春干旱,春夏少雨,秋种连续无雨;1999 年汛前干旱少雨,夏秋高温少雨;2001 年春夏干旱、秋冬连旱。

4. 断水天数

断水天数是指在水稻生长期内,水田无可见水面持续天数。采用断水天数作为旱情评估指标,旱情等级划分见表 3-5。

**表 3-5　旱情等级划分(四)**

| 旱情等级 | | | 轻度干旱 | 中度干旱 | 严重干旱 | 特大干旱 |
|---|---|---|---|---|---|---|
| 断水天数 | 南方 | 春、秋季 | 7～10 | 11～20 | 21～30 | >30 |
| | | 夏季 | 5～7 | 8～12 | 13～20 | >20 |
| | 北方 | | 7～10 | 11～15 | 16～25 | >25 |

(三) 区域农业旱情指标与等级

区域农业旱情评估采用区域农业旱情指数法,计算公式如下:

$$I_a = \sum_{i=1}^{4} A_i B_i \tag{3-3}$$

式中　$I_a$——区域农业旱情指数(指数区间为 0～4);

$i$——农作物旱情等级($i$=1、2、3、4 依次代表轻度、中度、严重和特大干旱);

$A_i$——某一旱情等级农作物面积与耕地总面积之比,%;

$B_i$——不同旱情等级的权重系数($B_1=1$、$B_2=2$、$B_3=3$、$B_4=4$,依次代表轻度、中度、严重和特大干旱),见表 3-6。

表 3-6　区域农业旱情指数

| 行政区级别 | 不同旱情等级的区域农业旱情指数 $I_a$ | | | |
|---|---|---|---|---|
| | 轻度干旱 | 中度干旱 | 严重干旱 | 特大干旱 |
| 省 | $0.1 \leqslant I_a < 0.5$ | $0.5 \leqslant I_a < 0.9$ | $0.9 \leqslant I_a < 1.5$ | $1.5 \leqslant I_a \leqslant 4$ |
| 市 | $0.1 \leqslant I_a < 0.6$ | $0.6 \leqslant I_a < 1.2$ | $1.2 \leqslant I_a < 2.1$ | $2.1 \leqslant I_a \leqslant 4$ |
| 县 | $0.1 \leqslant I_a < 0.7$ | $0.7 \leqslant I_a < 1.2$ | $1.2 \leqslant I_a < 2.2$ | $2.2 \leqslant I_a \leqslant 4$ |

注：沂沭泗流域的总面积不大，可采用省级指标。

## 三、水资源量

### （一）水资源总量及可利用量

据测算，沂沭泗流域多年平均水资源总量为 235.31 亿 $m^3$，为我国水资源相对短缺的地区之一。

### （二）引黄水量

根据《淮河流域防汛抗旱水情手册》，沂沭泗流域 1980～2000 年多年平均引黄水量为 13.4 亿 $m^3$，主要分布在南四湖湖西。

## 四、其他表

与本部分内容相关的其他表详见表 3-7～表 3-12。

**表 3-7 沂沭泗流域水资源分区历年各月降水量统计表**

单位：mm

南四湖湖西区

| 年份 | 1月 | 2月 | 3月 | 4月 | 5月 | 6月 | 7月 | 8月 | 9月 | 10月 | 11月 | 12月 | 6—9月 | 全年 |
|---|---|---|---|---|---|---|---|---|---|---|---|---|---|---|
| 1953 | 0 | 8 | 16 | 14 | 17 | 43 | 180 | 175 | 8 | 27 | 23 | 11 | 406 | 522 |
| 1954 | 18 | 28 | 4 | 37 | 86 | 86 | 90 | 200 | 69 | 66 | 49 | 27 | 445 | 760 |
| 1955 | 1 | 5 | 14 | 24 | 22 | 9 | 222 | 126 | 158 | 12 | 2 | 16 | 515 | 611 |
| 1956 | 12 | 1 | 33 | 46 | 27 | 270 | 47 | 184 | 31 | 30 | 1 | 3 | 532 | 685 |
| 1957 | 35 | 5 | 6 | 62 | 33 | 96 | 549 | 38 | 3 | 27 | 22 | 13 | 686 | 889 |
| 1958 | 19 | 0 | 37 | 60 | 48 | 164 | 219 | 191 | 20 | 64 | 58 | 17 | 594 | 897 |
| 1959 | 10 | 11 | 50 | 14 | 60 | 126 | 95 | 86 | 34 | 30 | 39 | 28 | 341 | 583 |
| 1960 | 3 | 0 | 18 | 16 | 27 | 90 | 284 | 117 | 107 | 17 | 24 | 4 | 598 | 707 |
| 1961 | 2 | 4 | 25 | 29 | 57 | 179 | 115 | 146 | 83 | 26 | 32 | 9 | 523 | 707 |
| 1962 | 0 | 18 | 0 | 25 | 9 | 84 | 166 | 266 | 69 | 52 | 89 | 10 | 585 | 788 |
| 1963 | 0 | 3 | 39 | 40 | 164 | 51 | 255 | 296 | 35 | 1 | 12 | 7 | 637 | 903 |
| 1964 | 30 | 20 | 18 | 165 | 72 | 47 | 227 | 232 | 125 | 84 | 10 | 5 | 631 | 1 035 |
| 1965 | 7 | 11 | 5 | 46 | 6 | 74 | 273 | 179 | 13 | 34 | 27 | 2 | 539 | 677 |
| 1966 | 1 | 14 | 56 | 38 | 10 | 47 | 180 | 49 | 2 | 15 | 14 | 12 | 278 | 438 |
| 1967 | 9 | 38 | 52 | 34 | 8 | 126 | 158 | 201 | 184 | 11 | 41 | 0 | 669 | 862 |
| 1968 | 9 | 0 | 11 | 49 | 10 | 29 | 105 | 119 | 68 | 64 | 16 | 25 | 321 | 505 |
| 1969 | 15 | 22 | 7 | 93 | 84 | 41 | 141 | 144 | 211 | 2 | 1 | 1 | 537 | 762 |
| 1970 | 2 | 15 | 3 | 45 | 17 | 71 | 229 | 118 | 84 | 32 | 5 | 3 | 502 | 624 |
| 1971 | 15 | 17 | 20 | 27 | 7 | 316 | 107 | 251 | 46 | 15 | 14 | 18 | 720 | 853 |
| 1972 | 29 | 4 | 32 | 13 | 73 | 27 | 202 | 96 | 123 | 55 | 13 | 1 | 448 | 668 |
| 1973 | 23 | 13 | 11 | 104 | 36 | 66 | 273 | 59 | 37 | 49 | 1 | 0 | 435 | 672 |
| 1974 | 1 | 8 | 39 | 51 | 62 | 39 | 185 | 178 | 73 | 54 | 25 | 44 | 475 | 759 |

表 3-7(续)

南四湖湖西区

| 年份 | 1 月 | 2 月 | 3 月 | 4 月 | 5 月 | 6 月 | 7 月 | 8 月 | 9 月 | 10 月 | 11 月 | 12 月 | 6—9 月 | 全年 |
|---|---|---|---|---|---|---|---|---|---|---|---|---|---|---|
| 1975 | 0 | 11 | 13 | 97 | 2 | 41 | 175 | 111 | 147 | 33 | 5 | 14 | 474 | 649 |
| 1976 | 0 | 41 | 6 | 38 | 27 | 35 | 169 | 205 | 54 | 7 | 18 | 2 | 463 | 602 |
| 1977 | 0 | 0 | 13 | 49 | 40 | 52 | 229 | 40 | 49 | 99 | 20 | 18 | 370 | 609 |
| 1978 | 0 | 14 | 24 | 6 | 22 | 79 | 295 | 98 | 24 | 44 | 21 | 4 | 496 | 631 |
| 1979 | 23 | 19 | 48 | 77 | 15 | 149 | 186 | 96 | 113 | 2 | 2 | 36 | 544 | 766 |
| 1980 | 10 | 1 | 25 | 24 | 86 | 131 | 107 | 111 | 60 | 76 | 2 | 0 | 409 | 633 |
| 1981 | 8 | 6 | 18 | 3 | 9 | 95 | 126 | 158 | 21 | 20 | 16 | 2 | 400 | 482 |
| 1982 | 3 | 15 | 21 | 11 | 60 | 37 | 211 | 155 | 46 | 47 | 33 | 1 | 449 | 640 |
| 1983 | 6 | 4 | 40 | 40 | 46 | 40 | 151 | 73 | 98 | 91 | 2 | 0 | 362 | 591 |
| 1984 | 1 | 1 | 5 | 29 | 86 | 86 | 189 | 168 | 150 | 13 | 32 | 26 | 593 | 786 |
| 1985 | 7 | 6 | 10 | 37 | 173 | 24 | 122 | 168 | 156 | 64 | 14 | 18 | 470 | 799 |
| 1986 | 1 | 2 | 15 | 10 | 43 | 68 | 105 | 124 | 46 | 40 | 1 | 18 | 343 | 473 |
| 1987 | 13 | 29 | 29 | 27 | 26 | 101 | 71 | 153 | 68 | 93 | 25 | 0 | 393 | 635 |
| 1988 | 2 | 1 | 28 | 10 | 76 | 13 | 179 | 32 | 18 | 27 | 0 | 12 | 242 | 398 |
| 1989 | 48 | 14 | 32 | 18 | 41 | 129 | 182 | 37 | 48 | 3 | 13 | 11 | 396 | 576 |
| 1990 | 29 | 48 | 56 | 35 | 92 | 130 | 165 | 156 | 40 | 2 | 40 | 5 | 491 | 798 |
| 1991 | 16 | 10 | 75 | 25 | 106 | 84 | 165 | 66 | 55 | 2 | 10 | 19 | 370 | 633 |
| 1992 | 8 | 24 | 35 | 24 | 85 | 27 | 195 | 160 | 74 | 29 | 7 | 15 | 456 | 683 |
| 1993 | 16 | 18 | 7 | 48 | 49 | 80 | 196 | 210 | 45 | 44 | 91 | 1 | 531 | 805 |
| 1994 | 1 | 14 | 12 | 78 | 22 | 112 | 148 | 221 | 29 | 61 | 29 | 25 | 510 | 752 |
| 1995 | 0 | 2 | 19 | 21 | 31 | 79 | 168 | 255 | 25 | 59 | 0 | 0 | 527 | 659 |
| 1996 | 2 | 15 | 21 | 38 | 24 | 89 | 147 | 96 | 95 | 84 | 21 | 0 | 427 | 632 |

表 3-7(续)

南四湖湖西区

| 年份 | 1月 | 2月 | 3月 | 4月 | 5月 | 6月 | 7月 | 8月 | 9月 | 10月 | 11月 | 12月 | 6—9月 | 全年 |
|---|---|---|---|---|---|---|---|---|---|---|---|---|---|---|
| 1997 | 4 | 17 | 42 | 27 | 77 | 11 | 102 | 91 | 66 | 4 | 47 | 7 | 270 | 495 |
| 1998 | 13 | 32 | 86 | 48 | 137 | 31 | 140 | 312 | 2 | 14 | 1 | 6 | 485 | 822 |
| 1999 | 1 | 1 | 24 | 28 | 66 | 48 | 137 | 45 | 126 | 59 | 9 | 3 | 356 | 547 |
| 2000 | 26 | 4 | 0 | 6 | 28 | 109 | 226 | 116 | 66 | 66 | 37 | 6 | 517 | 690 |
| 2001 | 46 | 30 | 0 | 9 | 4 | 88 | 239 | 41 | 12 | 16 | 1 | 31 | 380 | 517 |
| 2002 | 8 | 1 | 11 | 27 | 118 | 85 | 75 | 41 | 35 | 22 | 2 | 31 | 236 | 456 |
| 2003 | 7 | 18 | 37 | 67 | 55 | 100 | 226 | 274 | 127 | 87 | 56 | 14 | 727 | 1 068 |
| 2004 | 4 | 16 | 12 | 10 | 66 | 90 | 314 | 220 | 88 | 3 | 28 | 16 | 712 | 867 |
| 2005 | 1 | 19 | 12 | 20 | 44 | 166 | 229 | 129 | 261 | 28 | 16 | 6 | 785 | 931 |
| 2006 | 10 | 15 | 0 | 32 | 51 | 128 | 222 | 172 | 29 | 0 | 51 | 16 | 551 | 726 |
| 2007 | 0 | 25 | 59 | 14 | 57 | 145 | 169 | 234 | 15 | 22 | 6 | 12 | 563 | 758 |
| 2008 | 18 | 4 | 4 | 71 | 58 | 103 | 231 | 148 | 53 | 15 | 6 | 3 | 535 | 714 |
| 2009 | 0 | 25 | 22 | 46 | 73 | 75 | 207 | 133 | 57 | 13 | 30 | 7 | 472 | 688 |
| 2010 | 1 | 25 | 20 | 42 | 35 | 115 | 168 | 183 | 134 | 1 | 0 | 1 | 600 | 725 |
| 2011 | 0 | 32 | 3 | 12 | 57 | 35 | 103 | 176 | 181 | 31 | 101 | 16 | 495 | 747 |
| 2012 | 2 | 4 | 33 | 33 | 7 | 12 | 188 | 108 | 53 | 14 | 20 | 30 | 361 | 504 |
| 2013 | 3 | 11 | 8 | 17 | 124 | 10 | 245 | 47 | 16 | 9 | 40 | 0 | 318 | 529 |
| 2014 | 1 | 27 | 6 | 53 | 70 | 38 | 126 | 60 | 152 | 28 | 32 | 1 | 377 | 595 |
| 2015 | 7 | 19 | 18 | 78 | 46 | 138 | 133 | 105 | 16 | 23 | 105 | 1 | 392 | 688 |
| 2016 | 3 | 19 | 2 | 21 | 45 | 117 | 225 | 91 | 55 | 96 | 15 | 34 | 488 | 723 |
| 2017 | 23 | 11 | 4 | 39 | 41 | 81 | 277 | 112 | 70 | 32 | 2 | 1 | 540 | 693 |
| 2018 | 8 | 5 | 33 | 46 | 39 | 83 | 104 | 306 | 80 | 2 | 32 | 19 | 572 | 756 |

表 3-7(续)

| 南四湖湖西区 | | | | | | | | | | | | | |
|---|---|---|---|---|---|---|---|---|---|---|---|---|---|
| 年份 | 1月 | 2月 | 3月 | 4月 | 5月 | 6月 | 7月 | 8月 | 9月 | 10月 | 11月 | 12月 | 6—9月 | 全年 |
| 多年平均 | 9 | 14 | 22 | 38 | 51 | 84 | 183 | 144 | 72 | 35 | 24 | 11 | 483 | 688 |
| 历年最大 | 48 | 48 | 86 | 165 | 173 | 316 | 549 | 312 | 261 | 99 | 105 | 44 | 785 | 1 068 |
| 出现年份 | 1989 | 1990 | 1998 | 1964 | 1985 | 1971 | 1957 | 1998 | 2005 | 1977 | 2015 | 1974 | 2005 | 2003 |
| 历年最小 | 0 | 0 | 0 | 3 | 2 | 9 | 47 | 32 | 2 | 0 | 0 | 0 | 236 | 398 |
| 出现年份 | 1953 | 1958 | 1962 | 1981 | 1975 | 1955 | 1956 | 1988 | 1966 | 2006 | 1988 | 1967 | 2002 | 1988 |

| 南四湖湖东区 | | | | | | | | | | | | | | |
|---|---|---|---|---|---|---|---|---|---|---|---|---|---|---|
| 年份 | 1月 | 2月 | 3月 | 4月 | 5月 | 6月 | 7月 | 8月 | 9月 | 10月 | 11月 | 12月 | 6—9月 | 全年 |
| 1953 | 1 | 17 | 34 | 11 | 74 | 93 | 265 | 168 | 6 | 37 | 9 | 12 | 532 | 727 |
| 1954 | 15 | 27 | 6 | 46 | 65 | 72 | 76 | 228 | 77 | 74 | 46 | 21 | 453 | 753 |
| 1955 | 3 | 8 | 6 | 22 | 27 | 17 | 324 | 113 | 155 | 12 | 2 | 21 | 609 | 710 |
| 1956 | 8 | 1 | 31 | 37 | 29 | 202 | 66 | 145 | 49 | 33 | 4 | 4 | 462 | 609 |
| 1957 | 39 | 5 | 5 | 46 | 33 | 88 | 592 | 52 | 2 | 20 | 19 | 16 | 734 | 917 |
| 1958 | 19 | 0 | 35 | 57 | 15 | 169 | 296 | 177 | 19 | 49 | 60 | 21 | 661 | 917 |
| 1959 | 10 | 9 | 43 | 15 | 69 | 127 | 69 | 139 | 20 | 25 | 32 | 31 | 355 | 589 |
| 1960 | 2 | 0 | 10 | 19 | 20 | 116 | 315 | 97 | 74 | 10 | 32 | 1 | 602 | 696 |
| 1961 | 2 | 4 | 17 | 29 | 61 | 134 | 190 | 199 | 106 | 14 | 25 | 11 | 629 | 792 |
| 1962 | 0 | 18 | 0 | 25 | 22 | 133 | 150 | 211 | 53 | 54 | 92 | 13 | 547 | 771 |
| 1963 | 0 | 1 | 25 | 42 | 98 | 39 | 320 | 240 | 29 | 5 | 9 | 6 | 628 | 814 |
| 1964 | 37 | 17 | 14 | 160 | 51 | 106 | 310 | 288 | 148 | 65 | 10 | 6 | 852 | 1 212 |
| 1965 | 7 | 6 | 5 | 66 | 3 | 47 | 296 | 185 | 32 | 47 | 29 | 3 | 560 | 726 |
| 1966 | 1 | 15 | 72 | 40 | 6 | 70 | 191 | 68 | 4 | 11 | 9 | 10 | 333 | 497 |
| 1967 | 9 | 42 | 51 | 30 | 8 | 142 | 180 | 155 | 131 | 16 | 30 | 0 | 608 | 794 |

**表 3-7(续)**

南四湖湖东区

| 年份 | 1月 | 2月 | 3月 | 4月 | 5月 | 6月 | 7月 | 8月 | 9月 | 10月 | 11月 | 12月 | 6—9月 | 全年 |
|---|---|---|---|---|---|---|---|---|---|---|---|---|---|---|
| 1968 | 6 | 0 | 15 | 50 | 18 | 32 | 67 | 127 | 64 | 60 | 18 | 31 | 290 | 488 |
| 1969 | 17 | 23 | 13 | 73 | 69 | 97 | 142 | 137 | 176 | 2 | 1 | 1 | 552 | 751 |
| 1970 | 1 | 14 | 2 | 43 | 21 | 73 | 379 | 140 | 95 | 37 | 5 | 3 | 687 | 813 |
| 1971 | 10 | 12 | 21 | 25 | 11 | 285 | 152 | 313 | 28 | 22 | 4 | 12 | 778 | 895 |
| 1972 | 38 | 5 | 25 | 8 | 68 | 8 | 252 | 112 | 114 | 49 | 9 | 1 | 486 | 689 |
| 1973 | 20 | 12 | 5 | 137 | 38 | 58 | 312 | 49 | 50 | 45 | 0 | 0 | 469 | 726 |
| 1974 | 1 | 6 | 31 | 49 | 40 | 39 | 369 | 195 | 66 | 41 | 18 | 50 | 669 | 905 |
| 1975 | 1 | 7 | 16 | 67 | 2 | 43 | 304 | 122 | 153 | 28 | 15 | 9 | 622 | 767 |
| 1976 | 0 | 39 | 3 | 27 | 25 | 36 | 140 | 186 | 39 | 6 | 22 | 2 | 401 | 525 |
| 1977 | 1 | 0 | 7 | 43 | 47 | 48 | 236 | 48 | 50 | 122 | 15 | 22 | 382 | 639 |
| 1978 | 1 | 12 | 16 | 3 | 31 | 135 | 252 | 133 | 36 | 34 | 21 | 5 | 556 | 679 |
| 1979 | 18 | 20 | 38 | 94 | 15 | 161 | 223 | 81 | 136 | 0 | 2 | 36 | 601 | 824 |
| 1980 | 8 | 1 | 25 | 28 | 70 | 166 | 211 | 100 | 63 | 65 | 7 | 1 | 540 | 745 |
| 1981 | 7 | 7 | 20 | 1 | 25 | 88 | 145 | 125 | 12 | 26 | 9 | 2 | 370 | 467 |
| 1982 | 3 | 14 | 17 | 15 | 32 | 66 | 142 | 133 | 44 | 60 | 35 | 2 | 385 | 563 |
| 1983 | 6 | 1 | 39 | 37 | 27 | 32 | 125 | 108 | 94 | 84 | 4 | 0 | 359 | 557 |
| 1984 | 0 | 1 | 6 | 44 | 97 | 164 | 167 | 149 | 145 | 11 | 33 | 25 | 625 | 842 |
| 1985 | 4 | 6 | 7 | 26 | 117 | 49 | 170 | 201 | 121 | 52 | 8 | 24 | 541 | 785 |
| 1986 | 0 | 2 | 16 | 9 | 38 | 66 | 145 | 148 | 42 | 25 | 1 | 18 | 401 | 510 |
| 1987 | 16 | 24 | 20 | 24 | 17 | 84 | 83 | 141 | 71 | 85 | 22 | 0 | 379 | 587 |
| 1988 | 2 | 0 | 20 | 4 | 68 | 18 | 203 | 40 | 13 | 18 | 0 | 10 | 274 | 396 |
| 1989 | 40 | 8 | 34 | 8 | 38 | 136 | 112 | 56 | 38 | 1 | 7 | 4 | 342 | 482 |

表 3-7(续)

南四湖湖东区

| 年份 | 1月 | 2月 | 3月 | 4月 | 5月 | 6月 | 7月 | 8月 | 9月 | 10月 | 11月 | 12月 | 6—9月 | 全年 |
|---|---|---|---|---|---|---|---|---|---|---|---|---|---|---|
| 1990 | 30 | 39 | 35 | 34 | 98 | 152 | 256 | 187 | 44 | 1 | 25 | 3 | 639 | 904 |
| 1991 | 15 | 7 | 70 | 22 | 91 | 132 | 362 | 60 | 62 | 3 | 12 | 17 | 616 | 853 |
| 1992 | 10 | 20 | 20 | 18 | 50 | 21 | 142 | 148 | 83 | 48 | 7 | 13 | 394 | 580 |
| 1993 | 14 | 15 | 3 | 36 | 70 | 86 | 284 | 184 | 39 | 48 | 98 | 1 | 593 | 878 |
| 1994 | 1 | 11 | 14 | 62 | 21 | 120 | 122 | 203 | 52 | 64 | 32 | 23 | 497 | 725 |
| 1995 | 0 | 3 | 17 | 22 | 23 | 90 | 127 | 409 | 26 | 51 | 0 | 0 | 652 | 768 |
| 1996 | 2 | 9 | 26 | 44 | 15 | 88 | 201 | 127 | 68 | 65 | 14 | 0 | 484 | 659 |
| 1997 | 2 | 18 | 30 | 29 | 89 | 21 | 88 | 166 | 32 | 2 | 40 | 10 | 307 | 527 |
| 1998 | 8 | 37 | 84 | 64 | 109 | 22 | 136 | 427 | 5 | 17 | 1 | 6 | 590 | 916 |
| 1999 | 0 | 1 | 16 | 30 | 70 | 95 | 149 | 67 | 84 | 59 | 7 | 3 | 395 | 581 |
| 2000 | 19 | 4 | 0 | 5 | 41 | 146 | 119 | 153 | 34 | 81 | 39 | 7 | 452 | 648 |
| 2001 | 40 | 27 | 1 | 16 | 8 | 137 | 316 | 66 | 22 | 10 | 2 | 22 | 541 | 667 |
| 2002 | 13 | 1 | 5 | 31 | 95 | 77 | 59 | 37 | 47 | 15 | 0 | 18 | 220 | 398 |
| 2003 | 4 | 15 | 31 | 74 | 63 | 88 | 262 | 296 | 153 | 63 | 62 | 15 | 799 | 1 126 |
| 2004 | 4 | 16 | 12 | 10 | 64 | 135 | 277 | 198 | 120 | 2 | 31 | 11 | 730 | 880 |
| 2005 | 0 | 18 | 10 | 32 | 69 | 188 | 189 | 108 | 310 | 28 | 16 | 8 | 795 | 976 |
| 2006 | 8 | 13 | 0 | 35 | 63 | 99 | 216 | 247 | 17 | 0 | 26 | 16 | 579 | 740 |
| 2007 | 0 | 18 | 45 | 19 | 78 | 144 | 162 | 369 | 38 | 24 | 4 | 13 | 713 | 914 |
| 2008 | 12 | 4 | 7 | 67 | 57 | 123 | 228 | 133 | 51 | 12 | 6 | 4 | 535 | 704 |
| 2009 | 0 | 23 | 24 | 34 | 51 | 62 | 310 | 166 | 34 | 19 | 21 | 10 | 572 | 754 |
| 2010 | 4 | 23 | 15 | 35 | 42 | 116 | 193 | 206 | 68 | 1 | 0 | 1 | 583 | 704 |
| 2011 | 0 | 30 | 2 | 14 | 66 | 46 | 129 | 167 | 165 | 20 | 102 | 16 | 507 | 757 |

表 3-7(续)

南四湖湖东区

| 年份 | 1月 | 2月 | 3月 | 4月 | 5月 | 6月 | 7月 | 8月 | 9月 | 10月 | 11月 | 12月 | 6—9月 | 全年 |
|---|---|---|---|---|---|---|---|---|---|---|---|---|---|---|
| 2012 | 2 | 2 | 26 | 25 | 3 | 12 | 235 | 103 | 73 | 15 | 27 | 36 | 423 | 559 |
| 2013 | 5 | 12 | 11 | 13 | 123 | 17 | 305 | 82 | 41 | 5 | 38 | 0 | 446 | 652 |
| 2014 | 1 | 21 | 3 | 45 | 83 | 66 | 130 | 71 | 116 | 28 | 33 | 2 | 383 | 598 |
| 2015 | 8 | 20 | 14 | 81 | 50 | 99 | 131 | 124 | 17 | 19 | 111 | 3 | 370 | 676 |
| 2016 | 4 | 16 | 4 | 15 | 53 | 175 | 206 | 110 | 66 | 81 | 14 | 35 | 555 | 777 |
| 2017 | 28 | 12 | 4 | 49 | 39 | 95 | 302 | 130 | 68 | 33 | 1 | 1 | 594 | 761 |
| 2018 | 7 | 3 | 32 | 55 | 64 | 98 | 75 | 278 | 79 | 1 | 41 | 21 | 530 | 755 |
| 多年平均 | 9 | 12 | 20 | 38 | 49 | 94 | 207 | 157 | 69 | 33 | 22 | 11 | 527 | 721 |
| 历年最大 | 40 | 42 | 84 | 160 | 123 | 285 | 592 | 427 | 310 | 122 | 111 | 50 | 852 | 1 212 |
| 出现年份 | 1989 | 1967 | 1998 | 1964 | 2013 | 1971 | 1957 | 1998 | 2005 | 1977 | 2015 | 1974 | 1964 | 1964 |
| 历年最小 | 0 | 0 | 0 | 1 | 2 | 8 | 59 | 37 | 2 | 0 | 0 | 0 | 220 | 396 |
| 出现年份 | 1962 | 1958 | 1962 | 1981 | 1975 | 1972 | 2002 | 2002 | 1957 | 1979 | 1973 | 1967 | 2002 | 1988 |

中运河区

| 年份 | 1月 | 2月 | 3月 | 4月 | 5月 | 6月 | 7月 | 8月 | 9月 | 10月 | 11月 | 12月 | 6—9月 | 全年 |
|---|---|---|---|---|---|---|---|---|---|---|---|---|---|---|
| 1953 | 1 | 23 | 36 | 21 | 28 | 105 | 294 | 143 | 17 | 34 | 15 | 13 | 559 | 730 |
| 1954 | 29 | 41 | 5 | 43 | 110 | 35 | 295 | 107 | 36 | 43 | 57 | 32 | 473 | 833 |
| 1955 | 4 | 8 | 15 | 11 | 24 | 68 | 337 | 181 | 88 | 24 | 4 | 16 | 674 | 780 |
| 1956 | 7 | 2 | 58 | 66 | 35 | 237 | 135 | 191 | 102 | 21 | 2 | 3 | 665 | 859 |
| 1957 | 50 | 16 | 4 | 46 | 30 | 87 | 423 | 96 | 1 | 20 | 22 | 28 | 607 | 823 |
| 1958 | 20 | 3 | 27 | 71 | 34 | 159 | 260 | 241 | 61 | 46 | 54 | 16 | 721 | 992 |
| 1959 | 14 | 28 | 60 | 25 | 93 | 199 | 133 | 113 | 77 | 24 | 50 | 52 | 522 | 868 |
| 1960 | 5 | 0 | 48 | 18 | 59 | 241 | 273 | 214 | 148 | 16 | 46 | 6 | 876 | 1 074 |

表 3-7(续)

中运河区

| 年份 | 1月 | 2月 | 3月 | 4月 | 5月 | 6月 | 7月 | 8月 | 9月 | 10月 | 11月 | 12月 | 6—9月 | 全年 |
|---|---|---|---|---|---|---|---|---|---|---|---|---|---|---|
| 1961 | 7 | 7 | 27 | 31 | 127 | 166 | 210 | 149 | 218 | 11 | 44 | 17 | 743 | 1 014 |
| 1962 | 0 | 10 | 3 | 33 | 20 | 137 | 170 | 234 | 188 | 74 | 81 | 21 | 729 | 971 |
| 1963 | 0 | 0 | 42 | 47 | 192 | 16 | 617 | 291 | 42 | 3 | 9 | 7 | 966 | 1 266 |
| 1964 | 47 | 39 | 17 | 141 | 83 | 130 | 192 | 183 | 146 | 73 | 6 | 5 | 651 | 1 062 |
| 1965 | 13 | 14 | 8 | 75 | 9 | 77 | 427 | 259 | 15 | 41 | 24 | 11 | 778 | 973 |
| 1966 | 6 | 13 | 99 | 54 | 12 | 62 | 279 | 63 | 4 | 25 | 13 | 18 | 408 | 648 |
| 1967 | 11 | 31 | 39 | 40 | 9 | 140 | 149 | 123 | 97 | 25 | 56 | 0 | 509 | 720 |
| 1968 | 6 | 0 | 16 | 59 | 13 | 42 | 258 | 137 | 66 | 38 | 10 | 33 | 503 | 678 |
| 1969 | 35 | 33 | 11 | 68 | 80 | 68 | 264 | 71 | 234 | 2 | 4 | 4 | 637 | 874 |
| 1970 | 1 | 40 | 4 | 70 | 31 | 132 | 338 | 91 | 141 | 63 | 5 | 8 | 702 | 924 |
| 1971 | 23 | 26 | 34 | 31 | 17 | 351 | 103 | 327 | 72 | 5 | 6 | 15 | 853 | 1 010 |
| 1972 | 24 | 10 | 49 | 26 | 99 | 52 | 453 | 99 | 72 | 57 | 49 | 4 | 676 | 994 |
| 1973 | 29 | 32 | 18 | 172 | 48 | 53 | 316 | 72 | 64 | 36 | 0 | 0 | 505 | 840 |
| 1974 | 2 | 25 | 47 | 104 | 129 | 55 | 346 | 409 | 46 | 35 | 10 | 62 | 856 | 1 270 |
| 1975 | 2 | 23 | 22 | 154 | 3 | 51 | 210 | 141 | 139 | 46 | 29 | 15 | 541 | 835 |
| 1976 | 1 | 63 | 7 | 57 | 58 | 58 | 174 | 148 | 78 | 5 | 23 | 5 | 458 | 677 |
| 1977 | 2 | 0 | 28 | 123 | 38 | 42 | 294 | 60 | 60 | 58 | 23 | 22 | 456 | 750 |
| 1978 | 0 | 17 | 27 | 4 | 24 | 81 | 176 | 201 | 45 | 31 | 24 | 7 | 503 | 637 |
| 1979 | 38 | 23 | 47 | 66 | 30 | 182 | 297 | 46 | 195 | 0 | 7 | 31 | 720 | 962 |
| 1980 | 12 | 3 | 32 | 37 | 88 | 132 | 162 | 146 | 16 | 112 | 6 | 1 | 456 | 747 |
| 1981 | 13 | 27 | 21 | 6 | 20 | 142 | 178 | 87 | 41 | 60 | 27 | 4 | 448 | 626 |
| 1982 | 7 | 23 | 12 | 26 | 72 | 54 | 342 | 185 | 72 | 32 | 59 | 5 | 653 | 889 |

**表 3-7(续)**

中运河区

| 年份 | 1月 | 2月 | 3月 | 4月 | 5月 | 6月 | 7月 | 8月 | 9月 | 10月 | 11月 | 12月 | 6—9月 | 全年 |
|---|---|---|---|---|---|---|---|---|---|---|---|---|---|---|
| 1983 | 13 | 9 | 41 | 6 | 14 | 75 | 300 | 96 | 78 | 116 | 2 | 2 | 549 | 752 |
| 1984 | 3 | 2 | 13 | 40 | 66 | 91 | 321 | 72 | 147 | 19 | 40 | 14 | 631 | 828 |
| 1985 | 15 | 22 | 22 | 38 | 206 | 25 | 182 | 125 | 118 | 81 | 19 | 24 | 450 | 877 |
| 1986 | 5 | 5 | 17 | 18 | 46 | 111 | 328 | 131 | 61 | 26 | 4 | 28 | 631 | 780 |
| 1987 | 37 | 38 | 40 | 28 | 13 | 94 | 150 | 144 | 89 | 161 | 37 | 0 | 477 | 831 |
| 1988 | 1 | 2 | 42 | 10 | 104 | 14 | 199 | 74 | 33 | 33 | 0 | 10 | 320 | 522 |
| 1989 | 67 | 24 | 30 | 35 | 24 | 274 | 142 | 44 | 37 | 3 | 28 | 6 | 497 | 714 |
| 1990 | 31 | 50 | 30 | 61 | 107 | 166 | 247 | 307 | 74 | 0 | 38 | 9 | 794 | 1 120 |
| 1991 | 27 | 24 | 94 | 27 | 188 | 168 | 226 | 81 | 53 | 2 | 9 | 28 | 528 | 927 |
| 1992 | 26 | 14 | 36 | 24 | 92 | 32 | 239 | 211 | 63 | 27 | 10 | 16 | 545 | 790 |
| 1993 | 33 | 38 | 9 | 12 | 77 | 54 | 176 | 282 | 39 | 34 | 99 | 2 | 551 | 855 |
| 1994 | 3 | 25 | 20 | 58 | 20 | 72 | 168 | 177 | 50 | 82 | 27 | 36 | 467 | 738 |
| 1995 | 2 | 12 | 22 | 49 | 70 | 68 | 259 | 254 | 27 | 52 | 1 | 0 | 608 | 816 |
| 1996 | 7 | 13 | 43 | 59 | 3 | 217 | 329 | 37 | 88 | 90 | 35 | 2 | 671 | 923 |
| 1997 | 4 | 11 | 40 | 45 | 85 | 44 | 174 | 190 | 10 | 2 | 58 | 16 | 418 | 679 |
| 1998 | 34 | 35 | 105 | 81 | 173 | 61 | 186 | 385 | 0 | 25 | 0 | 8 | 632 | 1 093 |
| 1999 | 4 | 6 | 38 | 40 | 68 | 107 | 129 | 41 | 91 | 93 | 3 | 1 | 368 | 621 |
| 2000 | 40 | 12 | 1 | 9 | 51 | 208 | 289 | 214 | 48 | 91 | 58 | 11 | 759 | 1 032 |
| 2001 | 66 | 37 | 3 | 23 | 23 | 100 | 276 | 127 | 3 | 14 | 2 | 41 | 506 | 715 |
| 2002 | 6 | 6 | 24 | 74 | 124 | 98 | 149 | 72 | 30 | 4 | 1 | 20 | 349 | 608 |
| 2003 | 10 | 34 | 56 | 75 | 69 | 166 | 368 | 299 | 90 | 53 | 27 | 20 | 923 | 1 267 |
| 2004 | 5 | 18 | 11 | 13 | 78 | 62 | 271 | 126 | 157 | 7 | 30 | 14 | 616 | 792 |

表 3-7(续)

| 中运河区 | | | | | | | | | | | | | |
|---|---|---|---|---|---|---|---|---|---|---|---|---|---|
| 年份 | 1 月 | 2 月 | 3 月 | 4 月 | 5 月 | 6 月 | 7 月 | 8 月 | 9 月 | 10 月 | 11 月 | 12 月 | 6—9 月 | 全年 |
| 2005 | 3 | 28 | 20 | 22 | 59 | 195 | 336 | 273 | 181 | 18 | 35 | 9 | 985 | 1 179 |
| 2006 | 14 | 17 | 1 | 51 | 54 | 154 | 195 | 190 | 35 | 1 | 51 | 26 | 574 | 789 |
| 2007 | 0 | 47 | 53 | 21 | 61 | 210 | 266 | 292 | 99 | 24 | 6 | 21 | 867 | 1 100 |
| 2008 | 24 | 3 | 11 | 90 | 97 | 138 | 400 | 220 | 62 | 22 | 10 | 7 | 820 | 1 084 |
| 2009 | 0 | 19 | 38 | 23 | 117 | 124 | 191 | 229 | 36 | 16 | 32 | 19 | 580 | 844 |
| 2010 | 1 | 42 | 21 | 59 | 60 | 46 | 148 | 158 | 163 | 3 | 0 | 2 | 515 | 703 |
| 2011 | 0 | 35 | 4 | 7 | 40 | 56 | 136 | 305 | 55 | 19 | 69 | 28 | 552 | 754 |
| 2012 | 1 | 8 | 45 | 34 | 11 | 43 | 210 | 181 | 125 | 6 | 40 | 48 | 559 | 752 |
| 2013 | 11 | 13 | 17 | 18 | 175 | 29 | 268 | 124 | 111 | 2 | 35 | 0 | 532 | 804 |
| 2014 | 2 | 30 | 13 | 55 | 92 | 53 | 114 | 121 | 135 | 68 | 47 | 2 | 423 | 732 |
| 2015 | 8 | 12 | 32 | 55 | 54 | 177 | 82 | 133 | 58 | 21 | 117 | 7 | 451 | 757 |
| 2016 | 5 | 21 | 7 | 37 | 82 | 186 | 166 | 95 | 58 | 163 | 15 | 48 | 505 | 882 |
| 2017 | 49 | 22 | 5 | 35 | 37 | 56 | 368 | 233 | 120 | 47 | 4 | 1 | 777 | 976 |
| 2018 | 17 | 8 | 45 | 37 | 72 | 46 | 187 | 211 | 92 | 4 | 49 | 38 | 536 | 806 |
| 多年平均 | 15 | 20 | 29 | 47 | 66 | 109 | 247 | 168 | 80 | 38 | 27 | 16 | 603 | 860 |
| 历年最大 | 67 | 63 | 105 | 172 | 206 | 351 | 617 | 409 | 234 | 161 | 117 | 62 | 985 | 1 270 |
| 出现年份 | 1989 | 1976 | 1998 | 1973 | 1985 | 1971 | 1963 | 1974 | 1969 | 1987 | 2015 | 1974 | 2005 | 1974 |
| 历年最小 | 0 | 0 | 1 | 4 | 3 | 14 | 82 | 37 | 0 | 0 | 0 | 0 | 320 | 522 |
| 出现年份 | 1962 | 1960 | 2000 | 1978 | 1975 | 1988 | 2015 | 1996 | 1998 | 1979 | 1973 | 1967 | 1988 | 1988 |

| 沂沭河区 | | | | | | | | | | | | | | |
|---|---|---|---|---|---|---|---|---|---|---|---|---|---|---|
| 年份 | 1 月 | 2 月 | 3 月 | 4 月 | 5 月 | 6 月 | 7 月 | 8 月 | 9 月 | 10 月 | 11 月 | 12 月 | 6—9 月 | 全年 |
| 1953 | 3 | 28 | 39 | 21 | 65 | 164 | 263 | 158 | 19 | 53 | 24 | 15 | 604 | 852 |

**表 3-7(续)**

沂沭河区

| 年份 | 1月 | 2月 | 3月 | 4月 | 5月 | 6月 | 7月 | 8月 | 9月 | 10月 | 11月 | 12月 | 6—9月 | 全年 |
|---|---|---|---|---|---|---|---|---|---|---|---|---|---|---|
| 1954 | 23 | 38 | 7 | 40 | 63 | 54 | 237 | 179 | 51 | 80 | 44 | 29 | 521 | 845 |
| 1955 | 2 | 9 | 11 | 12 | 40 | 82 | 297 | 158 | 91 | 17 | 5 | 17 | 628 | 741 |
| 1956 | 9 | 3 | 61 | 72 | 47 | 281 | 177 | 228 | 146 | 26 | 3 | 4 | 832 | 1 057 |
| 1957 | 48 | 22 | 7 | 56 | 40 | 92 | 488 | 114 | 1 | 17 | 36 | 28 | 695 | 949 |
| 1958 | 21 | 1 | 25 | 67 | 19 | 120 | 197 | 238 | 48 | 67 | 62 | 20 | 603 | 885 |
| 1959 | 14 | 20 | 52 | 30 | 87 | 147 | 148 | 190 | 83 | 28 | 47 | 44 | 568 | 890 |
| 1960 | 7 | 0 | 45 | 24 | 44 | 211 | 312 | 208 | 140 | 16 | 39 | 3 | 871 | 1 049 |
| 1961 | 8 | 8 | 26 | 29 | 89 | 94 | 246 | 161 | 154 | 15 | 53 | 16 | 655 | 899 |
| 1962 | 0 | 11 | 3 | 29 | 28 | 136 | 279 | 205 | 182 | 71 | 87 | 15 | 802 | 1 046 |
| 1963 | 0 | 0 | 38 | 53 | 154 | 32 | 485 | 217 | 40 | 7 | 11 | 10 | 774 | 1 047 |
| 1964 | 45 | 35 | 14 | 141 | 68 | 109 | 230 | 236 | 152 | 64 | 10 | 6 | 727 | 1 110 |
| 1965 | 13 | 11 | 9 | 74 | 9 | 45 | 409 | 278 | 24 | 23 | 25 | 13 | 756 | 933 |
| 1966 | 7 | 15 | 74 | 33 | 26 | 72 | 236 | 59 | 13 | 30 | 15 | 16 | 380 | 596 |
| 1967 | 11 | 36 | 47 | 55 | 26 | 140 | 136 | 127 | 119 | 31 | 60 | 0 | 522 | 788 |
| 1968 | 6 | 0 | 20 | 54 | 27 | 66 | 206 | 134 | 48 | 43 | 16 | 21 | 454 | 641 |
| 1969 | 32 | 30 | 15 | 58 | 87 | 78 | 171 | 146 | 201 | 3 | 2 | 2 | 596 | 825 |
| 1970 | 1 | 31 | 3 | 58 | 35 | 118 | 410 | 115 | 167 | 55 | 8 | 7 | 810 | 1 008 |
| 1971 | 25 | 23 | 32 | 28 | 19 | 305 | 150 | 377 | 107 | 5 | 5 | 11 | 939 | 1 087 |
| 1972 | 28 | 8 | 42 | 29 | 85 | 44 | 221 | 162 | 92 | 44 | 43 | 3 | 519 | 801 |
| 1973 | 27 | 26 | 16 | 124 | 43 | 80 | 280 | 70 | 58 | 53 | 0 | 0 | 488 | 777 |
| 1974 | 5 | 21 | 35 | 91 | 91 | 60 | 353 | 360 | 54 | 34 | 16 | 59 | 827 | 1 179 |
| 1975 | 2 | 28 | 21 | 96 | 5 | 75 | 248 | 182 | 135 | 62 | 44 | 10 | 640 | 908 |

表 3-7(续)

沂沭河区

| 年份 | 1月 | 2月 | 3月 | 4月 | 5月 | 6月 | 7月 | 8月 | 9月 | 10月 | 11月 | 12月 | 6—9月 | 全年 |
|---|---|---|---|---|---|---|---|---|---|---|---|---|---|---|
| 1976 | 0 | 57 | 7 | 45 | 56 | 98 | 196 | 164 | 46 | 12 | 23 | 6 | 504 | 710 |
| 1977 | 2 | 0 | 26 | 92 | 50 | 49 | 248 | 65 | 61 | 60 | 22 | 21 | 423 | 696 |
| 1978 | 0 | 22 | 24 | 4 | 27 | 89 | 172 | 194 | 55 | 41 | 21 | 7 | 510 | 656 |
| 1979 | 25 | 24 | 43 | 77 | 35 | 141 | 289 | 59 | 172 | 3 | 4 | 36 | 661 | 908 |
| 1980 | 14 | 4 | 29 | 42 | 82 | 225 | 161 | 120 | 44 | 82 | 13 | 1 | 550 | 817 |
| 1981 | 14 | 15 | 20 | 5 | 31 | 130 | 167 | 78 | 43 | 53 | 20 | 4 | 418 | 580 |
| 1982 | 7 | 22 | 17 | 34 | 71 | 72 | 258 | 151 | 53 | 50 | 72 | 4 | 534 | 811 |
| 1983 | 13 | 9 | 37 | 21 | 43 | 62 | 246 | 86 | 74 | 86 | 5 | 3 | 468 | 685 |
| 1984 | 3 | 3 | 9 | 34 | 62 | 96 | 276 | 164 | 153 | 20 | 51 | 15 | 689 | 886 |
| 1985 | 9 | 20 | 20 | 38 | 136 | 24 | 264 | 126 | 122 | 79 | 18 | 26 | 536 | 882 |
| 1986 | 3 | 5 | 14 | 16 | 30 | 117 | 299 | 89 | 55 | 30 | 5 | 27 | 560 | 690 |
| 1987 | 37 | 36 | 26 | 37 | 26 | 94 | 192 | 152 | 79 | 132 | 27 | 0 | 517 | 838 |
| 1988 | 5 | 4 | 30 | 8 | 102 | 40 | 218 | 95 | 41 | 22 | 0 | 9 | 394 | 574 |
| 1989 | 53 | 21 | 44 | 41 | 34 | 220 | 116 | 92 | 32 | 3 | 30 | 4 | 460 | 690 |
| 1990 | 28 | 50 | 35 | 54 | 102 | 168 | 270 | 323 | 103 | 2 | 24 | 9 | 864 | 1 168 |
| 1991 | 20 | 22 | 93 | 26 | 129 | 182 | 269 | 52 | 61 | 1 | 12 | 26 | 564 | 893 |
| 1992 | 24 | 14 | 31 | 24 | 73 | 23 | 176 | 197 | 59 | 28 | 6 | 15 | 455 | 670 |
| 1993 | 30 | 42 | 10 | 21 | 69 | 107 | 202 | 229 | 39 | 37 | 139 | 4 | 577 | 929 |
| 1994 | 4 | 24 | 26 | 56 | 30 | 77 | 176 | 235 | 55 | 78 | 32 | 31 | 543 | 824 |
| 1995 | 4 | 10 | 23 | 42 | 48 | 47 | 211 | 274 | 51 | 51 | 1 | 0 | 583 | 762 |
| 1996 | 8 | 8 | 44 | 59 | 5 | 180 | 237 | 97 | 79 | 75 | 39 | 3 | 593 | 834 |
| 1997 | 4 | 13 | 40 | 50 | 80 | 32 | 149 | 239 | 19 | 4 | 53 | 25 | 439 | 708 |
| 1998 | 30 | 47 | 91 | 73 | 144 | 90 | 208 | 329 | 6 | 24 | 2 | 9 | 633 | 1 053 |

表 3-7(续)

沂沭河区

| 年份 | 1月 | 2月 | 3月 | 4月 | 5月 | 6月 | 7月 | 8月 | 9月 | 10月 | 11月 | 12月 | 6—9月 | 全年 |
|---|---|---|---|---|---|---|---|---|---|---|---|---|---|---|
| 1999 | 4 | 4 | 29 | 38 | 82 | 94 | 118 | 93 | 150 | 85 | 4 | 1 | 455 | 702 |
| 2000 | 36 | 15 | 3 | 8 | 62 | 186 | 155 | 327 | 45 | 76 | 58 | 7 | 713 | 978 |
| 2001 | 58 | 36 | 4 | 14 | 19 | 127 | 330 | 139 | 9 | 15 | 7 | 31 | 605 | 789 |
| 2002 | 12 | 6 | 21 | 53 | 103 | 81 | 130 | 71 | 32 | 12 | 3 | 20 | 314 | 544 |
| 2003 | 10 | 29 | 48 | 64 | 69 | 176 | 361 | 261 | 90 | 71 | 34 | 18 | 888 | 1 231 |
| 2004 | 6 | 17 | 10 | 22 | 75 | 87 | 227 | 171 | 121 | 8 | 27 | 12 | 606 | 783 |
| 2005 | 5 | 30 | 17 | 23 | 62 | 169 | 231 | 258 | 244 | 20 | 25 | 12 | 902 | 1 096 |
| 2006 | 12 | 18 | 6 | 40 | 45 | 104 | 198 | 183 | 32 | 7 | 39 | 23 | 517 | 707 |
| 2007 | 0 | 34 | 43 | 30 | 65 | 163 | 223 | 277 | 134 | 21 | 3 | 23 | 797 | 1 016 |
| 2008 | 21 | 5 | 13 | 91 | 102 | 124 | 336 | 190 | 48 | 32 | 8 | 7 | 698 | 977 |
| 2009 | 1 | 20 | 35 | 23 | 69 | 107 | 250 | 180 | 34 | 17 | 28 | 22 | 571 | 786 |
| 2010 | 2 | 45 | 20 | 48 | 66 | 56 | 169 | 210 | 158 | 3 | 0 | 4 | 593 | 781 |
| 2011 | 0 | 31 | 5 | 11 | 79 | 59 | 176 | 250 | 101 | 15 | 69 | 32 | 586 | 828 |
| 2012 | 1 | 8 | 41 | 34 | 8 | 50 | 296 | 206 | 115 | 8 | 49 | 46 | 667 | 862 |
| 2013 | 13 | 14 | 17 | 17 | 145 | 38 | 285 | 105 | 93 | 3 | 34 | 0 | 522 | 764 |
| 2014 | 3 | 26 | 11 | 34 | 74 | 56 | 143 | 94 | 118 | 49 | 44 | 1 | 411 | 653 |
| 2015 | 6 | 17 | 18 | 54 | 47 | 124 | 104 | 142 | 49 | 15 | 122 | 7 | 418 | 704 |
| 2016 | 5 | 19 | 7 | 26 | 67 | 175 | 158 | 103 | 58 | 131 | 13 | 38 | 494 | 801 |
| 2017 | 44 | 17 | 10 | 41 | 36 | 61 | 301 | 153 | 109 | 34 | 4 | 1 | 624 | 811 |
| 2018 | 15 | 6 | 45 | 36 | 97 | 102 | 172 | 207 | 76 | 3 | 47 | 38 | 557 | 845 |
| 多年平均 | 14 | 19 | 27 | 44 | 61 | 108 | 235 | 175 | 82 | 37 | 29 | 15 | 600 | 846 |
| 历年最大 | 58 | 57 | 93 | 141 | 154 | 305 | 488 | 377 | 244 | 132 | 139 | 59 | 939 | 1 231 |
| 出现年份 | 2001 | 1976 | 1991 | 1964 | 1963 | 1971 | 1957 | 1971 | 2005 | 1987 | 1993 | 1974 | 1971 | 2003 |
| 历年最小 | 0 | 0 | 3 | 4 | 5 | 23 | 104 | 52 | 1 | 1 | 0 | 0 | 314 | 544 |
| 出现年份 | 1962 | 1960 | 1962 | 1978 | 1975 | 1992 | 2015 | 1991 | 1957 | 1991 | 1973 | 1967 | 2002 | 2002 |

**表 3-7(续)**

日赣区

| 年份 | 1月 | 2月 | 3月 | 4月 | 5月 | 6月 | 7月 | 8月 | 9月 | 10月 | 11月 | 12月 | 6—9月 | 全年 |
|---|---|---|---|---|---|---|---|---|---|---|---|---|---|---|
| 1953 | 2 | 19 | 34 | 25 | 57 | 183 | 368 | 250 | 9 | 81 | 31 | 12 | 810 | 1 071 |
| 1954 | 12 | 37 | 1 | 59 | 36 | 47 | 162 | 147 | 55 | 84 | 40 | 10 | 411 | 690 |
| 1955 | 0 | 6 | 8 | 7 | 56 | 65 | 277 | 129 | 75 | 10 | 5 | 12 | 546 | 650 |
| 1956 | 1 | 1 | 60 | 47 | 42 | 268 | 185 | 177 | 166 | 23 | 3 | 3 | 796 | 976 |
| 1957 | 34 | 16 | 3 | 38 | 28 | 57 | 503 | 125 | 0 | 8 | 23 | 18 | 685 | 853 |
| 1958 | 18 | 0 | 21 | 66 | 25 | 103 | 133 | 234 | 43 | 51 | 62 | 19 | 513 | 775 |
| 1959 | 12 | 14 | 34 | 18 | 31 | 124 | 142 | 262 | 115 | 35 | 38 | 27 | 643 | 852 |
| 1960 | 2 | 0 | 26 | 15 | 26 | 289 | 250 | 189 | 200 | 7 | 35 | 4 | 928 | 1 043 |
| 1961 | 7 | 10 | 26 | 27 | 102 | 86 | 196 | 170 | 198 | 22 | 57 | 19 | 650 | 920 |
| 1962 | 0 | 10 | 2 | 26 | 19 | 147 | 291 | 205 | 144 | 76 | 82 | 16 | 787 | 1 018 |
| 1963 | 0 | 0 | 38 | 45 | 102 | 20 | 450 | 159 | 25 | 6 | 14 | 7 | 654 | 866 |
| 1964 | 42 | 25 | 14 | 144 | 73 | 134 | 152 | 325 | 143 | 76 | 12 | 12 | 754 | 1 152 |
| 1965 | 11 | 12 | 9 | 78 | 2 | 42 | 402 | 284 | 14 | 22 | 16 | 15 | 742 | 907 |
| 1966 | 4 | 18 | 61 | 38 | 41 | 35 | 269 | 52 | 5 | 41 | 13 | 16 | 361 | 593 |
| 1967 | 12 | 29 | 35 | 44 | 17 | 126 | 112 | 118 | 123 | 33 | 60 | 0 | 479 | 709 |
| 1968 | 2 | 0 | 26 | 50 | 24 | 95 | 184 | 165 | 60 | 40 | 11 | 18 | 504 | 675 |
| 1969 | 25 | 26 | 17 | 65 | 90 | 79 | 207 | 144 | 228 | 3 | 3 | 1 | 658 | 888 |
| 1970 | 1 | 35 | 3 | 62 | 49 | 145 | 508 | 82 | 207 | 52 | 11 | 7 | 942 | 1 162 |
| 1971 | 20 | 21 | 35 | 34 | 12 | 288 | 134 | 372 | 133 | 6 | 1 | 10 | 927 | 1 066 |
| 1972 | 25 | 7 | 38 | 28 | 95 | 28 | 247 | 202 | 81 | 46 | 59 | 3 | 558 | 859 |
| 1973 | 27 | 22 | 9 | 118 | 49 | 81 | 345 | 108 | 63 | 57 | 0 | 0 | 597 | 879 |
| 1974 | 6 | 12 | 37 | 68 | 95 | 59 | 342 | 544 | 59 | 33 | 14 | 56 | 1 004 | 1 325 |

**表 3-7(续)**

日赣区

| 年份 | 1 月 | 2 月 | 3 月 | 4 月 | 5 月 | 6 月 | 7 月 | 8 月 | 9 月 | 10 月 | 11 月 | 12 月 | 6—9 月 | 全年 |
|---|---|---|---|---|---|---|---|---|---|---|---|---|---|---|
| 1975 | 2 | 26 | 18 | 126 | 3 | 67 | 255 | 378 | 176 | 51 | 72 | 7 | 876 | 1 181 |
| 1976 | 0 | 49 | 6 | 31 | 51 | 181 | 181 | 156 | 25 | 10 | 18 | 4 | 543 | 712 |
| 1977 | 0 | 0 | 20 | 108 | 47 | 50 | 289 | 84 | 44 | 40 | 16 | 23 | 467 | 721 |
| 1978 | 0 | 22 | 25 | 1 | 13 | 62 | 169 | 292 | 46 | 29 | 17 | 5 | 569 | 681 |
| 1979 | 28 | 21 | 38 | 75 | 42 | 138 | 265 | 36 | 175 | 5 | 5 | 32 | 614 | 860 |
| 1980 | 14 | 5 | 26 | 45 | 72 | 195 | 129 | 152 | 30 | 85 | 10 | 1 | 506 | 764 |
| 1981 | 12 | 17 | 25 | 2 | 32 | 132 | 172 | 91 | 20 | 58 | 19 | 6 | 415 | 586 |
| 1982 | 4 | 30 | 11 | 32 | 91 | 62 | 376 | 117 | 46 | 72 | 84 | 6 | 601 | 931 |
| 1983 | 13 | 8 | 39 | 7 | 37 | 84 | 205 | 81 | 78 | 90 | 9 | 3 | 448 | 654 |
| 1984 | 0 | 2 | 6 | 49 | 52 | 108 | 427 | 102 | 144 | 12 | 47 | 10 | 781 | 959 |
| 1985 | 6 | 20 | 15 | 37 | 153 | 18 | 340 | 120 | 136 | 95 | 24 | 27 | 614 | 991 |
| 1986 | 2 | 5 | 14 | 22 | 41 | 138 | 283 | 84 | 62 | 26 | 3 | 32 | 567 | 712 |
| 1987 | 42 | 38 | 19 | 48 | 18 | 87 | 174 | 128 | 74 | 166 | 35 | 0 | 463 | 829 |
| 1988 | 10 | 2 | 27 | 11 | 78 | 43 | 230 | 104 | 33 | 19 | 0 | 10 | 410 | 567 |
| 1989 | 64 | 14 | 52 | 34 | 26 | 269 | 91 | 129 | 34 | 3 | 29 | 1 | 523 | 746 |
| 1990 | 31 | 45 | 30 | 72 | 120 | 178 | 272 | 375 | 130 | 0 | 17 | 11 | 955 | 1 281 |
| 1991 | 19 | 17 | 81 | 33 | 187 | 180 | 217 | 54 | 27 | 1 | 13 | 17 | 478 | 846 |
| 1992 | 23 | 13 | 18 | 20 | 72 | 4 | 246 | 195 | 49 | 12 | 4 | 15 | 494 | 671 |
| 1993 | 22 | 42 | 7 | 15 | 65 | 91 | 187 | 187 | 35 | 40 | 183 | 2 | 500 | 876 |
| 1994 | 4 | 21 | 31 | 52 | 18 | 52 | 196 | 247 | 65 | 67 | 23 | 32 | 560 | 808 |
| 1995 | 5 | 8 | 26 | 37 | 58 | 37 | 302 | 300 | 41 | 46 | 0 | 0 | 680 | 860 |
| 1996 | 7 | 5 | 41 | 59 | 1 | 190 | 234 | 53 | 79 | 68 | 25 | 5 | 556 | 767 |

表 3-7(续)

日赣区

| 年份 | 1月 | 2月 | 3月 | 4月 | 5月 | 6月 | 7月 | 8月 | 9月 | 10月 | 11月 | 12月 | 6—9月 | 全年 |
|---|---|---|---|---|---|---|---|---|---|---|---|---|---|---|
| 1997 | 3 | 11 | 38 | 39 | 77 | 12 | 170 | 216 | 10 | 5 | 65 | 30 | 408 | 676 |
| 1998 | 21 | 48 | 89 | 85 | 155 | 70 | 227 | 279 | 1 | 56 | 0 | 7 | 577 | 1 038 |
| 1999 | 1 | 6 | 31 | 32 | 75 | 55 | 133 | 99 | 229 | 88 | 5 | 0 | 516 | 754 |
| 2000 | 49 | 16 | 2 | 7 | 84 | 129 | 189 | 424 | 52 | 79 | 63 | 8 | 794 | 1 102 |
| 2001 | 56 | 32 | 3 | 11 | 13 | 82 | 265 | 203 | 1 | 11 | 5 | 24 | 551 | 706 |
| 2002 | 4 | 4 | 26 | 69 | 94 | 105 | 156 | 81 | 26 | 4 | 5 | 16 | 368 | 590 |
| 2003 | 7 | 40 | 42 | 59 | 52 | 144 | 309 | 273 | 108 | 97 | 14 | 26 | 834 | 1 171 |
| 2004 | 3 | 25 | 6 | 26 | 99 | 62 | 225 | 164 | 82 | 7 | 33 | 14 | 533 | 746 |
| 2005 | 3 | 28 | 16 | 20 | 86 | 188 | 265 | 246 | 274 | 20 | 16 | 11 | 973 | 1 173 |
| 2006 | 11 | 19 | 7 | 70 | 44 | 94 | 266 | 240 | 18 | 2 | 35 | 26 | 618 | 832 |
| 2007 | 1 | 40 | 49 | 36 | 59 | 240 | 189 | 261 | 161 | 15 | 2 | 30 | 851 | 1 083 |
| 2008 | 17 | 5 | 12 | 98 | 136 | 117 | 372 | 258 | 39 | 66 | 7 | 8 | 786 | 1 135 |
| 2009 | 0 | 21 | 48 | 21 | 64 | 115 | 228 | 189 | 25 | 16 | 28 | 24 | 557 | 779 |
| 2010 | 1 | 44 | 20 | 59 | 96 | 64 | 169 | 288 | 181 | 3 | 0 | 1 | 702 | 926 |
| 2011 | 0 | 29 | 4 | 12 | 33 | 54 | 120 | 280 | 76 | 11 | 71 | 45 | 530 | 735 |
| 2012 | 1 | 6 | 39 | 43 | 3 | 54 | 352 | 184 | 101 | 3 | 47 | 50 | 691 | 883 |
| 2013 | 13 | 13 | 17 | 21 | 209 | 41 | 356 | 87 | 111 | 2 | 36 | 0 | 595 | 907 |
| 2014 | 3 | 28 | 4 | 21 | 84 | 79 | 177 | 89 | 158 | 65 | 58 | 1 | 503 | 767 |
| 2015 | 3 | 19 | 15 | 37 | 58 | 85 | 59 | 187 | 93 | 10 | 160 | 10 | 423 | 736 |
| 2016 | 3 | 22 | 2 | 23 | 50 | 175 | 144 | 120 | 58 | 156 | 5 | 45 | 497 | 804 |
| 2017 | 44 | 18 | 7 | 28 | 43 | 73 | 301 | 151 | 126 | 21 | 1 | 1 | 651 | 814 |
| 2018 | 10 | 2 | 41 | 26 | 102 | 75 | 293 | 167 | 70 | 7 | 40 | 38 | 604 | 870 |

**表 3-7(续)**

日赣区

| 年份 | 1月 | 2月 | 3月 | 4月 | 5月 | 6月 | 7月 | 8月 | 9月 | 10月 | 11月 | 12月 | 6—9月 | 全年 |
|---|---|---|---|---|---|---|---|---|---|---|---|---|---|---|
| 多年平均 | 13 | 18 | 25 | 43 | 62 | 106 | 243 | 188 | 86 | 39 | 29 | 14 | 623 | 866 |
| 历年最大 | 64 | 49 | 89 | 144 | 209 | 289 | 508 | 544 | 274 | 166 | 183 | 56 | 1 004 | 1 325 |
| 出现年份 | 1989 | 1976 | 1998 | 1964 | 2013 | 1960 | 1970 | 1974 | 2005 | 1987 | 1993 | 1974 | 1974 | 1974 |
| 历年最小 | 0 | 0 | 1 | 1 | 1 | 4 | 59 | 36 | 0 | 0 | 0 | 0 | 361 | 567 |
| 出现年份 | 1955 | 1958 | 1954 | 1978 | 1996 | 1992 | 2015 | 1979 | 1957 | 1990 | 1973 | 1967 | 1966 | 1988 |

**表 3-8　沂沭泗流域水资源分区历年各月水面蒸发量统计表**

单位：mm

南四湖湖西区

| 年份 | 1 月 | 2 月 | 3 月 | 4 月 | 5 月 | 6 月 | 7 月 | 8 月 | 9 月 | 10 月 | 11 月 | 12 月 | 全年 |
|---|---|---|---|---|---|---|---|---|---|---|---|---|---|
| 1980 | 31 | 61 | 60 | 103 | 132 | 126 | 110 | 100 | 97 | 61 | 45 | 33 | 959 |
| 1981 | 28 | 35 | 90 | 127 | 189 | 163 | 113 | 97 | 97 | 68 | 43 | 36 | 1 086 |
| 1982 | 35 | 35 | 73 | 109 | 144 | 158 | 106 | 83 | 78 | 59 | 38 | 32 | 950 |
| 1983 | 30 | 51 | 74 | 102 | 120 | 140 | 115 | 131 | 79 | 46 | 44 | 36 | 968 |
| 1984 | 36 | 42 | 82 | 97 | 107 | 113 | 92 | 108 | 70 | 71 | 37 | 25 | 880 |
| 1985 | 22 | 30 | 54 | 108 | 94 | 144 | 119 | 110 | 67 | 54 | 41 | 21 | 864 |
| 1986 | 34 | 56 | 75 | 111 | 134 | 156 | 167 | 133 | 88 | 74 | 43 | 34 | 1 105 |
| 1987 | 34 | 46 | 68 | 98 | 124 | 125 | 118 | 111 | 104 | 73 | 38 | 33 | 972 |
| 1988 | 40 | 47 | 61 | 104 | 104 | 154 | 119 | 107 | 89 | 61 | 58 | 46 | 990 |
| 1989 | 28 | 42 | 79 | 94 | 110 | 107 | 87 | 95 | 95 | 77 | 38 | 30 | 882 |
| 1990 | 26 | 27 | 60 | 93 | 98 | 104 | 111 | 93 | 85 | 70 | 37 | 34 | 838 |
| 1991 | 31 | 38 | 44 | 82 | 89 | 90 | 116 | 95 | 82 | 75 | 46 | 29 | 817 |
| 1992 | 18 | 59 | 45 | 109 | 106 | 132 | 116 | 91 | 65 | 57 | 44 | 24 | 866 |
| 1993 | 21 | 44 | 67 | 93 | 85 | 116 | 84 | 69 | 64 | 56 | 27 | 34 | 760 |
| 1994 | 34 | 40 | 73 | 70 | 126 | 107 | 106 | 84 | 74 | 58 | 34 | 22 | 828 |
| 1995 | 28 | 44 | 69 | 85 | 107 | 111 | 91 | 76 | 71 | 57 | 54 | 31 | 824 |
| 1996 | 30 | 46 | 62 | 86 | 105 | 109 | 92 | 89 | 53 | 50 | 28 | 34 | 784 |
| 1997 | 30 | 46 | 66 | 72 | 100 | 123 | 117 | 113 | 86 | 66 | 28 | 21 | 868 |
| 1998 | 24 | 46 | 53 | 71 | 79 | 120 | 102 | 80 | 95 | 65 | 41 | 26 | 802 |
| 1999 | 36 | 57 | 56 | 83 | 106 | 126 | 93 | 96 | 70 | 46 | 34 | 40 | 843 |
| 2000 | 19 | 39 | 83 | 120 | 118 | 115 | 99 | 85 | 71 | 43 | 30 | 31 | 853 |
| 2001 | 19 | 24 | 80 | 89 | 113 | 110 | 101 | 93 | 81 | 54 | 44 | 22 | 830 |

表 3-8(续)

南四湖湖西区

| 年份 | 1月 | 2月 | 3月 | 4月 | 5月 | 6月 | 7月 | 8月 | 9月 | 10月 | 11月 | 12月 | 全年 |
|---|---|---|---|---|---|---|---|---|---|---|---|---|---|
| 2002 | 33 | 57 | 65 | 90 | 78 | 133 | 123 | 116 | 92 | 70 | 39 | 15 | 911 |
| 2003 | 26 | 37 | 52 | 75 | 89 | 113 | 74 | 68 | 57 | 53 | 36 | 22 | 702 |
| 2004 | 29 | 63 | 72 | 97 | 108 | 92 | 94 | 78 | 81 | 51 | 35 | 28 | 828 |
| 2005 | 29 | 31 | 69 | 94 | 112 | 115 | 80 | 82 | 54 | 55 | 32 | 31 | 784 |
| 2006 | 16 | 30 | 79 | 79 | 103 | 119 | 83 | 89 | 68 | 60 | 45 | 22 | 793 |
| 2007 | 21 | 34 | 58 | 85 | 121 | 91 | 78 | 71 | 80 | 59 | 38 | 22 | 758 |
| 2008 | 19 | 32 | 76 | 77 | 110 | 90 | 70 | 85 | 70 | 57 | 38 | 30 | 754 |
| 2009 | 25 | 26 | 62 | 81 | 98 | 119 | 93 | 80 | 53 | 64 | 40 | 20 | 761 |
| 2010 | 23 | 24 | 62 | 82 | 94 | 105 | 87 | 78 | 61 | 66 | 49 | 34 | 765 |
| 2011 | 20 | 27 | 74 | 102 | 99 | 114 | 97 | 62 | 56 | 52 | 30 | 20 | 753 |
| 2012 | 16 | 33 | 57 | 77 | 100 | 122 | 95 | 81 | 76 | 63 | 40 | 23 | 783 |
| 2013 | 17 | 33 | 77 | 96 | 89 | 107 | 88 | 120 | 81 | 69 | 40 | 30 | 847 |
| 2014 | 33 | 35 | 67 | 70 | 121 | 97 | 114 | 92 | 61 | 62 | 37 | 34 | 824 |
| 2015 | 34 | 48 | 57 | 67 | 86 | 105 | 97 | 97 | 78 | 70 | 27 | 24 | 791 |
| 2016 | 23 | 51 | 72 | 76 | 98 | 104 | 93 | 97 | 86 | 48 | 32 | 27 | 808 |
| 2017 | 24 | 53 | 63 | 81 | 117 | 108 | 102 | 94 | 69 | 51 | 48 | 35 | 845 |
| 2018 | 25 | 52 | 68 | 94 | 105 | 141 | 123 | 100 | 91 | 69 | 29 | 27 | 923 |
| 多年平均 | 27 | 42 | 67 | 90 | 108 | 119 | 102 | 93 | 76 | 61 | 39 | 29 | 851 |
| 历年最大 | 40 | 63 | 90 | 127 | 189 | 163 | 167 | 133 | 104 | 77 | 58 | 46 | 1 105 |
| 出现年份 | 1988 | 2004 | 1981 | 1981 | 1981 | 1981 | 1986 | 1986 | 1987 | 1989 | 1988 | 1988 | 1986 |
| 历年最小 | 16 | 24 | 44 | 67 | 78 | 90 | 70 | 62 | 53 | 43 | 27 | 15 | 702 |
| 出现年份 | 2006 | 2001 | 1991 | 2015 | 2002 | 1991 | 2008 | 2011 | 1996 | 2000 | 1993 | 2002 | 2003 |

表 3-8(续)

南四湖湖东区

| 年份 | 1 月 | 2 月 | 3 月 | 4 月 | 5 月 | 6 月 | 7 月 | 8 月 | 9 月 | 10 月 | 11 月 | 12 月 | 全年 |
|---|---|---|---|---|---|---|---|---|---|---|---|---|---|
| 1980 | 35 | 52 | 65 | 107 | 143 | 135 | 124 | 120 | 123 | 73 | 57 | 61 | 1 095 |
| 1981 | 54 | 51 | 102 | 134 | 185 | 166 | 126 | 120 | 128 | 85 | 50 | 47 | 1 248 |
| 1982 | 50 | 48 | 80 | 132 | 182 | 175 | 130 | 113 | 109 | 75 | 45 | 56 | 1 195 |
| 1983 | 54 | 71 | 85 | 128 | 153 | 178 | 133 | 168 | 96 | 62 | 62 | 56 | 1 246 |
| 1984 | 48 | 54 | 100 | 112 | 129 | 126 | 111 | 125 | 88 | 78 | 43 | 35 | 1 049 |
| 1985 | 40 | 39 | 78 | 140 | 114 | 165 | 130 | 134 | 72 | 63 | 51 | 31 | 1 057 |
| 1986 | 39 | 53 | 90 | 114 | 148 | 160 | 134 | 125 | 105 | 85 | 52 | 37 | 1 142 |
| 1987 | 33 | 45 | 73 | 109 | 132 | 125 | 114 | 107 | 114 | 74 | 39 | 35 | 1 000 |
| 1988 | 40 | 52 | 66 | 121 | 122 | 159 | 128 | 126 | 103 | 71 | 60 | 41 | 1 089 |
| 1989 | 21 | 42 | 80 | 107 | 123 | 119 | 94 | 115 | 108 | 92 | 54 | 33 | 988 |
| 1990 | 24 | 30 | 62 | 98 | 112 | 111 | 116 | 99 | 97 | 77 | 39 | 37 | 902 |
| 1991 | 29 | 37 | 50 | 90 | 106 | 97 | 113 | 101 | 86 | 84 | 50 | 30 | 873 |
| 1992 | 22 | 60 | 50 | 112 | 114 | 140 | 124 | 104 | 74 | 64 | 47 | 33 | 944 |
| 1993 | 28 | 54 | 75 | 100 | 95 | 122 | 83 | 83 | 78 | 62 | 32 | 33 | 845 |
| 1994 | 36 | 40 | 68 | 68 | 140 | 123 | 112 | 100 | 95 | 68 | 42 | 29 | 921 |
| 1995 | 34 | 46 | 64 | 84 | 119 | 121 | 101 | 93 | 75 | 62 | 54 | 37 | 890 |
| 1996 | 40 | 65 | 69 | 92 | 124 | 107 | 90 | 95 | 65 | 52 | 35 | 36 | 870 |
| 1997 | 35 | 49 | 78 | 83 | 113 | 135 | 110 | 100 | 89 | 83 | 42 | 25 | 942 |
| 1998 | 24 | 38 | 45 | 64 | 88 | 114 | 96 | 81 | 94 | 73 | 47 | 24 | 788 |
| 1999 | 36 | 59 | 67 | 88 | 117 | 112 | 95 | 104 | 91 | 51 | 35 | 36 | 891 |
| 2000 | 19 | 37 | 90 | 110 | 114 | 116 | 108 | 96 | 88 | 45 | 29 | 20 | 872 |
| 2001 | 16 | 23 | 81 | 96 | 132 | 121 | 108 | 101 | 99 | 69 | 44 | 24 | 914 |

**表 3-8(续)**

南四湖湖东区

| 年份 | 1月 | 2月 | 3月 | 4月 | 5月 | 6月 | 7月 | 8月 | 9月 | 10月 | 11月 | 12月 | 全年 |
|---|---|---|---|---|---|---|---|---|---|---|---|---|---|
| 2002 | 39 | 67 | 74 | 101 | 89 | 140 | 125 | 118 | 103 | 80 | 50 | 22 | 1 008 |
| 2003 | 27 | 41 | 56 | 83 | 100 | 118 | 72 | 73 | 68 | 62 | 37 | 28 | 765 |
| 2004 | 33 | 71 | 85 | 115 | 116 | 101 | 100 | 92 | 92 | 68 | 38 | 31 | 942 |
| 2005 | 34 | 34 | 70 | 102 | 132 | 136 | 90 | 87 | 64 | 62 | 38 | 41 | 890 |
| 2006 | 17 | 24 | 84 | 98 | 123 | 141 | 91 | 102 | 84 | 68 | 47 | 18 | 897 |
| 2007 | 19 | 33 | 64 | 101 | 152 | 109 | 93 | 84 | 87 | 69 | 44 | 22 | 877 |
| 2008 | 19 | 28 | 77 | 86 | 125 | 105 | 78 | 101 | 78 | 58 | 41 | 29 | 825 |
| 2009 | 24 | 25 | 73 | 98 | 118 | 145 | 116 | 89 | 64 | 69 | 39 | 19 | 879 |
| 2010 | 22 | 25 | 67 | 93 | 112 | 115 | 102 | 88 | 68 | 71 | 50 | 38 | 851 |
| 2011 | 23 | 26 | 87 | 117 | 116 | 133 | 97 | 69 | 65 | 58 | 31 | 19 | 841 |
| 2012 | 19 | 26 | 61 | 93 | 122 | 137 | 114 | 97 | 93 | 70 | 45 | 22 | 899 |
| 2013 | 21 | 32 | 82 | 109 | 112 | 120 | 93 | 139 | 87 | 74 | 38 | 37 | 943 |
| 2014 | 42 | 39 | 81 | 87 | 148 | 103 | 122 | 101 | 64 | 64 | 41 | 41 | 933 |
| 2015 | 36 | 46 | 72 | 76 | 110 | 112 | 108 | 108 | 82 | 74 | 30 | 34 | 887 |
| 2016 | 32 | 67 | 85 | 102 | 119 | 120 | 112 | 116 | 114 | 63 | 43 | 33 | 1 007 |
| 2017 | 34 | 61 | 76 | 99 | 148 | 129 | 129 | 118 | 92 | 67 | 61 | 53 | 1 067 |
| 2018 | 36 | 58 | 75 | 108 | 116 | 164 | 136 | 128 | 115 | 91 | 39 | 31 | 1 096 |
| 多年平均 | 32 | 45 | 74 | 101 | 125 | 130 | 109 | 106 | 90 | 70 | 44 | 34 | 958 |
| 历年最大 | 54 | 71 | 102 | 140 | 185 | 178 | 136 | 168 | 128 | 92 | 62 | 61 | 1 248 |
| 出现年份 | 1981 | 1983 | 1981 | 1985 | 1981 | 1983 | 2018 | 1983 | 1981 | 1989 | 1983 | 1980 | 1981 |
| 历年最小 | 16 | 23 | 45 | 64 | 88 | 97 | 72 | 69 | 64 | 45 | 29 | 18 | 765 |
| 出现年份 | 2001 | 2001 | 1998 | 1998 | 1998 | 1991 | 2003 | 2011 | 2005 | 2000 | 2000 | 2006 | 2003 |

表 3-8(续)

中运河区

| 年份 | 1 月 | 2 月 | 3 月 | 4 月 | 5 月 | 6 月 | 7 月 | 8 月 | 9 月 | 10 月 | 11 月 | 12 月 | 全年 |
|---|---|---|---|---|---|---|---|---|---|---|---|---|---|
| 1980 | 20 | 36 | 53 | 90 | 117 | 89 | 81 | 102 | 93 | 65 | 44 | 38 | 828 |
| 1981 | 24 | 27 | 71 | 96 | 163 | 133 | 109 | 113 | 100 | 60 | 40 | 24 | 960 |
| 1982 | 20 | 24 | 57 | 92 | 124 | 130 | 103 | 109 | 93 | 69 | 40 | 27 | 888 |
| 1983 | 21 | 38 | 75 | 111 | 130 | 141 | 118 | 146 | 96 | 58 | 53 | 34 | 1 021 |
| 1984 | 24 | 32 | 81 | 89 | 125 | 112 | 111 | 132 | 72 | 74 | 43 | 26 | 921 |
| 1985 | 20 | 23 | 53 | 114 | 97 | 130 | 117 | 127 | 66 | 52 | 47 | 20 | 866 |
| 1986 | 22 | 36 | 72 | 105 | 142 | 127 | 96 | 118 | 96 | 81 | 45 | 27 | 967 |
| 1987 | 31 | 37 | 65 | 99 | 131 | 122 | 107 | 120 | 120 | 72 | 38 | 28 | 970 |
| 1988 | 32 | 36 | 68 | 117 | 125 | 139 | 147 | 128 | 104 | 77 | 69 | 34 | 1 076 |
| 1989 | 22 | 33 | 91 | 105 | 130 | 134 | 115 | 127 | 108 | 100 | 47 | 32 | 1 044 |
| 1990 | 19 | 23 | 72 | 114 | 119 | 115 | 119 | 105 | 92 | 81 | 40 | 33 | 932 |
| 1991 | 23 | 35 | 50 | 97 | 105 | 88 | 122 | 117 | 98 | 93 | 53 | 34 | 915 |
| 1992 | 32 | 48 | 51 | 117 | 124 | 137 | 129 | 97 | 75 | 73 | 48 | 21 | 952 |
| 1993 | 19 | 33 | 76 | 112 | 103 | 123 | 98 | 77 | 77 | 67 | 29 | 37 | 851 |
| 1994 | 38 | 34 | 77 | 75 | 149 | 131 | 144 | 126 | 108 | 79 | 40 | 27 | 1 028 |
| 1995 | 24 | 31 | 74 | 83 | 104 | 110 | 93 | 94 | 84 | 69 | 50 | 30 | 846 |
| 1996 | 27 | 39 | 55 | 94 | 121 | 93 | 83 | 112 | 66 | 57 | 36 | 26 | 809 |
| 1997 | 23 | 36 | 66 | 84 | 127 | 151 | 104 | 125 | 113 | 91 | 34 | 21 | 975 |
| 1998 | 13 | 27 | 53 | 65 | 84 | 98 | 105 | 84 | 108 | 73 | 52 | 25 | 787 |
| 1999 | 26 | 48 | 51 | 84 | 110 | 119 | 105 | 103 | 93 | 52 | 41 | 30 | 862 |
| 2000 | 19 | 30 | 86 | 116 | 113 | 96 | 110 | 91 | 86 | 51 | 32 | 31 | 861 |
| 2001 | 33 | 25 | 87 | 104 | 131 | 112 | 121 | 98 | 106 | 63 | 44 | 29 | 953 |

**表 3-8(续)**

中运河区

| 年份 | 1月 | 2月 | 3月 | 4月 | 5月 | 6月 | 7月 | 8月 | 9月 | 10月 | 11月 | 12月 | 全年 |
|---|---|---|---|---|---|---|---|---|---|---|---|---|---|
| 2002 | 19 | 41 | 64 | 81 | 73 | 134 | 125 | 126 | 108 | 83 | 51 | 25 | 930 |
| 2003 | 37 | 29 | 56 | 66 | 97 | 115 | 61 | 66 | 76 | 58 | 43 | 23 | 727 |
| 2004 | 21 | 47 | 81 | 105 | 104 | 95 | 100 | 90 | 92 | 66 | 44 | 25 | 870 |
| 2005 | 25 | 27 | 69 | 101 | 122 | 131 | 102 | 72 | 65 | 65 | 41 | 35 | 855 |
| 2006 | 24 | 30 | 76 | 84 | 103 | 104 | 73 | 98 | 72 | 66 | 44 | 29 | 803 |
| 2007 | 27 | 37 | 67 | 87 | 112 | 88 | 69 | 83 | 77 | 60 | 42 | 23 | 772 |
| 2008 | 19 | 26 | 79 | 71 | 104 | 73 | 69 | 92 | 79 | 52 | 35 | 29 | 728 |
| 2009 | 20 | 29 | 64 | 89 | 110 | 104 | 92 | 81 | 69 | 70 | 49 | 26 | 803 |
| 2010 | 24 | 31 | 55 | 81 | 88 | 106 | 88 | 107 | 70 | 70 | 58 | 52 | 830 |
| 2011 | 38 | 45 | 82 | 119 | 107 | 91 | 85 | 66 | 72 | 63 | 39 | 30 | 837 |
| 2012 | 21 | 33 | 60 | 87 | 121 | 118 | 113 | 103 | 87 | 72 | 44 | 29 | 888 |
| 2013 | 13 | 29 | 85 | 113 | 96 | 111 | 100 | 136 | 85 | 81 | 51 | 37 | 936 |
| 2014 | 34 | 21 | 72 | 85 | 135 | 111 | 119 | 86 | 62 | 73 | 47 | 38 | 883 |
| 2015 | 31 | 35 | 66 | 75 | 90 | 98 | 91 | 106 | 91 | 87 | 29 | 32 | 830 |
| 2016 | 22 | 32 | 74 | 82 | 101 | 102 | 106 | 127 | 106 | 52 | 39 | 27 | 870 |
| 2017 | 25 | 40 | 82 | 102 | 136 | 146 | 119 | 103 | 74 | 58 | 55 | 33 | 972 |
| 2018 | 20 | 33 | 65 | 105 | 97 | 134 | 114 | 115 | 92 | 82 | 35 | 24 | 916 |
| 多年平均 | 24 | 33 | 69 | 95 | 115 | 115 | 104 | 105 | 88 | 70 | 44 | 29 | 891 |
| 历年最大 | 38 | 48 | 91 | 119 | 163 | 151 | 147 | 146 | 120 | 100 | 69 | 52 | 1 076 |
| 出现年份 | 1994 | 1992 | 1989 | 2011 | 1981 | 1997 | 1988 | 1983 | 1987 | 1989 | 1988 | 2010 | 1988 |
| 历年最小 | 13 | 21 | 50 | 65 | 73 | 73 | 61 | 66 | 62 | 51 | 29 | 20 | 727 |
| 出现年份 | 1998 | 2014 | 1991 | 1998 | 2002 | 2008 | 2003 | 2003 | 2014 | 2000 | 1993 | 1985 | 2003 |

表 3-8(续)

沂沭河区

| 年份 | 1月 | 2月 | 3月 | 4月 | 5月 | 6月 | 7月 | 8月 | 9月 | 10月 | 11月 | 12月 | 全年 |
|---|---|---|---|---|---|---|---|---|---|---|---|---|---|
| 1980 | 35 | 49 | 84 | 111 | 143 | 108 | 97 | 100 | 114 | 70 | 59 | 47 | 1 017 |
| 1981 | 35 | 45 | 86 | 126 | 175 | 150 | 114 | 115 | 118 | 76 | 51 | 36 | 1 127 |
| 1982 | 30 | 32 | 72 | 121 | 172 | 141 | 111 | 95 | 98 | 66 | 41 | 35 | 1 014 |
| 1983 | 28 | 44 | 74 | 110 | 130 | 146 | 117 | 144 | 92 | 61 | 58 | 42 | 1 046 |
| 1984 | 32 | 40 | 81 | 92 | 119 | 104 | 100 | 113 | 76 | 75 | 43 | 30 | 905 |
| 1985 | 28 | 31 | 59 | 117 | 98 | 129 | 108 | 113 | 69 | 60 | 49 | 25 | 886 |
| 1986 | 30 | 44 | 69 | 109 | 138 | 119 | 107 | 117 | 101 | 87 | 56 | 31 | 1 008 |
| 1987 | 27 | 40 | 68 | 98 | 128 | 122 | 95 | 101 | 110 | 70 | 42 | 31 | 932 |
| 1988 | 35 | 43 | 67 | 118 | 123 | 128 | 117 | 115 | 99 | 77 | 70 | 42 | 1 034 |
| 1989 | 21 | 39 | 79 | 99 | 119 | 109 | 92 | 110 | 99 | 90 | 43 | 32 | 932 |
| 1990 | 20 | 24 | 60 | 97 | 100 | 93 | 104 | 94 | 90 | 79 | 44 | 36 | 841 |
| 1991 | 25 | 36 | 45 | 91 | 98 | 83 | 103 | 110 | 96 | 92 | 54 | 27 | 860 |
| 1992 | 20 | 51 | 50 | 114 | 116 | 133 | 124 | 107 | 78 | 75 | 50 | 27 | 945 |
| 1993 | 21 | 41 | 74 | 106 | 108 | 116 | 84 | 76 | 87 | 76 | 32 | 35 | 856 |
| 1994 | 33 | 37 | 72 | 78 | 146 | 122 | 124 | 112 | 107 | 75 | 43 | 30 | 979 |
| 1995 | 32 | 42 | 73 | 90 | 120 | 120 | 114 | 95 | 85 | 68 | 68 | 39 | 946 |
| 1996 | 28 | 53 | 66 | 95 | 132 | 106 | 91 | 110 | 72 | 62 | 42 | 33 | 890 |
| 1997 | 26 | 44 | 69 | 87 | 119 | 145 | 114 | 108 | 105 | 91 | 41 | 28 | 977 |
| 1998 | 21 | 33 | 50 | 66 | 82 | 95 | 96 | 74 | 103 | 74 | 51 | 30 | 775 |
| 1999 | 31 | 51 | 52 | 87 | 114 | 110 | 95 | 92 | 86 | 52 | 43 | 36 | 849 |
| 2000 | 21 | 33 | 81 | 116 | 116 | 104 | 106 | 92 | 88 | 54 | 34 | 29 | 874 |
| 2001 | 19 | 26 | 81 | 98 | 131 | 97 | 111 | 100 | 107 | 70 | 49 | 32 | 921 |

**表 3-8(续)**

沂沭河区

| 年份 | 1月 | 2月 | 3月 | 4月 | 5月 | 6月 | 7月 | 8月 | 9月 | 10月 | 11月 | 12月 | 全年 |
|---|---|---|---|---|---|---|---|---|---|---|---|---|---|
| 2002 | 37 | 53 | 67 | 90 | 80 | 122 | 116 | 118 | 100 | 82 | 54 | 29 | 948 |
| 2003 | 25 | 31 | 53 | 76 | 91 | 106 | 63 | 68 | 71 | 64 | 45 | 30 | 723 |
| 2004 | 27 | 56 | 75 | 97 | 102 | 97 | 95 | 84 | 88 | 70 | 42 | 33 | 866 |
| 2005 | 27 | 29 | 68 | 100 | 122 | 127 | 84 | 74 | 62 | 68 | 42 | 34 | 837 |
| 2006 | 16 | 26 | 76 | 86 | 104 | 110 | 74 | 96 | 75 | 67 | 49 | 22 | 801 |
| 2007 | 24 | 31 | 62 | 90 | 117 | 86 | 74 | 83 | 72 | 62 | 44 | 24 | 769 |
| 2008 | 19 | 29 | 73 | 76 | 101 | 75 | 67 | 88 | 75 | 60 | 43 | 33 | 739 |
| 2009 | 23 | 25 | 64 | 90 | 105 | 108 | 92 | 82 | 69 | 69 | 45 | 23 | 795 |
| 2010 | 21 | 22 | 56 | 80 | 97 | 99 | 97 | 88 | 68 | 70 | 51 | 36 | 785 |
| 2011 | 20 | 24 | 75 | 102 | 104 | 98 | 80 | 69 | 72 | 55 | 36 | 21 | 756 |
| 2012 | 19 | 26 | 55 | 76 | 110 | 102 | 95 | 86 | 81 | 65 | 42 | 21 | 778 |
| 2013 | 16 | 26 | 76 | 101 | 91 | 91 | 80 | 118 | 72 | 71 | 41 | 32 | 816 |
| 2014 | 31 | 30 | 70 | 81 | 128 | 88 | 105 | 86 | 58 | 62 | 42 | 35 | 816 |
| 2015 | 32 | 38 | 64 | 79 | 100 | 106 | 93 | 97 | 81 | 72 | 34 | 33 | 829 |
| 2016 | 29 | 45 | 73 | 84 | 102 | 104 | 94 | 113 | 93 | 53 | 37 | 31 | 857 |
| 2017 | 30 | 53 | 68 | 98 | 125 | 121 | 99 | 95 | 75 | 64 | 51 | 39 | 847 |
| 2018 | 29 | 40 | 69 | 95 | 94 | 122 | 106 | 112 | 94 | 80 | 34 | 28 | 902 |
| 多年平均 | 26 | 37 | 68 | 96 | 115 | 111 | 98 | 99 | 87 | 70 | 46 | 32 | 884 |
| 历年最大 | 37 | 56 | 86 | 126 | 175 | 150 | 124 | 144 | 118 | 92 | 70 | 47 | 1 127 |
| 出现年份 | 2002 | 2004 | 1981 | 1981 | 1981 | 1981 | 1992 | 1983 | 1981 | 1991 | 1988 | 1980 | 1981 |
| 历年最小 | 16 | 22 | 45 | 66 | 80 | 75 | 63 | 68 | 58 | 52 | 32 | 21 | 723 |
| 出现年份 | 2006 | 2010 | 1991 | 1998 | 2002 | 2008 | 2003 | 2003 | 2014 | 1999 | 1993 | 2011 | 2003 |

表 3-8(续)

日赣区

| 年份 | 1月 | 2月 | 3月 | 4月 | 5月 | 6月 | 7月 | 8月 | 9月 | 10月 | 11月 | 12月 | 全年 |
|---|---|---|---|---|---|---|---|---|---|---|---|---|---|
| 1980 | 30 | 34 | 72 | 106 | 147 | 107 | 98 | 109 | 120 | 76 | 58 | 45 | 1 002 |
| 1981 | 32 | 39 | 72 | 125 | 180 | 129 | 107 | 112 | 115 | 80 | 53 | 35 | 1 079 |
| 1982 | 29 | 30 | 66 | 110 | 165 | 111 | 95 | 95 | 99 | 63 | 46 | 36 | 945 |
| 1983 | 32 | 42 | 66 | 98 | 102 | 125 | 100 | 132 | 95 | 66 | 64 | 42 | 964 |
| 1984 | 32 | 44 | 74 | 82 | 109 | 89 | 89 | 115 | 82 | 72 | 47 | 33 | 868 |
| 1985 | 26 | 30 | 57 | 106 | 90 | 107 | 95 | 104 | 70 | 61 | 59 | 31 | 836 |
| 1986 | 29 | 42 | 61 | 96 | 124 | 117 | 107 | 112 | 105 | 97 | 67 | 33 | 990 |
| 1987 | 25 | 36 | 72 | 95 | 130 | 115 | 103 | 106 | 122 | 76 | 48 | 33 | 961 |
| 1988 | 33 | 43 | 66 | 124 | 134 | 132 | 121 | 124 | 107 | 82 | 76 | 39 | 1 081 |
| 1989 | 22 | 40 | 84 | 109 | 132 | 115 | 98 | 121 | 108 | 100 | 46 | 35 | 1 010 |
| 1990 | 21 | 26 | 64 | 103 | 101 | 92 | 100 | 92 | 95 | 86 | 45 | 40 | 865 |
| 1991 | 27 | 36 | 47 | 94 | 113 | 90 | 117 | 115 | 103 | 100 | 58 | 27 | 927 |
| 1992 | 18 | 48 | 51 | 125 | 124 | 145 | 149 | 116 | 82 | 81 | 52 | 28 | 1 019 |
| 1993 | 23 | 41 | 79 | 112 | 114 | 117 | 90 | 83 | 91 | 81 | 32 | 35 | 898 |
| 1994 | 34 | 39 | 74 | 81 | 157 | 128 | 123 | 121 | 106 | 83 | 39 | 27 | 1 012 |
| 1995 | 30 | 47 | 76 | 94 | 136 | 130 | 105 | 98 | 87 | 73 | 66 | 35 | 977 |
| 1996 | 32 | 50 | 65 | 96 | 131 | 97 | 91 | 114 | 79 | 65 | 41 | 32 | 893 |
| 1997 | 27 | 43 | 72 | 94 | 122 | 161 | 124 | 124 | 123 | 98 | 40 | 29 | 1 057 |
| 1998 | 23 | 34 | 50 | 65 | 91 | 100 | 105 | 83 | 112 | 78 | 56 | 33 | 830 |
| 1999 | 36 | 53 | 54 | 93 | 120 | 119 | 110 | 106 | 93 | 57 | 45 | 39 | 925 |
| 2000 | 23 | 32 | 82 | 126 | 115 | 110 | 112 | 103 | 92 | 59 | 37 | 29 | 920 |
| 2001 | 18 | 26 | 81 | 104 | 145 | 109 | 118 | 107 | 114 | 74 | 55 | 33 | 984 |

**表 3-8(续)**

日赣区

| 年份 | 1月 | 2月 | 3月 | 4月 | 5月 | 6月 | 7月 | 8月 | 9月 | 10月 | 11月 | 12月 | 全年 |
|---|---|---|---|---|---|---|---|---|---|---|---|---|---|
| 2002 | 34 | 49 | 70 | 94 | 84 | 122 | 124 | 128 | 109 | 92 | 60 | 29 | 995 |
| 2003 | 27 | 31 | 55 | 84 | 90 | 108 | 68 | 67 | 71 | 70 | 53 | 32 | 756 |
| 2004 | 28 | 49 | 76 | 101 | 109 | 105 | 100 | 89 | 95 | 80 | 48 | 35 | 915 |
| 2005 | 32 | 34 | 67 | 112 | 133 | 137 | 87 | 83 | 68 | 75 | 46 | 39 | 913 |
| 2006 | 15 | 24 | 78 | 95 | 111 | 110 | 74 | 103 | 78 | 72 | 53 | 25 | 838 |
| 2007 | 25 | 31 | 65 | 97 | 124 | 89 | 81 | 92 | 82 | 68 | 49 | 26 | 829 |
| 2008 | 22 | 27 | 71 | 82 | 108 | 77 | 70 | 94 | 77 | 62 | 48 | 30 | 768 |
| 2009 | 20 | 24 | 66 | 90 | 105 | 108 | 100 | 86 | 75 | 74 | 53 | 26 | 827 |
| 2010 | 18 | 21 | 56 | 81 | 96 | 99 | 107 | 89 | 75 | 81 | 57 | 37 | 817 |
| 2011 | 20 | 27 | 75 | 98 | 108 | 103 | 87 | 79 | 83 | 59 | 39 | 23 | 801 |
| 2012 | 18 | 27 | 61 | 77 | 115 | 104 | 97 | 86 | 88 | 77 | 49 | 22 | 821 |
| 2013 | 16 | 27 | 78 | 113 | 102 | 102 | 103 | 149 | 87 | 89 | 49 | 36 | 953 |
| 2014 | 29 | 31 | 69 | 88 | 154 | 97 | 118 | 103 | 71 | 73 | 47 | 41 | 919 |
| 2015 | 53 | 61 | 69 | 98 | 117 | 136 | 116 | 112 | 95 | 82 | 38 | 30 | 1 007 |
| 2016 | 32 | 41 | 76 | 89 | 118 | 112 | 107 | 133 | 106 | 59 | 44 | 29 | 944 |
| 2017 | 28 | 46 | 71 | 117 | 142 | 123 | 107 | 102 | 84 | 77 | 59 | 43 | 1 000 |
| 2018 | 28 | 45 | 67 | 104 | 103 | 121 | 104 | 118 | 101 | 92 | 41 | 34 | 958 |
| 多年平均 | 27 | 37 | 68 | 99 | 121 | 113 | 103 | 105 | 93 | 77 | 50 | 33 | 926 |
| 历年最大 | 53 | 53 | 84 | 126 | 180 | 161 | 149 | 149 | 123 | 100 | 76 | 45 | 1 081 |
| 出现年份 | 2015 | 1999 | 1989 | 2000 | 1981 | 1997 | 1992 | 2013 | 1997 | 1989 | 1988 | 1980 | 1988 |
| 历年最小 | 15 | 21 | 47 | 65 | 84 | 77 | 68 | 67 | 68 | 57 | 32 | 22 | 756 |
| 出现年份 | 2006 | 2010 | 1991 | 1998 | 2002 | 2008 | 2003 | 2003 | 2005 | 1999 | 1993 | 2012 | 2003 |

**表 3-9　沂沭泗流域代表站各月多年最大地下水埋深统计表**

单位：m

| 分区名称 | 站名 | 1月 | 2月 | 3月 | 4月 | 5月 | 6月 | 7月 | 8月 | 9月 | 10月 | 11月 | 12月 |
|---|---|---|---|---|---|---|---|---|---|---|---|---|---|
| 南四湖湖西区 | 菏泽 | 2.96 | 2.85 | 2.81 | 3.09 | 2.83 | 3.13 | 3.51 | 2.07 | 1.65 | 1.86 | 2.48 | 2.54 |
| | 郓城 | 2.94 | 3.00 | 2.97 | 3.32 | 3.50 | 3.55 | 4.11 | 3.00 | 2.61 | 2.37 | 2.54 | 2.77 |
| | 沛县 | 1.95 | 2.31 | 2.54 | 2.90 | 3.25 | 3.68 | 3.35 | 2.59 | 2.44 | 2.88 | 3.15 | 3.06 |
| | 曹县 | 3.34 | 3.35 | 3.66 | 3.69 | 4.11 | 4.29 | 4.64 | 4.27 | 3.63 | 3.03 | 3.15 | 3.16 |
| 南四湖湖东区 | 济宁 | 12.73 | 13.11 | 13.47 | 13.90 | 14.25 | 14.70 | 14.59 | 13.71 | 12.87 | 13.45 | 13.23 | 12.51 |
| | 滕县 | 2.96 | 3.16 | 3.26 | 3.37 | 3.70 | 3.80 | 3.86 | 3.14 | 2.55 | 1.96 | 2.60 | 2.67 |
| | 曲阜 | 5.47 | 5.74 | 5.85 | 6.19 | 6.44 | 6.62 | 6.75 | 6.18 | 5.61 | 5.18 | 5.25 | 5.38 |
| 中运河区 | 徐州 | 1.03 | 1.28 | 1.13 | 1.18 | 2.18 | 2.94 | 1.25 | 1.50 | 0.82 | 1.75 | 1.61 | 1.34 |
| | 邳县 | 2.21 | 2.41 | 2.48 | 2.43 | 2.83 | 3.29 | 3.10 | 2.67 | 2.17 | 2.31 | 2.48 | 2.67 |
| | 枣庄 | 6.81 | 8.26 | 9.11 | 10.14 | 10.40 | 10.38 | 9.44 | 7.11 | 4.20 | 4.06 | 4.46 | 5.22 |
| 沂沭河区 | 沭阳 | 2.36 | 2.41 | 2.18 | 2.42 | 2.53 | 2.94 | 1.65 | 1.63 | 1.15 | 2.35 | 2.44 | 2.15 |
| | 响水 | 1.59 | 1.57 | 1.52 | 1.54 | 1.53 | 1.51 | 1.07 | 1.04 | 1.21 | 1.40 | 1.47 | 1.46 |
| 日赣区 | 日照 | 4.93 | 5.03 | 5.26 | 5.34 | 5.36 | 5.19 | 5.10 | 4.59 | 4.26 | 4.10 | 4.60 | 4.95 |
| | 赣榆 | 2.64 | 2.96 | 3.05 | 3.11 | 3.60 | 3.64 | 1.77 | 1.26 | 1.55 | 2.60 | 2.58 | 3.08 |

注：本表数据采用1972—2012年资料计算。

**表 3-10　沂沭泗流域水资源分区各月多年最大土壤墒情统计表**

单位：%

| 分区名称 | 1月 | 2月 | 3月 | 4月 | 5月 | 6月 | 7月 | 8月 | 9月 | 10月 | 11月 | 12月 | 全年 |
|---|---|---|---|---|---|---|---|---|---|---|---|---|---|
| 10 cm 深度土壤相对湿度 | | | | | | | | | | | | | |
| 南四湖湖东区 | 94 | 84 | 85 | 74 | 74 | 71 | 81 | 87 | 91 | 86 | 84 | 86 | 83 |
| 南四湖湖西区 | 88 | 71 | 78 | 65 | 70 | 67 | 80 | 81 | 85 | 75 | 76 | 76 | 76 |
| 中运河区 | 88 | 64 | 79 | 60 | 70 | 66 | 81 | 88 | 88 | 82 | 79 | 81 | 77 |
| 沂沭河区 | 80 | 65 | 79 | 68 | 70 | 69 | 79 | 87 | 84 | 74 | 66 | 73 | 75 |
| 日赣区 | 99 | 97 | 99 | 81 | 72 | 61 | 81 | 82 | 86 | 87 | 89 | 97 | 86 |
| 20 cm 深度土壤相对湿度 | | | | | | | | | | | | | |
| 南四湖湖东区 | 93 | 88 | 87 | 80 | 78 | 75 | 83 | 87 | 91 | 89 | 86 | 89 | 86 |
| 南四湖湖西区 | 94 | 84 | 86 | 76 | 76 | 72 | 88 | 88 | 90 | 82 | 85 | 85 | 84 |
| 中运河区 | 94 | 77 | 86 | 70 | 73 | 73 | 84 | 87 | 92 | 83 | 83 | 85 | 82 |
| 沂沭河区 | 80 | 73 | 83 | 74 | 73 | 72 | 83 | 88 | 86 | 80 | 73 | 77 | 79 |
| 日赣区 | 79 | 80 | 82 | 70 | 60 | 52 | 90 | 72 | 83 | 75 | 76 | 85 | 75 |
| 40 cm 深度土壤相对湿度 | | | | | | | | | | | | | |
| 南四湖湖东区 | 90 | 88 | 89 | 86 | 84 | 77 | 90 | 90 | 92 | 92 | 90 | 90 | 88 |
| 南四湖湖西区 | 99 | 86 | 90 | 84 | 79 | 77 | 94 | 94 | 94 | 85 | 86 | 87 | 88 |
| 中运河区 | 90 | 66 | 85 | 80 | 70 | 61 | 75 | 82 | 85 | 78 | 85 | 82 | 78 |
| 沂沭河区 | 82 | 78 | 85 | 80 | 80 | 74 | 84 | 92 | 89 | 83 | 85 | 86 | 83 |
| 日赣区 | 99 | 98 | 97 | 91 | 75 | 64 | 98 | 98 | 98 | 97 | 98 | 97 | 93 |

注：本表数据依据 2009 年 3 月—2012 年 12 月资料计算。

**表 3-11　沂沭泗流域不同频率地表水资源(年径流)量成果表**

| 分区名称 | 计算面积/$km^2$ | 统计参数 | | | 不同频率地表水资源(年径流)量/亿 $m^3$ | | | |
|---|---|---|---|---|---|---|---|---|
| | | 年均值/亿 $m^3$ | $C_v$ | $C_s/C_v$ | 20% | 50% | 75% | 95% |
| 南四湖湖东区 | 10 310 | 15.6 | 0.55 | 2 | 22.1 | 14.1 | 9.33 | 4.63 |
| 南四湖湖西区 | 22 193 | 10.7 | 0.98 | 2 | 17.9 | 8.13 | 3.04 | −0.98 |
| 中运河区 | 9 695 | 21.9 | 0.52 | 2 | 30.5 | 20 | 13.5 | 7.07 |
| 沂沭河区 | 32 673 | 83.7 | 0.46 | 2 | 113 | 77.9 | 55.6 | 31.9 |
| 日赣区 | 4 054 | 10.7 | 0.54 | 2 | 15 | 9.65 | 6.44 | 3.25 |

注：资料来源于《淮河流域水资源调查与评价》。

表 3-12　沂沭泗流域典型干旱年地表水资源(年径流)量统计表

单位:万 $m^3$

| 分区名称 | 1966 年 | 1978 年 | 1988 年 | 1994 年 | 1999 年 | 2000 年 |
|---|---|---|---|---|---|---|
| 南四湖湖东区 | 74 702 | 96 744 | 56 696 | 121 851 | 93 052 | 106 225 |
| 南四湖湖西区 | −28 512 | 77 428 | −18 797 | 76 509 | 1 760 | 74 453 |
| 中运河区 | 88 228 | 144 576 | 60 719 | 151 197 | 67 270 | 308 896 |
| 沂沭河区 | 316 789 | 363 356 | 293 460 | 679 306 | 384 920 | 1 309 924 |
| 日赣区 | 29 594 | 71 528 | 41 925 | 68 318 | 92 942 | 142 718 |

注:资料来源于《淮河流域水资源调查与评价》。

# 第四部分　水利工程

沂沭泗流域水利工程体系主要由河道堤防、水库湖泊、滞洪区、主要控制性枢纽工程、南水北调东线工程和沂沭河拦河闸坝等组成。沂沭泗河骨干河道中、下游防洪工程体系基本达到五十年一遇防洪标准。

## 一、河道堤防

沂沭泗流域直管河道长 961 km，堤防长 1 729 km，其中一级堤防长 394 km，二级堤防长 895 km。一级堤防有南四湖湖西大堤、骆马湖二线堤防、新沂河堤防。二级堤防有沂河祊河口以下堤防、沭河汤河口以下堤防、分沂入沭右堤、新沭河右堤、祊河右堤、邳苍分洪道堤防、南四湖湖东堤、韩庄运河堤防、中运河堤防。

沂沭泗河骨干河道中、下游河段的泄洪能力如下：沂河祊河口—刘家道口—江风口—苗圩为 16 000 $m^3/s$、12 000 $m^3/s$、8 000 $m^3/s$；分沂入沭水道为 4 000 $m^3/s$；沭河大官庄为 8 150 $m^3/s$，老沭河为 2 500～3 000 $m^3/s$，新沭河为 6 000～6 400 $m^3/s$；韩庄运河、中运河为 5 000～6 700 $m^3/s$；新沂河沭阳以下为 7 800 $m^3/s$。入海总泄洪能力为 14 200 $m^3/s$。

## 二、水库湖泊

### （一）水库

沂沭泗水系建设各类水库 2 000 余座，总库容约为 77 亿 $m^3$，其中大型水库 19 座，中型水库 60 座。19 座大型水库控制流域面积 9 401 $km^2$，总库容 48.91 亿 $m^3$，防洪库容 27.31 亿 $m^3$；60 座中型水库控制流域面积 4 352 $km^2$，总库容 25.20 亿 $m^3$。

### （二）大型湖泊

沂沭泗流域大型湖泊有南四湖和骆马湖。

南四湖由南阳、邵阳、独山、微山等 4 个水波相连的湖泊组成，承接苏鲁皖豫四省 53 条河流来水，汇集沂蒙山区西部以及湖西平原各支流洪水。湖腰处兴建二级坝水利枢纽将南四湖分隔成上级湖和下级湖。上级湖包括南阳湖、独山湖及部分昭阳湖，下级湖包括微山湖及部分昭阳湖。上级湖按 50 年一遇设计，设计洪水位为 37.00 m（废黄河高程），相应库容为 26.32 亿 $m^3$，正常蓄水位为 34.50 m，相应库容为 10.19 亿 $m^3$；下级湖按 50 年一遇设计，设计洪水位为 36.50 m，相应库容为 34.80 亿 $m^3$，正常蓄水位为 32.50 m，相应库容为 8.39 亿 $m^3$。二级坝水利枢纽是分泄南四湖上级湖洪水入下级湖的控制工程，设计总泄洪流量为 14 520 $m^3/s$。

骆马湖位于沂河末端，中运河东侧，承接沂河干流、南四湖、邳苍地区 5.1 万 $km^2$ 面积的来水，调蓄后主要由新沂河排入黄海。骆马湖正常蓄水位为 23.0 m，相应库容为 8.33 亿 $m^3$，设计洪水位为 25.00 m，相应库容为 14.80 亿 $m^3$，校核洪水位为 26.0 m，相应库容为 18 亿 $m^3$，嶂山闸是分泄骆马湖洪水经新沂河入海的控制工程，设计流量为 8 000 $m^3/s$，校核流量为 10 000 $m^3/s$；宿迁闸是分泄骆马湖洪水入中运河的控制工程，设计流量为 600 $m^3/s$。

## 三、滞洪区

淮河流域的行蓄洪区分为行洪区、蓄洪区和滞洪区，现有数量为 29 处，其中淮河干流行洪区 17 处、蓄洪区 4 处、滞洪区 1 处，淮北支流滞洪区 5 处，沂沭泗河水系滞洪区 2 处。

沂沭泗水系有黄墩湖滞洪区和南四湖湖东滞洪区 2 处，设计蓄滞洪量为 18.38 亿 $m^3$。

### （一）黄墩湖滞洪区

#### 1. 基本情况

黄墩湖滞洪区位于骆马湖西侧，其范围东至中运河西堤和骆马湖二线堤防，北至房亭河，南至废黄河，西至邳睢公路，相应面积为 385 $km^2$，耕地 33.3 万亩，设计滞洪水位达 26.00 m时，水深 5～7 m，有效容积为 14.7 亿 $m^3$。

2009 年国务院批复的《全国蓄滞洪区建设与管理规划》对淮河流域蓄滞洪区进行了调整，黄墩湖滞洪区规划调整方案为徐洪河以西部分不再作为滞洪区；规划滞洪范围为中运河以西、徐洪河以东、房亭河以南、废黄河以北，相应面积为 230 $km^2$，耕地面积为 17.1 万亩，居住人口为 14 万，滞洪水位为 26.00 m 时，水深 5～7 m，有效容积为 11.1 亿 $m^3$。

#### 2. 调度运用

根据国家防汛抗旱总指挥部《关于沂沭泗河洪水调度方案的批复》（国汛〔2012〕8 号）规定：如预报骆马湖水位超过 26.00 m，当骆马湖水位达到 25.50 m 时，启用黄墩湖滞洪区滞洪，确保宿迁大控制安全。黄墩湖滞洪区的运用由淮河防汛抗旱总指挥部商江苏省人民政府决定，报国家防汛抗旱总指挥部备案。江苏省负责黄墩湖滞洪区运用准备、人员转移安置和工程运用。

1957 年 7 月沂沭泗流域发生大洪水，黄墩湖被迫滞洪，最高水位达 23.15 m，超设计水位 0.15 m，蓄水量 6 亿 $m^3$，经济损失约 1 亿元。1963 年长历时洪水，骆马湖退守宿迁大控制后，最高洪水位为 23.70 m，黄墩湖已做滞洪准备。1974 年大洪水，骆马湖退守宿迁大控制后，最高洪水位达 25.30 m，黄墩湖未滞洪。

### （二）南四湖湖东滞洪区

#### 1. 基本情况

南四湖湖东滞洪区位于南四湖湖东堤东侧，地势东北高，西南低，东北部有残山丘陵，中部、南部沿津浦铁路为山前冲积平原，西部临南四湖，为滨湖洼地，由北向南共分三片。其中上级湖两片，下级湖一片，上级湖白马片（泗河—青山段）和界漷片（界河—城漷河段），设计滞洪水位为 37.00 m。下级湖蒋集片（新薛河—郗山段），设计滞洪水位为 36.50 m。总面积为 232.13 $km^2$，滞洪容积为 3.68 亿 $m^3$，耕地 27.9 万亩。

湖东滞洪区滞洪采用进洪闸和沟口涵闸进洪，退水方式为利用滞洪口门自然退水，设计总进洪流量 1 300 $m^3/s$。白马片主要采用白马河入湖口左右岸分洪闸进行分洪，界漷片采用各沟口涵闸进行分洪，蒋集片采用蒋集河入湖口左右岸分洪闸和各沟口涵闸进行分洪。

#### 2. 调度运用

南四湖湖东滞洪区为 2010 年新列入国家级蓄滞洪区名录的一般蓄滞洪区，根据《关于沂沭泗河洪水调度方案的批复》(国汛〔2012〕8号)规定:当南阳站水位超过37.00 m时,启用南四湖湖东滞洪区白马片、界漷片滞洪;当微山站水位超过36.50 m时,启用南四湖湖东滞洪区蒋集片滞洪,韩庄枢纽敞泄;在不影响徐州城市、工矿安全的前提下,蔺家坝闸参与泄洪。南四湖湖东滞洪区运用由淮河防汛抗旱总指挥部商山东省人民政府决定,报国家防汛抗旱总指挥部备案,山东省防汛抗旱总指挥部负责组织实施。

## 四、主要控制性枢纽工程

### (一)沂河刘家道口枢纽

刘家道口枢纽是控制沂河洪水东调南下的关键工程,由刘家道口节制闸、彭家道口分洪闸、刘家道口灌溉放水洞等组成。枢纽设计蓄水位(非汛期)近期为59.50 m(远期为60.0 m),相应蓄水面积为11.75 $km^2$、库容为0.34亿$m^3$、回水长度为10.5 km,汛期蓄水位按不超过57.50 m控制,相应库容为0.15亿$m^3$。刘家道口节制闸控制沂河洪水南下骆马湖,共36孔,每孔净宽16 m,设计流量为12 000 $m^3/s$,校核流量为14 000 $m^3/s$。

彭道口分洪闸控制沂河洪水进入分沂入沭水道,共19孔,每孔净宽10 m,设计流量为4 000 $m^3/s$,校核流量为5 000 $m^3/s$。

刘家道口灌溉放水洞位于沂河左岸,该工程为小型闸门,闸室共2孔,设计过闸流量为16 $m^3/s$,灌区控制面积为17.4万亩。

### (二)沭河大官庄枢纽

大官庄枢纽是沂沭河洪水东调入海的控制工程,由新沭河泄洪闸、人民胜利堰节制闸、南北灌溉洞等组成。枢纽连接沭河、分沂入沭水道、新沭河和老沭河,承接沭河和部分沂河洪水,调蓄后大部分洪水经新沭河就近东调入海,其余洪水由老沭河南下入新沂河。设计正常蓄水位为55.00 m,死水位为50.50 m。

新沭河泄洪闸位于新沭河入口处,共18孔,每孔净宽12 m,设计流量为6 000 $m^3/s$,校核流量为7 000 $m^3/s$。

人民胜利堰闸位于人民胜利堰(砌石溢流堰)原址,老沭河入口处,控制沂沭河洪水南下入老沭河的关键性工程,共8孔,每孔净宽10 m,设计流量为2 500 $m^3/s$,校核流量为3 000 $m^3/s$。

南灌溉洞1995年10月建成投入运行,由引水闸、涵洞、洞后泄洪明渠、节制闸和渠首闸等部分组成,为小型水闸。引水闸2孔,设计流量为24 $m^3/s$。

北灌溉洞2005年建成投入运行,2009年改建,为小型闸门,共2孔,设计流量为80 $m^3/s$。

### (三)南四湖二级坝水利枢纽

南四湖二级坝水利枢纽工程是分泄南四湖上级湖洪水入下级湖的控制工程,由土坝、滚水坝、一闸、二闸、三闸、四闸等防洪工程以及南水北调东线二级坝泵站、二级坝船闸和二级坝复线船闸组成,防洪工程设计总流量为14 520 $m^3/s$。其中滚水坝坝长370 m,坝底高程为35.10 m,坝顶高程为38.20 m,设计流量为2 100 $m^3/s$;一闸39孔,每孔净宽6 m,设计流量为4 500 $m^3/s$;二闸55孔,每孔净宽5 m,设计流量为3 300 $m^3/s$;三闸84孔,每孔净宽6 m,设计流量为4 620 $m^3/s$;四闸134孔,每孔净宽6 m,设计流量为4 490 $m^3/s$,因湖腰扩大工程尚未完成,该闸尚未发挥作用。一、三闸闸上设计水位为36.87 m,闸下设计水位为

36.20 m。二闸闸上设计水位为 36.69 m，闸下设计水位为 36.50 m。

## 五、南水北调东线工程

南水北调东线工程利用江苏省已有的江北北调工程，逐步扩大调水规模并延长输水线路。南水北调东线工程基本任务是从长江下游调水，向黄淮海平原东部和山东半岛补充水源，主要供水目标是补充输水沿线城市的生活及工业用水，改善淮北地区的农业供水条件，并在北方需要时，提供农业和生态环境用水。东线工程供水范围涉及江苏、安徽、山东、河北和天津 5 省（市）的 25 座地级以上城市，面积约 18 万 $km^2$。

东线工程从扬州附近长江干流三江营引水口取水，利用京杭运河及其平行的其他河道向北输水，连通洪泽湖、骆马湖、南四湖，经泵站逐级提水至东平湖。出东平湖后分两路输水，一路向北穿过黄河送水至天津北大港水库；另一路向东开辟山东半岛输水干线送水至威海市米山水库。从长江取水口至天津北大港水库，输水干线长约 1 156 km；从东平湖至威海市米山水库全长约 701 km。东平湖以南设 13 个提水梯级，总扬程约 65 m。

东线工程在 2030 年以前分三期实施。第一期工程于 2002 年 12 月开工建设，抽江规模为 500 $m^3/s$，过黄河 50 $m^3/s$，送山东半岛 50 $m^3/s$，先调水到山东半岛和鲁北地区，并为向天津市应急供水创造条件。淮河流域多年平均增供水量 33 亿 $m^3$（其中增供江水 25 亿 $m^3$）。第二期工程抽江规模为 600 $m^3/s$，预计 2020 年淮河流域多年平均增供水量 35 亿 $m^3$（其中增供江水 26 亿 $m^3$）。第三期工程抽江规模为 800 $m^3/s$，预计 2030 年淮河流域多年平均增供水量 47 亿 $m^3$（其中增供江水 34 亿 $m^3$）。

## 六、沂沭河拦河闸坝

沂沭河水系蓄水工程众多。沂河干流主要已建成的拦河闸坝有沂水、岜山、北社、斜午、辛集、大庄、葛沟、柳杭、桃园、小埠东、刘家道口、李庄、土山、洪福寺、马头、授贤等 16 座拦河闸坝，茶山、河湾、袁家口子和土山拦河闸坝正在改（建）中，正常蓄水位蓄水约 3.43 亿 $m^3$。刘家道口以上共 13 座拦河闸坝，正常蓄水位蓄水约 2.33 亿 $m^3$。

沭河干流拦河闸坝有张宋、杨店子、庄科、陵阳、夏庄、朱家庄、石拉渊、青云、华山、人民胜利堰、清泉寺、卸甲营、窑上、龙门等 14 座拦河闸坝，正常蓄水位蓄水约 1.25 亿 $m^3$。大官庄以上共 9 座拦河闸坝，正常蓄水位蓄水约 0.49 亿 $m^3$。

## 七、其他图表

与本部分内容相关的表详见表 4-1～表 4-12，与本部分内容相关的图详见图 4-1～图 4-8。

**表 4-1 沂沭泗流域干支流主要控制站防汛任务表**

| 河名 | 站名 | 集水面积/$km^2$ | 堤顶高程 | | 堤距/m | 警戒水位/m | 设计防洪标准 | | 历史最大洪水 | | | | 备注 |
|---|---|---|---|---|---|---|---|---|---|---|---|---|---|
| | | | 左岸/m | 右岸/m | | | 水位/m | 流量/($m^3 \cdot s^{-1}$) | 水位/m | 发生日期(年.月.日) | 流量/($m^3 \cdot s^{-1}$) | 发生日期(年.月.日) | |
| 沂河 | 葛沟 | 5 565 | 96.00 | 96.00 | 480 | 91.71 | 93.77 | 9 000 | 94.35 | 1957.7.19 | 8730 | 1957.7.19 | |
| 沂河 | 临沂 | 10 315 | 67.80 | 68.20 | 1 645 | 64.05 | 66.51 | 16 000 | 65.65 | 1957.7.19 | 15 400 | 1957.7.19 | |
| 沂河 | 刘家道口 | 10 438 | 62.80 | 63.50 | 746 | 60.00 | 61.07/60.89 | 16 000/12 000 | 60.46 | 1957.7.19 | 11 200 | 1957.7.19 | |
| 沂河 | 江风口上 | 10 451 | 60.36 | 60.86 | 1 600 | 57.50 | 58.98 | 12 000/8 000 | 59.22 | 1960.8.17 | | | |
| 沂河 | 堪上 | 10 522 | 38.47 | 38.81 | 815 | 34.31 | 36.41/36.24 | 8 000 | 35.59 | 1974.8.14 | 6 380 | 1974.8.14 | |
| 沂河 | 姜庄湖 | 3 007 | 97.04 | 98.76 | 490 | | 96.3 | 4 672 | 96.62 | 1956.9.5 | 6 600 | 1956.9.5 | |
| 祊河 | 角沂 | 3 366 | 72.50 | 73.50 | 590 | | 71.8 | 6 923 | 74.85 | 1957.7.19 | 6 600 | 1956.9.5 | |
| 沭河 | 莒县 | 1 683 | 111.64 | 113.30 | 700 | | 110.77 | 5 000 | 110.13 | 1957.7.19 | 4 780 | 1957.7.19 | |
| 沭河 | 石拉渊 | 3 377 | 80.51 | 78.7 | 340 | | 78.92 | 5 000 | 78.39 | 1974.8.14 | 3 970 | 1974.8.14 | |
| 沭河 | 重沟 | 4 511 | 65.5 | 63.8 | 874 | 57.4 | 61.58 | 8 150 | 57.48 | 2018.8.20 | 3 200 | 2018.8.20 | |
| 沭河 | 人民胜利堰闸(上) | | | | | 52.5 | 55.79 | 8 500 | 56.51 | 1974.8.14 | 5 400 | 1974.8.14 | |
| 沭河 | 人民胜利堰闸(下) | | 59.8 | 58.5 | | | 52.70 | 2 500 | 54.32 | 1974.8.14 | 2 140 | 1962.7.14 | |
| 沭河 | 苏鲁省界 | | 35.68 | 35.64 | 310 | | 32.55 | 2 500 | | | | | |
| 老沭河 | 新安 | | 32.71 | 32.74 | 272 | 28.31 | 30.01/29.99 | 2 500 | 30.94 | 1950.8.19 | 3 320 | 1974.8.14 | |
| 新沭河 | 新沭河闸 | | 62.50 | 64.00 | 370 | | 55.24 | 6 000 | 56.51 | 1962.7.14 | 5 040 | 1974.8.14 | |
| 新沭河 | 大兴镇 | 458 | 30.53 | | 440 | | 28.21 | 7 590 | 27.21 | 1974.8.15 | 3 870 | 1974.8.14 | |
| 分沂入沭 | 彭家道口 | | 63.10 | 64.80 | 330 | | 60.41 | 4 000 | 60.48 | 1957.7.20 | 3 180 | 1957.7.20 | |
| 邳苍分洪道 | 江风口下 | | 59.9 | 59.75 | 731 | 57.5 | 57.93 | 4 000 | 58.56 | 1957.7.19 | 3 380 | 1957.7.19 | |
| 邳苍分洪道 | 林子 | 2 327 | | 32.20 | 2 000 | 28.31 | | 5 500 | 29.64 | 1974.8.14 | 2 250 | 1974.8.14 | |
| 韩庄运河 | 韩庄闸(下) | 312 00 | 42.50 | 41.10 | 560 | | 36.01 | 4 100 | 36.23 | 1957.8.3 | 1 840 | 2005.10.3 | |
| 中运河 | 台儿庄闸 | 33 045 | 32.20 | 32.30 | 780 | 27.31 | 30.03/29.92 | 5 400 | 28.98 | 2005.9.30 | 1 940 | 2005.9.30 | |

**表 4-1(续)**

| 河名 | 站名 | 集水面积/$km^2$ | 堤顶高程 | | 堤距/m | 警戒水位/m | 设计防洪标准 | | 历史最大洪水 | | | | 备注 |
|---|---|---|---|---|---|---|---|---|---|---|---|---|---|
| | | | 左岸/m | 右岸/m | | | 水位/m | 流量/($m^3 \cdot s^{-1}$) | 水位/m | 发生日期(年.月.日) | 流量/($m^3 \cdot s^{-1}$) | 发生日期(年.月.日) | |
| 中运河 | 苏鲁省界 | 33 528 | 31.00 | 32.70 | 1 150 | | 29.2 | 5 400/5 600 | | | | | |
| 中运河 | 运河镇 | 38 600 | 28.80 | 29.30 | 1 548 | 25.33 | 26.33 | 6 500 | 26.42 | 1974.8.15 | 3 790 | 1974.8.14 | |
| 中运河 | 皂河闸 | | 27.86 | 28.91 | 560 | | | | 25.46 | 1974.8.16 | 1 240 | 1974.8.15 | |
| 中运河 | 宿迁闸(上) | | 22.51 | 28.45 | 1 670 | | | | 24.88 | 1974.8.17 | 1 040 | 1974.8.14 | |
| 新沂河 | 嶂山闸(下) | | 30.33 | 29.32 | 500 | | | 7 500 | 22.98 | 1974.8.16 | 5 760 | 1974.8.16 | |
| 新沂河 | 口头 | | 22.30 | | 920 | | 16.64 | 7 500/7 800 | | | | | 右岸无堤 |
| 新沂河 | 沭阳 | 2 543 | 14.30 | 14.30 | 1 260 | 8.81 | 11.21 | 7 800 | 10.76 | 1974.8.16 | 6 900 | 1974.8.16 | |
| 新沂河 | 河口(入海口) | | 6.60 | 5.90 | 3 150 | | 3.77 | 7 800 | | | | | |

注:表内高程数据采用1985国家高程基准;灰色站名:《淮委水情手册》无此站点,建议增加的站点。

**表 4-2　沂沭泗流域一、二级堤防工程现状基本情况表**

| 水系 | 堤防等级 | 序号 | 堤防名称 | 范围 | | 堤长/km |
|---|---|---|---|---|---|---|
| | | | | 起点 | 迄点 | |
| 沂沭泗河水系 | 一级堤防 | 1 | 南四湖湖西大堤 | 老运河口 | 蔺家坝 | 149.50 |
| | | 2 | 骆马湖二线堤防 | 民便河口 | 井头 | 36.90 |
| | | 3 | 新沂河堤防 | 嶂山闸 | 入海口 | 207.50 |
| | | 合计 | | | | 393.9 |
| | 二级堤防 | 1 | 沂河祊河口以下堤防 | 祊河口 | 骆马湖 | 235.6 |
| | | 2 | 沭河汤河口以下堤防 | 汤河口 | 新沂河 | 228.8 |
| | | 3 | 分沂入沭右堤 | 彭道口闸 | 调尾拦河坝 | 20.0 |
| | | 4 | 新沭河右堤 | 新沭河闸 | 苏鲁省界 | 15.7 |
| | | 5 | 祊河右堤 | 姜庄湖大桥 | 沂河 | 20.0 |
| | | 6 | 邳苍分洪道堤防 | 江风口闸 | 中运河 | 148.6 |
| | | 7 | 南四湖湖东堤 | 老运河口 | 青山 | 29.5 |
| | | 8 | 韩庄运河堤防 | 湖口 | 苏鲁省界 | 82.5 |
| | | 9 | 中运河堤防 | 苏鲁省界 | 民便河口 | 114.4 |
| | | 合计 | | | | 895.1 |

注：本表数据来源于《沂沭泗防汛手册》。

表 4-3　沂沭泗流域大型水库基本情况表

| 序号 | 水库名称 | 所在地点 | 所在河流 | 竣工日期（年.月） | 控制流域面积/$km^2$ | 主坝坝顶高程/m | 防浪墙高/m | 主坝坝型 | 防洪标准重现期/a | 安全最大泄量/$(m^3 \cdot s^{-1})$ | 历史最高水位/m | 发生日期（年.月.日） | 历史最大泄量/$(m^3 \cdot s^{-1})$ | 发生日期（年.月.日） |
|---|---|---|---|---|---|---|---|---|---|---|---|---|---|---|
| | 合计 | | | | 9 401.1 | | | | | | | | | |
| 1 | 田庄 | 沂源 | 沂河 | 1960.6 | (424.0) | 316.14 | 0.72 | 黏土心墙砂壳坝 | 5 000 | 3 837 | 310.59 | 2011.9.14 | 698 | 1964.9.12 |
| 2 | 跋山 | 沂水 | 沂河 | 1960.5 | 1 782.0 | 183.92 | 1.2 | 黏土心墙砂壳坝 | 10 000 | 12 194 | 176.70 | 1974.8.14 | 1 420 | 1974.8.14 |
| 3 | 岸堤 | 蒙阴 | 东汶河 | 1960.4 | 1 690.0 | 181.80 | 1.0 | 心墙均质坝 | 10 000 | 17 550 | 175.5 | 2011.9.5 | 1 350 | 1970.7.25 |
| 4 | 唐村 | 平邑 | 浚河 | 1959.10 | 263.0 | 192.20 | 1.0 | 宽心墙砂壳坝 | 5 000 | 1 700 | 188.56 | 1991.8.25 | 156 | 1991.7.25 |
| 5 | 许家崖 | 费县 | 温凉河 | 1959.10 | 580.0 | 151.60 | 1.2 | 黏土心墙砂壳坝 | 10 000 | 3 820 | 147.74 | 2003.9.2 | 594 | 1970.8.6 |
| 6 | 沙沟 | 沂水 | 沭河 | 1959.11 | (163.0) | 241.12 | 1.0 | 黏土心墙砂壳坝 | 5 000 | 1 703 | 234.57 | 1974.8.13 | 317 | 1974.8.13 |
| 7 | 青峰岭 | 莒县 | 沭河 | 1960.7 | 770.0 | 167.20 | 0.8 | 黏土心墙砂壳坝 | 5 000 | 5 433 | 160.95 | 1971.8.22 | 601 | 1971.8.28 |
| 8 | 小仕阳 | 莒县 | 袁公河 | 1959.6 | 281.0 | 159.30 | 1.0 | 黏土心墙砂壳坝 | 5 000 | 6 900 | 155.05 | 1974.8.14 | 409 | 1974.8.14 |
| 9 | 陡山 | 莒南 | 浔河 | 1959.7 | 431.0 | 132.10 | 1.2 | 黏土心墙砂壳坝 | 10 000 | 3 600 | 128.16 | 1974.8.14 | 559 | 1974.8.14 |
| 10 | 日照 | 日照 | 傅疃河 | 1959.6 | 548.0 | 47.40 | 1.2 | 黏土心墙砂壳坝 | 5 000 | 3 760 | 43.83 | 1974.8.14 | 1 140 | 1974.8.14 |
| 11 | 尼山 | 曲阜 | 小沂河 | 1960.9 | 264.1 | 130.59 | 1.0 | 均质土坝 | 500 | 1 160 | 125.05 | 2007.8.18 | 364 | 1995.8.16 |
| 12 | 西苇 | 邹城 | 大沙河 | 1960.6 | 113.4 | 111.82 | 0.8 | 黏土心墙砂壳坝 | 1 000 | 382 | 107.36 | 2007.8.18 | 56.3 | 2007.8.18 |
| 13 | 岩马 | 山亭 | 城河 | 1960.5 | 357.0 | 135.20 | 1.0 | 黏土心墙砂壳坝 | 5 000 | 2 372 | 129.06 | 1974.8.30 | 313 | 1974.8.30 |
| 14 | 马河 | 滕州 | 北沙河 | 1960.5 | 240.0 | 116.50 | 0.4 | 黏土心墙砂壳坝 | 5 000 | 1 314 | 111.96 | 1971.8.25 | 267 | 2005.9.21 |
| 15 | 会宝岭 | 苍山 | 西加河 | 1959.12 | 420.0 | 81.00 | 1.0 | 黏土心墙砂壳坝 | 2 000 | 1 723 | 76.90 | 1970.8.8 | 459 | 1962.8.7 |
| 16 | 贺庄 | 泗水 | 泗河 | 1976.10 | 174.0 | 156.10 | 0.8 | 均质土坝 | 2 000 | 1 660 | 148.90 | 1980.8.1 | 1 536 | 1980.8.1 |
| 17 | 石梁河 | 东海 | 新沭河 | 1962.12 | 926.0 | 31.32 | | 均质土坝 | 2 000 | 10 131 | 26.64 | 1974.8.15 | 3 510 | 1974.8.15 |
| 18 | 安峰山 | 东海 | 厚镇河 | 1958.6 | 175.6 | 20.80 | 1.0 | 均质土坝 | 2 000 | 335 | 18.22 | 1960.7.28 | | |
| 19 | 小塔山 | 赣榆 | 青口河 | 1958.6 | 386.0 | 38.50 | 1.0 | 均质土坝 | 2 000 | 400 | 34.00 | 1974.8.14 | 373 | 1974.8.14 |

注：带括号数据表示其数值已包含在下级控制水库数值中。

**表 4-4　淮河沂沭泗流域主要湖泊基本情况表**

<table>
<tr><td colspan="2">湖泊名称</td><td colspan="2">洪泽湖</td><td colspan="2">水位代表站</td><td colspan="2">蒋坝</td></tr>
<tr><td colspan="2">所在地点</td><td colspan="2">山东济宁、微山</td><td colspan="2">一般湖底高程</td><td colspan="2">32.50 m</td></tr>
<tr><td colspan="2">所在河流</td><td colspan="2">大运河</td><td colspan="2">最低湖底高程</td><td colspan="2">30.00 m</td></tr>
<tr><td colspan="2">集水面积</td><td colspan="2">27 439 km²</td><td colspan="2">湖堤高程</td><td colspan="2">西:40～40.1 m;东:39.3～40.0 m</td></tr>
<tr><td>最低生态水位</td><td colspan="2">32.55 m</td><td>相应容积</td><td>1.12 亿 m³</td><td colspan="2">相应水面面积</td><td>250 km²</td></tr>
<tr><td>死水位</td><td colspan="2">33.00 m</td><td>相应容积</td><td>2.25 亿 m³</td><td colspan="2">相应水面面积</td><td>389 km²</td></tr>
<tr><td>汛限水位</td><td colspan="2">34.20 m</td><td>相应容积</td><td>8.44 亿 m³</td><td colspan="2">相应水面面积</td><td>583 km²</td></tr>
<tr><td>正常蓄水位</td><td colspan="2">34.50 m</td><td>相应容积</td><td>10.19 亿 m³</td><td colspan="2">相应水面面积</td><td>594 km²</td></tr>
<tr><td>警戒水位</td><td colspan="2">35.00 m</td><td>相应容积</td><td>13.18 亿 m³</td><td colspan="2">相应水面面积</td><td>602 km²</td></tr>
<tr><td>设计洪水位</td><td colspan="2">37.00 m</td><td>相应容积</td><td>25.32 亿 m³</td><td colspan="2">相应水面面积</td><td>609 km²</td></tr>
<tr><td colspan="4">历史最高水位:36.48 m(1957 年 7 月 25 日)</td><td colspan="4">历史最低水位:湖干</td></tr>
<tr><td rowspan="10">进湖水系</td><td>河名</td><td>控制站</td><td>集水面积/km²</td><td rowspan="10">出湖水系</td><td>河名</td><td>控制站</td><td>设计流量/(m³·s⁻¹)</td></tr>
<tr><td>梁济运河</td><td>后营</td><td>3 306</td><td rowspan="9">上级湖</td><td rowspan="2">二级坝一闸</td><td rowspan="2">4 500</td></tr>
<tr><td>洙赵新河</td><td>梁山闸</td><td>4 206</td></tr>
<tr><td>新万福河</td><td>孙庄</td><td>1 283</td><td rowspan="2">二级坝二闸</td><td rowspan="2">3 300</td></tr>
<tr><td>东鱼河</td><td>鱼城</td><td>6 074</td></tr>
<tr><td>复新河</td><td>丰王庄</td><td>1 812</td><td rowspan="2">二级坝三闸</td><td rowspan="2">4 620</td></tr>
<tr><td>大沙河</td><td></td><td>1 700</td></tr>
<tr><td>洸府河</td><td>黄庄</td><td>1 331</td><td rowspan="2">二级坝四闸</td><td rowspan="2">4 490</td></tr>
<tr><td>泗河</td><td>波罗树</td><td>2 366</td></tr>
<tr><td>白马河</td><td>马楼</td><td>1 099</td><td>溢流坝</td><td>2 100</td></tr>
<tr><td>洪水调度</td><td colspan="7">上级湖汛期限制水位(南阳)为 34.20 m。当上级湖南阳水位达到 34.20 m 并继续上涨时,二级坝枢纽开闸泄洪,视水情上级湖洪水尽量下泄。预报南阳站水位超过 37.00 m 时,二级坝枢纽敞泄。当南阳站水位超过 37.00 m 时,启用南四湖湖东滞洪区白马片和界漷片滞洪。</td></tr>
<tr><td>备注</td><td colspan="7"></td></tr>
</table>

表 4-4(续)

| | |
|---|---|
| 南四湖上级湖进、出湖水系示意图 | 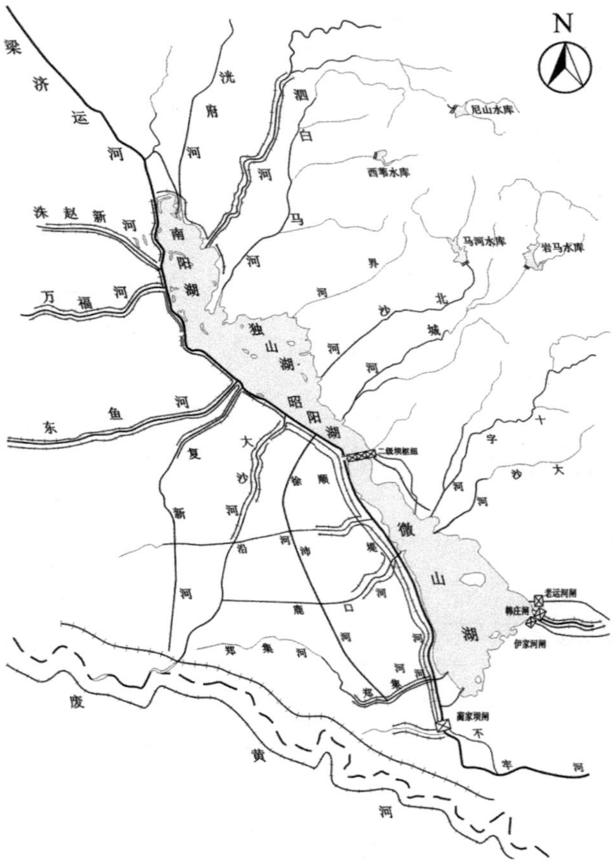 |

**表 4-4(续)**

<table>
<tr><td colspan="2">湖泊名称</td><td colspan="2">南四湖下级湖</td><td colspan="2">水位代表站</td><td colspan="2">微山</td></tr>
<tr><td colspan="2">所在地点</td><td colspan="2">山东微山</td><td colspan="2">一般湖底高程</td><td colspan="2">31.00 m</td></tr>
<tr><td colspan="2">所在河流</td><td colspan="2">大运河</td><td colspan="2">最低湖底高程</td><td colspan="2">29.00 m</td></tr>
<tr><td colspan="2">集水面积</td><td colspan="2">3 742 km²</td><td colspan="2">湖堤高程</td><td colspan="2">西:40.0～40.10 m</td></tr>
<tr><td colspan="2">最低生态水位</td><td>31.05 m</td><td>相应容积</td><td>1.75 亿 m³</td><td colspan="2">相应水面面积</td><td>241 km²</td></tr>
<tr><td colspan="2">死水位</td><td>31.50 m</td><td>相应容积</td><td>3.46 亿 m³</td><td colspan="2">相应水面面积</td><td>404 km²</td></tr>
<tr><td colspan="2">汛限水位</td><td>32.50 m</td><td>相应容积</td><td>8.39 亿 m³</td><td colspan="2">相应水面面积</td><td>582 km²</td></tr>
<tr><td colspan="2">正常蓄水位</td><td>32.50 m</td><td>相应容积</td><td>8.39 亿 m³</td><td colspan="2">相应水面面积</td><td>582 km²</td></tr>
<tr><td colspan="2">警戒水位</td><td>34.50 m</td><td>相应容积</td><td>21.38 亿 m³</td><td colspan="2">相应水面面积</td><td>670 km²</td></tr>
<tr><td colspan="2">设计洪水位</td><td>36.50 m</td><td>相应容积</td><td>34.80 亿 m³</td><td colspan="2">相应水面面积</td><td>671 km²</td></tr>
<tr><td colspan="4">历史最高水位:36.29 m(1957 年 8 月 3 日)</td><td colspan="4">历史最低水位:湖干</td></tr>
<tr><td rowspan="5">进湖水系</td><td>河名</td><td>控制站</td><td>集水面积/km²</td><td rowspan="5">出湖水系</td><td>河名</td><td>控制站</td><td>设计流量/(m³·s⁻¹)</td></tr>
<tr><td>上级湖</td><td>二级坝</td><td>27 439</td><td>韩庄运河</td><td>韩庄闸</td><td>2 050</td></tr>
<tr><td>新薛河</td><td>官庄</td><td>681</td><td>伊家河</td><td>伊家河闸</td><td>200</td></tr>
<tr><td>鹿口河</td><td></td><td>428</td><td>不牢河</td><td>蔺家坝闸</td><td>500</td></tr>
<tr><td>郑集河</td><td></td><td>497</td><td>老运河</td><td>老运河闸</td><td>250</td></tr>
<tr><td>洪水调度</td><td colspan="7">1. 当下级湖微山站水位达到 32.50 m 并继续上涨时，韩庄枢纽开闸，视南四湖、中运河、骆马湖水情，下级湖洪水尽量下泄。如预报微山站水位不超过 36.50 m，当中运河运河站水位达到 26.50 m 或骆马湖水位达到 25.00 m 时，韩庄枢纽控制下泄。<br>2. 预报微山站水位超过 36.50 m，韩庄枢纽尽量泄洪，尽可能控制中运河运河站流量不超过 6 500 m³/s。<br>3. 当微山站水位超过 36.50 m 时，启用南四湖湖东滞洪区蒋集片滞洪，韩庄枢纽敞泄；在不影响徐州城市、工矿安全的前提下，蔺家坝闸参与泄洪。</td></tr>
<tr><td>备注</td><td colspan="7"></td></tr>
</table>

**表 4-4(续)**

| | |
|---|---|
| 南四湖下级湖进、出湖水系示意图 | 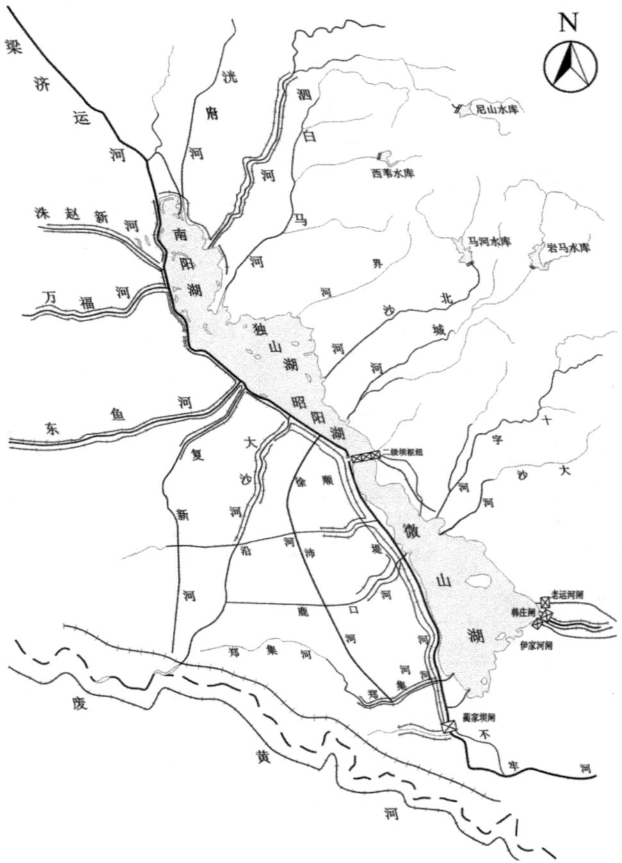 |

**表 4-4(续)**

<table>
<tr><td colspan="3">湖泊名称</td><td colspan="3">骆马湖</td><td colspan="3">水位代表站</td><td colspan="3">洋河滩</td></tr>
<tr><td colspan="3">所在地点</td><td colspan="3">江苏宿迁、邳州、新沂</td><td colspan="3">一般湖底高程</td><td colspan="3">20.00 m</td></tr>
<tr><td colspan="3">所在河流</td><td colspan="3">沂河</td><td colspan="3">最低湖底高程</td><td colspan="3">19.00 m</td></tr>
<tr><td colspan="3">集水面积</td><td colspan="3">51 200 km²</td><td colspan="3">湖堤高程</td><td colspan="3">西:27.6～27.8 m;北:27.8～30.0;<br>东:26.1～27.7 m</td></tr>
<tr><td colspan="2">死水位</td><td colspan="2">20.50 m</td><td colspan="2">相应容积</td><td colspan="2">2.47 亿 m³</td><td colspan="2">相应水面面积</td><td colspan="2">195 km²</td></tr>
<tr><td colspan="2">汛限水位</td><td colspan="2">22.50 m</td><td colspan="2">相应容积</td><td colspan="2">7.07 亿 m³</td><td colspan="2">相应水面面积</td><td colspan="2">249 km²</td></tr>
<tr><td colspan="2">正常蓄水位</td><td colspan="2">23.00 m</td><td colspan="2">相应容积</td><td colspan="2">8.33 亿 m³</td><td colspan="2">相应水面面积</td><td colspan="2">257 km²</td></tr>
<tr><td colspan="2">警戒水位</td><td colspan="2">23.50 m</td><td colspan="2">相应容积</td><td colspan="2">9.64 亿 m³</td><td colspan="2">相应水面面积</td><td colspan="2">267 km²</td></tr>
<tr><td colspan="2">设计洪水位</td><td colspan="2">25.00 m</td><td colspan="2">相应容积</td><td colspan="2">14.80 亿 m³</td><td colspan="2">相应水面面积</td><td colspan="2">318 km²</td></tr>
<tr><td colspan="2">校核洪水位</td><td colspan="2">26.00 m</td><td colspan="2">相应容积</td><td colspan="2">18.00 亿 m³</td><td colspan="2">相应水面面积</td><td colspan="2"></td></tr>
<tr><td colspan="6">历史最高水位:25.47 m(1974 年 8 月 16 日)</td><td colspan="6">历史最低水位:15.69 m(1954 年 7 月 2 日)</td></tr>
<tr><td rowspan="6">进湖水系</td><td colspan="2">河名</td><td>控制站</td><td colspan="2">集水面积/km²</td><td rowspan="6">出湖水系</td><td colspan="2">河名</td><td>控制站</td><td colspan="2">设计流量/(m³ · s⁻¹)</td></tr>
<tr><td colspan="2" rowspan="2">沂河</td><td rowspan="2">堤上</td><td colspan="2" rowspan="2">10 522</td><td colspan="2">新沂河</td><td>嶂山闸</td><td colspan="2">8 000</td></tr>
<tr><td colspan="2">大运河</td><td>宿迁闸</td><td colspan="2">600</td></tr>
<tr><td colspan="2" rowspan="2">中运河</td><td rowspan="2">运河镇</td><td colspan="2" rowspan="2">38 600</td><td colspan="2">六塘河</td><td>洋河滩闸</td><td colspan="2">500</td></tr>
<tr><td colspan="2">中运河</td><td>皂河闸</td><td colspan="2">500</td></tr>
<tr><td colspan="2">房亭河</td><td>土山</td><td colspan="2">716</td><td colspan="2">徐洪河</td><td>刘集地涵</td><td colspan="2">500</td></tr>
<tr><td>洪水调度</td><td colspan="11">1. 骆马湖汛期限制水位 22.50 m。当骆马湖水位(洋河滩站水位,下同)达 22.50 m 并继续上涨时,嶂山闸泄洪,或相机利用皂河闸、宿迁闸泄洪;如预报骆马湖水位不超过 23.50 m,,照顾黄墩湖地区排涝。<br>2. 预报骆马湖水位超过 23.50 m,骆马湖提前预泄。预报骆马湖水位不超过 24.50 m,嶂山闸泄洪控制新沂河沭阳站洪峰流量不超过 5 000 m³/s,同时相机利用皂河闸、宿迁闸泄洪。<br>3. 预报骆马湖水位超过 24.50 m,嶂山闸泄洪控制新沂河沭阳站洪峰流量不超过 6 000 m³/s;同时相机利用皂河闸、宿迁闸泄洪。<br>4. 当骆马湖水位超过 24.50 m 并预报继续上涨时,退守宿迁大控制;嶂山闸泄洪控制新沂河沭阳洪峰流量不超过 7 800 m³/s;视下游水情,控制宿迁闸泄洪不超过 1 000 m³/s;徐洪河相机分洪。<br>5. 如预报骆马湖水位超过 26.00 m,当骆马湖水位达到 25.50 m 时,启用黄墩湖滞洪区滞洪,确保宿迁大控制安全。</td></tr>
<tr><td>备注</td><td colspan="11"></td></tr>
</table>

表 4-4(续)

| | |
|---|---|
| 骆马湖进、出湖水系示意图 | 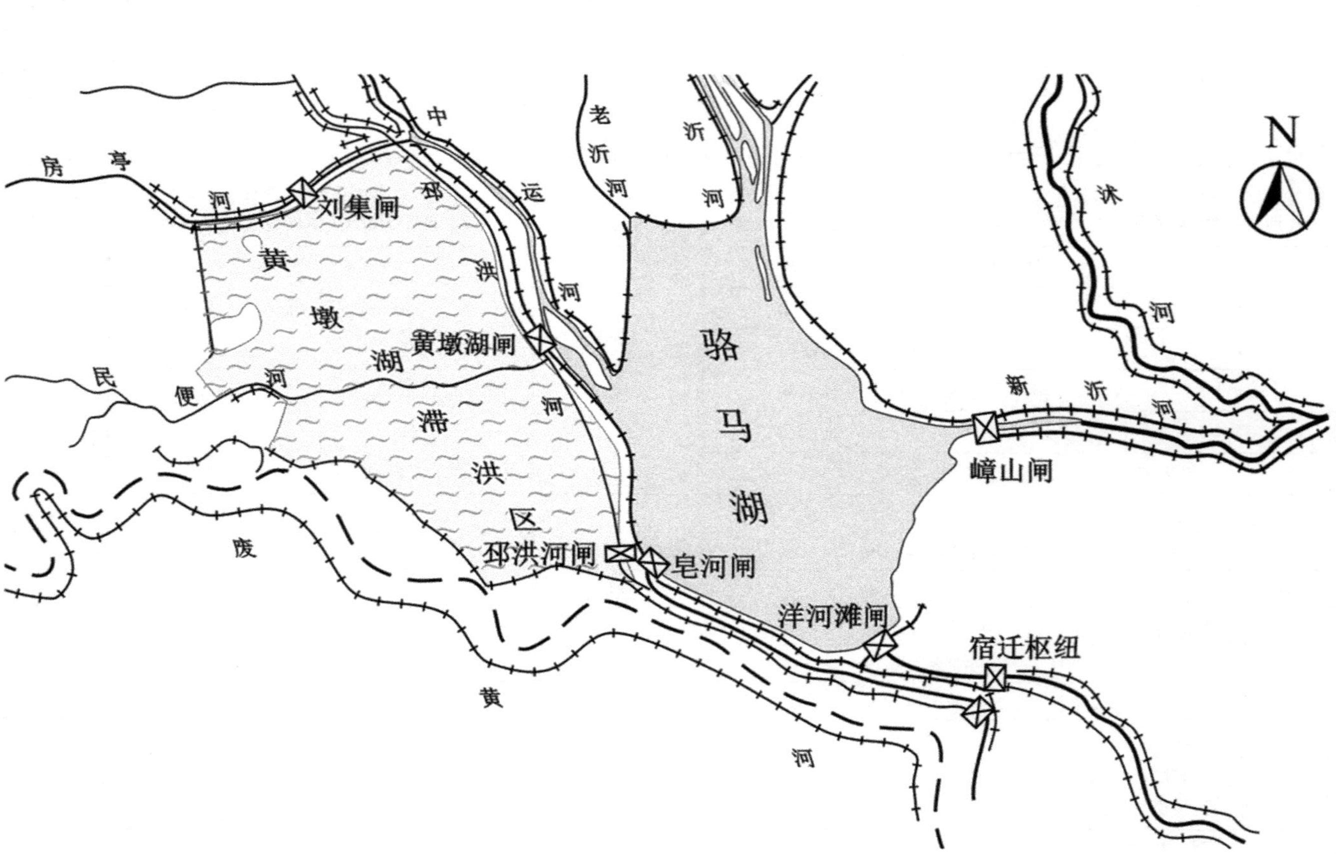 |

**表 4-5 沂沭泗流域大型水库历年水文特征值统计表**

| 年份 | 田庄水库 最高水位 水位/m | 相应蓄量/亿 $m^3$ | 出现时间(月.日) | 最大入库流量 流量/($m^3 \cdot s^{-1}$) | 出现时间(月.日) | 最大出库流量 流量/($m^3 \cdot s^{-1}$) | 出现时间(月.日) | 跋山水库 最高水位 水位/m | 相应蓄量/亿 $m^3$ | 出现时间(月.日) | 最大入库流量 流量/($m^3 \cdot s^{-1}$) | 出现时间(月.日) | 最大出库流量 流量/($m^3 \cdot s^{-1}$) | 出现时间(月.日) |
|---|---|---|---|---|---|---|---|---|---|---|---|---|---|---|
| 1960 | 306.77 | 0.492 | 7.28 | | | | | 174.09 | 1.880 | 8.21 | 1 030 | 8.17 | 242 | 7.28 |
| 1961 | 301.43 | 0.215 | 1.4 | 260 | 7.14 | 6.54 | 7.24 | 173.35 | 1.700 | 1.24 | 455 | 7.14 | 55.0 | 7.18 |
| 1962 | 305.32 | 0.391 | 7.25 | 1 630 | 7.25 | 11.1 | 7.25 | 174.81 | 2.040 | 7.29 | 4 620 | 7.19 | 1 060 | 7.29 |
| 1963 | 305.65 | 0.412 | 7.20 | 1 930 | 7.20 | 394 | 7.20 | 174.37 | 1.949 | 7.20 | 4 460 | 7.19 | 1 100 | 7.20 |
| 1964 | 306.16 | 0.451 | 9.12 | 1 850 | 8.31 | 698 | 9.12 | 174.10 | 1.893 | 7.18 | 3 790 | 8.1 | 925 | 7.18 |
| 1965 | 304.71 | 0.364 | 8.18 | 512 | 8.18 | 216 | 8.18 | 172.99 | 1.650 | 8.19 | 747 | 8.18 | 283 | 8.19 |
| 1966 | 303.72 | 0.311 | 7.15 | 1 710 | 6.24 | 78.4 | 7.15 | 173.59 | 1.781 | 4.10 | 1 130 | 7.15 | 89.6 | 7.26 |
| 1967 | 302.21 | 0.245 | 8.29 | 883 | 7.1 | 7.69 | 7.15 | 174.76 | 2.039 | 12.30 | 256 | 7.1 | 62.3 | 8.14 |
| 1968 | 302.01 | 0.238 | 4.12 | 31.5 | 4.9 | 7.36 | 5.11 | 175.05 | 2.104 | 4.11 | 551 | 8.15 | 41.6 | 6.5 |
| 1969 | 302.35 | 0.250 | 9.26 | 197 | 5.12 | 12.9 | 9.27 | 171.47 | 1.351 | 12.26 | 66.6 | 8.16 | 50.7 | 5.26 |
| 1970 | 304.77 | 0.367 | 7.26 | 1 010 | 7.25 | 226 | 7.26 | 176.21 | 2.388 | 9.16 | 1 720 | 7.25 | 759 | 7.26 |
| 1971 | 304.31 | 0.342 | 8.22 | 257 | 8.21 | 105 | 8.22 | 176.86 | 2.561 | 8.22 | 709 | 8.15 | 706 | 8.22 |
| 1972 | 303.75 | 0.313 | 9.7 | 652 | 9.2 | 35.2 | 9.7 | 175.62 | 2.241 | 4.1 | 608 | 9.2 | 56.7 | 6.11 |
| 1973 | 303.58 | 0.304 | 1.25 | 47.6 | 7.15 | 9.35 | 3.4 | 175.31 | 2.166 | 3.15 | 113 | 7.29 | 48.2 | 7.20 |
| 1974 | 305.66 | 0.418 | 8.13 | 929 | 8.13 | 465 | 8.14 | 178.34 | 2.984 | 8.14 | 2 480 | 8.13 | 1 420 | 8.14 |
| 1975 | 304.66 | 0.361 | 7.30 | 608 | 7.30 | 135 | 7.30 | 175.19 | 2.138 | 1.2 | 310 | 7.30 | 48.1 | 6.23 |
| 1976 | 304.74 | 0.366 | 8.13 | 523 | 8.13 | 111 | 8.13 | 173.94 | 1.858 | 1.1 | 334 | 8.13 | 29.8 | 6.26 |
| 1977 | 304.12 | 0.332 | 8.4 | 315 | 8.3 | 40.2 | 8.4 | 171.39 | 1.337 | 8.19 | 456 | 7.20 | 51.5 | 6.1 |
| 1978 | 304.49 | 0.352 | 7.3 | 320 | 7.3 | 86.5 | 7.3 | 174.62 | 1.909 | 9.10 | 757 | 7.4 | 22.3 | 6.25 |
| 1979 | 304.77 | 0.278 | 10.7 | 433 | 6.26 | 91.9 | 6.26 | 175.90 | 2.242 | 8.3 | 531 | 6.24 | 105 | 8.5 |
| 1980 | 306.50 | 0.378 | 7.7 | 605 | 6.30 | 103 | 6.30 | 175.98 | 2.267 | 8.5 | 291 | 6.30 | 244 | 7.29 |

**表 4-5(续)**

| 年份 | 田庄水库 最高水位 水位/m | 田庄水库 最高水位 相应蓄量/亿 m$^3$ | 田庄水库 最高水位 出现时间(月.日) | 田庄水库 最大入库流量 流量/(m$^3$·s$^{-1}$) | 田庄水库 最大入库流量 出现时间(月.日) | 田庄水库 最大出库流量 流量/(m$^3$·s$^{-1}$) | 田庄水库 最大出库流量 出现时间(月.日) | 跋山水库 最高水位 水位/m | 跋山水库 最高水位 相应蓄量/亿 m$^3$ | 跋山水库 最高水位 出现时间(月.日) | 跋山水库 最大入库流量 流量/(m$^3$·s$^{-1}$) | 跋山水库 最大入库流量 出现时间(月.日) | 跋山水库 最大出库流量 流量/(m$^3$·s$^{-1}$) | 跋山水库 最大出库流量 出现时间(月.日) |
|---|---|---|---|---|---|---|---|---|---|---|---|---|---|---|
| 1981 | 302.52 | 0.185 | 9.15 | 91.2 | 7.25 | 5.34 | 7.27 | 173.53 | 1.659 | 1.1 | 351 | 7.26 | 41.8 | 6.22 |
| 1982 | 304.92 | 0.286 | 12.26 | 23.8 | 8.8 | 3.69 | 4.10 | 170.86 | 1.121 | 12.31 | 102 | 7.24 | 24.9 | 7.4 |
| 1983 | 305.00 | 0.290 | 3.11 | 89.2 | 8.29 | 6.06 | 6.14 | 171.03 | 1.152 | 4.3 | 18.4 | 9.9 | 33.4 | 6.10 |
| 1984 | 306.60 | 0.385 | 7.12 | 2 430 | 7.12 | 671 | 7.12 | 175.21 | 2.064 | 12.12 | 2 850 | 7.12 | 27.0 | 3.6 |
| 1985 | 306.61 | 0.385 | 11.13 | 984 | 7.9 | 408 | 7.11 | 176.19 | 2.324 | 9.21 | 729 | 7.12 | 190 | 8.23 |
| 1986 | 306.57 | 0.383 | 8.4 | 609 | 7.30 | 256 | 8.1 | 175.07 | 2.028 | 1.17 | 396 | 8.1 | 25.8 | 4.4 |
| 1987 | 305.53 | 0.319 | 9.23 | 85.0 | 7.10 | 14.9 | 8.4 | 172.27 | 1.391 | 2.15 | 190 | 9.4 | 28.3 | 6.22 |
| 1988 | 305.14 | 0.298 | 9.19 | 334 | 7.16 | 5.52 | 1.1 | 173.04 | 1.552 | 3.16 | 191 | 7.16 | 29.2 | 4.9 |
| 1989 | 303.40 | 0.216 | 3.30 | 17.0 | 7.11 | 4.32 | 6.15 | 169.90 | 0.959 | 4.3 | 21.1 | 7.19 | 40.1 | 6.29 |
| 1990 | 306.58 | 0.383 | 7.17 | 1 184 | 7.17 | 342 | 7.22 | 176.83 | 2.504 | 8.16 | 1 330 | 8.16 | 1270 | 8.3 |
| 1991 | 305.01 | 0.291 | 9.6 | 187 | 7.25 | 19.0 | 7.27 | 174.74 | 1.944 | 3.30 | 381 | 7.25 | 195 | 7.28 |
| 1992 | 303.86 | 0.235 | 2.21 | 16.5 | 8.12 | 7.36 | 3.6 | 174.29 | 1.836 | 4.7 | 32.2 | 7.13 | 70.1 | 6.11 |
| 1993 | 306.93 | 0.406 | 8.2 | 967 | 7.12 | 201 | 8.4 | 176.21 | 2.330 | 11.17 | 1 510 | 7.13 | 545 | 8.7 |
| 1994 | 308.17 | 0.495 | 8.8 | 691 | 6.29 | 310 | 8.8 | 176.33 | 2.363 | 9.6 | 1 200 | 8.9 | 893 | 8.9 |
| 1995 | 308.31 | 0.506 | 8.24 | 370 | 8.22 | 183 | 8.22 | 176.78 | 2.489 | 9.3 | 1 450 | 8.17 | 906 | 9.3 |
| 1996 | 308.86 | 0.551 | 8.11 | 786 | 7.25 | 86.7 | 8.11 | 175.41 | 2.115 | 8.15 | 1 080 | 7.25 | 43.4 | 10.2 |
| 1997 | 307.54 | 0.448 | 2.23 | 464 | 8.20 | 8.91 | 3.29 | 174.08 | 1.787 | 5.27 | 1 330 | 8.20 | 71.4 | 7.1 |
| 1998 | 309.27 | 0.586 | 8.26 | 226 | 8.7 | 309 | 8.22 | 176.04 | 2.283 | 8.13 | 926 | 7.24 | 580 | 8.13 |
| 1999 | 307.77 | 0.465 | 1.1 | 433 | 9.9 | 8.60 | 7.2 | 169.30 | 0.865 | 12.31 | 93.4 | 8.1 | 36.4 | 6.25 |
| 2000 | 307.76 | 0.465 | 2.9 | 109 | 8.10 | 6.95 | 7.11 | 170.29 | 1.023 | 3.7 | 128 | 7.19 | 27.7 | 6.21 |
| 2001 | 310.14 | 0.667 | 8.4 | 849 | 8.4 | 495 | 8.4 | 176.82 | 2.501 | 8.4 | 1 690 | 8.4 | 895 | 8.4 |

表 4-5(续)

| 年份 | 田庄水库 最高水位 水位/m | 相应蓄量/亿 m³ | 出现时间(月.日) | 最大入库流量 流量/(m³·s⁻¹) | 出现时间(月.日) | 最大出库流量 流量/(m³·s⁻¹) | 出现时间(月.日) | 跋山水库 最高水位 水位/m | 相应蓄量/亿 m³ | 出现时间(月.日) | 最大入库流量 流量/(m³·s⁻¹) | 出现时间(月.日) | 最大出库流量 流量/(m³·s⁻¹) | 出现时间(月.日) |
|---|---|---|---|---|---|---|---|---|---|---|---|---|---|---|
| 2002 | 307.06 | 0.415 | 1.31 | 9.68 | 8.5 | 5.94 | 4.7 | 176.02 | 2.278 | 4.2 | 42.8 | 6.23 | 33.0 | 7.4 |
| 2003 | 309.86 | 0.640 | 9.9 | 177 | 9.4 | 64.1 | 9.9 | 177.00 | 2.550 | 10.19 | 352 | 8.27 | 150 | 9.7 |
| 2004 | 310.05 | 0.658 | 8.28 | 331 | 8.28 | 81.1 | 8.28 | 176.78 | 2.489 | 8.28 | 1 030 | 9.14 | 568 | 9.14 |
| 2005 | 307.52 | 0.447 | 4.4 | 168 | 9.21 | 92.0 | 10.12 | 177.16 | 2.601 | 10.10 | 1 080 | 9.21 | 425 | 9.22 |
| 2006 | 306.28 | 0.364 | 10.14 | <10.0 | | 2.98 | 6.5 | 174.70 | 1.933 | 3.13 | 130 | 8.14 | 35.9 | 6.24 |
| 2007 | 310.08 | 0.661 | 8.18 | 382 | 8.18 | 238 | 8.18 | 177.18 | 2.607 | 8.19 | 649 | 8.18 | 254 | 8.19 |
| 2008 | 308.81 | 0.547 | 3.4 | 170 | 7.18 | 40.4 | 6.27 | 177.34 | 2.654 | 8.31 | 1 050 | 7.23 | 233 | 7.24 |
| 2009 | 309.22 | 0.582 | 7.21 | 259 | 7.18 | 80.5 | 9.15 | 177.00 | 2.554 | 7.23 | 293 | 7.14 | 90.7 | 8.1 |
| 2010 | 309.11 | 0.572 | 11.15 | 80.6 | 8.24 | 8.81 | 12.19 | 177.21 | 2.616 | 10.3 | 222 | 7.18 | 27.5 | 6.27 |
| 2011 | 310.46 | 0.697 | 9.14 | 737 | 9.14 | 501 | 9.14 | 178.00 | 2.855 | 9.15 | 1 180 | 9.14 | 1 010 | 9.15 |
| 2012 | 309.50 | 0.606 | 3.14 | 110 | 7.10 | 9.62 | 12.3 | 177.19 | 2.610 | 1.30 | 441 | 8.3 | 32.4 | 7.29 |
| 2013 | 309.27 | 0.586 | 8.2 | | | 18.3 | 8.2 | 175.76 | 2.206 | 8.7 | | | 34 | 8.29 |
| 2014 | 305.00 | 0.29 | 1.1 | | | 0.143 | 1.1 | 170.63 | 1.079 | 2.11 | | | 40.7 | 9.5 |
| 2015 | 303.48 | 0.219 | 9.11 | | | 0.136 | 6.16 | 169.98 | 0.972 | 12.31 | | | 27.6 | 10.21 |
| 2016 | 309.64 | 0.619 | 12.3 | | | 6.35 | 9.1 | 175.95 | 2.258 | 11.19 | 349 | 8.6 | 51.5 | 8.28 |
| 2017 | 309.77 | 0.631 | 2.24 | 331 | 8.2 | 101 | 8.3 | 176.81 | 2.498 | 8.7 | 536 | 7.7 | 68.6 | 8.15 |
| 2018 | 309.89 | 0.643 | 8.24 | | | 45.10 | 8.27 | 173.69 | 1.695 | 8.20 | | | 609.00 | 8.20 |
| 历年最高(大) | 310.46 | 0.697 | | 2 430 | | 698 | | 178.34 | 2.984 | | 4 620 | | 1 420 | |
| 出现年份 | 2011 | 2011 | | 1984 | | 1964 | | 1974 | 1974 | | 1962 | | 1974 | |

**表 4-5(续)**

| 年份 | 岸堤水库 最高水位 水位/m | 相应蓄量/亿 $m^3$ | 出现时间(月.日) | 最大入库流量 流量/($m^3 \cdot s^{-1}$) | 出现时间(月.日) | 最大出库流量 流量/($m^3 \cdot s^{-1}$) | 出现时间(月.日) | 唐村水库 最高水位 水位/m | 相应蓄量/亿 $m^3$ | 出现时间(月.日) | 最大入库流量 流量/($m^3 \cdot s^{-1}$) | 出现时间(月.日) | 最大出库流量 流量/($m^3 \cdot s^{-1}$) | 出现时间(月.日) |
|---|---|---|---|---|---|---|---|---|---|---|---|---|---|---|
| 1960 | 172.18 | 3.250 | 8.21 | 2 530 | 8.17 | 147 | 9.1 | 185.64 | 0.673 | 9.27 | | | | |
| 1961 | 170.85 | 2.690 | 1.1 | 2 980 | 7.14 | 88.4 | 3.1 | 185.47 | 0.654 | 1.1 | 293 | 7.15 | 8.88 | 6.17 |
| 1962 | 170.76 | 2.660 | 8.8 | 3 570 | 7.25 | 179 | 8.8 | 183.65 | 0.466 | 12.9 | 340 | 7.13 | 9.50 | 5.9 |
| 1963 | 173.72 | 3.971 | 7.20 | 9 650 | 7.25 | 538 | 7.20 | 186.36 | 0.759 | 8.30 | 888 | 8.30 | 54.2 | 8.3 |
| 1964 | 173.04 | 3.541 | 8.1 | 10 200 | 8.1 | 388 | 8.1 | 185.59 | 0.680 | 9.18 | 330 | 8.1 | 23.2 | 9.18 |
| 1965 | 170.12 | 2.299 | 7.28 | 3 000 | 7.27 | 127 | 7.28 | 185.20 | 0.634 | 8.19 | 1 050 | 7.27 | 14.0 | 8.20 |
| 1966 | 171.99 | 3.036 | 8.13 | 2 220 | 7.21 | 97.0 | 8.31 | 183.32 | 0.437 | 1.1 | 210 | 7.21 | 9.11 | 6.5 |
| 1967 | 173.16 | 3.603 | 12.5 | 653 | 7.1 | 37.0 | 6.13 | 184.90 | 0.599 | 10.13 | 708 | 9.2 | 4.52 | 8.13 |
| 1968 | 173.27 | 3.660 | 4.10 | 127 | 4.7 | 68.0 | 6.29 | 184.89 | 0.598 | 4.11 | 21.2 | 7.17 | 8.63 | 6.27 |
| 1969 | 172.36 | 3.309 | 12.31 | 569 | 7.30 | 53.9 | 6.2 | 180.27 | 0.225 | 10.26 | 47.0 | 8.8 | 5.14 | 8.6 |
| 1970 | 175.13 | 4.683 | 9.22 | 5 940 | 7.23 | 1 350 | 7.25 | 187.34 | 0.896 | 10.25 | 650 | 7.25 | 7.67 | 8.27 |
| 1971 | 175.15 | 4.695 | 3.21 | 983 | 7.1 | 600 | 8.22 | 188.56 | 1.066 | 8.25 | 921 | 8.9 | 120 | 8.25 |
| 1972 | 174.69 | 4.431 | 3.26 | 517 | 8.27 | 84.8 | 6.24 | 185.43 | 0.661 | 2.26 | 75.4 | 8.27 | 10.1 | 6.20 |
| 1973 | 172.19 | 3.131 | 3.10 | 382 | 7.29 | 63.3 | 7.5 | 184.56 | 0.562 | 8.4 | 385 | 7.28 | 8.45 | 8.18 |
| 1974 | 175.33 | 4.802 | 8.14 | 3 940 | 8.13 | 1 330 | 8.14 | 187.84 | 0.960 | 8.14 | 847 | 8.1 | 37.5 | 8.14 |
| 1975 | 173.86 | 3.967 | 1.24 | 292 | 7.26 | 291 | 2.15 | 186.89 | 0.839 | 2.6 | 247 | 7.9 | 9.12 | 4.26 |
| 1976 | 171.96 | 3.024 | 1.11 | 383 | 8.13 | 45.2 | 5.3 | 184.82 | 0.590 | 1.1 | 40.6 | 8.12 | 7.62 | 5.13 |
| 1977 | 170.73 | 2.255 | 12.31 | 761 | 8.28 | 39.7 | 6.9 | 181.80 | 0.335 | 12.31 | 149 | 7.11 | 46.3 | 10.29 |
| 1978 | 170.97 | 2.338 | 3.14 | 314 | 7.4 | 41.8 | 4.5 | 182.41 | 0.383 | 9.18 | 322 | 7.14 | 8.83 | 4.22 |
| 1979 | 172.56 | 2.981 | 8.11 | 1 530 | 6.24 | 46.4 | 6.14 | 183.21 | 0.452 | 8.14 | 122 | 6.30 | 9.57 | 8.24 |
| 1980 | 172.45 | 2.934 | 10.25 | 2 700 | 6.30 | 540 | 7.28 | 185.45 | 0.688 | 9.10 | 711 | 6.15 | 9.45 | 3.30 |

表 4-5(续)

| 年份 | 岸堤水库 最高水位 水位/m | 相应蓄量/亿 $m^3$ | 出现时间(月.日) | 最大入库流量 流量/($m^3 \cdot s^{-1}$) | 出现时间(月.日) | 最大出库流量 流量/($m^3 \cdot s^{-1}$) | 出现时间(月.日) | 唐村水库 最高水位 水位/m | 相应蓄量/亿 $m^3$ | 出现时间(月.日) | 最大入库流量 流量/($m^3 \cdot s^{-1}$) | 出现时间(月.日) | 最大出库流量 流量/($m^3 \cdot s^{-1}$) | 出现时间(月.日) |
|---|---|---|---|---|---|---|---|---|---|---|---|---|---|---|
| 1981 | 172.01 | 2.745 | 1.1 | 997 | 7.25 | 44.4 | 6.11 | 185.01 | 0.636 | 2.18 | 72.6 | 7.15 | 9.79 | 3.23 |
| 1982 | 168.32 | 1.486 | 12.31 | 201 | 6.17 | 35.2 | 4.1 | 177.32 | 0.092 | 12.22 | 66.7 | 8.8 | 2.82 | 4.19 |
| 1983 | 168.46 | 1.525 | 3.11 | 89.5 | 9.9 | 31.5 | 6.17 | 177.42 | 0.096 | 3.24 | 8.33 | 9.1 | 6.15 | 5.14 |
| 1984 | 171.73 | 2.635 | 12.30 | 494 | 6.5 | 21.4 | 3.10 | 183.98 | 0.525 | 12.30 | 217 | 8.12 | 6.14 | 4.2 |
| 1985 | 174.01 | 3.643 | 11.7 | 694 | 7.15 | 48.5 | 6.28 | 185.54 | 0.698 | 9.23 | 447 | 8.22 | 12.9 | 9.7 |
| 1986 | 173.61 | 3.455 | 1.1 | 764 | 7.31 | 35.2 | 1.27 | 185.15 | 0.652 | 3.24 | 222 | 8.4 | 10.1 | 4.6 |
| 1987 | 170.07 | 2.016 | 12.30 | 658 | 9.4 | 30.7 | 7.20 | 182.55 | 0.395 | 3.7 | 34.7 | 6.6 | 8.50 | 5.3 |
| 1988 | 170.25 | 2.080 | 3.6 | 353 | 7.16 | 45.5 | 6.27 | 179.56 | 0.191 | 3.22 | 150 | 7.21 | 11.5 | 4.23 |
| 1989 | 165.80 | 0.922 | 3.26 | 233 | 8.25 | 23.7 | 4.6 | 176.96 | 0.079 | 8.29 | 60.4 | 6.12 | 5.00 | 4.23 |
| 1990 | 173.95 | 3.615 | 8.16 | 1 890 | 8.3 | 621 | 8.17 | 184.60 | 0.591 | 9.13 | 177 | 7.13 | 7.44 | 10.16 |
| 1991 | 173.43 | 3.371 | 7.25 | 3 510 | 7.24 | 1 160 | 7.25 | 186.27 | 0.788 | 7.25 | 640 | 7.24 | 156 | 7.25 |
| 1992 | 170.31 | 2.102 | 5.21 | 115 | 8.11 | 106 | 6.9 | 182.36 | 0.379 | 3.15 | 110 | 5.5 | 10.2 | 4.16 |
| 1993 | 173.01 | 3.174 | 8.7 | 920 | 7.16 | 475 | 8.8 | 183.44 | 0.474 | 7.17 | 396 | 7.15 | 14.5 | 7.21 |
| 1994 | 173.88 | 3.582 | 9.10 | 1 260 | 8.9 | 180 | 9.13 | 185.22 | 0.660 | 9.5 | 288 | 8.30 | 14.7 | 3.24 |
| 1995 | 172.49 | 2.951 | 8.23 | 2 610 | 8.18 | 241 | 8.23 | 184.31 | 0.560 | 8.24 | 719 | 8.16 | 14.8 | 9.1 |
| 1996 | 169.26 | 1.756 | 12.30 | 958 | 6.14 | 67.4 | 6.27 | 183.70 | 0.499 | 2.19 | 201 | 8.7 | 18.0 | 4.11 |
| 1997 | 171.04 | 2.363 | 9.30 | 2 850 | 8.20 | 113 | 6.23 | 183.69 | 0.498 | 2.4 | 579 | 8.8 | 10.9 | 2.20 |
| 1998 | 174.59 | 3.941 | 8.15 | 1 880 | 8.15 | 449 | 8.15 | 185.79 | 0.728 | 8.16 | 670 | 8.15 | 60.2 | 8.16 |
| 1999 | 172.73 | 3.054 | 1.1 | 246 | 9.9 | 195 | 7.4 | 182.74 | 0.411 | 2.14 | 179 | 6.15 | 12.4 | 2.26 |
| 2000 | 169.67 | 1.886 | 12.31 | 419 | 6.26 | 136 | 5.12 | 182.36 | 0.379 | 2.19 | 86.7 | 6.22 | 14.5 | 5.1 |
| 2001 | 174.14 | 3.701 | 8.5 | 1 820 | 7.31 | 206 | 8.4 | 183.98 | 0.525 | 8.1 | 323 | 7.30 | 14.9 | 7.31 |

**表 4-5(续)**

| 年份 | 岸堤水库 最高水位 水位/m | 岸堤水库 最高水位 相应蓄量/亿 $m^3$ | 岸堤水库 最高水位 出现时间(月.日) | 岸堤水库 最大入库流量 流量/($m^3 \cdot s^{-1}$) | 岸堤水库 最大入库流量 出现时间(月.日) | 岸堤水库 最大出库流量 流量/($m^3 \cdot s^{-1}$) | 岸堤水库 最大出库流量 出现时间(月.日) | 唐村水库 最高水位 水位/m | 唐村水库 最高水位 相应蓄量/亿 $m^3$ | 唐村水库 最高水位 出现时间(月.日) | 唐村水库 最大入库流量 流量/($m^3 \cdot s^{-1}$) | 唐村水库 最大入库流量 出现时间(月.日) | 唐村水库 最大出库流量 流量/($m^3 \cdot s^{-1}$) | 唐村水库 最大出库流量 出现时间(月.日) |
|---|---|---|---|---|---|---|---|---|---|---|---|---|---|---|
| 2002 | 172.14 | 2.801 | 1.3 | 44.6 | 5.15 | 43.2 | 6.17 | 182.14 | 0.361 | 2.9 | 88.9 | 6.23 | 12.5 | 4.19 |
| 2003 | 175.00 | 4.150 | 10.13 | 335 | 8.27 | 253 | 9.4 | 184.81 | 0.620 | 9.4 | 644 | 8.23 | 63.4 | 9.4 |
| 2004 | 174.97 | 4.135 | 9.23 | 643 | 7.18 | 96.0 | 8.5 | 184.31 | 0.560 | 9.16 | 237 | 9.14 | 14.4 | 9.21 |
| 2005 | 175.04 | 4.173 | 9.23 | 1 800 | 9.20 | 302 | 9.30 | 186.58 | 0.827 | 10.2 | 787 | 9.20 | 84.9 | 7.3 |
| 2006 | 173.66 | 3.479 | 1.1 | 76.3 | 8.16 | 43.4 | 6.22 | 185.05 | 0.640 | 9.2 | 310 | 8.29 | 13.2 | 9.19 |
| 2007 | 175.22 | 4.275 | 9.6 | 2 550 | 8.17 | 471 | 8.18 | 186.54 | 0.822 | 8.18 | 896 | 8.18 | 75.9 | 8.18 |
| 2008 | 172.57 | 2.985 | 1.1 | 1 780 | 7.23 | 43.5 | 8.5 | 184.98 | 0.632 | 1.29 | 334 | 7.9 | 12.5 | 9.4 |
| 2009 | 173.16 | 3.245 | 7.30 | 1 170 | 7.21 | 123 | 8.1 | 185.11 | 0.647 | 8.23 | 630 | 8.18 | 12.4 | 8.18 |
| 2010 | 173.07 | 3.202 | 10.2 | 1 670 | 7.18 | 43.5 | 8.4 | 185.49 | 0.692 | 10.4 | 630 | 7.18 | 12.4 | 7.16 |
| 2011 | 175.50 | 4.432 | 9.15 | 1 080 | 9.15 | 860 | 9.15 | 185.58 | 0.703 | 9.19 | 214 | 9.15 | 12.6 | 9.24 |
| 2012 | 173.62 | 3.460 | 1.1 | 1 960 | 7.10 | 32.5 | 5.19 | 185.95 | 0.747 | 3.30 | 208 | 7.10 | 12.0 | 5.13 |
| 2013 | 172.88 | 3.118 | 8.18 | 928 | 7.4 | 48.8 | 8.16 | 184.48 | 0.579 | 8.29 | | | 14.7 | 12.18 |
| 2014 | 171.36 | 2.49 | 1.1 | | | 26.0 | 6.12 | 183.70 | 0.499 | 3.4 | | | 7.49 | 4.15 |
| 2015 | 167.37 | 1.18 | 9.8 | | | 2.57 | 11.10 | 182.61 | 0.400 | 12.31 | | | 9.11 | 3.22 |
| 2016 | 172.22 | 2.794 | 12.29 | | | 22.8 | 8.27 | 184.70 | 0.602 | 10.29 | 382 | 7.20 | 3.99 | 10.29 |
| 2017 | 173.52 | 3.39 | 8.10 | 618 | 7.7 | 52.6 | 7.31 | 185.40 | 0.682 | 7.20 | | | 22.1 | 7.20 |
| 2018 | 173.30 | 3.283 | 8.31 | | | 49.4 | 9.10 | 184.70 | 0.602 | 2.16 | | | 10.4 | 5.28 |
| 历年最高(大) | 175.50 | 4.432 | | 10 200 | | 1 350 | | 188.56 | 1.066 | | 1 050 | | 156 | |
| 出现年份 | 2011 | 2011 | | 1964 | | 1970 | | 1971 | 1971 | | 1965 | | 1991 | |

表 4-5(续)

| 年份 | 许家崖水库 | | | | | | | 沙沟水库 | | | | | | |
|---|---|---|---|---|---|---|---|---|---|---|---|---|---|---|
| | 最高水位 | | | 最大入库流量 | | 最大出库流量 | | 最高水位 | | | 最大入库流量 | | 最大出库流量 | |
| | 水位/m | 相应蓄量/亿 $m^3$ | 出现时间(月.日) | 流量/($m^3 \cdot s^{-1}$) | 出现时间(月.日) | 流量/($m^3 \cdot s^{-1}$) | 出现时间(月.日) | 水位/m | 相应蓄量/亿 $m^3$ | 出现时间(月.日) | 流量/($m^3 \cdot s^{-1}$) | 出现时间(月.日) | 流量/($m^3 \cdot s^{-1}$) | 出现时间(月.日) |
| 1959 | 130.86 | 0.130 | 12.31 | | | 82.9 | 6.8 | | | | | | | |
| 1960 | 145.88 | 2.134 | 7.3 | 2 220 | 7.3 | 210 | 7.3 | 233.76 | 0.575 | 10.9 | | | | |
| 1961 | 141.78 | 1.220 | 1.1 | 1 040 | 7.6 | 17.4 | 8.18 | 233.63 | 0.566 | 1.1 | 210 | 7.14 | 8.22 | 4.10 |
| 1962 | 141.37 | 1.140 | 8.19 | 1 160 | 8.7 | 19.3 | 8.20 | 228.58 | 0.292 | 8.19 | 467 | 7.13 | 7.23 | 8.19 |
| 1963 | 144.37 | 1.754 | 8.5 | 1 930 | 8.5 | 500 | 8.6 | 232.70 | 0.505 | 7.20 | 1 580 | 7.19 | 35.1 | 7.20 |
| 1964 | 142.47 | 0.991 | 9.14 | 1 370 | 8.1 | 122 | 9.14 | 231.41 | 0.364 | 9.18 | 512 | 7.16 | 10.3 | 9.14 |
| 1965 | 142.50 | 0.995 | 8.18 | 1 510 | 7.21 | 152 | 8.18 | 231.65 | 0.377 | 8.20 | 1 470 | 8.15 | 10.2 | 2.12 |
| 1966 | 140.03 | 0.800 | 5.3 | 303 | 7.21 | 17.9 | 8.28 | 230.85 | 0.335 | 2.16 | 368 | 8.10 | 5.38 | 6.17 |
| 1967 | 145.25 | 1.440 | 10.3 | 1 650 | 9.2 | 7.97 | 6.20 | 232.27 | 0.412 | 8.19 | 248 | 7.1 | 8.28 | 6.26 |
| 1968 | 145.00 | 1.390 | 1.1 | 81.9 | 8.19 | 30.3 | 6.26 | 232.43 | 0.422 | 4.11 | 3.75 | 8.16 | 8.85 | 6.8 |
| 1969 | 145.46 | 1.482 | 10.16 | 517 | 9.29 | 17.2 | 5.25 | 231.02 | 0.344 | 6.2 | 226 | 9.2 | 11.7 | 6.30 |
| 1970 | 146.78 | 1.756 | 8.6 | 1 140 | 7.26 | 594 | 8.6 | 233.70 | 0.499 | 7.29 | 991 | 7.29 | 141 | 7.29 |
| 1971 | 147.09 | 1.823 | 8.22 | 2 550 | 8.9 | 377 | 8.22 | 233.43 | 0.482 | 8.22 | 410 | 8.1 | 106 | 8.22 |
| 1972 | 144.77 | 1.352 | 3.7 | 378 | 9.1 | 29.6 | 4.13 | 230.56 | 0.319 | 1.1 | 225 | 9.2 | 5.58 | 5.1 |
| 1973 | 142.73 | 1.027 | 8.3 | 991 | 7.28 | 85.0 | 7.17 | 230.08 | 0.294 | 10.11 | 307 | 7.5 | 7.90 | 7.18 |
| 1974 | 146.96 | 1.794 | 8.13 | 1 290 | 8.13 | 299 | 8.13 | 234.57 | 0.555 | 8.13 | 977 | 8.13 | 317 | 8.13 |
| 1975 | 144.67 | 1.336 | 2.12 | 1 450 | 7.9 | 171 | 7.10 | 230.72 | 0.328 | 1.1 | 85.6 | 7.18 | 5.53 | 2.18 |
| 1976 | 142.73 | 1.027 | 2.11 | 847 | 8.12 | 18.6 | 5.24 | 228.54 | 0.242 | 3.21 | 322 | 7.28 | 4.44 | 4.19 |
| 1977 | 141.25 | 0.741 | 8.10 | 849 | 7.19 | 18.9 | 3.13 | 227.46 | 0.181 | 2.21 | 66.7 | 10.29 | 4.94 | 3.6 |
| 1978 | 141.00 | 0.710 | 3.9 | 760 | 7.13 | 17.8 | 5.13 | 230.13 | 0.297 | 8.15 | 722 | 7.1 | 5.33 | 8.5 |
| 1979 | 141.98 | 0.839 | 8.5 | 561 | 6.24 | 18.3 | 6.2 | 232.57 | 0.383 | 8.1 | 656 | 7.12 | 36.3 | 8.1 |

**表 4-5(续)**

| 年份 | 许家崖水库 | | | | | | | 沙沟水库 | | | | | | |
|---|---|---|---|---|---|---|---|---|---|---|---|---|---|---|
| | 最高水位 | | | 最大入库流量 | | 最大出库流量 | | 最高水位 | | | 最大入库流量 | | 最大出库流量 | |
| | 水位/m | 相应蓄量/亿 $m^3$ | 出现时间(月.日) | 流量/($m^3 \cdot s^{-1}$) | 出现时间(月.日) | 流量/($m^3 \cdot s^{-1}$) | 出现时间(月.日) | 水位/m | 相应蓄量/亿 $m^3$ | 出现时间(月.日) | 流量/($m^3 \cdot s^{-1}$) | 出现时间(月.日) | 流量/($m^3 \cdot s^{-1}$) | 出现时间(月.日) |
| 1980 | 138.36 | 0.524 | 3.22 | 451 | 6.16 | 17.2 | 8.11 | 229.41 | 0.222 | 8.1 | 261 | 6.16 | 3.15 | 9.30 |
| 1981 | 136.55 | 0.294 | 3.15 | 72.2 | 7.14 | 15.9 | 4.1 | 228.64 | 0.191 | 3.10 | 164 | 7.25 | 3.92 | 5.14 |
| 1982 | 140.99 | 0.708 | 12.29 | 417 | 8.9 | 6.80 | 4.2 | 229.74 | 0.237 | 12.31 | 128 | 7.5 | 5.30 | 6.3 |
| 1983 | 141.11 | 0.722 | 3.4 | 130 | 9.8 | 14.9 | 4.18 | 230.01 | 0.249 | 3.31 | 144 | 8.25 | 5.79 | 5.12 |
| 1984 | 143.95 | 1.142 | 12.28 | 503 | 7.9 | 14.0 | 3.12 | 229.01 | 0.205 | 12.30 | 544 | 7.12 | 5.76 | 6.28 |
| 1985 | 146.33 | 1.591 | 9.22 | 668 | 9.5 | 14.4 | 4.22 | 231.67 | 0.333 | 9.2 | 606 | 7.11 | 5.00 | 5.30 |
| 1986 | 146.25 | 1.574 | 2.20 | 181 | 8.4 | 16.9 | 5.11 | 231.47 | 0.322 | 3.29 | 62.4 | 7.30 | 4.82 | 4.27 |
| 1987 | 142.05 | 0.847 | 12.30 | 780 | 9.4 | 14.5 | 4.8 | 228.51 | 0.186 | 12.30 | 144 | 9.4 | 5.06 | 6.5 |
| 1988 | 142.25 | 0.874 | 2.29 | 320 | 7.16 | 15.4 | 6.18 | 228.71 | 0.193 | 3.13 | 303 | 7.11 | 5.55 | 5.4 |
| 1989 | 135.85 | 0.251 | 6.22 | 357 | 6.12 | 11.8 | 6.27 | 226.40 | 0.117 | 4.11 | 78.9 | 7.19 | 6.42 | 4.20 |
| 1990 | 145.88 | 1.500 | 8.31 | 925 | 7.13 | 12.6 | 9.2 | 233.07 | 0.412 | 8.16 | 352 | 8.16 | 69.4 | 8.16 |
| 1991 | 146.18 | 1.560 | 7.26 | 1 650 | 7.25 | 425 | 7.15 | 230.55 | 0.275 | 4.4 | 101 | 7.25 | 3.35 | 4.21 |
| 1992 | 142.83 | 0.961 | 4.10 | 162 | 7.20 | 22.1 | 6.14 | 226.11 | 0.109 | 4.5 | 118 | 6.26 | 3.19 | 4.22 |
| 1993 | 146.02 | 1.528 | 8.9 | 3 100 | 8.5 | 68.4 | 8.15 | 231.53 | 0.325 | 8.11 | 404 | 7.16 | 3.37 | 10.1 |
| 1994 | 145.82 | 1.488 | 9.18 | 1 040 | 8.3 | 289 | 6.21 | 232.12 | 0.357 | 9.5 | 259 | 8.9 | 11.3 | 9.5 |
| 1995 | 146.61 | 1.652 | 8.31 | 1 110 | 8.22 | 24.0 | 6.29 | 232.23 | 0.364 | 9.4 | 351 | 8.16 | 17.8 | 9.5 |
| 1996 | 144.90 | 1.310 | 1.1 | 181 | 7.30 | 23.9 | 5.22 | 231.51 | 0.324 | 7.28 | 693 | 7.25 | 5.74 | 8.9 |
| 1997 | 141.84 | 0.819 | 9.1 | 673 | 8.20 | 15.6 | 3.21 | 231.46 | 0.322 | 8.23 | 602 | 8.20 | 5.37 | 8.22 |
| 1998 | 145.54 | 1.432 | 9.2 | 689 | 7.2 | 24.3 | 8.16 | 233.45 | 0.436 | 8.22 | 817 | 8.22 | 137 | 8.22 |
| 1999 | 143.11 | 1.004 | 2.19 | 512 | 6.15 | 21.5 | 3.13 | 230.07 | 0.252 | 11.1 | 198 | 8.14 | 2.70 | 11.27 |
| 2000 | 143.52 | 1.069 | 12.31 | 332 | 7.19 | 13.8 | 5.2 | 229.72 | 0.236 | 3.24 | 146 | 7.19 | 2.50 | 4.5 |

表 4-5(续)

| 年份 | 许家崖水库 | | | | | | | 沙沟水库 | | | | | | |
|---|---|---|---|---|---|---|---|---|---|---|---|---|---|---|
| | 最高水位 | | | 最大入库流量 | | 最大出库流量 | | 最高水位 | | | 最大入库流量 | | 最大出库流量 | |
| | 水位/m | 相应蓄量/亿 $m^3$ | 出现时间(月.日) | 流量/($m^3 \cdot s^{-1}$) | 出现时间(月.日) | 流量/($m^3 \cdot s^{-1}$) | 出现时间(月.日) | 水位/m | 相应蓄量/亿 $m^3$ | 出现时间(月.日) | 流量/($m^3 \cdot s^{-1}$) | 出现时间(月.日) | 流量/($m^3 \cdot s^{-1}$) | 出现时间(月.日) |
| 2001 | 146.48 | 1.623 | 8.9 | 845 | 8.3 | 19.2 | 8.2 | 230.93 | 0.294 | 8.8 | 323 | 7.31 | 4.86 | 8.5 |
| 2002 | 143.72 | 1.103 | 2.24 | 25.5 | 6.10 | 17.2 | 6.25 | 227.87 | 0.162 | 2.28 | 20.8 | 5.15 | 4.31 | 7.12 |
| 2003 | 147.74 | 1.910 | 9.2 | 775 | 6.22 | 229 | 9.2 | 232.40 | 0.370 | 10.31 | 72.2 | 8.27 | 9.67 | 11.18 |
| 2004 | 147.15 | 1.769 | 2.4 | 757 | 8.4 | 237 | 8.5 | 232.07 | 0.354 | 2.23 | 315 | 7.18 | 25.3 | 8.28 |
| 2005 | 146.99 | 1.734 | 10.18 | 2 050 | 7.1 | 407 | 7.2 | 231.48 | 0.323 | 9.21 | 165 | 9.20 | 23.6 | 9.21 |
| 2006 | 147.05 | 1.747 | 2.28 | 745 | 8.28 | 89.5 | 6.9 | 230.48 | 0.272 | 2.15 | 22.5 | 8.31 | 3.34 | 5.1 |
| 2007 | 147.44 | 1.835 | 8.18 | 810 | 8.18 | 248 | 8.18 | 231.49 | 0.323 | 8.19 | 232 | 8.17 | 21.1 | 8.19 |
| 2008 | 145.66 | 1.456 | 2.19 | 448 | 8.21 | 15.0 | 7.1 | 231.65 | 0.332 | 8.21 | 355 | 7.8 | 35.3 | 8.21 |
| 2009 | 145.44 | 1.412 | 10.19 | 1 080 | 8.18 | 14.8 | 6.29 | 231.77 | 0.338 | 7.18 | 166 | 7.11 | 22.1 | 7.18 |
| 2010 | 145.15 | 1.356 | 3.16 | 97.0 | 9.8 | 14.2 | 4.16 | 230.48 | 0.308 | 9.14 | 216 | 7.18 | 2.32 | 10.16 |
| 2011 | 145.23 | 1.371 | 12.31 | 873 | 8.27 | 15.4 | 6.29 | 231.61 | 0.369 | 9.16 | 161 | 6.23 | 29.9 | 9.16 |
| 2012 | 146.96 | 1.728 | 7.10 | 3 500 | 7.10 | 136 | 7.10 | 232.23 | 0.405 | 8.3 | 686 | 8.3 | 82.4 | 8.3 |
| 2013 | 144.48 | 1.233 | 8.15 | 758 | 8.10 | 20.1 | 9.15 | 230.57 | 0.276 | 2.25 | | | 1.94 | 2.27 |
| 2014 | 133.97 | 0.156 | 12.31 | | | 10.90 | 2.22 | 229.63 | 0.232 | 1.1 | | | 0.98 | 6.1 |
| 2015 | 137.21 | 0.338 | 12.31 | | | 0.733 | 6.1 | 229.45 | 0.224 | 12.31 | | | 0.155 | 6.1 |
| 2016 | 142.24 | 0.873 | 12.31 | | | 0.602 | 4.1 | 231.67 | 0.333 | 8.20 | | | 23.4 | 8.20 |
| 2017 | 146.05 | 1.534 | 9.18 | | | 79.4 | 8.3 | 232.06 | 0.354 | 8.4 | 380 | 7.7 | 35.8 | 8.4 |
| 2018 | 145.31 | 1.386 | 3.6 | | | 31.1 | 8.20 | 232.65 | 0.388 | 8.20 | 1 050 | 6.26 | 150 | 8.20 |
| 历年最高(大) | 147.74 | 1.910 | | 3 500 | | 594 | | 234.57 | 0.555 | | 1 580 | | 317 | |
| 出现年份 | 2003 | 2003 | | 2012 | | 1970 | | 1974 | 1974 | | 1963 | | 1974 | |

**表 4-5(续)**

| 年份 | 青峰岭水库 | | | | | | | 小仕阳水库 | | | | | | |
|---|---|---|---|---|---|---|---|---|---|---|---|---|---|---|
| | 最高水位 | | | 最大入库流量 | | 最大出库流量 | | 最高水位 | | | 最大入库流量 | | 最大出库流量 | |
| | 水位/m | 相应蓄量/亿 $m^3$ | 出现时间(月.日) | 流量/($m^3 \cdot s^{-1}$) | 出现时间(月.日) | 流量/($m^3 \cdot s^{-1}$) | 出现时间(月.日) | 水位/m | 相应蓄量/亿 $m^3$ | 出现时间(月.日) | 流量/($m^3 \cdot s^{-1}$) | 出现时间(月.日) | 流量/($m^3 \cdot s^{-1}$) | 出现时间(月.日) |
| 1959 | | | | | | | | 149.41 | 0.389 | 9.15 | | | | |
| 1960 | 157.40 | 1.594 | 8.29 | 4 850 | 8.17 | 120 | 9.3 | 151.38 | 0.566 | 7.7 | | | | |
| 1961 | 157.11 | 1.530 | 2.8 | 1 230 | 7.14 | 71.1 | 3.12 | 149.47 | 0.435 | 1.1 | 993 | 7.14 | 13.1 | 7.15 |
| 1962 | 149.08 | 0.393 | 8.1 | 620 | 8.7 | 64.6 | 8.1 | 152.91 | 0.691 | 8.19 | 1 120 | 7.13 | 18.9 | 8.18 |
| 1963 | 151.57 | 0.651 | 7.31 | 1 520 | 7.19 | 79.0 | 7.23 | 153.27 | 0.725 | 8.2 | 1 200 | 7.19 | 19.9 | 7.31 |
| 1964 | 156.52 | 1.406 | 7.18 | 1 730 | 7.3 | 112 | 7.18 | 150.71 | 0.482 | 8.3 | 590 | 7.17 | 17.5 | 8.1 |
| 1965 | 156.01 | 1.306 | 8.19 | 683 | 8.16 | 94.2 | 8.19 | 151.15 | 0.520 | 8.23 | 1 020 | 7.9 | 16.4 | 7.29 |
| 1966 | 155.64 | 1.236 | 3.21 | 1 010 | 7.21 | 22.3 | 6.15 | 150.02 | 0.429 | 3.22 | 401 | 7.21 | 8.48 | 6.18 |
| 1967 | 155.36 | 1.187 | 9.11 | 143 | 8.17 | 33.8 | 8.11 | 149.20 | 0.375 | 12.21 | 199 | 6.30 | 6.00 | 6.14 |
| 1968 | 155.41 | 1.195 | 2.22 | 47.2 | 8.19 | 22.1 | 6.5 | 149.33 | 0.384 | 4.11 | 20.1 | 8.19 | 8.50 | 5.6 |
| 1969 | 149.15 | 0.399 | 5.26 | 55.6 | 7.26 | 30.7 | 5.26 | 145.64 | 0.192 | 12.21 | 147 | 8.8 | 4.00 | 6.21 |
| 1970 | 159.95 | 2.195 | 12.23 | 852 | 7.30 | 27.0 | 5.27 | 154.18 | 0.840 | 10.26 | 1 670 | 7.29 | 19.0 | 8.2 |
| 1971 | 160.95 | 2.446 | 8.22 | 999 | 8.22 | 601 | 8.28 | 154.37 | 0.865 | 8.22 | 376 | 8.22 | 93.6 | 8.22 |
| 1972 | 159.67 | 2.126 | 3.26 | 166 | 9.6 | 28.3 | 6.23 | 152.07 | 0.614 | 3.21 | 379 | 8.18 | 7.48 | 5.21 |
| 1973 | 153.09 | 0.849 | 8.2 | 240 | 7.17 | 30.4 | 8.17 | 150.59 | 0.473 | 3.19 | 529 | 8.31 | 12.3 | 8.17 |
| 1974 | 160.03 | 2.215 | 8.14 | 3 410 | 8.13 | 560 | 8.19 | 155.05 | 0.952 | 8.14 | 2 280 | 8.13 | 409 | 8.14 |
| 1975 | 158.24 | 1.785 | 2.5 | 184 | 8.15 | 179 | 2.15 | 154.34 | 0.861 | 8.15 | 2 120 | 8.15 | 165 | 8.15 |
| 1976 | 154.46 | 1.046 | 1.6 | 1 380 | 7.28 | 13.4 | 6.6 | 152.59 | 0.666 | 1.1 | 515 | 6.30 | 8.55 | 2.14 |
| 1977 | 148.87 | 0.374 | 1.1 | 40.0 | 7.21 | 12.8 | 6.27 | 145.96 | 0.205 | 6.13 | 269 | 7.22 | 7.13 | 7.22 |
| 1978 | 154.85 | 1.106 | 9.19 | 317 | 7.4 | 17.1 | 10.7 | 148.15 | 0.275 | 9.26 | 240 | 8.12 | 8.34 | 10.4 |
| 1979 | 155.49 | 1.133 | 8.8 | 428 | 7.12 | 33.9 | 11.15 | 148.92 | 0.325 | 7.16 | 394 | 7.12 | 10.7 | 5.31 |

**表 4-5(续)**

| 年份 | 青峰岭水库 | | | | | | | 小仕阳水库 | | | | | | |
|---|---|---|---|---|---|---|---|---|---|---|---|---|---|---|
| | 最高水位 | | | 最大入库流量 | | 最大出库流量 | | 最高水位 | | | 最大入库流量 | | 最大出库流量 | |
| | 水位/m | 相应蓄量/亿 $m^3$ | 出现时间(月.日) | 流量/($m^3 \cdot s^{-1}$) | 出现时间(月.日) | 流量/($m^3 \cdot s^{-1}$) | 出现时间(月.日) | 水位/m | 相应蓄量/亿 $m^3$ | 出现时间(月.日) | 流量/($m^3 \cdot s^{-1}$) | 出现时间(月.日) | 流量/($m^3 \cdot s^{-1}$) | 出现时间(月.日) |
| 1980 | 154.54 | 0.977 | 9.6 | 643 | 6.16 | 24.4 | 5.5 | 147.99 | 0.269 | 7.1 | 233 | 6.16 | 7.08 | 7.7 |
| 1981 | 153.87 | 0.874 | 3.9 | 541 | 7.27 | 28.3 | 3.21 | 146.75 | 0.206 | 2.24 | 82.7 | 7.25 | 7.60 | 5.13 |
| 1982 | 152.07 | 0.635 | 9.9 | 236 | 7.25 | 19.2 | 9.25 | 149.47 | 0.361 | 12.30 | 394 | 7.6 | 4.20 | 7.16 |
| 1983 | 152.21 | 0.652 | 4.1 | 35.7 | 8.7 | 16.7 | 4.7 | 149.63 | 0.373 | 3.8 | 41.1 | 8.7 | 12.0 | 4.2 |
| 1984 | 152.97 | 0.749 | 12.31 | 274 | 8.12 | 12.7 | 3.26 | 148.36 | 0.291 | 12.31 | 145 | 7.9 | 7.07 | 8.29 |
| 1985 | 158.19 | 1.668 | 12.12 | 488 | 7.12 | 23.4 | 6.29 | 151.58 | 0.529 | 12.31 | 410 | 8.20 | 9.21 | 6.25 |
| 1986 | 157.83 | 1.589 | 1.1 | 511 | 8.10 | 25.4 | 6.26 | 151.69 | 0.539 | 2.20 | 72.6 | 7.31 | 18.4 | 3.28 |
| 1987 | 151.06 | 0.520 | 3.12 | 120 | 8.27 | 23.9 | 8.30 | 146.80 | 0.208 | 4.12 | 83.3 | 9.4 | 8.30 | 4.20 |
| 1988 | 148.72 | 0.298 | 3.23 | 203 | 7.16 | 17.8 | 3.28 | 150.57 | 0.445 | 8.29 | 367 | 7.16 | 7.36 | 3.30 |
| 1989 | 144.95 | 0.090 | 8.6 | 27.8 | 7.21 | 12.9 | 8.24 | 149.52 | 0.364 | 3.29 | 154 | 6.29 | 7.44 | 6.29 |
| 1990 | 160.01 | 2.114 | 8.21 | 1 480 | 8.16 | 26.1 | 8.16 | 153.90 | 0.757 | 8.16 | 650 | 8.16 | 294 | 8.16 |
| 1991 | 157.72 | 1.564 | 4.18 | 440 | 7.25 | 20.8 | 7.2 | 152.60 | 0.621 | 6.13 | 495 | 6.11 | 284 | 7.19 |
| 1992 | 152.10 | 0.639 | 3.24 | 62.9 | 9.2 | 18.9 | 6.18 | 147.71 | 0.253 | 3.16 | 222 | 9.1 | 9.09 | 6.23 |
| 1993 | 157.28 | 1.472 | 12.31 | 733 | 7.13 | 17.5 | 8.18 | 151.92 | 0.556 | 12.31 | 200 | 7.16 | 9.30 | 4.10 |
| 1994 | 159.99 | 2.109 | 9.10 | 644 | 8.8 | 62.9 | 9.11 | 153.93 | 0.760 | 9.1 | 324 | 8.24 | 90.2 | 9.4 |
| 1995 | 159.29 | 1.930 | 9.9 | 999 | 8.16 | 23.8 | 5.27 | 153.95 | 0.762 | 8.24 | 730 | 8.18 | 190 | 8.22 |
| 1996 | 157.60 | 1.539 | 2.24 | 1 760 | 7.25 | 20.0 | 3.12 | 151.80 | 0.546 | 1.24 | 316 | 8.6 | 9.16 | 5.22 |
| 1997 | 156.87 | 1.390 | 2.18 | 1 080 | 8.20 | 20.1 | 5.4 | 152.09 | 0.572 | 8.28 | 1 060 | 8.20 | 8.73 | 6.22 |
| 1998 | 159.22 | 1.912 | 8.26 | 389 | 8.4 | 22.7 | 8.24 | 153.87 | 0.753 | 7.24 | 1 740 | 7.24 | 242 | 8.15 |
| 1999 | 158.25 | 1.681 | 2.24 | 408 | 9.9 | 20.0 | 8.9 | 153.40 | 0.703 | 9.20 | 1 070 | 9.9 | 9.76 | 4.30 |
| 2000 | 156.71 | 1.358 | 3.18 | 81.2 | 7.19 | 21.1 | 6.10 | 153.57 | 0.721 | 2.20 | 346 | 8.31 | 10.2 | 6.11 |

**表 4-5(续)**

| 年份 | 青峰岭水库 | | | | | | | 小仕阳水库 | | | | | | |
|---|---|---|---|---|---|---|---|---|---|---|---|---|---|---|
| | 最高水位 | | | 最大入库流量 | | 最大出库流量 | | 最高水位 | | | 最大入库流量 | | 最大出库流量 | |
| | 水位/m | 相应蓄量/亿 $m^3$ | 出现时间(月.日) | 流量/($m^3 \cdot s^{-1}$) | 出现时间(月.日) | 流量/($m^3 \cdot s^{-1}$) | 出现时间(月.日) | 水位/m | 相应蓄量/亿 $m^3$ | 出现时间(月.日) | 流量/($m^3 \cdot s^{-1}$) | 出现时间(月.日) | 流量/($m^3 \cdot s^{-1}$) | 出现时间(月.日) |
| 2001 | 154.97 | 1.045 | 9.11 | 224 | 7.31 | 20.0 | 5.30 | 153.86 | 0.752 | 2.16 | 212 | 8.1 | 167 | 8.3 |
| 2002 | 154.56 | 0.980 | 6.13 | 25.8 | 8.5 | 20.7 | 6.21 | 150.98 | 0.474 | 6.19 | 223 | 8.5 | 7.50 | 6.29 |
| 2003 | 158.55 | 1.750 | 12.31 | 152 | 10.12 | 10.8 | 6.22 | 153.95 | 0.760 | 10.14 | 433 | 6.23 | 53.4 | 9.7 |
| 2004 | 160.24 | 2.175 | 9.16 | 726 | 7.17 | 95.0 | 9.24 | 152.97 | 0.657 | 3.13 | 223 | 7.1 | 10.1 | 4.13 |
| 2005 | 159.92 | 2.091 | 9.23 | 647 | 9.21 | 83.6 | 9.25 | 153.68 | 0.733 | 10.2 | 581 | 9.20 | 28.1 | 9.30 |
| 2006 | 158.65 | 1.772 | 3.11 | 285 | 7.3 | 21.9 | 5.13 | 151.82 | 0.547 | 3.8 | 284 | 7.3 | 9.27 | 6.20 |
| 2007 | 157.67 | 1.554 | 12.3 | 525 | 8.18 | 25.2 | 6.17 | 153.00 | 0.660 | 9.30 | 136 | 8.11 | 9.12 | 8.20 |
| 2008 | 159.40 | 1.958 | 8.4 | 292 | 7.24 | 70.1 | 7.30 | 152.07 | 0.570 | 9.2 | 275 | 8.17 | 10.2 | 5.18 |
| 2009 | 158.74 | 1.793 | 4.10 | 181 | 7.11 | 23.3 | 6.19 | 147.89 | 0.262 | 8.13 | 43.2 | 7.12 | 7.48 | 8.14 |
| 2010 | 157.76 | 1.573 | 4.13 | 162 | 7.18 | 21.9 | 6.26 | 152.78 | 0.639 | 9.13 | 102 | 5.3 | 9.70 | 9.14 |
| 2011 | 160.16 | 2.154 | 9.17 | 236 | 9.14 | 85.1 | 9.18 | 154.34 | 0.808 | 8.28 | 692 | 8.28 | 345 | 8.28 |
| 2012 | 159.75 | 2.048 | 1.1 | 472 | 8.3 | 28.3 | 6.26 | 153.36 | 0.698 | 3.11 | 308 | 8.3 | 14.7 | 8.19 |
| 2013 | 159.68 | 2.027 | 3.11 | | | 24 | 6.25 | 153.57 | 0.721 | 5.29 | 220 | 7.4 | 117 | 7.4 |
| 2014 | 157.17 | 1.45 | 2.28 | | | 21.9 | 9.6 | 150.38 | 0.443 | 1.21 | | | 7.41 | 6.23 |
| 2015 | 150.69 | 0.480 | 4.21 | | | 26.00 | 6.16 | 153.03 | 0.663 | 12.25 | 1 590 | 8.7 | 10.8 | 12.28 |
| 2016 | 154.14 | 0.914 | 12.31 | | | 2.72 | 6.21 | 152.46 | 0.608 | 1.1 | | | 10.2 | 2.12 |
| 2017 | 154.92 | 1.037 | 10.1 | | | 15.8 | 3.30 | 153.19 | 0.680 | 10.21 | 386 | 8.3 | 11.5 | 4.12 |
| 2018 | 160.89 | 2.359 | 8.20 | 2 680 | 8.19 | 626 | 8.20 | 154.24 | 0.796 | 8.20 | 658 | 8.20 | 318 | 8.20 |
| 历年最高(大) | 160.95 | 2.446 | | 4 850 | | 626 | | 155.05 | 0.952 | | 2 280 | | 409 | |
| 出现年份 | 1971 | 1971 | | 1960 | | 2018 | | 1974 | 1974 | | 1974 | | 1974 | |

表 4-5(续)

| 年份 | 陡山水库 | | | | | | | 石梁河水库 | | | | | | |
|---|---|---|---|---|---|---|---|---|---|---|---|---|---|---|
| | 最高水位 | | | 最大入库流量 | | 最大出库流量 | | 最高水位 | | | 最大入库流量 | | 最大出库流量 | |
| | 水位/m | 相应蓄量/亿 $m^3$ | 出现时间(月.日) | 流量/($m^3 \cdot s^{-1}$) | 出现时间(月.日) | 流量/($m^3 \cdot s^{-1}$) | 出现时间(月.日) | 水位/m | 相应蓄量/亿 $m^3$ | 出现时间(月.日) | 流量/($m^3 \cdot s^{-1}$) | 出现时间(月.日) | 流量/($m^3 \cdot s^{-1}$) | 出现时间(月.日) |
| 1959 | 119.19 | 0.215 | 12.30 | | | | | | | | | | | |
| 1960 | 125.06 | 1.401 | 9.7 | | | | | 22.09 | | 7.3 | | | | |
| 1961 | 124.11 | 1.250 | 1.1 | 1 130 | 7.6 | 18.0 | 4.22 | 21.03 | 1.220 | 7.7 | | | 717 | 7.7 |
| 1962 | 123.38 | 1.140 | 8.16 | 2 460 | 7.14 | 65.1 | 8.16 | 21.93 | 1.540 | 7.15 | | | 847 | 8.8 |
| 1963 | 122.40 | 1.006 | 8.2 | 1 130 | 7.19 | 98.7 | 8.2 | 22.07 | 1.592 | 7.21 | | | 1 560 | 7.21 |
| 1964 | 122.25 | 0.968 | 9.18 | 570 | 8.19 | 59.2 | 9.18 | 21.85 | 1.506 | 10.6 | | | 750 | 4.23 |
| 1965 | 123.25 | 1.111 | 8.5 | 794 | 7.10 | 117 | 8.5 | 22.26 | 1.667 | 7.28 | 1 550 | 7.28 | 1 460 | 7.28 |
| 1966 | 119.65 | 0.637 | 4.2 | 366 | 7.21 | 18.8 | 7.30 | 22.54 | 1.786 | 7.26 | 662 | 7.23 | 527 | 7.26 |
| 1967 | 119.15 | 0.586 | 12.6 | 164 | 6.27 | 15.5 | 8.9 | 22.10 | 1.610 | 9.9 | 481 | 9.4 | 635 | 9.3 |
| 1968 | 119.35 | 0.606 | 8.21 | 254 | 7.14 | 18.5 | 8.5 | 22.22 | 1.651 | 8.24 | 89.0 | 7.21 | 126 | 8.19 |
| 1969 | 119.21 | 0.592 | 5.16 | 118 | 8.21 | 18.2 | 6.23 | 22.71 | 1.868 | 9.29 | 456 | 9.30 | 1 220 | 9.29 |
| 1970 | 127.13 | 1.793 | 10.26 | 798 | 7.23 | 43.1 | 7.31 | 24.70 | 3.051 | 10.27 | 50.4 | 7.7 | 2 430 | 7.23 |
| 1971 | 127.12 | 1.791 | 3.4 | 458 | 8.22 | 185 | 7.1 | 25.42 | 3.597 | 8.29 | 79.6 | 7.24 | 1 990 | 8.29 |
| 1972 | 125.62 | 1.485 | 1.1 | 267 | 8.25 | 29.0 | 6.23 | 25.14 | 3.379 | 8.27 | 490 | 8.27 | 551 | 9.6 |
| 1973 | 122.85 | 1.054 | 1.1 | 269 | 8.31 | 18.1 | 6.2 | 24.83 | 3.144 | 7.31 | 876 | 7.29 | 1 290 | 7.29 |
| 1974 | 128.16 | 2.019 | 8.14 | 2 600 | 8.13 | 559 | 8.14 | 26.82 | 4.305 | 8.15 | 3 400 | 8.14 | 3 510 | 8.15 |
| 1975 | 125.95 | 1.546 | 12.11 | 1 390 | 8.15 | 314 | 8.15 | 25.67 | 3.436 | 5.2 | 2 160 | 8.15 | 2 970 | 8.14 |
| 1976 | 125.96 | 1.548 | 1.6 | 171 | 7.15 | 23.0 | 2.6 | 25.19 | 3.100 | 1.1 | 1 230 | 8.19 | 2 650 | 8.20 |
| 1977 | 121.33 | 0.844 | 7.31 | 1 190 | 7.22 | 18.7 | 8.28 | 22.17 | 1.438 | 2.20 | 90.6 | 3.10 | 108 | 6.17 |
| 1978 | 121.68 | 0.890 | 9.1 | 1 560 | 8.12 | 16.6 | 10.3 | 22.83 | 1.738 | 8.24 | 68.3 | 7.5 | 101 | 7.5 |
| 1979 | 119.52 | 0.591 | 3.8 | 239 | 7.13 | 19.5 | 6.2 | 22.10 | 1.407 | 8.5 | 78.7 | 6.27 | 106 | 6.22 |

表 4-5(续)

| 年份 | 陡山水库 | | | | | | | 石梁河水库 | | | | | | |
|---|---|---|---|---|---|---|---|---|---|---|---|---|---|---|
| | 最高水位 | | | 最大入库流量 | | 最大出库流量 | | 最高水位 | | | 最大入库流量 | | 最大出库流量 | |
| | 水位/m | 相应蓄量/亿 $m^3$ | 出现时间(月.日) | 流量/($m^3 \cdot s^{-1}$) | 出现时间(月.日) | 流量/($m^3 \cdot s^{-1}$) | 出现时间(月.日) | 水位/m | 相应蓄量/亿 $m^3$ | 出现时间(月.日) | 流量/($m^3 \cdot s^{-1}$) | 出现时间(月.日) | 流量/($m^3 \cdot s^{-1}$) | 出现时间(月.日) |
| 1980 | 118.84 | 0.521 | 7.2 | 433 | 6.16 | 18.4 | 7.6 | 22.25 | 1.475 | 6.19 | 76.3 | 6.30 | 121 | 9.2 |
| 1981 | 116.88 | 0.346 | 2.12 | 96.1 | 7.25 | 12.7 | 4.25 | 20.90 | 0.946 | 3.5 | 35.5 | 6.8 | 86.6 | 6.8 |
| 1982 | 121.71 | 0.847 | 12.29 | 393 | 8.18 | 12.0 | 9.26 | 24.92 | 2.918 | 8.22 | 57.9 | 8.26 | 74.1 | 8.26 |
| 1983 | 121.97 | 0.881 | 3.31 | 151 | 7.19 | 15.9 | 4.14 | 23.68 | 2.178 | 3.18 | 98.2 | 6.20 | 159 | 6.20 |
| 1984 | 124.64 | 1.275 | 7.27 | 567 | 7.9 | 177 | 7.27 | 23.82 | 2.253 | 7.26 | 654 | 7.25 | 1 550 | 7.26 |
| 1985 | 124.35 | 1.227 | 3.6 | 264 | 7.9 | 18.5 | 6.23 | 23.26 | 1.954 | 5.23 | 177 | 7.18 | 203 | 7.18 |
| 1986 | 124.25 | 1.210 | 8.18 | 555 | 8.16 | 16.7 | 6.23 | 23.37 | 2.008 | 2.21 | 1 390 | 12.21 | 109 | 12.11 |
| 1987 | 121.06 | 0.766 | 1.6 | 310 | 7.10 | 24.4 | 6.28 | 23.48 | 2.066 | 12.25 | 2 370 | 12.21 | 89.2 | 6.15 |
| 1988 | 120.44 | 0.693 | 7.26 | 783 | 7.16 | 25.7 | 8.24 | 23.49 | 2.071 | 1.17 | 617 | 12.20 | 88.7 | 6.17 |
| 1989 | 115.18 | 0.223 | 9.9 | 119 | 6.14 | 12.9 | 6.15 | 22.62 | 1.639 | 6.14 | 193 | 6.14 | 156 | 6.14 |
| 1990 | 126.63 | 1.618 | 8.16 | 960 | 8.5 | 209 | 8.17 | 23.40 | 2.024 | 8.4 | 1 290 | 8.17 | 1 570 | 8.17 |
| 1991 | 125.35 | 1.382 | 4.1 | 1 070 | 6.11 | 61.2 | 7.29 | 23.99 | 2.344 | 5.25 | 1 000 | 7.26 | 1 500 | 7.15 |
| 1992 | 118.74 | 0.503 | 9.13 | 512 | 9.1 | 17.4 | 4.26 | 24.16 | 2.445 | 10.13 | 627 | 7.22 | 188 | 5.4 |
| 1993 | 123.51 | 1.086 | 12.31 | 312 | 11.10 | 13.7 | 4.25 | 24.72 | 2.794 | 8.19 | 1 900 | 8.6 | 1 860 | 8.6 |
| 1994 | 124.64 | 1.262 | 9.16 | 314 | 8.8 | 20.2 | 6.21 | 24.83 | 2.862 | 8.28 | 446 | 8.10 | 595 | 8.31 |
| 1995 | 125.19 | 1.354 | 8.24 | 707 | 7.12 | 24.3 | 6.21 | 24.87 | 2.887 | 8.22 | 542 | 8.22 | 1 260 | 8.22 |
| 1996 | 123.60 | 1.099 | 1.14 | 288 | 6.29 | 23.3 | 6.27 | 24.72 | 2.794 | 2.12 | 849 | 7.17 | 485 | 7.18 |
| 1997 | 120.64 | 0.707 | 2.4 | 777 | 8.20 | 24.0 | 6.29 | 24.62 | 2.732 | 9.1 | 1 260 | 8.21 | 705 | 8.22 |
| 1998 | 126.88 | 1.668 | 8.16 | 1 950 | 7.24 | 198 | 7.25 | 24.78 | 2.831 | 5.1 | 1 240 | 8.16 | 2 010 | 8.15 |
| 1999 | 124.49 | 1.238 | 1.1 | 287 | 8.14 | 23.5 | 6.18 | 23.48 | 2.071 | 1.16 | 206 | 8.16 | 169 | 8.6 |
| 2000 | 125.86 | 1.473 | 12.2 | 633 | 8.31 | 26.4 | 6.17 | 25.31 | 3.184 | 8.31 | 2 620 | 8.30 | 2 420 | 8.31 |

表 4-5(续)

| 年份 | 陡山水库 | | | | | | | 石梁河水库 | | | | | | |
|---|---|---|---|---|---|---|---|---|---|---|---|---|---|---|
| | 最高水位 | | | 最大入库流量 | | 最大出库流量 | | 最高水位 | | | 最大入库流量 | | 最大出库流量 | |
| | 水位/m | 相应蓄量/亿 $m^3$ | 出现时间(月.日) | 流量/($m^3 \cdot s^{-1}$) | 出现时间(月.日) | 流量/($m^3 \cdot s^{-1}$) | 出现时间(月.日) | 水位/m | 相应蓄量/亿 $m^3$ | 出现时间(月.日) | 流量/($m^3 \cdot s^{-1}$) | 出现时间(月.日) | 流量/($m^3 \cdot s^{-1}$) | 出现时间(月.日) |
| 2001 | 125.43 | 1.396 | 3.5 | 256 | 8.1 | 26.8 | 6.22 | 24.92 | 2.918 | 1.17 | 807 | 8.1 | 640 | 7.31 |
| 2002 | 123.81 | 1.131 | 2.14 | 37.5 | 8.26 | 24.7 | 2.28 | 24.38 | 2.584 | 5.26 | 259 | 7.25 | 529 | 6.20 |
| 2003 | 127.26 | 1.750 | 10.13 | 606 | 6.23 | 250 | 9.7 | 25.05 | 3.000 | 8.27 | 1 760 | 7.14 | 1 180 | 7.15 |
| 2004 | 125.73 | 1.450 | 3.4 | 121 | 8.17 | 23.5 | 6.30 | 24.97 | 2.948 | 1.12 | 426 | 8.4 | 674 | 8.6 |
| 2005 | 126.42 | 1.578 | 10.2 | 430 | 9.20 | 28.3 | 8.7 | 25.75 | 3.492 | 9.30 | 1 120 | 9.22 | 1 010 | 9.22 |
| 2006 | 125.36 | 1.384 | 3.14 | 245 | 7.3 | 21.2 | 8.1 | 24.66 | 2.757 | 2.12 | 2 600 | 7.4 | 93.9 | 6.25 |
| 2007 | 126.33 | 1.561 | 9.27 | 290 | 9.20 | 21.9 | 6.23 | 25.28 | 3.163 | 12.3 | 2 760 | 8.11 | 785 | 8.11 |
| 2008 | 126.43 | 1.580 | 8.23 | 465 | 7.31 | 25.1 | 7.31 | 25.32 | 3.191 | 5.5 | 2 560 | 8.22 | 2 120 | 8.22 |
| 2009 | 125.12 | 1.342 | 2.9 | 438 | 6.22 | 25.4 | 6.30 | 25.06 | 3.009 | 8.21 | 692 | 7.22 | 993 | 7.21 |
| 2010 | 126.13 | 1.524 | 9.18 | 307 | 9.8 | 22.1 | 4.16 | 25.08 | 3.023 | 9.3 | 1 100 | 9.3 | 497 | 9.11 |
| 2011 | 124.89 | 1.303 | 3.8 | 97.2 | 8.29 | 28.1 | 7.1 | 25.01 | 2.974 | 9.17 | 1 200 | 8.30 | 870 | 8.30 |
| 2012 | 125.76 | 1.455 | 8.4 | 972 | 8.3 | 142 | 8.3 | 25.01 | 2.974 | 1.27 | 2 920 | 7.10 | 2 270 | 7.11 |
| 2013 | 123.95 | 1.153 | 3.14 | | | 32.2 | 9.7 | 25.02 | 2.980 | 5.28 | 2 490 | 7.5 | 552 | 7.25 |
| 2014 | 116.93 | 0.344 | 12.29 | | | 2.89 | 7.6 | 24.75 | 2.813 | 4.4 | 407 | 7.25 | 98.70 | 6.14 |
| 2015 | 121.94 | 0.867 | 12.31 | | | 0.42 | 9.1 | 24.78 | 2.831 | 1.7 | 405 | 8.9 | 96 | 6.18 |
| 2016 | 125.06 | 1.332 | 12.31 | | | 26.6 | 8.10 | 24.55 | 2.689 | 2.24 | 359 | 7.23 | 82.5 | 6.14 |
| 2017 | 125.58 | 1.423 | 3.23 | 593 | 7.16 | 26.2 | 8.17 | 24.68 | 2.769 | 5.4 | 1 280 | 7.16 | 601 | 7.17 |
| 2018 | 124.93 | 1.310 | 8.20 | 1 120 | 8.19 | 130 | 8.20 | 24.85 | 2.874 | 8.20 | | | 3 950 | 8.20 |
| 历年最高(大) | 128.16 | 2.019 | | 2 600 | | 559 | | 26.82 | 4.305 | | 3 400 | | 3 950 | |
| 出现年份 | 1974 | 1974 | | 1974 | | 1974 | | 1974 | 1974 | | 1974 | | 2018 | |

**表 4-5(续)**

| 年份 | 安峰山水库 最高水位 水位/m | 安峰山水库 最高水位 相应蓄量/亿 $m^3$ | 安峰山水库 最高水位 出现时间(月.日) | 安峰山水库 最大入库流量 流量/($m^3 \cdot s^{-1}$) | 安峰山水库 最大入库流量 出现时间(月.日) | 安峰山水库 最大出库流量 流量/($m^3 \cdot s^{-1}$) | 安峰山水库 最大出库流量 出现时间(月.日) | 尼山水库 最高水位 水位/m | 尼山水库 最高水位 相应蓄量/亿 $m^3$ | 尼山水库 最高水位 出现时间(月.日) | 尼山水库 最大入库流量 流量/($m^3 \cdot s^{-1}$) | 尼山水库 最大入库流量 出现时间(月.日) | 尼山水库 最大出库流量 流量/($m^3 \cdot s^{-1}$) | 尼山水库 最大出库流量 出现时间(月.日) |
|---|---|---|---|---|---|---|---|---|---|---|---|---|---|---|
| 1960 | 18.22 | 0.986 | 7.28 | | | | | 120.41 | 0.390 | 9.7 | | | | |
| 1961 | 17.02 | 0.660 | 1.1 | | | | | 121.34 | 0.465 | 8.15 | 503 | 7.5 | 7.93 | 7.8 |
| 1962 | 15.45 | 0.322 | 9.2 | | | | | 119.19 | 0.299 | 8.24 | 236 | 8.7 | 8.10 | 8.10 |
| 1963 | 16.39 | 0.508 | 8.3 | | | | | 122.58 | 0.581 | 8.30 | 1 220 | 8.30 | 62.3 | 8.30 |
| 1964 | 14.95 | 0.257 | 5.18 | | | | | 119.90 | 0.351 | 9.1 | 555 | 7.28 | 24.1 | 9.1 |
| 1965 | 16.88 | 0.643 | 8.7 | | | | | 122.16 | 0.538 | 8.19 | 1 070 | 7.9 | 14.6 | 8.22 |
| 1966 | 15.92 | 0.406 | 3.18 | | | | | 119.74 | 0.339 | 1.1 | 211 | 7.21 | 7.29 | 4.22 |
| 1967 | 13.65 | 0.093 | 9.16 | | | | | 120.98 | 0.433 | 9.16 | 353 | 8.17 | 6.42 | 8.13 |
| 1968 | 15.24 | 0.286 | 8.27 | | | | | 119.29 | 0.306 | 1.1 | 9.70 | 8.21 | 6.03 | 4.29 |
| 1969 | 15.83 | 0.384 | 10.3 | | | | | 117.87 | 0.213 | 10.6 | 653 | 9.2 | 0.74 | 10.4 |
| 1970 | 17.27 | 0.778 | 7.31 | | | | | 123.06 | 0.629 | 8.21 | 961 | 7.26 | 2.84 | 2.26 |
| 1971 | 16.78 | 0.644 | 1.21 | | | | | 124.36 | 0.769 | 8.25 | 933 | 7.1 | 250 | 8.25 |
| 1972 | (15.96) | 0.414 | (5.1) | | | | | 121.44 | 0.473 | 1.1 | 201 | 7.6 | 10.2 | 5.17 |
| 1973 | 16.17 | 0.456 | 5.7 | | | | | 121.50 | 0.479 | 8.5 | 172 | 7.29 | 5.88 | 8.26 |
| 1974 | 17.72 | 0.847 | 8.14 | | | | | 123.50 | 0.677 | 8.14 | 817 | 8.1 | 55.6 | 8.14 |
| 1975 | | | | | | | | 122.37 | 0.559 | 10.3 | 289 | 7.17 | 4.68 | 8.24 |
| 1976 | (16.17) | 0.437 | 3.1 | | | | | 121.14 | 0.447 | 1.1 | 103 | 6.7 | 7.05 | 5.16 |
| 1977 | 15.84 | 0.392 | 7.27 | | | | | 119.73 | 0.338 | 11.7 | 450 | 7.11 | 4.63 | 10.4 |
| 1978 | (14.79) | 0.221 | (1.1) | | | | | 119.69 | 0.335 | 9.7 | 353 | 7.14 | 5.94 | 3.17 |
| 1979 | 16.56 | 0.544 | 9.24 | | | | | 122.43 | 0.565 | 9.28 | 644 | 7.12 | 4.93 | 5.22 |
| 1980 | 16.17 | 0.456 | 4.5 | | | | | 123.13 | 0.592 | 9.6 | 1 000 | 6.15 | 5.77 | 3.7 |

表 4-5(续)

| 年份 | 安峰山水库 | | | | | | | 尼山水库 | | | | | | |
|---|---|---|---|---|---|---|---|---|---|---|---|---|---|---|
| | 最高水位 | | | 最大入库流量 | | 最大出库流量 | | 最高水位 | | | 最大入库流量 | | 最大出库流量 | |
| | 水位 /m | 相应蓄量 /亿 $m^3$ | 出现时间 (月.日) | 流量 /($m^3 \cdot s^{-1}$) | 出现时间 (月.日) | 流量 /($m^3 \cdot s^{-1}$) | 出现时间 (月.日) | 水位 /m | 相应蓄量 /亿 $m^3$ | 出现时间 (月.日) | 流量 /($m^3 \cdot s^{-1}$) | 出现时间 (月.日) | 流量 /($m^3 \cdot s^{-1}$) | 出现时间 (月.日) |
| 1981 | 14.53 | 0.187 | 1.1 | | | | | 121.58 | 0.445 | 1.1 | 7.96 | 8.16 | 5.74 | 4.15 |
| 1982 | 16.30 | 0.491 | 12.11 | | | | | 113.67 | 0.028 | 8.8 | 231 | 8.8 | 0 | 1.1 |
| 1983 | 16.27 | 0.485 | 1.1 | | | | | 112.93 | 0.019 | 9.10 | 41.7 | 9.8 | 0 | 1.1 |
| 1984 | 15.93 | 0.415 | 10.5 | | | | | 119.66 | 0.293 | 10.9 | 200 | 7.9 | 0.90 | 10.6 |
| 1985 | 15.94 | 0.417 | 11.6 | | | | | 120.31 | 0.341 | 10.16 | 181 | 7.31 | 3.90 | 3.25 |
| 1986 | 15.98 | 0.425 | 8.4 | | | | | 119.67 | 0.294 | 1.1 | 65.5 | 8.15 | 3.85 | 4.24 |
| 1987 | 16.32 | 0.496 | 12.31 | | | | | 116.12 | 0.095 | 1.1 | 20.8 | 9.4 | 0.98 | 3.16 |
| 1988 | 16.35 | 0.502 | 2.1 | | | | | 113.08 | 0.020 | 7.25 | 93.9 | 7.17 | 0 | 1.1 |
| 1989 | 15.95 | 0.419 | 6.16 | | | | | 111.14 | 0.004 | 1.1 | 3.10 | 6.12 | 0 | 1.1 |
| 1990 | 17.49 | 0.779 | 8.15 | | | | | 116.61 | 0.115 | 8.24 | 322 | 8.16 | 0.43 | 9.28 |
| 1991 | 16.23 | 0.477 | 6.1 | | | | | 119.93 | 0.313 | 7.25 | 1 080 | 7.25 | 180 | 7.25 |
| 1992 | 16.02 | 0.433 | 9.20 | | | | | 116.49 | 0.109 | 1.1 | 207 | 8.5 | 1.33 | 4.15 |
| 1993 | 16.75 | 0.593 | 12.9 | | | | | 119.57 | 0.286 | 8.5 | 487 | 7.16 | 78.7 | 8.5 |
| 1994 | 16.80 | 0.604 | 10.17 | | | | | 118.29 | 0.203 | 9.7 | 87.6 | 6.25 | 6.14 | 9.6 |
| 1995 | 16.92 | 0.633 | 2.15 | | | | | 121.51 | 0.439 | 8.16 | 1 960 | 8.16 | 364 | 8.16 |
| 1996 | 16.69 | 0.579 | 7.22 | | | | | 119.36 | 0.271 | 8.18 | 97.9 | 8.2 | 4.44 | 8.31 |
| 1997 | 16.57 | 0.551 | 1.1 | | | | | 117.93 | 0.182 | 1.1 | 392 | 8.8 | 2.59 | 6.29 |
| 1998 | 16.61 | 0.560 | 6.4 | | | | | 120.38 | 0.346 | 8.15 | 632 | 8.15 | 58.1 | 8.15 |
| 1999 | 16.71 | 0.583 | 10.14 | | | | | 117.55 | 0.161 | 1.1 | 133 | 6.15 | 4.93 | 8.6 |
| 2000 | 16.96 | 0.643 | 12.2 | | | | | 115.01 | 0.056 | 9.9 | 48.4 | 8.30 | 0.09 | 1.1 |
| 2001 | 16.93 | 0.636 | 2.26 | | | | | 122.31 | 0.511 | 8.16 | 290 | 7.30 | 37.1 | 8.2 |

**表 4-5(续)**

| 年份 | 安峰山水库 最高水位 水位/m | 相应蓄量/亿 $m^3$ | 出现时间(月.日) | 最大入库流量 流量/($m^3 \cdot s^{-1}$) | 出现时间(月.日) | 最大出库流量 流量/($m^3 \cdot s^{-1}$) | 出现时间(月.日) | 尼山水库 最高水位 水位/m | 相应蓄量/亿 $m^3$ | 出现时间(月.日) | 最大入库流量 流量/($m^3 \cdot s^{-1}$) | 出现时间(月.日) | 最大出库流量 流量/($m^3 \cdot s^{-1}$) | 出现时间(月.日) |
|---|---|---|---|---|---|---|---|---|---|---|---|---|---|---|
| 2002 | 16.38 | 0.509 | 1.1 | | | | | 120.57 | 0.361 | 1.1 | 36.8 | 6.23 | 12.0 | 5.30 |
| 2003 | 16.73 | 0.588 | 9.18 | | | | | 123.41 | 0.620 | 9.4 | 281 | 8.26 | 49.6 | 9.4 |
| 2004 | 16.53 | 0.542 | 1.1 | | | | | 123.95 | 0.677 | 8.28 | 569 | 8.27 | 146 | 8.28 |
| 2005 | 16.46 | 0.526 | 9.2 | | | | | 123.72 | 0.652 | 9.21 | 598 | 6.26 | 103 | 9.21 |
| 2006 | 16.77 | 0.597 | 12.31 | | | | | 122.76 | 0.555 | 1.1 | 251 | 8.29 | 11.5 | 5.5 |
| 2007 | 17.15 | 0.692 | 12.29 | | | | | 124.46 | 0.738 | 8.18 | 934 | 8.18 | 225 | 8.18 |
| 2008 | 17.23 | 0.712 | 1.15 | | | | | 122.35 | 0.515 | 1.1 | <10.0 | | 4.24 | 7.4 |
| 2009 | 17.05 | 0.666 | 3.24 | | | | | 122.95 | 0.573 | 8.30 | 213 | 8.18 | 23.7 | 8.19 |
| 2010 | 17.30 | 0.730 | 2.11 | | | | | 123.02 | 0.580 | 9.24 | 382 | 7.17 | 94.3 | 7.18 |
| 2011 | 17.13 | 0.685 | 2.9 | | | | | 122.81 | 0.560 | 12.31 | 215 | 9.15 | 20.6 | 10.22 |
| 2012 | 17.22 | 0.709 | 2.7 | | | | | 122.81 | 0.560 | 1.1 | 80.6 | 7.10 | 10.7 | 5.19 |
| 2013 | 17.25 | 0.717 | 12.9 | | | | | 120.62 | 0.365 | 1.1 | | | 6.70 | 4.30 |
| 2014 | 17.05 | 0.666 | 3.1 | | | | | 117.44 | 0.155 | 1.1 | | | 0.14 | 12.1 |
| 2015 | 17.06 | 0.668 | 1.27 | | | | | 115.60 | 0.094 | 8.21 | | | 0.78 | 2.15 |
| 2016 | 16.82 | 0.609 | 12.31 | | | | | 117.94 | 0.213 | 8.25 | | | 0.256 | 11.11 |
| 2017 | 17.30 | 0.730 | 10.29 | | | | | 118.47 | 0.247 | 9.10 | | | 0.932 | 4.11 |
| 2018 | 17.03 | 0.661 | 1.15 | | | | | 117.91 | 0.211 | 1.1 | | | 0.351 | 8.9 |
| 历年最高(大) | 18.22 | 0.986 | | | | | | 124.46 | 0.738 | | 1 960 | | 364 | |
| 出现年份 | 1960 | 1960 | | | | | | 2007 | 2007 | | 1995 | | 1995 | |

**表 4-5(续)**

| 年份 | 西苇水库 | | | | | | | 马河水库 | | | | | | |
|---|---|---|---|---|---|---|---|---|---|---|---|---|---|---|
| | 最高水位 | | | 最大入库流量 | | 最大出库流量 | | 最高水位 | | | 最大入库流量 | | 最大出库流量 | |
| | 水位/m | 相应蓄量/亿 $m^3$ | 出现时间(月.日) | 流量/($m^3 \cdot s^{-1}$) | 出现时间(月.日) | 流量/($m^3 \cdot s^{-1}$) | 出现时间(月.日) | 水位/m | 相应蓄量/亿 $m^3$ | 出现时间(月.日) | 流量/($m^3 \cdot s^{-1}$) | 出现时间(月.日) | 流量/($m^3 \cdot s^{-1}$) | 出现时间(月.日) |
| 1960 | 102.52 | 0.240 | 9.8 | | | | | 108.62 | 0.480 | 9.8 | | | | |
| 1961 | 104.34 | 0.347 | 9.5 | 181 | 7.5 | 2.78 | 5.31 | 108.48 | 0.476 | 1.1 | 217 | 7.5 | (20.1) | 4.27 |
| 1962 | 104.09 | 0.330 | 1.1 | | | | | 105.05 | 0.211 | 1.1 | 304 | 8.15 | (14.0) | 8.16 |
| 1963 | 105.62 | 0.447 | 8.31 | 119 | 8.4 | 0.34 | 8.31 | 107.92 | 0.417 | 8.31 | 568 | 8.30 | 18.9 | 8.30 |
| 1964 | 105.50 | 0.458 | 9.20 | 165 | 8.18 | 7.35 | 4.21 | 106.62 | 0.310 | 9.18 | 506 | 8.17 | 17 | 9.14 |
| 1965 | 104.94 | 0.406 | 1.1 | 820 | 7.9 | 4.70 | 4.10 | 110.12 | 0.619 | 8.19 | 908 | 7.9 | 15 | 8.20 |
| 1966 | 102.60 | 0.248 | 1.8 | 7.69 | 6.27 | 5.63 | 4.13 | 109.24 | 0.531 | 3.31 | 321 | 7.21 | 18.8 | 7.1 |
| 1967 | 100.75 | 0.154 | 10.16 | 156 | 7.18 | 1.76 | 8.9 | 109.34 | 0.547 | 9.21 | 409 | 9.9 | 4.87 | 12.9 |
| 1968 | 100.70 | 0.152 | 1.1 | 1.74 | 5.12 | 5.93 | 2.21 | 108.74 | 0.487 | 1.1 | 0.78 | 7.10 | 9.95 | 6.12 |
| 1969 | 99.93 | 0.118 | 10.24 | 66.7 | 9.2 | 1.05 | 8.19 | 107.45 | 0.375 | 10.25 | 79.1 | 8.8 | 7.32 | 8.11 |
| 1970 | 104.21 | 0.335 | 9.25 | 400 | 7.26 | 1.72 | 3.17 | 110.30 | 0.655 | 9.25 | 531 | 7.26 | 12.3 | 4.11 |
| 1971 | 107.26 | 0.639 | 8.22 | 389 | 7.10 | 22.0 | 8.25 | 111.96 | 0.870 | 8.25 | 719 | 8.21 | 108 | 8.25 |
| 1972 | 105.81 | 0.487 | 1.25 | 1 050 | 7.6 | 6.70 | 5.4 | 108.95 | 0.506 | 1.1 | 1 060 | 7.6 | 11.9 | 8.20 |
| 1973 | 103.43 | 0.300 | 2.3 | 114 | 7.28 | 6.18 | 8.15 | 106.87 | 0.329 | 8.7 | 158 | 7.29 | 12.4 | 5.31 |
| 1974 | 102.98 | 0.269 | 8.19 | 305 | 8.15 | 3.99 | 4.16 | 110.16 | 0.638 | 12.31 | 550 | 7.30 | 196 | 8.15 |
| 1975 | 103.79 | 0.325 | 10.26 | 747 | 7.9 | 4.21 | 5.18 | 111.15 | 0.760 | 9.20 | 541 | 8.14 | 142 | 8.14 |
| 1976 | 103.48 | 0.304 | 1.1 | 11.1 | 8.12 | 4.74 | 5.25 | 110.44 | 0.680 | 1.1 | 79.1 | 7.21 | 15.2 | 2.9 |
| 1977 | 99.97 | 0.119 | 12.29 | 150 | 7.11 | 2.00 | 2.23 | 106.66 | 0.313 | 12.30 | 289 | 7.11 | 14.1 | 8.28 |
| 1978 | 102.06 | 0.218 | 9.18 | 158 | 7.13 | 3.90 | 8.6 | 109.53 | 0.574 | 9.18 | 415 | 7.14 | 14.8 | 3.14 |
| 1979 | 104.02 | 0.341 | 10.2 | 750 | 7.31 | 4.89 | 3.1 | 109.56 | 0.578 | 8.4 | 244 | 6.30 | 78.6 | 8.4 |
| 1980 | 103.61 | 0.292 | 10.13 | 107 | 7.27 | 5.94 | 5.30 | 109.66 | 0.589 | 8.5 | 392 | 6.29 | 14.7 | 3.6 |

**表 4-5(续)**

| 年份 | 西苇水库 | | | | | | | 马河水库 | | | | | | |
|---|---|---|---|---|---|---|---|---|---|---|---|---|---|---|
| | 最高水位 | | | 最大入库流量 | | 最大出库流量 | | 最高水位 | | | 最大入库流量 | | 最大出库流量 | |
| | 水位 /m | 相应蓄量 /亿 $m^3$ | 出现时间 (月.日) | 流量 /($m^3 \cdot s^{-1}$) | 出现时间 (月.日) | 流量 /($m^3 \cdot s^{-1}$) | 出现时间 (月.日) | 水位 /m | 相应蓄量 /亿 $m^3$ | 出现时间 (月.日) | 流量 /($m^3 \cdot s^{-1}$) | 出现时间 (月.日) | 流量 /($m^3 \cdot s^{-1}$) | 出现时间 (月.日) |
| 1981 | 103.03 | 0.256 | 1.1 | 18.1 | 8.16 | 6.55 | 3.19 | 108.52 | 0.471 | 2.13 | 16.7 | 8.17 | 14.4 | 4.22 |
| 1982 | 96.40 | 0.035 | 2.18 | 14.7 | 8.18 | 1.16 | 4.13 | 101.77 | 0.080 | 12.30 | 72.2 | 7.13 | 4.77 | 9.29 |
| 1983 | 96.10 | 0.031 | 12.12 | 33.9 | 9.1 | 0.92 | 4.17 | 102.81 | 0.113 | 12.9 | 41.7 | 9.8 | 5.6 | 8.6 |
| 1984 | 99.40 | 0.101 | 12.26 | 108 | 7.9 | 1.30 | 3.3 | 106.31 | 0.288 | 12.29 | 136 | 7.9 | 5.31 | 3.11 |
| 1985 | 103.90 | 0.310 | 12.31 | 221 | 7.31 | 2.95 | 3.14 | 110.30 | 0.663 | 12.30 | 859 | 7.31 | 92.4 | 8.8 |
| 1986 | 103.92 | 0.311 | 1.19 | 52.8 | 8.15 | 5.52 | 7.15 | 110.38 | 0.673 | 2.21 | 119 | 8.5 | 11.8 | 3.23 |
| 1987 | 99.62 | 0.108 | 1.7 | 27.8 | 9.4 | 2.01 | 4.11 | 106.51 | 0.302 | 3.7 | 33.3 | 8.14 | 11 | 4.13 |
| 1988 | 98.81 | 0.085 | 1.3 | 0.28 | 8.1 | 0.79 | 5.3 | 103.77 | 0.150 | 2.13 | 55.6 | 7.21 | 8.18 | 3.12 |
| 1989 | 96.16 | 0.032 | 1.1 | 9.33 | 6.12 | 0 | 1.1 | 100.89 | 0.059 | 7.26 | 66.7 | 6.12 | 2.63 | 8.10 |
| 1990 | 100.23 | 0.128 | 9.23 | 44.2 | 8.16 | 0 | 1.1 | 106.45 | 0.282 | 8.28 | 225 | 7.21 | 7.74 | 9.25 |
| 1991 | 104.33 | 0.339 | 9.5 | 261 | 7.19 | 0 | 1.1 | 109.62 | 0.561 | 9.11 | 699 | 7.25 | 93 | 7.29 |
| 1992 | 103.77 | 0.301 | 1.1 | 53.3 | 9.1 | 1.86 | 7.7 | 109.19 | 0.515 | 3.15 | 61.4 | 8.11 | 10.4 | 4.24 |
| 1993 | 106.60 | 0.520 | 11.25 | 252 | 7.15 | 0 | 1.1 | 109.81 | 0.582 | 8.5 | 787 | 8.5 | 164 | 8.5 |
| 1994 | 106.58 | 0.519 | 1.1 | 119 | 6.25 | 0 | 1.1 | 109.06 | 0.502 | 9.4 | 153 | 8.30 | 69.7 | 9.4 |
| 1995 | 105.99 | 0.467 | 8.31 | 311 | 8.16 | 0 | 1.1 | 110.05 | 0.609 | 8.16 | 797 | 8.16 | 184 | 8.16 |
| 1996 | 105.37 | 0.416 | 1.1 | 146 | 8.7 | 0 | 1.1 | 108.39 | 0.437 | 2.3 | 84.4 | 8.7 | 10.9 | 5.22 |
| 1997 | 104.20 | 0.330 | 1.1 | 80.4 | 8.8 | 3.02 | 6.17 | 108.12 | 0.412 | 2.4 | 110 | 8.8 | 11 | 2.15 |
| 1998 | 105.70 | 0.443 | 9.14 | 240 | 8.15 | 1.29 | 10.5 | 109.03 | 0.499 | 9.1 | 364 | 8.15 | 62.9 | 8.15 |
| 1999 | 105.29 | 0.410 | 1.1 | 101 | 6.15 | 7.74 | 6.15 | 108.28 | 0.426 | 8.3 | 621 | 6.15 | 41.9 | 6.15 |
| 2000 | 102.46 | 0.226 | 1.29 | 56.8 | 6.26 | 3.65 | 9.26 | 107.85 | 0.388 | 1.1 | 45.0 | 6.26 | 10.9 | 3.21 |
| 2001 | 103.73 | 0.299 | 9.2 | 225 | 7.3 | 4.56 | 4.1 | 108.36 | 0.434 | 8.7 | 164 | 7.30 | 32.2 | 8.7 |

表 4-5(续)

| 年份 | 西苇水库 | | | | | | | 马河水库 | | | | | | |
|---|---|---|---|---|---|---|---|---|---|---|---|---|---|---|
| | 最高水位 | | | 最大入库流量 | | 最大出库流量 | | 最高水位 | | | 最大入库流量 | | 最大出库流量 | |
| | 水位/m | 相应蓄量/亿 $m^3$ | 出现时间(月.日) | 流量/($m^3 \cdot s^{-1}$) | 出现时间(月.日) | 流量/($m^3 \cdot s^{-1}$) | 出现时间(月.日) | 水位/m | 相应蓄量/亿 $m^3$ | 出现时间(月.日) | 流量/($m^3 \cdot s^{-1}$) | 出现时间(月.日) | 流量/($m^3 \cdot s^{-1}$) | 出现时间(月.日) |
| 2002 | 102.60 | 0.233 | 1.1 | 29.8 | 6.23 | 3.51 | 5.31 | 107.15 | 0.331 | 1.20 | 41.2 | 6.22 | 9.44 | 3.18 |
| 2003 | 101.62 | 0.180 | 8.27 | 276 | 8.26 | 22.5 | 8.26 | 107.97 | 0.400 | 11.10 | 344 | 8.24 | 98.5 | 8.26 |
| 2004 | 102.39 | 0.222 | 9.1 | 229 | 8.27 | 10.1 | 2.13 | 108.60 | 0.456 | 9.14 | 281 | 7.17 | 78.7 | 9.14 |
| 2005 | 106.70 | 0.529 | 10.3 | 363 | 9.20 | 4.18 | 10.3 | 109.92 | 0.594 | 9.21 | 821 | 7.31 | 267 | 9.21 |
| 2006 | 106.63 | 0.523 | 3.9 | 83.3 | 7.3 | 7.23 | 7.25 | 108.55 | 0.452 | 8.29 | 220 | 8.29 | 171 | 8.29 |
| 2007 | 107.54 | 0.608 | 8.18 | 266 | 8.18 | 56.3 | 8.18 | 108.57 | 0.454 | 9.27 | 354 | 8.18 | 177 | 8.18 |
| 2008 | 106.49 | 0.511 | 1.1 | 21.8 | 7.9 | 1.87 | 9.1 | 108.52 | 0.449 | 1.19 | 58.5 | 7.23 | 38.1 | 7.17 |
| 2009 | 106.58 | 0.519 | 8.27 | 140 | 8.18 | 4.30 | 7.23 | 108.63 | 0.459 | 9.14 | 329 | 8.18 | 118 | 8.18 |
| 2010 | 106.30 | 0.494 | 7.21 | 226 | 7.18 | 8.35 | 7.22 | 108.61 | 0.457 | 9.8 | 1 050 | 7.17 | 235 | 7.18 |
| 2011 | 106.14 | 0.480 | 12.29 | 33.5 | 9.15 | 1.82 | 7.28 | 108.68 | 0.464 | 12.13 | 269 | 9.15 | 13.0 | 12.13 |
| 2012 | 106.16 | 0.481 | 1.9 | 161 | 7.12 | 3.66 | 7.17 | 108.66 | 0.462 | 1.4 | 289 | 8.26 | 7.96 | 6.20 |
| 2013 | 105.03 | 0.390 | 1.1 | | | 6.46 | 4.1 | 108.33 | 0.431 | 8.18 | | | 16.1 | 6.30 |
| 2014 | 103.58 | 0.290 | 1.26 | | | 1.65 | 5.12 | 107.57 | 0.365 | 1.1 | | | 7.19 | 3.15 |
| 2015 | 102.03 | 0.204 | 1.1 | | | 0.23 | 6.1 | 106.69 | 0.297 | 1.1 | | | 8.68 | 6.16 |
| 2016 | 103.71 | 0.298 | 9.10 | | | 0.208 | 11.1 | 107.20 | 0.335 | 8.26 | | | 5.76 | 1.30 |
| 2017 | 103.57 | 0.289 | 8.19 | | | 0.262 | 4.1 | 108.52 | 0.449 | 8.20 | | | 12.6 | 8.5 |
| 2018 | 102.91 | 0.250 | 1.1 | | | 0.267 | 6.1 | 108.15 | 0.415 | 1.1 | | | 25.3 | 5.29 |
| 历年最高(大) | 107.54 | 0.608 | | 1 050 | | 56.3 | | 111.96 | 0.870 | | 1 060 | | 267 | |
| 出现年份 | 2007 | 2007 | | 1972 | | 2007 | | 1971 | 1971 | | 1972 | | 2005 | |

表 4-5(续)

| 年份 | 岩马水库 | | | | | | | 会宝岭水库(南库) | | | | | | |
|---|---|---|---|---|---|---|---|---|---|---|---|---|---|---|
| | 最高水位 | | | 最大入库流量 | | 最大出库流量 | | 最高水位 | | | 最大入库流量 | | 最大出库流量 | |
| | 水位/m | 相应蓄量/亿 $m^3$ | 出现时间(月.日) | 流量/($m^3 \cdot s^{-1}$) | 出现时间(月.日) | 流量/($m^3 \cdot s^{-1}$) | 出现时间(月.日) | 水位/m | 相应蓄量/亿 $m^3$ | 出现时间(月.日) | 流量/($m^3 \cdot s^{-1}$) | 出现时间(月.日) | 流量/($m^3 \cdot s^{-1}$) | 出现时间(月.日) |
| 1960 | 126.28 | 0.960 | 7.28 | | | | | 76.74 | 1.320 | 9.6 | | | | |
| 1961 | 125.91 | 0.906 | 1.1 | 120 | 7.5 | 26.1 | 4.30 | 75.75 | 1.130 | 3.3 | 665 | 7.5 | 31.1 | 6.21 |
| 1962 | 120.05 | 0.298 | 8.17 | 381 | 8.15 | 23.5 | 8.18 | 71.17 | 0.488 | 11.23 | 513 | 8.7 | 459 | 8.7 |
| 1963 | 122.75 | 0.521 | 8.31 | 1 660 | 8.30 | 31.4 | 8.31 | 76.00 | 1.180 | 8.4 | 2 010 | 7.22 | 350 | 8.4 |
| 1964 | 122.94 | 0.539 | 8.1 | 928 | 7.28 | 30.8 | 8.1 | 73.57 | 0.773 | 9.15 | 908 | 8.18 | 36.9 | 8.21 |
| 1965 | 125.80 | 0.895 | 9.1 | 678 | 7.9 | 22.5 | 8.19 | 73.93 | 0.824 | 8.23 | 1 130 | 7.16 | 30.4 | 7.23 |
| 1966 | 125.18 | 0.811 | 1.1 | 31.1 | 7.22 | 18.3 | 6.9 | 73.14 | 0.714 | 4.9 | 878 | 7.21 | 22.2 | 6.24 |
| 1967 | 127.25 | 1.100 | 10.16 | 804 | 9.2 | 11.9 | 11.20 | 72.30 | 0.610 | 12.31 | 284 | 9.9 | 10.8 | 8.11 |
| 1968 | 126.81 | 1.038 | 1.1 | 1.50 | 9.7 | 30.6 | 6.10 | 72.37 | 0.618 | 3.16 | 617 | 8.19 | 21.4 | 6.13 |
| 1969 | 122.07 | 0.456 | 10.26 | 156 | 9.29 | 20.8 | 8.5 | 74.20 | 0.863 | 12.11 | 164 | 9.29 | 17.8 | 6.19 |
| 1970 | 128.37 | 1.269 | 10.16 | 633 | 7.25 | 45.0 | 8.8 | 76.90 | 1.299 | 8.8 | 1 380 | 8.6 | 45.3 | 8.7 |
| 1971 | 129.06 | 1.383 | 8.25 | 1 200 | 7.1 | 209 | 8.22 | 76.24 | 1.189 | 1.1 | 946 | 8.9 | 35.8 | 7.4 |
| 1972 | 127.74 | 1.091 | 2.25 | 583 | 7.6 | 18.8 | 6.14 | 74.55 | 0.915 | 2.21 | 833 | 7.2 | 25.2 | 6.18 |
| 1973 | 126.23 | 0.887 | 8.7 | 352 | 7.17 | 16.4 | 8.15 | 74.40 | 0.899 | 8.4 | 549 | 7.29 | 15.7 | 8.19 |
| 1974 | 127.18 | 1.011 | 10.9 | 1 310 | 8.1 | 313 | 8.3 | 74.42 | 0.896 | 8.14 | 1 060 | 8.13 | 20.6 | 8.14 |
| 1975 | 128.33 | 1.175 | 11.20 | 528 | 7.9 | 234 | 9.20 | 71.96 | 0.569 | 11.1 | 714 | 7.18 | 15.8 | 8.15 |
| 1976 | 127.63 | 1.072 | 1.1 | 80.9 | 8.12 | 15.0 | 3.30 | 71.81 | 0.552 | 1.1 | 164 | 9.6 | 12.9 | 4.4 |
| 1977 | 122.11 | 0.441 | 12.31 | 297 | 7.11 | 8.84 | 8.24 | 69.33 | 0.309 | 8.28 | 209 | 7.19 | 10.9 | 10.3 |
| 1978 | 122.17 | 0.446 | 2.22 | 317 | 7.14 | 14.2 | 3.15 | 70.46 | 0.410 | 9.11 | 795 | 7.2 | 12.1 | 3.31 |
| 1979 | 123.26 | 0.549 | 8.10 | 233 | 7.9 | 14.5 | 8.18 | 73.28 | 0.733 | 10.8 | 476 | 7.24 | 18.1 | 8.9 |
| 1980 | 126.74 | 0.960 | 9.13 | 456 | 7.29 | 14.2 | 3.17 | 73.05 | 0.701 | 3.31 | 235 | 7.27 | 13.8 | 6.29 |

表 4-5(续)

| 年份 | 岩马水库 最高水位 水位/m | 最高水位 相应蓄量/亿 $m^3$ | 最高水位 出现时间(月.日) | 最大入库流量 流量/($m^3 \cdot s^{-1}$) | 最大入库流量 出现时间(月.日) | 最大出库流量 流量/($m^3 \cdot s^{-1}$) | 最大出库流量 出现时间(月.日) | 会宝岭水库(南库) 最高水位 水位/m | 最高水位 相应蓄量/亿 $m^3$ | 最高水位 出现时间(月.日) | 最大入库流量 流量/($m^3 \cdot s^{-1}$) | 最大入库流量 出现时间(月.日) | 最大出库流量 流量/($m^3 \cdot s^{-1}$) | 最大出库流量 出现时间(月.日) |
|---|---|---|---|---|---|---|---|---|---|---|---|---|---|---|
| 1981 | 125.34 | 0.782 | 2.17 | 197 | 7.26 | 12.4 | 3.23 | 72.34 | 0.614 | 2.24 | 138 | 7.27 | 14.4 | 5.3 |
| 1982 | 117.19 | 0.105 | 12.30 | 75.0 | 8.8 | 6.44 | 9.30 | 71.83 | 0.554 | 12.31 | 122 | 8.15 | 7.60 | 3.9 |
| 1983 | 117.31 | 0.110 | 12.28 | 16.7 | 7.19 | 7.17 | 4.23 | 73.16 | 0.716 | 12.28 | 557 | 8.12 | 11.0 | 4.20 |
| 1984 | 122.39 | 0.457 | 12.30 | 158 | 7.9 | 7.79 | 3.25 | 74.25 | 0.871 | 12.29 | 220 | 7.9 | 15.9 | 3.28 |
| 1985 | 126.99 | 0.992 | 12.31 | 744 | 7.15 | 16.6 | 4.16 | 75.35 | 1.040 | 9.25 | 425 | 9.5 | 17.9 | 9.27 |
| 1986 | 127.04 | 0.999 | 1.31 | 150 | 8.5 | 18.0 | 5.11 | 74.40 | 0.893 | 3.30 | 252 | 7.26 | 20.8 | 4.23 |
| 1987 | 124.18 | 0.644 | 2.22 | 55.6 | 10.14 | 14.0 | 4.25 | 74.13 | 0.853 | 12.29 | 311 | 8.1 | 11.2 | 7.27 |
| 1988 | 123.29 | 0.547 | 1.1 | 150 | 7.21 | 13.9 | 3.17 | 74.26 | 0.872 | 3.16 | 106 | 7.16 | 12.0 | 7.12 |
| 1989 | 119.01 | 0.195 | 7.26 | 185 | 6.12 | 10.2 | 8.9 | 71.36 | 0.564 | 6.19 | 404 | 6.7 | 10.1 | 6.19 |
| 1990 | 124.63 | 0.696 | 9.1 | 259 | 7.14 | 14.1 | 9.30 | 75.15 | 1.122 | 8.19 | 656 | 8.2 | 14.4 | 8.6 |
| 1991 | 128.12 | 1.155 | 7.27 | 1 110 | 7.25 | 154 | 8.1 | 74.78 | 1.058 | 7.25 | 932 | 7.25 | 282 | 7.26 |
| 1992 | 124.83 | 0.718 | 3.10 | 134 | 7.23 | 14.0 | 6.24 | 70.70 | 0.488 | 7.22 | 74.9 | 9.1 | 13.6 | 6.28 |
| 1993 | 127.81 | 1.109 | 11.20 | 453 | 7.16 | 14.5 | 4.12 | 74.03 | 0.936 | 8.9 | 1 270 | 8.5 | 14.5 | 8.7 |
| 1994 | 127.07 | 1.004 | 2.9 | 422 | 8.30 | 15.9 | 3.30 | 73.04 | 0.786 | 9.25 | 162 | 7.15 | 12.3 | 5.28 |
| 1995 | 127.80 | 1.107 | 8.22 | 1 660 | 8.16 | 284 | 8.22 | 73.98 | 0.928 | 9.19 | 205 | 8.22 | 11.6 | 6.30 |
| 1996 | 123.91 | 0.613 | 2.17 | 136 | 8.7 | 15.1 | 3.17 | 73.20 | 0.809 | 12.29 | 194 | 7.25 | 11.7 | 7.8 |
| 1997 | 122.32 | 0.450 | 2.14 | 659 | 8.8 | 13.9 | 2.21 | 73.26 | 0.818 | 2.19 | 218 | 8.19 | 24.3 | 6.21 |
| 1998 | 127.10 | 1.008 | 8.31 | 1 190 | 8.15 | 11.7 | 10.3 | 74.88 | 1.075 | 9.3 | 783 | 8.12 | 106 | 7.16 |
| 1999 | 126.11 | 0.876 | 8.6 | 865 | 6.15 | 13.9 | 3.3 | 74.40 | 0.995 | 2.9 | 299 | 6.15 | 19.1 | 6.23 |
| 2000 | 125.82 | 0.839 | 1.1 | 207 | 7.18 | 16.0 | 4.19 | 73.97 | 0.926 | 9.4 | 378 | 7.18 | 16.2 | 9.6 |
| 2001 | 126.22 | 0.883 | 8.29 | 226 | 7.30 | 26.4 | 9.4 | 74.31 | 0.981 | 8.9 | 738 | 7.30 | 22.0 | 6.21 |

**表 4-5(续)**

| 年份 | 岩马水库 最高水位 水位/m | 相应蓄量/亿 m³ | 出现时间(月.日) | 最大入库流量 流量/(m³·s⁻¹) | 出现时间(月.日) | 最大出库流量 流量/(m³·s⁻¹) | 出现时间(月.日) | 会宝岭水库(南库) 最高水位 水位/m | 相应蓄量/亿 m³ | 出现时间(月.日) | 最大入库流量 流量/(m³·s⁻¹) | 出现时间(月.日) | 最大出库流量 流量/(m³·s⁻¹) | 出现时间(月.日) |
|---|---|---|---|---|---|---|---|---|---|---|---|---|---|---|
| 2002 | 124.26 | 0.641 | 1.15 | 77.8 | 7.18 | 13.3 | 4.11 | 73.09 | 0.793 | 6.10 | 78.2 | 8.25 | 13.5 | 6.22 |
| 2003 | 127.72 | 1.100 | 9.2 | 394 | 6.22 | 108 | 8.26 | 75.71 | 1.380 | 9.10 | 474 | 8.30 | 167 | 9.4 |
| 2004 | 128.01 | 1.134 | 12.4 | 664 | 7.24 | 98.9 | 7.25 | 74.99 | 1.094 | 2.28 | 178 | 7.24 | 16.7 | 7.29 |
| 2005 | 128.23 | 1.167 | 9.21 | 966 | 9.20 | 208 | 7.4 | 75.38 | 1.162 | 10.2 | 533 | 7.1 | 243 | 7.2 |
| 2006 | 127.73 | 1.092 | 9.5 | 286 | 8.29 | 14.2 | 8.31 | 75.63 | 1.206 | 8.31 | 847 | 8.29 | 166 | 9.1 |
| 2007 | 127.56 | 1.068 | 8.20 | 742 | 8.18 | 99.5 | 8.20 | 74.84 | 1.068 | 8.22 | 713 | 7.19 | 19.2 | 7.31 |
| 2008 | 126.98 | 0.986 | 1.1 | 95.5 | 7.23 | 11.5 | 12.18 | 75.82 | 1.241 | 8.22 | 1 040 | 8.21 | 115 | 8.22 |
| 2009 | 127.42 | 1.048 | 10.4 | 528 | 8.18 | 14.2 | 11.1 | 74.72 | 1.048 | 2.5 | 513 | 8.18 | 12.6 | 2.21 |
| 2010 | 127.24 | 1.022 | 2.24 | 656 | 7.18 | 49.8 | 5.7 | 73.97 | 0.926 | 1.1 | 48.0 | 9.11 | 12.6 | 7.12 |
| 2011 | 127.12 | 1.006 | 12.31 | 167 | 9.15 | 11.0 | 2.13 | 75.40 | 1.166 | 12.5 | 1 410 | 8.27 | 96.7 | 11.26 |
| 2012 | 127.33 | 1.035 | 3.28 | 1 060 | 7.10 | 21.7 | 7.13 | 75.37 | 1.160 | 1.1 | 406 | 7.10 | 60.3 | 11.10 |
| 2013 | 126.45 | 0.914 | 8.4 | | | 19.7 | 4.11 | 75.06 | 1.106 | 8.16 | 331 | 7.16 | 40.2 | 8.1 |
| 2014 | 118.50 | 0.159 | 1.1 | | | 5.33 | 1.1 | 73.94 | 0.921 | 1.1 | | | 15.10 | 3.40 |
| 2015 | 118.54 | 0.297 | 5.13 | | | 4.42 | 6.27 | 73.53 | 0.858 | 12.31 | | | 24.40 | 6.18 |
| 2016 | 123.55 | 0.74 | 12.29 | 355 | 7.2 | 10.6 | 12.9 | 75.67 | 1.214 | 11.7 | | | 26.9 | 5.22 |
| 2017 | 126.70 | 1.139 | 10.12 | | | 9.77 | 8.1 | 75.56 | 1.194 | 1.18 | 754 | 7.7 | 25.1 | 3.14 |
| 2018 | 126.46 | 1.105 | 1.1 | | | 30.7 | 8.13 | 74.97 | 1.091 | 1.16 | | | 5.5 | 7.5 |
| 历年最高(大) | 129.06 | 1.383 | | 1 660 | | 313 | | 76.90 | 1.299 | | 2 010 | | 459 | |
| 出现年份 | 1971 | 1971 | | 1963 | | 1974 | | 1970 | 1970 | | 1963 | | 1962 | |

**表 4-5(续)**

| 年份 | 会宝岭水库(南库) 最高水位 水位/m | 最高水位 相应蓄量/亿 $m^3$ | 最高水位 出现时间(月.日) | 最大入库流量 流量/($m^3 \cdot s^{-1}$) | 最大入库流量 出现时间(月.日) | 最大出库流量 流量/($m^3 \cdot s^{-1}$) | 最大出库流量 出现时间(月.日) | 日照水库 最高水位 水位/m | 最高水位 相应蓄量/亿 $m^3$ | 最高水位 出现时间(月.日) | 最大入库流量 流量/($m^3 \cdot s^{-1}$) | 最大入库流量 出现时间(月.日) | 最大出库流量 流量/($m^3 \cdot s^{-1}$) | 最大出库流量 出现时间(月.日) |
|---|---|---|---|---|---|---|---|---|---|---|---|---|---|---|
| 1959 | | | | | | | | 34.71 | 0.540 | 9.9 | | | | |
| 1960 | 76.75 | 0.171 | 9.6 | | | | | 41.42 | 1.717 | 8.18 | | | | |
| 1961 | 75.79 | 0.141 | 3.3 | | | | | 41.06 | 1.600 | 7.6 | 2 310 | 7.5 | 44.6 | 7.7 |
| 1962 | 72.51 | 0.063 | 8.7 | | | | | 40.27 | 1.440 | 8.14 | 12 800 | 7.14 | 93.9 | 8.14 |
| 1963 | 76.20 | 0.154 | 8.4 | | | | | 39.30 | 1.247 | 8.2 | 1 910 | 8.1 | 175 | 8.2 |
| 1964 | 73.58 | 0.103 | 9.15 | | | | | 38.87 | 1.145 | 8.6 | 1 900 | 8.6 | 127 | 8.6 |
| 1965 | 74.08 | 0.114 | 7.16 | | | | | 40.45 | 1.476 | 8.5 | 2 230 | 7.10 | 186 | 8.5 |
| 1966 | 73.15 | 0.093 | 4.12 | | | | | 37.25 | 0.860 | 8.1 | 959 | 7.21 | 9.93 | 8.6 |
| 1967 | 72.38 | 0.078 | 9.3 | | | | | 39.10 | 1.190 | 9.14 | 810 | 9.2 | 9.14 | 8.12 |
| 1968 | 72.37 | 0.078 | 3.16 | | | | | 38.84 | 1.140 | 1.1 | 522 | 6.27 | 11.2 | 6.29 |
| 1969 | 74.23 | 0.118 | 12.21 | | | | | 36.75 | 0.785 | 3.26 | 143 | 9.4 | 10.5 | 8.20 |
| 1970 | 76.90 | 0.204 | 8.8 | | | | | 41.40 | 1.712 | 7.30 | 2 260 | 7.30 | 106 | 7.30 |
| 1971 | 76.25 | 0.180 | 1.1 | | | | | 41.77 | 1.806 | 8.22 | 558 | 8.22 | 154 | 8.22 |
| 1972 | 74.57 | 0.127 | 3.26 | | | | | 40.57 | 1.505 | 2.5 | 150 | 9.1 | 27.2 | 5.18 |
| 1973 | 74.46 | 0.125 | 8.5 | | | | | 41.28 | 1.681 | 10.12 | 514 | 8.31 | 13.7 | 8.19 |
| 1974 | 75.34 | 0.150 | 8.13 | | | | | 43.83 | 2.392 | 8.14 | 2 690 | 8.13 | 1 140 | 8.14 |
| 1975 | 72.19 | 0.075 | 9.20 | | | | | 40.94 | 1.595 | 8.15 | 3 990 | 8.15 | 886 | 8.15 |
| 1976 | 71.81 | 0.068 | 1.1 | | | | | 39.16 | 1.201 | 6.30 | 2 210 | 6.29 | 324 | 6.30 |
| 1977 | 71.34 | 0.062 | 7.20 | | | | | 38.48 | 0.973 | 8.15 | 1 800 | 7.22 | 65.1 | 8.3 |
| 1978 | 71.86 | 0.069 | 7.2 | | | | | 38.09 | 0.900 | 8.29 | 1 260 | 8.12 | 13.2 | 8.2 |
| 1979 | 73.34 | 0.098 | 9.21 | | | | | 38.64 | 1.000 | 8.6 | 1 160 | 8.1 | 11.6 | 6.14 |

**表 4-5(续)**

| 年份 | 会宝岭水库(南库) | | | | | | | 日照水库 | | | | | | |
|---|---|---|---|---|---|---|---|---|---|---|---|---|---|---|
| | 最高水位 | | | 最大入库流量 | | 最大出库流量 | | 最高水位 | | | 最大入库流量 | | 最大出库流量 | |
| | 水位 /m | 相应蓄量 /亿 $m^3$ | 出现时间 (月.日) | 流量 /($m^3 \cdot s^{-1}$) | 出现时间 (月.日) | 流量 /($m^3 \cdot s^{-1}$) | 出现时间 (月.日) | 水位 /m | 相应蓄量 /亿 $m^3$ | 出现时间 (月.日) | 流量 /($m^3 \cdot s^{-1}$) | 出现时间 (月.日) | 流量 /($m^3 \cdot s^{-1}$) | 出现时间 (月.日) |
| 1980 | 73.07 | 0.092 | 4.1 | | | | | 37.10 | 0.741 | 9.6 | 610 | 8.11 | 11.6 | 8.8 |
| 1981 | 72.36 | 0.078 | 2.22 | | | | | 37.23 | 0.762 | 3.16 | 181 | 7.15 | 10.4 | 4.26 |
| 1982 | 72.66 | 0.084 | 8.9 | | | | | 37.28 | 0.770 | 8.23 | 401 | 8.18 | 8.67 | 9.25 |
| 1983 | 73.18 | 0.094 | 12.28 | | | | | 37.54 | 0.812 | 4.1 | 175 | 9.8 | 13.5 | 5.1 |
| 1984 | 74.27 | 0.119 | 12.16 | | | | | 40.11 | 1.305 | 12.22 | 726 | 7.27 | 11.2 | 7.6 |
| 1985 | 75.36 | 0.150 | 9.25 | | | | | 40.38 | 1.371 | 12.30 | 450 | 7.11 | 11.2 | 6.27 |
| 1986 | 74.39 | 0.123 | 4.3 | | | | | 40.50 | 1.400 | 2.23 | 410 | 6.27 | 10.9 | 6.23 |
| 1987 | 74.14 | 0.116 | 12.31 | | | | | 38.13 | 0.908 | 4.10 | 272 | 9.4 | 12.3 | 7.1 |
| 1988 | 74.26 | 0.119 | 3.16 | | | | | 39.45 | 1.164 | 7.26 | 1 310 | 7.21 | 10.9 | 6.27 |
| 1989 | 71.93 | 0.052 | 6.14 | | | | | 37.52 | 0.808 | 6.17 | 69.3 | 6.13 | 8.99 | 7.5 |
| 1990 | 75.15 | 0.133 | 8.19 | | | | | 42.45 | 1.892 | 9.11 | 1 470 | 7.14 | 209 | 8.17 |
| 1991 | 76.13 | 0.166 | 7.25 | | | | | 41.88 | 1.737 | 6.29 | 960 | 6.28 | 63.3 | 6.29 |
| 1992 | 70.70 | 0.033 | 7.22 | | | | | 38.27 | 0.934 | 1.12 | 400 | 9.1 | 11.2 | 7.7 |
| 1993 | 75.76 | 0.153 | 8.5 | | | | | 39.54 | 1.183 | 12.31 | 373 | 7.16 | 8.32 | 6.30 |
| 1994 | 73.06 | 0.075 | 9.25 | | | | | 39.82 | 1.242 | 3.29 | 365 | 8.24 | 10.2 | 7.7 |
| 1995 | 73.98 | 0.098 | 9.19 | | | | | 39.93 | 1.266 | 9.10 | 607 | 7.12 | 9.66 | 7.3 |
| 1996 | 73.21 | 0.079 | 12.29 | | | | | 38.36 | 0.951 | 1.18 | 378 | 7.17 | 9.30 | 6.27 |
| 1997 | 73.27 | 0.080 | 2.19 | | | | | 37.82 | 0.857 | 8.29 | 941 | 8.20 | 9.88 | 6.24 |
| 1998 | 74.89 | 0.125 | 9.3 | | | | | 42.48 | 1.901 | 8.15 | 1 570 | 7.24 | 264 | 8.15 |
| 1999 | 74.41 | 0.110 | 2.9 | | | | | 40.62 | 1.429 | 9.20 | 1 520 | 8.13 | 9.78 | 7.1 |
| 2000 | 73.97 | 0.098 | 9.4 | | | | | 41.57 | 1.662 | 9.5 | 487 | 8.31 | 10.5 | 8.31 |

表 4-5(续)

| 年份 | 会宝岭水库(南库) 最高水位 水位/m | 相应蓄量/亿 $m^3$ | 出现时间(月.日) | 最大入库流量 流量/($m^3 \cdot s^{-1}$) | 出现时间(月.日) | 最大出库流量 流量/($m^3 \cdot s^{-1}$) | 出现时间(月.日) | 日照水库 最高水位 水位/m | 相应蓄量/亿 $m^3$ | 出现时间(月.日) | 最大入库流量 流量/($m^3 \cdot s^{-1}$) | 出现时间(月.日) | 最大出库流量 流量/($m^3 \cdot s^{-1}$) | 出现时间(月.日) |
|---|---|---|---|---|---|---|---|---|---|---|---|---|---|---|
| 2001 | 74.31 | 0.107 | 8.9 | | | | | 40.87 | 1.490 | 4.9 | 891 | 8.24 | 147 | 8.4 |
| 2002 | 73.09 | 0.076 | 6.10 | | | | | 36.35 | 0.638 | 1.10 | 62.0 | 8.26 | 16.6 | 3.17 |
| 2003 | 75.71 | 0.151 | 9.10 | | | | | 42.97 | 2.100 | 10.13 | 1 370 | 10.22 | 535 | 9.3 |
| 2004 | 75.00 | 0.128 | 2.28 | | | | | 41.70 | 1.693 | 3.13 | 242 | 7.16 | 12.5 | 6.16 |
| 2005 | 75.39 | 0.140 | 10.2 | | | | | 42.49 | 1.904 | 9.29 | 481 | 9.20 | 347 | 9.29 |
| 2006 | 75.63 | 0.148 | 8.31 | | | | | 41.31 | 1.598 | 2.14 | 759 | 7.3 | 10.9 | 4.19 |
| 2007 | 74.85 | 0.123 | 8.22 | | | | | 41.52 | 1.649 | 10.2 | 313 | 9.20 | 12.6 | 6.25 |
| 2008 | 75.83 | 0.155 | 8.22 | | | | | 42.34 | 1.861 | 8.17 | 1 790 | 8.17 | 523 | 8.17 |
| 2009 | 74.72 | 0.119 | 2.5 | | | | | 41.11 | 1.549 | 1.1 | 592 | 6.19 | 11.8 | 7.2 |
| 2010 | 73.97 | 0.098 | 1.1 | | | | | 40.64 | 1.434 | 9.21 | 214 | 7.23 | 10.2 | 7.1 |
| 2011 | 75.40 | 0.141 | 12.5 | | | | | 39.48 | 1.171 | 1.1 | 314 | 7.3 | 11.2 | 7.1 |
| 2012 | 75.42 | 0.141 | 7.10 | | | | | 38.42 | 0.962 | 9.12 | 411 | 8.3 | 10.5 | 7.1 |
| 2013 | 75.06 | 0.130 | 8.16 | | | | | 39.88 | 1.255 | 8.15 | 304 | 5.27 | 10.6 | 6.24 |
| 2014 | 73.94 | 0.097 | 1.1 | | | | | 38.61 | 0.998 | 1.1 | | | 8.83 | 6.20 |
| 2015 | 73.53 | 0.086 | 12.31 | | | | | 34.67 | 0.439 | 1.1 | 457 | 8.7 | 3.13 | 4.30 |
| 2016 | 75.67 | 0.150 | 11.7 | | | | | 37.96 | 0.879 | 8.21 | 503 | 8.07 | 3.27 | 8.1 |
| 2017 | 75.56 | 0.146 | 1.18 | | | | | 41.80 | 1.718 | 8.24 | 379 | 8.3 | 4.10 | 8.1 |
| 2018 | 74.97 | 0.127 | 1.16 | | | | | 42.65 | 1.950 | 8.28 | | | 220 | 8.29 |
| 历年最高(大) | 76.90 | 0.204 | | | | | | 43.83 | 2.392 | | 12 800 | | 1 140 | |
| 出现年份 | 1970 | 1970 | | | | | | 1974 | 1974 | | 1962 | | 1974 | |

表 4-5(续)

| 小塔山水库 | | | | | | | |
|---|---|---|---|---|---|---|---|
| 年份 | 最高水位 | | | 最大入库流量 | | 最大出库流量 | |
| | 水位 /m | 相应蓄量 /亿 $m^3$ | 出现时间 (月.日) | 流量 /($m^3 \cdot s^{-1}$) | 出现时间 (月.日) | 流量 /($m^3 \cdot s^{-1}$) | 出现时间 (月.日) |
| 1959 | 27.26 | | 12.30 | | | | |
| 1960 | 32.86 | | 9.6 | | | | |
| 1961 | 32.04 | 1.220 | 1.1 | | | | |
| 1962 | 31.03 | 0.990 | 10.10 | | | | |
| 1963 | 31.88 | 1.177 | 7.20 | | | | |
| 1964 | 30.91 | 0.959 | 4.22 | | | 3.78 | 6.7 |
| 1965 | 32.89 | 1.432 | 8.21 | | | 122 | 8.19 |
| 1966 | 31.15 | 1.014 | 3.15 | | | 22.6 | 8.3 |
| 1967 | 27.58 | 0.393 | 9.16 | | | 11.1 | 8.29 |
| 1968 | 28.70 | 0.553 | 8.28 | | | 14.2 | 8.29 |
| 1969 | 29.15 | 0.625 | 5.17 | | | 20.4 | 6.27 |
| 1970 | 32.87 | 1.428 | 9.21 | | | 123 | 7.26 |
| 1971 | 32.95 | 1.450 | 8.29 | | | 97.8 | 8.29 |
| 1972 | 31.85 | 1.171 | 3.25 | | | 30.9 | 6.18 |
| 1973 | 30.49 | 0.875 | 3.12 | | | 28.5 | 7.25 |
| 1974 | 34.00 | 1.741 | 8.14 | | | 373 | 8.14 |
| 1975 | 31.28 | 1.043 | 8.16 | | | 79.8 | 8.16 |
| 1976 | 30.66 | 0.909 | 3.17 | | | 28.6 | 8.1 |
| 1977 | 27.36 | 0.365 | 7.29 | | | 17.1 | 8.18 |
| 1978 | 28.21 | 0.440 | 9.15 | | | 16.5 | 10.10 |
| 1979 | 28.52 | 0.484 | 4.14 | | | 26.4 | 6.18 |

表 4-5(续)

| 小塔山水库 | | | | | | | |
|---|---|---|---|---|---|---|---|
| 年份 | 最高水位 | | | 最大入库流量 | | 最大出库流量 | |
| | 水位/m | 相应蓄量/亿 $m^3$ | 出现时间(月.日) | 流量/($m^3 \cdot s^{-1}$) | 出现时间(月.日) | 流量/($m^3 \cdot s^{-1}$) | 出现时间(月.日) |
| 1980 | 29.22 | 0.586 | 3.9 | | | 23.6 | 6.29 |
| 1981 | 28.52 | 0.484 | 3.11 | | | 21.3 | 4.23 |
| 1982 | 29.80 | 0.688 | 12.31 | | | 19.2 | 8.15 |
| 1983 | 30.14 | 0.752 | 3.1 | | | 27.6 | 6.19 |
| 1984 | 31.47 | 1.033 | 7.27 | | | 59.0 | 7.27 |
| 1985 | 29.98 | 0.721 | 1.1 | | | 31.9 | 6.20 |
| 1986 | 29.79 | 0.688 | 8.6 | | | 29.4 | 8.7 |
| 1987 | 29.79 | 0.688 | 2.26 | | | 25.0 | 5.30 |
| 1988 | 29.36 | 0.609 | 4.10 | | | 27.8 | 6.14 |
| 1989 | 27.96 | 0.805 | 6.15 | | | 27.7 | 6.16 |
| 1990 | 32.17 | 0.966 | 8.16 | | | 150 | 8.16 |
| 1991 | 31.40 | 1.016 | 6.11 | | | 51.7 | 6.3 |
| 1992 | 28.85 | 0.531 | 3.22 | | | 25.3 | 4.29 |
| 1993 | 30.86 | 0.898 | 11.29 | | | 27.2 | 6.11 |
| 1994 | 30.81 | 0.887 | 1.1 | | | 30.9 | 6.7 |
| 1995 | 30.31 | 0.785 | 9.2 | | | 26.6 | 6.9 |
| 1996 | 29.53 | 0.637 | 7.31 | | | 27.4 | 6.13 |
| 1997 | 28.65 | 0.502 | 9.2 | | | 24.9 | 2.22 |
| 1998 | 29.87 | 0.701 | 8.23 | | | 31.5 | 7.30 |
| 1999 | 28.49 | 0.48 | 1.1 | | | 23.3 | 6.9 |
| 2000 | 30.29 | 0.781 | 12.20 | | | 32.7 | 9.17 |

**表 4-5(续)**

| 小塔山水库 | | | | | | | |
|---|---|---|---|---|---|---|---|
| 年份 | 最高水位 | | | 最大入库流量 | | 最大出库流量 | |
| | 水位/m | 相应蓄量/亿 $m^3$ | 出现时间(月.日) | 流量/($m^3 \cdot s^{-1}$) | 出现时间(月.日) | 流量/($m^3 \cdot s^{-1}$) | 出现时间(月.日) |
| 2001 | 30.58 | 0.841 | 2.28 | | | 26.4 | 6.10 |
| 2002 | 27.74 | 0.378 | 1.1 | | | 17.9 | 2.20 |
| 2003 | 32.47 | 1.280 | 9.8 | | | 26.6 | 9.7 |
| 2004 | 32.46 | 1.270 | 2.28 | | | 29.2 | 7.18 |
| 2005 | 33.05 | 1.420 | 10.10 | | | 20.9 | 6.15 |
| 2006 | 32.33 | 1.238 | 1.1 | 407 | 7.3 | 20.5 | 3.26 |
| 2007 | 32.86 | 1.374 | 10.17 | 714 | 8.11 | 24.9 | 9.11 |
| 2008 | 32.96 | 1.398 | 8.22 | 772 | 8.21 | 88.1 | 7.24 |
| 2009 | 32.37 | 1.248 | 1.1 | 428 | 7.14 | 20.2 | 6.14 |
| 2010 | 32.93 | 1.391 | 9.21 | 362 | 9.3 | 27.4 | 4.17 |
| 2011 | 32.10 | 1.180 | 1.1 | 315 | 8.29 | 19.0 | 6.16 |
| 2012 | 32.20 | 1.205 | 7.11 | 955 | 7.10 | 34.4 | 7.11 |
| 2013 | 32.61 | 1.309 | 7.25 | 856 | 7.5 | 101 | 7.25 |
| 2014 | 31.67 | 1.078 | 1.8 | | | 16.1 | 6.12 |
| 2015 | 30.22 | 0.768 | 1.1 | | | 15.00 | 6.17 |
| 2016 | 30.37 | 0.798 | 12.28 | | | 14.4 | 9.9 |
| 2017 | 32.01 | 1.157 | 8.19 | 442 | 7.15 | 12.7 | 6.10 |
| 2018 | 31.64 | 1.071 | 1.2 | | | 16.8 | 6.14 |
| 历年最高(大) | 34.00 | 1.741 | | 955 | | 373 | |
| 出现年份 | 1974 | 1974 | | 2012 | | 1974 | |

注:会宝岭水库的最大入、出库流量为南、北库之和。

**表 4-6 沂沭泗流域主要湖泊历年水文特征值统计表**

| 年份 | 南四湖上级湖 最高水位 水位/m | 相应蓄量/亿 $m^3$ | 出现时间(月.日) | 最大入湖流量 流量/($m^3 \cdot s^{-1}$) | 出现时间(月.日) | 最大出湖流量 流量/($m^3 \cdot s^{-1}$) | 出现时间(月.日) | 南四湖下级湖 最高水位 水位/m | 相应蓄量/亿 $m^3$ | 出现时间(月.日) | 最大入湖流量 流量/($m^3 \cdot s^{-1}$) | 出现时间(月.日) | 最大出湖流量 流量/($m^3 \cdot s^{-1}$) | 出现时间(月.日) |
|---|---|---|---|---|---|---|---|---|---|---|---|---|---|---|
| 1953 | 35.22 | | 8.12 | | | | | 33.80 | | 9.6 | | | | |
| 1954 | 34.46 | | 9.7 | | | | | 32.85 | | 1.1 | | | | |
| 1955 | 34.64 | | 9.14 | | | | | 32.77 | | 11.4 | | | | |
| 1956 | 34.46 | | 7.2 | | | | | 32.85 | | 10.12 | | | | |
| 1957 | 36.48 | | 7.25 | | | | | 36.29 | | 8.3 | | | | |
| 1958 | 34.91 | | 7.17 | | | | | 34.66 | | 8.22 | | | | |
| 1959 | 33.86 | | 2.12 | | | | | 33.83 | | 3.9 | | | | |
| 1960 | 34.45 | | 8.3 | | | | | 34.07 | | 9.7 | | | | |
| 1961 | 34.46 | 10.80 | 8.19 | 1 640 | 6.24 | 302 | 8.20 | 33.08 | 11.42 | 9.19 | 590 | 7.6 | 16.5 | 9.15 |
| 1962 | 34.59 | 11.58 | 8.23 | 1 070 | 8.19 | 266 | 9.1 | 32.70 | 8.950 | 12.1 | 708 | 8.8 | 140 | 9.19 |
| 1963 | 36.08 | 20.63 | 8.9 | 2 860 | 8.6 | 1 240 | 8.11 | 34.68 | 21.98 | 8.17 | 2 230 | 8.5 | 1 040 | 9.7 |
| 1964 | 35.89 | 19.47 | 9.5 | 2 870 | 8.18 | 821 | 9.8 | 33.88 | 16.70 | 10.16 | 1 880 | 9.7 | 1 430 | 9.25 |
| 1965 | 34.98 | 13.92 | 8.6 | 3 350 | 7.11 | 907 | 8.16 | 33.46 | 13.93 | 8.23 | 1 210 | 7.22 | 818 | 8.5 |
| 1966 | 34.57 | 11.46 | 3.25 | 1 390 | 7.22 | 310 | 7.15 | 32.37 | 7.030 | 3.9 | 504 | 7.23 | 157 | 8.5 |
| 1967 | 35.04 | 14.28 | 9.12 | 1 970 | 9.3 | 1 300 | 9.10 | 33.27 | 12.67 | 9.27 | 973 | 9.14 | 331 | 10.17 |
| 1968 | 34.09 | 8.580 | 2.18 | 671 | 8.26 | 87.7 | 4.11 | 32.56 | 8.130 | 1.5 | 336 | 7.16 | 53.8 | 10.31 |
| 1969 | 34.74 | 12.48 | 9.30 | 1 100 | 9.30 | 1 510 | 9.30 | 33.24 | 12.47 | 10.18 | 1 030 | 10.1 | 634 | 10.5 |
| 1970 | 35.54 | 17.33 | 8.8 | 2 780 | 7.27 | 1 110 | 8.7 | 33.12 | 5.680 | 8.14 | 2 820 | 8.7 | 977 | 8.15 |
| 1971 | 35.58 | 17.58 | 7.11 | 2 790 | 8.22 | 1 260 | 7.12 | 33.12 | 5.680 | 7.14 | 3 520 | 8.10 | 1 150 | 7.15 |
| 1972 | 35.12 | 14.77 | 9.7 | 2 360 | 9.3 | 855 | 9.8 | 32.69 | 8.890 | 9.16 | 1 510 | 5.15 | 778 | 9.20 |
| 1973 | 35.33 | 16.05 | 7.31 | 3 670 | 7.30 | 1 200 | 7.31 | 32.66 | 8.710 | 10.16 | 1 330 | 7.31 | 796 | 8.4 |

**表 4-6(续)**

| 年份 | 南四湖上级湖 | | | | | | | 南四湖下级湖 | | | | | | |
|---|---|---|---|---|---|---|---|---|---|---|---|---|---|---|
| | 最高水位 | | | 最大入湖流量 | | 最大出湖流量 | | 最高水位 | | | 最大入湖流量 | | 最大出湖流量 | |
| | 水位/m | 相应蓄量/亿 $m^3$ | 出现时间(月.日) | 流量/($m^3 \cdot s^{-1}$) | 出现时间(月.日) | 流量/($m^3 \cdot s^{-1}$) | 出现时间(月.日) | 水位/m | 相应蓄量/亿 $m^3$ | 出现时间(月.日) | 流量/($m^3 \cdot s^{-1}$) | 出现时间(月.日) | 流量/($m^3 \cdot s^{-1}$) | 出现时间(月.日) |
| 1974 | 35.09 | 14.59 | 8.11 | 2 010 | 8.2 | 1 290 | 8.14 | 33.58 | 14.72 | 8.18 | 2 100 | 8.14 | 926 | 8.21 |
| 1975 | 35.26 | 15.63 | 9.22 | 2 040 | 9.21 | 773 | 9.22 | 33.06 | 11.29 | 9.26 | 1 220 | 9.22 | 861 | 10.10 |
| 1976 | 35.15 | 14.95 | 8.20 | 3 140 | 8.13 | 828 | 8.24 | 32.90 | 10.25 | 9.17 | 975 | 9.7 | 501 | 8.3 |
| 1977 | 34.66 | 12.00 | 12.24 | 2 260 | 7.12 | 338 | 7.22 | 32.37 | 7.030 | 1.22 | 255 | 8.3 | 66.9 | 3.2 |
| 1978 | 34.95 | 13.74 | 7.15 | 4 560 | 7.4 | 2 110 | 7.14 | 32.70 | 8.950 | 9.1 | 953 | 7.17 | 570 | 8.1 |
| 1979 | 34.84 | 13.08 | 9.23 | 1 540 | 7.10 | 920 | 9.24 | 32.89 | 10.19 | 9.29 | 827 | 7.25 | 499 | 8.5 |
| 1980 | 34.73 | 12.48 | 8.26 | 1 550 | 8.25 | 720 | 8.25 | 32.96 | 10.64 | 9.2 | 880 | 8.25 | 552 | 9.9 |
| 1981 | 34.36 | 10.20 | 9.14 | 914 | 7.15 | 142 | 9.16 | 32.32 | 6.750 | 1.1 | 104 | 9.25 | 24.5 | 3.24 |
| 1982 | 34.44 | 10.68 | 9.18 | 1 440 | 8.14 | 586 | 10.15 | 32.05 | 5.330 | 12.20 | 220 | 9.23 | 3.23 | 7.23 |
| 1983 | 34.41 | 10.50 | 10.21 | 1 750 | 7.20 | 305 | 10.20 | 32.10 | 5.580 | 2.3 | 464 | 5.7 | 28.3 | 5.3 |
| 1984 | 34.52 | 11.16 | 10.2 | 821 | 8.13 | 455 | 10.8 | 32.72 | 9.080 | 9.17 | 666 | 9.15 | 348 | 10.3 |
| 1985 | 34.86 | 17.39 | 9.20 | 1 170 | 9.17 | 700 | 9.20 | 32.65 | 12.08 | 9.6 | 836 | 9.5 | 554 | 9.20 |
| 1986 | 34.31 | 9.900 | 1.22 | 961 | 8.16 | 0 | 1.1 | 32.47 | 7.610 | 1.1 | 278 | 8.12 | 8.90 | 1.3 |
| 1987 | 33.63 | 5.870 | 9.9 | 1 260 | 8.7 | 0 | 1.1 | 31.98 | 4.980 | 4.2 | 909 | 9.4 | 15.5 | 6.18 |
| 1988 | 33.37 | 4.420 | 1.3 | 236 | 8.1 | 0 | 1.1 | 31.98 | 4.980 | 1.17 | 486 | 7.25 | 5.69 | 12.4 |
| 1989 | 33.18 | 3.440 | 2.7 | 810 | 7.18 | 0 | 1.1 | 31.51 | 3.090 | 7.20 | 470 | 7.15 | 3.04 | 4.28 |
| 1990 | 34.44 | 10.68 | 8.20 | 1 110 | 8.18 | 0 | 1.1 | 31.91 | 4.680 | 12.31 | 370 | 8.16 | 3.55 | 6.14 |
| 1991 | 34.55 | 11.34 | 7.3 | 1 650 | 7.29 | 1 400 | 7.25 | 32.52 | 7.900 | 8.11 | 552 | 7.30 | 569 | 7.31 |
| 1992 | 33.49 | 5.060 | 3.26 | 741 | 9.2 | 0 | 1.1 | 32.30 | 6.640 | 3.28 | 532 | 9.2 | 8.9 | 6.12 |
| 1993 | 35.00 | 14.04 | 8.9 | 2 800 | 8.6 | 1 680 | 8.8 | 32.70 | 8.950 | 8.20 | 1 690 | 8.6 | 740 | 8.16 |
| 1994 | 34.61 | 11.70 | 12.9 | 972 | 8.10 | 508 | 8.11 | 32.68 | 8.830 | 12.24 | 648 | 9.4 | 149 | 1.10 |

表 4-6(续)

| 年份 | 南四湖上级湖 | | | | | | | 南四湖下级湖 | | | | | | |
|---|---|---|---|---|---|---|---|---|---|---|---|---|---|---|
| | 最高水位 | | | 最大入湖流量 | | 最大出湖流量 | | 最高水位 | | | 最大入湖流量 | | 最大出湖流量 | |
| | 水位/m | 相应蓄量/亿 $m^3$ | 出现时间(月.日) | 流量/($m^3 \cdot s^{-1}$) | 出现时间(月.日) | 流量/($m^3 \cdot s^{-1}$) | 出现时间(月.日) | 水位/m | 相应蓄量/亿 $m^3$ | 出现时间(月.日) | 流量/($m^3 \cdot s^{-1}$) | 出现时间(月.日) | 流量/($m^3 \cdot s^{-1}$) | 出现时间(月.日) |
| 1995 | 34.84 | 13.08 | 9.1 | 1 670 | 8.18 | 558 | 8.31 | 32.73 | 9.800 | 2.5 | 752 | 8.30 | 500 | 9.10 |
| 1996 | 34.68 | 12.12 | 11.5 | 683 | 8.8 | 206 | 11.9 | 32.53 | 7.950 | 1.1 | 185 | 7.18 | 13.9 | 8.26 |
| 1997 | 34.64 | 11.88 | 3.31 | 590 | 8.4 | 662 | 4.11 | 32.59 | 8.300 | 4.24 | 370 | 8.22 | 38.6 | 6.14 |
| 1998 | 35.11 | 14.71 | 8.17 | 2 120 | 8.16 | 1 160 | 8.16 | 32.80 | 9.600 | 9.15 | 1 260 | 8.25 | 1 010 | 8.20 |
| 1999 | 34.70 | 12.24 | 1.25 | 741 | 7.8 | 410 | 1.27 | 32.52 | 7.900 | 2.1 | 324 | 6.16 | 0 | 1.1 |
| 2000 | 34.10 | 8.640 | 2.29 | 660 | 7.16 | 0 | 1.1 | 31.74 | 3.960 | 12.19 | 595 | 6.29 | 0 | 1.1 |
| 2001 | 34.15 | 8.940 | 3.11 | 995 | 7.31 | 0 | 1.1 | 31.89 | 4.590 | 3.4 | 1 130 | 7.31 | 0 | 1.1 |
| 2002 | 33.46 | 4.900 | 1.29 | 1 110 | 6.24 | 0 | 1.1 | 31.51 | 3.090 | 2.14 | 122 | 8.28 | 0 | 1.1 |
| 2003 | 35.28 | 15.75 | 9.7 | 1 950 | 9.4 | 1 060 | 9.8 | 33.36 | 13.27 | 10.14 | 1 700 | 9.4 | 1 290 | 9.5 |
| 2004 | 35.07 | 14.47 | 8.30 | 3 000 | 8.29 | 2 310 | 8.31 | 32.91 | 10.32 | 1.1 | 1 560 | 7.20 | 1 090 | 9.3 |
| 2005 | 35.35 | 16.17 | 9.22 | 3 680 | 9.21 | 2 180 | 9.20 | 33.44 | 13.79 | 10.3 | 2 460 | 9.25 | 1 920 | 10.1 |
| 2006 | 34.75 | 12.54 | 7.5 | 3 840 | 7.3 | 1 360 | 7.7 | 32.80 | 9.600 | 7.4 | 1 490 | 7.4 | 1 250 | 7.7 |
| 2007 | 34.67 | 12.06 | 2.4 | 2 280 | 7.6 | 1 370 | 8.2 | 32.96 | 10.64 | 8.19 | 3 540 | 8.17 | 1 600 | 7.2 |
| 2008 | 34.68 | 12.12 | 1.11 | 1 110 | 7.25 | 1 010 | 7.18 | 32.76 | 9.34 | 1.19 | 2 180 | 7.23 | 1 210 | 7.24 |
| 2009 | 34.58 | 11.52 | 12.28 | 1 630 | 7.22 | 1 200 | 7.14 | 32.64 | 8.60 | 7.20 | 1 470 | 7.15 | 832 | 7.21 |
| 2010 | 34.73 | 12.42 | 9.11 | 2 320 | 9.8 | 1 690 | 7.19 | 32.77 | 9.41 | 10.14 | 2 100 | 9.14 | 1 490 | 9.10 |
| 2011 | 34.62 | 11.76 | 11.14 | 1 260 | 8.9 | 537 | 12.5 | 32.74 | 9.21 | 11.21 | 1 150 | 9.17 | 551 | 9.20 |
| 2012 | 34.64 | 11.88 | 3.8 | 1 210 | 7.9 | 849 | 7.10 | 32.65 | 8.66 | 3.16 | 1 540 | 7.14 | 306 | 1.4 |
| 2013 | 34.52 | 11.16 | 3.14 | 1 320 | 7.2 | 316 | 7.21 | 32.71 | 9.02 | 8.4 | 1 160 | 8.2 | 222 | 8.4 |
| 2014 | 33.90 | 7.44 | 2.25 | | | 0 | 1.1 | 31.98 | 4.98 | 1.1 | | | 0 | 1.1 |
| 2015 | 33.48 | 5.01 | 8.9 | 740 | 7.31 | 0 | 1.1 | 31.60 | 3.42 | 12.25 | 629 | 6.25 | 0 | 1.1 |

表 4-6(续)

| 南四湖上级湖 | | | | | | | | 南四湖下级湖 | | | | | | |
|---|---|---|---|---|---|---|---|---|---|---|---|---|---|---|
| 年份 | 最高水位 | | | 最大入湖流量 | | 最大出湖流量 | | 最高水位 | | | 最大入湖流量 | | 最大出湖流量 | |
| | 水位/m | 相应蓄量/亿 m³ | 出现时间(月.日) | 流量/(m³·s⁻¹) | 出现时间(月.日) | 流量/(m³·s⁻¹) | 出现时间(月.日) | 水位/m | 相应蓄量/亿 m³ | 出现时间(月.日) | 流量/(m³·s⁻¹) | 出现时间(月.日) | 流量/(m³·s⁻¹) | 出现时间(月.日) |
| 2016 | 34.39 | 10.38 | 12.31 | 1 660 | 7.20 | 0 | 1.1 | 32.00 | 5.07 | 12.31 | 728 | 8.6 | 0 | 1.1 |
| 2017 | 34.49 | 10.98 | 8.3 | 1 880 | 7.7 | 977 | 7.16 | 32.79 | | 10.12 | 1 700 | 8.3 | 608 | 8.3 |
| 2018 | 34.92 | 13.56 | 8.22 | | | 3 490 | 8.20 | 32.77 | 9.41 | 8.26 | | | 1 510 | 8.23 |
| 历年最高(大) | 36.48 | 20.63 | | 4 560 | | 3 490 | | 36.29 | 21.98 | | 3 520 | | 1 920 | |
| 出现年份 | 1957 | 1963 | | 1978 | | 2018 | | 1957 | 1963 | | 1971 | | 2005 | |
| 骆马湖 | | | | | | | | | | | | | | |
| 年份 | 最高水位 | | | 最大入湖流量 | | 最大出湖流量 | | | | | | | | |
| | 水位/m | 相应蓄量/亿 m³ | 出现时间(月.日) | 流量/(m³·s⁻¹) | 出现时间(月.日) | 流量/(m³·s⁻¹) | 出现时间(月.日) | | | | | | | |
| 1955 | 21.71 | 5.298 | 7.15 | 5 400 | 7.5 | 1 540 | 8.6 | | | | | | | |
| 1956 | 21.07 | 3.510 | 9.8 | 5 600 | 9.6 | 1 440 | 9.10 | | | | | | | |
| 1957 | 23.15 | 9.436 | 7.21 | 4 900 | 7.9 | 3 080 | 7.22 | | | | | | | |
| 1958 | 22.63 | 7.923 | 8.22 | 3 350 | 7.4 | 2 010 | 8.8 | | | | | | | |
| 1959 | (21.49) | 4.679 | (9.24) | 919 | 6.11 | 1 860 | 7.17 | | | | | | | |
| 1960 | 23.26 | 9.759 | 7.5 | 2 350 | 7.4 | 2 510 | 8.19 | | | | | | | |
| 1961 | 21.90 | 5.834 | 7.9 | 1 240 | 7.11 | 1 580 | 7.14 | | | | | | | |
| 1962 | 22.45 | 7.404 | 8.10 | 3 150 | 8.9 | 2 270 | 8.12 | | | | | | | |
| 1963 | 23.87 | 11.57 | 8.3 | 3 450 | 8.3 | 4 170 | 7.22 | | | | | | | |
| 1964 | 22.31 | 7.002 | 9.20 | 2 720 | 9.20 | 2 720 | 9.21 | | | | | | | |
| 1965 | 22.16 | 6.573 | 8.21 | 2 900 | 8.7 | 3 110 | 8.7 | | | | | | | |

**表 4-6(续)**

骆马湖

| 年份 | 最高水位 | | | 最大入湖流量 | | 最大出湖流量 | |
|---|---|---|---|---|---|---|---|
| | 水位/m | 相应蓄量/亿 $m^3$ | 出现时间(月.日) | 流量/($m^3 \cdot s^{-1}$) | 出现时间(月.日) | 流量/($m^3 \cdot s^{-1}$) | 出现时间(月.日) |
| 1966 | 21.95 | 5.976 | 7.26 | 2 690 | 7.26 | 3 010 | 7.27 |
| 1967 | 22.51 | 7.577 | 9.10 | 654 | 9.13 | 2 680 | 7.26 |
| 1968 | 22.13 | 6.488 | 1.14 | 1 200 | 7.15 | 2 720 | 7.26 |
| 1969 | 22.76 | 8.299 | 9.30 | 1 890 | 10.1 | 2 560 | 10.2 |
| 1970 | 23.12 | 9.348 | 10.25 | 5 270 | 7.27 | 4 550 | 7.29 |
| 1971 | 23.21 | 9.612 | 9.27 | 4 620 | 7.2 | 4 320 | 8.23 |
| 1972 | 23.11 | 9.319 | 1.14 | 2 630 | 7.3 | 3 120 | 7.6 |
| 1973 | 23.23 | 9.671 | 5.2 | 3 490 | 7.31 | 3 350 | 7.18 |
| 1974 | 25.47 | 16.44 | 8.16 | 9 200 | 8.15 | 6 160 | 8.16 |
| 1975 | 23.67 | 10.97 | 4.28 | 1 900 | 9.20 | 2 620 | 7.28 |
| 1976 | 23.50 | 10.47 | 2.28 | 1 180 | 9.7 | 1 790 | 8.20 |
| 1977 | 23.20 | 9.583 | 12.25 | 1 350 | 7.13 | 1 140 | 8.1 |
| 1978 | 23.24 | 9.700 | 2.28 | 3 790 | 7.7 | 1 050 | 8.1 |
| 1979 | 23.19 | 9.553 | 2.22 | 1 940 | 7.19 | 3 430 | 7.19 |
| 1980 | 23.29 | 9.847 | 10.13 | 1 370 | 8.24 | 1 740 | 7.30 |
| 1981 | 23.05 | 9.144 | 3.15 | 1 530 | 7.29 | 780 | 7.21 |
| 1982 | 23.13 | 9.378 | 12.22 | 2 080 | 7.25 | 2 420 | 8.10 |
| 1983 | 23.22 | 9.641 | 1.7 | 1 940 | 7.22 | 1 420 | 7.26 |
| 1984 | 23.38 | 10.11 | 11.18 | 1 600 | 7.27 | 2 470 | 7.28 |
| 1985 | 23.35 | 10.02 | 5.15 | 1 140 | 9.8 | 1 440 | 7.17 |

表 4-6(续)

| 骆马湖 | | | | | | | |
|---|---|---|---|---|---|---|---|
| 年份 | 最高水位 | | | 最大入湖流量 | | 最大出湖流量 | |
| | 水位/m | 相应蓄量/亿 $m^3$ | 出现时间(月.日) | 流量/($m^3 \cdot s^{-1}$) | 出现时间(月.日) | 流量/($m^3 \cdot s^{-1}$) | 出现时间(月.日) |
| 1986 | 23.23 | 9.671 | 7.10 | 1 540 | 7.27 | 1 240 | 7.28 |
| 1987 | 23.66 | 10.94 | 7.8 | 1 210 | 10.18 | 839 | 10.18 |
| 1988 | 23.29 | 9.847 | 7.13 | 1 060 | 7.18 | 71.0 | 8.18 |
| 1989 | 22.95 | 8.852 | 11.2 | 784 | 6.8 | 195 | 8.9 |
| 1990 | 23.34 | 9.994 | 6.17 | 3 810 | 8.18 | 3 370 | 8.17 |
| 1991 | 23.36 | 10.05 | 7.25 | 3 930 | 7.27 | 3 220 | 7.28 |
| 1992 | 23.10 | 9.290 | 4.14 | 1 290 | 7.21 | 110 | 8.11 |
| 1993 | 23.56 | 10.64 | 11.17 | 5 440 | 8.7 | 3 330 | 8.8 |
| 1994 | 23.31 | 9.906 | 10.20 | 1 390 | 8.12 | 3 270 | 8.8 |
| 1995 | 23.64 | 10.88 | 11.7 | 2 160 | 8.25 | 1 850 | 8.23 |
| 1996 | 23.54 | 10.58 | 11.30 | 1 870 | 7.17 | 1 590 | 7.20 |
| 1997 | 23.50 | 10.47 | 1.1 | 4 200 | 8.22 | 1 260 | 8.23 |
| 1998 | 23.55 | 10.61 | 8.27 | 4 470 | 8.17 | 3 930 | 8.17 |
| 1999 | 22.94 | 8.823 | 1.1 | 504 | 7.9 | 93.0 | 1.7 |
| 2000 | 23.64 | 10.88 | 11.26 | 1 820 | 9.1 | 1 660 | 7.24 |
| 2001 | 23.66 | 10.94 | 8.4 | 2 090 | 8.1 | 2 460 | 8.5 |
| 2002 | 22.94 | 8.823 | 5.25 | 553 | 7.26 | 90.0 | 6.14 |
| 2003 | 23.58 | 10.70 | 10.12 | 2 960 | 9.1 | 2 830 | 9.3 |
| 2004 | 23.44 | 10.29 | 12.17 | 2 140 | 7.20 | 2 160 | 9.17 |
| 2005 | 23.25 | 9.730 | 8.30 | 4 210 | 10.2 | 3 830 | 9.22 |
| 2006 | 23.08 | 9.250 | 3.18 | 2 220 | 7.5 | 2 250 | 7.17 |

**表 4-6(续)**

| 骆马湖 | | | | | | | |
|---|---|---|---|---|---|---|---|
| 年份 | 最高水位 | | | 最大入湖流量 | | 最大出湖流量 | |
| | 水位 /m | 相应蓄量 /亿 $m^3$ | 出现时间 (月.日) | 流量 /($m^3 \cdot s^{-1}$) | 出现时间 (月.日) | 流量 /($m^3 \cdot s^{-1}$) | 出现时间 (月.日) |
| 2007 | 23.34 | 10.02 | 7.6 | 2 520 | 7.6 | 3 900 | 7.6 |
| 2008 | 23.39 | 10.17 | 10.5 | 5 460 | 7.25 | 4 830 | 7.26 |
| 2009 | 23.08 | 9.250 | 7.21 | 3 180 | 7.22 | 3 290 | 7.21 |
| 2010 | 23.39 | 10.17 | 9.8 | 2 390 | 9.8 | 2 630 | 9.8 |
| 2011 | 23.63 | 10.89 | 12.8 | 2 430 | 8.29 | 2 140 | 8.29 |
| 2012 | 23.65 | 10.95 | 9.7 | 5 520 | 7.11 | 3 110 | 7.12 |
| 2013 | 23.33 | 9.99 | 6.2 | 1 360 | 7.22 | 1 340 | 7.22 |
| 2014 | 22.94 | 8.83 | 1.1 | 473 | 7.11 | 77 | 6.14 |
| 2015 | 23.2 | 9.61 | 12.26 | 430 | 8.11 | 105 | 6.17 |
| 2016 | 23.56 | 10.68 | 12.29 | 750 | 8.10 | 124 | 6.15 |
| 2017 | 23.62 | 10.86 | 1.16 | 2 220 | 8.3 | 2 230 | 8.3 |
| 2018 | 23.35 | 10.05 | 2.11 | | | 4 870 | 8.20 |
| 历年最高(大) | 25.47 | 16.44 | | 9 200 | | 6 160 | |
| 出现年份 | 1974 | 1974 | | 1 974 | | 1 974 | |

注:本表最大入湖、出湖流量均为日平均值。

**表 4-7　沂沭泗流域大型水库多年平均蓄水量统计表**

单位：亿 $m^3$

各月 1 日

| 省份 | 名称 | 1月 | 2月 | 3月 | 4月 | 5月 | 6月 | 7月 | 8月 | 9月 | 10月 | 11月 | 12月 |
|---|---|---|---|---|---|---|---|---|---|---|---|---|---|
| 江苏 | 安峰山 | 0.372 | 0.366 | 0.351 | 0.366 | 0.379 | 0.324 | 0.217 | 0.290 | 0.307 | 0.312 | 0.339 | 0.355 |
| | 石梁河 | 1.638 | 1.699 | 1.734 | 1.751 | 1.693 | 1.372 | 0.646 | 1.500 | 1.557 | 1.594 | 1.566 | 1.618 |
| | 小塔山 | 0.500 | 0.526 | 0.538 | 0.537 | 0.512 | 0.474 | 0.309 | 0.476 | 0.508 | 0.516 | 0.505 | 0.521 |
| | 小计 | 2.510 | 2.591 | 2.623 | 2.654 | 2.584 | 2.170 | 1.172 | 2.266 | 2.372 | 2.422 | 2.410 | 2.494 |
| 山东 | 田庄 | 0.224 | 0.218 | 0.219 | 0.197 | 0.151 | 0.120 | 0.119 | 0.208 | 0.254 | 0.261 | 0.245 | 0.241 |
| | 跋山 | 1.278 | 1.281 | 1.296 | 1.220 | 1.074 | 0.897 | 0.637 | 1.159 | 1.395 | 1.436 | 1.386 | 1.335 |
| | 岸堤 | 2.003 | 1.967 | 1.943 | 1.817 | 1.639 | 1.332 | 1.046 | 1.699 | 2.120 | 2.182 | 2.130 | 2.106 |
| | 唐村 | 0.314 | 0.317 | 0.310 | 0.283 | 0.235 | 0.183 | 0.161 | 0.278 | 0.354 | 0.363 | 0.329 | 0.323 |
| | 许家崖 | 0.723 | 0.738 | 0.738 | 0.683 | 0.575 | 0.474 | 0.401 | 0.615 | 0.433 | 0.783 | 0.760 | 0.762 |
| | 沙沟 | 0.169 | 0.170 | 0.172 | 0.160 | 0.133 | 0.103 | 0.097 | 0.183 | 0.218 | 0.212 | 0.194 | 0.185 |
| | 青峰岭 | 0.753 | 0.765 | 0.768 | 0.691 | 0.577 | 0.539 | 0.410 | 0.645 | 0.814 | 0.811 | 0.818 | 0.800 |
| | 小仕阳 | 0.300 | 0.301 | 0.300 | 0.281 | 0.237 | 0.202 | 0.171 | 0.260 | 0.314 | 0.329 | 0.326 | 0.319 |
| | 陡山 | 0.677 | 0.678 | 0.673 | 0.623 | 0.530 | 0.459 | 0.396 | 0.640 | 0.743 | 0.721 | 0.690 | 0.695 |
| | 尼山 | 0.171 | 0.156 | 0.140 | 0.114 | 0.093 | 0.071 | 0.066 | 0.159 | 0.214 | 0.220 | 0.204 | 0.187 |
| | 马河 | 0.268 | 0.270 | 0.265 | 0.237 | 0.205 | 0.169 | 0.157 | 0.257 | 0.288 | 0.294 | 0.288 | 0.284 |
| | 岩马 | 0.510 | 0.511 | 0.498 | 0.428 | 0.364 | 0.276 | 0.279 | 0.461 | 0.551 | 0.590 | 0.556 | 0.545 |
| | 西苇 | 0.189 | 0.193 | 0.182 | 0.164 | 0.140 | 0.107 | 0.104 | 0.160 | 0.189 | 0.200 | 0.199 | 0.203 |
| | 会宝岭 | 0.675 | 0.680 | 0.673 | 0.648 | 0.614 | 0.552 | 0.467 | 0.666 | 0.789 | 0.778 | 0.735 | 0.731 |
| | 日照 | 0.852 | 0.851 | 0.844 | 0.812 | 0.754 | 0.677 | 0.608 | 0.824 | 0.925 | 0.906 | 0.876 | 0.873 |
| | 小计 | 9.106 | 9.096 | 9.021 | 8.358 | 7.321 | 6.161 | 5.119 | 8.214 | 9.601 | 10.086 | 9.736 | 9.589 |
| 合计 | | 11.616 | 11.687 | 11.644 | 11.012 | 9.905 | 8.331 | 6.291 | 10.480 | 11.973 | 12.508 | 12.146 | 12.083 |

**表 4-7(续)**

各月 11 日

| 省份 | 名称 | 1月 | 2月 | 3月 | 4月 | 5月 | 6月 | 7月 | 8月 | 9月 | 10月 | 11月 | 12月 |
|---|---|---|---|---|---|---|---|---|---|---|---|---|---|
| 江苏 | 安峰山 | 0.386 | 0.377 | 0.372 | 0.389 | 0.383 | 0.350 | 0.233 | 0.282 | 0.315 | 0.315 | 0.346 | 0.372 |
| | 石梁河 | 1.651 | 1.718 | 1.735 | 1.744 | 1.623 | 1.203 | 0.834 | 1.355 | 1.685 | 1.571 | 1.564 | 1.632 |
| | 小塔山 | 0.511 | 0.533 | 0.542 | 0.528 | 0.500 | 0.437 | 0.343 | 0.492 | 0.530 | 0.515 | 0.504 | 0.519 |
| | 小计 | 2.548 | 2.628 | 2.649 | 2.661 | 2.506 | 1.990 | 1.410 | 2.129 | 2.530 | 2.401 | 2.414 | 2.523 |
| 山东 | 田庄 | 0.223 | 0.219 | 0.214 | 0.187 | 0.144 | 0.117 | 0.140 | 0.228 | 0.266 | 0.251 | 0.244 | 0.238 |
| | 跋山 | 1.269 | 1.286 | 1.280 | 1.187 | 1.025 | 0.829 | 0.732 | 1.249 | 1.452 | 1.405 | 1.376 | 1.323 |
| | 岸堤 | 1.991 | 1.970 | 1.914 | 1.756 | 1.554 | 1.211 | 1.135 | 1.863 | 2.186 | 2.140 | 2.119 | 2.080 |
| | 唐村 | 0.315 | 0.316 | 0.301 | 0.271 | 0.224 | 0.173 | 0.181 | 0.305 | 0.363 | 0.346 | 0.326 | 0.323 |
| | 许家崖 | 0.726 | 0.740 | 0.730 | 0.639 | 0.549 | 0.428 | 0.427 | 0.371 | 0.788 | 0.774 | 0.760 | 0.758 |
| | 沙沟 | 0.169 | 0.171 | 0.170 | 0.154 | 0.121 | 0.096 | 0.115 | 0.197 | 0.224 | 0.203 | 0.191 | 0.183 |
| | 青峰岭 | 0.756 | 0.769 | 0.763 | 0.656 | 0.559 | 0.517 | 0.438 | 0.704 | 0.837 | 0.816 | 0.818 | 0.799 |
| | 小仕阳 | 0.299 | 0.302 | 0.297 | 0.265 | 0.225 | 0.188 | 0.183 | 0.275 | 0.330 | 0.328 | 0.325 | 0.315 |
| | 陡山 | 0.680 | 0.678 | 0.663 | 0.583 | 0.499 | 0.439 | 0.422 | 0.657 | 0.745 | 0.680 | 0.692 | 0.696 |
| | 尼山 | 0.173 | 0.157 | 0.133 | 0.108 | 0.086 | 0.063 | 0.088 | 0.183 | 0.233 | 0.221 | 0.206 | 0.188 |
| | 马河 | 0.269 | 0.270 | 0.257 | 0.226 | 0.199 | 0.152 | 0.188 | 0.270 | 0.297 | 0.288 | 0.289 | 0.283 |
| | 岩马 | 0.510 | 0.511 | 0.480 | 0.406 | 0.343 | 0.256 | 0.312 | 0.493 | 0.574 | 0.574 | 0.553 | 0.542 |
| | 西苇 | 0.193 | 0.187 | 0.174 | 0.158 | 0.131 | 0.102 | 0.118 | 0.167 | 0.194 | 0.198 | 0.199 | 0.200 |
| | 会宝岭 | 0.677 | 0.679 | 0.668 | 0.637 | 0.594 | 0.522 | 0.485 | 0.717 | 0.793 | 0.755 | 0.735 | 0.728 |
| | 日照 | 0.854 | 0.846 | 0.835 | 0.801 | 0.711 | 0.619 | 0.636 | 0.839 | 0.945 | 0.893 | 0.885 | 0.871 |
| | 小计 | 9.104 | 9.101 | 8.879 | 8.034 | 6.964 | 5.712 | 5.600 | 8.518 | 10.227 | 9.872 | 9.718 | 9.527 |
| 合计 | | 11.652 | 11.729 | 11.528 | 10.695 | 9.470 | 7.702 | 7.010 | 10.647 | 12.757 | 12.273 | 12.132 | 12.050 |

表 4-7(续)

各月 21 日

| 省份 | 名称 | 1月 | 2月 | 3月 | 4月 | 5月 | 6月 | 7月 | 8月 | 9月 | 10月 | 11月 | 12月 |
|---|---|---|---|---|---|---|---|---|---|---|---|---|---|
| 江苏 | 安峰山 | 0.388 | 0.366 | 0.380 | 0.393 | 0.373 | 0.279 | 0.263 | 0.289 | 0.315 | 0.331 | 0.356 | 0.388 |
| | 石梁河 | 1.670 | 1.727 | 1.718 | 1.732 | 1.578 | 0.834 | 1.185 | 1.450 | 1.592 | 1.556 | 1.589 | 1.616 |
| | 小塔山 | 0.509 | 0.540 | 0.542 | 0.522 | 0.495 | 0.333 | 0.406 | 0.519 | 0.531 | 0.515 | 0.512 | 0.507 |
| | 小计 | 2.567 | 2.633 | 2.640 | 2.647 | 2.446 | 1.446 | 1.854 | 2.258 | 2.438 | 2.402 | 2.457 | 2.511 |
| 山东 | 田庄 | 0.221 | 0.221 | 0.207 | 0.172 | 0.135 | 0.116 | 0.172 | 0.247 | 0.262 | 0.249 | 0.244 | 0.234 |
| | 跋山 | 1.290 | 1.295 | 1.226 | 1.137 | 0.996 | 0.745 | 0.915 | 1.369 | 1.458 | 1.385 | 1.350 | 1.318 |
| | 岸堤 | 1.979 | 1.953 | 1.876 | 1.699 | 1.466 | 1.103 | 1.388 | 2.073 | 2.206 | 2.134 | 2.112 | 2.068 |
| | 唐村 | 0.316 | 0.314 | 0.293 | 0.250 | 0.204 | 0.169 | 0.224 | 0.326 | 0.372 | 0.327 | 0.325 | 0.324 |
| | 许家崖 | 0.732 | 0.739 | 0.711 | 0.603 | 0.518 | 0.407 | 0.507 | 0.412 | 0.798 | 0.760 | 0.765 | 0.750 |
| | 沙沟 | 0.169 | 0.172 | 0.166 | 0.144 | 0.117 | 0.095 | 0.145 | 0.214 | 0.222 | 0.196 | 0.188 | 0.181 |
| | 青峰岭 | 0.761 | 0.769 | 0.755 | 0.632 | 0.541 | 0.482 | 0.501 | 0.796 | 0.831 | 0.814 | 0.812 | 0.801 |
| | 小仕阳 | 0.300 | 0.302 | 0.294 | 0.252 | 0.217 | 0.182 | 0.219 | 0.315 | 0.329 | 0.328 | 0.325 | 0.311 |
| | 陡山 | 0.692 | 0.674 | 0.648 | 0.552 | 0.490 | 0.423 | 0.538 | 0.727 | 0.736 | 0.695 | 0.689 | 0.697 |
| | 尼山 | 0.168 | 0.152 | 0.123 | 0.100 | 0.078 | 0.065 | 0.120 | 0.209 | 0.229 | 0.208 | 0.193 | 0.176 |
| | 马河 | 0.269 | 0.268 | 0.245 | 0.216 | 0.186 | 0.148 | 0.214 | 0.285 | 0.303 | 0.287 | 0.287 | 0.282 |
| | 岩马 | 0.511 | 0.506 | 0.449 | 0.386 | 0.324 | 0.258 | 0.375 | 0.536 | 0.595 | 0.563 | 0.543 | 0.539 |
| | 西苇 | 0.194 | 0.184 | 0.170 | 0.149 | 0.124 | 0.099 | 0.139 | 0.174 | 0.200 | 0.198 | 0.198 | 0.199 |
| | 会宝岭 | 0.679 | 0.676 | 0.659 | 0.629 | 0.580 | 0.483 | 0.565 | 0.752 | 0.787 | 0.739 | 0.732 | 0.728 |
| | 日照 | 0.853 | 0.838 | 0.825 | 0.776 | 0.703 | 0.594 | 0.731 | 0.894 | 0.927 | 0.882 | 0.879 | 0.870 |
| | 小计 | 9.134 | 9.063 | 8.647 | 7.697 | 6.679 | 5.369 | 6.753 | 9.329 | 10.255 | 9.765 | 9.642 | 9.478 |
| 合计 | | 11.701 | 11.696 | 11.287 | 10.344 | 9.125 | 6.815 | 8.607 | 11.587 | 12.693 | 12.167 | 12.099 | 11.989 |

注:本表计算系列截至 2012 年。

**表 4-8 沂沭泗流域主要湖泊多年平均蓄水量统计表**

单位:亿 $m^3$

| 名称 | 1月 | 2月 | 3月 | 4月 | 5月 | 6月 | 7月 | 8月 | 9月 | 10月 | 11月 | 12月 |
|---|---|---|---|---|---|---|---|---|---|---|---|---|
| 各月1日 | | | | | | | | | | | | |
| 骆马湖 | 7.685 | 7.736 | 7.632 | 7.590 | 7.010 | 5.794 | 3.090 | 5.796 | 5.716 | 7.562 | 7.631 | 7.663 |
| 上级湖 | 7.683 | 7.352 | 7.076 | 6.843 | 5.689 | 4.704 | 3.495 | 7.336 | 9.196 | 8.919 | 7.975 | 8.056 |
| 级湖 | 5.949 | 5.927 | 5.824 | 5.492 | 4.909 | 3.956 | 2.863 | 4.855 | 6.406 | 6.629 | 6.132 | 6.163 |
| 合计 | 21.317 | 21.015 | 20.532 | 19.925 | 17.608 | 14.454 | 9.448 | 17.987 | 21.318 | 23.110 | 21.738 | 21.882 |
| 各月11日 | | | | | | | | | | | | |
| 骆马湖 | 7.715 | 7.702 | 7.685 | 7.500 | 6.648 | 5.091 | 3.502 | 6.135 | 6.025 | 7.629 | 7.640 | 7.670 |
| 上级湖 | 7.461 | 7.343 | 7.056 | 6.528 | 5.411 | 4.178 | 4.455 | 8.181 | 9.284 | 8.647 | 8.088 | 7.933 |
| 下级湖 | 5.918 | 5.901 | 5.746 | 5.372 | 4.594 | 3.598 | 3.158 | 5.576 | 6.634 | 6.505 | 6.175 | 6.080 |
| 合计 | 21.094 | 20.946 | 20.487 | 19.400 | 16.653 | 12.867 | 11.115 | 19.892 | 21.943 | 22.781 | 21.903 | 21.683 |
| 各月21日 | | | | | | | | | | | | |
| 骆马湖 | 7.733 | 7.671 | 7.695 | 7.307 | 6.324 | 3.936 | 4.978 | 5.849 | 6.474 | 7.737 | 7.650 | 7.671 |
| 上级湖 | 7.446 | 7.239 | 7.119 | 6.221 | 5.130 | 3.423 | 6.270 | 8.949 | 9.314 | 8.404 | 8.002 | 7.855 |
| 下级湖 | 5.936 | 5.847 | 5.599 | 5.201 | 4.324 | 3.075 | 4.027 | 6.067 | 6.773 | 6.315 | 6.174 | 6.026 |
| 合计 | 21.115 | 20.757 | 20.413 | 18.729 | 15.778 | 10.434 | 15.275 | 20.865 | 22.561 | 22.456 | 21.826 | 21.552 |

注:本表计算系列截至2012年。

**表 4-9　沂沭泗流域中型水库基本情况表**

| 序号 | 水库名称 | 所在地点（省县） | 所在河流 | 集水面积 /$km^2$ | 竣工日期（年.月） | 坝顶高程 /m | 防浪墙高 /m | 溢洪道最大泄量 /($m^3 \cdot s^{-1}$) | 校核水位 /m | 校核库容 /万 $m^3$ | 汛末水位 /m | 汛限水位 /m |
|---|---|---|---|---|---|---|---|---|---|---|---|---|
| 1 | 八条路 | 江苏赣榆 | 谢湖河 | 32.0 | 1958 | 34.70 | | 362.0 | 33.37 | 0.21 | 32.00 | 31.50 |
| 2 | 西双湖 | 江苏东海 | 跃进河 | 22.3 | 1960 | 34.50 | | 127.0 | 33.52 | 0.20 | 32.50 | 32.0 |
| 3 | 贺庄 | 江苏东海 | 新开河 | 57.0 | 1959.5 | 42.00 | | 132.0 | 40.01 | 0.25 | 38.50 | 38.00 |
| 4 | 横沟 | 江苏东海 | 埝河 | 42.2 | 1958 | 30.50 | | 156.0 | 28.92 | 0.25 | 27.50 | 27.00 |
| 5 | 昌梨 | 江苏东海 | 石榴树河 | 35.0 | 1958.6 | 52.00 | | 453.0 | 50.35 | 0.21 | 48.50 | 47.50 |
| 6 | 房山 | 江苏东海 | 白沙河 | 38.2 | 1958.5 | 13.00 | | 225.0 | 11.54 | 0.26 | 10.00 | 9.50 |
| 7 | 大石埠 | 江苏东海 | 桃林河 | 78.0 | 1961 | 54.00 | | 910.0 | 52.78 | 0.22 | 50.00 | 49.00 |
| 8 | 阿湖 | 江苏新沂 | 淋头河 | 193.7 | 1959.1 | 30.00 | | 830.0 | 28.61 | 0.33 | 25.50 | 25.00 |
| 9 | 高塘 | 江苏新沂 | 大沙河 | 142.0 | 1965.7 | 38.50 | | 565.0 | 36.59 | 0.25 | 34.50 | 33.50 |
| 10 | 崔贺庄 | 江苏铜山 | 邦房亭河 | 21.0 | 1974.5 | 37.00 | | 70.0 | 34.91 | 0.35 | 33.50 | 32.50 |
| 11 | 庆安 | 江苏睢宁 | 白塘河 | 9.6 | 1959.4 | 31.60 | | 100.0 | 29.60 | 0.60 | 28.00 | 27.50 |
| 江苏合计 | | | | | | | | | | 3.13 | | |
| 12 | 林七 | 河南民权 | 黄河古道 | | 1958.4 | 67.15 | | | | 0.40 | | |
| 13 | 吴屯 | 河南民权 | 黄河古道 | | 1958.4 | 64.15 | | | | 0.24 | | |
| 14 | 郑阁 | 河南商丘 | 黄河古道 | | 1958.8 | 61.80 | | | | 0.15 | | |
| 15 | 石庄 | 河南虞城 | 黄河古道 | | 1960.2 | 56.65 | | | | 0.30 | | |
| 16 | 王安庄 | 河南虞城 | 黄河古道 | | 1958.5 | 54.80 | | | | 0.47 | | |
| 河南合计 | | | | | | | | | | 1.56 | | |
| 17 | 后岳庄 | 安徽砀山 | 黄河古道 | 1 600.0 | 1982 | | | 825.0 | | 0.32 | | |
| 18 | 新庄 | 安徽萧县 | 黄河古道 | | 1959.12 | 45.50 | | 130.0 | | 0.16 | | |
| 19 | 刘套 | 安徽萧县 | 黄河古道 | 181.0 | 1976.5 | 43.30 | | 175.0 | | 0.17 | | |
| 安徽合计 | | | | | | | | | | 0.65 | | |
| 20 | 西石泉湖 | 山东莒南 | 高榆河 | 44.0 | 1958.7 | 129.90 | 1.2 | 1 154.0 | 129.09 | 0.12 | 124.87 | 124.87 |

表 4-9(续)

| 序号 | 水库名称 | 所在地点（省县） | 所在河流 | 集水面积/$km^2$ | 竣工日期（年.月） | 坝顶高程/m | 防浪墙高/m | 溢洪道最大泄量/($m^3 \cdot s^{-1}$) | 校核水位/m | 校核库容/万 $m^3$ | 汛末水位/m | 汛限水位/m |
|---|---|---|---|---|---|---|---|---|---|---|---|---|
| 21 | 东石泉湖 | 山东莒南 | 高榆河 | 28.0 | 1958.7 | 126.80 | 1.2 | 1 220.0 | 126.18 | 0.42 | 122.87 | 122.87 |
| 22 | 相邸 | 山东莒南 | 龙王河 | 120.0 | 1960.7 | 83.80 | 0.8 | 1 820.0 | 82.94 | 0.52 | 79.50 | 78.50 |
| 23 | 峤山 | 山东莒县 | 大石头河 | 81.0 | 1958.7 | 151.90 | 1.2 | 872.0 | 151.29 | 0.47 | 147.50 | 147.00 |
| 24 | 凌山头 | 山东临沭 | 苍源河 | 33.0 | 1967.4 | 97.60 | 1.2 | 683.0 | 96.68 | 0.15 | 95.87 | 95.00 |
| 25 | 龙潭 | 山东临沭 | 蛟龙河 | 8.0 | 1959.11 | 55.50 | | 188.6 | 54.50 | 0.12 | 54.50 | 52.50 |
| 26 | 石亩子 | 山东五莲 | 石亩子河 | 16.3 | 1960.8 | 252.49 | 1.0 | 165.0 | 251.88 | 0.13 | 248.42 | 248.42 |
| 27 | 红旗 | 山东沂源 | 白马河 | 27.4 | 1967.5 | 395.45 | 1.2 | 1 260.0 | 393.77 | 0.12 | 390.17 | 390.17 |
| 28 | 高湖 | 山东沂南 | 高湖河 | 74.2 | 1967.5 | 179.80 | 0.6 | 1 722.0 | 177.71 | 0.32 | 172.64 | 172.64 |
| 29 | 寨子 | 山东沂南 | 铜井河 | 25.5 | 1975.1 | 200.40 | | 470.0 | 200.08 | 0.11 | 197.00 | 197.00 |
| 30 | 寨子山 | 山东沂水 | 姚店子河 | 26.0 | 1972.12 | 201.50 | 1.1 | 730.0 | 201.22 | 0.11 | 198.00 | 197.00 |
| 31 | 施庄 | 山东临沂 | 朱里河 | 17.4 | 1967 | 112.60 | 0.5 | 458.0 | 111.30 | 0.12 | 108.36 | 108.36 |
| 32 | 黄仁 | 山东蒙阴 | 黄仁河 | 30.4 | 1971.6 | 170.80 | 1.0 | 920.0 | 169.66 | 0.13 | 165.93 | 164.96 |
| 33 | 张庄 | 山东蒙阴 | 保德河 | 17.0 | 1959.12 | 216.75 | 0.6 | 310.0 | 215.28 | 0.11 | 212.10 | 212.10 |
| 34 | 黄土山 | 山东蒙阴 | 尚庄河 | 17.8 | 1967.6 | 226.80 | 0.6 | 520.0 | 223.70 | 0.11 | 222.50 | 222.50 |
| 35 | 朱家坡 | 山东蒙阴 | 坦埠西河 | 35.7 | 1967.6 | 289.65 | 0.9 | 1 190.0 | 288.17 | 0.12 | 284.60 | 284.60 |
| 36 | 古城 | 山东费县 | 古城河 | 16.7 | 1971.8 | 126.75 | 1.0 | 578.0 | 125.60 | 0.14 | 123.40 | 123.40 |
| 37 | 刘庄 | 山东临沂 | 柳青河 | 11.5 | 1967.5 | 123.20 | | 131.0 | 122.37 | 0.10 | 120.14 | 120.14 |
| 38 | 石岚 | 山东费县 | 蒙阳河 | 79.0 | 1960.4 | 137.60 | 1.0 | 1 810.0 | 135.79 | 0.36 | 131.50 | 131.50 |
| 39 | 上冶 | 山东费县 | 上冶河 | 77.0 | 1960.11 | 146.50 | 1.0 | 1 576.0 | 145.05 | 0.35 | 141.00 | 140.00 |
| 40 | 马庄 | 山东费县 | 小涑河 | 66.0 | 1958.8 | 151.00 | 0.8 | 2 200.0 | 148.11 | 0.26 | 143.50 | 143.50 |
| 41 | 龙王口 | 山东费县 | 朱田河 | 23.5 | 1971 | 197.20 | 1.2 | 722.0 | 196.20 | 0.15 | 193.92 | 193.92 |
| 42 | 书房 | 山东费县 | 温凉河 | 18.5 | 1967.6 | 187.65 | 1.0 | 830.0 | 185.39 | 0.12 | 182.80 | 182.80 |
| 43 | 安靖 | 山东平邑 | 金仙河 | 35.12 | 1968.12 | 157.44 | 0.5 | 780.0 | 155.31 | 0.12 | 154.00 | 152.00 |

**表 4-9(续)**

| 序号 | 水库名称 | 所在地点（省县） | 所在河流 | 集水面积 /$km^2$ | 竣工日期（年.月） | 坝顶高程 /m | 防浪墙高 /m | 溢洪道最大泄量 /($m^3 \cdot s^{-1}$) | 校核水位 /m | 校核库容 /万 $m^3$ | 汛末水位 /m | 汛限水位 /m |
|---|---|---|---|---|---|---|---|---|---|---|---|---|
| 44 | 公家庄 | 山东平邑 | 公家庄河 | 33.0 | 1960.8 | 174.50 | | 637.0 | 173.91 | 0.11 | 173.00 | 171.50 |
| 45 | 杨庄 | 山东平邑 | 资邱河 | 36.0 | 1960.6 | 170.80 | | 724.0 | 169.22 | 0.10 | 165.00 | 165.00 |
| 46 | 大富宁 | 山东平邑 | 下关河 | 16.8 | 1975 | 200.40 | 0.9 | 442.0 | 199.71 | 0.10 | 197.60 | 197.60 |
| 47 | 昌里 | 山东平邑 | 西皋河 | 160.7 | 1971.9 | 200.60 | | 2 843.0 | 198.44 | 0.72 | 192.50 | 191.50 |
| 48 | 吴家庄 | 山东平邑 | 兴水河 | 21.0 | 1960.5 | 200.00 | 1.0 | 629.0 | 197.72 | 0.17 | 196.50 | 195.40 |
| 49 | 小马庄 | 山东兰陵 | 东泇河 | 90.0 | 1960.5 | 110.00 | 1.1 | 758.0 | 109.31 | 0.46 | 106.00 | 105.00 |
| 50 | 马陵 | 山东日照 | 付疃河 | 48.0 | | 62.30 | 1.2 | 905.0 | 61.32 | 0.21 | 59.50 | 58.00 |
| 51 | 巨峰 | 山东日照 | 巨峰河 | 21.0 | | 65.20 | 1.0 | 815.0 | 63.10 | 0.11 | 59.50 | 59.50 |
| 52 | 大山 | 山东临港 | 锈针河 | 20.0 | 1960.3 | 107.90 | 0.8 | 835.0 | 106.79 | 0.15 | 103.45 | 103.45 |
| 53 | 龙套湾 | 山东泗水 | 济河 | 143.0 | 1960.3 | 154.86 | 1.0 | 3 420.0 | 152.67 | 0.52 | 149.86 | 148.00 |
| 54 | 华村 | 山东泗水 | 黄沟河 | 129.0 | 1960.5 | 158.59 | 0.7 | 1 235.0 | 156.07 | 0.58 | 150.99 | 148.99 |
| 55 | 周村 | 山东济宁 | 西泇河 | 121.0 | 1960.5 | 134.00 | 1.5 | 1 310.0 | 132.44 | 0.84 | 128.00 | 127.00 |
| 56 | 石嘴子 | 山东枣庄 | 新薛河 | 49.5 | 1982 | 213.20 | | 765.0 | 211.20 | 0.26 | 208.00 | 206.50 |
| 57 | 户主 | 山东滕州 | 城郭河 | 44.0 | 1960.7 | 127.00 | 0.8 | 568.0 | 125.83 | 0.20 | 122.78 | 122.40 |
| 58 | 长新桥 | 山东兰陵 | 东泇河 | 36.0 | 1960.5 | 90.10 | 1.0 | 282.0 | 88.80 | 0.25 | 85.65 | 85.65 |
| 59 | 浮岗 | 山东单县 | 黄河故道 | | 1958 | | | | | 0.90 | | |
| 60 | 太行堤水库群 | 山东曹县 | 黄河故道 | | 1958 | 7.00 | | | | 9.40 | | |
| 山东合计 | | | | | | | | | | 19.86 | | |
| 总计 | | | | | | | | | | 25.20 | | |

注：表内高程数据采用 1985 国家高程基准。

**表 4-10　沂沭泗流域大型及重要水闸基本情况表**

| 序号 | 水闸名称 | 所在地点 | 所在河流（蓄滞洪区） | 闸孔数 | 闸孔宽/m | 闸底高程/m | 设计水位/m | | 设计流量/($m^3 \cdot s^{-1}$) | 校核水位/m | | 校核流量/($m^3 \cdot s^{-1}$) | 实际最大过闸流量 | | 建成年份（年.月） | 备注 |
|---|---|---|---|---|---|---|---|---|---|---|---|---|---|---|---|---|
| | | | | | | | 闸上 | 闸下 | | 闸上 | 闸下 | | 流量/($m^3 \cdot s^{-1}$) | 年.月.日 | | |
| 1 | 刘家道口节制闸 | 山东郯城 | 沂河 | 36 | 16.0 | 堰 52.79 | 61.07 | 60.89 | 12 000 | 61.69 | 61.48 | 14 000 | 6 120 | 2012.7.10 | 2010.4 | |
| 2 | 彭道口分洪闸 | 山东临沂 | 分沂入沭 | 19 | 10.0 | 53.79 | 60.76 | 60.41 | 4 000 | 61.73 | 61.25 | 5 000 | 3 130 | 1974.8.14 | 1974.4 | |
| 3 | 江风口分洪闸 | 山东郯城 | 邳苍分洪道 | 老 7,新 4 | 12.0 | 堰 50.8 | 58.39 | 57.93 | 4 000 | | | | 3 380 | 1957.7.19 | 老 1955.6，新 2011.5 | |
| 4 | 人民胜利堰节制闸 | 山东临沭 | 老沭河 | 8 | 10.0 | 46.93 | 55.79 | 52.70 | 2 500 | 56.95 | 53.27 | 3 000 | 1 500 | 1995.7.11 | 1995.1 | |
| 5 | 新沭河泄洪闸 | 山东临沭 | 新沭河 | 18 | 12.0 | 堰 46.43 | 55.60 | 55.17 | 6 000 | 56.74 | 56.44 | 7 000 | 4 250 | 1974.8.14 | 1977.5 | |
| 6 | 黄庄倒虹吸 | 山东河东 | 分沂入沭 | 7 | 3.8 | 48.23 | 53.39 | 52.94 | 176 | 54.45 | 53.67 | 238 | | | 1980.5 | |
| 7 | 黄庄排灌闸 | 山东河东 | 分沂入沭 | 2 | 3.0 | 49.43 | 54.47 | 54.47 | 77.9 | | | | | | 1976 | |
| 8 | 复新河节制闸 | 山东鱼台 | 复新河 | 23 | 6.0 | 堰 31.39 | 35.30 | 35.27 | 586 | 36.78 | 36.72 | 1 157 | | | 1981.12 | 引河未开 |
| 9 | 一闸 | 山东微山 | 南四湖 | 39 | 6.0 | 30.79/31.29 | 36.66 | 35.99 | 4 500 | 38.12 | 37.94 | | 1 240 | 1963.8.11 | 1960.5 | |
| 10 | 二闸 | 山东微山 | 南四湖 | 55 | 5.0 | 30.79 | 36.48 | 36.29 | 3 300 | 36.76 | 36.56 | 3 600 | 914 | 1998.8.16 | 1967.8 | |
| 11 | 三闸 | 山东微山 | 南四湖 | 84 | 6.0 | 30.29 | 36.66 | 35.99 | 4 620 | 38.12 | 37.94 | | 867 | 1993.8.8 | 1971.8 | |
| 12 | 四闸 | 山东微山 | 南四湖 | 134 | 6.0 | 堰 30.29 | 36.66 | 35.99 | 4 490 | 38.12 | 37.94 | | | | 1975.4 | |
| 13 | 韩庄节制闸 | 山东微山 | 韩庄运河 | 老 17，新 14 | 12.0 | 30.09/28.29 | 33.29 | 33.04 | 2 050 | 36.59 | 36.28 | 4 600 | 1 800 | 1998.8.16 | 老 1960.9，新 1980.4 | |
| 14 | 伊家河节制闸 | 山东微山 | 伊家河 | 3 | 7.0 | 28.39 | 33.29 | 33.04 | 200 | 36.59 | 36.23 | 400 | 348 | 1963.8.17 | 1958.8 | |
| 15 | 老运河节制闸 | 山东峄城 | 老运河 | 3 | 12.0 | 27.79 | 32.77 | 32.73 | 250 | 36.23 | 35.76 | 500 | | | 1996.12 | |
| 16 | 胜利渠首闸 | 山东峄城 | 老运河 | 3 | 4.5 | 28.30 | 31.58 | 31.48 | 53.5 | | | | | | 2011.11 | |

**表 4-10(续)**

| 序号 | 水闸名称 | 所在地点 | 所在河流（蓄滞洪区） | 闸孔数 | 闸孔宽/m | 闸底高程/m | 设计水位/m | | 设计流量/(m³·s⁻¹) | 校核水位/m | | 校核流量/(m³·s⁻¹) | 实际最大过闸流量 | | 建成年份(年.月) | 备注 |
|---|---|---|---|---|---|---|---|---|---|---|---|---|---|---|---|---|
| | | | | | | | 闸上 | 闸下 | | 闸上 | 闸下 | | 流量/(m³·s⁻¹) | 年.月.日 | | |
| 17 | 蔺家坝节制闸 | 江苏铜山 | 不牢河 | 13 | 3.0 | 29.79/28.19 | 35.29 | 33.70 | 500 | | | | 842 | 1957.7.28 | 1959.8 | 引河未开 |
| 18 | 皂河闸 | 江苏宿迁 | 中运河 | 7 | 9.2 | 15.68 | | | 500 | | | | 1 240 | 1974.8.15 | 1952 | |
| 19 | 宿迁闸 | 江苏宿迁 | 中运河 | 6 | 10.0 | 14.83 | 24.83 | 18.71 | 600 | 25.83 | 18.71 | | 1 040 | 1974.8.17 | 1958.6 | |
| 20 | 嶂山闸 | 江苏宿迁 | 新沂河 | 36 | 10.0 | 15.33 | 24.83 | 23.63 | 8 000 | 25.83 | 24.63 | 10 000 | 5 760 | 1974.8.16 | 1961 | |
| 21 | 临洪闸 | 江苏连云港 | 蔷薇河 | 26 | 5.0 | −3.15 | | | 1 380 | | | | 565 | 1974.8.16 | 1959 | |

注：表内高程数据采用 1985 国家高程基准。

**表 4-11 沂沭泗流域部分大型泵站基本情况表**

| 序号 | 泵站名称 | 所在地<br>省市县、市、区 | 所在河流 | 装机数量/台 | 装机容量/kW | 设计扬程/m | 设计流量/($m^3 \cdot s^{-1}$) | 建成时间(年.月) | 类型 |
|---|---|---|---|---|---|---|---|---|---|
| 1 | 解台翻水站 | 江苏省徐州市贾汪区 | 中运河两岸混合区域 | 22 | 6 160 | 6.8 | 50 | 1984.1 | 供水 |
| 2 | 郑集站 | 江苏省徐州市铜山区 | 郑集分洪道—郑集河 | 16 | 5 200 | 5.9 | 50 | 2010.12 | 供水 |
| 3 | 沙集闸站 | 江苏省徐州市睢宁县 | 徐洪河 | 5 | 8 000 | 10 | 50 | 1993.6 | 供水 |
| 4 | 刘山北站 | 江苏省徐州市邳州市 | 中运河 | 22 | 6 160 | 6.7 | 50 | 1984.4 | 供排结合 |
| 5 | 临洪东泵站 | 江苏省连云港市新浦区 | 蔷薇河 | 12 | 24 000 | 3.62 | 360 | 2000.2 | 排水 |
| 6 | 临洪西翻水站 | 江苏省连云港市新浦区 | 蔷薇河 | 3 | 9 000 | 3.8 | 90 | 1979.7 | 排水 |
| 7 | 大浦抽水站 | 江苏省连云港市新浦区 | 大浦河 | 6 | 4 800 | 4 | 55.7 | 2003.5 | 排水 |
| 8 | 灌河北泵站 | 江苏省连云港市灌南县 | 通榆河新沂河南岸混合区域段 | 5 | 1 650 | 2 | 50 | 2008.10 | 供水 |
| 9 | 淮阴二站 | 江苏省淮安市清浦区 | 京杭运河废黄河口南岸混合区域段 | 3 | 8 400 | 4.4 | 100 | 2002.12 | 供水 |
| 10 | 井头翻水站 | 江苏省宿迁市宿豫区 | 中运河 | 80 | 7 938 | 2 | 80 | 1982.3 | 供水 |
| 11 | 皂河二站 | 江苏省宿迁市宿豫区 | 中运河 | 3 | 6 000 | 4.7 | 75 | 2012.12 | 供排结合 |
| 12 | 刘老涧抽水站 | 江苏省宿迁市宿豫区 | 中运河 | 4 | 8 800 | 3.5 | 150 | 1996.6 | 供水 |
| 13 | 泗阳一站 | 江苏省宿迁市泗阳县 | 京杭运河新沂河南岸混合区域段 | 20 | 10 000 | 7 | 100 | 1983.4 | 供水 |
| 14 | 泗阳二站 | 江苏省宿迁市泗阳县 | 京杭运河新沂河南岸混合区域段 | 2 | 5 600 | 6 | 66 | 1996.12 | 供水 |
| 15 | 泗阳站(新) | 江苏省宿迁市泗阳县 | 中运河 | 6 | 18 000 | 6.3 | 164 | 2012.5 | 供水 |
| 16 | 刘老涧二站 | 江苏省宿迁市宿豫区 | 中运河 | 4 | 8 000 | 3.7 | 80 | 2011.9 | 供水 |
| 17 | 皂河抽水站 | 江苏省宿迁市宿豫区 | 中运河 | 2 | 14 000 | 5.5 | 195 | 1987.3 | 供排结合 |
| 18 | 刘山站 | 江苏省徐州市邳州市 | 中运河 | 5 | 14 000 | 5.73 | 125 | 2009.8 | 供水 |
| 19 | 解台泵站 | 江苏省徐州市贾汪区 | 大运河湖西段—不牢河中运河 | 5 | 14 000 | 5.84 | 125 | 2008.8 | 供排结合 |
| 20 | 蔺家坝站 | 江苏省徐州市铜山区 | 顺堤河 | 4 | 5 000 | 2.4 | 75 | 2009.11 | 供水 |
| 21 | 台儿庄泵站 | 山东省枣庄市台儿庄区 | 韩庄运河 | 5 | 12 000 | 4.53 | 125 | 2009.11 | 供排结合 |

**表 4-11(续)**

| 序号 | 泵站名称 | 所在地<br>省 市 县、市、区 | 所在河流 | 装机数量<br>/台 | 装机容量<br>/kW | 设计扬程<br>/m | 设计流量<br>/($m^3 \cdot s^{-1}$) | 建成时间<br>(年.月) | 类型 |
|---|---|---|---|---|---|---|---|---|---|
| 22 | 万年闸泵站 | 山东省枣庄市峄城区 | 韩庄运河 | 5 | 14 000 | 5.49 | 125 | 2014.8 | 供水 |
| 23 | 韩庄泵站 | 山东省枣庄市峄城区 | 韩庄运河 | 5 | 9 000 | 4.15 | 125 | 2011.12 | 供水 |
| 24 | 二级坝泵站 | 山东省济宁市微山县 | 南四湖 | 5 | 8 250 | 3.21 | 125 | 2011.12 | 供水 |
| 25 | 长沟泵站 | 山东省济宁市任城区 | 梁济运河 | 4 | 8 960 | 3.86 | 100 | 2013.5 | 供水 |
| 26 | 邓楼泵站 | 山东省济宁市梁山县 | 梁济运河 | 4 | 8 960 | 3.57 | 100 | 2013.5 | 供水 |
| 27 | 八里湾泵站 | 山东省泰安市东平县 | 柳长河 | 4 | 11 200 | 4.78 | 100 | 2013.5 | 供水 |

注：本表数据来源于水利普查成果。序号 15～27 泵站为南水北调一期工程供水泵站。

## 表 4-12 沂沭泗流域主要拦河闸坝基本情况表

| 序号 | 拦河闸坝名称 | 所在地点 | 所在河流 | 相应桩号 | | 建成日期(年.月) | 总长/m | 溢流坝 | | | | | 拦河闸(冲砂闸) | | | | | 设计蓄水位/m | 蓄水量/万 $m^3$ | 回水长度/km | 过闸(坝)流量/($m^3 \cdot s^{-1}$) | | | 水电站 | | | 历史最大 | |
|---|---|---|---|---|---|---|---|---|---|---|---|---|---|---|---|---|---|---|---|---|---|---|---|---|---|---|---|---|
| | | | | 左堤 | 右堤 | | | 长度/m | 节数 | 坝顶高程/m | 坝底高程/m | 结构形式 | 长度/m | 孔数/孔 | 孔口(宽×高)/(m×m) | 闸底高程/m | 闸门形式 | | | | 设计泄洪流量 | 闸上水位/m | 闸下水位/m | 装机台数 | 装机容量/kW | 流量/($m^3 \cdot s^{-1}$) | 流量/($m^3 \cdot s^{-1}$) | 发生日期(年.月.日) |
| 一 | 沂河 | | | | | | | | | | | | | | | | | | | | | | | | | | | |
| 1 | 沂水橡胶坝 | 沂水沂城/龙家圈 | 沂河 | 165+975 | 169+700 | 2000 改建 | 539.2 | 471 | 8 | 135.0 | 131.0 | 橡胶坝 | 68.2 | 6 | 10×5 | 130.3 | 平板钢闸门 | 135 | 515 | 2.7 | 5 500 | 135.4 | 135.3 | | | | | |
| 2 | 岜山橡胶坝 | 沂水许家湖/龙家圈 | 沂河 | 162+660 | 165+730 | 2008 | 354.8 | 354.8 | 5 | 128.5 | 124.0 | 橡胶坝 | | | | | | 128.5 | 235 | 3.6 | 5 500 | 131.62 | 131.58 | 3 | 750 | 24 | | |
| 3 | 北社橡胶坝 | 沂水许家湖 | 沂河 | 157+590 | 无堤 | 2015 | 457.2 | 457.2 | 5 | 125.0 | 120.0 | 橡胶坝 | | | | | | 125 | 675 | 4.89 | 4 800 | 125.41 | 125.39 | | | | | |
| 4 | 斜午拦河坝 | 沂水许家湖 | 沂河 | 152+605 | 无堤 | 1965.6 | 530 | 357.4 | | 119.0 | 116.5 | 浆砌石 | 42.6 | 泄 15,冲 2 | 2×2.0/2.5×5 | 116.8/116.3 | 翻板 | 119 | 20 | | 5 500 | | 123.2 | | | | | |
| 5 | 辛集橡胶坝 | 沂南辛集/沂南大庄 | 沂河 | 130+935 | 135+474 | 2012.7 | 323.6 | 323.6 | 4 | 101.5 | 98.0 | 橡胶坝 | | | | | | 101.5 | 302.4 | 5.76 | 5 500 | | 105.04 | | | | | |
| 6 | 大庄橡胶坝 | 沂南大庄 | 沂河 | 121+390 | 129+273 | 2013.6 | 404.8 | 404.8 | 5 | 97.5 | 92.5 | 橡胶坝 | | | | | | 97.5 | 1 195.5 | 9.27 | 5 500 | 100.57 | 100.5 | 4 | 1 000 | | | |
| 7 | 袁家口子拦河闸 | 沂南大庄 | 沂河 | 114+735 | 118+425 | 建设中 | 644.4 | 132.2/220.2 | 6 10 | 102.0 | | 混凝土桥 | 262 | 12 | 20×9 | 87.5 | 弧形钢闸门 | 96.5 | 3 960 | 7.27/8.20 | 9 000 | 98.25 | 97.98 | | | | | |
| 8 | 葛沟橡胶坝 | 河东汤头/沂南砖埠 | 沂河 | 109+165 | 113+075 | 2011 改建 | 315.6 | 315.6 | 4 | 90.0 | 85.0 | 橡胶坝 | | 引 4 | 2.2×3.0 | | 平板钢闸门 | 89.9 | 301 | 8.56 | 9 000 | 93.99 | 93.88 | | | | | |
| 9 | 河湾拦河闸 | 河东汤头/兰山李官镇 | 沂河 | 99+105 | 102+145 | 建设中 | 583.2 | | | | | | 583.2 | 43 | 12×9.5 | 76.5 | 弧形钢闸门 | 87 | 5 860 | 9.78 | 13 000 | 85.7 | 85.28 | | | | | |
| 10 | 茶山橡胶坝 | 河东汤头/兰山白沙埠 | 沂河 | 94+471 | 98+105 | 改建中 | 829.65 | 532.2 | 7 | 81.0 | 76.0 | 橡胶坝 | 136.5 | 12 | 10×6 | 75.5 | 平板钢闸门 | 81 | 3 948 | 12.6 | 13 000 | 83.22 | 83 | | | | | |
| 11 | 柳杭橡胶坝 | 河东九曲/兰山白沙埠 | 沂河 | 82+315 | 86+075 | 2009.12 | 455.8 | 455.8 | 5 | 73.97 | 68.97 | 橡胶坝 | | | | | | 73.97 | 2 200 | 10 | 10 000 | 76.47 | 76.43 | | | | | |
| 12 | 桃园橡胶坝 | 河东九曲/兰山柳青 | 沂河 | 75+515 | 79+160 | 2008.9 | 799.2 | 783.2 | 10 | 68.97 | 64.47 | 橡胶坝 | 16 | 船闸 1 | 宽 8 | | | 68.97 | 1 250 | 7.6 | 13 000 | 71.78 | 71.74 | | | | | |

**表 4-12(续)**

| 序号 | 拦河闸坝名称 | 所在地点 | 所在河流 | 相应桩号 | | 建成日期(年.月) | 总长/m | 溢流坝 | | | | | 拦河闸(冲砂闸) | | | | | 设计蓄水位/m | 蓄水量/万 $m^3$ | 回水长度/km | 过闸(坝)流量/($m^3 \cdot s^{-1}$) | | | 水电站 | | | 历史最大 | |
|---|---|---|---|---|---|---|---|---|---|---|---|---|---|---|---|---|---|---|---|---|---|---|---|---|---|---|---|---|
| | | | | 左堤 | 右堤 | | | 长度/m | 节数 | 坝顶高程/m | 坝底高程/m | 结构形式 | 长度/m | 孔数/孔 | 孔口(宽×高)/(m×m) | 闸底高程/m | 闸门形式 | | | | 设计泄洪流量 | 闸上水位/m | 闸下水位/m | 装机台数 | 装机容量/kW | 流量/($m^3 \cdot s^{-1}$) | 流量/($m^3 \cdot s^{-1}$) | 发生日期(年.月.日) |
| 13 | 小埠东橡胶坝 | 河东九曲/兰山金雀山 | 沂河 | 69+115 | 70+685 | 2012 改建 | 1 247.4 | 1 135 | 16 | 65.6 | 62.1 | 橡胶坝 | 112.4 | 东调5/西调5/西引6/东引2 | 调10×5/西引1.6×2.2/东引3.5×2 | 调61/西引61/东引62 | 平板钢闸门 | 65.5 | 2 830 | 10.88 | 16 000 | 67.51 | | 5 | 980 | | | |
| 14 | 刘道口节制闸 | 郯城李庄/罗庄高都 | 沂河 | 55+255 | 57+950 | 2010.4 | 646 | | | | | 混凝土 | 576 | 36 | 16×8.5 | 52.36 | 弧形钢闸门 | 59.5 | 2 200 | 10.5 | 12 000 | 61.14 | 60.96 | | | | 6 116 | 2012.7.10 |
| 15 | 李庄拦河闸 | 郯城李庄 | 沂河 | 49+115 | 50+702 | 2007 | 366 | | | | | 混凝土 | 324 | 27 | 12×4 | 49.97 | 平板钢闸门 | 53.31 | 1 200 | | 8 000 | 57.61 | 57.21 | 4 | 3 200 | 78.8 | | |
| 16 | 土山拦河坝 | 郯城李庄/罗庄黄山 | 沂河 | 37+581 | 39+430 | 2016 | 668.8 | 桥140 | 7 | 桥面54.00 | | 混凝土 | 528.8 | 22/17 | 12×6.5 | 43.8/42.8 | 弧形钢闸门 | 49.8 | 3 960 | 11.4 | 8 000 | 51.75 | 51.59 | | | | | |
| 17 | 洪福寺拦河闸 | 郯城郯城 | 沂河 | 25+742 | | 1967 | 195 | | | | | | 184.9 | 59 | 冲3×3/冲2×3/泄2.5×3/泄2×3 | 40.5/40.5/41/41 | 自动翻板木闸门/提升式木闸门 | | 180 | | 500 | 42.8 | 42.6 | | | | | |
| 18 | 马头拦河闸 | 郯城马头/郯城胜利 | 沂河 | 15+769 | 18+700 | 2000.8 | 582.6 | 193 | | 40.6 | | 浆砌石外壳砂心坝 | 387.69 | 5/39 | 冲8×5.0/泄7.4×3.5 | 35.5/37.0 | 平面钢闸门 | 40.5 | 680 | | 8 000 | 44.36 | 44.18 | | | | | |
| 19 | 授贤橡胶坝 | 邳州官湖、港上 | 沂河 | 12+700 | 11+800 | 2014.8.1 | 500 | 300 | 6 | 29.5 | 25.0 | 橡胶坝 | 18 | 3 | 6×6 | 25 | 平板式钢闸门 | 29.5 | 2 770 | | 8 000 | 34.25 | 34.05 | 4 | 640 | | | |
| 二 | 沭河、新沭河 | | | | | | | | | | | | | | | | | | | | | | | | | | | |
| 1 | 张宋拦河坝 | 莒县招贤/莒县洛河 | 沭河 | 121+080 | 无堤 | 2017 | 461 | 381.8 | | 126.9 | 124.9 | 混凝土 | 79.2 | 7 | 10×3 | 124 | 平面钢闸门 | | | | 2 000 | 128.5 | | | | | | |
| 2 | 杨店子拦河坝 | 莒县城阳 | 沭河 | 无堤 | 114+640 | 1965.5 | 480 | | | 114.16 | 112.7 | 混凝土 | | 27 | 2×1.5 | 112.9 | 翻板 | | | | 4 500 | | | | | | | |
| | | | | | 113+900 | 在建中 | | 260 | | 115.3 | 110.0 | | 160.5 | 12 | 12×4.8 | 110 | 钢闸门 | 114.3 | 24 | 1.1 | 2 600 | | 115.79 | | | | | |

**表 4-12(续)**

| 序号 | 拦河闸坝名称 | 所在地点 | 所在河流 | 相应桩号 | | 建成日期(年.月) | 总长/m | 溢流坝 | | | | | 拦河闸(冲砂闸) | | | | | 设计蓄水位/m | 蓄水量/万 $m^3$ | 回水长度/km | 过闸(坝)流量/($m^3\cdot s^{-1}$) | | | 水电站 | | | 历史最大 | |
|---|---|---|---|---|---|---|---|---|---|---|---|---|---|---|---|---|---|---|---|---|---|---|---|---|---|---|---|---|
| | | | | 左堤 | 右堤 | | | 长度/m | 节数 | 坝顶高程/m | 坝底高程/m | 结构形式 | 长度/m | 孔数/孔 | 孔口(宽×高)/(m×m) | 闸底高程/m | 闸门形式 | | | | 设计泄洪流量 | 闸上水位/m | 闸下水位/m | 装机台数 | 装机容量/kW | 流量/($m^3\cdot s^{-1}$) | 流量/($m^3\cdot s^{-1}$) | 发生日期(年.月.日) |
| 3 | 庄科橡胶坝 | 莒县陵阳/莒县城阳 | 沭河 | 104+400 | 107+500 | 2008.1 | 375.42 | 367 | 6 | 107.25 | 102.3 | 橡胶坝 | 8.4 | 1 | 6×5.8 | 101.75 | 平面钢闸门 | 107.25 | 441.85 | 4.94 | 4 000 | 109.72 | 109.62 | | | | | |
| 4 | 陵阳橡胶坝 | 莒县陵阳/莒县刘官庄 | 沭河 | 96+940 | 99+550 | 2010.12 | 212.9 | 202.5 | 5 | 102.1 | 97.5 | 橡胶坝 | 10.4 | 1 | 8.0×5.4 | 97.00 | 平面钢闸门 | 101.9 | 708 | 7.61 | 4 000 | 105.64 | 105.54 | | | | | |
| 5 | 夏庄橡胶坝 | 莒县小店/莒县夏庄 | 沭河 | 无堤、桩号为79+250 | | 2015.1 | 227.4 | 227.4 | 3 | 90.45 | 85.45 | 橡胶坝 | | | | | | 90.45 | 440 | 9.0 | 4 000 | 93.78 | 93.73 | | | | | |
| 6 | 朱家庄橡胶坝 | 莒南大店/莒南石莲子 | 沭河 | 68+500 | 67+865 | 2017 | | 329.8 | 5 | 84.2 | 79.2 | 橡胶坝 | 25.4 | 3 | 6×5.85 | 78.7 | 平面钢闸门 | 84.05 | 476 | 3.5 | 5 000 | 86.67 | 86.47 | | | | | |
| 7 | 石拉渊橡胶坝 | 莒南道口/河东八湖 | 沭河 | 55+110 | 55+070 | 1962.5 拆建中 | 251.4 | 230 | 3 | 77.2 | 72.2 | 橡胶坝 | 21.4 | 3 | 6×5.5 | 72.00 | 钢闸门 | 77.2 | 372.3 | | 5 000 | 79.04 | 78.92 | | | | | |
| 8 | 青云橡胶坝 | 临沭青云/河东汤河 | 沭河 | 38+200 | 38+150 | 2010 | 328.6 | 328.6 | 4 | 66.5 | 61.5 | 橡胶坝 | | | | | | 66.5 | 958.5 | 10.83 | 5 800 | 68.84 | 68.80 | | | | | |
| 9 | 华山橡胶坝 | 临沭郑山/河东朝阳 | 沭河 | 19+110 | 19+630 | 2008 | 456.4 | 456.4 | 5 | 57.93 | 52.9 | 橡胶坝 | | | | | | 57.93 | 1 516 | 11.37 | 8 150 | 62.02 | 61.87 | | | | | |
| 10 | 人民胜利堰节制闸 | 临沭石门 | 沭河/老沭河 | 0+000 | 0+000 | 1995.9 | 93.6 | | | | | | 93.6 | 8 | 10×9.5 | 46.93 | 弧形钢闸门 | 54.93 | 5 000 | 20 | 2 500 | 55.79 | 52.7 | | | | | |
| 11 | 清泉寺拦河闸 | 郯城泉源 | 老沭河 | 无堤、桩号为14+255 | | 1993.3 | 345.8 | 引桥121.8 | | 引桥50.2 | | 混凝土 | 224 | 18/7 | 深8×4.5/浅8×3 | 43.5/45.0 | 钢筋混凝土平面闸门 | 48 | 1 196 | 3.2 | 2 500 | 48.75 | 48.43 | | | | | |
| 12 | 卸甲营橡胶坝 | 郯城马陵山管委会 | 老沭河 | 无堤、桩号为17+530 | | 2015 | 242.4 | 242.4 | 3 | 44.5 | 40.0 | 橡胶坝 | | | | | | 44.5 | 276.17 | 3.2 | 2 500 | 47.22 | 47.1 | | | | | |
| 13 | 窑上拦河闸(废弃) | 郯城郯城 | 老沭河 | 无堤、桩号为27+020 | | 1962.6 | 335 | 295 | 112 | 41 | | 曲线型浆砌料石坝体 | 29/11 | 10/4 | 泄2×2.5,冲2×2 | 39.5/38.5 | 翻转式铁木闸门/上提式木闸门 | 41.86 | | | 3 316 | 44.3 | 43.14 | | | | | |
| 14 | 龙门橡胶坝 | 郯城郯城 | 老沭河 | 34+700 | 36+050 | 2009.5 | 553.2 | 553.2 | 7 | 38.43 | 33.97 | 橡胶坝 | | | | | | 38.43 | 1 050 | 8 | 2 500 | | 39.58 | | | | | |

**表 4-12(续)**

| 序号 | 拦河闸坝名称 | 所在地点 | 所在河流 | 相应桩号 | | 建成日期(年.月) | 总长/m | 溢流坝 | | | | | 拦河闸(冲砂闸) | | | | | 设计蓄水位/m | 蓄水量/万 $m^3$ | 回水长度/km | 过闸(坝)流量/($m^3 \cdot s^{-1}$) | | | 水电站 | | | 历史最大 | |
|---|---|---|---|---|---|---|---|---|---|---|---|---|---|---|---|---|---|---|---|---|---|---|---|---|---|---|---|---|
| | | | | 左堤 | 右堤 | | | 长度/m | 节数 | 坝顶高程/m | 坝底高程/m | 结构形式 | 长度/m | 孔数/孔 | 孔口(宽×高)/(m×m) | 闸底高程/m | 闸门形式 | | | | 设计泄洪流量 | 闸上水位/m | 闸下水位/m | 装机台数 | 装机容量/kW | 流量/($m^3 \cdot s^{-1}$) | 流量/($m^3 \cdot s^{-1}$) | 发生日期(年.月.日) |
| 15 | 塔山闸 | 新沂唐店街道 | 总沭河 | 13+955 | 14+545 | 老 1972.7,新 1996.5 | 315 | | | | | | 315 | 老 23,新 6 | 8.0×6.0/7.6×6.5 | 22 | 平板钢闸门 | 上游:28.26,下游:27.95 | | | 老 3 000,新 720 | 28.26 | 27.95 | 4 | 500 | 12 | 3 385 | 1974.8.14 |
| 16 | 王庄闸 | 新沂马陵山 | 总沭河 | 28+802 | 29+543 | 2001.11 | 400 | | | | | | 400 | 8 | 63.9×2.5 | 18.5 | 橡胶坝袋 | 21.3 | 1 800 | 14 | 3 000 | 22.52 | 22.32 | 2 | 320 | 8 | 3 496 | 1974.8.15 |
| 17 | 广玉壅水坝 | 新沂马陵山 | 总沭河 | 32+000 | 34+100 | 2010.6 | 210 | 210 | 14 | 15 | 8.5 | 开敞式实用堰 | | | | | | | | | | | | | | | | |
| 18 | 邵店壅水坝 | 新沂邵店 | 总沭河 | 39+500 | 41+320 | 2010.6 | 180 | 180 | 10 | 12 | 6.0 | 开敞式实用堰 | | | | | | | | | | | | | | | | |
| 19 | 口头壅水坝 | 新沂邵店 | 总沭河 | 45+560 | 47+000 | 2009.6 | 140 | 140 | 5 | 10 | 3.5 | 开敞式实用堰 | | | | | | | | | | | | | | | | |
| 20 | 新沭河泄洪闸 | 临沭石门 | 新沭河 | 0+000 | 0+000 | 1977.5 | 241.5 | | | | | | 241.5 | 18 | 12×9.5 | 45.817 | 弧形钢闸门 | 54.86 | 5 000 | 20 | 6 000 | 55.6 | 55.17 | | | | | |
| 21 | 金牛水电站(牛腿沟河口) | 临沭店头 | 新沭河 | 3+820 | 3+780 | 2007 | | | | | | | 21.5 | 2 | 2×3 | 48.5 | 平面钢闸门 | | 1 280 | 10.4 | | | | 4 | 1 000 | | | |
| 22 | 苍源河口橡胶坝 | 临沭店头 | 新沭河 | 12+230 | 12+160 | 2012.11 | 77.5 | 75 | 1 | 27.5 | 22.5 | 橡胶坝 | | | | | | | 53.52 | | | | | | | | | |
| 三 | 祊河、汤河、总干排 | | | | | | | | | | | | | | | | | | | | | | | | | | | |
| 1 | 姜庄湖橡胶坝 | 费县胡阳/费县费城 | 祊河 | 无堤 | 40+475 | 2016.5 | 242.4 | 242.4 | 3 | 93.5 | 88.5 | 橡胶坝 | | | | | | 93.5 | 421 | 9.9 | 4 672 | 96.52 | 96.41 | | | | | |
| 2 | 三南尹橡胶坝 | 费县胡阳/费县探沂 | 祊河 | 无堤 | 32+010 | 2015.11 | 303.6 | 303.6 | 4 | 88.5 | 83.5 | 橡胶坝 | | | | | | 88.5 | 1 400 | 8.4 | 4 672 | 91.34 | 91.25 | | | | | |
| 3 | 葛庄橡胶坝 | 兰山方城/兰山义堂 | 祊河 | 无堤 | 19+470 | 2008 改建 | 420.8 | 419.8 | 5 | 81 | 76.0 | 橡胶坝 | | | | | | 81 | 1 560 | 10.5 | 6 923 | 83.45 | 83.40 | | | | | |

**表 4-12(续)**

| 序号 | 拦河闸坝名称 | 所在地点 | 所在河流 | 相应桩号 | | 建成日期(年.月) | 总长/m | 溢流坝 | | | | | 拦河闸(冲砂闸) | | | | | 设计蓄水位/m | 蓄水量/万 m³ | 回水长度/km | 过闸(坝)流量/(m³·s⁻¹) | | | 水电站 | | | 历史最大 | |
|---|---|---|---|---|---|---|---|---|---|---|---|---|---|---|---|---|---|---|---|---|---|---|---|---|---|---|---|---|
| | | | | 左堤 | 右堤 | | | 长度/m | 节数 | 坝顶高程/m | 坝底高程/m | 结构形式 | 长度/m | 孔数/孔 | 孔口(宽×高)/(m×m) | 闸底高程/m | 闸门形式 | | | | 设计泄洪流量 | 闸上水位/m | 闸下水位/m | 装机台数 | 装机容量/kW | 流量/(m³·s⁻¹) | 流量/(m³·s⁻¹) | 发生日期(年.月.日) |
| 4 | 花园橡胶坝 | 兰山枣园/兰山义堂 | 祊河 | 无堤 | 14+795 | 2005 改建 | 437 | 227/210 | 3 | 坝 77.6,堰 77.8 | 坝 73.1,堰 76.5 | 橡胶坝溢流堰 | | | | | | 77.5 | 320 | 4 | 4 800 | 79.85 | 79.68 | 5 | 1 250 | 30 | | |
| 5 | 角沂橡胶坝 | 兰山柳青/兰山兰山 | 祊河 | 7+250 | 7+720 | 2008 | 302 | 302 | 4 | 70.5 | 66.0 | 橡胶坝 | | | | | | 70.5 | 530 | 8 | 6 923 | | 71.94 | | | | | |
| 6 | 张庄橡胶坝 | 河东汤河 | 汤河 | 1+500 | 1+500 | 2016 | 131.5 | 131.5 | 2 | 62.5 | 59.0 | 橡胶坝 | | | | | | 62.5 | 95.74 | 7 | | | | | | | | |
| 7 | 曲坊橡胶坝 | 河东汤河 | 汤河 | 4+882 | 4+882 | 在建中 | 80 | 80 | 2 | 63.7 | 59.0 | 橡胶坝 | | | | | | 63.4 | 146.7 | 5.162 | | | | | | | | |
| 8 | 文家埠泄洪闸 | 临沭曹庄 | 总干排 | 11+400 | 11+400 | 2001.1 | | | | | | | | 3 | 10×6.2 | 46.6 | 平面钢闸门 | | | | 235 | 51.9 | 51.81 | | | | | |
| 四 | 邳苍分洪道 | | | | | | | | | | | | | | | | | | | | | | | | | | | |
| 1 | 蒋史汪橡胶坝 | 罗庄黄山 | 邳苍分洪道 | 34+280 | 35+690 | 2009.6 | 300 | | 3 | 52.1 | 49.2 | 橡胶坝 | | | | | | | | | | | | | | | | |
| 2 | 永安橡胶坝 | 罗庄褚墩 | 邳苍分洪道 | | 22+200 | 2015.7 | 75 | 75 | 1 | 44.5 | 42.0 | 橡胶坝 | | | | | | 44.5 | 14.1 | 3.82 | 4 000 | | 48.95 | | | | | |
| 3 | 朱庄拦河坝 | 罗庄褚墩 | 邳苍分洪道 | | 18+380 | 1971 | 24.5 | | | | | | | 7 | | | | | | | | | | | | | | |
| 4 | 依宿坝 | 邳州戴庄 | 邳苍分洪道 | | 23+450 | 1989.5 改建 | 92.4 | | 1 | 26.5 | 24.0 | 双锚枕式橡胶坝 | | 1 | 92.4×2.5 | 23.5 | | | | | 900 | | | | | | | |
| 五 | 韩庄运河、中运河 | | | | | | | | | | | | | | | | | | | | | | | | | | | |

**表 4-12(续)**

| 序号 | 拦河闸坝名称 | 所在地点 | 所在河流 | 相应桩号 | | 建成日期(年.月) | 总长/m | 溢流坝 | | | | | 拦河闸(冲砂闸) | | | | | 设计蓄水位/m | 蓄水量/万 $m^3$ | 回水长度/km | 过闸(坝)流量/($m^3 \cdot s^{-1}$) | | | 水电站 | | | 历史最大 | |
|---|---|---|---|---|---|---|---|---|---|---|---|---|---|---|---|---|---|---|---|---|---|---|---|---|---|---|---|---|
| | | | | 左堤 | 右堤 | | | 长度/m | 节数 | 坝顶高程/m | 坝底高程/m | 结构形式 | 长度/m | 孔数/孔 | 孔口(宽×高)/(m×m) | 闸底高程/m | 闸门形式 | | | | 设计泄洪流量 | 闸上水位/m | 闸下水位/m | 装机台数 | 装机容量/kW | 流量/($m^3 \cdot s^{-1}$) | 流量/($m^3 \cdot s^{-1}$) | 发生日期(年.月.日) |
| 1 | 万年闸 | 峄城 | 韩庄运河 | 19+420 | 19+696 | 前10孔1997.1,后4孔2010.5 | | | | | | | 140 | 14 | 10×6.6 | 24.3 | 平板钢闸门 | 29.6 | | | 2 300 | 30.16 | 30.01 | | | | 1 900 | 1972 |
| 2 | 台儿庄闸 | 台儿庄 | 韩庄运河 | 36+092 | 36+294 | 前10孔1972.4,后3孔2010.5 | 117.08 | | | | | | 100 | 13 | 7×10.6/10×10.6 | 20.4 | 平板钢闸门 | 25.3 | | | 2 500 | 27.82 | 27.64 | | | | 1 900 | 1972.7.6 |
| 3 | 中运河临时水资源控制工程 | 邳州戴庄/车辐山 | 中运河 | 无堤 | 6+800 | 1996.6 | | | | | | | 50 | 1 | 50×5.5 | 16.83 | 浮箱式钢闸门 | | | | 6 500 | | | | | | | |
| 4 | 骆马湖水资源控制工程 | 邳州戴庄/车辐山 | 中运河 | 无堤 | 6+800 | 2009.6 | | | | | | | | 4 | 8× | 16.83 | 平板钢闸门 | | | | | | | | | | | |
| 六 | 新沂河 | | | | | | | | | | | | | | | | | | | | | | | | | | | |
| 1 | 沭阳北偏泓拦污闸 | 沭阳扎下 | 新沂河 | 40+200 | | 1997.12 | | | | | | | | 4 | 10×5 | 4.81 | 平面钢闸门 | | | | 200 | | | | | | | |
| 2 | 沭阳北偏泓闸 | 沭阳 | 新沂河 | | 41+600 | 1969,2009 | | | | | | | | 1 | 8× | 5.06 | 平面钢闸门 | | | | 50 | | | | | | | |
| 3 | 沭阳南偏泓闸 | 沭阳 | 新沂河 | 41+700 | | 1976.6/2009.5 | | | | | | | | 9 | 10×5 | 3.81 | 平面钢闸门 | | | | 250 | | | | | | 400 | |
| 4 | 叮当河拦污闸(尾水控制闸) | 灌云南岗 | 新沂河 | 81+383 | | 2000.7 | 120.5 | | | | | | | 7 | 10.0×3.0 | 1.27 | 平面钢闸门 | | | | 100 | 4.27 | 3.77 | | | | | |
| 5 | 海口控制工程 | | | | | | | | | | | | | | | | | | | | 7 800 | | | | | | | |
| 5.1 | 南深泓闸 | 灌云燕尾 | 新沂河 | | 145+500 | 1999.7建/2007.8改 | | | | | | | 134.1 | 12 | 10×7 | −2.23 | 平面钢闸门 | | | | 2 425 | | | | | | 1 120 | |

**表 4-12(续)**

| 序号 | 拦河闸坝名称 | 所在地点 | 所在河流 | 相应桩号 | | 建成日期(年.月) | 总长/m | 溢流坝 | | | | | 拦河闸(冲砂闸) | | | | | 设计蓄水位/m | 蓄水量/万 m³ | 回水长度/km | 过闸(坝)流量/(m³·s⁻¹) | | | 水电站 | | | 历史最大 | |
|---|---|---|---|---|---|---|---|---|---|---|---|---|---|---|---|---|---|---|---|---|---|---|---|---|---|---|---|---|
| | | | | 左堤 | 右堤 | | | 长度/m | 节数 | 坝顶高程/m | 坝底高程/m | 结构形式 | 长度/m | 孔数/孔 | 孔口(宽×高)/(m×m) | 闸底高程/m | 闸门形式 | | | | 设计泄洪流量 | 闸上水位/m | 闸下水位/m | 装机台数 | 装机容量/kW | 流量/($m^3 \cdot s^{-1}$) | 流量/($m^3 \cdot s^{-1}$) | 发生日期(年.月.日) |
| 5.2 | 北深泓闸 | 灌云燕尾 | 新沂河 | | 146+200 | 1999.7 建/2007.8 改 | | | | | | | 134.1 | 10 | 10×7 | −2.23 | 平面钢闸门 | | | | 1 497 | | | | | | 880 | |
| 5.3 | 中深泓闸 | 灌云燕尾 | 新沂河 | | 146+000 | 2005.8 建/2007.8 改 | | | | | | | 203.6 | 18 | 10×7 | −2.23 | 平面钢闸门 | | | | 3 500 | | | | | | | |
| 6 | 小潮河闸 | 灌南长茂 | 新沂河 | | 111+250 | 1966.7 建/2016 年改 | | | | | | | | 3 | 10.0×6.5 | −2.73 | 弧形钢闸门 | | | | 300 | | | | | | 440 | |
| 七 | 其他 | | | | | | | | | | | | | | | | | | | | | | | | | | | |
| 1 | 姚楼河闸 | 鱼台老砦 | 姚楼河 | 51+350 | 51+600 | 2010.4 | | | | | | | 140 | 2 | 10×3.2 | 31.3 | 双扉平面钢闸门 | | | | 114 | 36.5 | 36.3 | | | | | |
| 2 | 大沙河闸 | 沛县龙固 | 大沙河 | | 湖西大堤 60+000 | 2010.9 | | | | | | | | | | | | | | | 1 360 | | | | | | | |
| 3 | 杨官屯河闸 | 沛县杨屯 | 杨官屯河 | | 湖西大堤 67+800 | 2012.3 | | | | | | | | | | | | | | | 156 | | | | | | | |
| 4 | 洙赵新河节制闸 | 任城喻屯 | 洙赵新河 | | 湖西大堤 19+423 | 1997.1 | | | | | | | | 24 | 单宽 6 | 30.99 | 平面混凝土闸门 | | | | 2 083 | 36.31 | 36.2 | | | | | |
| 5 | 五段闸 | 沛县五段 | 五段河 | | 湖西大堤 109+845 | 2012 | 77 | | | | | | 36 | 1 | 6.5×6.5 | 29.29 | 平面钢闸门 | | | | 52 | 32.79 | 30.79 | | | | | |
| 6 | 八段闸 | 铜山马坡 | 顺堤河 | | 湖西大堤 114+070 | 1999.6 | 56 | | | | | | | 1 | 5×4.7 | 28.8 | 钢筋混凝土平板门 | | | | 13 | 31.19 | 31.09 | | | | | |
| 7 | 岱海闸 | 铜山马坡 | 顺堤河 | | 湖西大堤 119+100 | 1999.6 | 55 | | | | | | | 5 | 4.2×4.7 | 28.8 | 钢筋混凝土平板门 | | | | 70 | 31.19 | 31.09 | | | | | |
| 8 | 郑集河口 | 铜山马坡 | 郑集河 | | 湖西大堤 121+858 | 1997.6 | 40 | | | | | | | 2 | (25+8)×3.5 | 29.9 | 胶袋+钢闸门 | | | | | 31.79 | 30.79 | | | | | |
| 9 | 郑集老地涵 | 铜山马坡 | 郑集河 | | 湖西大堤 121+858 | 1960.6 | 255 | | | | | | | 4 | 3.5×4.3 | 26.6 | 平钢筋混凝土 | | | | 122 | 32.46 | 32.21 | | | | | |

**表 4-12(续)**

| 序号 | 拦河闸坝名称 | 所在地点 | 所在河流 | 相应桩号 | | 建成日期(年.月) | 总长/m | 溢流坝 | | | | | 拦河闸(冲砂闸) | | | | | 设计蓄水位/m | 蓄水量/万 $m^3$ | 回水长度/km | 过闸(坝)流量/($m^3 \cdot s^{-1}$) | | | 水电站 | | | 历史最大 | |
|---|---|---|---|---|---|---|---|---|---|---|---|---|---|---|---|---|---|---|---|---|---|---|---|---|---|---|---|---|
| | | | | 左堤 | 右堤 | | | 长度/m | 节数 | 坝顶高程/m | 坝底高程/m | 结构形式 | 长度/m | 孔数/孔 | 孔口(宽×高)/(m×m) | 闸底高程/m | 闸门形式 | | | | 设计泄洪流量 | 闸上水位/m | 闸下水位/m | 装机台数 | 装机容量/kW | 流量/($m^3 \cdot s^{-1}$) | 流量/($m^3 \cdot s^{-1}$) | 发生日期(年.月.日) |
| 10 | 郑集新地涵 | 铜山马坡 | 郑集河 | | 湖西大堤121+858 | 1976.6 | 223 | | | | | | | 2 | 3.5×4.43 | 26.77 | 平钢筋混凝土 | | | | 58.6 | 32.46 | 32.21 | | | | | |
| 11 | 黄墩湖滞洪闸 | 宿豫黄墩 | 中运河 | | 0+500 | 1999.1 | 116.22 | | | | | | | 12 | 10×5.5 | 20.33 | 弧形钢闸门 | | | | 2 000 | 25.63 | 18.33 | | | | | |
| 12 | 邳洪河闸 | 宿豫皂河 | 中运河 | | 12+000 | 1986 | 121 | | | | | | | 8 | 6.6×7 | 14.33 | 平面钢闸门 | | | | 310 | 19.13 | 18.93 | | | | | |
| 13 | 皂河闸 | 宿豫皂河 | 中运河 | | | 1952.6/2016.12 | 201 | | | | | | | 6/4孔电站 | 10×4.5 | 15.68 | 平面钢闸门 | | | | 500 | 23.33 | 18.33 | 4 | 640 | | 1 240 | 1974.8.15 |
| 14 | 洋河滩闸 | 宿城井头 | 总六塘河 | | | 1952.5 | 133.7 | | | | | | | 3 | 3.2×4.5 | 15.33 | 平面钢闸门 | | | | 500 | 24.33 | 19.33 | 5 | 1 450 | | 784 | 1957.7.21 |
| 15 | 刘集地涵 | 邳州议堂 | 徐洪河 | | | 1991.5 | | | | | | | | 10 | 3.6×4 | 14.83 | 平面钢闸门 | | | | 500 | | | | | | 200 | |
| 16 | 刘庄闸 | 台儿庄 | 伊家河 | 19+856 | 19+900 | 1968 | 27 | | | | | | 27 | 3 | 7×8.5 | 24.14 | 平面钢闸门 | 29.91/24.31 | | | 400 | 29.99 | 29.84 | | | | | |
| 17 | 刘集闸 | 邳州八路 | 房亭河 | | | 1971.5 | | | | | | | | 15 | 3(航 6)×5 | 18.83 | 钢丝网水泥平面门 | | | | 987 | | | | | | | |
| 18 | 民便河闸 | 睢宁魏集 | 民便河 | | | 1986.1/2016.5 | | | | | | | | 3 | 10.0×11.5 | 15.83 | 平面钢闸门 | | | | 274 | | | | | | | |
| 19 | 六塘河闸 | 宿城井头 | 总六塘河 | | | 1958.6 | 165 | | | | | | | 3 | 9.5×5 | 14.83 | 平面钢闸门 | | | | 600 | 24.93 | 无水 | | | | 471 | 1960.7.3 |
| 20 | 解台节制闸 | 铜山大吴 | 不牢河 | | | 1959.8 | | | | | | | | 12 | 3×4 | 26.83 | 钢筋混凝土平板门 | | | | 500 | 31.53 | 30.32 | 2 | 200 | | 536 | 1971.8.9 |
| 21 | 刘山闸 | 邳州宿羊山 | 不牢河 | | | 1960.5 | 67.4 | | | | | | | 13 | 宽 3.8 | 20.33 | | | | | 828 | 27.13 | 26.43 | 22 | 6 160 | 50 | | |
| 22 | 沭阳闸 | 沭阳南湖街道 | 淮沭河 | | | 1959.1 | 180.3 | | | | | | | 25 | 10.0×7.5 | 4.81 | 弧形钢闸门 | | | | 4 000 | 11.47 | 11.06 | | | | 1 250 | 2003.7.18 |

**表 4-12(续)**

| 序号 | 拦河闸坝名称 | 所在地点 | 所在河流 | 相应桩号 | | 建成日期(年.月) | 总长/m | 溢流坝 | | | | | 拦河闸(冲砂闸) | | | | | 设计蓄水位/m | 蓄水量/万 $m^3$ | 回水长度/km | 过闸(坝)流量/($m^3\cdot s^{-1}$) | | | 水电站 | | | 历史最大 | |
|---|---|---|---|---|---|---|---|---|---|---|---|---|---|---|---|---|---|---|---|---|---|---|---|---|---|---|---|---|
| | | | | 左堤 | 右堤 | | | 长度/m | 节数 | 坝顶高程/m | 坝底高程/m | 结构形式 | 长度/m | 孔数/孔 | 孔口(宽×高)/(m×m) | 闸底高程/m | 闸门形式 | | | | 设计泄洪流量 | 闸上水位/m | 闸下水位/m | 装机台数 | 装机容量/kW | 流量/($m^3\cdot s^{-1}$) | 流量/($m^3\cdot s^{-1}$) | 发生日期(年.月.日) |
| 23 | 柴米地涵 | 沭阳南湖街道 | 柴米河 | | | 1959.1 | 362.7 | | | | | | | 22 | 3×3 | 1.21 | 平面钢闸门 | | | | 400 | 8.81 | 1.31 | | | | 370 | 1980.8.19 |
| 24 | 柴米闸 | 沭阳南湖街道 | 柴米河 | | | 1961.3 | 125.5 | | | | | | | 9 | 4×3.5 | 4.81 | 平面钢闸门 | | | | 352 | 8.31 | 7.11 | | | | 329 | 1991.7 |
| 25 | 沭新闸 | 沭阳扎下 | 沭新干渠 | | | 1971.5 | 227 | | | | | | | 4 | 5.8×4 | 4.31 | 平面钢闸门 | | | | 100 | 12.31 | 7.91 | | | | 135 | 1989.8.31 |

注:表内高程数据采用1985国家高程基准,部分高度数据缺失。

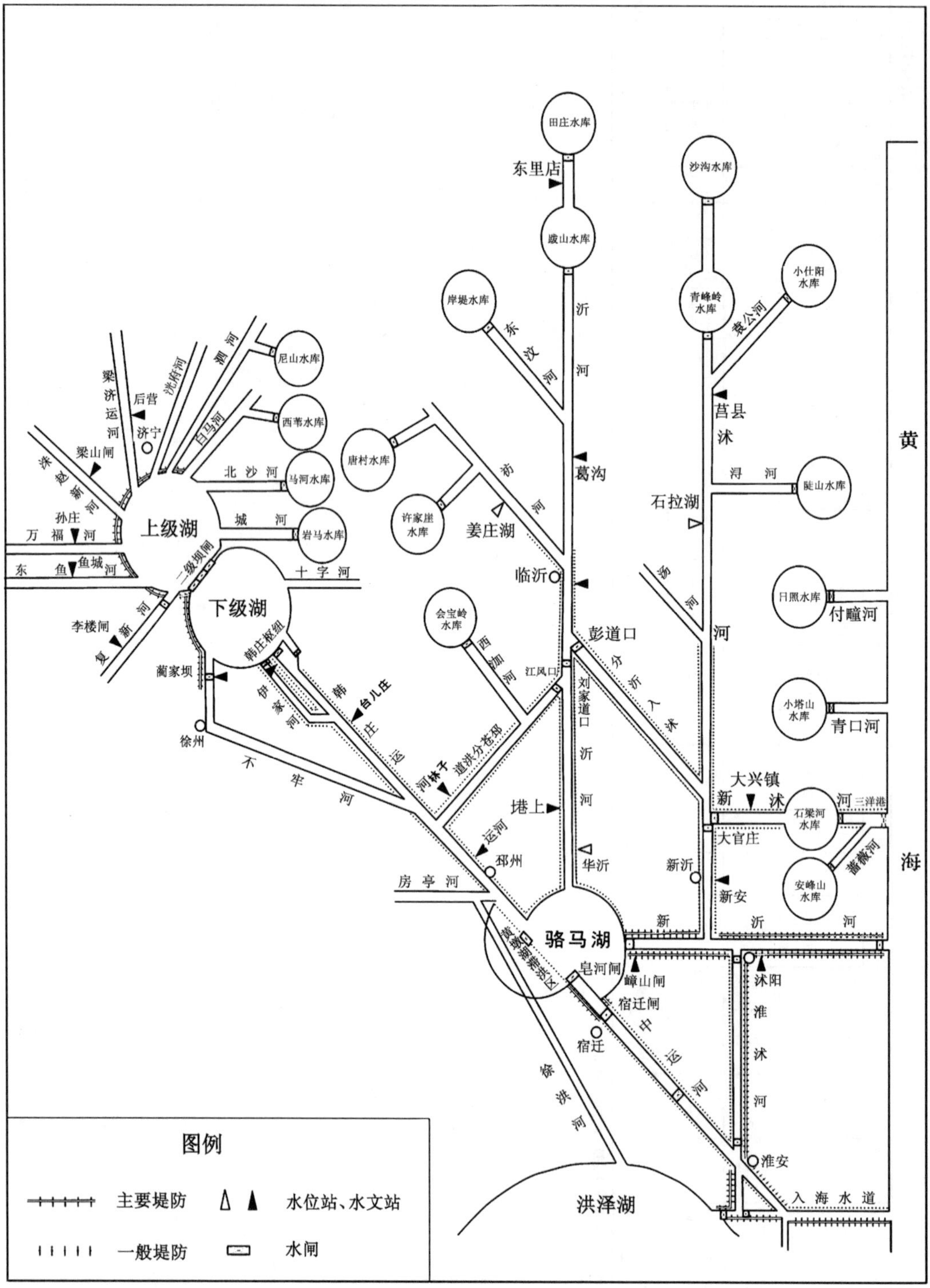


图 4-1 沂沭泗河水系防洪工程位置示意图

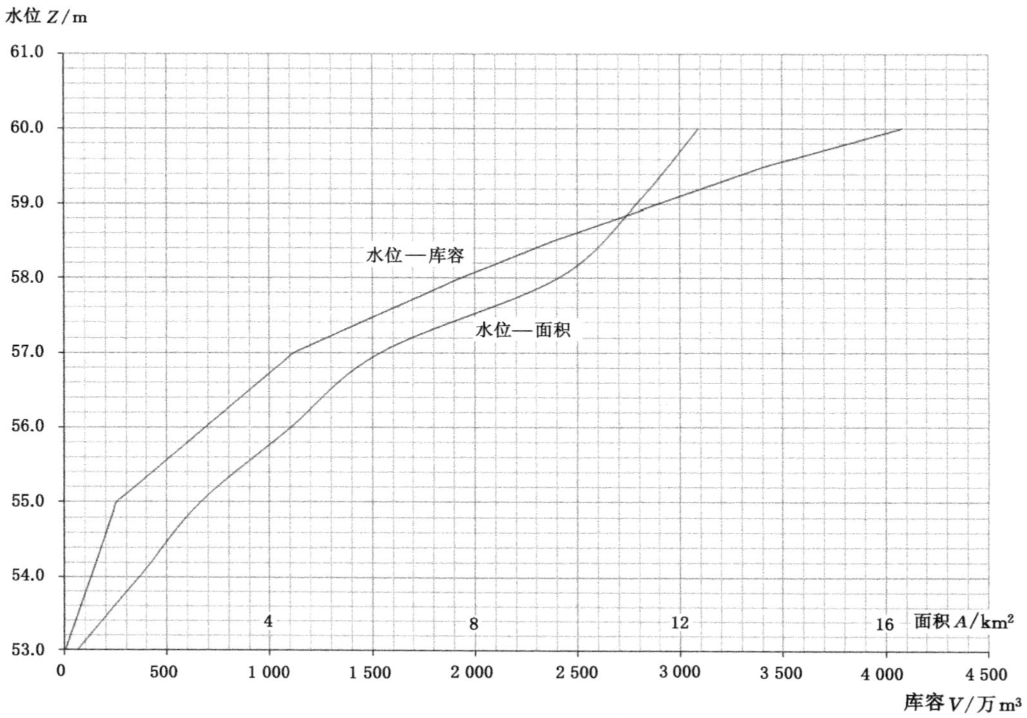


| 水位Z /m | 库容V /万 $m^3$ | 面积A /$km^2$ |
|---|---|---|
| 53.0 | 7.2 | 0.25 |
| 53.5 | 69.3 | |
| 54.0 | 131.4 | 1.45 |
| 54.5 | 193.5 | |
| 55.0 | 255.6 | 2.65 |
| 55.5 | 471.4 | |
| 56.0 | 687.2 | 4.40 |
| 56.5 | 902.9 | |
| 57.0 | 1 118.7 | 6.15 |
| 57.5 | 1 523.2 | |
| 58.0 | 1 927.6 | 9.60 |
| 58.5 | 2 378.7 | |
| 59.0 | 2 898.5 | 11.15 |
| 59.5 | 3 418.3 | |
| 60.0 | 4 081.7 | 12.35 |

图 4-2 刘家道口枢纽水位—库容、水位—面积关系曲线图

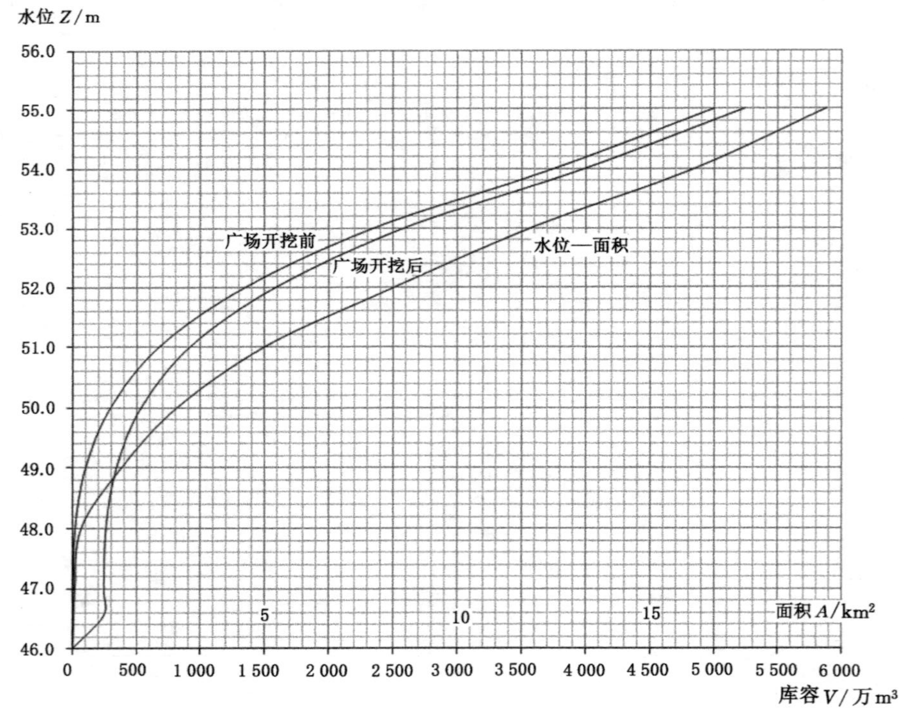


| 水位 Z /m | 库容 V / 万 $m^3$ | | 面积 A /$km^2$ |
|---|---|---|---|
| | 开挖前 | 开挖后 | |
| 46 | 0.5 | 0.5 | 0.02 |
| 46.55 | 2.6 | 242.6 | 0.05 |
| 47 | 4.7 | 244.7 | 0.08 |
| 48 | 19.6 | 259.6 | 0.24 |
| 49 | 100.8 | 340.8 | 1.29 |
| 50 | 295.8 | 535.8 | 2.74 |
| 51 | 677.8 | 917.8 | 5.02 |
| 52 | 1 340 | 1 580 | 8.37 |
| 53 | 2 350.5 | 2 590.5 | 11.94 |
| 54 | 3 750.8 | 3 990.8 | 16.17 |
| 55 | 5 000 | 5 240 | 19.6 |

图 4-3　大官庄枢纽水位—库容、水位—面积关系曲线图

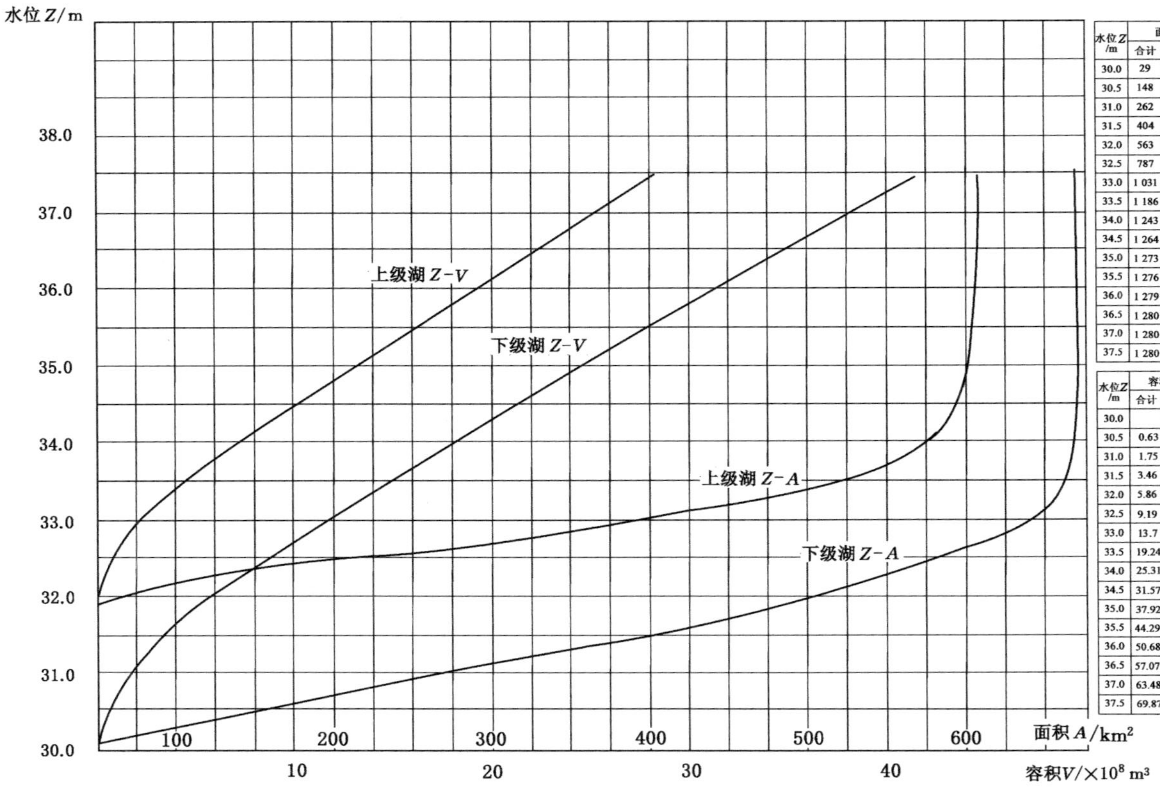


| 水位Z/m | 面积A/km² | | |
|---|---|---|---|
| | 合计 | 上级湖 | 下级湖 |
| 30.0 | 29 | | 29 |
| 30.5 | 148 | | 148 |
| 31.0 | 262 | | 262 |
| 31.5 | 404 | 0 | 404 |
| 32.0 | 563 | 66 | 497 |
| 32.5 | 787 | 205 | 582 |
| 33.0 | 1 031 | 389 | 642 |
| 33.5 | 1 186 | 523 | 663 |
| 34.0 | 1 243 | 576 | 667 |
| 34.5 | 1 264 | 594 | 670 |
| 35.0 | 1 273 | 602 | 671 |
| 35.5 | 1 276 | 605 | 671 |
| 36.0 | 1 279 | 608 | 671 |
| 36.5 | 1 280 | 609 | 671 |
| 37.0 | 1 280 | 609 | 671 |
| 37.5 | 1 280 | 609 | 671 |

| 水位Z/m | 容积$V/\times10^8 m^3$ | | |
|---|---|---|---|
| | 合计 | 上级湖 | 下级湖 |
| 30.0 | | | |
| 30.5 | 0.63 | | 0.63 |
| 31.0 | 1.75 | | 1.75 |
| 31.5 | 3.46 | | 3.46 |
| 32.0 | 5.86 | 0.16 | 5.70 |
| 32.5 | 9.19 | 0.80 | 8.39 |
| 33.0 | 13.7 | 2.25 | 11.45 |
| 33.5 | 19.24 | 4.52 | 14.72 |
| 34.0 | 25.31 | 7.27 | 18.04 |
| 34.5 | 31.57 | 10.19 | 21.38 |
| 35.0 | 37.92 | 13.18 | 24.74 |
| 35.5 | 44.29 | 16.20 | 28.09 |
| 36.0 | 50.68 | 19.23 | 31.45 |
| 36.5 | 57.07 | 22.27 | 34.80 |
| 37.0 | 63.48 | 25.32 | 38.16 |
| 37.5 | 69.87 | 28.36 | 41.51 |

图 4-4　南四湖水位—容积、水位—面积关系曲线图

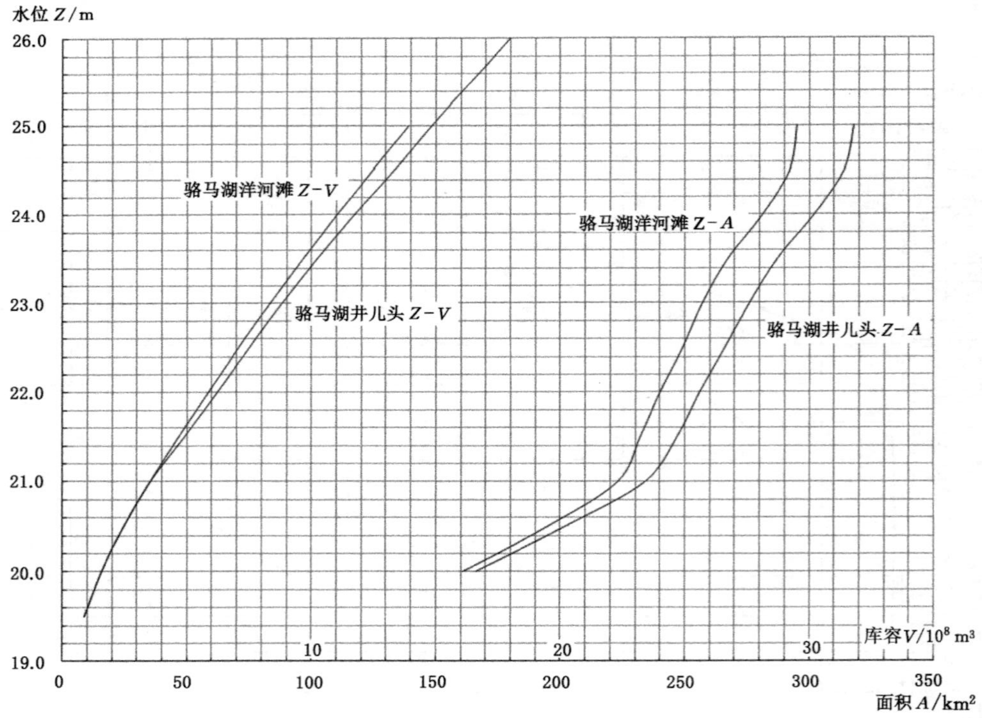


| 水位 | 面积/$km^2$ | |
|---|---|---|
| | 洋河滩 | 井儿头 |
| 19.5 | | |
| 20.0 | 161 | 166 |
| 20.5 | 195 | 202 |
| 21.0 | 223 | 234 |
| 21.5 | 232 | 247 |
| 22.0 | 240 | 256 |
| 22.5 | 249 | 266 |
| 23.0 | 257 | 276 |
| 23.5 | 267 | 287 |
| 24.0 | 281 | 302 |
| 24.5 | 292 | 314 |
| 25.0 | 295 | 318 |
| 25.5 | | |
| 26.0 | | |

| 水位 | 库容/$\times 10^8 m^3$ | |
|---|---|---|
| | 洋河滩 | 井儿头 |
| 19.5 | 0.89 | 0.89 |
| 20.0 | 1.58 | 1.58 |
| 20.5 | 2.47 | 2.47 |
| 21.0 | 3.53 | 3.53 |
| 21.5 | 4.67 | 4.90 |
| 22.0 | 5.85 | 6.20 |
| 22.5 | 7.07 | 7.50 |
| 23.0 | 8.33 | 8.80 |
| 23.5 | 9.64 | 10.20 |
| 24.0 | 11.01 | 11.70 |
| 24.5 | 12.45 | 13.30 |
| 25.0 | 13.92 | 14.80 |
| 25.5 | | 16.40 |
| 26.0 | | 18.00 |

图 4-5　骆马湖水位—库容、水位—面积关系曲线图（2005年实测）

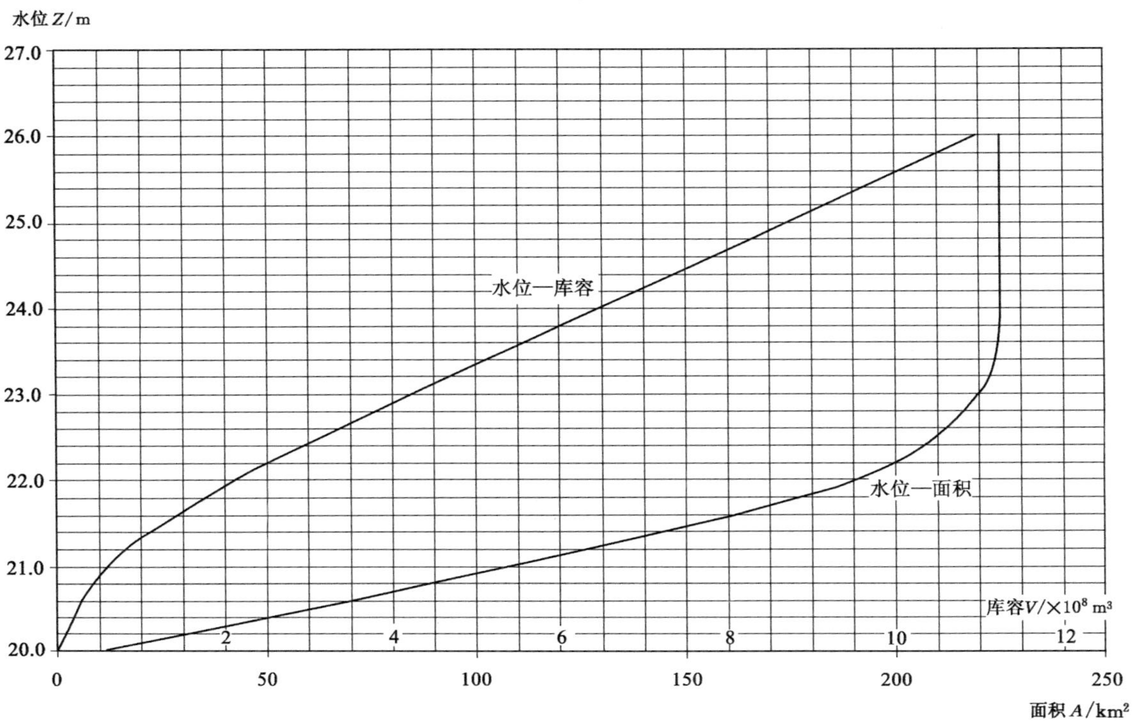


| 水位/m | 库容/$\times10^8m^3$ | 面积/$km^2$ |
|---|---|---|
| 20.0 | 0 | 10.3 |
| 21.0 | 0.597 | 109 |
| 22.0 | 2.13 | 191 |
| 23.0 | 4.23 | 220 |
| 24.0 | 6.47 | 225 |
| 25.0 | 8.72 | 225 |
| 26.0 | 10.97 | 225 |

图 4-6 黄墩湖滞洪区水位—库容、水位—面积关系线图

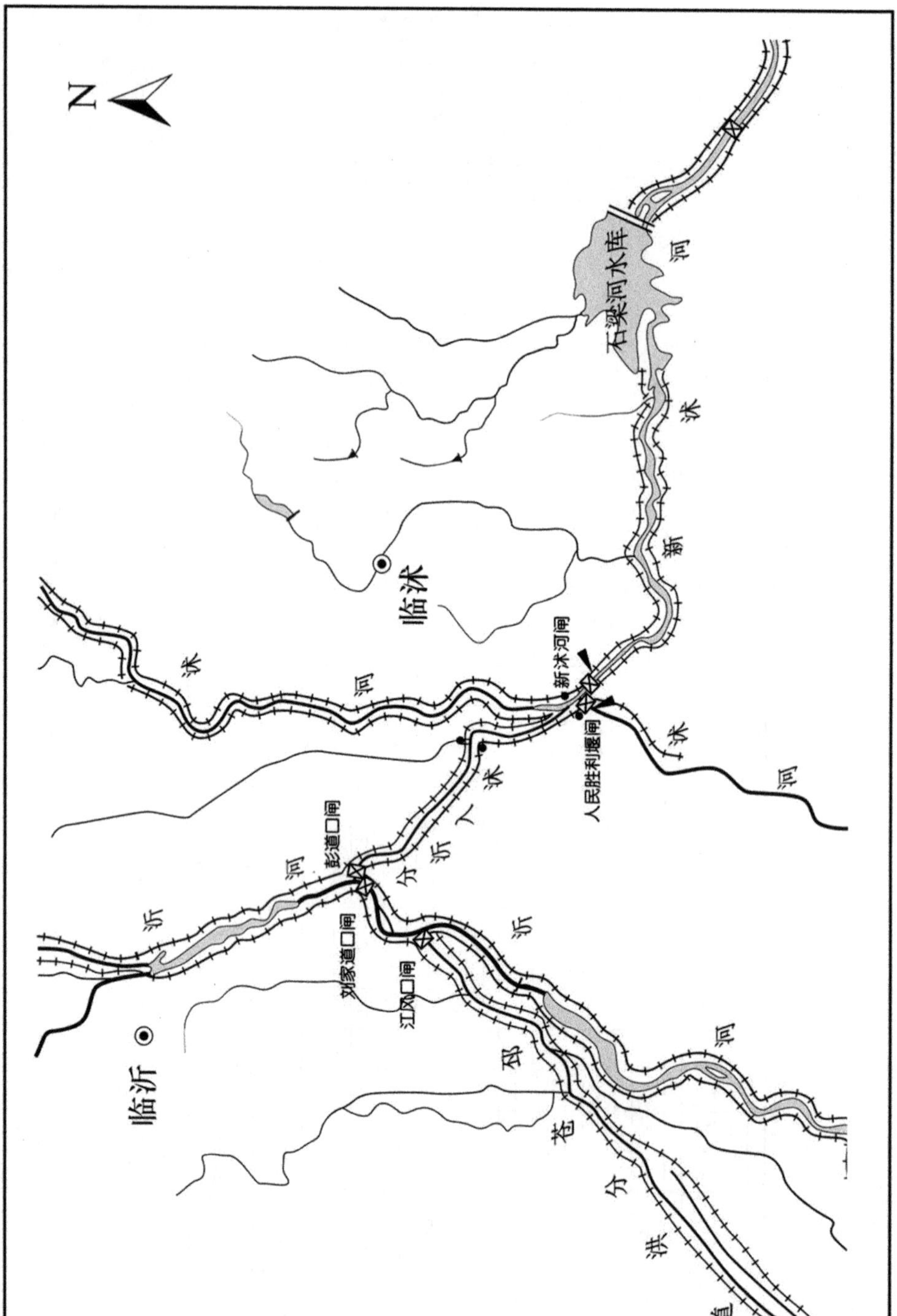


图 4-7 沂沭河刘家道口枢纽、大官庄枢纽工程位置示意图

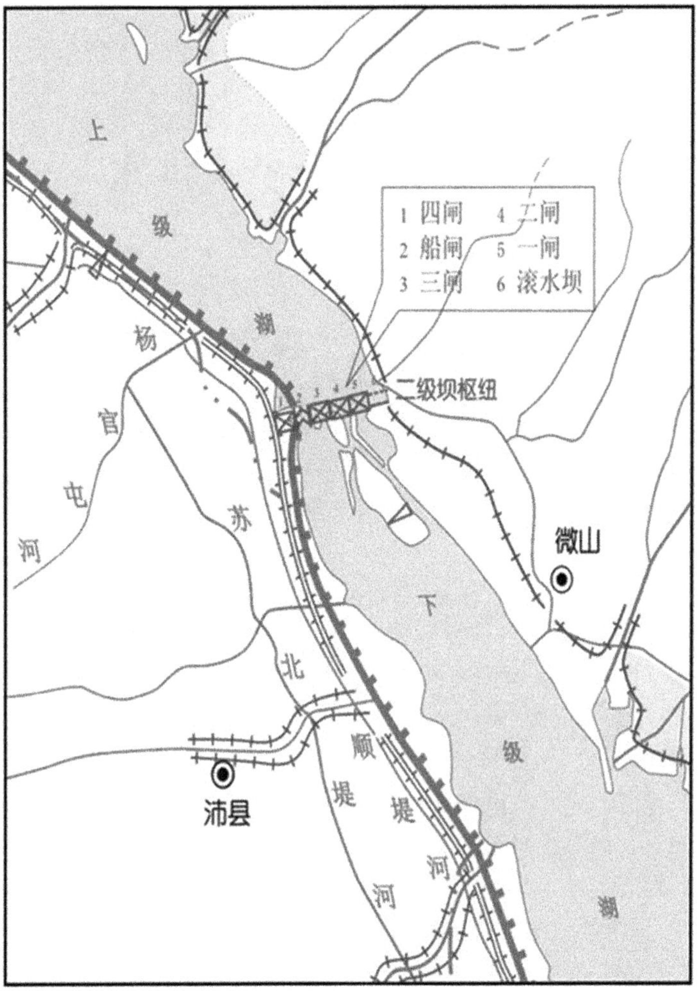


图 4-8 南四湖二级坝枢纽工程位置示意图

# 第五部分　历史大洪水

## 一、历史大洪水简介

根据历史记载，沂沭泗水系自明代1470年以后曾发生过1593年、1703年、1730年和1848年4次大洪水，以1730年8月洪水为最大，是近500年来最大的一次。当时暴雨强度大、时间长、范围广，暴雨前期阴雨数十日，后期又连续5～7天的大暴雨，遍及沂、沭、泗水系。经推算，沂河临沂站洪峰流量为30 000～33 000 $m^3/s$，重现期约248～500年一遇；沭河大官庄洪峰流量为14 000～17 900 $m^3/s$，重现期约248～500年一遇；南四湖洪水重现期约272年一遇。

沂河临沂站洪水居第二、第三位的分别为1912年的18 900 $m^3/s$和1914年的17 800 $m^3/s$。沭河大官庄站洪水居第二、第三位的分别为1974年大官庄的11 100 $m^3/s$（还原后洪峰流量）和1881年的6 850～8 000 $m^3/s$。南四湖地区1953年后才有较完整的水位资料，记载的1703年洪水重现期为136年，居第二位。

中华人民共和国成立后，流域性大洪水年有1957年、1963年、1974年。其中1957年南四湖洪水7天、15天和30天洪量分别为66.8亿$m^3$、106.3亿$m^3$、114亿$m^3$，30天洪量重现期为91年一遇；1957年沂河临沂站洪峰流量为15 400 $m^3/s$，重现期近20年一遇；1974年沭河大官庄洪峰流量为11 100 $m^3/s$（还原后），重现期约为百年一遇。

1. 1593年（明万历二十一年）洪水

根据各地史志记载，1593年淮河流域发生特大洪水。从春夏到秋后，淫雨连绵，且有多次暴雨过程，范围遍及全流域。黄河该年又决口，造成全流域大洪涝。本年淮河流域其暴雨历时之长、洪水范围之大，居有记录以来首位。据《明实录》记载："自五月以来大雨倾注，河流漫溢"，"黄淮两河先后决口，黄河决于山东单县黄固口，淮河决于洪泽湖东岸高家埝之高良涧、团家桥等二十二口"。据史料记载：菏泽"五月大雨至八月禾尽没"，曹州府（现今菏泽）"五月大雨决单县黄固口"；曹县"大雨，自四月至八月不止，公署庙宇民舍皆倾圮，麦尽烂秋禾坏，城中洼地行船"；临沂"夏淫雨"。在全流域大雨，淮河、黄河决口的情况下，"徐州至扬州间，方数千里，滔天大水，庐舍禾稼荡然无遗"。

2. 1730年（清雍正八年）洪水

1730年，淮河流域沂沭泗河水系发生特大洪水。据《淮系年表》记载："秋，沂、沭大涨，溃郯城竹络坝。骆马湖水大溢，运河、六塘河、沭河皆涨，不辨崖岸"。《郯城县志》记载："秋，济南、兖州、东昌、青州四府大水。邑东沭河西沂河皆大涨，漂庐淹田不可胜记"。其他地方志记载：沂州（现今临沂）"六月大霖雨，山水暴涨，禹王台之堤坝皆溃而庙也被冲"；沂水"六月十九日大风雨。沂水溢，浸淹禾庐舍无算"；莒州（现今莒县）"自五月初旬阴雨四十日，至六月十九日大雨七昼夜，洪水横流四十余里，冲毁城垣，漂没庐舍，东西关外溃成深渊，淹毙五六千人，沙庄良田沧桑尽为改变"；赣榆"大雨七昼夜不止"。菏泽、济宁、滕县、泗水等处也都有“大雨”“六月大水”之记载。暴雨洪水遍及沂沭泗河全水系。沂沭河在连续阴雨一个多月后，又降七天暴雨。现今江风口以下之武河，据说就因该年大水时改道而成，有民谚描述当年大水“开了江风口，水往西南走，上淹兰郯二县，下淹徐邳二州”。

据历史洪水记载，沂河临沂河段洪峰流量达 30 000～33 000 $m^3/s$，沭河大官庄河段洪峰流量为 14 000～17 900 $m^3/s$。

3. 1957 年洪水

1957 年，在沂沭泗水系和淮河水系北部地区发生洪水。7 月份由于西太平洋副高位置偏北，副高西南侧偏南气流与北侧西风带气流在流域北部长期维持，以致 3 次高空涡切变出现的暴雨，造成沂沭泗水系及淮河沙颍河、涡河上游的大洪水。

从 7 月 6 日到 26 日，淮河流域北部连续出现 3 次降雨过程，其中沂沭泗水系出现 7 次暴雨。7 月 6～8 日降雨过程的暴雨中心在沙颍河上游，沂河、沭河上中游及南四湖湖西。沙颍河独树站次降雨量为 367.1 mm，其中 6 日一天雨量为 366.9 mm。沭河崖庄站次降雨量为 208.9 mm，湖西复程站为 188.8 mm，该次降雨基本上集中在 6 日一天；7 月 9 日—16 日出现一次更大范围的降雨，从沙颍河上游往东至沂沭泗地区出现大片暴雨区，次降雨量普遍达 300 mm 以上，沂沭泗地区出现多处雨量超过 500 mm 的暴雨区，角沂、蒋自崖、黄寺站次降雨量分别达 561.0 mm、530.8 mm 和 514.7 mm；7 月 17 日—26 日又再次出现大降雨过程，暴雨先出现在沙颍河上游，随后向东扩展到沂沭泗地区。最大暴雨中心出现在南四湖湖东，泗水、蒋自崖、邹县站次降雨量分别为 404.2 mm、329.5 mm 和 285.8 mm。图 5-1 所示为沂沭泗水系暴雨等值线示意图(1957 年 7 月 6 日—26 日)。1957 年 7 月 6 日—26 日，降雨量超过 400 mm、600 mm 和 800 mm 的笼罩面积分别为 77 840 $km^2$、35 240 $km^2$ 和 2 760 $km^2$；暴雨中心沂沭泗水系蒋自崖、角沂、复程站和淮河水系沙颍河鲁山站的总雨量，分别为 975.2 mm、874.3 mm、846.4 mm 和 862.0 mm。

1957 年，沂沭泗河出现中华人民共和国成立以来最大洪水，沂河、沭河连续出现 6～7 次洪峰。沂河临沂站 7 月 13 日、15 日、19 日 3 次洪峰流量均在10 000 $m^3/s$ 左右，其中 19 日最大洪峰流量达 15 400 $m^3/s$。经分沂入沭和邳苍分洪道分洪后，沂河华沂站 20 日洪峰流量为 6 420 $m^3/s$。沭河彭古庄(大官庄)11 日出现最大洪峰流量为 4 910 $m^3/s$，经新沭河分泄 2 950 $m^3/s$ 后，新安站最大洪峰流量为 2 820 $m^3/s$。南四湖汇集湖东、湖西同时来水，最大入湖流量约为 10 000 $m^3/s$。泗河书院站 24 日最大洪峰流量为 4 020 $m^3/s$，远远大于中华人民共和国成立后该站最大洪峰。南四湖南阳站 25 日出现最高水位为36.48 m(废黄河高程)，微山站 8 月 3 日最高水位为 36.28 m(废黄河高程)。由于洪水来不及下泄，南四湖周围出现严重洪涝。中运河承汇南四湖下泄洪水及邳苍区间部分来水，7 月 23 日运河镇站出现最高水位为 26.18 m(废黄河高程)，相应的洪峰流量为 1 660 $m^3/s$。骆马湖在没有闸坝控制、又经黄墩湖蓄洪的情况下，7 月 21 日出现最高水位为 23.15 m(废黄河高程)。新沂河沭阳站 21 日出现最大流量为 3 710 $m^3/s$。

根据水文分析计算，1957 年南四湖 30 天洪量为 114 亿 $m^3$，相当于 91 年一遇。沂河临沂 3 天、7 天、15 天洪量分别为 13.2 亿 $m^3$、26.5 亿 $m^3$ 和 44.6 亿 $m^3$，均为中华人民共和国成立以来最大。沭河大官庄 3 天、7 天、15 天洪量分别为 6.32 亿 $m^3$、12.25 亿 $m^3$ 和 18.5 亿 $m^3$，除 3 天洪量小于以后的 1974 年外，其他均为历年最大。骆马湖 15 天、30 天洪量分别达 191.2 亿 $m^3$ 和 214 亿 $m^3$，都居中华人民共和国成立以后的首位。

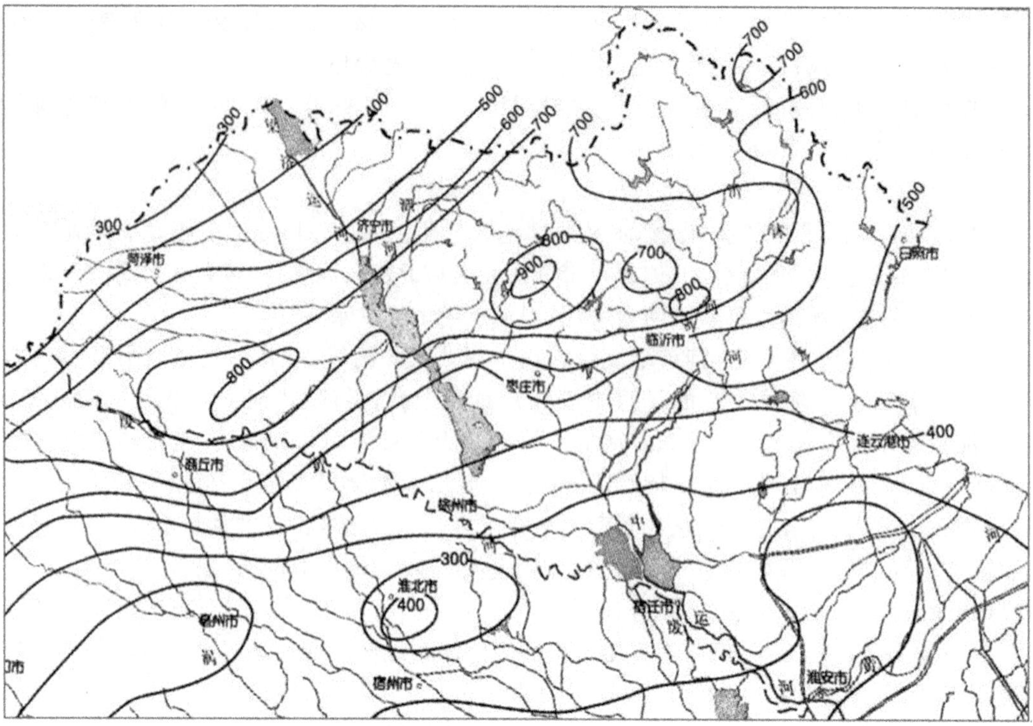


图 5-1　沂沭泗水系暴雨等值线示意图(1957 年 7 月 6 日—26 日)

[资料来源:《淮河流域防汛资料汇编》(第一分册)]

4. 1963 年洪水

1963 年 7 月份和 8 月份,沂沭泗水系连续阴雨且接连出现大雨、暴雨,造成沂沭泗水系大洪涝。7 月份,江苏徐淮地区及山东沂沭河月雨量超过 400 mm,暴雨中心区分布沂蒙山区,最大雨量点蒙阴附近前城子月雨量为1 021.1 mm;上述地区普遍出现了 5 天以上连续暴雨,其中 7 月 18 日～22 日台风低压造成的暴雨强度最大,沂河东里店、大棉厂次降雨量分别为 437.3 mm 和 385.8 mm,其中大棉厂 19 日一天降雨 272.5 mm。8 月份,南四湖周围、邳苍地区连续多次暴雨,南四湖、邳苍地区月降雨均在 300 mm 以上,不牢河刘山闸月降雨量为 469.7 mm。

全流域 7 月份和 8 月份的总雨量为历年同期最大,占汛期总雨量的 90%。由于 1963 年暴雨时空分布不一,又因 1958 年以来山区修建了不少水库,所以发生洪水的洪量很大而洪峰流量不是最大,但对全流域造成的洪涝成灾面积是中华人民共和国成立以来最大的。沂、沭河洪水主要发生在 7 月中旬至 8 月上旬,沂河临沂站 7 月 20 日出现最大洪峰流量为 9 090 $m^3/s$(经水库还原计算后为 15 400 $m^3/s$),7 月下旬后又连续出现 6、7 次洪峰,但流量均在 4 000 $m^3/s$ 以下。沭河大官庄 7 月 20 日洪峰流量(总)为2 570 $m^3/s$(经水库还原后为 4 980 $m^3/s$)。

根据水文分析计算,临沂站 3 天、7 天、30 天洪水量分别达 13.1 亿 $m^3$、20.3 亿 $m^3$ 和 40.2亿 $m^3$,仅次于 1957 年;沭河大官庄 15 天、30 天洪量分别为 11.1 亿 $m^3$ 和 14.5 亿 $m^3$,仅

次于 1957 年、1974 年。南四湖各支流本年洪峰流量均不大，泗河书院站最大洪峰流量为 691 $m^3/s$，但南四湖 30 天洪量达 50 亿 $m^3$，仅次于 1957 年、1958 年。1963 年南四湖二级坝已经建成，南阳站 8 月 9 日最高水位为 36.08 m(废黄河高程)，微山站 8 月 17 日最高水位为 34.68 m(废黄河高程)，都仅次于 1957 年。邳苍地区本年 30 天洪量为 49.0 亿 $m^3$，比 1957 年大 20 亿 $m^3$，比 1974 年仅差 0.1 亿 $m^3$。中运河运河镇 8 月 5 日最大流量为 2 620 $m^3/s$。骆马湖 8 月 3 日在退守宿迁控制后出现最高水位为 23.87 m(废黄河高程)，汛期实测来水量为 150 亿 $m^3$，大于 1957 年同期来水量。还原后骆马湖 30 天洪量为 147 亿 $m^3$，仅次于 1957 年。嶂山闸 8 月 3 日最大泄量为 2 640 $m^3/s$，新沂河沭阳站 7 月 21 日出现最大洪峰流量为 4 150 $m^3/s$，7 月 31 日洪峰流量为 4 080 $m^3/s$。

5. 1974 年洪水

1974 年 8 月，受 12 号台风(从福建莆田登陆)影响，沂沭河、邳苍地区出现大洪水。降雨过程从 8 月 10 日起至 14 日结束，暴雨集中在 11 日—13 日，沂沭河出现南北向的大片暴雨区，最大点雨量蒲旺达 435.6 mm。12 日暴雨强度最大，降雨中心在骆马湖北埝头站，日降雨量为 333.6 mm。13 日暴雨中心区移至沂沭河，沂河李家庄站、沭河蒲汪站日降雨量分别为 295.3 mm 和 262.6 mm，14 日降雨逐渐停止。图 5-2 所示为沂沭泗水系暴雨等值线示意图(1974 年 8 月 10 日—14 日)。

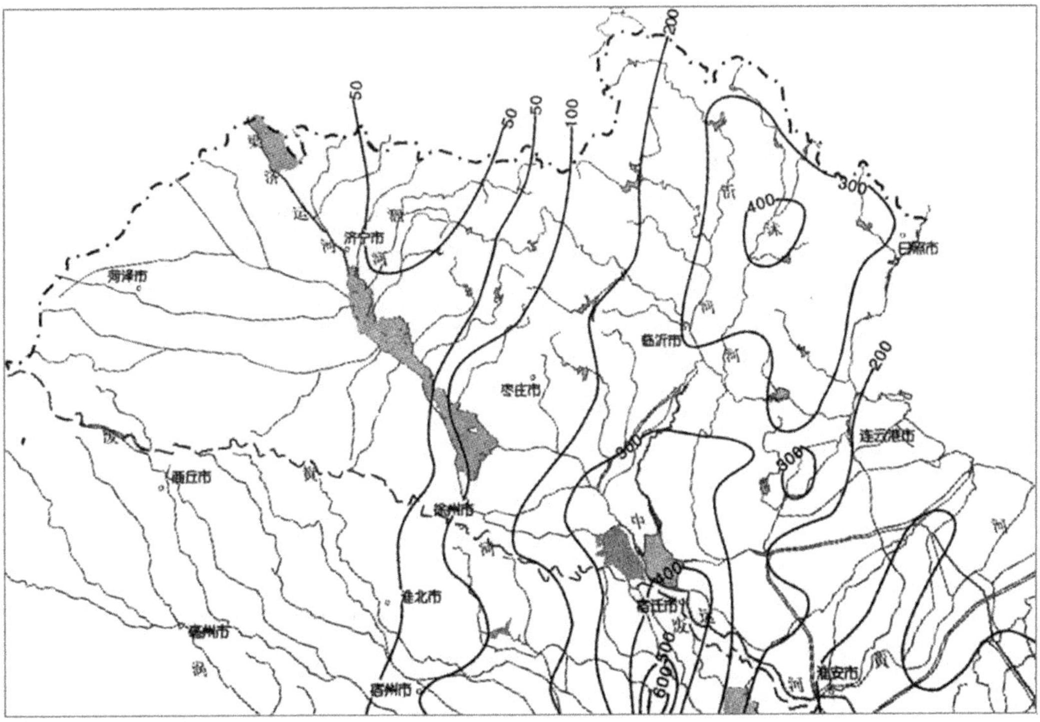


图 5-2　沂沭泗水系暴雨等值线示意图(1974 年 8 月 10 日—14 日)

[资料来源：《淮河流域防汛资料汇编》(第一分册)]

8 月中旬的暴雨造成沂沭泗水系大洪水，洪水主要来自沂河、沭河、邳苍地区，与 1957

年和 1963 年相比，沂河、沭河本年同时大水，且沭河洪水超过历年。7 月份及 8 月上旬，沂沭河降雨比常年偏多，暴雨后沂河临沂的洪峰流量 8 月 13 日早上从 79 $m^3/s$ 起涨，14 日凌晨出现洪峰流量为 10 600 $m^3/s$，当天经彭家道口闸和江风口闸先后开闸分洪后，沂河港上站同日出现洪峰流量为 6 380 $m^3/s$。沭河大官庄站 14 日与沂河同时出现洪峰，新沭河流量为4 250 $m^3/s$，老沭河胜利堰流量为 1 150 $m^3/s$。由于沭河暴雨中心出现在中游，莒县洪峰流量小于 1957 年、1956 年，而大官庄洪峰为历年最大。老沭河新安站在上游及分沂入沭来水情况下，14 日出现洪峰流量为 3 320 $m^3/s$。邳苍地区处于暴雨中心边缘，加上邳苍分洪道分泄沂河来水，中运河运河镇出现中华人民共和国成立以后最大洪峰流量为 3 790 $m^3/s$，最高水位为 26.42 m(废黄河高程)。骆马湖在沂河及邳苍地区同时来水的情况下，嶂山闸 16 日最大下泄流量为 5 760 $m^3/s$，同日骆马湖退守宿迁大控制，16 日晨骆马湖洋河滩出现历年最高水位为 25.47 m(废黄河高程)，新沂河沭阳站 16 日晚出现历年最高水位为 10.76 m(废黄河高程)，相应的最大流量为 6 900 $m^3/s$。本年沂沭泗水系洪水历时较短，南四湖来水不大。

根据水文分析计算，沂河临沂站还原后的洪峰流量为 13 900 $m^3/s$，3 天洪量与 1957 年、1963 年接近，而 7 天、15 天洪量相差较大。沭河大官庄还原后的洪峰流量为 11 100 $m^3/s$，相当百年一遇，3 天洪量为历年最大，7 天、15 天洪量仅次于 1957 年。邳苍地区 7 天、15 天洪量均超过 1957 年、1963 年，为历年最大。

## 二、1990 年以后典型年洪水

### 1. 1990 年洪水

1990 年 8 月，沂沭泗流域降水量为 252 mm，较常年同期偏多近 6 成，8 月上中旬沂沭河接连出现了两次洪水过程，新沂河出现了自 1950 年有连续资料记载以来第二位大洪水。

第一次暴雨洪水是因第九号台风北上形成的低气压过境和副高东撤的共同影响所造成。8 月 2 日—6 日，沂沭河、邳苍地区、骆马湖及新沂河南北等地普降暴雨，累计雨量以阿湖水库395 mm为最大。主要降雨过程集中在 2 日 18 时至 3 日 2 时，岸堤水库最大两小时降水122 mm，最大 6 小时降水 196 mm。暴雨引起沂沭河洪水猛涨，沂河临沂站 3 日 21 时洪峰流量为 3 950 $m^3/s$，沭河大官庄洪峰流量为 982 $m^3/s$，中运河运河站 7 日洪峰流量为 1 190 $m^3/s$，骆马湖 7 日出现最高水位为 23.33 m，嶂山闸 5 日最大下泄流量为 3 130 $m^3/s$，洪水下行汇老沭河、新开河来水后，新沂河沭阳站 6 日 15 时出现最高水位为 10.58 m，超警戒水位 1.58 m，距保证水位仅差0.18 m，为自 1950 年有连续资料记载以来仅低于 1974 年(10.76 m)的第二位最高洪水位，洪峰流量 4 880 $m^3/s$ 小于 1974 年最大流量(6 900 $m^3/s$)，亦列 1950 年以来第二位。

第二次暴雨洪水是由东移小槽、低层切变线以及低涡共同影响所造成。8 月 15 日—16 日，流域北部由西至东普降暴雨到大暴雨，以沂河葛沟站 184 mm 为最大，流域南部地区降雨较小。这次洪水，沂河临沂站洪峰较 8 月上旬的洪峰为大。16 日 23 时临沂站洪峰流量 5 520 $m^3/s$，港上站 17 日 11 时洪峰流量为 5 120 $m^3/s$，水位为 35.00 m，超过警戒水位 2.50 m，距保证水位仅差 0.59 m；沭河人民胜利堰 17 日 1 时 30 分最大过流量为 1 030 $m^3/s$，为减轻新沂河行洪压力，新沭河泄洪闸 16 日 22 时 48 分开闸泄洪，17 日 4 时 30 分最大下泄流量为 1 920 $m^3/s$，为该闸 1977 年建成以来泄流量最大的一次；中运河运河站 16 日 22 时洪峰水位为 25.01 m，最大流量为 1 270 $m^3/s$；骆马湖 17 日出现最高水位为

22.94 m，嶂山闸 16 日最大下泄流量为 3 650 $m^3/s$，新沂河沭阳站 18 日 10 时洪峰流量为 4 580 $m^3/s$，水位为 10.14 m。沂河、沭河、中运河洪水以及嶂山闸最大下泄流量以 8 月中旬过程为大，新沂河洪水以 8 月上旬过程为大。

沂沭泗流域 1990 年 8 月洪水是自 1974 年出现大洪水（相隔 15 年）后出现的第一次较大洪水，由于河道淤积退化、生物阻水以及人为设障等原因，8 月洪水虽未及 1974 年洪水，沂河下游以及新沂河盐河以东却出现了历史最高洪水位，沂河入骆马湖苗圩处水位高于 1974 年最高洪水位为 0.12 m，新沂河盐河以东的水位超过历史最高水位 0.24～0.98 m。由于 1974 年以后流域没有发生大洪水或较大洪水，1974 年以后的新加固堤段未曾经过考验，这次洪水使得部分堤段险情百出。新沂河、沂河华沂至苗圩等多处出现大范围堤后渗水，沭河张贺、新沂河韩山等处出现管涌，沂河西堤华沂桥南出现滑坡，沂河合沟背水坡、迎水坡因暴雨冲刷形成冲沟，堤顶宽仅剩 1 米，沭河焦道、黄墩等处发现大范围顺堤裂缝，沂河埝头多处石护坡塌陷，这些险情经及时抢险加固得到控制，没有发展成为更大的险情和造成更大的损失。

2. 1991 年洪水

1991 年，淮河提前入梅，梅雨期长达 50 多天，造成淮河水系自 1954 年以来又一次流域性洪水。沂沭泗流域 5—7 月降雨量为 521 mm，较常年同期偏多 4 成。6 月中旬初，沂沭河洪水早发，7 月中下旬，沂沭泗流域接连出现了两次洪水过程。

6 月 10—11 日，受副高西伸北抬以及西风槽共同影响，沂沭河出现了一次历时较短（12 小时）、强度较高、降雨较为集中的暴雨过程，点雨量以祊河石岚站 172 mm 为最大。沂河临沂站 11 日 16 时洪峰流量为 3 050 $m^3/s$。为保护新沂河 30 万亩小麦免遭洪水淹没，新沭河泄洪闸 11 日 21 时全开泄洪，22 时最大下泄流量为 2 530 $m^3/s$，人民胜利堰同时下泄流量为 209 $m^3/s$。骆马湖杨河滩 11 日 8 时最高水位为 23.01 m，皂河闸 11 日最大下泄流量为 886 $m^3/s$，嶂山闸没有开闸。

7 月 13 日，受副高增强及西南低涡影响，7 月 14 日 12 时至 15 日 6 时，沂沭河、南四湖湖东及邳苍地区出现强降水天气。雨区中心会宝岭水库降水量 206 mm。沂河临沂站15 日 22 时洪峰流量为 2 200 $m^3/s$，沭河大官庄人民胜利堰 16 日 6 时洪峰流量为 632 $m^3/s$；中运河运河站 7 月 16 日 10 时洪峰流量为 1 440 $m^3/s$。骆马湖嶂山闸 15 日 0 时开闸预泄洪水，15 日 19 时最大下泄流量为 2 050 $m^3/s$。由于淮河干流发生流域性大洪水，为减轻洪泽湖及入江水道行洪压力，上级决定实施分淮入沂，这也是淮沭河开挖以来第一次淮沂洪水遭遇，17 日 8 时淮沭河淮阴闸最大分洪流量为 1 270 $m^3/s$，新沂河沭阳站 17 日 12 时 10 分出现当年最高水位为 10.06 m，相应洪峰流量为 3 730 $m^3/s$。

7 月 23 日 22 时至 24 日 6 时，沂河、泗河上游突降短历时、高强度暴雨到大暴雨，公家庄水库 6 小时降水量为 265 mm。24 日 20 时至 25 日 8 时，沂沭河以及南四湖湖东大范围内再降暴雨到大暴雨，南四湖岩马水库日降雨量为 170 mm。由于两次暴雨间隔仅 12 小时，致使两次暴雨产生的洪水过程叠加。沂河临沂站 25 日 12 时 54 分洪峰流量为 7 590 $m^3/s$，水位为 64.07 m，为临沂站 1974 年以来最大洪水位，分沂入沭彭道口闸在 1974 年分洪后相隔 17 年再次开闸分洪，25 日 11 时最大分洪流量为 1 980 $m^3/s$，沂河港上站 25 日 22 时洪峰流量为 5 460 $m^3/s$，水位为 35.24 m，超警戒水位 2.74 m，比 1990 年 8 月洪水最高水位高 0.24 m，距保证水位仅差 0.35 m。沭河大官庄 25 日 23 时洪峰流量为 1 520 $m^3/s$，其中，新沭河泄洪闸全开泄洪，尽量东调沭河洪水，最大下泄流量为 1 390 $m^3/s$，人民胜利堰下泄流量为 130 $m^3/s$。骆马湖嶂山闸 27 日 21 时 12 分最大下泄流量为 3 250 $m^3/s$。新沂河沭阳站 29 日 14 时洪峰水位为 9.56 m，相应最大流量为 3 000 $m^3/s$，小于 7 月中旬洪水。

泗河书院站 7 月 25 日 6 时 30 分洪峰流量为 1 710 $m^3/s$，水位为 68.58 m，为该站 1957 年以来最大洪水，居新中国成立以来第二高位。南四湖二级坝闸 7 月 25 日最大下泄流量为 1 400 $m^3/s$，上级湖南阳站 7 月 30 日出现年最高水位为 34.55 m；韩庄闸 7 月 30 日最大下泄流量为 515 $m^3/s$，下级湖微山站 8 月 11 日出现年最高水位为 32.52 m。此次洪水，上、下级湖分别下泄水量为 $5.7\times10^8$ $m^3$ 和 $3.2\times10^8$ $m^3$。

3. 1993 年

1993 年 7—8 月，沂沭泗流域降水量为 431 mm，较常年同期偏多 1 成。7 月上中旬，鲁西南地区出现严重涝灾，8 月上旬，沂沭泗流域出现 1974 年以来最大暴雨洪水。11 月流域降水量为 114 mm 较常年同期偏多 3.6 倍，流域出现了一次罕见的冬汛。

7 月 9 日—15 日，受副高北抬西伸及西南暖湿气流共同影响，沂沭泗流域出现了多次大雨到暴雨，局地大暴雨天气。雨区中心多在南四湖上级湖，菏泽地区 7 天平均降雨量为 211.8 mm，较 1957 年同期暴雨多 45.7 mm，最大点雨量为巨野薛扶集 628 mm，比 1957 年多 113.3 mm，是该地区自 1957 年以来遭受洪涝灾害损失最严重的一年。上级湖南阳站水位 10 日 6 时从 32.04 m 开始起涨，20 日 6 时达到 34.37m 为最高，水位上涨 2.37 m，后因抗旱坝拆除，水位逐渐下降。由于前期南四湖地区连续多季缺雨干旱，河道淤积失修，排洪不畅，7 月上中旬的洪水到下旬末才得入湖，入湖水量为 $8.6\times10^8$ $m^3$。下级湖微山岛水位 31 日 6 时为 31.26 m，入湖水量为 $0.8\times10^8$ $m^3$。沂河临沂站 7 月 16 日 21 时 30 分洪峰流量为 1 010 $m^3/s$，沭河大官庄 7 月 17 日 14 时洪峰流量为 319 $m^3/s$。

8 月 4 日—5 日，特大暴雨的主要影响来自低涡切变发展成的气旋波云系。沂沭泗流域平均降雨 144 mm，点雨量最大为沂河支流刘庄水库 380 mm(盛庄镇降雨量达到 540 mm)。此次降雨形成了沂沭泗流域 1974 年以来最大洪水过程。沂河临沂站 8 月 5 日 17 时 10 分洪峰流量为 8 140 $m^3/s$，水位 64.34 m 超警戒水位 0.29 m，为 1950 年以来第六位洪水；彭道口闸经分沂入沭向老沭河分洪最大流量为 1 860 $m^3/s$，刘道口站 5 日 18 时 30 分洪峰流量为5 700 $m^3/s$；港上站 6 日 2 时洪峰流量为 5 370 $m^3/s$，水位 35.04 m 超警戒水位 2.54 m，低于保证水位 0.55 m，也低于 1991 年 7 月洪水。沭河大官庄 8 月 5 日 18 时 30 分洪峰流量为 1 140 $m^3/s$，新沭河泄洪闸最大分洪 1 570 $m^3/s$(其中包括分沂入沭经人民胜利堰逆向来水 59.3 $m^3/s$，5 日 21 时人民胜利堰最大逆向来水 125 $m^3/s$)；老沭河新安站 6 日 7 时 20 分洪峰流量为 1 390 $m^3/s$。中运河运河站 6 日 23 时洪峰流量为 1 740 $m^3/s$，水位 25.62 m 超警戒水位 0.12 m。

南四湖上级湖南阳站 9 日 13 时最高水位为 35.00 m，达到警戒水位，二级坝各闸 5 日先后开闸泄洪，8 日最大下泄流量为 1 680 $m^3/s$。二级坝闸 8 月下泄水量为 $10\times10^8$ $m^3$。下级湖微山岛水位 20 日 18 时最高达 32.70 m，韩庄闸、蔺家坝闸分别于 10 日、11 日开闸泄洪，韩庄闸最大泄量为 656 $m^3/s$(16 日)，蔺家坝闸最大泄量为 98.2 $m^3/s$(11 日)，两闸下泄水量分别为 $5.8\times10^8$ $m^3$ 和 $2.1\times10^8$ $m^3$。骆马湖杨河滩站 8 日 6 时最高水位 23.54 m 超警戒水位0.04 m。嶂山闸 5 日 12 时开闸，19 时最大下泄流量 3 990 $m^3/s$ 为该闸 1961 年建成以来第二位泄流量，仅次于 1974 年(5 760 $m^3/s$)，皂河闸 7 日最大下泄流量为 311 $m^3/s$。

此次洪水，嶂山闸、皂河闸分别下泄水量为 $23.2\times10^8$ $m^3$ 和 $2.0\times10^8$ $m^3$，入骆马湖总水量为 $27\times10^8$ $m^3$。新沂河沭阳站 6 日 11 时 36 分洪峰流量为 4 560 $m^3/s$，水位为 10.45 m，超警戒水位 1.45 m，低于保证水位 0.31 m，亦低于 1990 年 8 月洪水位 0.13 m。

由于副高持续偏强以及西南气流重新活跃，11 月中旬沂沭泗流域上中旬又出现了一次罕见的连续阴雨天气，流域月降水量为 114 mm 较常年同期偏多 356%，为 1953 年有记录资料以来同期最大降水量，在沂沭泗流域造成了一次罕见的冬汛。沂河临沂站 13 日 10 时洪峰流量为 288 $m^3/s$，港上站 14 日 8 时最大流量为 358 $m^3/s$。由于人民胜利堰闸建设施工，沭河大官庄以上来水全部东调，13 日 20 时新沭河闸最大下泄流量为 417 $m^3/s$。因韩庄闸开闸泄洪，28 日中运河运河站最大流量为 342 $m^3/s$。

上级湖南阳站 14 日最高水位为 34.64 m，二级坝一闸三次开闸泄水，14 日最大下泄流量 501 $m^3/s$，泄水总量为 $2.5\times10^8$ $m^3$。下级湖微山岛 21 日最高水位为 32.67 m，韩庄闸两次开闸泄水，23 日最大下泄流量为 338 $m^3/s$，泄水总量为 $3.3\times10^8$ $m^3$。蔺家坝闸泄水总量为 $0.7\times10^8$ $m^3$。骆马湖杨河滩 17 日 14 时最高水位为 23.56 m，超警戒水位 0.06 m，也高于当年 8 月发生洪水时的最高水位 0.02 m，为 1975 年以来骆马湖最高水位。受湖水位上涨及北风影响，17 日骆马湖一线护坡一度出现险情，宿迁市紧急调动部队和民工进行抢险加固。嶂山闸 17 日 15 时开闸，22 时最大下泄流量为 528 $m^3/s$，下泄水量为 $2.6\times10^8$ $m^3$；皂河闸 17 日最大下泄流量为 276 $m^3/s$，下泄水量为 $3.7\times10^8$ $m^3$；杨河滩闸 17 日最大下泄流量为 157 $m^3/s$，下泄水量为 $2.8\times10^8$ $m^3$。16 日开始刘集地涵通过徐洪河下泄流量为 100 $m^3/s$。

4. 1997 年

1997 年 7 月中旬，徐州市遭遇特大暴雨袭击。8 月中下旬，受当年第 11 号台风影响，沂沭泗流域出现较大洪水过程。

7 月 17 日—18 日，受低涡切变线共同影响，沂沭泗流域南部苏北等地降暴雨到大暴雨，徐州降特大暴雨。云龙湖 17 日降水量 361 mm 超徐州历史最大三天降水量，日降水量重现期超过 500 年一遇，为徐州有降雨记录资料以来所仅有。蔺家坝闸 17 日降水量为234 mm，也为该站有降雨记录资料以来最大日降水量。由于暴雨来势猛，强度大，雨量集中，徐州市区出现了大面积积水，市区南部一片汪洋，严重地区积水深超过 1.5 m，造成交通、供电、通讯中断，徐州市区一度进入防汛紧急状态。受大暴雨影响，中运河运河镇 19 日 5 时 42 分洪峰流量为 396 $m^3/s$，房亭河土山站 19 日 8 时洪峰流量为 370 $m^3/s$。骆马湖洋河滩水位由 17 日的 20.82 m 最高上升为 27 日的 22.07 m，入骆马湖水量为 $3.38\times10^8$ $m^3$。南四湖下级湖增加蓄水 $1.0\times10^8$ $m^3$，降雨缓解了苏北地区的旱情。

8 月 19 日—20 日，受登陆后北上的 11 号台风影响，沂沭泗流域大部地区出现暴雨到大暴雨，其中，沂沭河及邳苍的部分地区出现特大暴雨，流域三天累计雨量 137.7 mm，累计雨量分别以蒙河高里站、沭河桑园的 317 mm 为最大。降雨主要集中在 19 日，流域日平均雨量达 125.7 mm，占次降水总量的 91.3%；沂河临沂以上、沭河大官庄以上、中运河运河镇以上 19 日平均降雨量分别为 170.4 mm、194.9 mm 和 144.8 mm，其中，沂河次降水列有资料记载以来的第一位，沭河次降水仅小于 1974 年，列第二位。

沂河临沂站 20 日 16 时 30 分洪峰流量为 6 700 $m^3/s$，水位为 63.49 m，低于警戒水位 0.56 m；20 日 15 时彭道口闸开闸向沭河分洪，19 时最大分洪流量为 941 $m^3/s$，这也是 1997 年分沂入沭调尾工程基本完工后的第一次分洪；刘家道口站 20 日 19 时洪峰流量为 5 600 $m^3/s$；

沂河下游港上站21日3时30分洪峰流量为4 040 $m^3/s$,水位为33.83 m,超过警戒水位1.33 m;华沂站21日8时30分洪峰水位为29.81 m,超过警戒水位2.31 m,超过保证水位0.27 m。沭河大官庄20日24时最大流量为2 498 $m^3/s$(包括彭道口闸来水),其中,新沭河泄洪闸为1 750 $m^3/s$,人民胜利堰闸为748 $m^3/s$;老沭河新安站21日16时最大流量为838 $m^3/s$,水位为27.47 m。新沭河石梁河水库19日8时水位为18.89 m时开始起涨,23日20时最高水位为24.57 m,上涨5.68 m,增蓄2.41亿 $m^3$,22日8时最大下泄流量为670 $m^3/s$。中运河运河镇站21日9时18分洪峰流量为1 060 $m^3/s$,水位为23.77 m。

南四湖上级湖南阳水位24日6时最高为33.09 m,略高于死水位33.0 m;下级湖微山岛水位24日6时最高为31.37 m,仍低于死水位31.5 m。南四湖总入湖水量为$1.9\times10^8$ $m^3$。骆马湖杨河滩23日8时最高水位为23.30 m;嶂山闸23日8时最大下泄流量为1 020 $m^3/s$,骆马湖以上总入湖水量为$8.83\times10^8$ $m^3$。新沂河沭阳站22日8时最大流量为1 330 $m^3/s$。

5. 2003年洪水

2003年,沂沭泗流域平均降水量为1 172 mm,较常年(789 mm)偏多近5成,列1953年以来第一位。其中,南四湖地区平均降水量为1 094 mm,仅次于1964年(1 115 mm),列1953年以来第二位。新沂河以南地区年降水量偏大较多,以中运河刘老涧闸1 767.3 mm为最大,较常年偏多1倍以上。汛期(6—9月)沂沭泗流域平均降雨量为830 mm,较常年同期(555 mm)偏多50%,列1953年以来第二位,仅次于1971年(839 mm)。其中,南四湖地区平均降雨量为755 mm,亦列1953年以来同期降雨量第二位,仅次于1957年(760 mm)。6—9月各月降雨量分别是141 mm、308 mm、272 mm和109 mm。

2003年汛期,沂沭泗流域虽然降水总量大,但是降水日数多,时间上不集中,降水强度不大,降水的空间分布与其他大水年份相比较为均匀。与降水过程对应,各河道出现了多次洪水过程。洪水主要特点是洪水过程多,洪水总量较大,洪峰流量不大。

沂河临沂站年径流量为29.7亿 $m^3$,较多年平均偏多38.9%,列1951年有实测资料记录以来第14位,其中,汛期径流量为23.3亿 $m^3$。6月23日10时42分,临沂站年最大洪峰流量为2 220 $m^3/s$。港上站年径流量为41.4亿 $m^3$,其中汛期径流量为29.5亿 $m^3$,年最大洪峰流量为1 610 $m^3/s$。

沭河大官庄站年径流量为20.3亿 $m^3$,较多年平均偏多105.3%,列1953年有实测资料记录以来第7位,为1974年以来的最大值,其中,汛期径流量为13.2亿 $m^3$。9月8日0时,大官庄站年最大流量为865 $m^3/s$。

南四湖上级湖南阳站出现了1973年以来最高水位为35.28 m,下级湖微山站出现了1974年以来最高水位33.36 m,分别列1961年二级坝建成以来的第6位和第5位。年末比年初增加蓄水19.9亿 $m^3$,其中上级湖增加10.1亿 $m^3$,下级湖增加9.8亿 $m^3$。二级坝闸全年泄流总量为27.6亿 $m^3$,下级湖全年泄流总量为34.7亿 $m^3$,分别列1961年以来的第6位和第3位,均为1971年以来的最大泄洪总量。

中运河运河站年径流量为58.8亿 $m^3$,较多年平均偏多74.7%,列1951年有实测资料记录以来的第7位,为1974以来的径流量最多的年份,其中汛期径流量为39.4亿 $m^3$。9月5日17时12分,运河站年最大洪峰流量为1 740 $m^3/s$,列1951年以来的第5位,和1993年一起并列为1974以来最大洪峰流量。

2003年汛期骆马湖入湖洪量为78.7亿 $m^3$,总出湖76.7亿 $m^3$。9月1日日平均最大入湖流量为 2 960 m³/s，9 月 3 日日平均最大出湖流量为 2 830 m³/s。受秋汛影响，10 月 12 日 12 时 30 分，骆马湖（洋河滩站）出现了 2003 年最高水位 23.58 m，列 1952 年以来的第 7 位。

嶂山闸从 7 月 3 日首次开闸泄洪，到 12 月 29 日结束，8 次开闸泄洪，历时 110 天；总泄洪量为 79.9 亿 m³，列历史第 3 位，比 1974 年（63.8 亿 m³）多泄洪量 16.1 亿 m³；8 月 27 日 12 时 12 分，最大下泄流量为 3 410 m³/s，为 1974 年以来最大下泄流量，列历史第 8 位。

受嶂山闸泄洪、分淮入沂及区间来水的共同影响，新沂河沭阳站出现了自 1974 年以来的最高洪水位。7 月 17 日 22 时，新沂河沭阳站最高水位为 10.71 m，超过警戒水位 1.71 m，列历史第二位；7 月 17 日 21 时，沭阳站洪峰流量为 4 880 m³/s，仅次于 1974 年，与 1990 年一起并列历史第二位；汛期径流量为 96.3 亿 m³，列历史第三位；沭阳站水位超过警戒水位累计达 26 天。

2002 年，沂沭泗流域发生了特大干旱，2003 年汛前，各大型水库蓄水都很少，除石梁河水库以外，其他大型水库汛期入库洪水大部分被拦蓄。

6. 2007 年洪水

2007 年，沂沭泗流域平均降水量为 906 mm，较常年偏多 14%；汛期（6—9 月）降水量为 726 mm，较常年同期偏多 29%。除新沂河出现超警戒水位的较大洪水外，其他诸河虽然洪水次数较多，但多为中小洪水。

沂沭河洪水涨落频繁，洪峰多，洪量不大。沂河临沂站洪峰流量超过 500 m³/s 的洪水过程出现了 4 次，其中出现在 8 月 16 日—26 日的第 4 次洪水过程最大。沂河葛沟站、祊河角沂站分别于 8 月 20 日 8 时和 8 月 18 日 22 时出现洪峰流量 726 m³/s 和 1 060 m³/s，沂河临沂站 8 月 19 日 3 时出现 2007 年最大洪峰流量 1 510 m³/s。沭河大官庄站洪峰流量超过 300 m³/s 的洪水出现了 5 次。第 2 次过程出现在 7 月 19 日～25 日，7 月 19 日 18 时大官庄站出现 2007 年最大洪峰流量 779 m³/s。

2007 年汛期，南四湖地区降雨较为分散。根据南四湖蓄变量和出湖流量推算，6 月中旬至 9 月中旬，南四湖入湖过程洪峰流量超过 1 000 m³/s 的共有 6 次，其中以 8 月 17 日 2 799 m³/s 为年最大日平均入湖流量。汛期入湖水量为 43.3 亿 m³。

新沂河沭阳站 2007 年汛期出现 5 次洪水过程，其中第 1 次洪水过程最大。第 1 次为 6 月 29 日至 7 月 14 日。6 月 29 日 23 时水位从 4.86 m 起涨，7 月 6 日 15 时 30 分，水位达到 9.02 m，超过警戒水位（9.00 m）。7 月 7 日 16 时 30 分出现了 2007 年最大洪峰流量 3 900 m³/s，7 日 20 时出现年最高水位 10.05 m。7 月 9 日 15 时 18 分嶂山闸关闭，流量于 7 月 10 日退至 1 000 m³/s 以下。

2007 年，沂沭泗河水系上游的各大型水库出现多次洪水过程，其中沂河支流东汶河岸堤水库、新沭河石梁河水库洪水为最大。东汶河岸堤水库 8 月 17 日出现最大入库流量 2 550 m³/s；新沭河石梁河水库 8 月 11 日出现最大入库流量 2 760 m³/s；尼山水库、西苇水库最高水位均超过历史最高水位，其他水库 2007 年洪水不大。

7. 2012 年洪水

2012 年汛期，受河套高空槽和西南暖湿气流共同影响，沂沭河流域出现强暴雨过程，致使沂沭河发生了洪水，沂河临沂站洪水接近 10 年一遇，量级与 1993 年相当，为 1993 年以来最大洪水；沭河大官庄站洪水量级与 1991 年相当，为 1991 年以来最大洪水。

2012年，沂沭河流域平均降水量为826.2 mm，较常年(848 mm)偏少2.6%。汛前(1—5月)沂沭河流域平均降雨量为92.3 mm，较常年同期偏少43.7%；汛期(6—9月)沂沭河流域平均降雨量为634.3 mm，较常年同期偏多4.8%，暴雨主要集中在沂沭河中游、邳苍上游和新沂河等地区，雨量超过700 mm，局部大于800 mm，新沂河支流灌河小尖站降雨量1 017.8 mm最大；汛后(10—12月)沂沭河流域平均降雨量为99.6 mm，较常年同期偏多26.1%。2012年汛期，沂沭河流域出现2次主要暴雨过程。第一次暴雨过程出现在7月7日—9日，造成沂河1993年以来最大洪水、沭河1991年以来最大洪水。本次沂沭河流域面平均雨量为166.1 mm；其中，临沂以上为208.3 mm，大官庄以上为156.7 mm，邳苍地区为126.7 mm，新沂河区为127.1 mm。沂沭河流域100 mm、200 mm、300 mm以上降雨笼罩面积分别为34 340 $km^2$、17 340 $km^2$、5 670 $km^2$。暴雨中心沂河许家崖水库东边街口站降雨量为442.5 mm。第二次暴雨过程出现在7月22日—23日，导致沂沭河再次出现洪水。

2012年汛期，与降水过程对应，沂沭河流域各河道均出现了不同程度的洪水过程。洪水主要特点是次洪总量大，洪峰流量高，陡涨陡落。

沂河临沂站年径流量为30.3亿 $m^3$，较常年平均偏多41.6%，其中，汛期径流量为23.6 $m^3$。7月10日13时临沂站出现年最大洪峰流量8 050 $m^3/s$，为有资料记载以来第7位，还原洪峰流量为10 820 $m^3/s$，重现期8年，为1993年以来最大洪水。堪上站年径流量为21.12亿 $m^3$，较常年平均偏多51.9%，其中，汛期径流量为17.4亿 $m^3$，7月10日22时5分出现年最大洪峰流量4 860 $m^3/s$，为有资料记载以来第8位。

沭河大官庄(总)站年径流量为17.07亿 $m^3$，较常年平均偏多62.6%，其中，汛期径流量为11.6亿 $m^3$。7月10日17时大官庄站年最大流量为2 860 $m^3/s$，还原洪峰流量为3 070 $m^3/s$，重现期3年，为1991年以来最大洪水。

中运河运河站年径流量为11.67亿 $m^3$，较常年平均偏少66.2%，其中汛期径流量为7.1亿 $m^3$。7月11日17时35分出现运河站年最大洪峰流量825 $m^3/s$。

2012年汛期，骆马湖入湖洪量为19.1亿 $m^3$，出湖洪量为16.9亿 $m^3$；7月11日日平均最大入湖流量为3 460 $m^3/s$，11日日平均最大出湖流量为3 020 $m^3/s$。9月7日，骆马湖(洋河滩站)出现了2012年最高水位23.65 m，列2001年以来的第1位。

嶂山闸从7月10日首次开闸泄洪，到7月16日结束，历时7天，总泄洪量为6.8亿 $m^3$。7月11日18时30分出现年最大下泄流量3 070 $m^3/s$。

受嶂山闸泄洪及区间来水的共同影响，新沂河沭阳站7月11日18时出现年最高水位9.74 m，超过警戒水位0.74 m；7月11日15时沭阳站出现最大洪峰流量3 610 $m^3/s$；汛期径流量为14.7亿 $m^3$；沭阳站水位超过警戒水位累计为3天。

8. 2018年沂沭泗洪水

2018年8月，沂沭泗流域先后遭遇“摩羯”“温比亚”台风袭击，8月降水量为240 mm，较常年同期偏多45%，流域主要河湖均出现较大洪水过程。沂沭泗流域13日—14日，受14号台风“摩羯”过境影响，沂沭泗流域降水量为57 mm，最大点雨量不牢河耿集站292 mm；17日—19日，受18号台风“温比亚”过境影响，沂沭泗流域降水量为137 mm，单站雨量以南四湖湖西沛县栖山站394.5 mm为最大。

沂河临沂站8月20日9时洪峰流量为3 220 $m^3/s$，刘家道口闸12时24分最大下泄流量为2 290 $m^3/s$，港上站21日1时20分洪峰流量为2 190 $m^3/s$，分沂入沭彭道口闸20日

11 时最大分洪流量为 1 560 $m^3/s$。沭河重沟站 20 日 13 时 22 分洪峰流量为 3 200 $m^3/s$，洪峰水位为 57.48 m，洪峰流量和水位均超警戒值（重沟站警戒水位为 57.4 m，相应流量为 3 000 $m^3/s$），此次沭河洪水洪峰流量列 1957 年以来第三位，也是沭河 1974 年以来最大洪水。大官庄枢纽新沭河闸 18 时最大下泄流量为 5 040 $m^3/s$，人民胜利堰闸相应下泄流量为 249 $m^3/s$。新沭河大兴镇 20 日 16 时 10 分洪峰流量为 3 420 $m^3/s$，石梁河水库 17 时最大下泄流量为 3 940 $m^3/s$。经还原计算，沭河大官庄以上洪峰流量为 6 127 $m^3/s$，重现期为 12 年；3 天还原洪量 4.8 亿 $m^3$，重现期为 7 年。

南四湖上级湖南阳站水位从 17 日 8 时自 33.70 m 开始起涨，最高水位 34.92 m 出现在 21 日 20 时，较雨前上涨 1.22 m。二级坝闸 19 日 16 时开闸，20 日闸门先后提出水面，10 时 50 分二级坝闸最大下泄流量为 3 490 $m^3/s$，二级坝闸汛期下泄水量为 8.92 亿 $m^3$。韩庄闸 19 日 18 时开闸，20 日 8 时闸门提出水面，8 时 30 分最大下泄流量为 1 080 $m^3/s$，韩庄闸汛期下泄水量为 8.02 亿 $m^3$。伊家河闸、老运河闸、蔺家坝闸也先后参加泄洪，最大下泄流量分别为 116 $m^3/s$、275 $m^3/s$ 和 138 $m^3/s$，汛期下泄水量分别为 0.64 亿 $m^3$、0.61 亿 $m^3$ 和 0.24 亿 $m^3$。中运河运河站 21 日 6 时最大洪峰流量为 1 840 $m^3/s$。

骆马湖嶂山闸 15 日开闸泄洪，之后又多次加大泄量，20 日 11 时 30 分最大下泄流量 4 730 $m^3/s$，为 2008 年以后嶂山闸最大泄量，汛期下泄水量为 15.22 亿 $m^3$。受嶂山闸加大预泄影响，洋河滩水位先降后升，水位从 17 日 8 时 23.00 m 开始下降，最低水位出现在21 日 11 时 22.12 m，较雨前下降 0.88 m，24 日骆马湖水位缓慢回升至 22.90 m。新沂河沭阳站 21 日 11 时 55 分洪峰流量为 3 860 $m^3/s$，水位为 10.11 m，超警戒水位 1.11 m，新沂河沭阳段超警戒水位运行 4 天。沭阳站汛期径流量为 23.19 亿 $m^3$。

# 第六部分 防汛抗旱文件

## 一、沂沭泗河洪水调度方案

关于沂沭泗河洪水调度方案的批复

国汛〔2012〕8号

淮河防汛抗旱总指挥部，山东省人民政府防汛抗旱总指挥部、江苏省防汛防旱指挥部：

国家防汛抗旱总指挥部同意淮河防汛总指挥部会同山东省人民政府防汛抗旱总指挥部、江苏省防汛防旱指挥部修订的《沂沭泗河洪水调度方案》。现予印发，请遵照执行。

沂沭泗水系河湖交错，水道复杂，闸坝众多，洪水调度难度大。请淮河防汛总指挥部加强调度和协调，认真组织落实各项任务，请苏、鲁两省顾全大局，团结抗洪，共同做好防汛抗洪各项工作。

附件：沂沭泗河洪水调度方案

国家防汛抗旱总指挥部

二〇一二年六月二十六日

附件：

沂沭泗河洪水调度方案

根据沂沭泗河防洪规划和防洪工程实际状况，对2005年印发的《沂沭泗河洪水调度方案》(国汛〔2005〕8号)修订如下。

一、防洪工程状况

沂沭泗水系由沂河、沭河和泗(运)河组成。经过60多年的治理，已形成由水库、河湖堤防、控制性水闸、分洪河道及蓄滞洪工程等组成的防洪工程体系。目前，除南四湖部分工程外，沂沭泗河洪水东调南下续建工程已完成，骨干河道中下游防洪工程体系基本达到五十年一遇防洪标准。

(一) 沂河

沂河发源于山东省鲁山南麓，南流至江苏省新沂市苗圩入骆马湖。沂河在彭道口向东辟有分沂入沭水道，分沂河洪水入沭河；沂河在江风口辟有邳苍分洪道，分沂河洪水入中运河。

沂河主要防洪工程包括河道堤防、分沂入沭水道、邳苍分洪道、刘家道口枢纽和江风口闸等。

沂河祊河口以下已按五十年一遇防洪标准治理，临沂至刘家道口、刘家道口至江风口、江风口至入骆马湖口段设计流量分别为16 000 $m^3/s$、12 000 $m^3/s$、8 00 0 $m^3/s$。沂河祊河口至陇海铁路桥段堤防设计堤顶宽6.0 m，超高 2.0 m；陇海铁路桥至骆马湖段堤防设计堤顶宽 8.0 m，超高2.5 m。

分沂入沭水道已按五十年一遇防洪标准治理，设计流量为 4 000 $m^3/s$，设计堤防顶宽6.0 m，超高 2.0 m。

邳苍分洪道已按五十年一遇防洪标准治理，江风口闸下至东泇河口设计流量为 4 000 $m^3/s$、东泇河口以下设计流量为 5 500 $m^3/s$，设计堤防顶宽 6.0 m，超高 2.0 m。

刘家道口枢纽是控制沂河洪水东调入海的关键工程，由刘家道口节制闸、彭道口分洪闸等组成。刘家道口节制闸控制沂河洪水南下入骆马湖，设计流量为 12 000 $m^3/s$，校核流量为 14 000 $m^3/s$；彭道口分洪闸控制沂河洪水入分沂入沭水道，设计流量为 4 000 $m^3/s$、校核流量为 5 000 $m^3/s$。

江风口分洪闸是分泄沂河洪水入邳苍分洪道的控制工程，设计流量为 4 000 $m^3/s$。

（二）沭河

沭河发源于山东省沂山南麓，与沂河平行南下，南流至江苏省新沂市口头入新沂河。沭河上游洪水在山东省临沭县大官庄与分沂入沭水道分泄的沂河洪水汇合，向东由新沭河泄洪闸控制经新沭河、石梁河水库于江苏省连云港市临洪口入海，向南由人民胜利堰闸控制经老沭河在江苏省新沂市口头入新沂河。

沭河主要防洪工程包括河道堤防、大官庄枢纽及石梁河水库等。

沭河汤河口至入新沂河口段已按五十年一遇防洪标准治理，汤河口至大官庄、大官庄至塔山闸、塔山闸至入新沂河口段的设计流量分别为 8 150 $m^3/s$、2 500 $m^3/s$、3 000 $m^3/s$，堤顶宽 6.0 m，超高 2.0 m。

新沭河已按五十年一遇防洪标准治理，石梁河水库以上河段设计流量按新沭河闸泄洪6 000 $m^3/s$，加区间汇流入石梁河水库为 7 590 $m^3/s$；石梁河水库至太平庄闸、太平庄闸下至海口段的设计流量为分别为 6 000 $m^3/s$、6 400 $m^3/s$。石梁河水库以上河段堤防顶宽6.0 m，超高 2.0 m 石梁河水库以下河段堤顶宽 8.0 m，超高 2.5 m。

大官庄枢纽是沂沭河洪水东调入海的控制工程，由新沭河闸、人民胜利堰闸等组成。新沭河闸设计流量为 6 000 $m^3/s$，校核流量为 7 000 $m^3/s$；人民胜利堰闸设计流量为2 500 $m^3/s$，校核流量为 3 000 $m^3/s$。

石梁河水库达到百年一遇设计、两千年一遇校核的防洪标准，设计洪水位为 26.81 m，校核洪水位为 28.0 m，总库容为 5.31 亿 $m^3$；水库死水位为 18.5 m，汛限水位为 23.5 m，汛末蓄水位为24.5 m。石梁河水库泄洪闸（包括老闸和新闸）在水库水位为 24.0 m 时，总泄量可达 5 000 $m^3/s$，当发生五十年一遇、百年一遇和两千年一遇洪水时，总泄量可达 6 000 $m^3/s$、7 000 $m^3/s$和 10 000 $m^3/s$。

（三）南四湖、韩庄运河及中运河

南四湖汇集沂蒙山区西部及湖西平原各支流洪水，经韩庄运河、伊家河及不牢河入中运河；中运河承接南四湖和邳苍区间来水，东南流经江苏邳州，在新沂市二湾至皂河闸段与骆马湖相通。

南四湖湖腰处兴建的二级坝水利枢纽将南四湖分隔为上级湖和下级湖。上级湖死水位为 33.0 m，汛限水位为 34.2 m，汛末蓄水位为 34.5 m，设计五十年一遇洪水位为 37.0 m、相应容积为 26.12 亿 $m^3$。下级湖死水位为 31.5 m，汛限水位为 32.5 m，汛末蓄水位为32.5 m，设计五十年一遇洪水位为 36.5 m、相应容积为 34.1 亿 $m^3$。

南四湖主要防洪工程包括湖西大堤、湖东堤、二级坝枢纽、韩庄枢纽、蔺家坝闸及湖东滞洪区等。

南四湖湖西大堤已按防御 1957 年洪水（约 90 年一遇）进行加固，上级湖堤顶高程为 40.3 m，超高 3.0 m，堤顶宽 8.0 m；下级湖堤顶高程为 40.1 m，超高 3.0 m，郑集河口以北堤顶宽 8.0 m，郑集河口至蔺家坝段堤顶宽 10.0 m。

南四湖湖东堤石佛至泗河口、二级坝至新薛河段按防御 1957 年洪水修建，泗河口至青山、垤斛至二级坝、新薛河口至郗山段按五十年一遇防洪标准修建。上级湖石佛至洸府河口段堤顶高程为 40.2 m，超高 3.0 m，堤顶宽 8.0 m；洸府河口至泗河口段堤顶高程为 39.7 m，超高 2.5 m，堤顶宽 6.0 m；泗河口至青山段、垤斛至二级坝段堤顶高程为 39.5 m，超高 2.5 m，堤顶宽 6.0 m。下级湖二级坝至新薛河口段堤顶高程为 39.5 m，超高 2.5 m，堤顶宽 6.0 m，新薛河口至郗山堤段堤顶高程为 39.0 m，超高 2.5 m，堤顶宽 6.0 m。

二级坝枢纽是分泄南四湖上级湖洪水入下级湖的控制工程，由土坝、溢流坝、一闸、二闸、三闸等防洪工程及南水北调东线二级坝泵站、二级坝船闸和二级坝复线船闸组成，防洪工程设计总泄量为 14 520 $m^3/s$，其中溢流坝、一闸、二闸和三闸的设计流量分别为 2 100 $m^3/s$、4 500 $m^3/s$、3 300 $m^3/s$ 和 4 620 $m^3/s$。

韩庄枢纽是分泄南四湖下级湖洪水经韩庄运河、中运河南下的控制工程，由韩庄闸、伊家河闸和老运河闸等防洪工程及南水北调韩庄泵站、韩庄船闸等组成。韩庄闸设计流量为 2 050 $m^3/s$，校核流量为 4 600 $m^3/s$；伊家河闸设计流量为 200 $m^3/s$，校核流量为 400 $m^3/s$；老运河闸设计流量为 250 $m^3/s$，校核流量为 500 $m^3/s$。

蔺家坝闸是分泄南四湖下级湖洪水南下入不牢河的控制工程，设计流量为 500 $m^3/s$。

南四湖湖东滞洪区位于湖东堤东侧，包括白马片（上级湖泗河～青山段）、界漷片（上级湖界河～城漷河段）及蒋集片（下级湖新薛河～郗山段），总面积 232.13 $km^2$，滞洪容积 3.68 亿 $m^3$，滞洪区内有人口 27.28 万人，耕地 27.9 万亩。其中，白马片面积 119.06 $km^2$，滞洪容积 1.43 亿 $m^3$，人口 11.18 万人，耕地 14.55 万亩；界漷片面积 79.44 $km^2$，滞洪容积 1.58 亿 $m^3$，人口 10.2 万人，耕地 9.75 万亩；蒋集片面积 33.63 $km^2$，滞洪容积 0.67 亿 $m^3$，人口 5.89 万人，耕地 3.6 万亩。南四湖湖东滞洪区滞洪采用进洪闸进洪和沟口涵闸进洪两种方式，设计总进洪流量为 1 300 $m^3/s$，其中白马片进洪流量为 350 $m^3/s$，界漷片进洪流量为 600 $m^3/s$，蒋集片进洪流量为 350 $m^3/s$。湖东滞洪区退水方式为利用滞洪口门自然退水。

韩庄运河已按五十年一遇防洪标准治理，韩庄闸下至老运河口、老运河口至峄城大沙河口、峄城大沙河口至伊家河口、伊家河口至省界段的设计流量分别为 4 100 $m^3/s$、4 600 $m^3/s$、5 000 $m^3/s$、5 400 $m^3/s$，堤防顶宽 8.0 m，超高 2.0 m。

中运河已按五十年一遇防洪标准治理，省界至大王庙、大王庙至房亭河口、房亭河口至骆马湖二湾段的设计流量分别为 5 600 $m^3/s$、6 500 $m^3/s$、6 700 $m^3/s$，堤防顶宽 8.0 m，窑湾以上堤段超高 2.0 m，窑湾以下堤段超高 2.5 m。

（四）骆马湖及新沂河

骆马湖汇集沂河及中运河来水，经嶂山闸控制由新沂河入海，经宿迁闸控制入下游的中运河。骆马湖（洋河滩站，下同）死水位为 20.5 m，汛限水位为 22.5 m，汛末蓄水位为 23.0 m，设计洪水位为 25.0 m、相应容积为 15.0 亿 $m^3$，校核洪水位为 26.0 m、相应容积为

19.0 亿 $m^3$。

骆马湖主要防洪工程包括骆马湖一线、宿迁大控制、嶂山闸及黄墩湖滞洪区等。

骆马湖一线(又称"皂河控制线")由骆马湖南堤、皂河枢纽、洋河滩闸等组成。骆马湖南堤堤顶宽 5.5～8.0 m,堤顶高程为 25.7 m 左右,防浪墙顶高程为 27.0 m。

骆马湖宿迁大控制由骆马湖二线堤防、宿迁枢纽(宿迁闸、宿迁船闸、六塘河闸)及井儿头大堤组成。二线堤防堤顶高程为 28.0 m 左右,堤顶宽 8.0 m;井儿头大堤堤顶高程为 28.0 m 左右,堤顶宽 10.0 m;宿迁闸是分泄骆马湖洪水入中运河的控制工程,设计流量为 600 $m^3/s$。

嶂山闸是分泄骆马湖洪水经新沂河入海的控制工程,设计流量为 8 000 $m^3/s$,校核流量为 10 000 $m^3/s$。

黄墩湖滞洪区位于骆马湖西侧,中运河以西、房亭河以南、废黄河以北,滞洪面积 385 $km^2$,滞洪水位为 26.0 m 时,水深 5～7 m,有效容积为 14.7 亿 $m^3$。滞洪区内有 22.2 万人,33.3 万亩耕地。2009 年国务院批复的《全国蓄滞洪区建设与管理规划》对淮河流域蓄滞洪区进行了调整,黄墩湖滞洪区规划方案为调减滞洪区面积,徐洪河以西部分不再作为滞洪区。规划滞洪范围为中运河以西、徐洪河以东、房亭河以南、废黄河以北,面积约为 230 $km^2$,滞洪水位为 26.0 m 时,水深 5～7 m,有效容积为 11.1 亿 $m^3$。滞洪区内有人口 14 万,耕地 17.1 万亩。黄墩湖滞洪采取分洪闸进洪和堤防爆破进洪两种方式,黄墩湖分洪闸设计流量为 2 000 $m^3/s$;曹甸、胜利两处分洪爆破口门宽度各 300 m,均预埋混凝土管爆破井。

新沂河承接嶂山闸下泄洪水、老沭河和淮沭河来水,以及区间汇流入海。新沂河已按五十年一遇防洪标准治理,嶂山闸至口头、口头至海口段设计流量分别为 7 500 $m^3/s$、7 800 $m^3/s$,设计堤顶宽 8.0 m,超高 2.5 m。

二、设计洪水

本方案采用 1982 年水利部审定(1994 年、1999 年、2008 年分别进行了复核)的设计洪水成果。主要控制站设计洪水调算成果如下:

沂沭泗河主要控制站设计洪水调算成果表

| 洪水重现期 | 项目 | 临沂 | 大官庄 | 南四湖 | 骆马湖 |
|---|---|---|---|---|---|
| 20 年 | $Q/(m^3 \cdot s^{-1})$ | 12 000 | 7 500 | 9 100 | 10 800 |
| | $H$/m | 69.03 | 54.66 | 36.50/36.00 | 25.00 |
| | $W_7$/亿 $m^3$ | 22.72 | 17.39 | 42.12 | 40.74 |
| | $W_{15}$/亿 $m^3$ | 33.38 | | 68.90 | 76.49 |
| | $W_{30}$/亿 $m^3$ | | | 80.58 | 109.39 |
| 50 年 | $Q/(m^3 \cdot s^{-1})$ | 16 000 | 8 500 | 11 400 | 13 400 |
| | $H$/m | 69.65 | 55.95 | 37.00/36.50 | 25.00 |
| | $W_7$/亿 $m^3$ | 29.34 | 29.66 | 52.34 | 43.78 |
| | $W_{15}$/亿 $m^3$ | 42.54 | | 85.24 | 87.08 |
| | $W_{30}$/亿 $m^3$ | | | 102.23 | 127.65 |

注:临沂的控制断面为枋河口;大官庄的控制断面为人民胜利堰闸上;$Q$ 为流量;$H$ 为水位;$W_7$、$W_{15}$、$W_{30}$分别为最大 7 天、15 天、30 天洪量;南四湖水位表示为"上级湖/下级湖水位"。

三、洪水调度原则

(1) 以人为本,依法防洪,科学调度。

(2) 统筹兼顾,蓄泄兼筹,团结协作,局部利益服从全局利益。

(3) 沂河、沭河洪水尽可能东调,预留骆马湖部分蓄洪容积和新沂河部分行洪能力接纳南四湖及邳苍地区洪水。当中运河及骆马湖水位较低时,南四湖洪水尽可能下泄;当中运河及骆马湖水位较高时,南四湖洪水控制下泄。骆马湖洪水应尽可能下泄。必要时启用南四湖湖东滞洪区及黄墩湖滞洪区滞洪。

(4) 遇标准内洪水,合理利用水库、水闸、河道、湖泊等,确保防洪工程安全。遇超标准洪水,除利用水闸、河道强迫行洪外,并相机利用滞洪区和采取应急措施处理超额洪水,地方政府组织防守,全力抢险,确保南四湖湖西大堤、骆马湖宿迁大控制、新沂河大堤等重要堤防和济宁、临沂、徐州、宿迁、连云港等重要城市城区的防洪安全,尽量减轻灾害损失。

(5) 在确保防洪安全的前提下,兼顾洪水资源利用。

四、洪水调度

(一) 沂河洪水调度

(1) 预报沂河临沂站洪峰流量小于 3 000 $m^3$/s 时,沂河上游来水原则上通过刘家道口闸向南下泄;如骆马湖以上南四湖及邳苍地区来水较大,或骆马湖及新沂河汛情紧张,彭道口闸分洪。

(2) 预报沂河临沂站洪峰流量为 3 000~9 500 $m^3$/s,彭道口闸尽量分洪,控制沂河江风口以下流量不超过 7 000 $m^3$/s。

(3) 预报沂河临沂站洪峰流量为 9 500~12 000 $m^3$/s,彭道口闸分洪流量不超过 4 000 $m^3$/s,当刘家道口闸下泄流量超过 8 000 $m^3$/s 或江风口闸闸前水位达 58.5 m 时,开启江风口闸分洪,控制沂河江风口以下流量不超过 8 000 $m^3$/s。

(4) 预报沂河临沂站洪峰流量为 12 000~16 000 $m^3$/s,彭道口闸分洪流量不超过 4 000 $m^3$/s,控制刘家道口闸下泄流量不超过 12 000 $m^3$/s。江风口闸分洪流量不超过 4 000 $m^3$/s,沂河江风口以下流量不超过 8 000 $m^3$/s。

(5) 预报沂河临沂站洪峰流量超过 16 000 $m^3$/s 时,彭道口闸分洪流量为 4 000~4 500 $m^3$/s,控制刘家道口闸下泄流量 12 000 $m^3$/s。江风口闸分洪流量为 4 000 $m^3$/s,沂河江风口以下流量为 8 000 $m^3$/s。当采取上述措施仍不能满足要求时,超额洪水在分沂入沭以北地区采取应急措施处理。

(二) 沭河洪水调度

(1) 预报沭河大官庄枢纽洪峰流量(沭河干流洪水加分沂入沭来水,下同)小于 3 000 $m^3$/s时,人民胜利堰闸(含灌溉孔)下泄流量不超过 1 000 $m^3$/s,余额洪水由新沭河闸下泄。预报石梁河水库水位将超过汛限水位时,水库预泄接纳上游来水。若石梁河水库需控制下泄流量,控制库水位不超过 24.5 m,并于洪峰过后尽快降至汛限水位。

(2) 预报沭河大官庄枢纽洪峰流量为 3 000~7 500 $m^3$/s,来水尽量东调。视新沂河、老沭河洪水,人民胜利堰闸下泄流量不超过 2 500 $m^3$/s,新沭河闸下泄流量不超过 5 000 $m^3$/s;石梁河水库提前预泄腾库接纳上游来水,水库泄洪控制库水位不超过 25.0 m,并于洪峰过后尽快降至汛限水位。

(3) 预报沭河大官庄枢纽洪峰流量为 7 500~8 500 $m^3$/s,来水尽量东调。视新沂河、老沭河洪水,人民胜利堰闸下泄流量不超过 2 500 $m^3$/s,新沭河闸下泄流量不超过 6 000 $m^3$/s;石梁河水库提前预泄腾库接纳上游来水，水库泄洪控制库水位不超过 26.0 m，并于洪峰过后尽快降至汛限水位。

(4) 预报沭河大官庄枢纽洪峰流量超过 8 500 $m^3/s$，来水尽量东调，控制新沭河闸下泄流量不超过 6 500 $m^3/s$；视新沂河、老沭河洪水，人民胜利堰闸下泄流量不超过 3 000 $m^3/s$。当采取上述措施仍不能满足要求时，超额洪水在大官庄枢纽上游地区采取应急措施处理。石梁河水库要提前预泄接纳上游来水，尽量加大下泄流量，必要时保坝泄洪。洪峰过后水库尽快降至汛限水位。

（三）南四湖洪水调度

(1) 当上级湖南阳站水位达到 34.2 m 并继续上涨时，二级坝枢纽开闸泄洪，视水情上级湖洪水尽量下泄。

预报南阳站水位超过 37.0 m，二级坝枢纽敞泄。当南阳站水位超过 37.0 m 时，启用南四湖湖东滞洪区白马片和界漷片滞洪。

(2) 当下级湖微山站水位达到 32.5 m 并继续上涨时，韩庄枢纽开闸泄洪，视南四湖、中运河、骆马湖水情，下级湖洪水尽量下泄。如预报微山站水位不超过 36.5 m，当中运河运河站水位达到 26.5 m 或骆马湖水位达到 25.0 m 时，韩庄枢纽控制下泄。

预报微山站水位超过 36.5 m，韩庄枢纽尽量泄洪，尽可能控制中运河运河站流量不超过 6 500 $m^3/s$。

当微山站水位超过 36.5 m 时，启用南四湖湖东滞洪区蒋集片滞洪，韩庄枢纽敞泄；在不影响徐州城市、工矿安全的前提下，蔺家坝闸参加泄洪。

（四）骆马湖洪水调度

(1) 当骆马湖水位达到 22.5 m 并继续上涨时，嶂山闸泄洪，或相机利用皂河闸、宿迁闸泄洪；如预报骆马湖水位不超过 23.5 m，照顾黄墩湖地区排涝。

(2) 预报骆马湖水位超过 23.5 m，骆马湖提前预泄。预报骆马湖水位不超过 24.5 m，嶂山闸泄洪控制新沂河沭阳站洪峰流量不超过 5 000 $m^3/s$，同时相机利用皂河闸、宿迁闸泄洪。

(3) 预报骆马湖水位超过 24.5 m，嶂山闸泄洪控制新沂河沭阳站洪峰流量不超过 6 000 $m^3/s$；同时相机利用皂河闸、宿迁闸泄洪。

(4) 当骆马湖水位超过 24.5 m 并预报继续上涨时，退守宿迁大控制；嶂山闸泄洪控制新沂河沭阳站洪峰流量不超过 7 800 $m^3/s$；视下游水情，控制宿迁闸泄洪不超过 1 000 $m^3/s$；徐洪河相机分洪。

(5) 如预报骆马湖水位超过 26.0 m，当骆马湖水位达到 25.5 m 时，启用黄墩湖滞洪区滞洪，确保宿迁大控制安全。

（五）大型水库

沂沭泗河大型水库防洪调度要严格按照批准的汛期调度运用计划实施。当预报沂沭河汛情紧张并可能危及干流堤防安全时，跋山、岸堤、许家崖、青峰岭、陡山等大型水库在确保水库工程安全的前提下，尽量为下游河道错峰。

五、洪水资源调度

(1) 6 月 1 日至 15 日，视天气情况及用水需要，可逐步控制湖泊水位至汛限水位。

(2) 8 月 15 日至 9 月 30 日，视适时雨水情及中长期预报，决定南四湖、骆马湖是否由汛限水位逐步抬高到汛末蓄水位。

(3) 刘家道口枢纽非汛期蓄水位为59.5 m(56黄海基面),汛期蓄水位按不超过57.5 m(56黄海基面)控制。大官庄枢纽非汛期蓄水位为52.5 m(56黄海基面)。

六、责任与权限

(1) 沂沭泗河洪水调度由淮委沂沭泗水利管理局按本方案提出调度意见,报淮河防汛抗旱总指挥部同意后,由山东省防汛抗旱总指挥部、江苏省防汛防旱指挥部和沂沭泗水利管理局按照管理权限分别组织实施。

(2) 黄墩湖滞洪区的运用由淮河防汛抗旱总指挥部商江苏省人民政府决定,报国家防汛抗旱总指挥部备案,江苏省防汛防旱指挥部负责组织实施。南四湖湖东滞洪区的运用由淮河防汛抗旱总指挥部商山东省人民政府决定,报国家防汛抗旱总指挥部备案,山东省防汛抗旱总指挥部负责组织实施。

(3) 沂河、沭河超额洪水应急措施处理由淮河防汛抗旱总指挥部提出意见,报国家防汛抗旱总指挥部决定,山东省防汛抗旱总指挥部负责组织实施。

(4) 遇特殊情况,淮河防汛抗旱总指挥部可按照本调度方案的原则灵活调度,并报国家防汛抗旱总指挥部备案。重大问题由国家防汛抗旱总指挥部决定。

(5) 沂沭泗河大型水库的常规防洪调度由所在省防汛抗旱指挥部负责。石梁河水库配合沂沭泗流域洪水调度,由江苏省防汛防旱指挥部负责;跋山、岸堤、许家崖、青峰岭、陡山等大型水库为沂沭河干流洪水错峰的调度,由山东省防汛抗旱总指挥部提出意见报淮河防汛抗旱总指挥部同意后实施。

(6) 沂沭泗河河道内各省管理的拦河闸坝,其调度运用由各省防汛抗旱指挥部负责,调度前通知淮委沂沭泗水利管理局和下游地区;预报上游有来水时,各拦河闸坝须提前预泄,服从沂沭泗河洪水总体安排。

(7) 洪水资源由淮委沂沭泗水利管理局统一调度,报淮河防汛抗旱总指挥部备案。

(8) 沿河各地要落实管辖范围内的各类防洪设施和交通道口、穿堤(河)管线、涵闸等设施的安全度汛措施。

(9) 受洪水威胁的企业、事业单位负责所属设施的防洪安全并做好各项防汛准备,落实自保措施。

七、附则

(1) 沂沭泗河汛期为6月1日至9月30日。

(2) 本方案高程除已标明的外,均为废黄河基面高程。

(3) 本方案自批准之日起施行,原《沂沭泗河洪水调度方案》(国汛〔2005〕8号)、《刘家道口枢纽洪水调度应急方案》(淮汛办〔2010〕2号)同时废止。

(4) 本方案由淮河防汛抗旱总指挥部负责解释。

## 二、淮河流域水情预警发布暂行规定

关于印发《淮河流域水情预警发布暂行规定》的通知

淮汛办〔2014〕2号

河南、安徽、江苏、山东省防汛抗(防)旱(总)指挥部:

按照国家防汛抗旱总指挥部《关于印发〈水情预警发布管理办法(试行)〉的通知》(国汛〔2013〕1号)的要求,我办组织制定了《淮河流域水情预警发布暂行规定》。现予发布,请认真执行。

淮河防汛抗旱总指挥部办公室
2014 年 4 月 15 日

附件：

## 淮河流域水情预警发布暂行规定

第一条　为防御和减轻水旱灾害，规范水情预警发布工作，依据《关于印发〈水情预警发布管理办法(试行)〉的通知》(国汛〔2013〕1 号)及《淮河防汛抗旱总指挥部防汛抗旱应急预案》(淮汛办〔2011〕5 号)，结合淮河流域实际情况，制定本规定。

第二条　本规定适用于淮河流域跨省河湖的水情预警发布。

第三条　水情预警是指向社会公众发布的洪水、枯水等预警信息，一般包括发布单位、发布时间、水情预警信号、预警内容等。淮河流域跨省河湖水情预警标准附后。

第四条　水情预警依据洪水量级、枯水程度及其发展态势，由低至高分为四个等级，依次用蓝色、黄色、橙色、红色表示，即：洪水蓝色预警(小洪水)、洪水黄色预警(中洪水)、洪水橙色预警(大洪水)、洪水红色预警(特大洪水)；枯水蓝色预警(轻度枯水)、枯水黄色预警(较重枯水)、枯水橙色预警(严重枯水)、枯水红色预警(特别严重枯水)。

第五条　水情预警由水文机构按照管理权限向社会统一发布。橙色和红色两级水情预警发布需经同级防汛抗旱指挥机构审核。

第六条　水情预警由水文机构根据发布权限通过广播、电视、报纸、电信、网络等媒体统一向社会发布。各媒体应当按照国家有关规定和防汛抗旱要求，及时播发、刊登水情预警信息，并标明发布单位和发布时间，不得更改和删减水情预警信息。

第七条　有关地区和部门应依据水文机构发布的水情预警信息，按照防汛抗旱应急预案，及时启动相应响应。社会公众应及时做好避险防御工作，减轻水旱灾害损失。

第八条　非法或未按规定向社会发布水情预警信息的，依据法律法规及有关规定追究有关责任人的责任。

第九条　本规定由淮河水利委员会水文局负责解释。

第十条　本规定自颁布之日起施行。

附件：

## 淮河流域跨省河湖水情预警标准

依据《关于印发〈水情预警发布管理办法(试行)〉的通知》(国汛〔2013〕1 号)，制定淮河流域洪水、枯水两类水情预警标准。

一、洪水预警信号

1. 等级

依据洪水量级及其发展态势，洪水预警信号由低至高分为四个等级，依次用蓝色、黄色、橙色、红色表示。

2. 图标

洪水蓝色、黄色、橙色、红色预警信号图标依次为：

、

、

、

3. 标准

淮河水利委员会水文局负责发布的洪水预警站点及标准见表 1。

表 1　洪水预警站点及标准表

| 河名 | 站名 | 洪水蓝色预警 | | 洪水黄色预警 | | 洪水橙色预警 | | 洪水红色预警 | |
|---|---|---|---|---|---|---|---|---|---|
| | | 水位/m | 流量/($m^3 \cdot s^{-1}$) | 水位/m | 流量/($m^3 \cdot s^{-1}$) | 水位/m | 流量/($m^3 \cdot s^{-1}$) | 水位/m | 流量/($m^3 \cdot s^{-1}$) |
| 淮河 | 王家坝 | 接近27.50 | | 达到或超过 27.50 | | 达到或超过 29.30 | | 达到或超过 29.60 | |
| 淮河 | 正阳关 | 接近24.00 | | 达到或超过 24.00 | | 达到或超过 26.50 | | 达到或超过 26.80 | |
| 洪泽湖 | 蒋坝 | 达到或超过 13.50（当淮河发生洪水） | | 达到或超过 14.00 | | 达到或超过 14.50 | | 达到或超过 16.00 | |
| 洪汝河 | 班台 | 接近33.50 | | 达到或超过 33.50 | | 达到或超过 35.63 | | 达到或超过 37.39 | |
| 沙颍河 | 漯河 | 接近59.50 | | 达到或超过 59.50 | | 达到或超过 61.70 | | 达到或超过 62.90 | |
| 沙颍河 | 界首 | 接近37.00 | | 达到或超过 37.00 | | 达到或超过 37.80 | | 达到或超过 38.93 | |
| 骆马湖 | 洋河滩 | 达到或超过 23.50（当上游发生洪水） | | 达到或超过 24.00 | | 达到或超过 24.50 | | 达到或超过 25.50 | |
| 南四湖 | 南阳 | 接近35.00（当上游发生洪水） | | 达到或超过 35.00 | | 达到或超过 36.00 | | 达到或超过 37.00 | |
| 沂河 | 临沂 | | 达到或超过 4 000 | | 达到或超过 7 000 | | 达到或超过 12 000 | | 达到或超过 16 000 |
| 沭河 | 重沟 | | 达到或超过 2 000 | | 达到或超过 3 000 | | 达到或超过 5 750 | | 达到或超过 8 150 |

注：依据历史洪水及特点，暂考虑以上跨省河湖洪水预警。

二、枯水预警信号

1. 等级

依据枯水程度及其发展态势，枯水预警信号由低至高分为四个等级，依次用蓝色、黄色、橙色、红色表示。

2. 图标

枯水蓝色、黄色、橙色、红色预警信号图标依次为：

3. 标准

淮河水利委员会水文局负责发布的枯水预警站点及标准见表2。

表2 枯水预警站点及标准表

| 河名 | 站名 | 枯水蓝色预警 | 枯水黄色预警 | 枯水橙色预警 | 枯水红色预警 |
|---|---|---|---|---|---|
| | | 水位/m | 水位/m | 水位/m | 水位/m |
| 淮河 | 蚌埠闸（上） | 降至或低于 16.70 | 降至或低于 15.50 | 降至或低于 15.30 | 降至或低于 15.00 |
| 洪泽湖 | 蒋坝 | 降至或低于 11.80 | 降至或低于 11.30 | 降至或低于 11.00 | 降至或低于 10.50 |
| 南四湖 | 微山 | 接近 31.50 | 降至或低于 31.50 | 降至或低于 31.00 | 降至或低于 30.50 |

注：依据历史洪水及特点，暂考虑以上跨省河湖枯水预警。

## 三、全国主要江河洪水编号规定

### 水利部关于印发全国主要江河洪水编号规定的通知

水防〔2019〕118号

各流域管理机构，各省、自治区、直辖市水利（水务）厅（局），新疆生产建设兵团水利局：

鉴于近年来各流域洪水情势发生了变化，机构改革对水旱灾害防御工作提出了新要求，我部组织修订了《全国主要江河洪水编号规定》，现印发你们，请遵照执行。

附件：全国主要江河洪水编号规定

水利部

2019年4月8日

附件：

### 全国主要江河洪水编号规定

第一章 总则

第一条 为规范全国主要江河洪水编号工作，提高社会公众防洪意识，依据《中华人民共和国防洪法》《中华人民共和国防汛条例》及《中华人民共和国水文条例》，制定本规定。

第二条　本规定采用防洪警戒水位(流量)、2～5年一遇洪水量级或影响当地防洪安全的水位(流量)作为洪水编号标准。

第三条　本规定适用于全国大江大河大湖以及跨省独流入海的主要江河。

第二章　长江洪水编号(略)

第三章　黄河洪水编号(略)

第四章　淮河流域主要江河洪水编号

第八条　编号范围为淮河干流王家坝至正阳关河段、沂河干流及沭河干流。

第九条　编号标准:

(1) 当淮河王家坝水文站水位达到警戒水位(27.50 m,废黄河高程)或正阳关水位站水位达到警戒水位(24.00 m,废黄河高程)时,进行洪水编号。

(2) 当沂河临沂水文站流量达到4 000 $m^3/s$时,进行洪水编号。

(3) 当沭河重沟水文站流量达到2 000 $m^3/s$时,进行洪水编号。

(4) 对于复式洪水,当洪水再次达到编号标准且时间间隔超过24 h,另行编号。

第五章　海河流域主要江河洪水编号(略)

第六章　珠江流域主要江河洪水编号(略)

第七章　松辽流域主要江河洪水编号(略)

第八章　太湖洪水编号(略)

第九章　洪水编号管理

第十八条　各流域水文机构依据本规定对上述江河湖泊进行洪水编号,并报水利部信息中心备案。

第十九条　全国其他跨省主要江河由相关流域水文机构会同有关省、自治区、直辖市水文机构参照本规定制定洪水编号规定;非跨省主要江河洪水编号工作有所属省、自治区、直辖市水文机构负责。洪水编号规定报水利部信息中心备案。

第二十条　洪水编号由江河(湖泊)名称、发生洪水年份和洪水序号三部分顺序组成。

如:长江三峡水库2012年7月12日入库流量达到50 000 $m^3/s$,为长江2012年第二次达到编号标准的洪水,此次洪水编号为“长江2012年第2号洪水”。

第二十一条　其他规定:

(1) 若编号依据断面的警戒水位发生变化,采用最新指标。

(2) 非天然洪水可不编号。

(3) 当下游洪水由上游洪水演进形成时,沿用上游洪水编号;当上下游发生洪水并已分别编号,且上下游洪水汇合时,沿用后编号洪水编号。

第十章　附则

第二十二条　本规定由水利部信息中心负责解释。

第二十三条　本规定自公布之日起执行。此前有关规定与本规定不一致的,以本规定为准。

# 附　录

## 一、沂沭泗水系主要站基面较差值对照表

沂沭泗水系主要站基面较差值对照表详见附表1。

附表1　沂沭泗水系主要站基面较差值对照表　　单位:m

| 河名 | 站名 | 统一基面与冻结基面较差值 $\Delta h_1$ | 黄海基面与冻结基面较差值 $\Delta h_2$ | 备注 |
|---|---|---|---|---|
| 沂河 | 葛沟 | 0 | −0.700 | |
| 沂河 | 临沂 | 0 | −0.700 | |
| 沭河 | 莒县 | 0 | −0.700 | |
| 老沭河 | 人民胜利堰闸 | 0 | −0.302 | |
| 新沭河 | 新沭河闸 | 0 | −0.302 | |
| 老沭河 | 新安 | −0.029 | −0.158 | |
| 邳苍分洪道 | 林子 | −0.135 | −0.285 | |
| 沂河 | 堪上(华沂) | 0 | −0.146(−0.126) | |
| 骆马湖 | 洋河滩 | 0 | −0.131 | |
| 新沂河 | 嶂山闸 | 0 | −0.151 | |
| 新沂河 | 沭阳 | 0 | −0.157 | |
| 临洪河 | 临洪 | 0 | −0.151 | |
| 梁济运河 | 后营 | 0 | −0.200 | |
| 洸府河 | 黄庄 | 0 | −0.240 | |
| 泗河 | 书院 | 0 | −0.171 | |
| 城河 | 滕州 | 0 | −0.792 | |
| 洙赵新河 | 梁山闸 | 0 | 0.220 | |
| 万福河 | 孙庄 | 0 | −0.114 | |
| 东鱼河 | 鱼台 | 0 | −0.002 | |
| 上级湖 | 南阳 | −0.686 | −0.823 | |
| 下级湖 | 微山 | −0.549 | −0.717 | |
| 韩庄运河 | 韩庄闸 | 0 | −0.148 | |
| 中运河 | 台儿庄闸 | 0 | −0.627 | |
| 中运河 | 运河 | −0.432 | −0.583 | |
| 沂河 | 田庄水库 | +278.55 | +278.697 | |
| 沂河 | 跋山水库 | 0 | −1.647 | |

附表 1(续)

| 河名 | 站名 | 统一基面与冻结基面较差值 $\Delta h_1$ | 黄海基面与冻结基面较差值 $\Delta h_2$ | 备注 |
|---|---|---|---|---|
| 东汶河 | 岸堤水库 | 0 | 0 | |
| 浚河 | 唐村水库 | 0 | 0 | |
| 温凉河 | 许家崖水库 | 0 | −0.309 | |
| 沭河 | 沙沟水库 | +164.353 | +164.353 | |
| 沭河 | 青峰岭水库 | 0 | −0.056 | |
| 袁公河 | 小仕阳水库 | 0 | −0.034 | |
| 浔河 | 陡山水库 | 0 | −0.272 | |
| 新沭河 | 石梁河水库 | 0 | −0.149 | |
| 厚镇河 | 安峰山水库 | 0 | −0.143 | |
| 小沂河 | 尼山水库 | 0 | +0.589 | |
| 北沙河 | 马河水库 | 0 | −0.063 | |
| 大沙河 | 西苇水库 | 0 | −0.178 | |
| 城河 | 岩马水库 | 0 | −0.184 | |
| 西泇河 | 会宝岭水库 | 0 | 0 | |
| 付疃河 | 日照水库 | 0 | −0.079 | |
| 青口河 | 小塔山水库 | 0 | −0.150 | |

注:统一基面是指本手册水位资料使用的水准基面,已统一到同一基面(废黄河基面);冻结基面是指水文年鉴刊布水位资料采用的基面。黄海基面是指近年来水文年鉴采用的绝对基面(1956 年黄海高程系统、1985 国家高程基准)。其相互关系为:本手册水位(统一基面)=水文年鉴水位(冻结基面)±统一基面与冻结基面较差值 $\Delta h_1$;水文年鉴水位(黄海基面)=水文年鉴水位(冻结基面)±黄海基面与冻结基面较差值 $\Delta h_2$。

## 二、沂沭泗水系分区高程系统对照表

沂沭泗水系高程系统对照表详见附表 2。

**附表 2 沂沭泗水系分区高程系统对照表** 单位:m

| 地理位置 | 85 高程−56 黄海 | 85 高程−废黄河口 |
|---|---|---|
| 山东省东平县、平阴县 | −0.022 | −0.172 |
| 山东省济宁市、汶上县 | −0.023 | −0.177 |
| 山东省鄄城县、郓城县 | −0.004 | −0.161 |
| 山东省金乡县、鱼台县 | −0.061 | −0.213 |
| 江苏省丰县、沛县 | −0.059 | −0.208 |
| 山东省曹县、河南省民权县 | −0.034 | −0.232 |
| 山东省曲阜市、邹县 | −0.038 | −0.112 |
| 山东省泰安市、新泰市 | −0.020 | −0.095 |
| 山东省沂源县、蒙阴县 | −0.016 | −0.102 |
| 山东省莒县、沂水县 | −0.029 | −0.133 |
| 山东省五莲县、日照县 | −0.040 | −0.142 |

**附表 2(续)**

| 地理位置 | 85 高程—56 黄海 | 85 高程—废黄河口 |
|---|---|---|
| 山东省莒南县、临沭县 | −0.048 | −0.152 |
| 山东省沂南县、费县 | −0.032 | −0.127 |
| 山东省枣庄市、藤县 | −0.056 | −0.129 |
| 江苏省徐州市、邳州市 | −0.066 | −0.184 |
| 山东省兰陵县、郯城县 | −0.065 | −0.194 |
| 江苏省东海县、沭阳县 | −0.065 | −0.219 |
| 江苏省灌南县、涟水县 | −0.069 | −0.206 |
| 江苏省灌云县、滨海县 | −0.071 | −0.229 |
| 江苏省泗阳县、泗洪县 | −0.059 | −0.193 |

注:85 高程即为 1985 国家高程基准,56 黄海即为 1956 年黄海高程系统(黄海基面),废黄河口即为废黄河零点高程系。本表由中水淮河规划设计研究有限公司提供。